草花 ❶（ア〜キ）

カーネーション、ガーベラ、キクほか23種

花/庭木病害虫大百科 1

農文協編

はじめに

　花卉・庭木・樹木の病害虫の診断と防除法について農文協では，加除式出版物，農業総覧『花卉病害虫診断防除編』（全7巻）を発行し，年1回最新情報を追録してきました。本百科はその最新版を書籍化したものです。

　現場経験が豊富な第一線の技術者・研究者の方々にご協力いただいて，本百科に収めた病気害虫の総数は，265品目で1684に及び，その発生生態や被害の特徴を示した写真4300点余，図版1500枚以上とを併せた，従来にないスケールの「診断と防除百科」となっています。

　豊富なカラー写真で診断し，症状のイラスト（図解　病害虫の見分け方）でも判断したうえで，本文解説でさらに詳しく（1）被害のようすと診断のポイント，（2）病原・害虫の生態と発生しやすい条件，（3）防除のポイントまでを押さえた本百科を，プロの農家，造園，都市緑化に関わる方から，家庭で草木，花木を育て楽しまれている方まで，「花・庭木の総合的診断防除データベース」として幅広く役立て頂ければ幸です。

　おわりに，ご尽力頂いた執筆者，写真を提供くださった皆さまに改めて篤くお礼を申し上げます。

2019年11月　　（一社）農山漁村文化協会

◎本書のご利用にあたって

1. 本書は1997年に台本を発行し，以後2002年から毎年一回改訂や新規情報の追加を行なってきた農業総覧『花卉病害虫診断防除編』（全7巻）2018年版を底本とし，書籍化したものです。一部ページ，農薬表を除いたほかはそのままの内容です。

2. 口絵及び本文はそれぞれ1ページから起こし，口絵にはその病気・害虫の本文解説ページを案内しています。目次にも両方のページを併記しています。

3. 花・庭木の各品目は五十音別に配列しています。"つめ"（小口側に付けたインデックス）は品目別に従い，ア列〜オ列の五段に分けて表示しています。

4. 各品目（一部品目除く）の冒頭に「病害虫の見分け方」を図解し，上から発生部位順（花→根，全身）に並べています。

5. 本文解説や「主要農薬使用上の着眼点」「防除薬剤と使用法」など農薬表に記載される農薬は，いずれも執筆時の情報をもとにしています（解説の最後もしくは農薬表に執筆年を記載）。そのため，すでに失効するなど登録農薬の最新状況に対応していない記述があります。

　　農薬の登録内容は頻繁に追加，訂正，失効など変更されますので，実際の使用にあたっては最新情報を逐次確認いただくとともに，製品ラベルに記されている対象病害，害虫にのみ使用ください。

6. なお，一部の農薬表については，同系統の薬剤をまとめその特性と使用上の注意を記すとともに，作用機構別に分類されるRACコ

ード（※）を付しています。使用の参考にしてください。

※　農薬を有効成分の作用機構（作用機作）ごとに分類したコード。同じコードの連用を避け，コードが異なる農薬を順番に使えば，耐性菌や抵抗性害虫の発生を遅らせることができる。

口絵 // 本文／農薬表

目　　次

アイスランドポピー　→第2巻草花②　ケシ類で掲載

アオイ類（タチアオイ，ホリホック）

図解　病害虫の見分け方　//1
[病気]　斑点病……………………………………………………1//3／－
　　　　炭疽病（炭そ病）………………………………………1//5／－
[害虫]　フタトガリコヤガ……………………………………1//7／－
　　　　ワタノメイガ……………………………………………2//9／－
　　　　ヒメアカタテハ…………………………………………3//11／－
　　　　ワタアブラムシ…………………………………………5//13／－
　　　　モモアカアブラムシ……………………………………4//15／17
　　　　オンシツコナジラミ……………………………………3//19／21
　　　　カンザワハダニ…………………………………………6//23／－

アサガオ

図解　病害虫の見分け方　//25
[病気]　輪紋病…………………………………………………7//27／－
　　　　つる割病…………………………………………………8//31／－
　　　　斑紋病……………………………………………………8//33／－
　　　　白さび病…………………………………………………9//35／－
　　　　黒斑病……………………………………………………10//39／40

(5)

口絵 // 本文／農薬表

[害虫] ホオズキカメムシ……………………………………11//41 ／－
カンザワハダニ……………………………………12//43 ／－
ハスモンヨトウ……………………………………12//45 ／－
エビガラスズメ……………………………………13//47 ／－
ミナミキイロアザミウマ………………………14//49 ／－

アザミ類

図解　病害虫の見分け方　//51

[害虫] ワタアブラムシ……………………………………－//53 ／－

アジュガ

図解　病害虫の見分け方　//55

[病気] 白絹病……………………………………………15//57 ／ 58
うどんこ病…………………………………………15//59 ／ 60
株枯病……………………………………………16//61 ／－

アスター（エゾギク）

図解　病害虫の見分け方　//63

[病気] 茎えそ病…………………………………………17//67 ／ 70
立枯病……………………………………………19//71 ／ 107
赤さび病…………………………………………21//73 ／ 109
灰色かび病………………………………………19//77 ／ 109
リゾクトニア立枯病……………………………23//75 ／－
萎凋病（萎ちょう病）…………………………20//79 ／ 110
萎凋細菌病………………………………………21//83 ／－
斑点病……………………………………………25//85 ／－
べと病……………………………………………25//87 ／ 110

[害虫] ハモグリバエ類…………………………………26//89 ／ 111
アシグロハモグリバエ…………………………27//93 ／ 96
ワタアブラムシ…………………………………－//97 ／ 112
エゾギクトリバ…………………………………29//99 ／－

(6)

口絵 // 本文／農薬表

ウリハムシ …………………………………………… 30//101 ／－

アワダチソウグンバイ …………………………… 31//103 ／－

アスチルベ

図解　病害虫の見分け方　//115

［病気］　菌核病………………………………………… 33//117 ／－

　　　　灰色かび病……………………………………… 33//119 ／－

　　　　さび病…………………………………………… 34//121 ／－

アマドコロ（ナルコユリ）

図解　病害虫の見分け方　//123

［病気］　さび病………………………………………… 35//125 ／－

　　　　褐色斑点病……………………………………… 36//127 ／－

アヤメ　→第4巻球根類　イリス類で掲載

アルメリア

図解　病害虫の見分け方　//129

［病気］　白絹病………………………………………… 39//131 ／－

　　　　炭疽病…………………………………………… 37//133 ／－

イソギク

図解　病害虫の見分け方　//135

［害虫］　キクヒメヒゲナガアブラムシ……………… 40//137 ／－

イソトマ

図解　病害虫の見分け方　//139

［病気］　灰色かび病…………………………………… 41//141 ／ 143

　　　　炭疽病…………………………………………… 42//145 ／－

(7)

口絵 // 本文／農薬表

インパチェンス類（ホウセンカ，ニューギニアインパチェンス，インパチエンス）

図解　病害虫の見分け方　//147

[病気]　黄化えそ病，えそ斑紋病································· 43//151 ／－
　　　　モザイク病··· 45//155 ／－
　　　　青枯病··· 47//157 ／ 159
　　　　うどんこ病··· 45//161 ／ 207
　　　　白絹病··· 46//163 ／ 209
　　　　灰色かび病··· 49//165 ／ 209
　　　　立枯病··· 50//167 ／ 169
　　　　疫病··· －//171 ／ 210
　　　　斑点病··· 52//175 ／－
　　　　輪紋病··· 50//177 ／－
　　　　腐敗病··· 59//179 ／－
　　　　アルタナリア斑点病·· 51//181 ／ 210
　　　　炭疽病··· 53//183 ／ 186
　　　　葉腐病··· 55//189 ／ 190
　　　　べと病··· 57//191/ －
[害虫]　オンブバッタ ·· 60//193 ／ 211
　　　　チャノコカクモンハマキ ·· 60//195 ／ 211
　　　　ミカンキイロアザミウマ ·· 63//197 ／ 212
　　　　クリバネアザミウマ··· 61//199 ／ 201
　　　　スズメガ類 ··· 64//203 ／－
　　　　カンザワハダニ ··· 64//205 ／ 213

エキザカム

図解　病害虫の見分け方　//215
[病気]　株枯病··· 67//217 ／－
　　　　灰色かび病··· 65//221 ／ 223

(8)

口絵／／本文／農薬表

エローサルタン

　　図解　病害虫の見分け方　//225
　　[病気]　灰色かび病 ……………………………………… 68//227 ／ －
オイランソウ　→第3巻草花③　フロックスで掲載

オステオスペルマム

　　図解　病害虫の見分け方　//229
　　[病気]　菌核病 ……………………………………… 70//231 ／ 232
　　　　　　灰色かび病 ……………………………… 69//233 ／ 235
　　　　　　白絹病 ……………………………………… 71//237 ／ 238
　　　　　　円斑病 ……………………………………… 72//239 ／ －
　　[害虫]　ナモグリバエ ………………………………… 73//241 ／ －
　　　　　　ヨトウガ ……………………………………… 73//243 ／ －
　　　　　　ナガメ ………………………………………… 74//245 ／ －

オダマキ（アクイレギア）

　　図解　病害虫の見分け方　//247
　　[病気]　うどんこ病 …………………………………… 75//249 ／ －
　　　　　　白絹病 ………………………………………… 76//251 ／ －
　　　　　　灰色かび病 ………………………………… 77//253 ／ 255
　　　　　　紫斑病 ………………………………………… 79//257 ／ －
　　[害虫]　カンザワハダニ ……………………………… 81//259 ／ －
　　　　　　ハスモンヨトウ ……………………………… 82//261 ／ －

カーネーション

　　図解　病害虫の見分け方　//263
　　[病気]　ウイルス病 …………………………………… 83//267 ／ －
　　　　　　モザイク病 …………………………………… 83//273 ／ －
　　　　　　斑点細菌病 …………………………………… 84//277 ／ －
　　　　　　萎凋細菌病（萎ちょう細菌病）………………85//281 ／ 284

(*9*)

口絵 // 本文／農薬表

立枯細菌病	86//285 ／ －
萎凋病（萎ちょう病）	87//289 ／ 292
灰色かび病	87//293 ／ 296
立枯病	88//297 ／ 301
茎腐病	90//303 ／ 305
さび病	90//307 ／ 309
うどんこ病	91//311 ／ 313
疫病	93//315 ／ 317
斑点病	94//319 ／ 323
黒点病	95//325 ／ －
芽腐病	96//329 ／ 331
根腐病	97//333 ／ 335
黒さび病	97//337 ／ －

［害虫］ ナミハダニ（赤色系）･･････98//339 ／ 341
ワタアブラムシ ･･･････････100//343 ／ 345
アザミウマ類 ･･･････････100//347 ／ 351
アシグロハモグリバエ ･････101//353 ／ －
ハコベハナバエ ･･･････････103//357 ／ －
オオタバコガ ･･･････････104//359 ／ 361
ハスモンヨトウ ･･･････････104//363 ／ 366
シロイチモジヨトウ ･･･････105//369 ／ 372

ガーベラ

図解　病害虫の見分け方　//375
［病気］ モザイク病 ････････････106//379 ／ －
ウイルス病 ････････････ － //381 ／ －
輪紋モザイク病 ････････ － //383 ／ －
えそ輪紋病 ････････････106//385 ／ 387
株枯病 ･･･････････････109//389 ／ －
斑点細菌病 ････････････113//393 ／ －
紫斑病 ･･･････････････111//395 ／ －

口絵∥本文／農薬表

うどんこ病 ……………………………………114∥397／398
疫病 ……………………………………………114∥399／401
菌核病 …………………………………………115∥403／404
白絹病 …………………………………………－∥405／407
炭疽病 …………………………………………115∥409／－
根腐病 …………………………………………116∥411／－
灰色かび病 ……………………………………117∥415／417
斑点病 …………………………………………117∥419／－
半身萎凋病（半身萎ちょう病)…………118∥421／423
青かび病 ………………………………………119∥425／－
茎腐病 …………………………………………120∥427／428
花腐病 …………………………………………121∥429／－
ピシウム根腐病 ………………………………122∥431／－

[害虫] チャノホコリダニ ………………………123∥433／－
オオタバコガ …………………………124∥435／437
マメハモグリバエ ……………………125∥439／442
オンシツコナジラミ …………………126∥443／445
ワタアブラムシ ………………………127∥447／449
カンザワハダニ ………………………128∥453／455
ミカンキイロアザミウマ ……………129∥457／462

ガザニア

図解　病害虫の見分け方　∥465
[病気] うどんこ病 ………………………………131∥467／469
葉腐病 …………………………………133∥471／－
菌核病 …………………………………135∥473／－
炭疽病 …………………………………137∥477／－
[害虫] ミカンキイロアザミウマ ……………139∥479／－
ハマキムシ類 …………………………140∥483／－
アワダチソウグンバイ ………………141∥485／－

(*11*)

口絵 // 本文／農薬表

カスミソウ（ジプソフィラ）

　　図解　病害虫の見分け方　//489
　　［病気］疫病……………………………………………130//491 ／ －
　　　　　　菌核病…………………………………………130//493 ／ －

カンナ

　　図解　病害虫の見分け方　//495
　　［病気］モザイク病……………………………………143//497 ／ －
　　　　　　黄色斑紋病……………………………………143//499 ／ －
　　　　　　茎腐病…………………………………………144//501 ／ －

カンパニュラ

　　図解　病害虫の見分け方　//505
　　［病気］白絹病…………………………………………149//507 ／ 509
　　　　　　斑点病…………………………………………149//511 ／ 512
　　　　　　菌核病…………………………………………149//513 ／ 515
　　　　　　根腐病…………………………………………145//517 ／ －
　　　　　　灰色かび病……………………………………145//521 ／ 523
　　　　　　褐斑細菌病……………………………………146//525 ／ －
　　　　　　根朽病…………………………………………147//527 ／ －
　　　　　　さび病…………………………………………148//529 ／ －

キキョウ

　　図解　病害虫の見分け方　//531
　　［病気］モザイク病……………………………………150//533 ／ －
　　　　　　茎腐病…………………………………………151//535 ／ －
　　　　　　葉枯病…………………………………………152//537 ／ －
　　　　　　斑点病…………………………………………152//539 ／ －
　　　　　　立枯病…………………………………………153//541 ／ －
　　　　　　灰色かび病……………………………………154//543 ／ －

	口絵 // 本文／農薬表

半身萎凋病……………………………………154//545／546

［害虫］キキョウヒゲナガアブラムシ……………………155//547／－

キキョウアブラムシ……………………………156//549／－

キク

図解　病害虫の見分け方　//551

［病気］ウイルス病………………………………………157//557／－

えそ病………………………………………… －//563／－

茎えそ病………………………………………159//567／569

えそ斑紋病……………………………………161//571／－

わい化病………………………………………158//575／－

退緑斑紋病……………………………………162//579／－

根頭がんしゅ病………………………………163//581／584

斑点細菌病……………………………………164//585／－

軟腐病…………………………………………167//587／－

花腐細菌病……………………………………165//589／－

黒さび病………………………………………168//591／593

うどんこ病……………………………………169//595／596

黒斑病…………………………………………169//599／601

白絹病…………………………………………170//603／605

褐斑病…………………………………………170//607／609

立枯病…………………………………………171//611／613

茎枯病…………………………………………172//615／－

疫病……………………………………………173//617／619

花枯病…………………………………………174//621／－

花腐病…………………………………………174//623／－

変形菌病………………………………………175//625／－

萎凋病（萎ちょう病）………………………176//627／629

褐さび病………………………………………177//631／633

白紋羽病………………………………………177//635／－

べと病…………………………………………178//639／641

(*13*)

		口絵 // 本文／農薬表

葉枯病……………………………………… 178//643 ／－

斑点病……………………………………… 179//645 ／－

黒点病……………………………………… 179//647 ／ 649

白さび病…………………………………… 180//651 ／ 654

青枯病……………………………………… 181//657 ／－

菌核病……………………………………… 182//659 ／ 660

灰色かび病………………………………… 182//661 ／ 663

半身萎凋病（半身萎ちょう病）…………183//665 ／ 667

赤かび病…………………………………… 184//669 ／－

小斑点病…………………………………… 189//671 ／－

ピシウム立枯病…………………………… 185//675 ／ 677

フザリウム立枯病

……………………………………… 187//679 ／ 681

苗腐敗病…………………………………… 188//683 ／－

葉枯線虫病………………………………… 191//685 ／ 687

[害虫] ネグサレセンチュウ類………………… 193//689 ／ 692

マメハモグリバエ……………………… 194//695 ／ 699

キクキンウワバ………………………… 195//701 ／－

ハダニ類………………………………… 196//703 ／ 706

タバコガ類……………………………… 197//709 ／ 711

アブラムシ類…………………………… 198//713 ／ 716

ハスモンヨトウ………………………… 199//719 ／ 721

シロイチモジヨトウ…………………… 199//723 ／ 726

ヨトウガ………………………………… 200//727 ／ 729

ミナミキイロアザミウマ……………… 201//731 ／ 733

クロゲハナアザミウマ………………… 203//735 ／ 737

ミカンキイロアザミウマ……………… 202//739 ／ 745

クリバネアザミウマ…………………… 205//747 ／ 749

キクヒメタマバエ……………………… 207//751 ／－

アシグロハモグリバエ………………… 209//753 ／ 756

キクモンサビダニ……………………… 208//757 ／－

口絵／／本文／農薬表

アワダチソウグンバイ……………………211／／759／761

キク（クリサンセマム）

図解　病害虫の見分け方　／／763

［害虫］　アブラムシ類…………………………213／／765／－

ナモグリバエ…………………………214／／769／－

ギボウシ類

図解　病害虫の見分け方　／／771

［病気］　炭疽病……………………………………215／／773／－

白絹病…………………………………217／／775／777

キンギョソウ

図解　病害虫の見分け方　／／779

［病気］　モザイク病………………………………219／／781／－

疫病／苗腐病…………………………218／／783／－

うどんこ病……………………………223／／787／－

炭疽病…………………………………220／／789／－

灰色かび病……………………………218／／791／－

菌核病…………………………………221／／795／－

茎腐病…………………………………222／／799／－

葉枯病…………………………………222／／803／－

褐斑病…………………………………227／／807／－

白絹病……………………………………－／／809／－

さび病…………………………………225／／811／－

キンセンカ（カレンジラ）

図解　病害虫の見分け方　／／813

［病気］　モザイク病………………………………228／／815／－

菌核病…………………………………229／／817／843

(15)

		口絵 // 本文／農薬表

うどんこ病……………………………………230//819 ／ 843

炭疽病…………………………………………230//821 ／ 845

疫病……………………………………………231//823 ／ 845

灰色かび病……………………………………232//825 ／ 845

半身萎凋病（半身萎ちょう病)……………233//829 ／ 846

すす斑病………………………………………233//831 ／－

[害虫] アブラムシ類……………………………234//833 ／ 847

カブラヤガ……………………………………234//835 ／ 851

ヨトウムシ類…………………………………235//837 ／ 851

エゾギクトリバ………………………………235//839 ／－

ヤサイゾウムシ………………………………236//841 ／－

アオイ類

病気..........

● **斑点病**（本文p.3）

病斑は円形，暗褐色で中央部が灰褐色となり，穴があきやすくなる。（米山伸吾）

● **炭そ病**（p.5）

病斑はやや不正円形，大型で淡褐色。中央部分は穴があく。（米山伸吾）

害虫..........

● **フタトガリコヤガ**（p.7）

成虫：前翅は黄色で黒茶色の太い線が数本あり，前縁は黒茶色。
（池田二三高）

幼虫：若齢幼虫は全体緑色。中齢幼虫以降は黄色と黒の斑模様。（池田二三高）

アオイ類

●ワタノメイガ（p.9）

被害葉：中齢幼虫以降は葉の一部を切って巻くか，数枚の新葉を巻き，内部から食害。（池田二三高）

若齢幼虫：葉裏で糸を絡ませて葉を食害。葉を巻かない。
（池田二三高）

成熟幼虫：頭は黒い。巻葉から出ない。そのまま蛹化する。（池田二三高）

成虫：黄色地に黒褐色の斑点模様がある。（池田二三高）

アオイ類（コモンマロウ，タチアオイ）

●オンシツコナジラミ（本文p.19）

成虫：施設栽培で発生が多く，高温乾燥した環境を好む。（根本　久）

●ヒメアカタテハ（本文p.11）

幼虫：黒い毛虫状で，老熟幼虫は黒褐色をして体長は35〜40mm。
（根本　久）

アオイ類（タチアオイ）

●モモアカアブラムシ（本文 p.15）

葉裏のモモアカアブラムシ。（根本　久）

多発時の葉の被害症状。（根本　久）

アオイ類

●ワタアブラムシ（本文 p.13）

被害葉：排泄物により葉の表面は光り，やがて黒くすす病が発生する。
（池田二三高）

葉裏の成幼虫：発生の初期は葉裏に寄生。
（池田二三高）

つぼみの成幼虫：多発時にはつぼみや花にも寄生する。（池田二三高）

アオイ類

● カンザワハダニ（p.23）

カンザワハダニによる葉の被害：葉一面に小さな黄斑が発生し，しだいに全葉黄化。（池田二三高）

カンザワハダニの成虫：赤～えんじ色。周りには幼虫や卵が見られる。（池田二三高）

ナミハダニの成虫：体色が黄緑や淡緑。まれに発生する。（池田二三高）

アサガオ

病気…………

●輪紋病 (p.27)

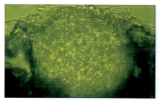

病原菌の分生子殻の断面。
（高野喜八郎）

右：類円形〜不正形水浸状病斑。不鮮明な輪紋がみられる。
（高野喜八郎）

激発：同心輪紋，微小褐点，V字型病斑，葉身の黄化，穴があいている。（高野喜八郎）

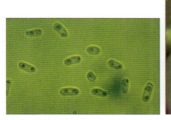

分生子（柄胞子）：無色，楕円形，内部に2個の油球。
（高野喜八郎）

分離した病原菌の接種によって発現した病徴。同心輪紋，褐点（分生子殻）の形成がみられる。
（高野喜八郎）

アサガオ

● つる割病 (p.31)

根は褐変腐敗し，茎の下方や維管束も褐変する。(米山伸吾)

葉がしおれ，やがて下葉が黄化して枯れる。茎は縦に裂け目を生じる。(米山伸吾)

● 斑紋病 (p.33)

やや角型で褐色の病斑となり，中央部が破れやすい。
(米山伸吾)

やや角型の病斑で互いに融合し大型となり，葉が黄化して枯れる。(米山伸吾)

アサガオ

●白さび病 （本文 p.35）

地上部の中期病徴：中位葉に現われた発病中期の黄白色病斑。（松成　茂）

接種葉の裏側の白点：接種10日後に葉の裏側に現われた白色腫斑（遊走子のう堆）。
（佐藤　豊三）

接種葉の表側の病斑：接種10日後に葉の表側に現われた黄白色病斑。（佐藤　豊三）

接種茎上の遊走子のう堆：接種15日後に茎の表皮下に形成された遊走子のう堆。
（佐藤　豊三）

接種葉の裏側の遊走子のう堆：接種15日後に葉の裏側で裂開した遊走子のう堆。（佐藤　豊三）

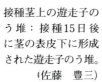

アサガオ

●**黒斑病**（本文p.39）

病徴：同心円状の輪紋が確認できる。
（築尾　嘉章）

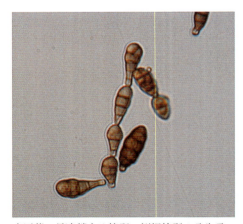

病原菌：長連鎖する俵型～倒棍棒型の分生子。
（佐藤　衛）

アサガオ

害虫…………

● ホオズキカメムシ（p.41）

成虫：体長は約8mmで灰褐色。
（池田二三高）

幼虫：体表一面に灰白色の粉があり集団で寄生。
（池田二三高）

卵：茶色の光沢のある卵で，卵塊で産卵される。
（池田二三高）

アサガオ

● カンザワハダニ（p.43）

成虫と卵。（池田二三高）

被害葉：白い小斑点が生じ，多発生時には糸を張る。（池田二三高）

● ハスモンヨトウ（p.45）

被害の初期：葉裏から食害し，小さな穴が多数発生する。
（池田二三高）

中齢幼虫と被害：食害量が増し，切れ葉状態となる。（池田二三高）

雌成虫：雄より前翅の斑紋は不明瞭。（池田二三高）

アサガオ

●エビガラスズメ （p.47）

被害葉：大きく切り取られるように食害される。（池田二三高）

幼虫：尾端に突起がある。
体色は変化に富む。
　　　　（池田二三高）

雌成虫：大型で飛翔力がある。腹部に赤い斑紋がある。
　　　　（池田二三高）

アサガオ

●ミナミキイロアザミウマ（p.49）

成虫被害：葉脈に沿って白斑が現われる。（池田二三高）

被害の進んだ葉：主に幼虫が食害し，その部分は黄化〜枯れる。（池田二三高）

幼虫：体長約1mm，淡黄色で葉の裏面を食害。
（池田二三高）

アジュガ

病気…………

●白絹病 （本文 p.57）

病徴：地際部が腐敗枯死し，罹病部に白色絹糸状の菌糸および褐色菜種状の菌核。
（竹内　純）

●うどんこ病 （本文 p.59）

被害：白色粉状の病斑が多数の株に発生し，被害が大きい。（竹内　純）

子のう殻：古い病斑の菌叢は厚くなり，中央部に子のう殻を形成し，越冬する。　（竹内　純）

病徴：葉が白色菌叢に覆われ，黄化して枯死する。（竹内　純）

15

アジュガ

● **株枯病**（本文p.61）

被害：地際部周縁が腐敗し枯死する。　　　　（竹内　純）

病徴：水浸状の病斑が根, 茎葉部に拡大する。（竹内　純）

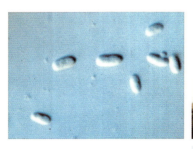

罹病部に生じた小黒粒の分生子殻（右上）。
分生子は無色, 単胞, 楕円形（上）。
厚壁胞子は暗褐色で連鎖することが多い（右下）。　　　（竹内　純）

アスター

病気..........
●茎えそ病（本文p.67）

キク茎えそウイルスによる茎，葉柄のえそ：出蕾〜開花期，株の中〜上位の茎，葉柄に明瞭に現われる症状。下は，定植1か月後，株元に現われたえそ。（桃井　千巳）

アスター

葉のえそ，退緑斑。（桃井　千巳）

全身に現われた黄化，褐変，えそ症状。（桃井　千巳）

アスター

病気…………

●立枯病 (p.71)

地際部および根が腐敗する。(植松清次)

●灰色かび病 (p.77)

葉の被害。褐色輪紋状を呈し灰色のカビが生じる。(植松清次)

茎の被害。灰色のカビが密生し，発病部から上部は枯れる。(植松清次)

地際部に発生して立枯れた株。灰色のカビが密生している。(植松清次)

アスター

●萎ちょう病（p.79）

萎ちょう病により立枯れた株。（植松清次）

苗での発生。展開葉が片方へゆがみ，半身が萎ちょうしはじめている。（植松清次）

萎ちょうした株の茎にサーモンピンクの分生子塊が形成されている。（植松清次）

アスター

●赤さび病（本文 p.73）

赤さび病の特徴：橙色の胞子により病斑は鮮やかな橙色の小斑点となる。（竹内　純）

伝染源となる菌の夏胞子。
（竹内　純）

●萎凋細菌病（本文 p.83）

圃場での発病：株全体が萎凋，枯渇している株（右）から周辺（左）に病勢が進んでいる。（小松　勉）

アスター

発病株の地際部の症状：地際から茎が水浸状に黒褐変し，進行すると軟化・腐敗し，最終的には株は枯死する。（小松　勉）

萎凋細菌病に罹病した株の葉柄の黒変症状。（小松　勉）

アスター

病気…………
● リゾクトニア立枯病（p.75）

栽培圃場で茎葉が萎れた罹病状況。（吉成　強）

茎葉が萎れ地際部が腐敗する。（吉成　強）

アスター

● リゾクトニア立枯病

地際部と根が褐変し腐敗する。（吉成　強）

地際部に白色から淡褐色に菌糸を形成。（吉成　強）

菌糸の光学顕微鏡写真。菌糸の隔壁と分岐部のくびれが確認できる。（吉成　強）

アスター

● **斑点病** (p.85)

やや円形で周囲が褐色の病斑を形成する。(米山伸吾)

病斑は不正形に大きく拡大する。(米山伸吾)

● **べと病** (p.87)

セル成形苗に発生したべと病。(植松清次)

葉の裏に綿状のカビ(分生子梗と分生子の塊)を生じる。(植松清次)

25

アスター

害虫………

● ハモグリバエ類

〈マメハモグリバエ〉（p.89）

成虫：黄色い模様がみえる。ヨメナスジハモグリバエとの区別は実体顕微鏡でないと不可能。（根本久）

食入痕：おもに葉の表側に被害痕が現われる。（池田二三高）

〈ヨメナスジハモグリバエ〉

産卵痕または吸汁痕：小さな斑点が集まってみえる。（根本久）

幼虫の加害痕：幼虫は葉肉をトンネル状に食害する。（根本久）

〈ナモグリバエ〉

成虫：全身灰色。特に顕著な斑紋はない。（池田二三高）

食入痕と蛹：主に葉裏に食入痕が現われる。（池田二三高）

アスター

●アシグロハモグリバエ（本文p.93）

成虫による摂食・産卵痕：直径1mm程度の白い小斑点となって葉表面に残る。
（新藤　潤一）

幼虫の食害痕：幼虫食害痕は白い線状で，葉脈に沿って発生する傾向が強い。
（新藤　潤一）

アスター

多発時1の葉の被害：下位葉が食害痕により白く見える。（藤村　建彦）

多発時2の葉の被害：幼虫による食害痕が中位葉にまで見られる。

（新藤　潤一）

アスター

●エゾギクトリバ （p.99）

幼虫の虫糞。開花前の
つぼみに食入したもの。
（木村裕）

開花中の花から成虫が
羽化した蛹の殻。
（木村裕）

新芽の食入被害と蛹。
（木村裕）

アスター

●ウリハムシ (p.101)

成虫に食害されて傷だらけになった花びら。
（木村裕）

花びらを食害する成虫。
（木村裕）

成虫は葉を表から食害し、ぼろぼろにする。
（木村裕）

アスター

●アワダチソウグンバイ（p.103）

葉裏上の成虫。
（根本　久）

アスター

葉裏上の幼虫コロニー。(根本 久)

アスチルベ

病気…………

● 菌核病 （p.117）

茎の腐敗と表面に現われた白色菌糸塊。
（堀田治邦）

花穂に水浸状の病斑を形成し，拡大して茎に進展する。（堀田治邦）

● 灰色かび病 （p.119）

花茎の発病。花そうが揃わずところどころの小穂が褐色に腐敗。（堀田治邦）

花穂全体が褐色に腐敗する。
（堀田治邦）

アスチルベ

●さび病 (p.121)

葉の病斑。感染部位が大きく膨らみ、胞子が表面に噴出する。(堀田治邦)

花茎に現われた病斑。花茎は伸長が抑制されたり、湾曲する。(堀田治邦)

第一次冬胞子。(堀田治邦)

第二次冬胞子。(堀田治邦)

アマドコロ（ナルコユリ）

病気…………

● さび病 （p.125）

円形橙色の病斑となる。（米山伸吾）

拡大すると大型，円形で橙色の病斑となり，橙色のカビを多数生ずる。（米山伸吾）

アマドコロ（ナルコユリ）

●褐色斑点病（p.127）

楕円形，内部は淡褐色，まわりが暗褐色の病斑となる。（米山伸吾）

拡大した病斑。楕円形ないし不正円形となり，互いに融合すると大型病斑になる。（米山伸吾）

アルメリア

病気…………

●炭疽病（本文 p.133）

葉身の病斑：中心が淡褐色，周囲が暗褐色でやや凹んだ病斑。（菅原　敬）

分生子層：病勢が進むと黒色小粒点状の分生子層を形成する。
（菅原　敬）

アルメリア

分生子層：分生子層の顕微鏡写真。豊富に剛毛がみられる。

（菅原　敬）

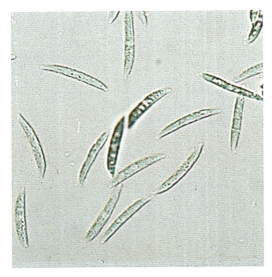

分生子：分生子は鎌形で両端が急に狭まる。

（菅原　敬）

アルメリア

病気……………

● 白絹病（p.131）

ところどころの株が枯れる。（米山伸吾）

外側の葉から順次内側へ葉が黄化してしおれ，やがて株全体が枯れる。（米山伸吾）

枯れた株の根や地際部に絹糸状の白色菌糸が生じる。やがて粟粒大の塊りになり，白色から淡褐色に変色し土壌中で越年する。（米山伸吾）

イソギク

害虫…………

● キクヒメヒゲナガアブラムシ（p.137）

被害葉：排泄物により，葉は光ったり，すす病が発生する。
(池田二三高)

成虫：黒または黒褐色で光沢がある。(池田二三高)

イソトマ

病気..........
●灰色かび病（本文p.141）

開花期の発病：花弁では，はじめ白色の小斑点を生じる。（菅原　敬）

罹病した花：多湿条件では灰褐色の分生子を形成する。（菅原　敬）

分離菌の分生子柄と分生子
（菅原　敬）

茎葉での発病：花の残渣が付着したところから発病することが多い。（菅原　敬）

イソトマ

●炭疽病（本文 p.145）

葉での発病：はじめ淡褐色の小斑点を生じる。
（菅原　敬）

病勢進展中の茎の症状：やがて周囲が暗褐色の円～楕円形のやや凹んだ病斑となる。(菅原　敬)

分離菌の分生子：円筒形で，単胞，無色。（上）　　（菅原　敬）
分離菌の付着器：不整形で浅く切れ込む。（下）　　（菅原　敬）

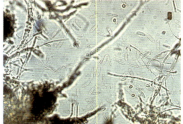

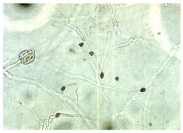

インパチェンス類

病気…………

●黄化えそ病（**TSWV**）（本文p.151）

ニューギニア・インパチェンスの葉での発病：黒色不整形のえそを生じる。その後展開した葉に同様のえそを生じ，やがて株全体に広がる。（久保周子）

ニューギニア・インパチェンスの葉での発病：このようなモザイク症状となる場合もある。（久保周子）

インパチェンス類

● えそ斑紋病（INSV）（本文p.151）

アフリカホウセンカの葉での発病：黒色のえそリングを形成する。（久保周子）

インパチェンス類

病気..........

●モザイク病（本文p.155）

CMVによる葉の奇形，モザイク症状。ひどい場合，葉は萎縮して生育不良となる（ホウセンカ）。（近岡一郎）

●うどんこ病
　　　（本文p.161）

葉に白色のうどん粉をまいたような斑点を生じる。のち灰色になり，ところどころに子のう殻を群生する（ホウセンカ）。（近岡一郎）

インパチェンス類

● 白絹病 (p.163)

茎地際部が水浸状に褐変,腐敗して折れ,倒伏する。周辺に白色菌糸が生育している(ニューギニア・インパチェンス)。
(牛山欽司)

発病株の地際周辺に茶色い粟粒状の菌核の形成が見られる(ニューギニア・インパチェンス)。
(牛山欽司)

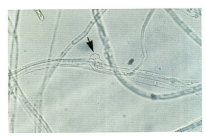

菌糸の隔膜部に見られる特有のかすがい連結(→印部)。(牛山欽司)

インパチェンス類

●青枯病（本文p.157）

菌泥の溢出：発症株の茎を水に浸すと切り口から白い濁りが出る（診断に役立つ）。（岡田清嗣）

ポット苗の青枯病症状：急激に生気を失い，緑色のまま萎凋する。（岡田清嗣）

ポット苗の青枯病症状：末期症状のポット苗。重傷株は茎が腐敗，消失する。（岡田清嗣）

インパチェンス類

青枯病菌のコロニー1：原・小野の選択培地における青枯病菌のコロニー（表面）。
(岡田清嗣)

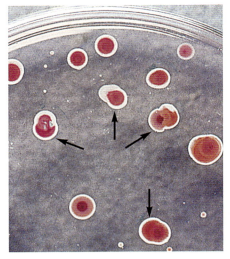

青枯病菌のコロニー2：原・小野の選択培地における青枯病菌のコロニー（裏面）。
(岡田清嗣)

インパチェンス類

●灰色かび病 (p.165)

葉の円形輪紋状病斑。
(ニューギニア・インパチェンス)
(牛山欽司)

茎部の水浸状～暗色壊
死斑と葉の水浸状病斑
(アフリカホウセンカ)。
(牛山欽司)

分生胞子が形成された
花がらと黄化した病葉
(アフリカホウセンカ)。
(牛山欽司)

インパチェンス類

●立枯病 (p.167)

地際部の葉の腐敗（アフリカホウセンカ）。(牛山欽司)

茎地際部の腐敗と葉の黄化（アフリカホウセンカ）。(牛山欽司)

●輪紋病 (p.177)

葉縁にやや淡褐色，大型の円形病斑が生じる。その表面には明瞭な同心円状の輪紋がある（ホウセンカ）。

(近岡一郎)

病斑の中央部はのち灰褐色に変わり，黒い柄子殻がみられる（ホウセンカ）。

(近岡一郎)

インパチェンス類

●アルタナリア斑点病 （本文 p.181）

幼苗に発生した暗褐色しみ状の斑点。
（竹内　妙子）

中央が灰白色で周囲が赤みを帯びた黒褐色の斑点。（竹内　妙子）

インパチェンス類

密植管理された育苗圃で発生した斑点症状。（久保　周子）

発芽直後に認められた暗褐色しみ状の斑点症状。（竹内　妙子）

● 斑点病 （本文p.175）

斑点病の病徴：周辺部が赤褐色で中心部が白色～灰褐色の斑点となる。（竹内　純）

インパチェンス類

●炭疽病 (p.183)

比較的初期の病徴。茎が少しく
ぼんで灰白色～淡褐色，楕円形
やや乾燥気味。（高野喜八郎）

水浸状軟化ぎみに上下に腐敗が
進んで細くくびれ，ここで折れ
やすい。（高野喜八郎）

立枯れ寸前の状況。くびれて乾
燥状になった表面に分生子層の
小粒が見られる。（高野喜八郎）

インパチェンス類

● 炭疽病

分生子。無色，単胞，両端が先細りの楕円体，紡錘形に近い。(高野喜八郎)

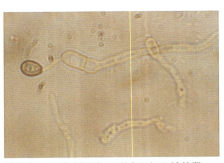

発芽管の先端（菌糸）に形成された付着器。付着器は淡褐色，厚膜，棍棒状～倒卵形で縁辺は円滑（スムース）。(高野喜八郎)

患部茎上の分生子層。表面にフィアライド状の分生子形成細胞＝分生子柄が並び，その先端に分生子を形成。(高野喜八郎)

病原菌のPSA平板培養の菌叢表面。白色の気中菌糸がフェルト状に，裏面の紅色が透けて見える。
　　　　　　（高野喜八郎）

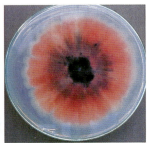

病原菌のPSA平板培養の菌叢裏面。紅色である。
(高野喜八郎)

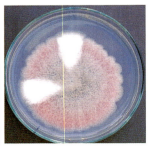

病原菌のPSA平板培養は菌株によって白色のセクター（扇形変異）が出やすい。(高野喜八郎)

インパチェンス類

● 葉腐病 （本文 p.189）

初期症状：葉が暗緑色水浸状に軟化腐敗する。（小野　剛）

茎の症状：発病部がくびれ，折れることがある。（小野　剛）

インパチェンス類

多発時：坪枯れ状に発生したようす。（小野　剛）

インパチェンス類

● べと病 （本文 p.191）

セルトレイ育苗中の苗の病徴：葉裏に白色のカビが密生。（佐藤　衛）

ポット苗の病徴。（佐藤　衛）

インパチェンス類

実体顕微鏡下での分生子柄および分生子：樹状に分岐し，先端部に分生子を形成。（佐藤　衛）

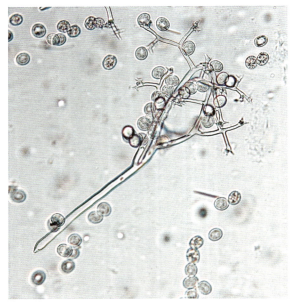

光学顕微鏡下での分生子柄および分生子：分生子は卵～楕円形，無色。
（佐藤　衛）

インパチェンス類

●腐敗病 (p.179)

ホウセンカでの発病状況：下葉に発生する。
(陶山一雄)

発病株の拡大：病斑は葉縁部に多く形成される。(陶山一雄)

拡大した病斑。
(陶山一雄)

インパチェンス類

害虫…………

● オンブバッタ（p.193）

被害葉と成虫：展開中〜展開後の葉を葉表から食害。（池田二三高）

● チャノコカクモンハマキ（p.195）

被害葉：2〜数枚の葉を糸で綴り内部から食害する。（池田二三高）

幼虫：頭部は黄土色。常に糸で綴った葉の内部にいる。（池田二三高）

雄成虫。（池田二三高）

インパチェンス類

●クリバネアザミウマ（本文 p.199）

初期の被害：葉がカスリ状に食害される。（西東　力）

多発時の被害：葉脈に沿って食害されることが多い。（西東　力）

インパチェンス類

成虫と幼虫：成虫（左）は黒褐色。翅に横縞模様がある。幼虫（右）は乳白色で、後部は糞で汚れる。（西東　力）

幼虫の黒い糞：幼虫の糞は黒い水玉状で、これが葉を汚す。（西東　力）

第2蛹を経て成虫に：幼虫は2齢を経過して、地上あるいは植物体上で蛹となる。第1蛹、第2蛹（写真）を経て成虫となる。（西東　力）

ふ化幼虫：卵は葉の組織に産みつけられる。ふ化幼虫（写真）は葉から脱出する。（西東　力）

インパチェンス類

●ミカンキイロアザミウマ (p.197)

花の被害：つぼみ時に食害。開花後花弁に白斑が発生。
（池田二三高）

葉の被害：葉裏にシルバリング症状が発生。
（池田二三高）

夏型成虫：全体に黄色い。
（池田二三高）

冬型成虫：全体に黒褐色。ヒラズハナアザミウマに似ている。
（池田二三高）

インパチェンス類

● スズメガ類 (p.203)

セスジスズメの終齢幼虫。（根本久）

ベニスズメ幼虫。（根本久）

● カンザワハダニ (p.205)

被害葉：葉表に黄緑の小斑点が発生。葉全体黄化～部分的に枯れる。

（池田二三高）

エキザカム

病気..........
●灰色かび病（本文p.221）

軟化腐敗し，出荷不能となった被害株。
（竹内　純）

茎葉部の軟化腐敗症状および灰褐色の病原菌菌体。（竹内　純）

エキザカム

病斑部組織内の病原菌の菌糸。（竹内　純）

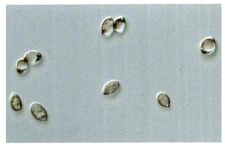

病原菌の大型分生子（左）と小型分生子（右）。（竹内　純）

エキザカム

病気…………

● 株枯病（p.217）

発生初期は花梗枯れや一部の枝枯れとして観察される。（木嶋利男）

発病茎には灰〜黒色のカビを生ずる。（木嶋利男）

病勢が激しい場合には株枯れとなる。（木嶋利男）

エローサルタン

病気…………

●灰色かび病（p.227）

地際部が激しく腐敗。株全体は立枯れを起こす。
（堀田治邦）

オステオスペルマム

病気..........

●灰色かび病（本文p.233）

花の病徴：花弁では，褐色に軟化腐敗する。（菅原　敬）

苗での発病：土と接した部分から発病した。（菅原　敬）

葉の病斑：葉では花の残渣が付着した部分から発病することが多い。（菅原　敬）

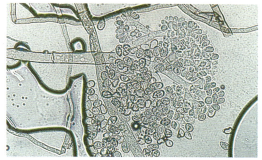

分離菌の分生子柄および分生子。

（菅原　敬）

オステオスペルマム

●菌核病（本文 p.231）

病徴：地際部が水浸状あめ色に変色する。（菅原　敬）

病徴：罹病部が白色綿毛状の菌糸で覆われる。（菅原　敬）

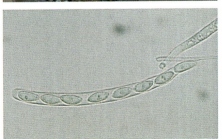

子のう：子のう内に8個の子のう胞子を持つ。（菅原　敬）

子のう盤：菌核から生じた子のう盤。（菅原　敬）

オステオスペルマム

● 白絹病 （本文 p.237）

自然病徴：地際部が軟化腐敗し，周囲に白色菌糸と菌核が生じる。
((株) サカタのタネ)

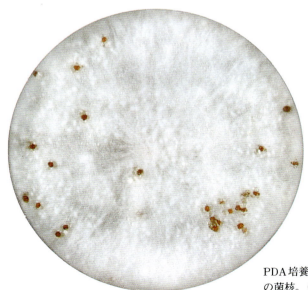

PDA培養菌叢：白色菌糸と褐色の菌核。((株) サカタのタネ)

オステオスペルマム

●円斑病 （本文 p.239）

自然病徴：はじめ小褐点，のちに大型円形の病斑となる。
（(株)サカタのタネ）

自然病徴：下位葉は枯死する。((株)サカタのタネ)

分生子柄はジグザグに伸長し，分生子離脱痕は肥厚し明瞭（左）。分生子は無色，糸状で基部は截切（さいせつ）状（右）。((株)サカタのタネ)

オステオスペルマム

害虫…………

● ナモグリバエ （本文 p.241）

幼虫の食害痕：発生が多いと，葉全体に白い筋が生じる。（柴尾　学）

幼虫が葉の内部を食害したようす：曲がりくねった白い筋となる。（柴尾　学）

● ヨトウガ （本文 p.243）

中齢幼虫：体長2cm，淡緑色。
（柴尾　学）

老齢幼虫による葉の食害：老齢幼虫により葉が食害され，茶褐色の丸い虫糞が付着する。
（柴尾　学）

73

オステオスペルマム

●ナガメ （本文p.245）

葉の被害：成虫により葉が吸汁されるため，葉に白色斑紋状の吸汁痕が生じ，葉が変形する。（柴尾　学）

成虫：体長8〜9mm，黒色亀甲型で橙赤色の紋がある。
（柴尾　学）

オダマキ

病気…………

●うどんこ病（p.249）

葉に点々とうどん粉をうっすらとふりかけたように白い病斑が認められる。（植松清次）

葉全面に広がった状態。
（植松清次）

茎にも発生する。
（植松清次）

オダマキ

●白絹病 (p.251)

白絹病で萎ちょうし，立枯れた株。(植松清次)

地際部に菌核を形成している。(植松清次)

オダマキ

●灰色かび病（本文 p.253）

花弁の症状：淡褐色で水浸状の病斑が広がる。（菅原　敬）

オダマキ

葉身の症状：病勢が進むと罹病部に淡褐色の分生子を生じる。

(菅原　敬)

オダマキ

● 紫斑病 (本文 p.257)

葉での病徴:周辺黒色,内部白の円形病斑。(築尾 嘉章)

黄化した葉:病斑が融合し,葉は黄化・枯死する。(築尾 嘉章)

オダマキ

分生子：褐色，根元が丸く先端とがる。
（築尾　嘉章）

オダマキ

害虫…………

- カンザワハダニ
  (p.259)

被害発生初期の葉：白い小斑点が生じる。
（池田二三高）

被害の進んだ葉：葉縁は赤褐色となり枯れることもある。
（池田二三高）

幼虫：カンザワハダニやナミハダニ（赤色系）が寄生する。
（池田二三高）

オダマキ

●ハスモンヨトウ（p.261）

被害発生初期の葉：小さな穴が生じる。（池田二三高）

被害の進んだ葉と幼虫：葉柄が切断される。（池田二三高）

成虫。（池田二三高）

カーネーション

病気............

●ウイルス病（p.267）

葉に発生したウイルス症状（上からみたもの。品種：トヨヒメ）。（清水時哉）

葉に発生したウイルス症状（横からみたもの。品種：トヨヒメ）。（清水時哉）

葉の黄緑色輪紋症状。（吉松英明）

●モザイク病（p.273）

葉身の黄緑色条斑。（吉松英明）

83

カーネーション

●斑点細菌病 (p.277)

白い斑点が容易に融合し，ナメクジの這ったあとのような細長い病斑となる。
(外側正之)

病気が進むと各種雑菌が侵入・増殖し濃褐色の大型病斑となる。(外側正之)

葉がよじれるようになると，全体が枯死する。(外側正之)

カーネーション

●萎ちょう細菌病 (p.281)

急激な青枯れ症状が次々と広がっていく。手前の発病株はすでに葉も枯れ上がっている。(外側正之)

低温期には茎が縦に裂けるステム・クラック症状が出る。(外側正之)

高温・多灌水時には約1週間で1ベッドの株が全滅する。(外側正之)

最も確実な診断法は茎を水に浸すことである。多量の細菌が流出する。(外側正之)

神奈川県の青野氏作成の選択培地で培養すると、1週間で黄色いコロニーが出現する。(外側正之)

カーネーション

● 立枯細菌病（p.285）

坪枯れ状に発生し，大きな被害を与える。（西東　力）

下葉から枯れ上がり，株全体が萎ちょうする。（西東　力）

地際部の茎は，内部が腐敗し褐変する。根は腐敗し脱落する。（西東　力）

茎断面：維管束部はリング状に褐変する。（西東　力）

顕微鏡写真：維管束部は部分的に褐変し肥厚する。（西東　力）

カーネーション

●萎ちょう病 （p.289）

輸入苗のうち特定の1品種全株に発生。下葉からの枯れ上がりがよくわかる。（外側正之）

下葉から徐々に枯れ上がる。周囲の株への伝染も萎ちょう細菌病より時間がかかる。（外側正之）

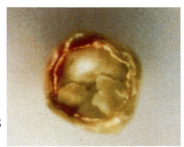

維管束のみが褐変し，髄部は褐変しない。（外側正之）

●灰色かび病 （p.293）

葉の基部が灰白色に変色して軟化し，カビを生じる。（米山伸吾）

葉身に灰褐色の病斑をつくって軟化し，のちカビを生じる。（米山伸吾）

カーネーション

● 立枯病 (p.297)

分岐部や摘心部・葉基部から発病が始まり,上下の茎に広がっていく。
（外側正之）

病斑部上には後に白色〜淡朱色の大型分生胞子塊が形成される。（外側正之）

冷涼な地域では,さらに黒色の粒（子のう殻）が形成される。（外側正之）

発病株の茎を縦に割ってみると茎内部の褐変が表皮から内側に向かって進んでいる。（外側正之）

カーネーション

立枯病（つづき）

保菌した苗（挿し芽）を定植し，灌水過多の状態にすると，苗腐れ症状となる。
（外側正之）

保菌した苗（挿し芽）をビニール袋に入れると，冷蔵庫で保管しても菌が繁殖し，苗を腐らせる。
（外側正之）

大型分生胞子の顕微鏡写真。三日月型で4～6枚の隔壁で区切られている。
（外側正之）

子のうおよび子のう胞子の顕微鏡写真。1子のう内に8個の子のう胞子が形成される。（外側正之）

カーネーション

● 茎腐病 （p.303）

地際部付近の茎内部が黒褐色に乾腐する。
（外側正之）

● さび病 （p.307）

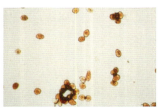

冬胞子と夏胞子を形成するが，写真は夏胞子。円形で表面に小さな棘を多数形成する。（外側正之）

茎（上）と葉（下）の病徴。小さな亀裂が多数入り，ここから褐色の粉（胞子）を噴く。
（手塚信夫）

カーネーション

●うどんこ病（本文p.311）

葉の病斑：厚みのあるマット状の病斑と，白い斑点状の病斑が現われる。品種はライトピンクバーバラ。
　　　　　　　　　　　（伊藤陽子）

萼筒に発病した病斑：萼が正常に発達せず，開花異常（萼割れ症状）となる場合がある。品種はライトピンクバーバラ。（伊藤陽子）

カーネーション

圃場での発生：多くの株の葉に白い病斑が見られる。品種はレニー。

(伊藤陽子)

カーネーション

● 疫病 （p.315）

根が侵されると葉がしおれて枯れる。
（米山伸吾）

地際部の茎が暗緑色に軟化し，根まで腐敗する。（米山伸吾）

大きく育った株では地際部の茎が褐色に腐敗し，根も褐変腐敗する。（米山伸吾）

カーネーション

● 斑点病 (p.319)

初期症状：水浸状〜暗褐色の小さな斑点を生ずる。(外側正之)

中期症状：斑点部分は褐色で，後に黒い粉を生ずる。(外側正之)

後期の病徴は黒い粉が二重のリング状になり，黒点病と似てくる。
(外側正之)

最も典型的な病徴。周囲との境は明瞭な紫色の帯で区切られる。(外側正之)

茎に出る場合は，節や葉基部から発病することが多い。葉と同様周囲との境は明瞭な紫色の帯になる。(外側正之)

保菌した苗を定植すると，地際部の茎にも斑点を生ずる。さらに進むと苗全体が腐敗する。(外側正之)

カーネーション

● **黒点病** （本文 p.325）

初期病斑：上位葉に円形の病斑が形成される。
（堀田　治邦）

多発状況：周縁が黒褐色で，中央部が淡褐色の病斑に覆われる。（堀田　治邦）

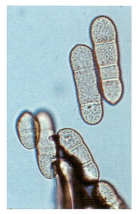

分生子。（堀田　治邦）

蕾病斑：大型で円形の病斑が形成される。（堀田　治邦）

カーネーション

●芽腐病 (本文p.329)

中心付近の花弁から褐変する。これに対し，灰色かび病では外側の花弁から褐変する。
(外側　正之)

病気が進展すると，花弁だけでなく柱頭まで腐敗する。(外側　正之)

胞子の顕微鏡写真。三日月型の大型分生胞子と卵～洋ナシ型の小型分生胞子の2種類を形成する。
(外側　正之)

カーネーション

● 根腐病 (p.333)

水浸状に腐敗した根部。
（堀田治邦）

根を除去してみると水浸状の腐敗は地際茎内部に及んでいる。（堀田治邦）

● 黒さび病 (p.337)

葉裏に発生した黒さび症状。（堀田治邦）

円形に拡大した病斑。
（堀田治邦）

冬胞子堆。（堀田治邦）

冬胞子。（堀田治邦）

カーネーション

害虫…………

●ナミハダニ（赤色系）（p.339）

多発すると新葉や萼にも移動し加害する。さらに密度が高まると先端部に集合し，ダンゴ状になる。（矢野貞彦）

葉の被害。展開したての新葉より，やや古い葉にかすり状の吸汁被害がみられる。
（矢野貞彦）

ナミハダニ雌成虫。赤褐色で体長約0.5mmと小さい。脚は4対。（矢野貞彦）

緑色系ナミハダニ雌成虫。淡黄色～淡緑色で，体長は赤色系と変わらない。希に発生。
（矢野貞彦）

カーネーション

●ナミハダニ（赤色系）(p.339)

被害：葉裏や葉表に寄生し、白い小斑点が生じる。
（池田二三高）

多発すると糸をクモの巣状に張る。
（池田二三高）

雌成虫：体の左右に黒い斑点があり、体色は赤みを帯びる。
（池田二三高）

カーネーション

●ワタアブラムシ（p.343）

被害葉：すす病が発生し葉は黒くなる。（池田二三高）

ワタアブラムシ成幼虫。（池田二三高）

●ミカンキイロアザミウマ（p.347）

被害：赤い花は花弁に白い小斑点が発生する。（池田二三高）

成虫：夏期は全体黄色であるが，冬期は黒褐色となる。（池田二三高）

カーネーション

●アシグロハモグリバエ（本文p.353）

被害は下位葉に多い。（岩崎　暁生）

卵：長径0.4mm，短径0.2mm程度の長楕円形。一部の成虫食痕内部に産み付けられる。（岩崎　暁生）

カーネーション

幼虫：体長3.5mm程度，黄白色のウジ。(岩崎暁生)

蛹（囲蛹）：長さ1.9〜2.1mm程度の俵状。近縁他種とよく似ている。(岩崎　暁生)

成虫：胸部側面が広く暗色で脚も黒ずむのが特徴である。(岩崎　暁生)

カーネーション

●ハコベハナバエ (p.357)

茎の中に潜っている幼虫。（木村裕）　　幼虫の葉への食入により，白くなって枯れた幼苗。
　　　　　　　　　　　　　　　　　　　　　　　　　　　　　　　　（木村裕）

新芽に食入されて，新芽と新葉がなくなった株。（木村裕）

幼虫の潜入を受けた茎。先の部分は生気がなくなる。
（木村裕）

103

カーネーション

●オオタバコガ（p.359）

被害：つぼみや花を食害する。葉の食害は少ない。
（池田二三高）

雌成虫：前翅の色は、黄茶色から赤茶色と変異が大きい。
（池田二三高）

●ハスモンヨトウ（p.363）

葉肉が食害されて白変した葉が、はじめ圃場内で部分的に発生。
（吉松英明）

カーネーション

●シロイチモジヨトウ（p.369）

幼虫による被害：花心を食害するので花弁はバラバラとなり落下する。（池田二三高）

幼虫による被害：葉先をつづりあわせて内部から食害。葉先が白変し，虫糞が出ている。（矢野貞彦）

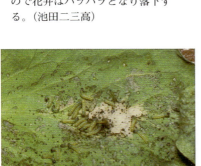

幼虫：孵化幼虫は最初群がって食害する。（矢野貞彦）

老齢幼虫：体色は変化に富むが，毛は少なく腹部下の線が白〜黄色に明瞭に出る。（池田二三高）

成虫：体色は灰褐色・前翅は細長く，中央に黄褐色の円形斑紋がある。（池田二三高）

ガーベラ

病気…………

● モザイク病 (p.379)

新葉が緑色濃淡のモザイク症状を呈する。(米山伸吾)

● えそ輪紋病 (p.385)

トマト黄化えそウイルス (TSWV) によるえそ病。一部の葉脈や葉脈に沿った部分が赤色となる。(植松清次)

ガーベラ

● えそ輪紋病 （本文 p.385）

発病初期の症状：葉に緑色濃淡のモザイク症状が現われることが多い。（加藤公彦）

発病初期の症状：葉に退緑輪紋症状も現われる。（加藤公彦）

発病中期の症状：株はわい化し，株全体の緑が淡くなる。（加藤公彦）

ガーベラ

発病後期の症状:葉に赤紫色のえそ輪紋や葉脈えそが現われる。
(加藤公彦)

花の症状:花色がまだらになることもある。(加藤公彦)

ガーベラ

●**株枯病**（本文 p.389）

収穫期初期の病徴：下位葉から萎れ，しだいに株全体に広がり後に枯死する。胞子の飛散により花梗の中頃から褐変，萎凋している。（菅野博英）

苗の症状：初め下位葉が黄化し，しだいに株全体に広がり萎凋・枯死する。
（菅野博英）

ロックウール栽培の地際部に発生した，子のう殻（橙赤色）と分生子塊（淡桃色～白色）。診断の目安となる。
（菅野博英）

ガーベラ

収穫期初期の症状：下位葉から萎れ，枯死している。（菅野博英）

収穫期中期の症状：
数株まとまって発生。
（菅野博英）

ガーベラ

●**紫斑病**（本文 p.395）

葉に紫褐色の小斑点を形成する。（竹内　純）

病斑周辺部から黄化し，葉枯れを起こす。（竹内　純）

ガーベラ

子座上に分生子柄が数本生じ，分生子が形成される。（竹内　純）

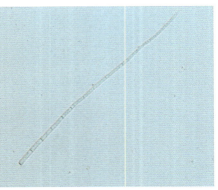

分生子は単生，無色，先細糸状，真直〜やや湾曲，表面平滑，基部截切状肥厚，4〜19隔壁である。（竹内　純）

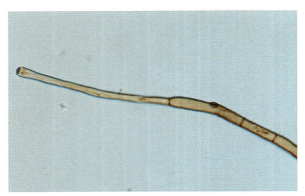

分生子柄は淡褐色〜褐色，長円筒形0〜3屈曲，分生子脱落痕は明瞭である。（竹内　純）

ガーベラ

● 斑点細菌病 (p.393)

初期病斑。暗色，不正形の水浸状斑。（陶山一雄）

葉縁部に形成されたクサビ型病斑。（陶山一雄）

典型的病斑を形成した発病株。病斑は葉身部および葉縁部に形成される。（陶山一雄）

ガーベラ

●うどんこ病 (p.397)

葉にうっすらとうどん粉をふりかけたようになるが，他の作物のように真っ白な粉ではないので，ほこりと誤り気がつかない場合が多い。(植松清次)

葉の生気を失い黄化。左は健全葉。(植松清次)

●疫病 (p.399)

茎葉が青枯れるように萎ちょうする。(植松清次)

ガーベラ

● **菌核病**（p.403）

灰褐色に軟化腐敗して葉がしおれる。（植松清次）

白色綿状の菌糸で覆われている。菌核はまだ形成されていない。（植松清次）

白色の未熟菌核を形成しつつある状態。成熟すると菌核は黒色となる。（植松清次）

● **炭疽病**（p.409）

葉に生じた炭疽病による褐色の小病斑。（植松清次）

ガーベラ

● 根腐病 (p.411)

葉がはじめ青枯れ，後にかさかさに乾燥。(植松清次)

水耕栽培では，はじめ数株，しだいにレーン全体に萎ちょうする。(植松清次)

根が褐変する。(植松清次)

ガーベラ

● 灰色かび病 （p.415）

地際部に生じた灰色かび病。
灰色のカビを密生している。
（植松清次）

花梗に発生し，葉に転移した灰色かび病。
（植松清次）

葉に発生した灰色かび病の輪紋症状。
（植松清次）

● 斑点病 （p.419）

不正形の褐色病斑が古い葉に認められる。（植松清次）

ガーベラ

●半身萎凋病（p.421）

はじめ下葉が黄化し、萎凋した株。（植松清次）

葉脈が紫色になり、萎凋した葉。（植松清次）

葉の症状。葉脈が侵され、半身が黄化したり、片側に湾曲した葉。（植松清次）

根の維管束が褐変している。
（植松清次）

ガーベラ

●**青かび病**（本文 p.425）

典型的な症状：花弁裏に形成した緑～黒色，すじ状の病斑（上）。花弁先が黒変腐敗する（下）。(鈴木　幹彦)

花弁に形成した青緑色の分生子。(鈴木　幹彦)

ガーベラ

● 茎腐病 （本文 p.427）

典型的な症状：地際部が褐変腐敗しているが，根の褐変はみられない。（鈴木　幹彦）

畑での発病：地際の葉柄，クラウン部が褐変腐敗する。（柴田　茂樹）

ガーベラ

●花腐病 （本文 p.429）

花弁，花心の褐変。
（鈴木　幹彦）

左；無接種，中央；花腐病，右；灰色かび病菌：灰色かび病菌は灰色のカビを形成するが，花腐病は褐変し，暗褐色の分生子を形成する。（鈴木　幹彦）

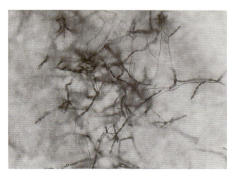

連鎖した分生子：病斑部に棍棒状の分生子を連鎖状に形成する。（鈴木　幹彦）

121

ガーベラ

●ピシウム根腐病 (本文p.431)

典型的な症状：根が褐変腐敗することで，株が萎凋する。
（佐々木　麻衣）

連続した萎凋株：うねに沿って連続して萎凋株が発生する。
（佐々木　麻衣）

卵胞子：ピシウム根腐病菌の卵胞子。罹病残渣内に残存して感染源となる。（鈴木　幹彦）

ガーベラ

害虫…………

● チャノホコリダニ （p.433）

葉の被害：芽に寄生。十分展葉せず，葉の表裏，葉柄が褐変する。
（池田二三高）

被害の進んだ株：新芽の伸びが悪く，株全体が萎縮する。（池田二三高）

被害の進んだ花：つぼみに寄生。花弁に汚斑が発生したり枯れたりする。（池田二三高）

卵：新芽や葉柄の毛茸の中に産卵。卵の表面には白斑がある。
（池田二三高）

ガーベラ

●オオタバコガ（p.435）

花を食害中の成熟幼虫。（池田二三高）

若齢幼虫と花の被害：花心を食害する。（池田二三高）

雌成虫：前翅の色は，黄茶色から赤茶色と変異が大きい。
（池田二三高）

ガーベラ

● マメハモグリバエ （p.439）

葉の被害：葉表に幼虫食害による不規則な線状の被害痕が発生。
（池田二三高）

吸汁痕，産卵痕：展葉中の葉表に雌があけた小白斑が発生。
（池田二三高）

成虫：黄色と黒のハエ。
（池田二三高）

蛹：成熟した幼虫はすべて地上に落ちて蛹化する。（池田二三高）

ガーベラ

●オンシツコナジラミ（p.443）

被害葉：排泄物により全体にすす病が発生し黒ずむ。（池田二三高）

成虫の寄生状況：新葉の葉裏一面に寄生する。（池田二三高）

成熟幼虫：体に長い刺毛状の突起がある。（池田二三高）

成虫の拡大：翅はほとんどとじている。（池田二三高）

ガーベラ

●ワタアブラムシ（p.447）

花の被害：つぼみに寄生した個体が開花中に増殖。（池田二三高）

花に寄生した成幼虫：花寄生の黒いアブラムシはほぼワタアブラムシ。（池田二三高）

つぼみに寄生した成幼虫：夏に寄生の個体は，黄緑が多い。
　　　　（池田二三高）

ガーベラ

● カンザワハダニ (p.453)

花の被害：花弁にシミが生じたり，一面糸が張ったりする。(池田二三高)

葉の被害：葉の色があせ，黄緑となる。枯れることはない。(池田二三高)

活動中の雌：えんじ色で近くには常に卵が見られる。(池田二三高)

休眠中の雌：真冬には朱色となり，摂食も産卵もしない。(池田二三高)

ガーベラ

●ミカンキイロアザミウマ (p.457)

雌成虫：体長1.5mm前後で紡錘形。体色は夏期は黄〜淡褐色であるが，秋〜春には黒褐色になる。（片山晴喜）

濃色花弁の品種での被害。食害された花弁が筋状に退色する。（片山晴喜）

淡色花弁の品種での被害。食害された花弁は褐色のかすり症状となる。

（片山晴喜）

カスミソウ

病気…………

●疫病 (p.491)

茎が褐変し，葉がしおれて枯れる。(米山伸吾)

分枝した枝が褐変して枯れる。地際部の茎，葉は緑色のままれる。(米山伸吾)

●菌核病 (p.493)

茎が褐変して白色綿毛状のカビを生じ，後にネズミの糞状の黒色の塊り（菌核）を形成する。(米山伸吾)

ガザニア

病気…………

● うどんこ病（本文 p.467）

白色～灰白色粉状の菌叢におおわれた鉢植えのガザニア病株。（丹田誠之助）

ガザニア

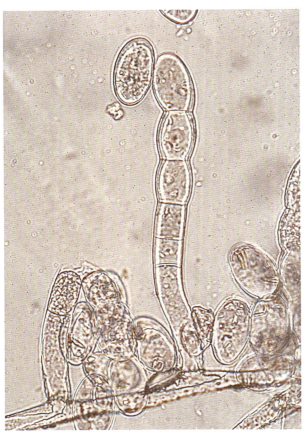

罹病葉上に形成した分生子柄（中央の柱状の部分）と分生子（分生子柄の上部の楕円形のもの）。（丹田誠之助）

ガザニア

●葉腐病（本文 p.471）

葉身の病徴：地際部の茎葉に褐色不整形の病斑が現われる。（菅原　敬）

罹病部の菌糸：罹病部には，しばしば白色～淡褐色のクモの巣状の菌糸が見られる。（菅原　敬）

ガザニア

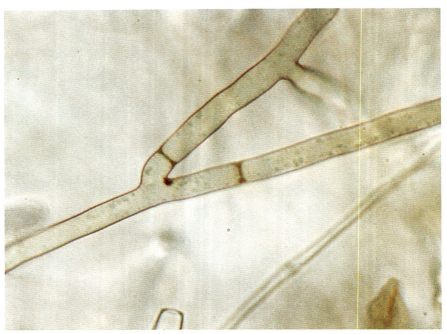

菌糸の分岐部付近：隔壁は分岐部の付近にできる。（菅原　敬）

ガザニア

●菌核病（本文p.473）

葉・茎・花の症状：花壇で発病し，葉，花茎などが侵されている。（我孫子　和雄）

病斑上のカビと菌核：花茎の病斑上に生じた綿状のカビと菌核。
（我孫子　和雄）

ガザニア

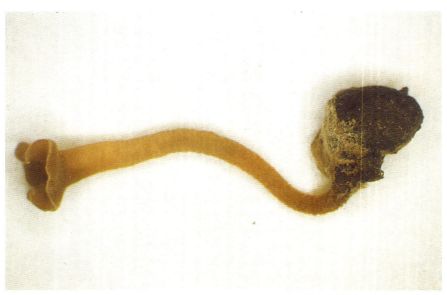

子のう盤：病原菌の菌核から子のう盤が生じている。（我孫子　和雄）

子のう盤（拡大写真）。（我孫子　和雄）

ガザニア

●炭疽病 (本文 p.477)

末期症状:葉は全体的に褐色から黒色となり枯死する。(本橋 慶一)

初期病徴:葉にやや窪んだ褐色から黒色の病斑が生じる。(本橋 慶一)

花序枯死:花序や茎が黒色となり枯死する。多数の分生子層を形成する。
(本橋 慶一)

花弁:開花期に感染すると,花弁がねじれた状態になる。(本橋 慶一)

ガザニア

分生子層：病斑上の小黒点（分生子層）。（本橋　慶一）

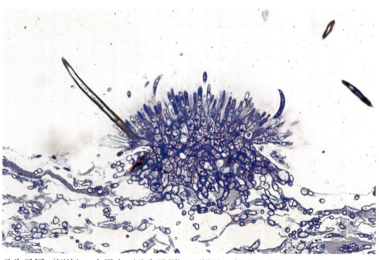

分生子層（切片）：小黒点（分生子層）の断面。（本橋　慶一）

ガザニア

●ミカンキイロアザミウマ（本文p.479）

花弁の被害：成幼虫が花弁を吸汁する。
（柴尾　学）

花弁の被害：花弁が変形し，部分的に脱色する。
（柴尾　学）

雌成虫：体長1.5～1.7mm，体色は淡黄色から褐色で変異が大きい。（柴尾　学）

ガザニア

●ハマキムシ類（本文 p.483）

ウスアトキハマキ老齢幼虫：体長2cm，淡黄緑色で，頭部は黒色である。（柴尾　学）

クローバーヒメハマキによる巻葉被害：幼虫は葉を巻き込み，内部に潜んで葉を透かし状に食害する。

（柴尾　学）

ガザニア

●アワダチソウグンバイ（本文 p.485）

被害のようす：葉がカスリ状に見える。（根本　久）

ガザニア

葉裏面の成虫：黒い虫糞が点々と見られる。（根本　久）

葉裏面の幼虫コロニー：黒い虫糞が点々と見られる。（根本　久）

カンナ

病気…………

● モザイク病（p.497）

葉脈に沿って条斑状に淡い黄緑色のモザイク症状を呈する。（米山伸吾）

● 黄色斑紋病（p.499）

はじめ葉脈に沿って条斑状にやや黄色のモザイクとなる。
（米山伸吾）

葉脈に沿って黄白色の条斑状の斑紋となる。（米山伸吾）

カンナ

● 茎腐病（p.501）

左：初期症状。茎（葉鞘）の表面の水浸状の輪郭不鮮明なカスリ模様の予徴。4～5日ではっきりした病斑の形をとる。
右：地際部の暗褐色，雲紋状の病斑と，孤立した島状の病斑。

（高野喜八郎）

左：花茎を包む葉鞘に現われた病斑。
右：激発すると立枯れ症状を呈する。

（高野喜八郎）

若い菌糸。直角に近い角度で分岐して太い。隔壁部で少しくびれる。（高野喜八郎）

菌核表面や菌そうの輪帯部の樽型をした厚膜細胞。

（高野喜八郎）

カンパニュラ

病気…………

灰色かび病（本文p.521）

鉢物用品種の葉：多湿条件では灰褐色の分生子を形成する。（上左） （菅原　敬）

切花用品種の葉にやや輪紋を伴った病斑（上右） （菅原　敬）

分離菌の分生子（右） （菅原　敬）

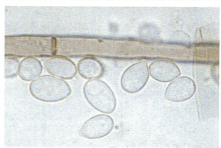

●根腐病（本文p.517）

発病の症状：茎には茶褐色の病斑が形成されて，腐敗する。根も褐変腐敗する。

（米山伸吾）

カンパニュラ

● 褐斑細菌病（本文 p.525）

発病中期：中肋に発生した暗褐色条斑。（白川　隆）

発病後期：褐条細菌病による枯死株。（白川　隆）

発病初期：噴霧接種によって本葉の中肋に発生した条斑。（白川　隆）

発病中期：本葉に発生した不整型褐色斑点。（白川　隆）

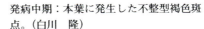

カンパニュラ

● 根朽病 （本文 p.527）

病徴：生育不良～萎凋、倒伏する。（(株) サカタのタネ）

分生子殻（上）と分生子（下）：分生子殻は埋生～まれに外生し、黒褐色、球形～類球形。分生子は紡錘形で無色、単細胞～ごくまれに1隔壁2細胞。（(株) サカタのタネ）

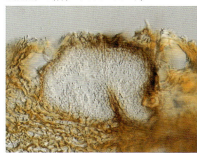

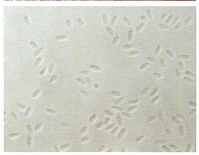

病徴：地際病患部の断面。（(株) サカタのタネ）

分生子殻：地際部表面に形成された分生子殻。（(株) サカタのタネ）

147

カンパニュラ

● さび病 （本文 p.529）

葉表面の病徴。（牧野　華）

葉裏面の病徴。（牧野　華）

さび病菌の夏胞子。（牧野　華）

カンパニュラ

病気…………

● **白絹病**（p.507）

地際部の茎が褐変腐敗し，根も腐敗する。株が枯れた後には，茎や根全体に白色から後に褐色となる粟粒大の菌核を形成する。（米山伸吾）

● **斑点病**（p.511）

はじめ褐色で円形の小斑点を生じる。（米山伸吾）

病斑が拡大すると，やや円形あるいは不正形で暗褐色または黒褐色になる。（米山伸吾）

● **菌核病**（p.513）

地際部の茎が暗色になり，白色綿毛状のカビを生じて腐敗。株は倒れて枯死する。（米山伸吾）

149

キキョウ

病気…………

●モザイク病（p.533）

中～上方の葉が淡緑色のモザイク症状になる。（米山伸吾）

葉のモザイクがひどくなると淡緑色部が黄化する。（米山伸吾）

キキョウ

● 茎腐病 （p.535）

地際部の茎が褐変腐敗し，葉が黄色くしおれて枯れる。
（米山伸吾）

根茎から生長した茎が上方まで褐変腐敗し，葉柄も褐変する。
（米山伸吾）

茎の褐変腐敗は表面から内側へと進行し，内部の腐敗がひどくなると株は枯れる。（米山伸吾）

キキョウ

●葉枯病 (p.537)

円形または不正形の褐色病斑を形成。(米山伸吾)

拡大すると円形ないし不正形で褐色～暗褐色でやや乾いた病斑になる。(米山伸吾)

●斑点病 (p.539)

円形または不正形の病斑を生じる。(米山伸吾)

葉脈に区切られてやや角型の病斑になることもあるが、病斑上に小黒粒点を生じる。(米山伸吾)

キキョウ

● 立枯病（本文p.541）

茎が倒れて枯れる。ひどいと畑のあちらこちらに被害株が発生。（米山　伸吾）

根茎や地際部の茎が褐変腐敗すると、葉が黄色くしおれて枯れる。
（米山　伸吾）

根茎の肩の部分が褐変腐敗し、そこから生じる茎も褐変腐敗する。
（米山　伸吾）

キキョウ

● 灰色かび病 （本文 p.543）

花弁に現われた淡褐色の病斑。（堀田　治邦）

病斑上に形成された黒色の小菌核。（堀田　治邦）

● 半身萎凋病 （本文 p.545）

被害株の葉の症状：葉縁部からくさび形に黄化，褐変し葉枯れを起こす。
（竹内　純）

株全体の萎凋症状：病徴は上位葉に進展し，株全体が萎凋し枯死する。
（竹内　純）

キキョウ

害虫…………

● キキョウヒゲナガアブラムシ（p.547）

葉裏に集団で吸汁加害する成幼虫。（木村裕）

つぼみの萼片に寄生した成幼虫。（木村裕）

キキョウ

●キキョウアブラムシ (p.549)

葉裏からの吸汁によりほとんどの葉が黄変した株。(木村裕)

葉裏に寄生した成虫(白色で黒色の帯がある)と幼虫(白色)。(木村裕)

吸汁により葉の黄変が下葉からあがってくる。(木村裕)

キク

病気………

●ウイルス病（p.557）

キクBウイルスによる退緑斑（品種：ミスルトー）。
（栃原比呂志）

キクBウイルスによる退緑斑（種類：小菊）。
（栃原比呂志）

キク微斑ウイルスによる花の退色。左は健全（種類：実生ギク）。
（栃原比呂志）

キク微斑ウイルスによる退緑斑紋（品種：金天龍）。（栃原比呂志）

キク

●ウイルス病（つづき）

上：トマト黄化えそウイルスによる退緑斑。やがて黄化，枯死する。下：トマト黄化えそウイルスで黄化，枯死した葉。（守川俊幸）

トマト黄化えそウイルスによる茎のえそ症状。まず維管束とその周辺が褐変し，髄部に及ぶ。（守川俊幸）

●わい化病 (p.575)

草丈の低い株がわい化病発病株。開花の早期化も見られる（品種：新精興）。
（栃原比呂志）

キクわい化ウイロイドによる退緑斑。検定植物として利用される（品種：ミスルトー）。（栃原比呂志）

キク

●茎えそ病（本文 p.567）

葉の被害：キク茎えそウイルスにより黄化，枯死した葉。（松浦　昌平）

茎の被害：葉柄基部に発生した茎えそ症状。（松浦　昌平）

159

キク

葉の被害：上；退緑斑。
下；退緑，えそ輪紋。
（松浦　昌平）

キク

● えそ斑紋病 （本文 p.571）

退緑斑のほか，わずかにえそも見られる。（近藤　亨）

病徴：インパチエンスネクロティックスポットウイルスによる退緑斑（中央の個体の中位葉）。（近藤　亨）

アザミウマ接種による退緑斑。（近藤　亨）

キク

● 退緑斑紋病 (本文p.579)

病徴：若い葉に退緑斑紋やクロロシスが見られる。病徴が一時的に回復することがあるので生理障害と混同することもある。(松下　陽介)

キク

●根頭がんしゅ病（p.581）

発病初期：地際部に白色の小さなコブをつくり，それが肥大して1cm大の淡褐色のがんしゅとなる。茎の上部に傷がつくとその部分にもがんしゅを生じることがある。（太田光輝）

発病中期：がんしゅは茎の周辺に拡大して，古いがんしゅの近くに新しい白いがんしゅをつくる。（太田光輝）

発病後期：発病後1年を経過すると，がんしゅは2〜3cm大になり，黒変してもろくなる。根部にもがんしゅがみられ側根はほとんど発生していない。地上部は黄化し，重症株は枯死する。（太田光輝）

キク

●斑点細菌病 (p.585)

発生状況。下葉の発病葉を除去してある。(堀田治邦)

葉縁から進行している黒色病斑。(堀田治邦)

水浸状に現われた黒色の病斑。(堀田治邦)

キク

●花腐細菌病（本文p.589）

花首の折れ曲がり症状：発病が花首まで達すると，花首が折れ曲がる。蕾の状態でも同様の症状がみられる。（尾松直志）

茎の腐敗症状：花芯部分が黒変する。花芯部分からしだいに花首へと進展し，花首の折れ曲がり症状を示すようになる。開花した場合でも花色が薄く，花持ちも悪い。（尾松直志）

キク

開花前の蕾の褐変：同一株のすべての蕾に発病することはない。同じ摘切れ時期の蕾に発病が集中する傾向がある。（尾松直志）

異常開花：開花前のがく部分に発病すると，発病部の花びらの伸長が遅れ花弁の長さが不揃いとなる開花異常を示す。また，赤系の品種では発病した花の花色が薄くなる。（尾松直志）

茎の腐敗症状：激しく発病すると花首から花柄，茎へと腐敗が進行する。茎を切り裂いて内部を観察すると，空洞部を伝って下方へ黒変が進行している。（尾松直志）

キク

●軟腐病（p.587）

発病株の立枯れ症状。
（堀田治邦）

茎に沿って現われた黒
色病斑。（堀田治邦）

キク

●黒さび病（p.591）

黒さび病の病斑（右）と褐斑病の病斑（左）の違い。（清水時哉）

葉裏の病徴。（清水時哉）

キク

● うどんこ病 (p.595)

はじめ葉に霜状白色のカビを生じる。
（米山伸吾）

白色のカビが多数形成されると葉の緑色が淡くなって枯れることがある。
（米山伸吾）

● 黒斑病 (p.599)

下葉から発生しやすく，円形で黄褐色ないし黒褐色の病斑を形成。
（米山伸吾）

葉に多数の病斑が形成されると葉が黄化枯死する。（米山伸吾）

キク

● 白絹病 (p.603)

地際部の茎に白色で粗い感じのカビを生じる。(米山伸吾)

病勢が進むと，白色でのちに褐色になるアワ粒大の菌核を茎や株の周囲の地表に多数形成する。(米山伸吾)

● 褐斑病 (p.607)

楕円，円形で黒褐色の病斑となる。(米山伸吾)

キク

● **立枯病** (p.611)

はじめ生育が悪く日中しおれ，地際部の茎が水浸状となって下葉から枯れ上がる。（米山伸吾）

地際部の茎の表面から褐変する。維管束だけが褐変するということはない。（米山伸吾）

ひどいと地際部の茎だけでなく，根も褐変腐敗する。（米山伸吾）

171

キク

● **茎枯病**（p.615）

葉辺から褐変し，葉柄や茎にまで達して枯れる。
（米山伸吾）

育苗中の苗は芽の先や茎が灰褐色に変色し，腐敗して枯れる。（米山伸吾）

挿し芽や苗では下部の葉のつけねから暗色に変色し，腐敗して枯れる。（米山伸吾）

キク

●疫病（p.617）

地際部の茎に暗褐色水浸状の病斑を形成。根も褐変腐敗する。（米山伸吾）

茎にも暗色水浸状の病斑が形成し，葉にも暗褐色の病斑を形成する。（米山伸吾）

キク

● 花枯病 （p.621）

外側の花弁や花弁の先端部から褐変する。（米山伸吾）

病斑は花弁の基部まで変色することはない。
（米山伸吾）

● 花腐病 （p.623）

花の基部が侵されて花弁が褐色に腐敗する。
（米山伸吾）

蕾や開花しはじめに侵されると，褐変腐敗によって開花せずに枯れる。（米山伸吾）

キク

●変形菌病
　　(p.625)

土と接する葉に発生しやすく，葉に塊状のカビを生じる。
（米山伸吾）

同様の塊状のカビは葉柄にも発生する。
（米山伸吾）

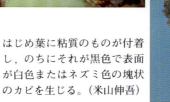

はじめ葉に粘質のものが付着し，のちにそれが黒色で表面が白色またはネズミ色の塊状のカビを生じる。（米山伸吾）

塊状のカビは鑑賞用のキクの鉢にも生じる。
（米山伸吾）

キク

●萎ちょう病 (p.627)

葉がしおれ，ひどいと枯れる。（米山伸吾）

根が褐変腐敗する。（米山伸吾）

キク

●褐さび病（p.631）

葉に淡褐色で盛り上がった小斑点を形成する。
（米山伸吾）

他のさび病が葉の裏面に病斑を形成するのに対し，本病は葉の表面に盛り上がった淡褐色の斑点を多数形成する。
（米山伸吾）

●白紋羽病（p.635）

株全体が何となく生気を失う。比較的元気な腋芽もあるが，最後にはしおれて枯れる。（米山伸吾）

キク

●べと病 （p.639）

はじめ葉に境界のはっきりしない退緑色斑を生じる。（米山伸吾）

進展すると葉脈に区切られたやや角型の病斑になる。（米山伸吾）

●葉枯病 （p.643）

はじめは小さな斑点であるが，拡大すると葉脈に区切られた扇状の病斑になる。（米山伸吾）

病斑は葉脈に区切られて褐色扇状となる。（米山伸吾）

キク

●**斑点病**（p.645）

病斑は径1cm前後の暗色に拡大し，小黒粒点を形成する。
（米山伸吾）

●**黒点病**（p.647）

病斑の周囲が紫褐色となり，輪紋を有する。（米山伸吾）

病斑は拡大すると中央部がやや灰色がかり，輪紋を有する。
（米山伸吾）

キク

● 白さび病 (p.651)

葉の表側から見た病斑。円形・乳白～白黄色の斑点が見える。(内田勉)

葉の裏側から見た病斑。乳白の小斑から淡褐色の冬胞子堆まで見える。(内田勉)

葉の裏側の冬胞子堆。大きな冬胞子堆のまわりに小さな冬胞子堆も見える。(内田勉)

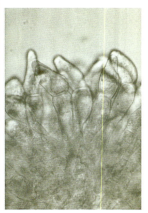

冬胞子堆をつくっている冬胞子。(内田勉)

キク

● 青枯病 (p.657)

苗の定植後に侵されると葉が緑色のまま急にしおれて枯れる。(米山伸吾)

葉が緑色のまま急にしおれ, やがて枯れる。(米山伸吾)

葉が緑色のまましおれると, 茎の表面に褐色病斑が生じ, 枯れると根が褐変腐敗している。茎の維管束も褐変。(米山伸吾)

キク

● 菌核病 (p.659)

葉に現われた淡褐色の病斑。(堀田治邦)

● 灰色かび病 (p.661)

葉に現われた暗褐色の病斑。(堀田治邦)

葉全体の枯死。(堀田治邦)

キク

●半身萎凋病（p.665）

発病株全体の萎凋。（堀田治邦）

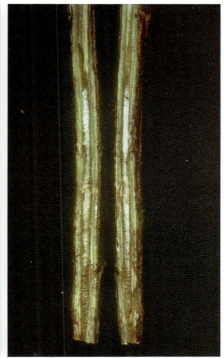

維管束の褐変。（堀田治邦）

キク

● 赤かび病 (p.669)

花蕾にだけ発生する。
(堀田治邦)

花蕾の病徴：花弁が淡褐色になり未展開のまま腐敗する。(堀田治邦)

*Fusarium avenaceum*の大型分生子。(堀田治邦)

キク

● ピシウム立枯病（本文 p.675）

圃場での病徴（開花前植物体全体に発生）
（築尾嘉章）

キクピシウム立枯病菌の卵胞子（*Pythium oedochilum*）：根組織内に卵胞子を形成して越冬する。（月星隆雄）

キク

根の病徴：根全体が褐変〜黒変し，根量が減少する。植物体は中位葉まで枯れ上がる。(築尾嘉章)

挿し穂（苗）の病徴：挿し穂で根腐れを起こし，地際部茎表面が上部に向かって褐変する。(築尾嘉章)

キク

● フザリウム立枯病 （本文 p.679）

圃場での発生状況（重症）：下葉の萎凋・枯死により枯れ上がる。（築尾 嘉章）

圃場での発生状況（軽症）：下葉の黄化，萎凋が見られる。（築尾 嘉章）

接種による病徴再現：地際部の茎と根に褐変が見られる。根量も減少している。（伊藤 陽子）

187

キク

● 苗腐敗病 （本文 p.683）

挿し穂先端部の腐敗：
挿した部位が発根せず
腐敗する。（佐藤　衛）

発根部の被害：発根したものでも根は褐変し，生育不良となる。（築尾　嘉章）

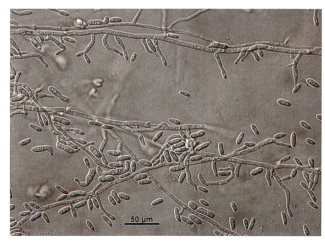

分生子：無色で平滑・紡錘形で2細胞。（築尾　嘉章）

キク

●小斑点病 （本文p.671）

花病徴：アナスタシアの花弁に発生したもの。（西　菜穂子）

初期の症状。（西　菜穂子）

キク

後期の症状。(西 菜穂子)

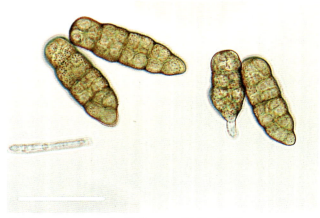

分生子：スケールのバーは20μm。(月星 隆雄)

キク

●葉枯線虫病（本文p.685）

下葉に葉脈に区切られた黄色部が見られる。（米山伸吾）

初期に侵入した部分は褐色に枯死し，後期に侵入した部分は黄色に変色する。（米山伸吾）

キク

太い葉脈を挟んで最初に侵入した部分は褐変枯死し，後から侵入した部分は黄変しているのみである。(米山伸吾)

キク

害虫…………

● ネグサレセンチュウ類 （本文 p.689）

キタネグサレセンチュウによる被害。草丈が低くなるなど生育が不揃いとなる。
（大野　徹）

キタネグサレセンチュウによる根部被害。加害により根部が腐敗し大部分が脱落してしまっている。
（大野　徹）

キクの根部から分離したキタネグサレセンチュウ。左から雄成虫，雌成虫，幼虫。
（大野　徹）

キク

● マメハモグリバエ （本文 p.695）

黄色と黒のまだら模様を呈する。体長約2mm。（西東　力）

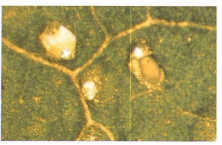
卵は葉の中に1粒ずつ産みつけられる。（西東　力）

葉にトンネルをつくり線状に食害する。糞粒は連なる。（西東　力）

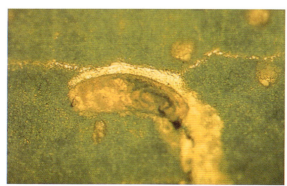
草刈り鎌のような口器で葉の組織をかきとるようにして食害する。（西東　力）

葉から脱出した幼虫は地上で蛹となる。（西東　力）

キク

幼虫の食害痕によって葉は白っぽくみえるようになる。（西東 力）

成虫による摂食・産卵痕は白っぽい小斑点となって残る。（西東 力）

●キクキンウワバ（p.701）

成虫。前翅の金色の斑紋が目立つ。灯火によく飛来する。（大野徹）

中齢幼虫と被害。（大野徹）

195

キク

● ハダニ類 (p.703)

葉の被害。被害が全体に及ぶと葉表がざらざらした感じになる。(大野徹)

花の被害。高密度になると上方に集まり糸を張って歩行するようになる。(大野徹)

ナミハダニ雌成虫(黄緑型)。(大野徹)

カンザワハダニ雌成虫。(大野徹)

キク

●タバコガ類（p.709）

オオタバコガ幼虫。キクでは緑色をしたものが多い。（大野徹）

タバコガ幼虫。オオタバコガよりも黒点が目立つ。（市川耕治）

オオタバコガ成虫。後翅に黒帯がある。（大野徹）

キク

●アブラムシ類（p.713）

新芽に群がるワタアブラムシ。白く見えるのは脱皮殻。中央やや右上には天敵のヒメカメノコテントウが潜んでいる。（大野徹）

ワタアブラムシ成幼虫。色彩が異なる個体が混在する。（大野徹）

キク上位の茎に頭を下に向けて群生するキクヒメヒゲナガアブラムシ。（大野徹）

未展開の柔らかい葉裏に寄生するキクヒメヒゲナガアブラムシ。
（大野徹）

キク

● ハスモンヨトウ（p.719）

雄成虫。前翅に斜めの白紋がある。（大野徹）

中齢幼虫。体前半部分の一対の黒紋が特徴。
（大野徹）

● シロイチモジヨトウ（p.723）

成虫。前翅にはオレンジ色の小斑が認められ，後翅は薄桃色で透きとおっている。（大野徹）

幼虫。体色は変化に富むがキクでは緑色が多い。
（大野徹）

キク

●ヨトウガ (p.727)

表皮を残し葉肉だけ食害されたキク葉。(大野徹)

集団加害された株。被害がだんだん周辺に広がっていく。(大野徹)

食害する若齢幼虫。若齢のうちはシャクトリ状に動く。(大野徹)

成虫。昼間は物陰にひそみ目立たないが夜間灯火によく飛来する。(大野徹)

キク

●ミナミキイロアザミウマ（p.731）

新芽に寄生する成虫。
（大野徹）

未展開のときの加害により展開葉にケロイド状の被害が生じる。（大野徹）

アザミウマ類を捕食する天敵のタイリクヒメハナカメムシ。（大野徹）

雌成虫（右）と2齢幼虫。（大野徹）

キク

●ミカンキイロアザミウマ（p.739）

新葉の被害：成幼虫に食害された芽が展開すると，葉表に火傷様または引掻き傷様の傷が発生する。（片山晴喜）

雌成虫：体長1.4〜1.7mmで紡錘型，体色は夏は黄色，冬は黒褐色。雄成虫は雌よりやや小型で体色は1年中黄色。
（片山晴喜）

開花初期の被害：花弁が少しのぞく時から，かすり症状などがみえる。花弁の被害は開花とともに進行する。（片山晴喜）

満開期の被害：花弁の内外側に食害痕が発生。淡色の花弁では褐色かすり症状に，濃色の花弁では先端部が退色しやすい。（片山晴喜）

キク

● クロゲハナアザミウマ（本文p.735）

被害葉と幼虫：吸汁加害された部位がカスリ状の被害痕となる。（竹内　浩二）

生長点と被害葉：新芽に潜りこんで吸汁加害されると展開してくる葉は奇形葉となる。（竹内　浩二）

キク

雌成虫（長翅型）：胸部に褐色斑があることが多い。（竹内　浩二）

雌成虫（短翅型）：雄は短翅型，雌は長翅，短翅型とも出現する。（久保田　栄）

幼虫（1齢，2齢）：体表は硬化せず白〜黄色。（竹内　浩二）

キク

●クリバネアザミウマ（本文p.747）

キクの被害：左側；成虫放飼3週間後の被害（下葉から食害される）。（片山　晴喜）

キク

クリバネアザミウマ雌成虫：体長1.2〜1.5mm，褐色。
(片山　晴喜)

クリバネアザミウマ幼虫：腹部背面は虫糞が付着し，黒褐色に見える。尾端に虫糞が付着。(片山　晴喜)

キク

●キクヒメタマバエ (p.751)

幼虫による被害。(池田二三高)

雄成虫。(池田二三高)

キク

●キクモンサビダニ (p.757)

キクモンサビダニにより生じたキクの葉のモンモン症状（黄色輪紋斑）。（根本久）

キクの花上のキクモンサビダニ。（根本久）

加害により変形した葉。（根本久）

加害により変形したキクの花。（根本久）

キクモンサビダニにより生じたキクの茎のさび症状。（根本久）

キク

●アシグロハモグリバエ（本文p.753）

成虫による摂食・産卵痕：直径1mm程度の白い小斑点となって葉表面に残る。（新藤　潤一）

成虫（雌）：体長2mm程度の小さなハエ。（藤村　建彦）

葉内の老齢幼虫（右）と蛹（左）：老熟幼虫の体長は3mm程度、黄白色で葉内を食い進む。（藤村　建彦）

209

キク

幼虫の食害痕（表）：幼虫食害痕は白い線状で、葉脈に沿って発生する傾向が強い。（新藤　潤一）

幼虫の食害痕（裏）：葉裏のほうが食害痕が多い場合があるので、必ず葉裏も確認する。（新藤　潤一）

多発生圃場：幼虫による食害痕が中位葉にまで見られる。（新藤　潤一）

激発時の葉の被害：葉が食害痕により白く見える。（新藤　潤一）

キク

● アワダチソウグンバイ （本文 p.759）

被害のようす：葉がカスリ状に見える。（根本　久）

キク

葉裏面の成虫：黒い虫糞が点々と見られる。
　　　　　　　　（根本　久）

キク（クリサンセマム）

害虫…………

●アブラムシ類（本文 p.765）

<ワタアブラムシ>

ワタアブラムシの成幼虫：体長1～2mm，体色は黄色，暗緑色，灰色などさまざまで，角状管は暗褐色である。
（柴尾　学）

成幼虫が花びらに群生して吸汁する。
（柴尾　学）

<モモアカアブラムシ>

モモアカアブラムシの成幼虫：体長1～2mm，体色は淡赤褐色または淡緑色である。
（柴尾　学）

213

キク（クリサンセマム）

●ナモグリバエ（本文 p.769）

幼虫の食害痕：幼虫が葉の内部を食害するため，曲がりくねった白い筋となる。（柴尾　学）

幼虫（左下）と蛹（中央）：幼虫は体長約2〜3mm，体色は黄白色のうじむしで，蛹は体長約2mm，茶褐〜黒色の俵型である。（柴尾　学）

ギボウシ類

病気…………
● 炭疽病（本文p.773）

自然病徴：植栽地での被害状況。（竹内　純）

発病葉の病斑：病斑が拡大，融合して葉枯れを起こす。（竹内　純）

ギボウシ類

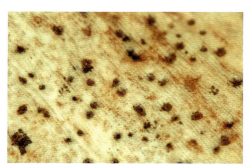
病斑上の菌体：古い病斑上には黒色小粒（病原菌の菌体）が多数生じる。（竹内　純）

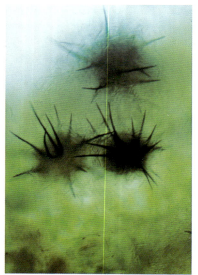
病斑上の分生子層：病斑上に生じた病原菌の分生子層。（竹内　純）

病原菌の分生子。（竹内　純）

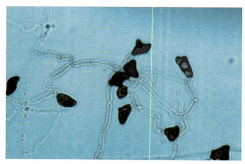
病原菌の付着器（PCA培地）。（竹内　純）

ギボウシ類

病気…………

●白絹病
(p.775)

株元の白色菌糸と葉柄の腐敗。茶色い粟粒状の菌核の形成が見られる。(牛山欽司)

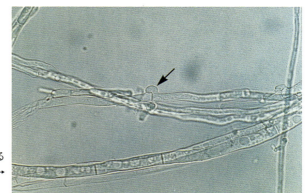

菌糸の隔膜部に見られる特有のかすがい連結(→印部)。(牛山欽司)

白絹病菌の菌核。(牛山欽司)

キンギョソウ

病気……………

●疫病 (p.783)

大きく育った株の地際部の茎が暗緑色に軟化して葉が枯れる。乾燥すると茎の病斑の進展は止まるが、株は枯れる。(米山伸吾)

●灰色かび病 (p.791)

葉の先端から淡褐色水浸状に軟化し、灰色のカビを生じる。
(米山伸吾)

淡褐色水浸状の病斑は乾燥すると褐変して乾固する。
(米山伸吾)

キンギョソウ

● モザイク病 (p.781)

発病がひどいと株が萎縮して生育不良になる。(米山伸吾)

葉に緑色濃淡のモザイクを生じる。(米山伸吾)

キンギョソウ

●炭疽病 （本文p.789）

病斑はほぼ円形，淡褐色で，はっきりしない輪紋を生じる。（米山伸吾）

キンギョソウ

● 菌核病 （p.795）

株全体のしおれ症状が次々と広がっていく。（外側正之）

発病株は地際部付近の茎から腐敗が始まり，白い菌糸がまとわりついている。（外側正之）

発病株の茎を縦に割ってみると内部にも菌糸が蔓延し，一部の菌糸は固まって菌核を形成しつつある。
（外側正之）

最終的には，茎内部にウサギの糞状の菌核が多数形成される。
（外側正之）

キンギョソウ

● 茎腐病 （p.799）

葉が緑色のまま垂れ下がり青枯れ症状となる。地際付近には小型の褐色斑点が拡大して茎をとりまく。（米山伸吾）

● 葉枯病 （p.803）

典型的な病徴。褐色で輪紋模様をもつ斑点が形成される。
（外側正之）

湿度が高いと，病斑が拡大するとともに雑菌が侵入・繁殖して黒〜濃褐色の汚れた斑点となる。
（外側正之）

キンギョソウ

●うどんこ病（p.787）

葉の表面に白い粉状の菌が見える。ここから胞子が飛び，感染が広がる。（吉成　強）

圃場での発生状況。下位葉から中位葉に典型的な白い病徴が多数見られる。（吉成　強）

キンギョソウ

●うどんこ病

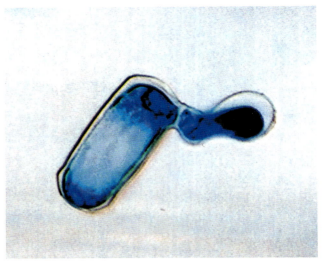

分生子の発芽管は短い棍棒状で cichoracearum 型である。
(伊藤陽子)

病原菌の菌糸。分生子は樽型〜円筒状でフィブロシン体を欠き,鎖生する。付着器は乳頭状〜不明瞭である。(伊藤陽子)

キンギョソウ

● **さび病**（本文p.811）

初期病徴：葉裏に白色斑点を生じる。（青森県）

多発病徴：葉および茎に夏胞子堆が多数形成される。（青森県）

ハローを伴う夏胞子堆：夏胞子堆の周囲にハロー（退緑した輪紋）が見られる。（青森県）

225

キンギョソウ

花器の発病：がくにも夏胞子堆が形成される。（青森県）

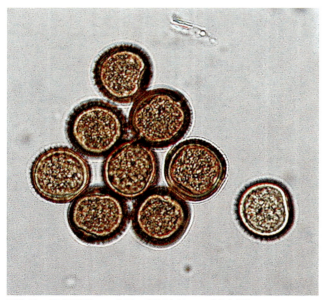

夏胞子：褐色円形で，表面に細刺を持つ。（青森県）

キンギョソウ

● 褐斑病 (p.807)

典型的症状。中央が白色、周辺が褐色。(植松清次)

病斑が拡大しつつあるビロード状の病斑。(植松清次)

茎の病徴。激しく発生した周辺の葉は葉枯れ症状を示している。(植松清次)

キンセンカ

病気..........

●モザイク病 (p.815)

カブモザイクウイルスによるモザイク病。(植松清次)

カブモザイクウイルスによる激しいモザイク症状。
(植松清次)

カブモザイクウイルスによる軽いモザイク症状。
(植松清次)

キンセンカ

●菌核病（p.817）

心葉に現われた症状。湯をかけたような症状となる。（植松清次）

花梗に生じた症状。（植松清次）

株元に生じた症状。暗色に軟化腐敗した症状。白色綿毛状の菌糸が認められる。（植松清次）

キンセンカ

● うどんこ病 (p.819)

地際の茎葉部に生じた症状。(植松清次)

葉での症状。(植松清次)

● 炭疽病 (p.821)

葉での症状。葉が病斑側へ湾曲する。(植松清次)

茎での症状。へこんだ病斑上にサーモンピンクの分生子が認められる。病斑部分から折れやすくなる。

(植松清次)

キンセンカ

●疫病 (p.823)

疫病によって枯死した株。(植松清次)

暗褐色の葉の症状。(植松清次)

株元から発生した疫病。(植松清次)

キンセンカ

●灰色かび病 (p.825)

株元の茎が褐変して倒れ, 暗褐色に腐敗する。
(米山伸吾)

花梗やがくが褐変し花梗は細くなって倒れ, 病斑部分に灰色のカビを生じる。
(米山伸吾)

葉柄が淡褐色に変色して葉が枯れ, 灰色のカビを生じる。
(米山伸吾)

キンセンカ

● 半身萎ちょう病 (p.829)

下葉から黄化してしおれ,ひどいと株全体が枯れる。根は褐変腐敗し,茎の維管束は褐変する。(米山伸吾)

● すす斑病 (p.831)

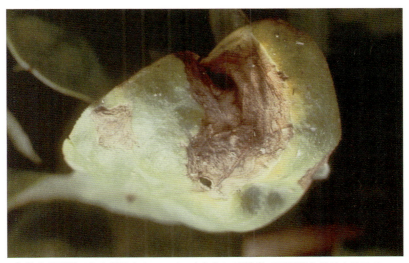

病斑は不正形で中央部はややへこみ,まわりに灰褐色で不明瞭な輪紋を生じる。
(米山伸吾)

キンセンカ

害虫……………

●アブラムシ類 (p.833)

モモアカアブラムシ。花に寄生。（植松清次）

アブラムシの一種。花梗に寄生。
（植松清次）

●カブラヤガ (p.835)

幼虫：夜間活動性で，日中は土中に生息する。

（池田二三高）

キンセンカ

●ヨトウムシ類（p.837）

ハスモンヨトウの幼虫。（植松清次）

シロイチモジヨトウの幼虫。
（植松清次）

●エゾギクトリバ
　　　（p.839）

花に食入した幼虫。
　　（植松清次）

キンセンカ

● ヤサイゾウムシ （p.841）

幼虫：頭部は黒く，動きはきわめて鈍い。体は全体やわらかい。
（池田二三高）

芽や葉の被害。
（池田二三高）

幼虫はつぼみや花も食害する。
（池田二三高）

新芽食入の被害と幼虫：幼虫は新芽にもぐる。成長すると葉も食害する。
（池田二三高）

アオイ類

タチアオイ
ホリホック

●図解・病害虫の見分け方

病気

円形，暗褐色。中央部は灰褐色

斑点病

やや不正円形，淡褐色病斑。中央部に穴があく

炭そ病

害虫

新芽や新葉に小さい穴があき，縁が切り取られる

フタトガリヤガ

葉が巻く

ワタノメイガ

葉が光沢をおび，やがてすす病の発生

ワタアブラムシ

葉の一部または全体に，小さい白～黄緑の点々が発生

カンザワハダニ

幼虫は葉を巻いて食害する

ヒメアカタテハ

葉裏に群生し，葉を湾曲させたり，黄変させる

葉の表面が光り，やがてすす病を誘発

モモアカアブラムシ　　オンシツコナジラミ

軽くたたくと白い虫が飛び立つ

斑点病

英名：Leaf spot

別名：—

病原菌学名：*Cercospora althaeinae* **Sacardo**

《糸状菌／不完全菌類》

[多発時期]　4〜7月，9〜10月

[伝染源]　被害残渣

[伝染様式]　分生胞子の飛散による

[発生部位]　葉，葉柄，茎

[発病適温]　17から18℃〜25から26℃

[湿度条件]　多湿

[他の被害作物]　なし

（1）被害のようすと診断ポイント

最近の発生動向　発生しやすい。

初発のでかたと被害　葉，葉柄および茎に発生する。はじめ褐色の小斑点として生じる。やがて病斑が拡大すると，暗褐色となり，中央部分が灰褐色となる。

多発時の被害　はげしく発病すると病斑に穴があくようになって落葉しやすくなる。病斑上にやや褐色のカビを生じる。

診断のポイント　病斑は暗褐色で中央部が灰褐色となる。病斑上にやや褐色のカビを生じる。

防除適期の症状　発生初期に，小斑点が生じ始めたころから防除する。

類似症状との見分けかた　特になし。

（2）病原菌の生態と発生しやすい条件

生態・生活サイクル　不完全菌類に属し，病斑上にやや褐色の分生胞子を形成して，これが飛散して第二次伝染を起こす。

被害葉や茎の残渣とともに菌糸の塊あるいは分生胞子の形で越年する。分生子柄は褐色で束状に生じ，25〜50×3〜5μmの大きさで隔膜は0〜15個である。

分生胞子は無色，円筒形ないし倒棍棒状でまっすぐであって，大きさは35～123×3～5μm，隔膜は1～9個。翌年，越年した菌糸から分生胞子を生じて周囲に飛散し，第一次伝染する。

発生しやすい条件　多湿条件を好むので，春，秋に比較的降雨が続くと発生しやすい。肥料切れしたときに発生しやすい傾向がある。

(3) 防除のポイント

耕種的防除　被害葉や茎は集めて焼却する。肥切れしたときに発生しやすいので，適切な肥培管理をする。排水不良地で発生しやすい傾向があるので，排水を良好にする。

生物防除　特になし。

農薬による防除　晴天が続くようなときには，散布間隔を2週間おきとする。多湿条件（降雨など）のときには10～7日おきに散布する。肥切れで発生しやすいから，追肥を行なって生育を促進させる。

効果の判断と次年度の対策　2～3回散布して，下～中位葉に新しい病斑が形成されなければ，効果があったと判断される。被害残渣を畑に残さないようにする。

執筆　米山　伸吾（元茨城県園芸試験場）

（1997年）

炭そ病

英名：Anthracnose
別名：－
病原菌学名：*Colletotrichum althaeae* Southworth
《糸状菌／不完全菌類》

[多発時期] 4～7月，9～10月
[伝染源] 被害残渣
[伝染様式] 分生胞子の飛散（降雨が必要）
[発生部位] 葉，葉柄，茎
[発病適温] 22～25から26℃
[湿度条件] 多湿，降雨が続くこと
[他の被害作物] なし

（1）被害のようすと診断ポイント

最近の発生動向 多い。

初発のでかたと被害 主に葉に発生する。はじめ褐色の小斑点を生じる。やがて病斑が拡大すると，やや不正円形で淡褐色から黒色の病斑となり，ひどいと中央部には穴があく。

多発時の被害 病斑は拡大すると葉全面に広がる。葉以外の部分では，褐色の病斑でへこむ。病斑上に黒色の小粒点を形成する。

診断のポイント はじめは褐色の小斑点を生じる。拡大すると淡褐色の病斑となって，中央部が穴があきやすくなる。

防除適期の症状 激発時には病斑上に鮭肉色で粘質の胞子層を形成するので，そのときには展着剤を加用して，1週間おきに十分に散布する。

類似症状との見分けかた 特になし。

（2）病原菌の生態と発生しやすい条件

生態・生活サイクル 不完全菌類に属し，被害残渣とともに菌糸の塊あるいは分生胞子の形で越年する。病斑上に形成された分生胞子は，降雨のさいに水滴とともに周囲に飛散して，第二次伝染する。この分生胞子は粘質物でおおわ

れているので，風だけで飛散せず，必ず雨（あるいは水）を必要とする。

　病原菌は殺生力が強く，葉の表皮組織を貫通して侵入する。侵入してからは葉の組織から養分を吸収して，病斑を形成し，さらにそこに分生胞子層をつくって，分生胞子を生じる。

　発生しやすい条件　窒素質肥料の多用は本病の発生を助長する。排水不良地で多発するので，排水を良好にする。

（3）防除のポイント

　耕種的防除　被害茎葉は摘除して焼却するか土中深く埋める。窒素質の多用をさけ，適正な肥培管理をする。排水不良地では排水を良好にする。敷わらをして，降雨時の水滴のはねかえりを防止する。

　生物防除　特になし。

　農薬による防除　葉に小斑点が形成された頃に散布する。晴天が続くようであれば，散布は必要ないか，2週間おきの散布とする。多発しやすい降雨時には10〜7日おきの散布とする。

　効果の判断と次年度の対策　2〜3回散布して，下〜中位葉に新しい病斑が形成されなければ，効果があったと判断される。被害残渣を畑に残さないようにする。

　執筆　米山　伸吾（元茨城県園芸試験場）

（1997年）

フタトガリコヤガ

英名：Hibiscus caterpillar
別名：―
学名：***Xantodesu transversus*** **Guenee**
《鱗翅目／ヤガ科》

［多発時期］	夏期
［侵入様式］	圃場外からの飛来
［加害部位］	葉
［発生適温］	25〜30℃
［湿度条件］	適湿。ただし，露地栽培では降雨は影響あり
［防除対象］	幼虫
［他の加害作物］	フヨウ，ムクゲなどのアオイ科の植物

（1）被害のようすと診断ポイント

最近の発生動向　並。

初発のでかたと被害　新芽や新葉の一部に小さい穴があいたり，葉縁が切り取られたりの被害が生じる。幼虫は大きくなるにつれて，別の葉に移る。

多発時の被害　葉の穴が多数生じたり，葉縁が切り取られたりする被害が多くなる。

診断のポイント　新芽や新葉の葉の一部に穴があいたり，葉縁が切り取られたりの被害が生じる。葉と同色の幼虫が葉上に見られる。

防除適期の症状　葉の一部に穴があいたり，葉縁が切り取られたりの被害が生じた時。

類似被害との見分けかた　類似の症状はない。

（2）害虫の生態と発生しやすい条件

生態・生活サイクル　5〜10月にかけて，圃場外から飛来して数世代発生する。アオイ科の植物のみに発生する。蛹化は土中で行なわれる。発生量は作物により異なるが，その作物の葉の生長量が多い時に発生が多くなる。

発生しやすい条件　栽培面積または栽培鉢数が多い時，平野部での栽培，露

地栽培では多発生する。

（3）防除のポイント

耕種的防除　施設栽培では，換気窓に4mm目合いの防虫網を張り，成虫の飛来を防ぐ。

生物防除　なし。

農薬による防除　穴あきや切れ葉が出た部分の葉から上位の葉を重点に，農薬を葉裏にかかるように散布する。

効果の判断と次年度の対策　個々には，葉上の幼虫数を調査する。全体には，防除後の葉の穴あき数の量から判断する。

執筆　池田　二三高（静岡県病害虫防除所）

（1997年）

ワタノメイガ

英名：Cotton leafminer
別名：－
学名：*Notarcha derogata* Fabricius
《鱗翅目／メイガ科》

[多発時期]　夏期
[侵入様式]　圃場外からの飛来
[加害部位]　葉
[発生適温]　25〜30℃
[湿度条件]　適湿。露地栽培では，降雨は影響あり
[防除対象]　幼虫
[他の加害作物]　フヨウ，ムクゲなどのアオイ科の植物

（1）被害のようすと診断ポイント

最近の発生動向　並。

初発のでかたと被害　若齢幼虫は，新芽や新葉の葉裏を食害するが，間もなく葉を葉縁から巻き，中から食害をする。幼虫は大きくなると葉の一部を切り取って大きく1枚の葉を巻き，中から食害する。別の葉に代えることがあるが，2枚の葉を上下に合わせて綴ることはない。

多発時の被害　巻き葉が多くなり垂れ下がる。

診断のポイント　若齢幼虫から葉を巻いて加害するので，巻き葉が発生したら，本種の被害である。

防除適期の症状　巻き葉が1〜数葉発生した時。

類似被害との見分けかた　類似の症状はない。

（2）害虫の生態と発生しやすい条件

生態・生活サイクル　5〜10月にかけて，圃場外から飛来して数世代発生する。アオイ科の植物のみに発生する。蛹化は巻き葉の中で行なわれる。発生量は作物により異なるが，その作物の葉の生長量が多い時に発生が多くなる。

発生しやすい条件　栽培面積，栽培鉢数が多い時，平野部での栽培，露地栽

培では多発生する。

(3) 防除のポイント

耕種的防除　施設栽培では，換気窓に4mm目合いの防虫網を張り，成虫の
飛来を防ぐ。

生物防除　なし。

農薬による防除　巻き葉が出た部分の葉から上位の葉を重点に，農薬を葉裏
にかかるように散布する。

効果の判断と次年度の対策　個々には，巻き葉の中の幼虫数を調査する。全
体には，防除後の巻き葉数の量から判断する。

執筆　池田　二三高（静岡県病害虫防除所）

（1997年）

ヒメアカタテハ

英名：Painted lady
別名：ヒメタテハ
学名：*Cynthia cardui* **(Linnaeus)**
《チョウ目／タテハ科》

[多発時期] 6〜10月
[伝染・侵入様式] 圃場外からの成虫の飛来
[発生・加害部位] 葉
[発病・発生適温] 20〜25℃
[湿度条件] 適湿
[防除対象] 幼虫
[他の被害作物] ダイズ，ゴボウ，ヤグルマギクなどキク科植物

(1) 被害のようすと診断ポイント

発生動向　並。

初発のでかたと被害　幼虫が葉をつづって食害する。

多発時の被害　被害は突発的で，大きな被害にはならない。

診断のポイント　幼虫が葉をつづって食害する。

防除適期の症状　幼虫が葉をつづって食害する。

類似症状・被害との見分けかた　幼虫は葉を巻いて内部から食害する。葉を巻くチョウ目害虫には，ワタヘリクロノメイガやワタノメイガがあるが，これらの幼虫は芋虫状であるのに対し本種は黒い毛虫状で，老熟幼虫は黒褐色をした体長35〜40mmであるので簡単に区別できる。

(2) 病原・害虫の生態と発生しやすい条件

生態・生活サイクル　成虫は5〜6月から出現し，多化性（年に複数世代を経過すること）で秋にニラなどの花で成虫の飛来個体が見られる。

発生しやすい条件　夏期にはダイズやキク科野菜を加害するが，秋になるとアオイ科植物も加害することもある。

(3) 防除のポイント

耕種的防除　大きな被害となることはなく，見つけるつど捕殺する。

生物防除　なし。

農薬による防除　なし。

効果の判断と次年度の対策　巻葉の増加の有無を調べる。

　執筆　根本　久（保全生物的防除研究事務所）　　　　　　　　　　（2012年）

ワタアブラムシ

英名：Cotton aphid
別名：－
学名：**Aphis gossypii Glover**
《半翅目／アブラムシ科》

[多発時期]　春〜初夏
[侵入様式]　圃場外からの飛来
[加害部位]　葉，花
[発生適温]　20〜25℃
[湿度条件]　適湿
[防除対象]　幼虫，成虫
[他の加害作物]　キク，イチゴ，サトイモ，キュウリなど

（1）被害のようすと診断ポイント

最近の発生動向　多い。

初発のでかたと被害　新芽に寄生した場合は外部から見えるが，葉裏や花に寄生の場合には見えないことが多い。葉の表が光るようになるが，これは上位の葉裏に寄生のアブラムシの排泄物によるものであるため，葉裏の寄生を確認する。

多発時の被害　新芽は萎縮し生長が阻害される。葉の表がますます光り，やがて黒くすす病が発生する。また，多発時は，花にも寄生が始まる。

診断のポイント　たえず新芽の寄生，葉のてかり，葉裏をめくって寄生を確かめる。栽培中は，黄色の粘着板を吊るして誘殺量を見る。夏期のワタアブラムシは黄色の個体が多い（冬期は黒が多い）ので注意する。

防除適期の症状　寄生の確認された時点，誘殺が始まったら直ちに第1回の防除を行なう。

類似被害との見分けかた　葉のてかりは，コナジラミの寄生によることもあるので，必ず葉裏をめくって種の確認を行なう。

(2) 害虫の生態と発生しやすい条件

生態・生活サイクル　周年発生をする。広食性であり，多くの植物に寄生するので飛来源は非常に多い。野外の越冬は，オオイヌノフグリ，タチイヌノフグリ，ホトケノザなどで行なわれることが多いので，圃場周辺では冬期に除草を行なう。

発生しやすい条件　周辺に花，野菜，雑草が多い時期および場所。

(3) 防除のポイント

耕種的防除　圃場周辺の除草。施設栽培では，換気窓に1mm目合いの防虫網を張り，有翅成虫の飛来を防ぐ。

生物防除　なし。

農薬による防除　発生前に土壌処理剤の処理。発生初期に農薬散布。

効果の判断と次年度の対策　散布後の被害，虫数の減少から判断する。

執筆　池田　二三高（静岡県病害虫防除所）

(1997年)

モモアカアブラムシ

英名：Green peach aphid, Peach-potato aphid
別名：アリマキ
学名：***Myzus persicae* (Sulzer)**
《カメムシ目／アブラムシ科》

［多発時期］3〜5月，9〜12月
［伝染・侵入様式］圃場外からの有翅雌成虫の飛来
［発生・加害部位］葉，茎，蕾
［発病・発生適温］15〜25℃
［湿度条件］適湿
［防除対象］幼虫，成虫
［他の被害作物］カーネーション，ナデシコ，キンギョソウ，スミレ類，プリムラ，
　　アサガオ，バラ類，ジャガイモ，ナス，トウガラシ，ピーマン，ダイコン，ハ
　　クサイ，キャベツ，カブ，ブロッコリー，カリフラワー，ワサビ，フキ，ホウ
　　レンソウ，フダンソウ，モモ，スモモなど

(1) 被害のようすと診断ポイント

　発生動向　最も一般的なアブラムシの一種で，アブラナ科植物など非常に多
種の植物を加害する。100種近い寄主植物が知られる多食性のアブラムシで，
春から初夏にかけて増殖した個体群は，暑い真夏には一時的に個体数が減少す
るものの，温度が下がると個体数を増す。世界共通で，日本全土に分布する。

　初発のでかたと被害　アブラムシが葉裏に寄生する。

　多発時の被害　葉が裏側に湾曲したり，黄変することもある。

　診断のポイント　葉裏に寄生したアブラムシがいる。

　防除適期の症状　苗が小さく葉裏に寄生したアブラムシを見つけたとき。

　類似症状・被害との見分けかた　発生の初期はワタアブラムシの被害と区別
しにくいが，葉裏のアブラムシにより確認する。

(2) 病原・害虫の生態と発生しやすい条件

生態・生活サイクル　ワタアブラムシなど他のアブラムシも加害する。本種の無翅胎生雌虫は，体長1.8〜2.0mmで，淡黄白色〜黄緑色〜緑色，赤褐色と変化に富む。体に光沢がある。角状管，尾片が体と同色である。額瘤はよく発達し，顕著に内側に向く。触角は6節で体長より短く，その先端は黒色である。第二次感覚孔はない。体背面の毛は胸，腹では短いが頭部ではやや長い。角状管は長円筒形で中央〜先部が，かすかに膨れる個体が多い。この点で寄主植物が同じ近似種と区別できる。有翅胎生雌虫は胸部が黒く，腹部は黄〜緑で，腹部背面に大形の斑紋をもつ。触角第二次感覚孔は円形で，第3節に6〜17個あるが，第4〜5節にはない。

発生しやすい条件　春から初夏にかけて増殖した個体群は，暑い真夏には一時的に個体数が減少するももの，温度が下がると個体数を増す。発生は年により変動するが，比較的乾燥ぎみの年に発生が多い。

(3) 防除のポイント

耕種的防除　施設開口部に防虫ネットを展張し，成虫の飛来を防止する。

生物防除　なし。

農薬による防除　花卉類のアブラムシ類を対象とした登録薬剤数は多く，防除法に合わせての選択が可能である。殺虫剤処理による害虫のリサージェンスを回避するため，有機リン，カーバメート，合成ピレスロイド剤の散布はひかえることが賢明である。防除剤としては，散布剤ではなく粒剤の使用を中心に行なう。粒剤は散布剤と比較して残効果が長いばかりでなく，直接天敵と接触する機会が少ないので，散布剤と比較すると若干悪影響の度合いは小さいと考えられる。

効果の判断と次年度の対策　処理後1，3，7，14日と葉裏を観察し，減少の程度を観察する。

　　執筆　根本　久（保全生物的防除研究事務所）　　　　　　　（2012年）

モモアカアブラムシ

主要農薬使用上の着眼点（根本 久, 2012）

（回数は同一成分を含む農薬の総使用回数。混合剤は成分ごとに別途定められているので注意）

商品名	一般名	使用倍数・量	使用時期	使用回数	使用方法
《有機銅剤》					
サンヨール	DBEDC乳剤	500倍・100〜300l	—	8回以内	散布

気門封鎖による窒息死。薬剤抵抗性はつきにくい

《有機リン剤》					
オルトラン水和剤	アセフェート水和剤	1000〜1500倍・一	発生初期	5回以内	散布
オルトラン粒剤	アセフェート粒剤	3〜6kg/10a	発生初期	5回以内	株元散布

有機リン系の神経毒で，アセチルコリンエステラーゼを阻害，アセチルコリン過剰となり興奮状態が持続死に至る

《ピリジンアゾメチン系剤》					
チェス顆粒水和剤	ピメトロジン水和剤	5000倍・100〜300l	発生初期	4回以内	散布

カメムシ目昆虫の吸汁阻害

《カーバメート系剤》					
オンコル粒剤1	ベンフラカルブ粒剤	2g/株（40kg/10aまで）	生育期	3回以内	株元散布

カーバメート系の神経毒で，アセチルコリンエステラーゼを阻害，アセチルコリン過剰となり興奮状態が持続死に至る

《ネオニコチノイド系剤》					
ベストガード粒剤	ニテンピラム粒剤	1〜2g/株	発生初期	4回以内	生育期株元散布
スタークル粒剤	ジノテフラン粒剤	1g/株（ただし，10a当たり30kgまで）	定植時	1回	植え穴土壌混和
スタークル粒剤	ジノテフラン粒剤	20kg/10a	生育期	4回以内	株元散布
アルバリン粒剤	ジノテフラン粒剤	1g/株（ただし，10a当たり30kgまで）	定植時	1回	植え穴土壌混和
アルバリン粒剤	ジノテフラン粒剤	20kg/10a	生育期	4回以内	株元散布

ネオニコチノイド系の神経毒で，アセチルコリン受容体をブロックし，神経伝達を阻害

アオイ類（タチアオイ）／害虫

オンシツコナジラミ

英名：Greenhouse whitefly, Glasshouse whitefly
別名：—
学名：*Trialeurodes vaporariorum* (Westwood)
《カメムシ目／コナジラミ科》

［多発時期］5〜7月
［伝染・侵入様式］圃場外からの飛来，苗についた個体の持込み
［発生・加害部位］葉
［発病・発生適温］20〜25℃
［湿度条件］適湿
［防除対象］幼虫，成虫
［他の被害作物］ガーベラ，プリムラ，キク，ダリア，ダイズ，インゲンマメ，アズキ，ササゲ，ナス，トマト，トウガラシ，ピーマン，キュウリ，メロン，スイカ，カボチャ，ウリ類，キャベツ，カブ，カリフラワー，ゴボウ，レタス，フキ，ミツバ，シソ，オクラ，ウド，サトイモ，イチゴ，ハイビスカス，ムクゲ，フヨウ，サツキ，ツツジ，シャクナゲなど多数の植物

(1) 被害のようすと診断ポイント

発生動向　施設栽培で発生が多く，高温乾燥した環境を好む。

初発のでかたと被害　葉を軽くたたくと白い成虫が飛び立つ。

多発時の被害　幼虫が多数寄生すると，排泄物で葉の表面が光ったり，すす病を誘発する。

診断のポイント　葉を軽くたたくと白い成虫が飛び立つ。

防除適期の症状　葉を軽くたたくと白い成虫が飛び立つ。

類似症状・被害との見分けかた　雌成虫は，体長1.1mm，体表は白いロウ物質でおおわれる。花卉類や観葉植物に発生するコナジラミは，本種かタバココナジラミの場合が多い。両種の形態的相違点は以下のとおりである。すなわち，オンシツコナジラミの成虫はタバココナジラミの成虫より大きく，翅は重なっていて，葉面と平行に近い。4齢幼虫（偽蛹を含む）は厚みがあり，全体に白っぽく，毛が目立つなどの特徴がある。

19

(2) 病原・害虫の生態と発生しやすい条件

生態・生活サイクル　卵→1齢幼虫→2齢幼虫→3齢幼虫→4齢幼虫→成虫
を経過する。4齢幼虫後期を蛹と呼ぶことがあるが，これは4齢幼虫が脱皮す
ることなく外観が変化した偽蛹である。卵は紡錘形をしていて，株上部の新葉
裏面に馬蹄形に並べて産卵される。産卵後1〜2日すると淡褐色であったもの
が黒く変化する。孵化幼虫は吸汁場所に移動して固着する。1齢〜3齢幼虫ま
では，体長が0.30〜0.51mmで気がつかない場合が多い。4齢は0.73mmほどの
薄い幼虫であるが，偽蛹となる後半は厚みを増す。

　卵から成虫が羽化するまでの期間は，26℃で20日，24℃で22日，22℃で
26日，20℃で28日，18℃で34日，16℃で43日，14℃で52日で，18℃以上に
なると期間は大幅に短くなる。

発生しやすい条件　施設栽培で発生が多い。周囲に果菜類や花卉類の栽培地
があるなど，発生源が近くにあると発生しやすい。

(3) 防除のポイント

耕種的防除　施設栽培から露地栽培に移すなど，栽培温度を低めに維持して
も発生を抑制できる。施設栽培では黄色に誘引される性質や紫外線除去フィル
ム下へ侵入を嫌う性質を利用したり，開口部に防虫ネットを展張し，発生を抑
制する。

生物防除　なし。

農薬による防除　耕種的防除と組み合わせ，発生時にDMTP乳剤やDMTP
水和剤の散布を行なう。

効果の判断と次年度の対策　散布翌日に葉をゆらすなどして，コナジラミの
飛び立ちの有無を確認する。

　挿し木により増殖する場合は，挿し穂にコナジラミの付いていないものを使
用する。

　DMTP乳剤やDMTP水和剤の散布は，より殺虫剤に強いタバココナジラミ
を選抜してしまう可能性があり，薬剤以外の防除技術を併用するか，まったく
使用しない技術確立が求められる。

オンシツコナジラミ

執筆　根本　久（保全生物的防除研究事務所）　　　　　　　（2012年）

主要農薬使用上の着眼点（根本　久, 2012）
　　　　（回数は同一成分を含む農薬の総使用回数。混合剤は成分ごとに別途定められているので注意）

商品名	一般名	使用倍数・量	使用時期	使用回数	使用方法
《有機リン剤》					
スプラサイド水和剤	DMTP水和剤	1000倍・100〜300ℓ	発生初期	6回以内	散布
スプラサイド乳剤40	DMTP乳剤	1000倍・—	—	5回以内	散布

　　有機リン系の神経毒で，アセチルコリンエステラーゼを阻害，アセチルコリン過剰となり興奮状態が持続死に至る

アオイ類（コモンマロウ）／害虫

カンザワハダニ

英名：Kanzawa spider mite

別名：―

学名：***Tetranychus kanzawai Kishida***

《ダニ目／ハダニ科》

［多発時期］	施設内では周年発生するが，露地では4〜11月まで発生
［侵入様式］	圃場外から侵入。苗からの持込み
［加害部位］	葉
［発生適温］	25℃
［湿度条件］	50〜80％
［防除対象］	全発育態
［他の加害作物］	キク，バラ，イチゴ，ナス

（1）被害のようすと診断ポイント

最近の発生動向　並。育苗時の被害が多い。

初発のでかたと被害　展開した葉に，一部あるいは全体に，小さい白〜黄緑の点々が発生。葉裏は，緑が退色し，その部分に小さなハダニが集まっている。

多発時の被害　葉全体の緑色が退色したり，葉の一部が枯れたりする。育苗時の被害は，その後に生長が遅延する。

診断のポイント　展開した葉上に，一部あるいは全体に，小さい白〜黄緑の点々が発生するので，この症状を発見する。

防除適期の症状　展開した葉に，一部あるいは全体に，小さく円状の白〜黄緑の点々の発生が確認された時や，葉裏にハダニが確認された時。

類似被害との見分けかた　ナミハダニも同じ被害が発生し，被害から区別はできない。アザミウマによる被害も似る時がある。葉の退色が広範囲になった時は，葉裏を見て虫の形を確認する。

（2）害虫の生態と発生しやすい条件

生態・生活サイクル　施設内では11〜1月に一部休眠することがあるが，ほぼ周年発生する。野外では3月下旬〜11月下旬まで発生する。

発生しやすい条件　少湿～適湿。

（3）防除のポイント

耕種的防除　発生源となる圃場周辺の除草。

生物防除　なし。

農薬による防除　発生初期に薬剤散布をする。

効果の判断と次年度の対策　散布後の被害，虫数の減少から判断する。健全な無寄生苗を定植する。

執筆　池田　二三高（静岡県病害虫防除所）

（1997年）

アサガオ　　　　　　　　　　　ヒルガオ科

●図解・病害虫の見分け方

病気

類円形～不正形，褐色病斑。同心輪紋と褐色の小粒点（分生子殻）

V字状の病斑　葉脈部で突出

褐色病斑内部に亀裂（穴）

輪紋病

やや角形で暗褐色～黒色の病斑　中央部に穴があく

斑紋病

黒～茶色で同心円状の輪紋が確認される

黒斑病

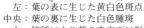

左：葉の表に生じた黄白色斑点
中央：葉の裏に生じた白色腫斑
右：接種により茎の表皮下に形成された遊走子のう堆

白さび病

茎，葉しおれる

茎の維管束が褐変

地際部茎も褐変腐敗し縦に割れる

根褐変腐敗

つる割病

25

害虫

上位の新芽が日中萎れる

ホオズキカメムシ

展開した葉の一部または全体に、小さい白～黄緑の点々が発生

カンザワハダニ

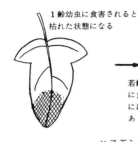

1齢幼虫に食害されると枯れた状態になる

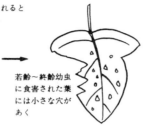

若齢～終齢幼虫に食害された葉には小さな穴があく

ハスモンヨトウ

小さな穴があく

エビガラスズメ

葉裏の中肋や葉脈に沿って加害された箇所が銀灰色（シルバリング症状）に光る

ミナミキイロアザミウマ

輪紋病

英名：Leaf spot
別名：—
学名：***Phoma exigua Desmazières***
《糸状菌／不完全菌類》

[多発時期] 露地栽培8〜9月
[伝染源] 被害葉残渣，土壌
[伝染・侵入様式] 分生子の飛散
[発生・加害部位] 葉，葉柄
[発病・発生適温] 25℃付近
[湿度条件] 多湿，多雨
[他の被害作物] ケイトウ，レタス，アジサイその他多くの草花，野菜，花木など

(1) 被害のようすと診断ポイント

発生動向　地這いの栽培で発生が多い。日陰目的の地植えやプランター栽培では下葉から発生する。吊り鉢や行灯仕立てなどでは発生が少ない傾向にある。

初発のでかたと被害　梅雨期以降の時期から発生する。葉に初め灰褐色円形の小病斑が生じ，拡大して楕円形〜不整形となり，内部にやや不鮮明な同心輪紋が見られる。雨天の続くときには水浸状に拡大して，その速度も速い。

多発時の被害　病勢が進むと，病斑内部に黒褐色の丘状にやや突出した点（病原菌の分生子殻）が散らばるように現われる。ときには褐点が同心輪紋に沿って形成される。病斑は主脈部での進展が速く，楔状に突出してV字状あるいは多角形の大型病斑となり，拡大した病斑には同心輪紋が見られる。古い拡大した病斑では内部が破れて穴があいたり，葉身が全般的に黄化をきたし，早期落葉するに至る。地這い栽培では，多発のときは裾枯れ，坪枯れの症状を呈する。

診断のポイント　褐色病斑の同心輪紋を形成する。
病斑内部に微細な褐点（分生子殻）が散生する。ときには同心状の輪紋に沿って形成される。

病斑内部の褐点をかき取るか，切片をつくって検鏡，分生子殻や分生子の確認する。

防除適期の症状　雨が続いて水浸状の病斑拡大が見られる状態。

類似症状・被害との見分けかた　斑紋病（病原菌 *Cercospora ipomoeae*）：暗色の病斑は輪紋を呈することがなく，病斑表面の標徴（病原菌の菌体）も暗色のすす状である。病斑上に褐点が生じることはない。

灰色かび病（病原菌 *Botrytis cinerea*）：褐色病斑内部に輪紋が見られ，水浸状暗緑色に拡大したり，病斑が葉脈部で楔状に突出してV字形の病斑になることなど輪紋病と類似する点もあるが，病斑上に褐色の小粒点の標徴がなく，ときには灰色のカビが密生する点などが異なる。

(2) 病原・害虫の生態と発生しやすい条件

生態・生活サイクル　分生子殻は組織内に埋没しているが，後には少し突出する。黒褐色，球形～扁球形で，径75～175μm，頂部に殻孔があって，病組織外部に開口する。分生子は無色，単細胞，楕円形で内部に2個の油球を有し，大きさは3.4～8.4×2.5～3μm。本菌はアサガオのほか，サツマイモ，ヨルガオ，アジサイ，ケイトウなどにも病原性を示す。本菌はMA培養の菌叢に1N・NaOHを滴下して緑色から赤色への発色の変化を示す特性があり，菌種の同定の一つの目安となっている。

菌の生育の適温は25℃付近にあり，最低は5℃以下，35℃でもわずかに生育する。きわめて多犯性で，現在まで記録されている宿主植物は66属以上の多数にのぼるが，本菌によるわが国での発生病害はアサガオのほか，アジサイ，ケイトウ，レタス，ジャガイモなどに記録されている。

発生しやすい条件　梅雨期に初発生を見るが，盛夏の雨の少ない時期には病勢はいったん終息して，秋雨のころにふたたび増加する。降雨との関連が大きい。

従来の行灯づくりなどの鉢植えや，木箱，プランターに植えてベランダに置いた場合，あるいは吊り鉢栽培での発病は少ないが，グランドカバーとして庭園に這わせるような栽培では発生が多い。

過繁茂や通気・透光の悪い状態，雑草の多い場合に発病が多く，生育後期に

増加する。

(3) 防除のポイント

耕種的防除　密植にならないように，とくに露地植えや地這いづくりの場合には気をつける。

鉢植えでもブロックや棚の上にのせて地表から離し，通風・透光と防除に留意する。

被害残渣処理を適正に行なう。

連作は避ける。

生物防除　現状では有効な方法はない。

農薬による防除　本病には農薬は登録されていない。

効果の判断と次年度の対策　病斑が拡大しない，あるいは新たな病斑の発生が抑制される場合は有効と考えられる。

多肥（とくに窒素過多）でアサガオが軟弱でなかったか，過繁茂あるいは密植ではなかったかを検討する。

適正な栽培管理を行ない，被害残渣処理など，耕種的防除を徹底する。

　　執筆　高野　喜八郎（富山県花総合センター）　　　　　　　　　　（1997年）

　　改訂　堀江　博道（法政大学植物医科学センター）　　　　　　　（2015年）

つる割病

つる割病

英名：Stem rot, Wilt
別名：—
学名：***Fusarium oxysporum* f. sp. *batatas* W.C. Snyder & H.N. Hansen**
《糸状菌／不完全菌類》
［多発時期］全生育期間中（とくに播種後から盛夏まで）
［伝染源］土壌，被害残渣，種子
［伝染・侵入様式］土壌，種子
［発生・加害部位］根，茎など全身症状
［発病・発生適温］17〜28℃
［湿度条件］土壌水分が多湿になったあと，急に乾燥したような場合
［他の被害作物］アサガオのほか，セイヨウアサガオ，サツマイモにつる割病を起こす

（1）被害のようすと診断ポイント

発生動向　少ない。

初発のでかたと被害　はじめは日中に株全体に生気を失って上方の葉がしおれる。日中にしおれても，夕方に回復することを数日間くり返す。

多発時の被害　やがて夕方になってもしおれが回復しなくなって枯死する。しおれが回復しない時期になると下葉は黄化褐変する。根を掘り上げると根は褐変腐敗している。地際部の茎には縦に裂け目を生じ，茎を切断すると維管束が褐変している。

診断のポイント　日中しおれ，夕方には回復する症状を数日間くり返す。その後，下葉から黄化して，しおれが回復しなくなる。

根が褐変腐敗する。茎に縦長の裂け目を生じ，茎の維管束は褐変している。

防除適期の症状　種子消毒，土壌消毒をしておく。しおれ症状が出てからでは防除は困難である。

類似症状・被害との見分けかた　とくになし。

(2) 病原・害虫の生態と発生しやすい条件

生態・生活サイクル　被害植物の残渣の中で菌糸や分生子，厚壁胞子などの形態で土壌中に残る。とくに，耐久体の形である厚壁胞子は長期間土壌中に残存し，伝染源となる。

根の先端から病原菌が侵入し増殖する過程で，産生する毒素のために維管束の機能が阻害され，水分が上方に移行しなくなって葉がしおれる。根が土壌害虫や土壌線虫により傷つけられると病原菌が侵入しやすく，被害が増幅する。種子伝染は，種子内部の病原菌が土壌中で増殖してふたたび根から侵入する。

病原菌の大型分生子は無色でゆるやかに湾曲し，2〜6隔壁を有し，大きさ4×33.4μm，小型分生子は短い分生子柄上に擬頭状に形成され，無色，楕円形，単胞で，大きさ3.4×11.2μmである。厚壁胞子は直径約7.2μmの球形で，病原菌菌糸の伸長は29℃前後が適温である。

発生しやすい条件　連作すると発生しやすい。窒素質肥料を過用すると被害が増大する傾向がある。地温が20℃前後で降雨が続いたあとに急に晴天になって乾燥すると，症状の進行が早くなって枯れる。

(3) 防除のポイント

耕種的防除　発病株は根まわりの土とともに抜き取り，土中深く埋める。石灰を施用して土壌pHを7前後に高くすると発病が抑えられるが，アサガオの生育異常を起こさないように注意する。本病の発生していない圃場で栽培する。播種床や鉢土は無病の用土を用いる。

生物防除　生物農薬は登録されておらず，生物防除の試験例も報告がない。

農薬による防除　本病には農薬が登録されていない。

効果の判断と次年度の対策　耕種的な防除対策を徹底し，発病が見られなければ，対策が有効であると判断する。数年間は検証をくり返すとよい。

発病株は根とともに抜き取り処分し，畑に残さないようにする。

輪作を徹底する。発病畑には栽培しない。

　　執筆　米山　伸吾（元茨城県園芸試験場）　　　　　　　　　　　　（1997年）

　　改訂　堀江　博道（法政大学植物医科学センター）　　　　　　　（2015年）

斑紋病

斑紋病

英名：Leaf spot
別名：斑点病
学名：*Cercospora ipomoeae* **G. Winter**
　　　　　《糸状菌／不完全菌類》

［多発時期］4〜10月
［伝染源］被害残渣の中の菌糸，分生子など
［伝染・侵入様式］分生子の風雨による飛散
［発生・加害部位］葉
［発病・発生適温］15〜28℃
［湿度条件］連続降雨，過灌水，多湿
［他の被害作物］なし

（1）被害のようすと診断ポイント

発生動向　地這い栽培や緑陰仕立ての場合に発生が多い傾向である。行灯づくりでは発生は少ない。

初発のでかたと被害　はじめ水分を失ったような小さい斑点が生じる。拡大すると円形〜不整多角形，暗褐色〜黒色で，病斑のまわりは褐色に縁取られる。

多発時の被害　進展が早いと病斑は互いに融合する。病斑は周辺部から黄変し，古くなると中央部に穴があく。病斑が多数形成されると葉が黄化して枯れる。

診断のポイント　円形または不整多角形，暗褐色の病斑で，周囲が褐色に縁取られる。

防除適期の症状　病斑が形成され始めた初期。

類似症状・被害との見分けかた　葉に斑点を生じる病害はほかに輪紋病がふつうに発生する。輪紋病は病斑が斑紋病よりも大型で，病斑上にゆるやかな輪紋を生じることから斑紋病とは区別できる。

33

(2) 病原・害虫の生態と発生しやすい条件

生態・生活サイクル 被害葉の組織中に生き残った菌糸や子座の形で越年し，第一次伝染源になる。越年した病原菌は，翌年分生子を形成し，雨や灌水によって離脱し，雨滴や水滴とともに飛散して第一次伝染する。新しい病斑上に形成された分生子が降雨や灌水の飛沫によって離脱し，飛散して第二次伝染する。

発生しやすい条件 日照不足や軟弱に育つと発病が助長される。また，窒素質肥料を過用すると発病が助長される。

(3) 防除のポイント

耕種的防除 有機質に富んだ用土を用い，日当たりのよい場所で栽培する。肥料は適正量を施用し，窒素を過不足なく施して，健全に育てる。

被害葉は早めに除去し，土中深く埋める。また，圃場から被害残渣を集めて除去し，圃場の清掃に努める。

生物防除 本病には生物農薬は登録されていない。本病に対する生物資材の有効例は報告されていない。

農薬による防除 本病には農薬が登録されていない。

効果の判断と次年度の対策 耕種的防除を徹底し，病斑の発生が少ない場合は，効果があったと判断される。ただし，耕種的防除効果は安定しないことが多いので，少なくとも数年間は検証をくり返すとよい。

適正な管理を行ない，被害残渣を圃場に残さないようにする。

執筆 米山 伸吾（元茨城県園芸試験場）	（1997年）
改訂 堀江 博道（法政大学植物医科学センター）	（2015年）

白さび病

白さび病

英名：White rust

別名：—

学名：***Albugo ipomoeae-hardwickii* Sawada f. sp. *nile* Toy. Sato & J. Okamoto**

《糸状菌（偽菌類）》

［多発時期］夏～秋

［伝染源］罹病株上の遊走子のう

［伝染・侵入様式］風媒・水媒伝染

［発生・加害部位］葉，茎，萼，根

［発病・発生適温］20～27℃

［湿度条件］多湿

［他の被害作物］マルバアサガオ［*Ipomoea purpurea* (L.) Roth］：接種試験による発病

アサガオ／病気

（1）被害のようすと診断ポイント

発生動向　最近はあまり発生していない。

初発のでかたと被害　初め葉の表側に，直径3～10mmで黄白色斑点と，その裏側に直径1～2mmの白色腫斑が生じ，密集した病斑は互いに融合して不整形大型になることもある。しばらくすると腫斑は破れて白い粉が飛散する。病勢の著しい場合は，若い茎や葉柄，萼にも同様の腫斑が生じ，また，罹病部の変形や生育不良が起きることも多い。奇形や肥大化は桔梗咲系品種の罹病茎や葉柄でとくに著しい。やがて病斑部から葉が枯れ始め，病斑の多い葉では早期に落葉する。若い茎に発生した場合は上部が衰弱し，着花不良や枯死を招く。

多発時の被害　多雨多湿条件下で病斑の裏側に白色腫斑が多数形成され，二次伝染が繰り返されて発病が広がる。本病により発病株は茎葉の外観が著しく損なわれ，種子生産では減収に至る。

診断のポイント　葉裏・葉柄・茎に生じる白色腫斑が本病に顕著である。多湿条件下で白色腫斑が裂開し，白粉状の遊走子のうが飛散するのも，特徴的である。

35

防除適期の症状　下位葉の裏に白色腫斑が生じたらただちに防除することが望ましい。

類似症状・被害との見分けかた　斑紋病の発生初期にも退緑斑が現われるが，葉脈に囲まれた角斑状になり，早期に褐変して孔があいたりするほか，裏側に白色腫斑を生じないことで見分けがつく。

(2) 病原・害虫の生態と発生しやすい条件

生態・生活サイクル　病原菌はアルブゴ属の卵菌類（偽菌類）で，罹病株の肥大した根の組織中に耐久体である卵胞子を形成することから，卵胞子で越冬すると考えられる。卵胞子からの第一次感染は確かめられていないが，自然発病株の遊走子のうを用いた接種試験では6品種の栽培アサガオとマルバアサガオが発病することから，少なくともこれらの品種間やマルバアサガオとの間で二次感染が起きていると推定される。遊走子のうから放出された遊走子が若い茎葉上の水膜中を泳いで拡散し，被のう化したあと，角皮を破って侵入すると考えられる。

発生しやすい条件　多雨多湿環境で多発する。25℃以上の高温よりもやや涼しい温度域のほうが蔓延しやすい。また，気温の日較差の大きい地域では晴天でも夜露が降りるため，感染好適条件が揃いやすい。

(3) 防除のポイント

耕種的防除　蔓延を防ぐには発病の早期発見に心がける。葉裏・葉柄・茎に生じる白色腫斑を見つけた場合は，ただちにその部分を切除し焼却するか地中に埋める。

白色腫斑がすでに裂開している場合，他の茎葉に感染が拡大している可能性が高いため，その周囲の茎葉とともに切除して焼却処分する。生育後期に多発した場合は，地下部に卵胞子が形成されている可能性が高いため，発病株を抜き取って株ごと焼却処分する。

生物防除　なし。

農薬による防除　なし。

効果の判断と次年度の対策　耕種的防除が徹底されていれば，初年度にも防

除効果が期待される。初年度の効果が認められない場合は，次年度も耕種的防除を徹底する。

執筆　佐藤　豊三（国研・農業生物資源研究所）　　　　　　　　　　（2015年）

黒斑病

英名：Leaf spot
別名：—
学名：***Alternaria alternata*** **(Fries: Fries) Kleissler**
　　　　《糸状菌》

[多発時期] 多湿時
[伝染源] 他作物などからではないかと考えられる
[伝染・侵入様式] 空気伝染
[発生・加害部位] 葉
[発病・発生適温] 25℃前後
[湿度条件] 過湿状態
[他の被害作物] 他作物への被害は不明であるが，本病原菌は多犯性であることが知られている

(1) 被害のようすと診断ポイント

発生動向　温室内での発生である。

初発のでかたと被害　葉に，黒～茶色で同心円状の輪紋が確認される。

多発時の被害　ひどくなると輪紋は融合して拡大する。

診断のポイント　黒～茶色で同心円状の輪紋。

防除適期の症状　発病してからではおそいので，発病前から予防対策に努める。

類似症状・被害との見分けかた　斑紋病では褐色小斑点が葉に形成され，病斑は古くなると中央部に穴があく。

(2) 病原・害虫の生態と発生しやすい条件

生態・生活サイクル　病原菌は他の枯死植物などで腐生的に生存することから，これが第一次伝染源と考えられる。分生子が風雨や灌水によって飛散し，感染すると考えられる。

発生しやすい条件　通風不良や排水不良，連続した降雨などが本病のまん延

を助長する。

(3) 防除のポイント

耕種的防除　通風性や排水性を確保する。植物残渣は除去する。過灌水を避ける。

生物防除　なし。

農薬による防除　花卉類・観葉植物の黒斑病に対して，ポリオキシンAL水溶剤の登録がある。

効果の判断と次年度の対策　腐生的な菌であるため，植物残渣は除去し，次作に残さないようにする。

執筆　佐藤　衛（農研機構花き研究所）　　　　　　　　　　　　（2015年）

主要農薬使用上の着眼点（佐藤　衛, 2015）
（回数は同一成分を含む農薬の総使用回数。混合剤は成分ごとに別途定められているので注意）

商品名	一般名	使用倍数・量	使用時期	使用回数	使用方法
《抗生物質剤》					
ポリオキシンAL水溶剤	ポリオキシン水溶剤	2500倍・100〜300*l*/10a	発病初期	8回以内	散布

黒斑病のほかに, うどんこ病, 灰色かび病などの重要病害にすぐれた予防, 治療効果がある。日本で発見された農薬用抗生物質である。連続使用によって, 薬剤耐性菌が出現し, 効果の劣る事例があるので, 過度の連用は避ける

40

ホオズキカメムシ

英名：Winter cherry bug
別名：－
学名：***Acanthocoris sordidus* Thunberg**
《半翅目／カメムシ科》

[多発時期]　夏期
[侵入様式]　圃場外からの飛来
[加害部位]　茎，葉
[発生適温]　25〜30℃
[湿度条件]　適湿
[防除対象]　幼虫，成虫
[他の加害作物]　ピーマン，ナス，トマト

（1）被害のようすと診断ポイント

最近の発生動向　少。

初発のでかたと被害　幼虫は集団で加害するので，加害部の上位の新芽が日中萎れる。

多発時の被害　加害部の上位の新芽が，毎日日中萎れるようになると新芽の生長が阻害される。

診断のポイント　たえず茎の寄生を調べる。

防除適期の症状　大きな被害にはならないので，萎れが始まった時点で防除する。

類似被害との見分けかた　水切れの時と同様の萎れとなる。この場合，葉にかくれている茎に幼虫が寄生されていないかを調べる。

（2）害虫の生態と発生しやすい条件

生態・生活サイクル　初夏から秋期にかけて2回発生する。野外のナス科雑草で発生する。

発生しやすい条件　圃場周辺が雑草地であったり，ナス科野菜の圃場に隣接している場合。

(3) 防除のポイント

耕種的防除　圃場周辺の除草。施設栽培では，換気窓に1mm目合いの防虫網を張り成虫の飛来を防ぐ。

生物防除　なし。

農薬による防除　発生初期に薬剤散布。

効果の判断と次年度の対策　散布後の被害，虫数の減少から判断する。

執筆　池田　二三高（静岡県病害虫防除所）

(1997年)

カンザワハダニ

英名：Kanzawa spider mite

別名：―

学名：***Tetranychus kanzawai* Kishida**

《ダニ目／ハダニ科》

[多発時期]　周年。ただし，露地では4～11月まで

[侵入様式]　圃場外から侵入。苗からの持込み

[加害部位]　葉

[発生適温]　25℃

[湿度条件]　50～80％

[防除対象]　全発育態

[他の加害作物]　多くの広葉の花，野菜

（1）被害のようすと診断ポイント

最近の発生動向　並。

初発のでかたと被害　展開した葉に，一部あるいは全体に，小さい白～黄緑の点々が発生。葉裏は，緑が退色し，その部分に小さなハダニが集まっている。

多発時の被害　葉全体の緑色が退色したり，葉の一部が枯れたりする。育苗時の被害は，その後に生長が遅延する。

診断のポイント　展開した葉上に，一部あるいは全体に，小さい白～黄緑の点々が発生するので，この症状を発見する。葉をめくって種類を確認する。赤いハダニはカンザワハダニ，緑色のハダニはナミハダニである。

防除適期の症状　展開した葉に，一部あるいは全体に，小さく円状の白～黄緑の点々の発生が確認された時や，葉裏にハダニが確認された時。

類似被害との見分けかた　ナミハダニがときどき発生するが，被害症状は同じで区別ができない。ミナミキイロアザミウマによる被害は葉脈に沿って白色となる。また，葉裏にはシルバリング症状が現われる。ハダニではシルバリングは現われない。

(2) 害虫の生態と発生しやすい条件

生態・生活サイクル　施設内では11～1月に一部休眠することがあるが，ほぼ周年発生する。野外では，3月下旬～11月下旬まで発生する。

発生しやすい条件　少湿～適湿。

(3) 防除のポイント

耕種的防除　発生源となる圃場周辺の除草。

生物防除　なし。

農薬による防除　発生初期に薬剤散布。

効果の判断と次年度の対策　散布後の被害，虫数の減少から判断する。

執筆　池田　二三高（静岡県病害虫防除所）

（1997年）

ハスモンヨトウ

英名：Common cutworm

別名：—

学名：***Spodoptera litura* (Fabricius)**

《鱗翅目／ヤガ科》

[多発時期]　8～9月

[侵入様式]　圃場外からの飛来

[加害部位]　葉，花

[発生適温]　25～30℃

[湿度条件]　少湿

[防除対象]　幼虫

[他の加害作物]　サツマイモ，ダイズ，サトイモ，キクなどの多くの野菜や花

（1）被害のようすと診断ポイント

最近の発生動向　並。

初発のでかたと被害　卵塊で産卵されるので，1枚の葉に集中して被害が生じる。1齢幼虫は葉裏から葉表の表皮を残すように食害する。多数の1齢幼虫により食害された部分は枯れた状態となる。卵塊から離れた2齢幼虫以降は食害量も増え，食害された葉には小さな穴があく。

多発時の被害　幼虫が大きくなるほど被害量も多くなる。葉は暴食され，花も食害されることもある。

診断のポイント　卵塊の確認は難しい。小さな穴があいた場合には葉裏をめくって，幼虫を調べる。

防除適期の症状　葉に小さな穴が現われた時。

類似被害との見分けかた　アサガオの葉を食害する種類にエビガラスズメがある。エビガラスズメは集団で発生しないので，葉にあいている穴の数は少ない。

（2）害虫の生態と発生しやすい条件

生態・生活サイクル　8月から多くなり10月に終息する。この間，数世代を

45

経過する。

発生しやすい条件　高温で晴天が続いた年には発生が多い。圃場周辺に，野菜や花が栽培されていると発生は多い。

(3) 防除のポイント

耕種的防除　圃場周辺には，野菜や花の栽培をひかえる。施設栽培では，換気窓に4mm目合いの防虫網を張り，成虫の飛来を防ぐ。

生物防除　なし。

農薬による防除　幼虫の発生初期に薬剤散布を行なう。

効果の判断と次年度の対策　散布後の被害，虫数の減少から判断する。

執筆　池田　二三高（静岡県病害虫防除所）

（1997年）

エビガラスズメ

英名：Sweetpotato horn worm
別名：－
学名：***Agurius convolvuli* (Linne)**
《鱗翅目／スズメガ科》

[多発時期]　8〜9月
[侵入様式]　圃場外からの飛来
[加害部位]　葉，花
[発生適温]　25〜30℃
[湿度条件]　少湿
[防除対象]　幼虫
[他の加害作物]　サツマイモ

（1）被害のようすと診断ポイント

最近の発生動向　並。

初発のでかたと被害　1粒ずつ産卵されるので，1齢幼虫は葉裏から食害し，小さな穴があく。

多発時の被害　幼虫が大きくなるほど被害量も多くなる。葉は暴食され，茎のみが残る。

診断のポイント　卵塊の確認は難しい。小さな穴があいた場合には葉裏をめくって，幼虫を調べる。

防除適期の症状　葉に小さな穴が現われた時。

類似被害との見分けかた　アサガオの葉を食害する種類にハスモンヨトウがある。ハスモンヨトウは集団で発生するので，葉にあいている穴の数は多い。

（2）害虫の生態と発生しやすい条件

生態・生活サイクル　8月から多くなり10月に終息する。この間数世代を経過する。

発生しやすい条件　高温で晴天が続いた年には発生が多い。圃場周辺に，サツマイモが栽培されていると発生は多い。

（3） 防除のポイント

耕種的防除　施設栽培では，換気窓に4mm目合いの防虫網を張り，成虫の飛来を防ぐ。

生物防除　なし。

農薬による防除　幼虫の発生初期に薬剤散布を行なう。

効果の判断と次年度の対策　散布後の被害，虫数の減少から判断する。

執筆　池田　二三高（静岡県病害虫防除所）

（1997年）

ミナミキイロアザミウマ

英名：なし
別名：－
学名：***Thrips palmi* Kalny**

《総翅目／アザミウマ科》

[多発時期]　6～10月
[侵入様式]　圃場外からの飛来，苗による持込み
[加害部位]　葉，花
[発生適温]　25～30℃
[湿度条件]　少湿
[防除対象]　幼虫
[他の加害作物]　キク，アサガオなどキク科，ナス科などの多くの野菜や花

（1）被害のようすと診断ポイント

最近の発生動向　並。

初発のでかたと被害　成虫は葉表の中肋や葉脈に沿って加害するのでこの部分が白くなる。幼虫は主に葉裏に発生するので，葉裏の中肋や葉脈に沿って加害された箇所が銀灰色（シルバリング症状）に光る。

多発時の被害　幼虫は主に葉裏に発生するので，葉裏の中肋や葉脈に沿って加害された箇所が銀灰色（シルバリング症状）に光る。密度が高まるとともに食害範囲は広がりシルバリング症状が進展する。さらに食害が進むと，シルバリング症状の部分は枯れる。

診断のポイント　成虫は青色の粘着トラップに誘殺されるので，これを吊るして初発生を調べる。

防除適期の症状　葉表の中肋や葉脈に沿って白い被害症状や葉裏に軽微なシルバリング症状が発生した時。加害するのでこの部分が白くなる。幼虫は主に葉裏に発生するので，葉裏の中肋や葉脈に沿って加害された箇所が銀灰色（シルバリング症状）に光る。

類似被害との見分けかた　ミカンキイロアザミウマが寄生する。この場合は，成虫による葉表の被害は同様に発生する。葉裏の被害は，ぽつぽつと部分的に

シルバリング症状が発生し，広範囲にならない。花にしみ状の被害が生じる。

(2) 害虫の生態と発生しやすい条件

生態・生活サイクル　卵は，葉や茎の組織内に1粒ずつ産卵される。2齢幼虫は成熟するとすべて地上に落ちて，土中やゴミなどの下で蛹化する。幼虫は葉裏に集合して寄生し食害する。食害箇所は銀灰色（シルバリング症状）となる。非休眠性であり，施設内では周年発生するが，低温に弱いので，冬期は野外では越冬できない。

発生しやすい条件　高温で晴天が続いた年には発生が多い。圃場周辺に，野菜や花が栽培されていると発生は多い。

(3) 防除のポイント

耕種的防除　圃場周辺に野菜や花を栽培しない。除草を行なう。施設栽培では，換気窓に1mm目合いの防虫網を張り，成虫の飛来を防ぐ。

生物防除　幼虫に対しては，ハナカメムシなどの天敵が多いので，合性ピレスロイド剤の使用はひかえる。

農薬による防除　幼虫の発生初期に薬剤散布を行なう。

効果の判断と次年度の対策　散布後の被害，虫数の減少から判断する。

執筆　池田　二三高（静岡県病害虫防除所）

(1997年)

アザミ類

キク科

●図解・病害虫の見分け方

害虫

葉の表が光沢を
おび、やがてすす
病が発生

ワタアブラムシ

ワタアブラムシ

英名：Cotton aphid
別名：－
学名：***Aphis gossypii* Glover**
《半翅目／アブラムシ科》

［多発時期］	春〜初夏
［侵入様式］	圃場外からの飛来
［加害部位］	葉，花
［発生適温］	20〜25℃
［湿度条件］	適湿
［防除対象］	幼虫，成虫
［他の加害作物］	キク，イチゴ，サトイモなど

（1）被害のようすと診断ポイント

最近の発生動向　多い。

初発のでかたと被害　新芽に寄生した場合は外部から見えるが，葉裏や花に寄生した場合には見えないことが多い。葉の表が光るようになるが，これは上位の葉裏に寄生のアブラムシの排泄物によるものである。

多発時の被害　新芽は萎縮し生長が阻害される。葉の表がますます光り，やがて黒くすす病が発生する。また，多発時は，花にも寄生が始まる。

診断のポイント　たえず新芽の寄生，葉のてかりに，葉裏をめくって寄生を確かめる。栽培中は，黄色の粘着板を吊るして誘殺量を見る。

防除適期の症状　寄生の確認された時点，誘殺が始まったら直ちに第1回の防除を行なう。

類似被害との見分けかた　葉のてかりは，コナジラミの寄生によることもあるので，必ず葉裏をめくって種の確認を行なう。

（2）害虫の生態と発生しやすい条件

生態・生活サイクル　周年発生をする。広食性であり，多くの植物に寄生するので飛来源は非常に多い。野外の越冬は，オオイヌノフグリ，タチイヌノフ

グリ，ホトケノザなどで行なわれることが多いので，圃場周辺では冬期に除草を行なう。

　　発生しやすい条件　周辺に花，野菜，雑草が多い時期および場所。

（3）防除のポイント

　　耕種的防除　圃場周辺の除草。施設栽培では，換気窓に1mm目合いの防虫網を張り，有翅成虫の飛来を防ぐ。

　　生物防除　なし。

　　農薬による防除　発生前に土壌処理剤の処理。発生初期に農薬散布。

　　効果の判断と次年度の対策　散布後の被害，虫数の減少。常発地では，定植時に土壌処理剤の処理。

　　執筆　池田　二三高（静岡県病害虫防除所）

（1997年）

アジュガ　シソ科

●図解・病害虫の見分け方

病　気

初期：地際部の水浸状腐敗

多発時：白色絹糸状の菌糸と褐色菜種状の菌核

白絹病

初期：薄い白色粉状の病斑

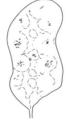

後期：病斑が融合し拡大。菌叢は厚くなり、中央に子のう殻がつくられる

うどんこ病

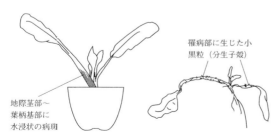

地際茎部〜葉柄基部に水浸状の病斑

罹病部に生じた小黒粒（分生子殻）

株枯病

白絹病

白絹病

英名：Southern blight
別名：—
学名：***Sclerotium rolfsii* Saccardo**
《糸状菌／不完全菌類》

[多発時期] 6～9月
[伝染源] 土壌および被害残渣中の菌体（菌核，菌糸）
[伝染・侵入様式] 土壌および被害残渣中の菌核には耐久性があり，これが第一次伝
　　染源となり，隣接株には菌糸で蔓延する
[発生・加害部位] 根，地際茎部，葉柄基部
[発病・発生適温] 30℃付近で多発する
[湿度条件] 多湿
[他の被害作物] きわめて多くの植物で白絹病が報告されており，高温期で被害の大
　　きい病原菌として知られている

(1) 被害のようすと診断ポイント

発生動向　高温期に散見される。

初発のでかたと被害　地際部に水浸状の病斑が形成される。

多発時の被害　罹病株周辺には白色絹糸状の菌糸と褐色菜種状の菌核を大量
に生じ，隣接株に蔓延する。

診断のポイント　白色絹糸状の菌糸と褐色菜種状の菌核で識別は容易であ
り，また発生は高温期である。

防除適期の症状　地際部の発病を見たら，ただちに発病株と周辺の株を防除
する。

類似症状・被害との見分けかた　株枯病も地際部に発生するが，白色絹糸状
の菌糸と褐色菜種状の菌核は生じない。

　また白絹病は高温期に，株枯病は低温期に被害が大きい。

57

(2) 病原・害虫の生態と発生しやすい条件

生態・生活サイクル　褐色菜種状の菌核が第一次伝染源となり，菌糸で周辺株に広がり，再度，菌核を形成する。

発生しやすい条件　高温，高湿度で多発する。

(3) 防除のポイント

耕種的防除　繁殖は健全株から行なう。発病株はただちに除去する。

生物防除　なし。

農薬による防除　モンカットフロアブル40（フルトラニル水和剤）1,000〜2,000倍株元散布が有効と考えられるが，作物群登録の花卉類・観葉植物での登録であり，個々の栽培条件ごとに薬害確認のため，数株に試用する必要がある。

効果の判断と次年度の対策　土壌表面に新たな菌叢が生じないこと。罹病株の除去。

執筆　竹内　純（東京都農林総合研究センター江戸川分場）　　　　　（2016年）

主要農薬使用上の着眼点(竹内　純, 2016)

（回数は同一成分を含む農薬の総使用回数。混合剤は成分ごとに別途定められているので注意）

商品名	一般名	使用倍数・量	使用時期	使用回数	使用方法
《酸アミド系剤》					
モンカットフロアブル40	フルトラニル水和剤	1000〜2000倍・100〜300*l*/10a	—	3回以内	株元散布

病原菌のミトコンドリアにある電子伝達系のなかのタンパク質複合体IIと結合して抗菌活性が現DNAの複製有糸分裂を阻害し，胞子の発芽，発芽管の伸長，付着器形成および菌糸の侵入などを阻害する。担子菌類に特異的に作用する選択性の高い薬剤で，治療・予防効果を有し，優れた浸透移行性と長い残効性を示す

うどんこ病

うどんこ病

英名：Powdery mildew
別名：—
学名：**Sphaerotheca elsholtziae Z. Y. Zhao. (1981)**
《糸状菌／子のう菌類》

[多発時期] 5～10月
[伝染源] 罹病植物体上の子のう胞子，分生子により伝染する
[伝染・侵入様式] 分生子の風媒伝染により蔓延する。分生子は発芽して菌糸を伸ば
　　し，付着器を生じて侵入，吸器を形成する
[発生・加害部位] 茎葉部
[発病・発生適温] 15～28℃（推定）
[湿度条件] 発病は中～多湿で助長され，極端な乾燥および過湿状態では抑制される
[他の被害作物] アジュガ属植物に発生する

(1) 被害のようすと診断ポイント

発生動向　生産地，植栽地とも常発している。

初発のでかたと被害　はじめ丸く薄い白色粉状（分生子，分生子柄，菌糸）
の病斑を形成する。

多発時の被害　病斑は急速に数を増して拡大，融合し，葉が黄化して枯れる。
古い病斑の菌叢は厚くなり，中央部には子のう殻が形成され，褐色になる。

診断のポイント　白色粉状の病斑で容易に診断できる。

防除適期の症状　薄い白い病斑を生じたらただちに防除する。

類似症状・被害との見分けかた　類似症状なし。

(2) 病原・害虫の生態と発生しやすい条件

生態・生活サイクル　被害植物体上の子のう殻内の子のう胞子が第一次伝染
源となり，その後は分生子で急速に蔓延する。

発生しやすい条件　施設栽培では，換気が不十分で，枯れ葉などの残渣があ
ると被害を生じやすい。

(3) 防除のポイント

耕種的防除 罹病部（株）を除去し，適切に換気を行なう。

生物防除 登録のあるバチルス・ズブチリス剤は使用できるが，作物群登録の花卉類（草本植物）・観葉植物での登録であり，個々の栽培条件ごとに薬効果・薬害・汚れの確認のため，数株に試用する必要がある。

農薬による防除 作物群登録の花卉類（草本植物）・観葉植物で「うどんこ病」に登録がある剤は使用できるが，個々の栽培条件ごとに薬効果・薬害・汚れの確認のため，数株に試用する必要がある。

効果の判断と次年度の対策 新展開葉に病斑が生じないことで効果が判断できる。次年度に向け，罹病葉を撤去する。

執筆　竹内　純（東京都農林総合研究センター江戸川分場）　　　　（2016年）

主要農薬使用上の着眼点 (竹内　純, 2016)
(回数は同一成分を含む農薬の総使用回数。混合剤は成分ごとに別途定められているので注意)

商品名	一般名	使用倍数・量	使用時期	使用回数	使用方法
《EBI剤》					
アンビルフロアブル	ヘキサコナゾール水和剤	1000倍・150〜300l/10a	発病初期	7回以内	散布
トリフミン水和剤	トリフルミゾール水和剤	3000倍・100〜300l/10a	発病初期	5回以内	散布

植物病原菌のエルゴステロール生合成を阻害することによって菌の生育を阻止し殺菌作用を発揮する。うどんこ病のほか，黒星病，赤星病にも高い防除効果を示す。同じ殺菌機作をもつEBI剤の連用や併用を避ける。本剤は予防および治療効果を有し，植物体内での浸透移行性も有する

商品名	一般名	使用倍数・量	使用時期	使用回数	使用方法
《抗生物質剤》					
ポリオキシンAL水溶剤	ポリオキシン水溶剤	2500倍・100〜300l/10a	発病初期	8回以内	散布

病原菌の細胞壁構成成分であるキチンの合成阻害作用があると考えられている。分生胞子の侵入，発芽を阻止する予防効果と菌糸生育阻止作用による病斑の拡大進展を阻止する治療効果をもつ

株枯病

株枯病

英名：Phoma rot
別名：—
学名：***Phoma eupyrena* Saccardo**
　　　《糸状菌／不完全菌類》
［多発時期］露地では盛夏期を除き周年，施設では11〜翌4月ごろに発生しやすい
［伝染源］罹病植物残渣および汚染土壌
［伝染・侵入様式］土壌伝染および植物体残渣上の分生子が雨滴，灌水で飛散し，伝
　　染する。厚壁胞子，分生子が発芽し，菌糸により侵入する
［発生・加害部位］根および茎葉部
［発病・発生適温］15〜25℃
［湿度条件］多湿
［他の被害作物］わが国では知られていない。海外では多種の植物で発生が認められ
　　ている

(1) 被害のようすと診断ポイント

発生動句　生産地では常発している。植栽地では欠株を生じる一因と考えら
れる。

初発のでかたと被害　地際茎部に暗緑色水浸状の病斑を生じる。

多発時の被害　病斑は下葉の葉柄基部や根部に伸展，株全体が萎凋し，枯死
する。

罹病部には小黒粒（分生子殻）を散生あるいは群生し，多湿状態では，頂部
から淡黄色の胞子角を生じる。

診断のポイント　地際茎部の水浸状病斑および罹病部には小黒粒（分生子
殻）。

防除適期の症状　地際茎部の水浸状病斑。

類似症状・被害との見分けかた　白絹病と加害部位は類似するが，白絹病は
白色菌糸と褐色菜種状の菌核を生じるが，本病では小黒粒が観察される。また
本病は低温期に，白絹病は高温期に発生する。

61

(2) 病原・害虫の生態と発生しやすい条件

生態・生活サイクル　罹病植物体残渣や土壌中の厚壁胞子が第一次伝染源となり，罹病部に生じた分生子殻から多湿時に分生子を大量に放出し，降雨，灌水で飛散し，周辺株に蔓延する。

発生しやすい条件　長雨，過灌水により多湿が継続すると発生しやすい。

(3) 防除のポイント

耕種的防除　健全株から繁殖する。

生物防除　なし。

農薬による防除　なし。

効果の判断と次年度の対策　新たに罹病株を生じないこと。

　　執筆　竹内　純（東京都農林総合研究センター江戸川分場）　　　　　（2016年）

アスター　　　キク科

●図解・病害虫の見分け方

病気

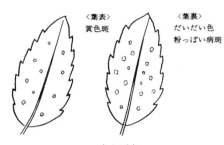

〈葉表〉黄色斑
〈葉裏〉だいだい色粉っぽい病斑

赤さび病

輪紋状で褐色の斑点

斑点病

〈葉表〉やや黄変　表から見ると被害部が黄変
〈葉裏〉うっすらと綿状の白いカビ

べと病

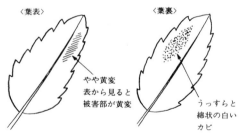

葉に灰カビ形成
茎に灰カビ形成

灰色かび病

えそ　黄化，退緑　えそ

株上位に突然えそ症状などが出現。とくに茎の症状は明瞭

茎えそ病

63

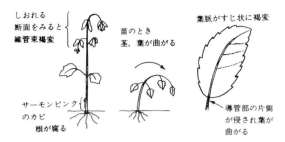

萎ちょう病

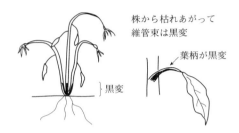

萎凋細菌病

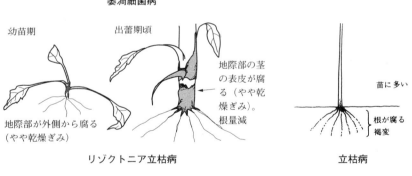

リゾクトニア立枯病　　　　　　　　　立枯病

害虫

アスター

(開花中の花 つぼみ)の中心部に黒色の虫糞がふき出す

エゾギクトリバ

茶色くなることがよくある
白〜茶色の葉肉部の食害
白色の食害痕
産卵または吸汁痕

ハモグリバエ類

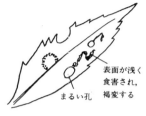

表面が浅く食害され,褐変する
まるい孔

ウリハムシ

花びらが食害される

葉の表が光り,やがて黒くすす病が発生

ワタアブラムシ

葉面に白い線状の食害痕が葉脈に沿って発生する

アシグロハモグリバエ

吸汁により白いカスリ状の脱色斑点,葉裏には黒いタール状の排泄物が見られる

アワダチソウグンバイ

茎えそ病

茎えそ病

【キク茎えそウイルス】
英名：Stem necrosis
別名：—
学名：**Chrysanthemum stem necrosis virus (CSNV)**
《ウイルス (*Tospovirus*)》

［多発時期］5〜10月
［伝染源］CSNVはキク科，ナス科などの多くの植物に感染し，これらの植物が伝
　　染源となる。とくにキク，トマトなどが高効率にウイルスを伝搬し，伝染源に
　　なりやすい
［伝染・侵入様式］アザミウマ類による伝搬
［発生・加害部位］全身
［発病・発生適温］比較的高温
［湿度条件］なし
［他の被害作物］キク，トマト，トルコギキョウ，ピーマン

（1）被害のようすと診断ポイント

発生動向　本病は，2009年に富山県の園芸施設で初めて発生が確認された。

初発のでかたと被害　本病による病徴は幼苗時から発生するが，最も病徴が
はっきりするのは出蕾〜開花期である。出蕾〜開花期では，株の中位〜上位の
茎に明瞭なえそ，葉や葉柄に黄化，褐変，えそを生じる。

多発時の被害　本病の発生が確認された圃場で，本病を媒介するアザミウマ
類が多発生していると，本病が多発生する。本病の蔓延は急速で，圃場内のす
べての株が発病することもある。発病株は全身にえそ症状が生じるため，出荷
困難となる。

診断のポイント　茎に明瞭なえそを生じるのが特徴で，そのほか葉や葉柄に
黄化，褐変，えその症状を伴う。重症株は茎が折れ曲がる。

防除適期の症状　本病の発生前からアザミウマ類の定期防除を行なう。

本病の発生が認められた場合，多発生となることが多いため，発病株の抜き

取り処分と，栽培終了後に施設の蒸し込みを行なう。

類似症状・被害との見分けかた　病徴からTSWVによる黄化えそ病と区別するのは困難である。

(2) 病原・害虫の生態と発生しやすい条件

生態・生活サイクル　CSNVは，ミカンキイロアザミウマ（*Frankliniella occidentalis*）および*F. schultzei*（国内未発生）によって伝搬される。

　1〜2齢のアザミウマ類の幼虫が本ウイルス感染株を加害することによりウイルスを獲得する。その後，成虫となって他の健全な植物に移り，それらを加害吸汁することによりウイルスを伝搬する。保毒したアザミウマは終生病気を移すことができる。

発生しやすい条件　キクなどの栄養繁殖性作物を同一圃場で栽培していて本病の発生が認められた場合，多発生となりやすい。キクなどの栄養繁殖性の作物においては，完全な伝染源の除去が困難であり，さらにいったん感染率が高まると圃場での蔓延を防ぐことは不可能である。またトマトやキクは高効率に本病を伝搬するため，感染源となる事例が多く，とくにキクが感染源の場合，他の作物に病気が伝搬しやすい。

(3) 防除のポイント

耕種的防除　伝染源になる発病株を早期に発見し抜き取ることが重要である。抜き取った発病株は圃場外に持ち出して焼却・埋没するなどして適切に処分する。

　苗は健全なものを導入（感染が疑わしい苗はただちにウイルス検定を実施）し，栄養繁殖性作物と実生作物を同じ施設で栽培しない。

　苗導入時に青（黄）色粘着シートを設置し，アザミウマ類の発生の監視・密度低減に努める。

　いったん本病が発生してしまった圃場では，施設を蒸し込むなどして土中に残存するアザミウマ類の蛹を完全に死滅させてから次作の作付けを行なうことが重要である。

生物防除　とくになし。

68

農薬による防除　育苗期や生育初期のトスポウイルス病害の発生は被害が拡大しやすいことから，育苗期や定植時の殺虫粒剤の施用または定植直後の殺虫剤の散布を欠かさないなどの対策を行なう。

　ウイルスを伝搬するミカンキイロアザミウマは薬剤抵抗性を獲得しやすい。薬剤の感受性は薬剤の使用頻度に応じて変動することから，成分の異なる薬剤をローテンション散布することが重要である。

効果の判断と次年度の対策　次作の作付けにおいて，本病の発生が認められなかった場合，防除が成功したといえる。

　　執筆　桃井　千巳（富山県農林水産総合技術センター）　　　　　　（2011年）

主要農薬使用上の着眼点 (桃井　千巳, 2011)

（回数は同一成分を含む農薬の総使用回数。混合剤は成分ごとに別途定められているので注意）

商品名	一般名	使用倍数・量	使用時期	使用回数	使用方法
《ネオニコチノイド系剤》					
アクタラ顆粒水溶剤	チアメトキサム水溶剤	100〜300l/10a	発生初期	6回以内	散布

　昆虫神経のシナプス後膜にあるニコチン性アセチルコリン受容体の特定の部位に結合して神経伝達を攪乱し，死に至らしめる。ネオニコチノイドでも新しい系統のチアニコチニル系に属する

《マクロライド系剤》					
アファーム乳剤	エマメクチン安息香酸塩乳剤	2000倍・100〜300l/10a	発生初期	5回以内	散布

　昆虫の神経伝達系の抑制性神経接合部（シナプス）に作用する。抑制性シナプス前膜からの神経伝達物質（GABA：γ—アミノ酪酸）放出量を増加させるとともに，シナプス後膜のGABA受容体を活性化させることにより，GABAの共力剤として作用する。この結果，興奮の伝達が過度に抑制されるため，害虫の正常な興奮の伝達が阻害され死亡する

《ピロール系剤》					
コテツフロアブル	クロルフェナピル水和剤	2000倍・150〜300l/10a	発生初期	2回以内	散布

　昆虫の体内で代謝活性され，呼吸系を阻害して殺虫活性を示す。食毒と摂食毒の両作用があるが，鱗翅目害虫では主に食毒として作用する

《有機リン剤》					
オルトラン粒剤	アセフェート粒剤	3〜6kg/10a	発生初期	5回以内	株元散布
オルトラン水和剤	アセフェート水和剤	1000〜1500倍	発生初期	5回以内	散布

　低毒性の有機リン系殺虫剤で，昆虫の中枢神経系にあるコリン作動性シナプスにおけるアセチルコリンエステラーゼの働きを阻害する。吸汁性，食害性の広範囲の害虫に効果を示す浸透性殺虫剤で，根および茎葉の両方から植物体内に浸透して効果を示す

《カーバメート系剤》					
オンコル粒剤5	ベンフラカルブ粒剤	6kg/10a	生育時	3回以内	株元散布

　作物体の根部などから吸収移行し，加害した害虫のコリンエステラーゼ活性を阻害する

《ピラゾール系剤》					
ハチハチフロアブル	トルフェンピラド水和剤	1000倍・100〜300l/10a	発生初期	4回以内	散布

　エネルギー代謝系の電子伝達系をターゲットにする新規系統の殺虫剤。電子伝達系を構成する複合体I（ComplexI）を阻害し，昆虫体内のエネルギー生産を停止させて死に至らせる。食毒としてよりも摂食毒の作用がはるかに強い。植物体への浸透移行性がないので，かけ残しのないように葉の表裏に十分散布する

立枯病

英名：Damping-off
別名：ダンピング
病原菌学名：*Pythium megalacanthum* **de Bary**
《糸状菌／卵菌類》

[多発時期]　発芽したばかりの小苗に発生が多い
[伝染源]　土壌伝染。卵胞子を形成し，被害残渣とともに土壌中で越年
[伝染様式]　菌糸を伸長し直接根に感染する場合や，遊走子を形成して，茎の地際部や根などから侵入する場合もある
[発生部位]　根，地際部
[発病適温]　25℃前後
[湿度条件]　多湿
[他の被害作物]　不詳

（1）被害のようすと診断ポイント

最近の発生動向　小発生。

初発のでかたと被害　発芽したばかりの小苗に発生する。根と地際部の茎が腐敗する。腐敗ははじめ水浸状で，後に黒褐変する。侵された茎は細くくびれて，茎葉は萎れて倒伏枯死する。発生が始まると周辺に発生が広がる。排水不良で土壌が過湿の時に発生する。

多発時の被害　苗箱で萎ちょう株が多くなったり，定植後生育が止まり，まもなく萎ちょうする。

診断のポイント　地際が細くくびれて，根が黒褐変する。

防除適期の症状　下葉に腐敗を認めた時。

類似症状との見分けかた　類似症状として苗立枯病がある。病原菌は*Rhizoctonia solani*という不完全菌類に属す糸状菌で，やはり土壌伝染を行なう。病原菌は多くの作物の苗立枯れをひき起こす病原菌で，被害残渣や周辺の土壌中に菌核を形成し，長く生存する。条件が整うと発芽し，菌糸は腐生的に周辺に広がり，苗に感染して立枯れさせる。地際の茎は表皮が脱落し，髄を残すのみとなる。

(2) 病原菌の生態と発生しやすい条件

生態・生活サイクル　土壌伝染を行なう。この菌以外のピシウム属菌が関与する可能性が高い。病原菌は卵胞子を形成し，被害残渣とともに土壌中で越年する。条件が整うと，発芽して菌糸を伸長し直接根に感染する場合や，遊走子を形成し，これが水中を遊泳して，茎の地際部や根などから侵入する場合もある。

発生しやすい条件　多湿，排水不良。

(3) 防除のポイント

耕種的防除　重粘な土壌では，排水をはかるため，高うね栽培とする。発病株は抜いて焼却する。

生物防除　特になし。

農薬による防除　苗腐病の防除は，育苗用土は土壌くん蒸剤などで消毒したものを利用する，発病圃場はクロールピクリン30*l*/10a，バスアミド微粒剤40kg/10a，ディ・トラペックス油剤40*l*/10aなどで土壌消毒する。発生をみたら，タチガレン液剤1,000倍またはタチガレエース液剤1,000倍 3*l*/m²の土壌灌注を行なう，などを徹底させたい。

類似の病害として苗立枯病（類似症状とそれとの見分けかたの項参照）がしばしば苗に発生するが，育苗用土は土壌くん蒸剤などで消毒したものを利用する。発生をみたら，リゾレックス水和剤500倍，3*l*/m²の土壌灌注を行なう。

効果の判断と次年度の対策　発病の進展がなければ，防除効果があったものとする。

執筆　植松　清次（千葉県暖地園芸試験場）

(1997年)

赤さび病

赤さび病

英名：Rust

別名：さび病，赤しぶ

病原菌学名：*Coleosporium pini-asteris* **Orishimo**

《糸状菌／担子菌類》

[多発時期]　露地では5月頃から発生し6〜7月に多発。秋季に再び多発

[伝染源]　空気伝染。中間寄主からの伝染が考えられる

[伝染様式]　病斑上の夏胞子と冬胞子を形成するが，夏胞子が比較的よく形成され，冬胞子の形成は少ない。伝染は夏胞子が雨滴などによる飛散によって広がると考えられる

[発生部位]　葉，茎

[発病適温]　20℃前後と思われる

[湿度条件]　やや湿度が高い条件

[他の被害作物]　ヨメナ，シオン，セイタカアワダチソウ，ソリダスター。中間宿主はアカマツ

（1）被害のようすと診断ポイント

最近の発生動向　中発生。

初発のでかたと被害　葉に発生する。はじめ葉の裏側に水膨れ状粒状の小さな青白色〜淡黄色の斑点となって現われる。やがて，橙色の粉状の胞子を噴出するため，病斑は鮮やかな橙色の小斑点となる。

多発時の被害　上葉にまで発生すると多発。下葉から上葉に向かって進行するが，激しく発生すると病斑が融合して，葉裏全体が橙色となる。

診断のポイント　葉裏のオレンジ色の病斑でそれとわかる。

防除適期の症状　下葉に発生をみたら。

類似症状との見分けかた　葉裏のオレンジ色の病斑を形成する病害は他にない。

（2）病原菌の生態と発生しやすい条件

生態・生活サイクル　病斑上に橙色の夏胞子と冬胞子を形成するが，夏胞子

73

が比較的よく形成され，冬胞子の形成は少ない。したがって伝染は夏胞子が雨滴などによる飛散によって広がると考えられる。伝染は空気伝染で，ヨメナ，シオン，セイタカアワダチソウにもしばしば同種のさび病菌の寄生が認められることから，伝染源のひとつと考えてよいと思われる。また，アカマツを中間寄主とし，アカマツ上では柄子，さび胞子を形成するという。したがって，これらの寄主からの伝染が考えられる。

発生しやすい条件　梅雨時期に多発する。下葉から発病し，次第に上葉に病斑が進展する。葉裏や茎には1〜2mmほどの病斑部が形成され，鮮やかなオレンジ色の粉質の夏胞子が病斑上に形成される。葉表は黒褐色となり，病斑が葉上を覆うようになると，葉は枯死する。

露地条件では5月頃から発生がみられはじめ，6〜7月に多発する。夏季の高温時になると一時発生の進展は緩慢となるが，秋季になると再び多発する。冬季でも葉上に病斑が形成されている。

(3) 防除のポイント

耕種的防除　耕種的にはなかなか止めにくい。雨滴などによる夏胞子の飛散によって伝染するため，頭上からの灌水もなるべくひかえたい。風通しをよくし，薬剤散布しやすいように，密植を避けたい。

生物防除　特になし。

農薬による防除　発生が少ない場合は，ダコニール1000の1,000倍，トップジンM水和剤1,500倍などが効果があるようである。多発する時期では浸透移行性の強い各種のEBI系殺菌剤（バイコラール，ラリー，アンビル，トリフミンなど）の効果が高いようである。

効果の判断と次年度の対策　病斑が上葉へ発生してこなければ，防除効果があったとしてよい。

執筆　植松　清次（千葉県暖地園芸試験場）

（1997年）

74

リゾクトニア立枯病

英名：Rhizoctonia stem and root rot

別名：—

学名：***Rhizoctonia solani* Kühn**

《糸状菌／不完全菌類》

［多発時期］露地では6〜7月頃。雨により圃場が過湿状態になる時期

［伝染源］土壌伝染，罹病残渣とともに菌糸や菌核の状態で越冬すると推定される

［伝染・侵入様式］越冬した菌糸や菌核が寄主植物の根や地際部に接触，侵入する
　　と推定される

［発生・加害部位］地際部，根

［発病・発生適温］30℃

［湿度条件］多湿

［他の被害作物］多犯性，多くの作物で立枯れ症状を呈する

（1）被害のようすと診断ポイント

発生動向　栃木県で2005年に初発を確認した。

初発のでかたと被害　地際部の茎が淡褐色に変色し，やがて表皮が腐敗する。根も褐変し腐敗する。地際部や根が腐敗すると地上部への水の供給が不足し，葉の萎れや茎が曲がる萎ちょう症状を引き起こす。発病した株からは採花不能となる。

多発時の被害　定植後，畝のところどころで萎凋株が見られ，周囲の株に広がる。

診断のポイント　茎葉の萎凋，地際部の茎の変色（淡褐色），発病が進むと茎の表皮が腐敗する。根の褐変も見られる。

防除適期の症状　植付け前に耕種的対策を講じる（発病後の防除は非常に困難）。

類似症状・被害との見分けかた　同じ土壌伝染を行なう病原菌に *Pythium* による立枯病があるが，立枯病は地際部や根の褐変がより黒に近く，水浸状となる。また，発病ステージは，立枯病は主に幼苗期，リゾクトニア

立枯病は主に生育中期以降に発生する。

（2）病原・害虫の生態と発生しやすい条件

生態・生活サイクル　土壌伝染。罹病残渣とともに越冬した菌糸や菌核が伝染源となり，茎の地際部や根に感染すると推定される。

発生しやすい条件　排水不良の多湿圃場。高温期。

（3）防除のポイント

耕種的防除　連作は避ける。排水不良の圃場で発生しやすいため，露地栽培では排水溝を掘るなどして排水対策を講じる。水田や沢沿いの畑で栽培する場合はうねを高うねとし，密植栽培を避ける。台風や大雨により増水した水が用水路などから入り込んだり，浸み込んだりする圃場での作付けは避け，水はけのよい圃場での作付けが望ましい。

未熟堆肥の施用は病害の発生を助長する場合があるので避ける。

罹病株は早期に抜き取り，圃場外へ持ち出し処分する。

生物防除　特になし。

農薬による防除　新称のため，まだ登録された農薬はない。

効果の判断と次年度の対策　連作は避ける。

執筆　吉成　強（栃木県農業試験場）　　　　　　　　　　　　（2006年）

灰色かび病

英名：Gray mold, Botrytis blight
別名：－
病原菌学名：***Botrytis cinerea* Persoon**
《糸状菌／不完全菌類》

[多発時期]　梅雨時期
[伝染源]　被害組織に生じた菌糸，分生子または菌核の形で越夏越年。有機物上で属生的に繁殖して伝染源となる
[伝染様式]　越年した分生子または菌糸や菌核から生じた分生子が風によって飛散し伝播。花がらを残しておくと，そこから発生しやすい
[発生部位]　茎，葉，花器
[発病適温]　20℃前後
[湿度条件]　多湿
[他の被害作物]　多犯性でトマトやイチゴなど多くの野菜や花卉類に灰色かび病を起こす

（1）被害のようすと診断ポイント

最近の発生動向　多発生。

初発のでかたと被害　低温，過湿の状態が続くと茎，葉や花梗，花に発生しやすい。葉では褐色輪紋状を呈し，灰色のカビを生じる。花梗，花でははじめ水浸状，褐変腐敗し，その後病斑上に灰色のカビを生じる。茎に生じた場合は，発病部から上は立枯れる。

多発時の被害　あちこちの株に発生する。

診断のポイント　葉では病斑上にうっすらと灰色のカビを生じる。茎では多数の灰色のカビを生じる。

防除適期の症状　下葉に発生が認められたら，防除が必要である。

類似症状との見分けかた　葉に斑紋を形成する病害には，灰色かび病と斑点病がある。灰色かび病は病斑上にうっすらと灰色のカビを生じる。斑点病は病斑の中央には黒いぶつぶつの小斑点状の分生殻（分生胞子を形成する壺状の器官）を形成する。

(2) 病原菌の生態と発生しやすい条件

生態・生活サイクル　被害組織に生じた菌糸，分生子，または菌核の形で越夏越年するほか，有機物の上で腐生的に繁殖して伝染源となる。越年した分生子または菌糸や菌核から生じた分生子は，風によって飛散し伝播する。花がらを残しておくと，そこから発生しやすい。

発生しやすい条件　発生適温は20℃前後である。降雨が長続きすると発生しやすい。

(3) 防除のポイント

耕種的防除　過湿を避ける。ハウス内が夕方にモヤがかかり，早朝に水滴がビニールから落ちるような条件で多発しやすい。灌水に注意し，圃場全面にマルチをする。過湿条件が続く時期は加温を行なって湿度を下げる。生育が過繁茂となるような施肥や灌水は発病を助長しやすい。雨が多いときなどは強制的に暖房をしたりして過湿を避け，また，葉が込み合わないように下葉かきをして通風をよくする。

開花後の花を放置すると，花の部分から，また落下した花弁などが葉に付着した部分から発生することが多く，ここから発病が広まるため，咲き終わった花梗は取り除く。このような花梗は通路に放置するとそこで発病する場合があるので，持ち出して焼却する。

生物防除　特になし。

農薬による防除　薬剤耐性菌が出やすいため，同一薬剤の連用は避ける。ロブラール水和剤1,000倍，ゲッター水和剤1,000倍，ポリベリン水和剤1,000倍などの薬剤を交互に用いるように心がける。これらの薬剤は葉が汚れやすいものが多いので，耕種的方法を優先させたい。

効果の判断と次年度の対策　発生がなければ，防除効果があったと判断してよい。

　執筆　植松　清次（千葉県暖地園芸試験場）

（1997年）

萎ちょう病

英名：Wilt，Fusarium wilt

別名：立枯病，萎凋病，茎腐病

病原菌学名：*Fusarium oxysporum* Schlechtendahl : Fries f. sp.
callistephi (Beach) Snyder and Hansen

《糸状菌／不完全菌類》

[多発時期] 生育中・後期

[伝染源] 種子伝染

[伝染様式] 病原菌は土壌中にあるいは土壌中の被害残渣に，厚膜胞子の形で長く
生存し，根が近づくと発芽・感染し，導管を伝って地上部へ伸展する

[発生部位] 根，地際，茎葉の維管束

[発病適温] 20～30℃

[湿度条件] やや高い土壌湿度

[他の被害作物] 未詳

(1) 被害のようすと診断ポイント

最近の発生動向 多発生。

初発のでかたと被害 はじめ，片側から葉が黄色になる。茎葉が片側に曲が
る場合がある。その後，茎葉が萎ちょうする。急激に株全体が萎ちょうする場
合もある。

茎を横断すると維管束が褐変していることから診断ができる。発病株の地際
部などの茎の表面に白色のカビが認められることもある。後になり淡桃色粉状
の分生胞子塊がカビの上に生じる。

主に生育後期に発生するが，苗でも発生が認められる。花壇苗生産において
も，出荷間際の苗で茎葉の変形や曲がりがしばしば発生することがある。

多発時の被害 枯死株が圃場全体にぽつぽつと発生している。

診断のポイント 維管束の褐変と地際部などの茎に白色のカビを生じ，後に
やや淡桃色粉状の分生子塊を形成する。

防除適期の症状 作付け前の土壌消毒を行なうため，発生をみてからでは遅
い。

類似症状との見分けかた　特にない。

（2）病原菌の生態と発生しやすい条件

生態・生活サイクル　本病はアスターの栽培上重要病害のひとつで，栽培圃場でしばしば発生して問題になる。防除や発生生態の知見はほとんどないが，抵抗性品種が育種され発表されている。

高温多湿な時期に発生が多く，連作により発生が助長される。病原菌は土壌や被害残渣に，厚膜胞子で生存し，根が近づくと感染し，導管を侵して，地上部を枯死させる。また，種子伝染が知られ，処女地でも発生することがある。

発生しやすい条件　連作圃場。酸性土壌。多肥栽培。

（3）防除のポイント

耕種的防除　連作を避け，収穫後残渣をていねいに取り去り，焼却する。種子伝染があるので，発病圃場からは採種しない。

育苗は，育苗箱で育苗した苗やセル成形苗をベンチの上で行ない，箱や用土はあらかじめ土壌くん蒸剤で消毒して，用いる。移植時や定植時の植傷みを少なくする。

施肥は，ボリュームをつけるために，特に窒素のやり過ぎとなるが，発病を助長するので基準に従った施肥を行なう。土壌酸度低い圃場で発生しやすいので，有機物とともに苦土石灰や炭カルなどを施用し，やや高め（pH 7 程度）に近い土壌酸度を維持したい。

抵抗性品種が古くから育種されている。現在，カタログで萎ちょう病に強いと明記されている品種群はくれない系，松本シリーズ，新早春シリーズなどがある。松本シリーズはこの中でも抵抗性が強い。その他に，中〜やや強の抵抗性品種として，‘ちくま’，‘有明’，‘新緋玉’，‘おたき’などが以前から販売されている。海外でも‘プリンセス’などいくつかの抵抗性品種が古くから知られている。最近栽培の多くなっているコマシリーズ，‘マーガレット’，シングルマーガレットシリーズなどの栽培の多い一重咲き品種は圃場抵抗性を示すと記載されており，中程度圃場抵抗性と考えられる。ミスシリーズ，桃山シリーズ，サマータイムシリーズなどの八重咲き品種は若干の圃場抵抗性があると

いわれている。

生物防除　特になし。

農薬による防除　生育中には薬剤防除による方法はない。前作で発生した圃場では，作付け前に，クロルピクリン30*l*/10a，バスアミド微粒剤30kg/10aの土壌くん蒸剤を用いて土壌消毒する。

効果の判断と次年度の対策　発生がなければ，防除効果があったものとする。次年度連作するならば，作付け前に土壌消毒をする。

執筆　植松　清次（千葉県暖地園芸試験場）

(1997年)

萎凋細菌病

英名：Bacterial wilt

別名：—

病原菌学名：***Erwinia chrysanthemi* Burkholder, McFadden et Dimoc**

《細菌》

[多発時期] 7～8月（高温期）

[伝染源] 土壌，罹病残渣

[伝染様式] —

[発生部位] 地際部

[発病適温] 高温

[湿度条件] 多湿

[他の被害作物] キク（同種病原菌によるキク軟腐病が報告されている）

（1）被害のようすと診断ポイント

最近の発生動向　2000年7月に北海道のハウス栽培で発見され，その後9月まで周辺地域で発生が断続的に続いた。近年，7～8月に一部で散発するものの少発生である。

初発のでかたと被害　株が繁茂してくる時期に，高温，多湿になると，地際部の茎が水浸状に黒変してくる。

多発時の被害　地際部の水浸状の黒変病斑は上部に進展し，とくに葉柄などで黒変・腐敗する。

葉柄の黒変に伴い葉は急激に枯れあがり，やがて株全体が萎凋・枯死する。

診断のポイント　地際部の水浸状の黒変病斑，組織の軟化・腐敗。

防除適期の症状　発生株への防除は難しい。

類似症状との見分けかた　萎凋病とは地際部の水浸状の黒変病斑・腐敗症状により区別される。

（2）病原の生態と発生しやすい条件

生態・生活サイクル　病原菌は土壌中で生存し，高温・多湿条件，作物に傷が付いた場合などに感染する。

発生しやすい条件　高温，多湿条件下で発生しやすい。株が繁茂してくる時期に多い。強風や管理などにより地際部が傷むと発生しやすい。

（3）防除のポイント

耕種的防除　罹病株では病原菌が増殖し，灌水，接触などにより周辺株へ感染が拡大するので罹病株は必ず抜き取る。発生箇所の土壌中には病原菌が生存しているため連作は回避する。

生物防除　なし。

農薬による防除　農薬による防除については試験例がないが，クロルピクリン，ダゾメット剤による土壌消毒は有効と考えられる。

効果の判断と次年度の対策　罹病株の発生がなくなる場合は効果があったものとする。確認はされていないが，種子，苗伝染の可能性もあることから，次年度は種子および苗は健全なものを使用する。

執筆　小松　勉（北海道立花・野菜技術センター）　　　　　　　　　　（2003年）

斑点病

英名：Leaf spot
別名：葉斑病，斑葉病
病原菌学名：*Septoria callistephi* Gloyer
《糸状菌／不完全菌類》

[多発時期]　生育後期
[伝染源]　残渣とともに土壌中で生存し，翌年の伝染源となる。種子に胞子などが付着したり，残渣が混入したりして伝染することも考えられる
[伝染様式]　分生子が降雨や灌水などで多数あふれ出し，雨滴などに乗って拡散して伝染
[発生部位]　茎葉
[発病適温]　多雨多湿
[湿度条件]　24〜28℃
[他の被害作物]　未詳

（1）被害のようすと診断ポイント

最近の発生動向　小発生。

初発のでかたと被害　おもに生育後期から，茎葉に発生する。小さな不正形の褐色の斑点で，やがてやや円形，周辺は不正形で褐色の大きな斑点となる。下葉から発生し，激しいとたくさんの病斑が上葉にも形成される。

多発時の被害　たくさんの病斑が上葉にも形成される。

診断のポイント　類似症状とそれとの見分けかたを参照。

防除適期の症状　降雨が多く，下葉に斑点をみたら直ちに防除。

類似症状との見分けかた　葉に斑紋を形成する病害には，灰色かび病と斑点病がある。灰色かび病は病斑上にうっすらと灰色のカビを生じる。斑点病は病斑の中央には黒いぶつぶつの小斑点状の分生殻（分生胞子を形成する壺状の器官）を形成する。

（2）病原菌の生態と発生しやすい条件

生態・生活サイクル　病斑の中央には黒いぶつぶつの小斑点状の分生殻（分

アスター（エゾギク）／病気

85

生胞子を形成する壺状の器官）を形成する。降雨や灌水などにより病斑上の分生子殻の中に形成された分生子が多数あふれ出し，雨滴などに乗って拡散して伝染する。残渣とともに土壌中で生存し，翌年の伝染源となる。また，種子に胞子などが付着したり，残渣が混入したりして伝染することも考えられる。

発生しやすい条件　生育適温は24〜28℃といわれている。

（3）防除のポイント

耕種的防除　窒素のやりすぎは過繁茂となり，発病を助長するので基準に従った施肥を行なう。

生物防除　特になし。

農薬による防除　マンネブダイセンM水和剤，ダイセン水和剤などの有機硫黄剤各500倍，ポリベリン水和剤1,000倍，ダコニール1000の1,000倍など定期的に散布する。また，バイコラールなどのEBI系殺菌剤の散布も効果が高い。

効果の判断と次年度の対策　収穫後の残渣はていねいに焼却する。

執筆　植松　清次（千葉県暖地園芸試験場）

（1997年）

べと病

英名：Downy mildew

別名：—

病原菌学名：*Bremia taraxaci* Ito:Tokunaga

《糸状菌／卵菌類》

［多発時期］　露地栽培では春から初夏の多雨時に多発。施設栽培では春から初夏の低温高湿条件で多発

［伝染源］　病原菌の越夏形態は明らかでないが，被害葉とともに土壌中ですごすと考えられる

［伝染様式］　葉裏に分生子を形成。分生子は離れやすく，雨滴や灌水とともに飛び散り周辺に蔓延

［発生部位］　葉

［発病適温］　やや低温

［湿度条件］　多湿

［他の被害作物］　未詳

（1）被害のようすと診断ポイント

最近の発生動向　中発生。

初発のでかたと被害　葉に発生する。はじめ淡い黄色の病斑を生じる。しだいに拡大し，中央部から褐変する。褐変した部分の裏側に白色の菌叢が密生している。条件がよいと表面にもまばらに生じることがある。

露地栽培では春から初夏の多雨時に多発し，施設栽培では春から初夏の低温高湿条件で多発する。

セル成形苗（プラグ苗）生産圃場でも，苗の生育が進んで混みあったころにしばしば発生する。

多発時の被害　被害は下葉から上葉へ進行し，激発すると株全体が葉枯れ状態になる。

診断のポイント　褐変した部分の裏側に白色の菌叢が密生していることである。

防除適期の症状　株の生育が進み，込み合った頃。

類似症状との見分けかた　葉の表面からでも，裏面からでもハダニによる被害のように見える場合があるので注意が必要である。

（2）病原菌の生態と発生しやすい条件

生態・生活サイクル　葉の裏に菌叢状に見えるのは葉の気孔から盛んに伸び出した分生子柄で，先端が手のひら状で，指先状の突起に分生子を形成する。分生子は離れやすく，雨滴や灌水とともに飛び散り，周辺に蔓延する。病原菌の越夏形態は明らかでないが，被害葉上に卵胞子を形成し，土壌中ですごすものと考えられる。

発生しやすい条件　やや低温性の病原菌で，15℃前後で多湿条件で発生する。

（3）防除のポイント

耕種的防除　施設では，過剰の施肥はひかえ，過繁茂を避ける。また，過湿を避け，換気をよくし，灌水をひかえる。露地では，密植をしない，過湿になるような場所は高うねにする，日当たりのよい場所を圃場として選ぶ。

生物防除　特になし。

農薬による防除　べと病菌に対する防除薬剤では，アリエッティ水和剤800倍，リドミルMZ水和剤，サンドファンM水和剤などの500〜1,000倍がキュウリのべと病などに用いられている。

効果の判断と次年度の対策　発生がなければ，防除効果が認められたと判断してよい。毎年発生する圃場では，土壌消毒を行なう。

執筆　植松　清次（千葉県暖地園芸試験場）

（1997年）

ハモグリバエ類

【ナモグリバエ】

英名：Garden pea leafminer

別名：－

学名：***Chromatomyia horticola* (Goureau)**

《双翅目／ハモグリバエ科》

【マメハモグリバエ】

英名：Legume leafminer

別名：－

学名：***Liriomyza trifolii* (Burgess)**

《双翅目／ハモグリバエ科》

【ヨメナスジハモグリバエ】

英名：－

別名：－

学名：***Liriomyza asterivora* Sasakawa**

《双翅目／ハモグリバエ科》

[多発時期]　ナモグリバエは春，マメハモグリバエとヨメナスジハモグリバエは夏期

[侵入様式]　飛来

[加害部位]　葉

[発生適温]　－

[湿度条件]　－

[防除対象]　幼虫

[他の加害作物]　ナモグリバエはダイズ，インゲンマメ，アズキ，エンドウ，ソラマメ，ダイコン，コマツナ，チンゲンサイ，レタス，ダリア，アスター，キンセンカ，ハイビスカス，フヨウ。マメハモグリバエはキク，ガーベラ，シネラリア，マリーゴールド，セルリー，トマト，シュッコンアスター，ハクサイ，ダイコン，チンゲンサイ，レタス，メロン，キュウリ，ダイズ，エンドウ，タマネギ，ナス，ジャガイモ，ニンジン。ヨメナスジハモグリバエはヨメナ，アスター，シュッコンアスター

(1) 被害のようすと診断ポイント

最近の発生動向　従来，主にナモグリバエやヨメナスジハモグリバエが加害していたが，1990年頃からマメハモグリバエも加害するようになった。

初発のでかたと被害　白い小斑点状の成虫の食痕や産卵痕が葉の表面に見られる。産卵場所から孵化した幼虫により葉に小さな白い食害痕が見られる。

多発時の被害　幼虫による白い線状の食害痕が無数に見られ，ひどくなると光合成が阻害される。

診断のポイント　白い小斑点状の成虫の食痕や産卵痕および幼虫による白い線状の食害痕を見つける。

防除適期の症状　初発時の葉の白い小斑点状の食痕や産卵痕や幼虫による小さな白い食害痕が見られる時期。

類似被害との見分けかた　とくになし。

(2) 害虫の生態と発生しやすい条件

生態・生活サイクル　卵，幼虫，蛹を経て成虫となる。幼虫は黄色ないし淡黄色のウジで，葉の内部にトンネルをつくって食害する。マメハモグリバエは老熟幼虫が葉の外に脱出して蛹化する。ナモグリバエやヨメナスジハモグリバエでは葉の外に脱出して蛹化することはまれである。

発生しやすい条件　栽培地周辺にキク科，マメ科，アブラナ科の植物が繁茂していると，そこが発生源となる場合がある。ハモグリバエの天敵類に影響が大きい薬剤を，アスターまたは周辺の植物に多用するとマメハモグリバエが多発する場合がある。

(3) 防除のポイント

耕種的防除　ハウスでの育苗時には開口部の寒冷紗被覆によりハウス内への成虫の侵入を防止する。内部に侵入してしまった成虫を捕殺するため黄色粘着板をハウス内に設置する。

生物防除　アスターのハモグリバエ類には登録のある天敵類はない。そこで，天敵は畑に発生する土着天敵の力を借りるように心がける。そのため，ハモグ

リバエの寄生性天敵類に影響が大きい合成ピレスロイド剤，有機リン剤，カーバメート剤の使用をひかえる。

農薬による防除　花卉類として登録があり効果が期待できる薬剤は，オルトラン粒剤のみである。幼虫の加害痕を見つけたら10a当たり3〜6kgを株元施用する。しかし，同剤はマメハモグリバエには効果がないが，寄生性天敵類に影響が大きい合成ピレスロイド剤，有機リン剤，カーバメート剤を多用した場合に多発することがあるので注意する。

効果の判断と次年度の対策　薬剤処理1週間後に，白い線状の食害痕の先端内部にいる幼虫や蛹をつぶして生死を確認する。また，線状痕が伸長しているか否かによっても生死を間接的に知ることができる。

執筆　根本　久（埼玉県園芸試験場）

（1997年）

アシグロハモグリバエ

英名：South American leafminer, Pea leafminer

別名：レタスハモグリバエ（旧名）

学名：*Liriomyza huidobrensis* Blanchard

《双翅目／ハモグリバエ科》

［多発時期］施設栽培で周年発生。とくに春〜夏期

［伝染・侵入様式］苗による持ち込み，発生圃場からの飛来

［発生・加害部位］葉

［発病・発生適温］15〜25℃

［湿度条件］なし

［防除対象］幼虫，成虫

［他の被害作物］ナス科，ウリ科，アブラナ科，セリ科，ユリ科，アカザ科，ナデシコ科，リンドウ科，キキョウ科，アオイ科，イソマツ科，アルストロメリア科，ノウゼンハレン科，フウチョウソウ科，シソ科，ヒユ科，マメ科，スミレ科，ツルムラサキ科，キンポウゲ科，サクラソウ科，クマツヅラ科，ツユクサ科，ケシ科，アマ科，カタバミ科，ハナシノブ科に属する多種類の野菜，花卉類および雑草

（1）被害のようすと診断ポイント

発生動向　本種は中南米原産の侵入害虫で，国内では2001年に北海道で初めて発生が確認された。2009年9月現在，山口県，宮城県，青森県，岩手県，広島県，群馬県で発生が確認され，北海道および青森県では，侵入後も発生が継続的に見られ発生地域も拡大している。

初発のでかたと被害　はじめ，成虫の摂食・産卵による直径1mm程度の白い小斑点が葉表面に現われる。成虫は成熟葉を好み，展開間もない未熟葉には摂食・産卵しない。

幼虫は葉内に潜ったまま表皮を残して葉肉を食害するため，白い線状の食害痕が残る。幼虫の食害痕は葉の主脈や基部に集中する傾向がある。また，葉脈組織内および葉柄に潜孔する場合もある。

多発時の被害　上〜中位葉に成虫の食痕・産卵痕および幼虫の食害痕が多数

発生し，商品価値が著しく低下する。幼虫の多寄生により葉が黄変し枯死する。

診断のポイント　苗に幼虫の食害痕や成虫の摂食・産卵痕がないかよく確かめる。

定植後は，圃場内に黄色粘着板などを設置し，成虫の発生状況を確認する。葉表面を観察し，幼虫の線状食害痕の発生に先立って認められる成虫食痕に注意して，被害多発の徴候を見逃さない。

防除適期の症状　初発時の成虫による白い小斑点状の摂食・産卵痕や幼虫による小さな白い線状食害痕が見られた時期。

類似症状・被害との見分けかた　本種成虫の外観は，後頭部，胸部側面および脚部腿節は黒色部分の占める割合が多く，同属のマメハモグリバエ，ヨメナスジハモグリバエに比べ全体として黒っぽい。また，腹板の地色も黒色で，マメハモグリバエなどと異なることから，黄色粘着板などにより成虫を捕獲し，外観形態を観察することによって識別することができる。より正確な同定には，雄成虫の生殖器の形態の比較や遺伝子診断法による確認が必要である。ナモグリバエ成虫の体色は灰黒色であることから本種と容易に区別できる。

幼虫の食害痕は，マメハモグリバエやナモグリバエが曲線的であるのに対して，本種は葉脈に沿う形で潜孔していることが多い。ヨメナスジハモグリバエ幼虫の食害痕は直径5mm程度の渦巻き状となり，本種とは明らかに異なる。

本種およびマメハモグリバエは葉から脱出して蛹になるのに対して，ナモグリバエは葉内で蛹化し，蛹または蛹殻が葉内に必ず残っている。また，本種の幼虫は黄白色で，葉内に幼虫がいれば，黄橙色であるマメハモグリバエと区別することができる。

（2）病原・害虫の生態と発生しやすい条件

生態・生活サイクル　産卵から羽化までの所要日数は，15℃では約42日，20℃では約23日，25℃では約16日である。

卵と幼虫は葉内に寄生するが，幼虫は老熟すると葉から脱出して土中（一部は葉の表面）で蛹になる。

本種は休眠性がなく，蛹は低温条件（0℃）が続くと生存することができないことから，寒冷地では野外で越冬する可能性は低いと考えられる。施設栽培

では一年中発生を繰り返すが，春〜夏期に多発することが多く，冬期の発生は少ない。

寄主植物はきわめて多く，国内ではこれまでにアブラナ科，キク科およびナス科を含む24科65種以上の植物で寄生が確認されている。これまでハモグリバエによる被害があまり問題とならなかったアカザ科のホウレンソウおよびテンサイ，アスターで多発することが本種の特徴として挙げられる。

発生しやすい条件　自家用の野菜や花卉類を含め，複数種の作物を周年栽培している圃場で本種が継続して発生している場合が多い。アスターはアシグロハモグリバエにとって好適な寄主と考えられ，同一ハウス内にアスターを含む複数の作物がある場合，アスターが集中的に加害される事例が多い。

(3) 防除のポイント

耕種的防除　育苗は，アシグロハモグリバエが発生していないところで行ない，苗による持ち込みに注意する。購入苗を使用する場合は，幼虫が寄生していないかよく確かめ，寄生が少しでも認められたら，その苗は使用しない。

雑草にも寄生し発生源となることから，圃場周辺の除草を徹底する。

このほか，防虫ネットやハウス蒸し込み，被害残渣の処分などの方法については，キクのマメハモグリバエに準じて行なう。

生物防除　これまでに3科14種の土着寄生蜂が確認されているが，天敵資材や土着寄生蜂を利用したアシグロハモグリバエの防除事例は報告がない。

農薬による防除　多発生後の防除は困難となることから，発生初期から薬剤散布を定期的に行なうことが必要であるが，本種は有機リン剤および合成ピレスロイド剤に対して全般的に感受性が低いと考えられる。

本種に適用のある薬剤はないものの，これまでの室内試験および他作物の試験例から，花卉類・観葉植物のハモグリバエ類としての登録があるアファーム乳剤が有効と考えられる。

周囲にある寄生作物についても同様に防除を徹底し，発生源とならないように注意する。

効果の判断と次年度の対策　黄色粘着板などを圃場に設置して，アシグロハモグリバエ成虫の捕獲数の増減によって効果を判断する。

1週間間隔で2～3回の連続散布を行なっても，幼虫の食害痕および成虫の捕獲数が増加するようであれば効果が低いと判断する。

寒冷地では冬期間にビニールを除去したり側面を開放して低温にさらし，ハウス内に残存するアシグロハモグリバエを死滅させる。

少発生時でも植物をよく観察し，被害株や被害葉の除去および除草を徹底し，増殖源をつくらない。越冬期など発生が一時的に終息しても密度が急増する場合があるので，黄色粘着板などを設置して，成虫の発生を継続的に監視するとともに，作物の被害の発生をよく観察して早期防除に努める。

執筆　新藤　潤一（地方独立行政法人青森県産業技術センター野菜研究所）（2009年）

主要農薬使用上の着眼点（新藤潤一，2009）

（回数は同一成分を含む農薬の総使用回数）

商品名	一般名	使用倍数・量	使用時期	使用回数	使用方法
《マクロライド系剤》					
アファーム乳剤	エマメクチン安息香酸塩乳剤	1000倍（100～300*l*/10a）	発生初期	5回以内	散布

花卉類・観葉植物のハモグリバエ類としての登録。魚毒性が高く，蚕やミツバチに対しても毒性が高い

ワタアブラムシ

ワタアブラムシ

英名：Cotton aphid
別名：－
学名：***Aphis gossypii* Glover**
《半翅目／アブラムシ科》

［多発時期］	春と秋
［侵入様式］	圃場外からの飛来
［加害部位］	葉，花
［発生適温］	20～25℃
［湿度条件］	適湿
［防除対象］	幼虫，成虫
［他の加害作物］	キク，イチゴ，サトイモ，キュウリなど

（1）被害のようすと診断ポイント

最近の発生動向　多い。

初発のでかたと被害　新芽やつぼみに寄生した場合は外部から見えるが，葉裏や花に寄生の場合には見えないことが多い。葉の表が光るようになるが，これは上位の葉裏に寄生のアブラムシの排泄物によるものである。

多発時の被害　新芽が萎縮したり生長が阻害される。葉の表がますます光り，やがて黒くすす病が発生する。また，多発時は，花にも寄生が始まる。切り花後に花の被害が問題となることがある。

診断のポイント　たえず新芽やつぼみへの寄生，葉のてかり，葉裏をめくって寄生を確かめる。栽培中は，黄色の粘着板を吊るして誘殺量を見る。

防除適期の症状　寄生の確認された時点，誘殺が始まったら直ちに第1回の防除を行なう。

類似被害との見分けかた　葉のてかりは，コナジラミ類の寄生によることもあるので，必ず葉裏をめくって種の確認を行なう。

（2）害虫の生態と発生しやすい条件

生態・生活サイクル　周年発生をする。広食性であり，多くの植物に寄生す

るので飛来源は非常に多い。野外の越冬は，オオイヌノフグリ，タチイヌノフグリ，ホトケノザなどで行なわれることが多いので，圃場周辺では冬期に除草を行なう。

発生しやすい条件　周辺に花，野菜，雑草が多い時期および場所。

(3) 防除のポイント

耕種的防除　圃場周辺の除草。施設栽培では，換気窓に1mm目合いの防虫網を張り，有翅成虫の飛来を防ぐ。

生物防除　なし。

農薬による防除　発生前に土壌処理剤の処理。発生初期に農薬散布。

効果の判断と次年度の対策　散布後の被害，虫数の減少から判断する。常発地では，定植時に土壌処理剤の処理。

執筆　池田　二三高（静岡県病害虫防除所）

(1997年)

エゾギクトリバ

英名：China aster plume moth
別名：エゾギクノシンムシ
学名：***Platyptilia farfarella* Zeller**
《鱗翅目／トリバガ科》

[多発時期]　夏季（キンセンカでは春季）
[侵入様式]　飛来
[加害部位]　新芽，花，つぼみ
[発生適温]　—
[湿度条件]　—
[防除対象]　幼虫
[他の加害作物]　キンセンカ，ヤグルマギク，マリーゴールド，ジニア，アゲラタム

（1）被害のようすと診断ポイント

最近の発生動向　とくに変化なし。キンセンカで多発し，被害も非常に大きい。

初発のでかたと被害　開花中の花では，花びらのない中央の部分において黒褐色の虫糞が盛り上がってきて堆積する。つぼみでは先端部あるいは下部から黒褐色の虫糞が噴出する。生育中の株では，新芽の先端近くから黒褐色の虫糞が噴出して先端の芽がなくなる。また，茎と葉の接点の部分からも虫糞が噴出することがある。

多発時の被害　中央部に黒褐色の虫糞が盛り上がった花があちらこちらで目につく。また，先端部がなくなって，花のつかない茎が見られる。

診断のポイント　黒褐色の虫糞が盛り上がるように付着するのが特徴で，とくに開花時期に被害が多くなる。虫糞の出ている箇所を開くと淡黄色の幼虫が見つかる。また，幼虫は単独寄生で，1か所に複数の虫が寄生していることはない。

防除適期の症状　圃場のどこかで虫糞の噴出する茎を認めたとき。

類似被害との見分けかた　フキノメイガも茎内に食入して虫糞を排出する

が，糞粒が大きい。また，花やつぼみに食入することはない。

(2) 害虫の生態と発生しやすい条件

生態・生活サイクル　詳細は不明。幼虫で越冬し，2～3月頃に蛹化して，4～5月頃に成虫になる。雌成虫はキンセンカの新芽付近に1粒ずつ産卵する。孵化幼虫は直ちに新芽の中に食入して茎の内部を食害する。発生は4～10月まで見られ，アスターの露地栽培では7～8月に多発する。年に5～6回は発生を繰り返しているようである。

発生しやすい条件　同一地域で毎年栽培すると多くなる。とくにキンセンカ，アスターなどのキク科の花が連続的に栽培される地域では多発しやすい。

(3) 防除のポイント

耕種的防除　新芽の食入被害を認めたら，被害部の下で切り取って処分し，次の世代の成虫の発生を抑制する。なお，切り取った茎はそこに捨てておくとその中で成虫にまで成長するおそれがあるので，必ず焼却あるいは土中に埋没処分をすること。また，被害部を切り開いて中にいる虫を捕殺するのも有効である。

生物防除　なし。

農薬による防除　試験事例がないので有効な防除薬剤は不明。ふ化幼虫が直ちに茎内に潜るため防除は非常に難しい。合成ピレスロイド系の殺虫剤など，鱗翅目害虫に効果の高いとされている薬剤を被害発生初期から5～7日おきに数回散布する。また，常発地では被害の有無にかかわらず定期的に散布する。

効果の判断と次年度の対策　効果の判断は非常に難しい。虫糞の噴出する茎や花が増えなければ効果があったものと判断する以外に方法はない。次年度の対策としては，被害茎を圃場に残さないことである。

執筆　木村　裕（元大阪府立農林技術センター）

(1997年)

ウリハムシ

英名：Cucurbit leaf beetle

別名：ウリバエ

学名：*Aulacophora femoralis* **Motschulsky**

《鞘翅目／ハムシ科》

[多発時期] 4〜5月，7〜8月

[侵入様式] 飛来

[加害部位] 葉，花弁

[発生適温] ―

[湿度条件] ―

[防除対象] 成虫

[他の加害作物] ウリ科植物（キュウリ，メロン，スイカ，シロウリ，カボチャ，ヒョウタン，カラスウリ）

（1）被害のようすと診断ポイント

最近の発生動向 とくに変化なし。

初発のでかたと被害 葉の表面が円弧状に浅く食害されて，褐変する。日がたつとその食害された部分が抜け落ちて小孔となる。開花中の花では花びらが食害されてぼろぼろになる。

多発時の被害 葉は食害によってぼろぼろになる。また，開花中の花では花びらがなくなってしまうことがある。

診断のポイント 葉や花の上で，長さ7mm前後，黄色の甲虫が見つかる。葉の表面に幅1mm前後の細長い食痕（褐色の傷）が見つかる。

防除適期の症状 葉または花の上に虫を見つけたとき。

類似被害との見分けかた 葉が食害されたり，葉に小孔ができたり，葉の表面に褐色の傷ができたりする点ではヨトウガ幼虫の被害に類似するが，一言で言えばウリハムシは葉の表から，ヨトウガは葉の裏側から食害する。ウリハムシは葉の表面を浅く食害するために，その食害部はしだいに褐変し，枯死して抜け落ちて小孔となる。また，丸く円弧状に1mm幅で浅く食害するので，その円弧の部分が枯死して抜け落ちて直径1cm前後の丸い孔となる。一方ヨトウ

101

ガの若齢幼虫は葉の裏面に寄生して葉裏を浅く食害するために，葉を上から見ると食害部が半透明になり，しだいに抜け落ちて小孔となる。また，中齢以降の幼虫では葉の一部をばっさりと食害するので，はっきりとした食害孔ができる。

（2）害虫の生態と発生しやすい条件

生態・生活サイクル　成虫が石垣や落ち葉の下で越冬する。3月末頃越冬から覚めた成虫がアスターあるいはウリ科植物に飛来して葉を食害する。地域によってはまだ4月頃ではこれらの作物が栽培されていないことが多いが，何を食べているか不明である。成虫はウリ科作物の株元の土壌中に数十個の卵をかためて産みつける。孵化幼虫はその作物の根を食害して成長し，7月頃から新しい成虫が現われる。そのため，成虫の発生ピークが4〜5月と7〜8月の2回見られる。新成虫は10月頃から越冬場所に移動する。

発生しやすい条件　ウリ科植物が近くにあると被害が多くなる。また，成虫はウリ科植物よりもアスターを好むようである。

（3）防除のポイント

耕種的防除　成虫を見つけしだい捕殺する。昼間は動きが活発で人が近づくとさっと飛んで逃げ去るので，葉上にじっとしている早朝か夕方をねらう。

生物防除　なし。

農薬による防除　圃場の外から成虫がつぎつぎに飛来してくるので，防除は難しい。薬剤にたいしては弱い虫であるので，スミチオン乳剤のような有機リン系の殺虫剤を散布すれば一時的には減少する。しかし，発生の多い年ではまた外から新手が飛来するので，あたかも効果がなかったかのように見える。

効果の判断と次年度の対策　散布前日と散布翌日の成虫数を比較し，減少していれば効果があったものと判断する。死亡虫を見つけるのはまず不可能である。また，発生の多い年や隣接地に発生源（ウリ科植物）があるときには，外から新たに飛来するので，2〜3日もすれば元の状態に戻る。

執筆　木村　裕（元大阪府立農林技術センター）

（1997年）

アワダチソウグンバイ

英名：Chrysanthemum lace bug
別名：—
学名：***Corythucha marmorata* (Uhler)**
《カメムシ目／グンバイムシ科》

［多発時期］7～8月
［伝染・侵入様式］圃場外のキク科雑草などからの成虫の侵入
［発生・加害部位］葉
［発病・発生適温］15～30℃（推定値）
［湿度条件］やや乾燥
［防除対象］幼虫，成虫
［他の被害作物］キク，シュッコンアスター，ガザニア，ヒマワリ，ヒメヒマワリ，
　シロタエヒマワリ，ユリオプスデージー，ノコンギク，ヒャクニチソウ，シ
　オン，エボルブルス（アメリカンブルー），アゲラタム（カッコウアザミ），サ
　ツマイモ，キクイモ，ナスなど

(1) 被害のようすと診断ポイント

　発生動向　本種は北米原産で，キク科植物を加害し，アメリカ合衆国本土，
カナダ南部，アラスカ南部，南はメキシコやジャマイカまで生息している。北
米以外の生息域は韓国に2011年に，この前後にヨーロッパにも侵入したよう
である。日本には2000年に兵庫県で確認されたあと，宮城県以南の本州の各
県をはじめ，四国，九州にも分布域を広げている。キク科植物のほか，サツマ
イモやナスでも被害がある。ナスでは繁殖せず，被害は一時的なものとされて
いる。高温乾燥した環境で増加する傾向がある。

　初発のでかたと被害　ハダニの被害のように葉の表面にカスリ状の白い点々
が見られ，葉裏に体長が約3mmで相撲の行司が使う軍配に似た形状をした成
虫が見える。

　多発時の被害　寄生されると成幼虫の吸汁により，葉表に白いカスリ状の脱
色斑点が見られ，葉裏には黒いタールのような排泄物が見られる。寄生密度の

103

高い株では葉全体が褐変し，枯死する葉も見られる。

診断のポイント　葉裏に体長が約3mmで，相撲の行司が使う軍配に似た形状をした透明の翅に多数の褐色斑紋のある成虫が見える。寄生されると成幼虫の吸汁により，葉表に白いカスリ状の脱色斑点が見られ，葉裏には，黒いタールのような排泄物が見られる。

防除適期の症状　5月下旬の第1世代成虫が飛来して加害を始めた時期で，葉の表面にカスリ状の白い点々が見えたとき。

類似症状・被害との見分けかた　他の害虫としてはキクグンバイ *Galeatus spinifrons*（国内ではキクグンバイに Chrysanthemum lace bug の英名が与えられているが，この英名は欧米ではアワダチソウグンバイの英名とされている）の可能性もあるが，アワダチソウグンバイでは前胸背嚢状突起は頭部を覆い，前胸背葉状突起の側縁と前翅側縁の一部には棘状突起があり，キクグンバイと区別できる。また，ハダニによる被害とも似るが，アワダチソウグンバイではハダニと比べカスリ状の被害痕はより大きく，葉裏にグンバイムシが見える。

(2) 病原・害虫の生態と発生しやすい条件

生態・生活サイクル　成虫はセイタカアワダチソウや落ち葉の下で越冬していることが知られていて，セイタカアワダチソウで生活史をまっとうしていると考えられている。越冬した成虫が分散し繁殖する。産卵は寄主植物の葉脈に沿って一個ずつ葉肉内に産卵され，この部分は黒く変色する。セイタカアワダチソウでは4月中旬ころから第1世代幼虫が発生し，幼虫は葉裏で集団で過ごし成虫となった第1世代以降の成虫がアスターに飛来して加害する。

発生しやすい条件　本種は高温乾燥を好み，栽培地周辺にセイタカアワダチソウなどのキク科雑草が繁茂する場所では発生しやすい。第1世代成虫発生期以降にセイタカアワダチソウその他の雑草を除草すると，えさをなくした成虫が分散しやすい。

(3) 防除のポイント

耕種的防除　冬季から4月にかけてロゼット状のセイタカアワダチソウを除草する。第1世代成虫発生期以降にセイタカアワダチソウその他の雑草を除草

するとえさをなくした成虫が分散しやすいので，第1世代成虫発生期前までに除草はすませておく。

　施設栽培では開口部を防虫ネットで被覆すると発生を防止することが可能である。

　生物防除　アスターのアワダチソウグンバイを対象とした生物農薬の登録薬剤はなく，国内では生物農薬による防除はできない。

　農薬による防除　アスターのアワダチソウグンバイを対象とした登録薬剤はなく，薬剤による防除はできない。

　効果の判断と次年度の対策　葉の表面にカスリ状の白い点々が見えず，葉裏にグンバイムシが見られない。次年度の対策は，冬季にロゼット状のセイタカアワダチソウを除草し越冬個体を死滅させる。除草した残渣は穴埋めするなどして処分し，放置しない。

　　執筆　根本　久（保全生物的防除研究事務所）　　　　　　　　　　　　（2014年）

防除薬剤と使用法・病気

立枯病（ピシウム・リゾクトニア菌による病害，苗立枯病等）

商品名	一般名	使用倍数_数量	使用時期	使用回数	使用方法
ホーマイコート	チウラム・チオファネートメチル水和剤	種子重量の2～3%	は種前	1回	種子粉衣
ホーマイ水和剤	チウラム・チオファネートメチル水和剤	種子重量の1.0%	は種前	1回	種子粉衣
オーソサイド水和剤80	キャプタン水和剤	種子重量の0.2～0.4%	は種前	1回	種子処理機による種子粉衣

（2007年）

アスター／防除薬剤と使用法

立枯病

商品名	一般名	使用倍数_数量	使用時期	使用回数	使用方法
オーソサイド水和剤80	キャプタン水和剤	600倍	－	－	散布
ガスタード微粒剤 バスアミド微粒剤	ダゾメット粉粒剤	20〜30kg/10a	は種又は植付前	1回	土壌を耕起整地した後，本剤の所定量を均一に散布して深さ15〜25cmに土壌と十分混和する。混和後ビニール等で被覆処理する。被覆しない場合には鎮圧散水してガスの蒸散を防ぐ。7〜14日後被覆を除去して少なくとも2回以上の耕起によるガス抜きを行う。
リゾレックス水和剤	トルクロホスメチル水和剤	500〜1000倍	生育期	5回以内	土壌灌注（3l/m²）
リゾレックス粉剤	トルクロホスメチル粉剤	50kg/10a	定植前	1回	土壌混和
リドミル粒剤2	メタラキシル粒剤	20kg/10a	定植時又は生育期	3回以内	土壌表面散布

(2007年)

防除薬剤と使用法・病気

赤さび病（さび病）

商品名	一般名	使用倍数_数量	使用時期	使用回数	使用方法
エムダイファー水和剤	マンネブ水和剤	400～650倍_	発病初期	8回以内	散布

灰色かび病

商品名	一般名	使用倍数_数量	使用時期	使用回数	使用方法
エムダイファー水和剤	マンネブ水和剤	400～650倍_	発病初期	8回以内	散布
ゲッター水和剤	ジエトフェンカルブ・チオファネートメチル水和剤	1000倍150～300l/10a	－	5回以内	散布
サンヨール	DBEDC液剤	500倍	－	8回以内	散布
フルピカフロアブル	メパニピリム水和剤	2000～3000倍100～300l/10a	発病初期	5回以内	散布
ボトキラー水和剤	バチルス　ズブチリス水和剤	10～15g/10a/日	発病前～発病初期		ダクト内投入
ポリオキシンAL水溶剤	ポリオキシン水溶剤	2500倍	発病初期	5回以内	散布
ポリベリン水和剤	イミノクタジン酢酸塩・ポリオキシン水和剤	1000倍	－	5回以内	散布

（2007年）

アスター／防除薬剤と使用法

萎凋病

商品名	一般名	使用倍数_数量	使用時期	使用回数	使用方法
ガスタード微粒剤 バスアミド微粒剤	ダゾメット粉粒剤	20〜30kg/10a	は種又は植付前	1回	土壌を耕起整地した後，本剤の所定量を均一に散布して深さ15〜25cmに土壌と十分混和する。混和後ビニール等で被覆処理する。被覆しない場合には鎮圧散水してガスの蒸散を防ぐ。7〜14日後被覆を除去して少なくとも2回以上の耕起によるガス抜きを行う。
クロピク80，ドジョウピクリン，ドロクロール	クロルピクリンくん蒸剤	＜床土・堆肥＞1穴当り3〜6ml ＜圃場＞1穴当り2〜3ml		2回以内(床土1回以内，圃場1回以内)	土壌くん蒸

(2007年)

べと病

商品名	一般名	使用倍数_数量	使用時期	使用回数	使用方法
エムダイファー水和剤	マンネブ水和剤	400〜650倍	発病初期	8回以内	散布

(2007年)

防除薬剤と使用法・害虫

ハモグリバエ類

商品名	一般名	使用倍数_数量	使用時期	使用回数	使用方法
アクタラ顆粒水溶剤	チアメトキサム水溶剤	2000倍 100〜300l/10a	発生初期	6回以内	散布
アファーム乳剤	エマメクチン安息香酸塩乳剤	1000倍 100〜300l/10a	発生初期	5回以内	散布

(2007年)

ワタアブラムシ（アブラムシ類）

商品名	一般名	使用倍数_数量	使用時期	使用回数	使用方法
アースガーデンC，アブラムシAL，ブルースカイAL	イミダクロプリド液剤	原液	発生初期	5回以内	希釈せずそのまま散布する
アクタラ粒剤5	チアメトキサム粒剤	6kg/10a	生育期	1回	株元散布
アドマイヤーフロアブル	イミダクロプリド水和剤	2000倍 100〜200l/10a	発生初期	5回以内	散布
あめんこ	還元澱粉糖化物液剤	原液 −	収穫前日まで	−	散布
あめんこ100	還元澱粉糖化物液剤	100倍 100〜300l/10a	収穫前日まで	−	散布
アルバリン粒剤	ジノテフラン粒剤	1g/株（但し，10a当り30kgまで）	定植時	1回	植穴土壌混和
アルバリン顆粒水溶剤	ジノテフラン水溶剤	2000〜3000倍 100〜300l/10a	発生初期	4回以内	散布
エコピタ液剤	還元澱粉糖化物液剤	100倍 100〜300l/10a	収穫前日まで	−	散布
オルトラン水和剤	アセフェート水和剤	1000〜1500倍	発生初期	5回以内	散布
オルトラン粒剤	アセフェート粒剤	3〜6kg/10a	発生初期	5回以内	株元散布
オルトランDX粒剤	アセフェート・クロチアニジン粒剤	1g/株	発生初期	4回以内	生育期株元処理
カダンセーフ	ソルビタン脂肪酸エステル乳剤	原液	発生初期	−	希釈せずそのまま散布する

防除薬剤と使用法・害虫

カダン殺虫肥料	アセタミプリド複合肥料	2錠/株	生育期	5回以内	株元に置く
サンスモークVP	DDVPくん煙剤	11g/100m³	–	5回以内	くん煙（適用場所：園芸用ガラス室。ビニールハウス，ビニールトンネル）
サンヨール	DBEDC液剤	500倍	–	8回以内	散布
スタークル粒剤	ジノテフラン・オリサストロビン粒剤	1g/株（但し，10a当り30kgまで）	定植時	1回	植穴土壌混和
スタークル顆粒水溶剤	ジノテフラン水溶剤	2000〜3000倍 100〜300l/10a	発生初期	4回以内	散布
スミソン乳剤	マラソン・MEP乳剤	1000倍	–	6回以内	散布
チェス顆粒水和剤	ピメトロジン水和剤	5000倍 100〜300l/10a	発生初期	4回以内	散布
パナプレート	DDVPくん蒸剤	120g板1枚/30〜60m³（1m³当り板重量2〜4g）	収穫3日前まで		温室又はビニールハウス内の中央通路又は周辺部に直接作物に触れないように吊しておく。（適用場所：温室，ビニールハウス）
ヒットゴール液剤AL	シフルトリン・トリアジメホン液剤	原液	発生初期	5回以内	希釈せずそのまま散布する
ブルースカイスティック	イミダクロプリド複合肥料	1錠/株	生育期	3回以内	株元付近さし込み
ブルースカイ粒剤	イミダクロプリド粒剤	2g/株	定植時	1回	植穴土壌混和
ブルースカイ粒剤	イミダクロプリド粒剤	2g/株	生育期	5回以内	株元散布
プロバドスティック	イミダクロプリド複合肥料	1錠/株	生育期	3回以内	株元付近さし込み

ベストガード粒剤	ニテンピラム粒剤	1～2g/株	発生初期	4回以内	生育期株元散布
ベニカDスプレー	エトフェンプロックス・クロチアニジン液剤	原液	－	4回以内	散布
ベニカX	ペルメトリン・ミクロブタニルエアゾル		－	－	噴射液が均一に付着するように噴射する。
ベニカXスプレー	ペルメトリン・ミクロブタニル液剤	原液	－	－	散布
ベニカグリーンVスプレー	フェンプロパトリン・ミクロブタニル液剤	原液		5回以内	散布
マラソン乳剤マラソン乳剤50	マラソン乳剤	2000～3000倍	発生初期	6回以内	散布
ムシキン液剤AL	シフルトリン・トリアジメホン液剤	原液	発生初期	5回以内	希釈せずそのまま散布する
モスピラン・トップジンMスプレー	アセタミプリド・チオファネートメチル水和剤	原液	発生初期	5回以内	希釈せずそのまま散布する
モスピラン水溶剤	アセタミプリド水溶剤	4000倍 100～300l/10a	発生初期	5回以内	散布
ロディー乳剤	フェンプロパトリン・MEP乳剤	1000倍	－	6回以内	散布
園芸用バポナ殺虫剤	DDVPくん蒸剤	5cmサイズ 1枚/5～6m³ 25cmサイズ　1枚/25～30m³	－	－	密閉容器を開封し，本剤をひも，針金あるいは釘などで天井，壁またはフレームから吊り下げる。（適用場所：温室，ビニールハウス，トンネル栽培）
日曹殺虫プレート	DDVPくん蒸剤	L型1枚/30～60m³H型1枚/15～30m³S型1枚/7.5～15m³	－		ビニールハウス・温室内の中央通路又は周辺部に作物に直接接触しないように吊る。（2枚以上使用する場合の間隔は，L型3m程度，H型1.5m程度，S型0.7m程度）（適用場所：温室，ビニールハウス）

(2007年)

アスチルベ　　　　　ユキノシタ科

●図解・病害虫の見分け方

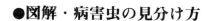

花穂全体あるいは
一部が褐色に腐敗

灰色かび病

オレンジ色の
胞子がところ
どころに形成

さび病

茎が水浸状に腐敗

菌核病

菌核病

菌核病

英名：Stem rot
別名：—
病原菌学名：***Sclerotinia sclerotiorum* (Libert) de Bary**
《糸状菌／子のう菌類》

［多発時期］　6〜7月
［伝染源］　土壌中の菌核
［伝染様式］　子のう胞子の飛散
［発生部位］　花穂，茎
［発病適温］　20〜25℃
［湿度条件］　多湿
［他の被害作物］　各種花・野菜類に発生

（1）被害のようすと診断ポイント

最近の発生動向　北海道の場合，6月頃から発生する。近年の発生動向については明らかでない。

初発のでかたと被害　はじめ花穂の一部などに水浸状の病斑が形成される。やがて病斑は拡大し，茎部へと進展する。

多発時の被害　年数が経過した株などでは多数の花穂が生じるが，株の中心から立枯れ症状を示す花穂が目立つようになる。

診断のポイント　花穂の一部や茎部が淡褐色で水浸状に変色した病斑が形成されるのが特徴である。

防除適期の症状　病斑の進展は早いので，初期の水浸状病斑が見られたら防除を行なう。

類似症状との見分けかた　灰色かび病と混発する場合があるが，灰色かび病の病斑のほうは褐色が濃い。

（2）病原菌の生態と発生しやすい条件

生態・生活サイクル　前年度に形成された菌核が越冬し伝染源となる。菌核から子のう盤が形成され，これらから子のう胞子が飛散し，感染を起こす。病

117

斑上に再び菌核を形成し，罹病残渣中あるいは土壌中で越冬する。

発生しやすい条件　子のう盤形成期の気象（北海道では6〜7月頃）が多湿になると子のう盤が多数形成され，子のう胞子が多数飛散する。また，前年の発生株では菌核が多数残存しているので発生しやすい。

(3) 防除のポイント

耕種的防除　発病が認められたら，発病株は抜き取り，処分する。古くなった株では通気性も悪く発生しやすいので株の更新や株分けなどを行なう。

生物防除　生物防除については，今のところ試験例がない。

農薬による防除　農薬による防除については，今のところ試験例がないが他の野菜・花卉類で本病菌に登録のある薬剤（スミレックス水和剤，ロブラール水和剤など）は有効と思われる。

効果の判断と次年度の対策　永年性の花卉なので病株を次年度に残さないことを心がける。

執筆　堀田　治邦（北海道立花・野菜技術センター）

(1997年)

118

灰色かび病

英名：Gray mold
別名：—
病原菌学名：***Botrytis cinerea* Persoon:Fries**
《糸状菌／不完全菌類》

［多発時期］　6〜7月（北海道地域）
［伝染源］　罹病残渣，菌核
［伝染様式］　分生子の飛散
［発生部位］　葉，花穂
［発病適温］　20〜25℃
［湿度条件］　多湿
［他の被害作物］　各種野菜・花卉に発生

（1）被害のようすと診断ポイント

　最近の発生動向　北海道の場合，6月上旬の曇天傾向の気象条件で多発する。露地栽培では株の年数を経過するに従って，発病は多くなる。

　初発のでかたと被害　株の中心部では下葉などが侵され，葉先が淡褐色に変色する。発病葉の先端を観察すると表面がカビに覆われている。花穂では抽出初期に先端部が褐色に腐敗し，花穂の展開が不良となったり，腐敗による花とびが見られる。

　多発時の被害　葉は先端から枯れ込み，株全体を覆うようになる。花穂は各小穂が褐色に腐敗し，伸長の抑制や湾曲が見られるようになる。

　診断のポイント　葉や花穂が褐色に枯れるのが特徴である。また，表面に本病菌特有のカビが出現してくる。

　防除適期の症状　花穂抽出期に葉に病斑が現われ始めていれば注意が必要である。

　類似症状との見分けかた　菌核病などが混発する場合がある。菌核病では茎などが侵され，全体が立枯れ症状となる。発病部は褐色とならない。

119

(2) 病原菌の生態と発生しやすい条件

生態・生活サイクル　前年の罹病残渣で越冬した病原菌が伝染源となる。株の中心の下葉などに一次感染し，ここで増殖した分生子が花穂などに二次感染する。

発生しやすい条件　北海道の場合，露地に定植した株は年々増殖し，茎葉の出葉も多くなる。そのため，株の中心部では茎葉に覆われ多湿条件となりやすい。初期病斑はこれら中心葉に見られることが多い。

(3) 防除のポイント

耕種的防除　大きくなった株は茎葉が出現する時期に整枝を行ない，風通しをよくする。また，株分けなどを行なうことも有効である。

生物防除　生物防除については，今のところ試験例がない。

農薬による防除　農薬による防除については，今のところ試験例がないが他の野菜・花卉類で本病菌に登録のある薬剤（ロブラール水和剤，フロンサイド水和剤）は有効と思われる。

効果の判断と次年度の対策　永年性の花卉なので病株を次年度に残さないことを心がける。

執筆　堀田　治邦（北海道立花・野菜技術センター）

（1997年）

さび病

英名：Rust

別名：—

病原菌学名：***Pucciniostele clarkiana* (Barclay) Dietel**

《糸状菌／担子菌類》

[多発時期]　露地栽培：6〜9月

[伝染源]　罹病残渣

[伝染様式]　冬胞子の飛散

[発生部位]　葉，茎，花穂

[発病適温]　20℃前後

[湿度条件]　多湿

[他の被害作物]　各種ショウマ類

(1) 被害のようすと診断ポイント

最近の発生動向　品種によって発病が異なる。北海道の場合，露地栽培を行なうと下旬あたりから発生し始め，9月下旬まで蔓延する。感受性が高い品種では毎年常発するようになる。

初発のでかたと被害　はじめ葉の葉柄や葉脈の一部が膨らみ始める。葉脈に発生すると葉の肥大が病斑部で抑制され，奇形が現われる。花茎では表面が細かに隆起し始め，やがて融合し大きな膨らみとなる。

多発時の被害　病斑は膨らみを増すとやがて裂開し，内部に形成されていた胞子（冬胞子）が露出してくる。胞子はオレンジ色を呈し，病斑表面を覆うようになる。花穂に発生すると被害は大きくなり，病斑の形成によって湾曲したり，小穂がオレンジ色の病斑に覆われ，商品価値を失う。発病の終期になると褐色の病斑となって，株全体が落葉，枯死する。

診断のポイント　はじめ葉柄の部分あるいは葉裏の葉脈部に膨らみがないか注意する。とくに裂開した病斑がオレンジ色の胞子に覆われていれば本病と診断できる。

防除適期の症状　病斑が裂開する前の初期から防除を行なう。

類似症状との見分けかた　灰色かび病の末期症状は株全体が褐色となり，本

病の末期症状と類似している。本病は病斑上に褐色に変色した胞子が粉状に付着しているため区別できる。

（2）病原菌の生態と発生しやすい条件

生態・生活サイクル　初期の感染様式については明らかでないが，前年度の罹病残渣から感染すると考えられる。冬胞子は2種類形成されるが，これらの詳細については不明である。

発生しやすい条件　北海道では気温が上昇する6月下旬以降に発生する。感受性の高い品種を栽培すると容易に発生が見られる。スパルタン，エトナ，メインズ，エリカ，アメリカなどの品種は感受性が高い。

（3）防除のポイント

耕種的防除　永年性の花卉であるが，年々発病が増加した場合には株を更新する。なるべく，感受性の低い品種の栽培を心がける。発病が見られたら，罹病部は切除し，焼却処分する。

生物防除　生物防除については，今のところ試験例がない。

農薬による防除　農薬による防除については，今のところ試験例がない。

効果の判断と次年度の対策　永年性の花卉なので病株を次年度に残さないことを心がける。

執筆　堀田　治邦（北海道立花・野菜技術センター）

(1997年)

アマドコロ

ユリ科

ナルコユリ

●図解・病害虫の見分け方

橙色の円形病斑
さび病

楕円形。灰褐色で
まわりが黒褐色の
病斑
褐色斑点病

さび病

さび病

英名：Rust

別名：－

病原菌学名：*Puccinia sessilis* Schneider ex Schröter

《糸状菌／担子菌類》

[多発時期] 4～10月

[伝染源] 不明

[伝染様式] 不明（中間宿主であるクサヨシ上の冬胞子堆に形成された小生子の飛散と考えられる）

[発生部位] 葉

[発病適温] 不明

[湿度条件] 不明

[他の被害作物] アマドコロのほかギボウシ属，マイズルソウ属，ドイツスズラン，クサヨシ，リードカナリーグラス

（1）被害のようすと診断ポイント

最近の発生動向 発生しやすい。

初発のでかたと被害 はじめ葉に橙色の小さい点を生じる。この小点が拡大すると，葉の表側は円形で淡橙色の病斑となり，橙色のイボ状のカビを生じる。このカビは病原菌のさび胞子堆で，粉状のものはさび胞子である。

多発時の被害 葉全体に淡橙色で円形の病斑が形成され，葉が凸凹になる。

診断のポイント 葉に橙色の円形病斑を形成する。この病斑にイボ状の橙色のカビを生じる。

防除適期の症状 橙色の小さい点を生じた頃。

類似症状との見分けかた 特になし。

（2）病原菌の生態と発生しやすい条件

生態・生活サイクル さび胞子世代をアマドコロ属，マイズルソウ属，ギボウシ属の葉上に形成する。夏胞子および冬胞子世代をクサヨシ属植物の葉上で生活する。いわゆる異種寄生性のさび病菌である。さび胞子は球形あるいは楕

円形で16〜27×15〜22μmの大きさで，膜は無色ないしは淡黄色，イボ状の突起を密生し厚さは1〜1.5μmである。生育温度などは不明。

発生しやすい条件　地下水位が高いところや排水不良地で発生しやすい。適切な肥培管理を行ない肥料不足あるいは窒素質の多施用をさける。

(3) 防除のポイント

耕種的防除　排水不良地では排水を良好にする。適正な肥培管理をして，生育を良好にする。密植をさけ，風通しをよくし，多湿条件をさける。

クサヨシなどの中間宿主を取り除く。

生物防除　特になし。

農薬による防除　葉に橙色の小点を生じたら，ダイセン，ダイファー，ジマンダイセン水和剤などを10〜7日おきに散布する。発病がひどいときとか多発条件の場合には，上記薬剤を7日おきに散布するかプラントバックス，サビミン水和剤を10日おきに散布する。

アマドコロは葉を観賞するので，橙色の小点の初発生あるいは発病前から予防散布を行なう。

効果の判断と次年度の対策　2〜3回散布して，新たな病斑が形成されなければ効果があったと判断される。被害残渣を畑に残さないようにし，中間宿主の植物を除去する。

執筆　米山　伸吾（元茨城県園芸試験場）

（1997年）

褐色斑点病

英名：Brown leaf spot
別名：－
病原菌学名：*Phyllosticta cruenta* (Kunze) J.Kickx fil.
《糸状菌／不完全菌類》

[多発時期]　4～10月
[伝染源]　被害残渣
[伝染様式]　柄胞子，分生胞子の風雨による飛散
[発生部位]　葉
[発病適温]　不明（15から16℃～25から26℃と思われる）
[湿度条件]　多湿
[他の被害作物]　アマドコロのほかナルコユリ

（1）被害のようすと診断ポイント

最近の発生動向　発生しやすい。

初発のでかたと被害　はじめ葉に赤色，不正形の斑点を生じる。拡大すると3～8mmくらいの楕円形ないし不正円形となり，病斑の内側は灰褐色ないしは淡褐色でうすくなり，外側は黒褐色あるいは褐色となる。葉身や葉辺に発生し，病斑が互いに融合すると大型不正形の病斑となる。

多発時の被害　病斑の中央部付近には小黒粒点（柄子殻）が形成され，葉が黄化して枯れる。

診断のポイント　病斑は葉脈に沿って楕円形ないし不正円形となる。病斑の内部は灰褐色ないし淡褐色で，健全部との境は黒褐色あるいは褐色となる。病斑が古くなると病斑上に小黒粒点（柄子殻）が形成される。

防除適期の症状　病斑が形成されはじめた頃。

類似症状との見分けかた　特になし。

（2）病原菌の生態と発生しやすい条件

生態・生活サイクル　被害葉の残渣とともに土中で菌糸あるいは柄子殻の形で生存し，越年する。翌年，柄子殻から柄胞子が飛散して第一次伝染する。

発生しやすい条件　日照が不足しがちな場所で，土壌水分が高いと発生しやすい。窒素質肥料を過用したり，軟弱に育ったときとか，過繁茂で風通しが悪かったりすると発生しやすい。空気湿度が高いときには多発生する傾向がある。

(3) 防除のポイント

耕種的防除　施肥は適正量とし，過繁茂にならないようにする。排水の悪い畑は排水を良好にし，日照不足にならないように注意する。

生物防除　特になし。

農薬による防除　葉に褐色の小斑点が形成しはじめたら，ダイセンステンレスあるいはダコニール1000，ジマンダイセン，エムダイファー，マンネブダイセン水和剤を散布する。

通常の発生であれば10～7日おき，多発条件であれば7日おきに散布する。展着剤を加用して，かけむらのないようにする。

濃い薬液を散布すると汚れが目立つので，なるべくうすい薬液を用いる。そのためには，発生初期にうすい濃度の薬液を散布して防除するのがコツである。多発時に散布回数が多くなるようなときには汚れのないダイセンステンレスを用いる。

効果の判断と次年度の対策　2～3回散布後に新たな病斑が形成されなければ効果があったと判断される。被害残渣を畑に残さないようにする。

執筆　米山　伸吾（元茨城県園芸試験場）

（1997年）

アルメリア

イソマツ科

●図解・病害虫の見分け方

外側から順次内側の葉が黄化し枯れる　　菌核（粟粒大）

白絹病

葉身でははじめ褐色の小斑点ができる

中心が淡褐色で周囲が暗褐色のやや凹んだ病斑

黒色小粒点状の分生子層を形成する

炭疽病

白絹病

白絹病

英名：Southern blight
別名：－
病原菌学名：***Corticium* sp.**
《糸状菌／担子菌類》

[多発時期]　5〜10月
[伝染源]　被害残渣，土壌中の病原菌（菌核）
[伝染様式]　土壌伝染
[発生部位]　根および地際部の茎，葉
[発病適温]　20〜30℃
[湿度条件]　関係なし
[他の被害作物]　草花，野菜など多くの植物の白絹病

（1）被害のようすと診断ポイント

最近の発生動向　発生しやすい。

初発のでかたと被害　株の外側の葉が黄化してからしおれて枯れる。葉の黄化は順次株の内側へ及び，株全体がしおれてから枯れる。

枯れた根や地際部の茎，葉には白色の絹糸状のカビを一面に生じる。この白いカビが白色でアワ粒状にかたまり，やがて淡褐色から褐色に変色する。このアワ粒状のものが病原菌の菌核である。

多発時の被害　株全体が褐色になって枯れる。

診断のポイント　気温が高くなってから，株の外側の葉が黄化してしおれる。この葉の黄化は順次株の内側に及び，株全体がしおれてから枯れる。根や地際部に白色で絹糸状のカビを生じ，やがてアワ粒大の菌核を多数形成する。

防除適期の症状　発病のおそれがある畑では予め土壌消毒をする。

類似症状との見分けかた　特になし。

（2）病原菌の生態と発生しやすい条件

生態・生活サイクル　アワ粒大の菌核の形で土壌中で越年する。比較的高温を好み，気温が高くなると，菌核が発芽してアルメリアの根や地際部の茎を侵

131

し，絹糸状，白色のカビを繁殖させて根などを腐敗させる。株がしおれて枯れると，白色のカビはアワ粒状にかたまって菌核となり，淡褐色から褐色に変色して土壌中に残る。

発生しやすい条件　土壌表面がある程度湿気があると発病しやすい。土壌温度が20℃以上の高温で発生しやすい。連作すると多発生する。また，土壌pHがやや酸性で発生が多い。

(3) 防除のポイント

耕種的防除　土壌に石灰を施用してなるべくpHを高くし，表面を乾燥させる。他の作物と輪作するようにする。

生物防除　特になし。

農薬による防除　常発地ではクロルピクリン，ダゾメット剤で土壌消毒するかバシタック，リゾレックス粉剤を土壌によく混和する。

クロルピクリンは30cm平方当たり深さ15cmの穴に2〜3mℓを注入し，ポリフィルムで直ちに被覆する。約10日後に除去する。錠剤は1穴1錠とし，他は同様に処理する。クロルピクリンはガス剤なので，人畜への被害を起こさないように注意する。ポリ被覆をしないと効果がない（水封は無効）。

ダゾメット剤は10m²当たり200〜300gを土壌とよく混和し，直ちにポリフィルムを7〜14日間被覆してから除去する。

発病株にはモンセレン，モンカット，バシタック，リゾレックス水和剤，バリダマイシン液剤を株元に灌注する。

効果の判断と次年度の対策　発病株がみられなければ，効果があったと判断される。発病した株があればその被害残渣を畑に残さないようにする。

執筆　米山　伸吾（元茨城県園芸試験場）

(1997年)

炭疽病

炭疽病

英名：Anthracnose

別名：—

病原菌学名：***Colletotrichum truncatum* (Schweinitz) Andrus & Moore**

《糸状菌／不完全菌類》

［多発時期］　露地では夏期

［伝染源］　分生子

［伝染様式］　分生子の飛散

［発生部位］　葉身，花梗，蕾

［発病適温］　25℃付近

［湿度条件］　多湿

［他の被害作物］　本種は，国内ではマメ科植物にのみ発生が報告されているが，海外ではヒユ科やスミレ科にも発生例がある。本菌がマメ科植物に病原性を有するかは不明

（1）被害のようすと診断ポイント

最近の発生動向　少発生。施設栽培での発生は確認していない。

初発のでかたと被害　葉身では褐色の小斑点を生じる。

多発時の被害　病斑が融合して拡大し，葉が黄化する。

診断のポイント　中心が淡褐色，周囲が暗褐色でやや凹んだ円〜楕円形病斑となる。病勢が進むと罹病部に黒色小粒点状に分生子層を形成する。

防除適期の症状　発生初期の葉身の褐色小斑点が発生したとき。

類似症状との見分けかた　特になし。

（2）病原の生態と発生しやすい条件

生態・生活サイクル　病原菌は5〜35℃で生育でき，25〜30℃付近が生育適温である。40℃以上では菌糸の伸長はみられない。伝染方法は主として風雨や灌水による分生子の飛散である。

発生しやすい条件　高温多湿。

133

(3) 防除のポイント

耕種的防除　水の跳ね返りなどで広がるため，ベンチ栽培などを行ない，灌水の跳ね返りがないようにする。また，茎葉の繁茂に応じて鉢の間を広げ風通しをよくする。

生物防除　特になし。

農薬による防除　マンネブ水和剤は花卉類の炭疽病に適用がある（2005年10月末現在）。

効果の判断と次年度の対策　病斑の広がりや発病株の増加がなければ効果があったと判断できる。

執筆　菅原　敬（山形県庄内総合支庁農業技術普及課産地研究室）　　　（2005年）

イソギク

キク科

●図解・病害虫の見分け方

葉の表がますます光り，やがて黒くすす病が発生する

キクヒメヒゲナガアブラムシ

キクヒメヒゲナガアブラムシ

英名：Chrysanthemum aphid

別名：－

学名：***Macrosiphoniella sanborni* (Gillete)**

《半翅目／アブラムシ科》

[多発時期]　春と秋
[侵入様式]　圃場外からの飛来
[加害部位]　葉
[発生適温]　20〜25℃
[湿度条件]　適湿
[防除対象]　幼虫，成虫
[他の加害作物]　キク

(1) 被害のようすと診断ポイント

最近の発生動向　多い。

初発のでかたと被害　新芽や茎に寄生した場合は外部から見えるが，葉裏に寄生の場合には見えないことが多い。葉の表が光るようになるが，これは上位の葉裏や茎に寄生のアブラムシの排泄物によるものである。

多発時の被害　新芽の伸長や葉の生長が阻害されることはない。葉の表がますます光り，やがて黒くすす病が発生するが，すす病の出方は少ない。商品性が損なわれる被害である。

診断のポイント　たえず新芽の寄生，葉のてかりに，葉裏をめくって寄生を確かめる。栽培中は，黄色の粘着板を吊るして誘殺量を見る。

防除適期の症状　寄生の確認された時点，誘殺が始まったら直ちに第1回の防除を行なう。

類似被害との見分けかた　ワタアブラムシはほとんど寄生しないので，葉のてかりは本種の被害と考えてよい。

(2) 害虫の生態と発生しやすい条件

生態・生活サイクル　春と秋に多いが施設では冬でも発生する。寄主植物は

137

あまり知られていないが，キクにも発生する。また，雑草ではヨモギ，ヨメナが知られている。

発生しやすい条件　周辺に雑草が多い時期および場所。

(3) 防除のポイント

耕種的防除　圃場周辺の除草。施設栽培では，換気窓に1mm目合いの防虫網を張り，有翅成虫の飛来を防ぐ。

生物防除　なし。

農薬による防除　発生前に土壌処理剤の処理。発生初期に農薬散布。

効果の判断と次年度の対策　散布後の被害，虫数の減少から判断する。常発地では，定植時に土壌処理剤の処理。

執筆　池田　二三高（静岡県病害虫防除所）

(1997年)

イソトマ

キキョウ科

●図解・病害虫の見分け方

花は、はじめ白色の斑点を生じ、やがてあめ色、水浸状に軟化腐敗

葉に暗緑色～褐色の水浸状で不整形の病斑

灰色かび病

はじめ褐色の小斑点を生じ、葉身では周囲が暗褐色のややへこんだ病斑となる

炭疽病

139

灰色かび病

英名：Gray mold
別名：－
病原菌学名：***Botrytis cinerea* Persoon: Fries**
《糸状菌／不完全菌類》

［多発時期］　開花期
［伝染源］　分生子
［伝染様式］　空気伝染（分生子の飛散）
［発生部位］　茎葉および花蕾
［発病適温］　15〜20℃
［湿度条件］　多湿
［他の被害作物］　きわめて多犯性で，バラ，トルコギキョウ，ストック，ゼラニウム，シクラメンなどの花卉類のほか，トマト，ナス，イチゴなど多くの野菜類や果樹類に灰色かび病を引き起こす

（1）被害のようすと診断ポイント

最近の発生動向　栽培が多くないため不詳だが，現地の状況から一定程度の発生はあるものと推察される。観賞用に露地に定植したものは比較的発生がみられる。

初発のでかたと被害　花弁に白色の小斑点を生じる。葉では暗緑色〜褐色の病斑ができる。

多発時の被害　葉，茎，花弁，蕾が暗緑色〜褐色，水浸状に軟化腐敗する。多湿条件下では，患部に灰褐色の分生子を形成する。

診断のポイント　花弁では白色の小斑点を生じる。茎葉では暗緑色〜褐色の水浸状病斑となる。

防除適期の症状　花弁では白色の小斑点が見られたら，茎葉では水浸状の病斑が見られたら防除を行なう。

類似症状との見分けかた　炭疽病（*Colletotrichum gloeosporioides*）は周囲が暗褐色の円〜楕円形病斑となる。

（2）病原の生態と発生しやすい条件

生態・生活サイクル　本病原菌はきわめて多犯性であり，多くの花卉類，野菜類や果樹類に灰色かび病を引き起こす。また，腐生性が強く，有機物上で腐性的に繁殖することができる。病原菌は5〜30℃で生育でき，15〜20℃が生育適温である。35℃以上では菌糸の伸長はみられない。伝染方法は分生子の風による飛散である。

発生しやすい条件　多湿，東北地方では3〜5月の施設内が適温適湿となる。

（3）防除のポイント

耕種的防除　多湿にならないよう管理する。茎葉では繁茂した箇所で発生するため，生育に応じて適宜鉢の間を広げ風通しを良くする。茎葉に落下した花の残渣からも広がるため適宜除去する。また，多肥では茎葉が軟弱になりやすいため，施肥量に留意する。

生物防除　適用はないが，バチルス・ズブチリス製剤は効果があると思われる。

農薬による防除　花卉類の灰色かび病に適用のある農薬にはポリオキシンAL水溶剤，ポリベリン水和剤，ゲッター水和剤，マンネブダイセンM水和剤，フルピカフロアブル，サンヨールがある（2004年10月現在）。

効果の判断と次年度の対策　病斑の広がりや発病株の増加がなければ効果があったと判断できる。

執筆　菅原　敬（山形県立砂丘地農業試験場）　　　　　　　　　　　（2004年）

灰色かび病

灰色かび病

(菅原　敬)

商　品　名	一　般　名	使用期間	使用回数	倍　率	特性と使用上の注意
ポリオキシンAL水溶剤	《抗生物質剤》ポリオキシン水溶剤	発病初期	5回以内	2500倍	菌糸の細胞壁成分であるキチンの生合成を阻害し，菌糸の伸長抑制と発芽管や菌糸先端を膨潤させる作用があり，予防効果と治療効果を併せ持つ。耐性は出にくいが，連用は避ける
ポリベリン水和剤	《混合剤》イミノクタジン酢酸塩・ポリオキシン水和剤	―	5回以内	1000倍	イミノクタジン酢酸塩は膜脂質生合成に作用し，胞子発芽，付着器形成，菌糸の伸長などを阻害する。治療効果もあるが，予防効果に優れる。ポリオキシンは菌糸の細胞壁成分であるキチンの生合成を阻害し，菌糸の伸長抑制と発芽管や菌糸先端を膨潤させる作用があり，予防効果と治療効果を併せ持つ
ゲッター水和剤	《混合剤》ジエトフェンカルブ・チオファネートメチル剤	―	5回以内	1000倍	いずれも有糸分裂時に形成される紡錘体に作用し，有糸分裂を阻害する。ジエトフェンカルブ剤はベンズイミダゾール（チオファネートメチル剤）耐性菌に効力がある。チオファネートメチル剤は治療効果，予防効果を併せ持つが，耐性菌の出現が知られている
マンネブダイセンM水和剤	《有機硫黄剤》マンネブ水和剤	発病初期	8回以内	400～640倍	病原菌体内の金属を補足し金属欠乏を起こすとする説と，TCA回路のSH酵素を不活化する説がある。予防効果が高いため，発生初期に散布する
エムダイファー水和剤	《有機硫黄剤》マンネブ水和剤	―	8回以内	400～640倍	病原菌体内の金属を補足し金属欠乏を起こすとする説と，TCA回路のSH酵素を不活化する説がある。予防効果が高いため，発生初期に散布する
フルピカフロアブル	《アニリノピリミジン系剤》メパニピリム水和剤	発病初期	5回以内	2000～3000倍	病原菌からの細胞壁分解酵素の分泌抑制と菌体内への栄養源の取り込み抑制により，植物への侵入を阻害する。葉の表面から組織中への浸達性があり，ベンズイミダゾール，ジエトフェンカルブに耐性の灰色かび病菌に対しても，安定した効果を示す。フロアブル剤のため汚れが少ない
サンヨール	《有機銅剤》DBEDC乳剤	―	8回以内	500倍	SH基阻害剤。予防効果に優れるため，発病前から発生初期までに予防的に散布する

イソトマ／病気

143

炭疽病

炭疽病

英名：Anthracnose

別名：―

病原菌学名：*Colletotrichum gloeosporioides* Penzig (Penzig) et Saccardo

《糸状菌／不完全菌類》

［多発時期］　観賞期（露地）

［伝染源］　分生子

［伝染様式］　分生子の飛散

［発生部位］　茎葉および花蕾

［発病適温］　20～25℃

［湿度条件］　多湿

［他の被害作物］　多犯性で，ベニバナ，スモークツリー，リンドウ，カトレア，デンドロビウム，スターチス，スイートピーなどの花卉類，イチゴなどの野菜類，セイヨウナシなどの果樹類の炭疽病やブドウの晩腐病を引き起こす

（1）被害のようすと診断ポイント

最近の発生動向　施設栽培での発生は確認していない。観賞用に露地に定植したものは夏期に散見される。

初発のでかたと被害　葉身，葉縁などに褐色の小斑点を生じる。

多発時の被害　葉身では周囲が暗褐色でややへこんだ円形～楕円形病斑となる。葉脈に沿って発病すると紡錘形病斑となる。

診断のポイント　病勢が進むとしばしば患部に黒色の分生子層を形成する。

防除適期の症状　葉に淡褐色の小斑点が見られたら防除を行なう。

類似症状との見分けかた　灰色かび病（*Botrytis cinerea*）は暗緑色で水浸状の不整形病斑となる。

（2）病原の生態と発生しやすい条件

生態・生活サイクル　本病原菌は多犯性であり，花卉類，野菜類や果樹類に炭疽病を引き起こす。被害残渣中の菌糸で越年する。病原菌は5～35℃で

イソトマ／病気

145

生育でき, 25℃付近が生育適温である。40℃以上では菌糸の伸長はみられない。伝染方法は主として風雨や灌水による分生子の飛散である。

発生しやすい条件　高温多湿

(3) 防除のポイント

耕種的防除　ベンチ栽培などを行ない, 灌水のはね返りがないようにする。また, 茎葉の繁茂に応じて鉢の間を広げ風通しを良くする。

農薬による防除　マンネブダイセンM水和剤は花卉類の炭疽病に適用がある。

効果の判断と次年度の対策　病斑の広がりや発病株の増加がなければ効果があったと判断できる。

執筆　菅原　敬（山形県立砂丘地農業試験場）　　　　　　　　　　（2004年）

インパチェンス類

ツリフネソウ科

ホウセンカ
ニューギニアインパチェンス
インパチェンス

●図解・病害虫の見分け方

病気

黄化えそ病，えそ斑紋病

灰色かび病

炭疽病

輪紋病

147

円形・楕円形の病斑。中央部が灰白色，周囲は赤みを帯びた黒褐色

アルタナリア斑点病

円形・楕円形の病斑外縁部が赤褐色または褐色

斑点病

円形・楕円形の病斑。白色・粉状態

うどんこ病

葉がモザイク状になる

モザイク病

葉縁，葉身部 水浸状，暗色の不正形斑 病斑中央部は薄皮状となり時に脱落して穴があく

腐敗病

葉裏に白いかびが密生する

べと病

地際部がくびれて細くなる

疫病

上部の葉は黄化 茎地際部がくびれ褐色に腐敗，倒伏。茎と葉では多湿時，腐敗部に灰色の菌糸

立枯病

茎地際部が水浸状〜褐変して倒伏 白色菌糸 菌核

白絹病

急激に生気を失ったように緑色のまま萎れる

青枯病

葉は暗緑色水浸状に腐敗する。茎では発病部がくびれ，折れることがある

葉腐病

 害虫

花弁に小さな白斑や汚れが発生

ミカンキイロアザミウマ

葉脈に沿ってカスリ状に白くなる

クリバネアザミウマ

インパチェンス類

展開した葉に、小さい白〜黄緑の点々が発生

カンザワハダニ

点々と不規則な円形の穴があく

オンブバッタ

大きな2枚の葉と葉が糸で綴られ、不規則な穴があく

チャノコカクモンハマキ

茎を残して、葉が食害される

スズメガ類

149

黄化えそ病，えそ斑紋病

黄化えそ病，えそ斑紋病

英名：―
別名：―
病原ウイルス：**Tomato spotted wilt tospovirus（TSWV）**
　　　　　　《ウイルス（Tospovirus）》
病原ウイルス：**Impatiens necrotic spot tospovirus（INSV）**
　　　　　　《ウイルス（Tospovirus）》

［多発時期］　周年
［伝染源］　感染植物
［伝染様式］　アザミウマ類による虫媒伝染
［発生部位］　葉，茎
［発病適温］　媒介虫の活動期
［湿度条件］　特になし
［他の被害作物］　多犯性のため各種花卉，野菜，雑草に発生

（1）被害のようすと診断ポイント

最近の発生動向　苗によって持ち込まれ，その後アザミウマ類の発生で被害が拡大することが多い。TSWVはミカンキイロアザミウマやヒラズハナアザミウマなどのアザミウマ類によって，INSVはミカンキイロアザミウマのみによって媒介される。

1999年に発生が報告されて以来，発生地域は全国に拡大している。

初発のでかたと被害　初め一部の葉に黒色で不整形のえそを生じる。その後展開した葉に同様のえそを生じ，やがて株全体に広がる。アフリカホウセンカ（インパチェンス）は，不整形のえそのほか，えそがリングを形成する場合もある。ニューギニアインパチェンスの場合，えそのほか，葉にモザイクを生じる場合もある。

多発時の被害　株全体にえそを生じ，症状が激しくなると，葉が黄化し，落葉する。ニューギニアインパチェンスの場合，茎にもえそを，アフリカホウセンカの場合，花蕾にもえそを生じる。葉のえそは，夏期の高温時には一時的に症状が回復する場合もあるが，感染株は伝染源となりうる。アザミウ

151

マ類の高密度条件下でウイルス感染株の発見が遅れた場合には，ハウス内全体に蔓延し，壊滅的な被害をもたらす。

診断のポイント　展開葉に黒色のえそを生じる。

防除適期の症状　感染株よりウイルスを取り除くことは不可能なため，感染予防に重点をおき，媒介昆虫であるアザミウマ類の防除を徹底する。また感染株は伝染源となるため，発見したら直ちに処分する。

類似症状との見分けかた　アフリカホウセンカの場合，病斑の中心が白色で周辺部が赤褐色に縁どられる，糸状菌による斑点性病害と間違われやすいが，本病は中心部が白色にならないことから，識別が可能である。

（2）病原の生態と発生しやすい条件

生態・生活サイクル　ウイルスに感染した植物を吸汁したアザミウマ類の1～2齢幼虫がウイルスを獲得する。ウイルスを獲得した保毒幼虫は，約10日間（4～18日）の潜伏期間を経たのち，植物を加害吸汁した際にウイルスを伝搬する。保毒虫は終生伝搬能力を持っていることもある。

経卵伝染はしない。

発生しやすい条件　アザミウマ類の高密度条件下。

（3）防除のポイント

耕種的防除　ウイルスの伝染源となるため，ハウス周辺にトマト，ピーマン，シシトウなどのTSWVに感染しやすい野菜を植え付けない。

オニノゲシ，オオアレチノギク，オランダミミナグサなどのハウス周辺の雑草はアザミウマ類の飛来源およびウイルスの伝染源となるため除草し，圃場衛生に注意する。

感染株を直ちに処分する。

施設内の開口部を寒冷紗や防虫ネットで覆い，アザミウマ類の侵入を阻止する。特に銀色の寒冷紗で効果が高い。ほぼ完全に進入を阻止するには目合い0.7mm以下のネットが必要であるが，1.0mm以下のものでも効果は高い。

生物防除　なし。

農薬による防除　アザミウマ類を対象に薬剤散布を行なう。ミカンキイロ

アザミウマの項を参照する。

効果の判断と次年度の対策　アザミウマ類の発生および症状が認められなくなったら，効果があったと判断される。引き続き圃場衛生に注意し，予防を徹底する。

執筆　久保　周子（千葉県農業総合研究センター）　　　　　　（2002年）

モザイク病

モザイク病

英名：Mosaic
別名：－
病原ウイルス：**Cucumber mosaic virus (CMV)**
（キュウリモザイクウイルス）
《ウイルス（Cucumovirus）》

[多発時期]　6〜9月下旬
[伝染源]　虫媒伝染（アブラムシ）
[伝染様式]　ウイルスを保毒したモモアカアブラムシの加害により伝染
[発生部位]　葉
[発病適温]　モモアカアブラムシの多発する時期
[湿度条件]　－
[他の被害作物]　CMVは，ウリ科，ナス科，マメ科など60科232種の植物で感染が確認されている

（1）被害のようすと診断ポイント

最近の発生動向　アブラムシの発生の多いところで一般的に認められる。花壇苗の生産が増加する傾向にあり，全国的に被害は多くなっている。ウイルス病については，このほかえそ輪紋病（Clover yellow vein virus），ウイルス病（Impatiens latent virus：インパチェンス潜在ウイルス病）が知られており，えそ輪紋病は，インパチェンスの葉にえそを伴った輪紋を生じる。ウイルス病は，インパチェンスに無病徴感染する。

初発のでかたと被害　発生は，6〜10月まで認められ，6〜7月中旬にかけて被害が多く認められる。

症状は，頂葉付近の葉にモザイク症状（葉に緑色の濃い部分と淡い部分が入り乱れて生じる）が認められることで診断できる。また，えそ輪紋病では，葉にえそを伴った輪紋を生じることで診断ができる。

多発時の被害　モザイク症状は主に葉の頂葉部から次第に下位葉に広がり，葉面に激しいモザイク症状が認められるようになる。時には葉に萎縮や奇形を伴う。奇形は葉が細くなる症状（糸葉症状）が観察される。生育初期に感染す

インパチェンス類／病気

155

ると生育不良となり，著しく商品価値を損ねることがある。

診断のポイント　葉のモザイク症状で判断する。

防除適期の症状　発病すると防除は難しい。

類似症状との見分けかた　微量要素欠乏や窒素欠乏による生育障害がモザイク症状に見まちがわれることがある。

(2) 病原の生態と発生しやすい条件

生態・生活サイクル　罹病植物を吸汁したアブラムシがウイスルを獲得し，健全植物を次々と吸汁することによって伝染する。

発生しやすい条件　育苗期などアブラムシの感染の受けやすい時期。

(3) 防除のポイント

耕種的防除　育苗時には寒冷紗被覆によりアブラムシの飛来を防止する。また，シルバーポリマルチによる飛来防止も有効。

生物防除　CMVに対しては弱毒ウイルスの利用が考えられる。

農薬による防除　アブラムシの防除薬剤（合成ピレスロイド剤など速効的な薬剤）の散布による飛来防止が有効。

効果の判断と次年度の対策　防除が成功すればほとんど被害がなくなる。6～7月にかけてモザイク病の発生が認められなくなる。

執筆　草刈　真一（大阪府立農林技術センター）

（1997年）

青枯病

青枯病

英名：Bacterial wilt

別名：—

病原菌学名：***Ralstonia solanacearum* (Smith 1896) Yabuuchi, Kosako, Yano, Hotta & Nishiuchi**

《細菌／グラム陰性菌》

[多発時期]　高温期　６月中旬〜９月中旬（露地栽培）

[伝染源]　土壌および被害残渣

[伝染様式]　土壌，灌水や雨水などによる水媒

[発生部位]　根から感染し株全体が萎れる

[発病適温]　25〜30℃

[湿度条件]　多湿土壌

[他の被害作物]　野菜や花卉など17科100種くらいの植物に発生

（1）被害のようすと診断ポイント

最近の発生動向　青枯病そのものは根絶が難しく多種類の植物に寄生することから，発生履歴のある圃場や汚染育苗土では容易に発生する。

初発のでかたと被害　高温期を迎える頃になると，日中，先端の葉が生気を失い萎れる。夜間や曇雨天には萎れは回復するが，しだいに萎れ症状は厳しくなり青枯れ状態のまま株全体が急激に萎れる。根はあめ色に変色し細根は腐敗，脱落して，株は容易に引き抜ける。茎の維管束は褐変し，この切り口を清水に浸すとそこから白濁した菌泥が出る。

多発時の被害　青枯病菌に汚染された土壌がポットに混入したり，育苗ポットを直に汚染土壌の上において栽培すると，灌水や雨水など水の移動で周辺株にも突然萎れ症状が現われ枯れる。

診断のポイント　外観の緑色は保ったまま，急激に萎れ回復せず枯死する。

防除適期の症状　発病後の防除手段はない。基本的に播種用土および育苗用土は新しい無病土を用いる。圃場の土や再利用の用土を用いる場合は完全に土壌消毒を行なう。

インパチエンス類／病気

157

類似症状との見分けかた　リゾクトニア菌による立枯病は茎地際部が褐色に腐敗してくびれることから，本病と区別できる。また湿度が高いと立枯病罹病株上にクモの巣状の菌糸が見られるが，本病は萎れ症状が主体で枯死に至る。

（2）病原の生態と発生しやすい条件

生態・生活サイクル　病原細菌は被害残渣とともに土壌中に残存し，第1次伝染源となる。

発生しやすい条件　水はけの悪い土壌や，雨水などにより浸冠水しやすい圃場や，ポット苗を土壌に直置きする栽培で発生しやすい。

（3）防除のポイント

耕種的防除　青枯状の萎れ症状を呈した株は直ちに抜き取る。育苗用土は新しい無病土を用い，再利用は避ける。ベンチ育苗や床上げ栽培を導入し，直置きによる汚染土壌との接触や浸冠水による病原菌の水平移動を避ける。

生物防除　インパチエンスに実用化されている生物防除法はない。しかし，青枯病菌に拮抗する内生菌を育苗用土を介してトマトに付与し，防除効果を上げる手法が実用化されているので，インパチエンスにも適用拡大されれば可能性はある。

農薬による防除　圃場の土や用土を再利用する場合は，床土を採取後，利用直前にクロルピクリンくん蒸剤で徹底した土壌消毒を行なう。床土を20〜30cmの高さに積み上げ30cm間隔で深さ10〜15cmの穴をあけ，1穴当たり3〜6mlずつ薬液を注入し，直ちにポリエチレンフィルムで被覆する。夏期で7日以上，冬期では1か月以上放置してからガス抜きを行ない使用する。

効果の判断と次年度の対策　土壌消毒した用土を用いて，発病が見られなければ防除効果があったと判断される。

執筆　岡田　清嗣（大阪府立食とみどりの総合技術センター）　　　　　（2005年）

青枯病

青枯病

(岡田　清嗣)

商　品　名	一　般　名	使用期間	使用回数	倍　率	特性と使用上の注意
ドロクロール，ドジョウピクリン，クロピク80	《クロルピクリンくん蒸剤》	－	1回	床土（20〜30cmの高さに積み上げて）30cm四方当たり3〜6m*l*/穴	薬剤処理時は刺激臭を伴うので，防毒・防眼マスクを必ず着用し，風向きに注意して処理を行なう。とくに住宅地周辺での使用は避ける。低温期（10℃以下）の処理はガスの拡散が不十分となり薬害を生じるおそれがあるので，十分にガス抜きを行なう

インパチエンス類／病気

159

うどんこ病

英名：Powdery mildew

別名：—

病原菌学名：***Sphaerotheca balsaminae* (Wallroth) Kari et Junell**
《糸状菌／子のう菌類》

[多発時期]　6〜7月，9〜10月にかけて発生が多い。生育時期としては，開花時期の成葉に多く発生

[伝染源]　罹病葉

[伝染様式]　罹病葉に子のうを形成して越冬。翌年，この子のうから生じる子のう胞子によって感染，発病。発病後は，葉面に分生胞子を生じて伝染を繰り返す

[発生部位]　主に葉，発病が激しい場合，花梗，果実に発生

[発病適温]　—

[湿度条件]　乾燥・寡日照条件下

[他の被害作物]　本菌はインパチェンスにのみ感染が知られる

（1）被害のようすと診断のポイント

最近の発生動向　インパチェンスで普通に見られる病害。やや乾燥した条件下で発生し，開花前頃から多く認められる。

初発のでかたと被害　はじめ葉に白色の粉をふりかけたような小さな病斑を生じる。病斑は1〜2日で拡大し周辺不明瞭の白粉状の円形病斑となる。

多発時の被害　病斑は拡大して全面を覆うようになり，葉面全体が白くなることがある。多発すると葉が黄化する。やがて，暗黒色の微小顆粒（子のう殻）を形成し，病斑全体が灰白色になる。

診断のポイント　他の作物のうどんこ病同様，葉に発生する白粉をふりかけたような病斑が生じ，病斑はやがて拡大し，葉全面を覆うようになることから容易に診断できる。

防除適期の症状　葉の表面に白色の斑点が認められたときが防除適期。多発してからでは十分な防除効果が得られないし，植物体が被害を受ける。

類似症状との見分けかた　特になし。

（2）病原菌の生態と発生しやすい条件

生態・生活サイクル　病原菌は罹病葉に子のう殻を形成する。翌春，子のう殻から子のう胞子が飛散し感染する。発病後，葉面上で分生胞子を繰り返し形成し伝染する。

発生しやすい条件　日照不足，乾燥状態，肥料切れは発病を助長する。ハウス栽培で密植などで株が日照不足な状態で発生することがある。露地定植後では，開花時以降のやや高温で乾燥した条件下で多発する。

（3）防除のポイント

耕種的防除　株間を十分にとり日照不足，肥料切れにならないように管理する。発病圃場では，罹病葉の放置を避ける。

生物防除　ない。

農薬による防除　花卉類うどんこ病に登録のある薬剤として，モレスタン水和剤，カリグリーン，ポリオキシン水溶剤，ヨネポンがある。モレスタンは，多発時においても十分効果が得られる。ヨネポン，カリグリーン，ポリオキシンは予防的，または，初発時からの散布で卓効が得られる。ポリオキシン剤は，連用すると薬剤耐性菌の発生があるので注意する。また，モレスタン，ヨネポンでは夏期高温時の散布には薬害発生の恐れがあるので注意が必要。品種などへの薬害発生のおそれがあるので試験散布が必要。

効果の判断と次年度の対策　薬剤散布後，病斑がやや灰色がかった色になれば防除効果があったと判断できる。白粉を生じた場合は，病原菌が生きていると判断される。

執筆　草刈　眞一（大阪府立食とみどりの総合技術センター）　　　　　（2003年）

白絹病

白絹病

英名：Southern blight
別名：―
病原菌学名：***Sclerotium rolfsii* Saccardo**
　　　　　《糸状菌／担子菌類》

［多発時期］　夏季
［伝染源］　被害部などの罹病残渣や土壌中に形成された菌核
［伝染様式］　土壌中で数年生存していて，発芽した菌糸によって侵入・発病
［発生部位］　地際部の茎（ニューギニアインパチェンス）
［発病適温］　菌糸の生育最適温度30℃付近
［湿度条件］　多湿
［他の被害作物］　ニューギニアインパチェンスでの発生が報告されているが，ア
　フリカホウセンカやベゴニア（センパフローレンス）ほか多くの草花やウリ科，
　テス科，マメ科などの植物に発生する多犯性

（1）被害のようすと診断のポイント

最近の発生動向　花卉類はじめ各種作物での発生が多くなっている。
初発のでかたと被害　感染した茎部は水浸状に軟化して腐敗する。
多発時の被害　株元から倒伏する。
診断のポイント　株元や周辺土壌表面に，白色の光沢のある絹糸状で隔膜
部に特有のかすがい連結のある菌糸が認められる。菌糸はまとまって，やが
て多数の粟粒状の黄白～褐色球形の菌核が形成される。
防除適期の症状　茎部の水浸状軟化の初期や白色菌糸の発生初期。
類似症状との見分けかた　白色の菌糸は，被害部や土壌表面に菌糸がマッ
ト状に密生し，やがて初め白色，後に暗灰褐色の球形～亜球形，表面平滑な
径1.0～3.1mmの菌核を形成するので，他の病害とは容易に区別できる。

（2）病原菌の生態と発生しやすい条件

生態・生活サイクル　菌核は土壌の表層で腐生的に数年間は生存していて，
多湿や有機物の条件が整うと発芽して菌糸が伸長し，宿主に到達して感染す

インパチェンス類／病気

163

る。

発生しやすい条件　有機物が多くて長雨や過繁茂状態の多湿な条件で発生しやすい。酸性土壌も多発しやすい。

(3) 防除のポイント

耕種的防除　被害株は早期に除去し，周囲の菌核とともに焼却する。石灰資材を施用して土壌の酸性を矯正する。完熟堆肥を施用し，土壌中にトリコデルマ菌などの有用菌が多くなるようにする。前年使用済みの用土を苗生産に使用する場合は，必ず蒸気殺菌などの処理をしたものを用いる。

生物防除　現状では有効な方法はない。

農薬による防除　登録農薬はないが，立枯病に登録のあるリゾレックス水和剤の土壌灌注は有効である。

効果の判断と次年度の対策　薬剤処理後の菌糸の消失の有無によって効果の判断をする。

執筆　牛山　欽司（元神奈川県フラワーセンター大船植物園）　　　　（2003年）

灰色かび病

英名：Gray mold
別名：—
病原菌学名：***Botrytis cinerea* Persoon: Fries**
　　　　　《糸状菌／不完全菌類》

[多発時期]　多雨時や温室内などの多湿時
[伝染源]　他の罹病植物
[伝染様式]　罹病植物や他の有機物で腐生的に繁殖し，分生子によって飛散して伝染
[発生部位]　花，葉，茎（アフリカホウセンカ，ニューギニアインパチェンス）
[発病適温]　20℃付近
[湿度条件]　低温多湿
[他の被害作物]　インパチェンス類以外にも花卉類，野菜類，果樹類など多種類の植物に発生

（1）被害のようすと診断のポイント

　最近の発生動向　新しい花卉類などで新規の病害として発生が報告される例が多くなり，農薬耐性菌の発生も関係して発生は増加の傾向にある。

　初発のでかたと被害　花弁に変色した斑点を生ずる。脱落花弁が付着した部位などに水浸状～暗色の斑点を生じる。

　多発時の被害　花弁の斑点は拡大して水浸状になって腐敗する。葉の病斑は拡大して輪紋状の病斑を形成する。多湿時には病斑上に灰色～灰褐色のカビ（分生子）を形成する。葉は腐敗・枯死する。発病した花弁や葉が付着した茎部は，水浸状～暗色壊死斑を生じ，それから上部は萎ちょう枯死したり倒伏したりする。

　診断のポイント　輪紋状病斑と病斑上や枯れた部分に灰色～灰褐色のカビが形成される。

　防除適期の症状　花弁の斑点症状の発生初期。

　類似症状との見分けかた　葉に病原不明の直径2～5mmの中心部が灰褐色で周囲が黒紫色の斑点症状が発生するが，本病のような輪紋状にはならない

し，カビの形成も認められない。茎が枯れる立枯病はカビを形成しない。

(2) 病原菌の生態と発生しやすい条件

生態・生活サイクル　各種植物の罹病組織に形成された分生子が風で飛散する。分生子は花や葉に付着し，雨や灌水の水によって発芽して組織内に侵入し発病する。

発生しやすい条件　4～5月の20℃前後の気温の時の長雨は発病しやすい。温室内の20℃付近の加温で灌水が多くて多湿条件になると発病する。

(3) 防除のポイント

耕種的防除　罹病花弁や花がらはなるべく早く摘除し，罹病葉も早期に除去する。温室内では多湿にならないよう換気をよくする。

生物防除　現状では，有効な方法はない。

農薬による防除　花卉類で登録のあるポリベリン水和剤，フルピカフロアブル，ポリオキシンAL水溶剤（科研），ゲッター水和剤などの散布は有効。

効果の判断と次年度の対策　同一薬剤の連用は耐性菌の発現をまねくおそれがあるので，種類の異なる薬剤を交互に使用する。効果が不十分と思われた薬剤は，次年度は使用しない。

執筆　牛山　欽司（元神奈川県フラワーセンター大船植物園）　　　　（2003年）

立枯病

英名：Rhizoctonia rot
別名：—
学名：***Rhizoctonia solani* Kühn**
《糸状菌／担子菌類》

［多発時期］梅雨期～夏季
［伝染源］土壌中の残存菌核と植物残渣や宿主雑草上の菌糸によって土壌伝染
［伝染・侵入様式］菌核は植物の根や新鮮な有機物があると発芽して菌糸を伸長して宿主の表面に達し，付着器あるいは侵入子座を形成して侵入
［発生・加害部位］地際部の茎（アフリカホウセンカ）
［発病・発生適温］菌糸伸長の適温は25～30℃
［湿度条件］多湿
［他の被害作物］草花以外にナス，トマト，キュウリにも強い病原性を示し，5科9種の作物に寄生する多犯性

（1）被害のようすと診断ポイント

発生動向　各種作物での発生が多くなっている。本病原菌の菌糸融合群はAG-4，AG-2-2 IIIBである。*R. solani*においては，菌糸が融合するかどうかで宿主範囲など異なることが知られている。

初発のでかたと被害　茎地際部が褐色に腐敗してくびれる。

多発時の被害　立枯れ症状を呈し，株全体が腐敗して消失する。

診断のポイント　茎地際部はT字型に分岐した灰色の菌糸が生じて腐敗する。ややくびれた分岐点から少し離れた位置に隔膜を形成する。

防除適期の症状　茎部の水浸状軟化の初期。

類似症状・被害との見分けかた　白絹病のような白色の菌糸や菌核の形成はない。灰色かび病のような分生胞子の形成は認められない。

（2）病原・害虫の生態と発生しやすい条件

生態・生活サイクル　菌核は土壌中で数年は生存可能で，植物の根や新鮮な

有機物が入ると発芽して菌糸を伸長させ，根や葉に侵入して感染する。植物体が枯れると菌核を形成して越年する。土壌の深部でも生存や生育が可能である。

発生しやすい条件　未分解有機物の投入は，本菌の増殖を促進させる。梅雨時など，土壌水分が多い時に発病が多くなる。

(3) 防除のポイント

耕種的防除　完熟堆肥を施用し，土壌中の有用微生物群を多くする。育苗用土には未分解有機物を混入しないようにし，使用した用土を再利用する場合は必ず蒸気殺菌したものを用いる。

生物防除　現状では有効な方法はない。

農薬による防除　リゾレックス水和剤，オーソサイド水和剤80の株元灌注と周囲の茎葉への散布が有効。

効果の判断と次年度の対策　茎部など，被害部の進展の有無。

執筆　牛山　欽司（神奈川県フラワーセンター大船植物園）　　　　　（1997年）

改訂　佐藤　衛（独・農研機構花き研究所）　　　　　　　　　　　　（2010年）

立枯病

主要農薬使用上の着眼点 (佐藤衛, 2010)

(回数は同一成分を含む農薬の総使用回数)

商品名	一般名	使用倍数・量	使用時期	使用回数	使用方法
《有機硫黄剤》					
チウラム80	チウラム水和剤	5g/種子1kg	播種前	1回	種子処理機による種子粉衣

　粉衣した種子は食用や家畜の飼料にしない

《キャプタン剤》					
オーソサイド水和剤80	キャプタン水和剤	600倍	—	—	散布

　広範囲の病害に有効である

《土壌消毒剤》					
ガスタード微粒剤	ダゾメット粉粒剤	20〜30kg/10a	播種または植付け前	1回	土壌を耕起整地したのち, 本剤の所定量を均一に散布して深さ15〜25cmに土壌と十分混和する。混和後ビニールなどで被覆処理する。被覆しない場合には鎮圧散水してガスの蒸散を防ぐ。7〜14日後被覆を除去して少なくとも2回以上の耕起によるガス抜きを行なう
バスアミド微粒剤	ダゾメット粉粒剤	20〜30kg/10a	播種または植付け前	1回	土壌を耕起整地したのち, 本剤の所定量を均一に散布して深さ15〜25cmに土壌と十分混和する。混和後ビニールなどで被覆処理する。被覆しない場合には鎮圧散水してガスの蒸散を防ぐ。7〜14日後被覆を除去して少なくとも2回以上の耕起によるガス抜きを行なう

　広範匣の土壌病害, 線虫に効果を示し, 雑草の発芽阻止にも効果を示す。ガス抜きが不十分な場合は薬害を生じるおそれがある。ガスに暴露しないよう風向きや作業に関係ないものが立ち入らないよう注意する

《有機リン系剤》					
リゾレックス水和剤	トルクロホスメチル水和剤	500〜1000倍	生育期	5回以内	土壌灌注 (3l/m²)
リゾレックス粉剤	トルクロホスメチル粉剤	50kg/10a	定植前	1回	土壌混和

　土壌吸着力が強く流亡しにくく, 土壌処理 (混和) では30〜45日の残効がある

《酸アミド系剤》					
リドミル粒剤2	メタラキシル粒剤	20kg/10a	定植時または生育期	3回以内	土壌表面散布

　植物組織内の菌糸の進展や胞子形成の阻止に優れた効果を発揮する。根からすばやく吸収され, 植物全体に移行し保護する

インパチェンス類／病気

疫病

疫病

英名：Blight, Brown rot
別名：－
病原菌学名：***Phytophthora nicotianae* van Breda de Haan var. *parasitica* (Dastur) Waterhouse**
《糸状菌／鞭毛菌類》

[多発時期]　やや高温で多湿な環境。時期的には梅雨期の6〜7月
[伝染源]　土壌中に卵胞子の形態で越冬しており，一次感染は卵胞子によると思われる
[伝染様式]　卵胞子の発芽によって感染，遊走子を形成して二次伝染を繰り返す
[発生部位]　地際茎からの感染が多い。苗での発病が多く，地際部の茎から根が侵され萎ちょう枯死する
[発病適温]　28〜30℃
[湿度条件]　多湿条件下
[他の被害作物]　多種の花卉類，野菜に感染する。花卉類では，アガパンサス，アリウム類，ドラセナ，ユリ類，カーネーション，セキチク，ナデシコ，シュッコンカスミソウ，サボテン，ニチニチソウ，サルビア，キンギョソウ，ガーベラなどに発生事例がある。野菜では，トマト，キュウリ，メロン，マクワ，シロウリ，ネギ，タマネギ，イチゴ，パセリ，オクラを侵す

(1) 被害のようすと診断ポイント

最近の発生動向　苗の時期に発生が多く認められる。苗の育苗時期には，疫病のほか，ピシウム属菌による立枯れ症状（根腐れも含む）も認められる。高温多湿時期に発生が多い傾向があり，土壌への灌水量が多いと発生しやすい。

初発のでかたと被害　急激に茎葉の萎ちょうが発生し，立枯れとなる。ポット，鉢上げした株が次々と萎ちょう枯死することがある。土の表面が湿っている状態で発生することが多い。はじめ，茎先端部の葉がややしおれる状態が多く，やがて葉が垂れ下がり状態となり，枯死する。多発すると，苗では坪状に枯死株が発生する。ポット移植株では立枯れ状態の株が多数発生する。

多発時の被害　ポット移植株の半数以上が立枯れとなることもある。やや生長した株でも地際部を侵され枯死したり，地上部茎が枯れ上がることもある。

インパチェンス類／病気

171

インパチェンスを移植した花壇では，発生すると坪状に枯死株の生じることがある。やや黄化し萎ちょうした株を調べると地際の株もとが軟腐状となっていることがある。

診断のポイント　罹病株の組織を取り，顕微鏡で観察すると，レモン状の遊走子のうが観察されることから診断される。

防除適期の症状　発病すると被害の蔓延はきわめて早い。発病前または発病初期に薬剤散布することが重要。

類似症状との見分けかた　ピシウム菌による根腐病と症状が類似する。

（2）病原菌の生態と発生しやすい条件

生態・生活サイクル　病原菌は，土壌中に卵胞子の形態で越冬しており，この卵胞子が一次感染源となる。卵胞子が発芽し感染後，罹病植物体上で遊走子を形成し二次伝染を繰り返し，被害が増加する。病原菌は罹病植物体中に有性器官である卵胞子を形成し，土壌中に残存し発病を繰り返す。

感染部位は，根または地際部の茎で，感染後根を侵し植物は立枯れ状〜萎ちょう枯死する。降雨の多い場合では，土壌とともに卵胞子が地上部へ跳ね上げられ，茎上部に感染することもある。

発生しやすい条件　やや高温の多湿条件。多湿な土壌条件下で発生が多くなる。灌水量の多い場合，水分を多く含んだ土壌，降雨による冠水などで発生することが多い。

（3）防除のポイント

耕種的防除　排水の悪い圃場では高うね栽培とする。疫病の発生したところでは栽培しない。

生物防除　有機質を添加し，土壌微生物が多い土壌では被害の軽減されることがある。微生物農薬はない。

農薬による防除　クロルピクリン剤，ダゾメット剤などによる土壌消毒は有効。野菜作で発病があった場合にはこれらの薬剤による土壌消毒が有効。本属菌に対しては，マンゼブ・メタラキシル剤（リドミルMZ水和剤），オキサジキシル・マンゼブ剤（サンドファンM水和剤），プロパモカルブ塩酸塩剤（プレ

ビクールN液剤）などが高い防除効果を示すことが知られている。薬剤の使用にあたっては，品種により薬害の恐れがあるので注意する。

効果の判断と次年度の対策　上記薬剤の処理では，他作物では，治療効果のあることが知られている。薬液処理によって，被害発生が停止するとともに，被害の軽微な株では回復することがある。

執筆　草刈　真一（大阪府立農林技術センター）

（1997年）

斑点病

英名：Leaf spot
別名：－
病原菌学名：*Cercospora fukushiana* **(Matsuura) Yamamoto**
《糸状菌／不完全菌類》

［多発時期］　5〜7月，9〜10月にかけて発生
［伝染源］　発病植物
［伝染様式］　分生胞子が風などによって葉に運ばれ，発芽感染
［発生部位］　葉
［発病適温］　25〜30℃
［湿度条件］　多湿条件
［他の被害作物］　*Cercospora*属による病害は，多くは作物ごとに種が異なることからインパチェンス特有と考えられる

（1）被害のようすと診断ポイント

最近の発生動向　インパチェンスで普通に発生が認められる。花壇苗で密植栽培されているところで発生することがある

初発のでかたと被害　葉に淡褐色の小点を生じ，斑点はやがて拡大し，周辺が赤褐色で中心部が灰褐色斑点となる。葉に小斑点が生じた場合，多くは本病の可能性がある。

多発時の被害　葉面に多数の斑点を生じるとともに，円形〜楕円形に拡大し時には融合病斑となる。多発すると商品価値が低下する。

診断のポイント　周辺部が赤褐色で中心部白色〜灰褐色に斑点を生じた場合，本病と診断される。

防除適期の症状　初発時が防除適期。ハウス内など多湿条件下の発生では，初発時期の防除が重要となる。

類似症状との見分けかた　発病初期の輪紋病が類似するが，輪紋病では病斑が大きくなることから区別することができる。

(2) 病原菌の生態と発生しやすい条件

生態・生活サイクル　病原菌は罹病葉中で菌糸の形態で越冬し，翌春，分生胞子を生じて伝染する。感染後は，病斑上に分生胞子を多数生じて伝染する。

発生しやすい条件　25℃前後の多湿条件下。

(3) 防除のポイント

耕種的防除　罹病葉に生存する病原菌の菌糸が一次伝染源となり伝染することから，病斑のある落葉を栽培環境周辺に放置しないようにする。

生物防除　ない。

農薬による防除　登録農薬はないが，*Cercospora*属菌に対して効果のある薬剤（トップジンM水和剤，ベンレート水和剤，ダコニール1000，トリアジン水和剤50など）が知られている。

効果の判断と次年度の対策　薬剤散布によって病斑の形成拡大は抑制される。発病圃場で栽培する場合には，罹病葉の除去を徹底する。育苗用土は新しいものを使用する。

執筆　草刈　真一（大阪府立農林技術センター）

(1997年)

輪紋病

英名：Leaf spot

別名：褐斑病

病原菌学名：***Ascochyta phaseolorum* Saccardo**

《糸状菌／不完全菌類》

［多発時期］　やや高温の多湿条件下で多発する。時期的には，5月中旬〜7月中旬，9月中旬〜10月中旬にかけて発生が認められる

［伝染源］　罹病葉

［伝染様式］　病原菌は，罹病葉上柄子殻を形成し，翌年この柄子殻に分生子を形成・飛散し伝染

［発生部位］　主に葉であるが多発時には葉柄，茎に斑点が生じることがある

［発病適温］　25〜30℃

［湿度条件］　多湿条件

［他の被害作物］　斑点病，ナス，ピーマン，キュウリ，カボチャ，インゲンマメ輪紋病，ゴボウ黒斑病，ケイトウ，ペチュニア，キンセンカ輪紋病

（1）被害のようすと診断ポイント

最近の発生動向　輪紋病は，病斑に輪紋症状があることから命名されているが，斑点病ともいわれている。春〜夏にかけて，および夏から秋にかけて発生が多い。育苗期に多湿条件となると発生することが多い。また，花壇では密植状態で株間が過湿状態となると発生する。

初発のでかたと被害　はじめ葉に淡褐色の小斑点が形成され，やがて拡大する。病斑はくぼみ，古くなると表面に黒色の小粒点が認められる。

多発時の被害　多湿条件下では病斑は拡大し，輪紋を生じる。病斑部に多数の小粒点を形成し，葉が枯死することがある。

診断のポイント　褐色で大型の輪紋のある病斑が診断のポイントとなる。さらに，病斑上に形成された黒色小粒点を確認すると，より正確な診断ができる。

防除適期の症状　病斑の形成初期が防除適期。病斑が葉に多数形成され，多発状態となると防除効率が低下し，生産物の商品価値がなくなる。

類似症状との見分けかた　インパチェンス，ホウセンカではこれに類似する

病害として斑点病がある。斑点病は病斑が小さい，病斑の色がやや淡い，周辺部が赤褐色に縁取られる，などの特徴があり輪紋病と区別できる。

(2) 病原菌の生態と発生しやすい条件

生態・生活サイクル　病原菌は，感染後病斑上に柄子殻を形成し，この葉が落葉することで越冬する。翌春，柄子殻から分生子を飛散して伝染する。

発生しやすい条件　やや高温の多湿条件下。

(3) 防除のポイント

耕種的防除　圃場周辺部に罹病残渣を放置しないようにする。残渣はていねいに集めて焼き捨てるか，別の場所に穴を掘って埋める。育苗用土は新しい土を用いる。残渣を堆肥化したものを含む土の使用は避ける。

生物防除　ない。

農薬による防除　ジネブ剤，マンネブ剤は本菌の病害に対して効果のあることが知られている。

効果の判断と次年度の対策　薬剤の効果があれば，散布により病斑形成は減少する。発病した圃場では，罹病残渣の回収を徹底する。

執筆　草刈　真一（大阪府立農林技術センター）

（1997年）

178

腐敗病

腐敗病

英名：Bacterial rot

別名：－

病原菌学名：***Pseudomonas viridiflava* (Burkholder 1930) Dowson
1939**

《糸状菌／不完全菌類》

[多発時期]　発芽初期から生育期を通じて発生，梅雨期に多発

[伝染源]　被害茎葉

[伝染様式]　水による伝染

[発生部位]　葉，茎，花弁

[発病適温]　冷涼な温度条件で発生，夏季高温時は発病が抑制される

[湿度条件]　多湿下で発生が助長

[他の被害作物]　多くの草花や野菜

(1) 被害のようすと診断ポイント

最近の発生動向　本病は露地および鉢物栽培ホウセンカで発生が確認された。ニューギニアインパチェンスではまれに病原細菌が検出されたが，アフリカインパチェンスでの発生は確認していない。

初発のでかたと被害　最初，葉に暗色不正形の水浸状斑を生じ，しだいに病斑中央が褐色〜暗褐色，周囲に水浸斑を有する大形斑となる。

多発時の被害　病勢の進展が激しいと，病斑相互が融合して葉全面に及ぶことがある。激しく発病した葉は早期に落葉する。茎には暗色の条斑を生じ，病勢の進展に伴い，病斑部から折れ，枯死する。花弁には病斑の周囲が不鮮明な退色斑を生ずる。葉，花弁の病斑とも内部組織が消失し，薄皮状となり，穴があくことがある。

診断のポイント　本病の病斑は灰色かび病に類似するが，病斑の周囲が不鮮明で，水浸状斑を有すること，菌類の器官が観察されないことを確認することで診断が可能である。

防除適期の症状　不明。

類似症状との見分けかた　アフリカインパチェンスは雨の多い梅雨期に花弁

179

や花梗が腐敗する病害が発生する。腐敗症状の一部からは灰色かび病菌が検出される場合と，同菌がみられず，細菌が検出されることがあった。分離細菌の病原性については未検討で，今後の検討が必要である。

(2) 病原菌の生態と発生しやすい条件

生態・生活サイクル　ホウセンカ腐敗病の病原細菌はノースポールなどの草花，レタスなどの野菜類に寄生する。病原細菌は被害茎葉あるいは他の寄主植物から伝染すると考えられるので栽培地では注意が必要である。

発生しやすい条件　冷涼で多湿な条件下で多発生する。

(3) 防除のポイント

耕種的防除　被害葉の切除や被害株の抜取りなどは本病の防除に有効な手段である。

生物防除　特になし。

農薬による防除　農薬による防除試験例はないが，他の野菜や草花と同様，銅剤，スターナ剤などの散布は本病の防除に有効であろう。

効果の判断と次年度の対策　不明。

執筆　陶山　一雄（東京農業大学農学部）

（1997年）

アルタナリア斑点病

英名：Alternaria leaf spot

別名：—

学名：***Alternaria alternata* (Fries: Fries) Keissler**

《糸状菌／不完全菌類》

[多発時期] 4～5月

[伝染源] 罹病葉

[伝染・侵入様式] 灌水や降雨など水滴による分生子の飛散

[発生・加害部位] 葉，花弁

[発病・発生適温] 菌糸伸長の生育適温は25～30℃

[湿度条件] 多湿

[他の被害作物] リンドウ，トルコギキョウ，トマト，イチゴ，オクラ，タバコ，果樹など

（1）被害のようすと診断ポイント

発生動向　インパチェンス（アフリカホウセンカ）で発生が認められる。密植管理を行なう育苗圃で発生すると，被害が大きくなる場合がある。

初発のでかたと被害　葉では，はじめ暗褐色でしみ状の斑点を生じ，やがてその斑点は中央が灰白色，周囲が赤みを帯びた黒褐色となる。花弁では，ややくぼんだしみ状の斑点が生じ，やがてそれは中央が淡褐色，周囲が黒褐色の斑点となる。

多発時の被害　葉全体が黄化し，落葉する。

診断のポイント　斑点の中央部が灰白色，周囲が赤みを帯びた黒褐色となるのが本病の特徴である。

防除適期の症状　初発時が防除適期。暗褐色しみ状の斑点を葉に生じる。

類似症状・被害との見分けかた　斑点病と類似しており，識別は難しい。顕微鏡による病斑部の観察により，分生子の形態を確認することが望ましい。

(2) 病原・害虫の生態と発生しやすい条件

生態・生活サイクル　罹病残渣に菌糸や分生子の形で越冬する。越冬した菌糸や分生子から，気温の上昇とともに発芽した分生子は，雨滴，水滴により健全葉に飛散し，伝染を繰り返す。また，種子に付着して越冬し，種子伝染する場合もある。

発生しやすい条件　28℃前後の多湿条件下。

(3) 防除のポイント

耕種的防除　育苗圃では密植管理を避け，風通しをよくする。発病した場合は早めに株を抜き取り処分する。

生物防除　なし。

農薬による防除　なし。

効果の判断と次年度の対策　発病株を抜き取り，風通しをよくすることで，蔓延を抑えられれば，防除効果はあったものと判断できる。次年度以降，育苗用土は新しいものを使用し，健全な種子を用いる。また，罹病残渣を早めに処分し，圃場を清潔に管理する。

執筆　久保　周子（千葉県農業総合研究センター）　　　　　　　　（2006年）

炭疽病

英名：Anthracnose

別名：—

学名：***Colletotrichum acutatum*** **Simonds ex Simonds**

《糸状菌／不完全菌類》

［多発時期］盛夏の候や梅雨末期の高温多湿期ないし秋黴雨にかけての時期

［伝染源］多犯性で，罹病植物病斑上の分生子層や組織内の菌糸で越年，翌春，分生子が最初の伝染源となる

［伝染・侵入様式］罹病植物残渣内で生存し，病斑上に生じる分生子が灌水や雨の飛沫とともに飛散して伝染する

［発生・加害部位］茎や葉柄部と葉身上に，水浸状あるいは乾腐ぎみに凹陥やくびれを生ずるが，茎での発病は株元や地際部あるいは分岐部には限らない

［発病・発生適温］28～30℃

［湿度条件］多雨，多湿条件下に多発

［他の被害作物］*Colletotrichum acutatum* による他作物の被害は，日本で記録されている植物は18種類に及び，*C. gloeosporioides* によるものに次いで多い。花卉類ではアマクリナム，ニチニチソウ，ベゴニア，コスモス，トルコギキョウ，アネモネの炭疽病

（1）被害のようすと診断ポイント

発生動向　通常は春まき1年草であって7月以降の花壇・鉢植えの花であり，炭疽病も盛夏期以降の病害であったが，1月の温室まきや8月上旬まきで年末の鉢ものとして出荷するインパチェンスもあるなど，その品種の多様化から，最近では季節を問わず，生育後期の最も普通の病害となっている。

初発のでかたと被害　茎がやや凹んで，灰白色ないし淡褐色，楕円形，乾腐ぎみの病斑で，凹みの深まりとともにこれより上の葉の萎凋して枯死するものも現われる（慢性型）。急性型の病斑では，水浸状，軟化ぎみに，上下に腐敗が進んで細くくびれ，この部で折れやすく萎凋，枯死して立枯れ寸前の状況となる。

多発時の被害　さらに病状が進んで，多発時の病斑の表面には，かびなど

の標徴は見られないが，慢性型の病斑の内部や，くびれて乾腐状になった部分の表面には，分生子層の小粒が現われる。葉でも水浸状類円形の病斑が拡大して萎凋枯死することがあるが，茎から葉柄が侵されて萎凋することが多く，降雨の続くときなど，軟化して表面に白いかびを生じることがある。しかし通常は患部にかびの標徴の見られることはめったにない。

診断のポイント　茎や葉柄の凹陥，くびれを生じ乾腐状になった部分の表面に，分生子層の小粒が認められ，この病患部をかき取って検鏡すると，分生子の形成が観察される。

防除適期の症状　上記のもろもろの症状が現われてからの防除ではすでに適期をすぎているというべきである。適期とはあくまでも予防と考え，初発の茎や葉柄部の凹陥やくびれを発見したらただちに薬剤散布をすることである。

類似症状・被害との見分けかた　よく似た病徴を示す病害に，*Rhizoctonia solani*による立枯病がある。*Rhizoctonia*菌による立枯病も茎が水浸状にくびれて萎凋，倒伏をきたす症状はきわめて似ているが，立枯病の場合には，おおかたは患部に灰褐色か淡褐色のかびの標徴が観察されるし，地際部付近での発病や分岐部が侵されて立枯れを起こすことが多いのに対して，炭疽病の茎での発病は地際部や分岐部に限らず，また病患部に分生子層の小黒粒点の形成が見られるなど，病徴，標徴のちがいから識別することができる。

(2) 病原・害虫の生態と発生しやすい条件

生態・生活サイクル　病原菌は多種類の植物に潜在感染して，罹病残渣内で生存し，病斑上に生ずる分生子が雨や灌水の飛沫とともに飛散し，伝染する。本種のテレモルフ（完全世代）は日本での確認はないが，*Glomerella*属である。分生子層を表皮下に皿状～レンズ状に生じて表面に分生子柄をつくる。剛毛を生ずることもあるがまれである。

分生子柄は先端に分生子を単生する。分生子は無色，単胞，真直，紡錘形で両端はやや尖り，$5 \sim 15.4 \times 2.2 \sim 5.5 \mu$m。分生子形成量は病斑上，培地上ともに豊富で分生子の集塊は鮭肉色を呈する。付着器は淡褐色，厚膜楕円形～倒卵形，円滑で比較的小さく$5 \sim 8.5 \times 4 \sim 6 \mu$m。PSA培地上での菌叢は放

射不規則形に広がり，白色〜灰色がかったピンク色，縁辺は拡散形で，菌叢裏面はピンク〜赤みがかったパープル色を呈する。生育の適温は28〜30℃，PSA平板培養では高い頻度で扇形変異の出てくる菌株が存在する。

多犯性の本菌による発病を見た場所のみならず，常時分生子飛散の可能性が考えられ，高温多湿時期には間隔をつめて薬剤散布をすることが望ましい。

発生しやすい条件　高温多湿条件と過繁茂や通風透光が悪く，茎葉表面の濡れの状態が長く続くときに発生が多い。

（3）防除のポイント

耕種的防除　インパチェンスは水の要求量の比較的多い花卉であるが，過度の灌水では炭疽病のみならず，*Phytophtnora*菌による疫病や*Rhizoctonia*菌による立枯病などが出やすいので，できれば乾燥ぎみに管理して，灌水過多にならないよう，灌水は午前中に終えてしまう配慮が必要である。学校花壇で放課後にしていた水やりを，朝当番の灌水にしたらプランタなどの病害が減少したという事例がある。花がらの除去，密植をしないなどの一般的な細かい注意が必要である。

生物防除　腐葉土や有機質の多い土壌にして，土壌微生物の多様化をはかることが一般的にいわれていることであるが，実効性のある微生物農薬はこの炭疽病に限っていえば今のところは存在しない。

農薬による防除　インパチェンス炭疽病は日本植物病名目録（初版，2000年）に未登録のために（申請中），登録農薬はいまだ存在しない。しかしながら炭疽病菌一般に有効な農薬はすでに知られていて，ジチオカーバメート系薬剤のジマンダイセン水和剤，ダイファー水和剤，ビスダイセン水和剤，および銅剤のキノンドーフロアブルのほか，ダコニール1000など予防保護効果主体の農薬があり，治療効果をもつ浸透性殺菌剤では，ベンゾイミダゾール系のトップジンM水和剤など，およびその混合剤のスクレタン水和剤，ダイセド水和剤や，EBI剤のバイコラール水和剤などがある。ベンゾイミダゾール系などでは耐性菌を生じやすく薬剤のローテーション散布に留意すべきであろう。

効果の判断と次年度の対策　上記薬剤の使用は他の花卉類・樹木などでの

効果が知られているが，単に薬剤散布だけに頼るのではなくて，耕種的な防除も併せて検討すべきで，抵抗性や土壌環境はどうか，発生させない環境づくり，初期防除のための早期発見や的確な診断などの反省も必要であろう。

　執筆　高野　喜八郎（元富山県花総合センター）　　　　　　　　　　（2006年）

主要農薬使用上の着眼点 （高野喜八郎，2006）

（回数は同一成分を含む農薬の総使用回数）

商品名	一般名	使用倍数・量	使用時期	使用回数	使用方法
《有機硫黄剤》					
グリーンチオノック	チウラム水和剤	500〜1000倍	―	―	種子消毒・散布

　ユリ（花用）に登録あり。金属酵素やSH酵素の阻害作用。種子の粉衣消毒，茎葉散布あるいは土壌処理剤用の殺菌剤として用い，薬害はほとんどない。可燃性であるから火気に注意する。魚毒性強く，河川に流入，飛散しないよう注意

《有機硫黄剤》					
ジマンダイセン水和剤	マンゼブ水和剤	400〜600倍	発病初期	8回以内	散布

　トルコギキョウ，バラ，シクラメン（1回）に登録あり。金属酵素やSH酵素の阻害，殺菌力が強いので，果樹，花卉など園芸殺菌剤として広く使われる。高温多湿条件で軟弱苗や幼苗で薬害のおそれがある。また体質によってはかぶれることがある

《有機硫黄剤》					
エムダイファー水和剤	マンネブ水和剤	400〜650倍	発病初期	8回以内	散布
マンネブダイセン水和剤	マンネブ水和剤	400〜650倍	発病初期	8回以内	散布

　バラ・キク・カーネーションなどの花卉類に登録あり。上のグリーンチオノックやジマンダイセンなどと同じジチオカーバメート系剤で，殺菌力は変わらない。Mn欠乏症にも有効である。汚れが少なく，殺菌力が強いので，花卉類，果樹などの園芸殺菌剤として広範囲に使用されている。ただし，ボルドー液との7日間以内の散布は避ける（薬害）。皮膚にかぶれを起こすことがある

《有機硫黄剤》					
サニパー	チアジアジン水和剤	500倍	―	8回以内	散布

　スターチスに登録あり。保護殺菌剤であるが，胞子発芽阻害や胞子形成阻害作用があり，果実や花卉などを汚さず，銅剤に弱い植物にも薬害がない。ただし吸湿すると分解するし，アルカリ性薬剤，銅剤との連用，混用は不可。かぶれることがある

炭疽病

《有機銅剤》

キノンドーフロアブル	有機銅水和剤	500倍，5倍（2〜5ml/株）	発病初期	4回以内	散布

シクラメンに登録あり。銅イオンが原形質や酵素タンパク質に働いて各種の酵素作用を阻害するほか，菌体内の金属酵素から金属を奪うから不活性化されて殺菌性をもつ。薬害が比較的に少なく予防的に使用する

《有機塩素剤》

ダコニール1000	TPN水和剤	700〜1000倍	摘採10日前まで	1回	散布

チャに登録あり。保護殺菌剤，病原菌の原形質や酵素タンパク質のSH基に作用する。耐雨性があり，紫外線にも安定して残効性があり，予防・治療効果がある。体質により，かぶれることがある。使用後は手を石鹸でよく洗うことのほか洗眼にも努める。魚毒性も強い

《ベンゾイミダゾール系剤》

トップジンMゾル	チオファネートメチル水和剤	1000倍	発病初期	5回以内	散布

シンビジウムに登録あり。病原菌有糸核分裂を阻害する。胞子形成を阻止する。感染防止効果が大きい。低濃度でも病斑の拡大を防ぐから予防・治療効果を兼ね備え，植物体内での浸透移動もあり残効性も高い。耐性菌がでやすい。眼や皮膚に対する刺激あり

《EBI剤》

バイコラール水和剤	ビテルタノール水和剤	2500倍	育苗期	3回以内	散布

イチゴに登録あり。菌糸の細胞膜を形成するエルゴステロールの生合成を阻害して，菌の生育，胞子形成を阻止する。予防・治療効果があり残効性も高い。ブドウに薬害，耐性菌がでやすい

インパチェンス類／病気

葉腐病

英名：Leaf blight
別名：—
学名：***Rhizoctonia solani* Kühn AG-1 IB**
《糸状菌／不完全菌類》

［多発時期］春～初夏，秋
［伝染源］土壌および被害残渣
［伝染・侵入様式］土壌伝染
［発生・加害部位］葉，茎
［発病・発生適温］25～30℃
［湿度条件］多湿
［他の被害作物］多くの植物に感染し，くもの巣病や葉腐病などをひき起こす

（1）被害のようすと診断ポイント

発生動向　近年，公園などの植栽地で広く発生を認める。

初発のでかたと被害　露地に定植されたものに発生が多く，密植するととくに被害が著しい。降雨後，高温湿潤状態が続くと発病しやすい。症状は，はじめ葉が暗緑色水浸状に腐敗する。病勢の進展は速く，多くの葉が腐敗する。乾燥すると葉枯れ症状を呈する。茎でははじめ紡錘状のくぼんだ病斑が形成され，やがてくびれる。しばしば茎折れを生じる。

多発時の被害　発病すると坪枯れ状となる。茎の被害は比較的少ないため，やがて新葉が展開することが多い。

診断のポイント　湿潤状態では病徴部周辺にクモの巣状の菌糸が肉眼で観察できる。

防除適期の症状　病勢の進展が速いので，早期に発病株を見つけ除去することで被害の拡大を防ぐ。

類似症状・被害との見分けかた　立枯病も *R. solani*による病害であるが，本病原菌とは菌糸融合群が異なる。立枯病のような地際部からの発生はなく，立枯れ症状を呈さない。また，花弁や茎葉の腐敗部表面に灰色～灰褐色のカビが

見られるものは灰色かび病である。

(2) 病原・害虫の生態と発生しやすい条件

生態・生活サイクル　菌糸や菌核の状態で土壌中や作物残渣に長期間残存し，伝染源となる。

発生しやすい条件　降雨が続いたあとや排水不良圃場など，土壌が多湿条件では発生が多くなる。また，密植による通気不良が被害を助長する。

(3) 防除のポイント

耕種的防除　発生を認めたら早期に除去し，周辺の株への伝染を防ぐ。残渣をていねいに除去する。密植を避け，通気を良好に保つ。

生物防除　なし。

農薬による防除　前年に発生が著しかった圃場では，カーバムナトリウム塩液剤による土壌消毒を実施する。その際，土の塊が多いと防除効果不足となるので，砕土を十分に行なう。重粘土質の土壌，降雨で土壌水分が多い場合，平均地温が10℃以下になる場合など残留が懸念される場合は，被覆期間を延長するかガス抜きを十分に行なう。

効果の判断と次年度の対策　病斑形成の有無で効果を判断する。圃場衛生を徹底する。

　　　執筆　小野　剛（東京都農林総合研究センター）　　　　　　　　　（2011年）

主要農薬使用上の着眼点（小野　剛, 2011）

（回数は同一成分を含む農薬の総使用回数。混合剤は成分ごとに別途定められているので注意）

商品名	一般名	使用倍数・量	使用時期	使用回数	使用方法
《土壌消毒剤》					
キルパー	カーバムナトリウム塩液剤	原液として60*l*/10a	播種または植付け前の15～24日前まで	1回	所定量の薬液を土壌表面に散布し，ただちに混和し被覆する

　クロルピクリン，D―Dおよび両者の混合剤とは化学反応を起こし，発熱または沈澱を起こし，器具の孔詰まりを生じる可能性があるので，これらの剤とは混合して使用しない

べと病

べと病

英名：Downy mildew
別名：—
学名：***Plasmopara obducens* (J. Schröter) J. Schröter**
　　　　《糸状菌／卵菌類》
［多発時期］比較的低温で多湿の時期
［伝染源］保菌植物
［伝染・侵入様式］空気伝染
［発生・加害部位］葉裏
［発病・発生適温］15℃前後と考えられる
［湿度条件］多湿
［他の被害作物］本菌は，ツリフネソウ属（*Impatiens*）に発生することが知られている

（1）被害のようすと診断ポイント

　発生動向　本病害は，温室内で栽培中の出荷前のポット植物およびセルトレイ育苗中の苗に発生した。

　初発のでかたと被害　ポット植物では，葉裏全体または一部に白色〜灰色霜状のカビを密生する。セルトレイ育苗中の苗では，葉裏に白色のカビを生じ黄化症状を示し，その後落葉，株の枯死などとなる。

　多発時の被害　ポット植物では2〜3割，セルトレイ育苗中の苗ではほぼすべての葉が被害を受ける。

　診断のポイント　病原菌は，葉裏の気孔から分生子柄を伸長し，樹状に分岐後，その先端部に卵形の分生子を生じる。これが葉裏の白色のカビとなって観察される。分生子は卵〜楕円形，無色。

　防除適期の症状　葉が黄化症状を示す前に，葉裏の白色のカビを観察する。発生してからは手遅れとなる。

　類似症状・被害との見分けかた　灰色かび病は軟弱部位に褐色〜黒色のカビを密生するが，べと病は葉裏を中心に白色のカビを密生する。

191

(2) 病原・害虫の生態と発生しやすい条件

生態・生活サイクル　病原菌は，植物体上でのみ生育するが，越冬・越夏に関しては，詳細は不明である。

発生しやすい条件　比較的低温で，多湿である場合に発生する。

(3) 防除のポイント

耕種的防除　加湿で発生しやすいため，必要以上に水をやらないようにする。通風を確保する。品種により発病に差があるので，発病しにくい品種を利用する。

生物防除　現状では有効な方法はない。

農薬による防除　本病に対する登録農薬はない。

効果の判断と次年度の対策　発病残渣は残らず処分する。

　　執筆　佐藤　衛（独・農研機構花き研究所）　　　　　　　　　　　　　（2013年）

オンブバッタ

英名：—
別名：—
学名：**Atractomorpha lata (Motchulsky)**
《直翅目／バッタ科》

[多発時期]　夏期～秋期
[侵入様式]　圃場外からの侵入
[加害部位]　葉
[発生適温]　25～30℃
[湿度条件]　—
[防除対象]　幼虫，成虫
[他の加害作物]　キク，アサガオ，サルビア，シソなど多くの花卉，野菜など

(1) 被害のようすと診断のポイント

最近の発生動向　並。

初発のでかたと被害　被害は6～10月まで発生する。6～7月には，孵化後～若齢幼虫のため，幼虫は葉の表面をなめるように食べるので，小さな穴があいたり，葉の裏面の表皮を残した食害痕が発生する。7月下旬以降は中齢幼虫となり，葉表から暴食し，葉には点々と不規則な円形の穴があく。

多発時の被害　中肋や太い葉脈を残して，葉に不規則な円形の穴が無数にあく。

診断のポイント　葉に小さな穴，葉の裏面の表皮を残した食害痕，不規則な円形の食害痕などが発生する。被害箇所を中心に葉表を探すと，幼虫や成虫が見える。

防除適期の症状　葉に小さな穴があいて，幼虫が葉上で発見された時。

類似被害との見分けかた　ハスモンヨトウ，ヨトウガなどの食害痕と似る。

(2) 害虫の生態と発生しやすい条件

生態・生活サイクル　年1回の発生。卵態で越冬し，6月に入ってから孵化

する。孵化後の幼虫は近くに集まって食害するが，徐々に分散する。10月下旬〜11月上旬に土中に卵塊で産卵する。広く広葉の雑草を食害する。農作物に被害を与えることも多い。

発生しやすい条件　圃場周辺に雑草が多いところ。

（3）防除のポイント

耕種的防除　圃場周辺の除草を行なう。施設栽培では，天窓や側窓に1mm目合いの防虫網を張り，幼虫の侵入を防止する。

生物防除　なし。

農薬による防除　発生初期にスミチオン乳剤を散布する。

効果の判断と次年度の対策　被害葉や虫数の減少から判断する。

執筆　池田　二三高（静岡県病害虫防除所）　　　　　　　　　　　（1997年）

改訂　西東　力（静岡県農業試験場）　　　　　　　　　　　　　（2003年）

チャノコカクモンハマキ

英名：Smaller tea tortrix
別名：—
学名：***Adoxophyes* sp.**
《鱗翅目／ハマキガ科》

[多発時期]　5～10月
[侵入様式]　圃場外からの飛来
[加害部位]　葉
[発生適温]　20～25℃
[湿度条件]　少湿
[防除対象]　幼虫
[他の加害作物]　チャ，キク，バラ，サルビアなど広い

（1）被害のようすと診断ポイント

最近の発生動向　並。

初発のでかたと被害　新芽が糸でとじられたり，大きな2枚の葉と葉が糸で綴られた被害が発生する。幼虫は，内部から食害するので，その部分から不規則な穴があくなどの被害が発生する。

多発時の被害　数枚の葉を綴り，巻き葉状の被害となることもある。葉の食害量も多くなり全体展開した葉がなくなる。

診断のポイント　幼虫は孵化後から直ちに新芽や葉を糸で綴るので，この巻き葉の発生を調べる。

防除適期の症状　新芽や葉の巻き葉症状が発生した時。

類似被害との見分けかた　チャハマキと近似の被害が生じる。巻き葉中の幼虫を見て確認する。

（2）害虫の生態と発生しやすい条件

生態・生活サイクル　1年に4回発生する。幼虫態で越冬し，新成虫は4月から発生する。葉裏に卵塊で産卵し，孵化幼虫は直ちに新芽や葉を糸で綴り，内部から食害する。蛹化は巻き葉内で行なわれる。

発生しやすい条件　圃場周辺に寄主となる樹木が植栽されているとき。

(3) 防除のポイント

耕種的防除　圃場周辺に寄主となる樹木が植栽されているときは伐採。施設栽培では，換気窓に1mm目合いの防虫網を張り，有翅成虫の飛来を防ぐ。

生物防除　なし。

農薬による防除　発生初期に防除。交信撹乱剤の効果は高いが，登録はない。

効果の判断と次年度の対策　被害（巻き葉）の減少から判断する。

執筆　池田　二三高（静岡県病害虫防除所）

(1997年)

ミカンキイロアザミウマ

英名：Western flower thrips
別名：—
学名：***Frankliniella occidenntalis* (Pergande)**
《アザミウマ目／アザミウマ科》

[多発時期]　夏期
[侵入様式]　圃場外からの飛来
[加害部位]　葉，花
[発生適温]　25～30℃
[湿度条件]　—
[防除対象]　幼虫，成虫
[他の加害作物]　キク，ガーベラ，バラなどの花卉，イチゴ，トマトなどの野菜

（1）被害のようすと診断のポイント

最近の発生動向　中。

初発のでかたと被害　花弁に小さな白斑や汚れが発生する。葉の被害はほとんど発生しない。

多発時の被害　ほとんどの花弁に小さな白斑や汚れが発生する。

診断のポイント　花弁に小さな白斑や汚れが発生したら，花に成虫がいないかどうかを確認する。成虫の色は季節により変わり，夏期は黄色，冬期は黒褐色。

防除適期の症状　花弁に小さな白斑や汚れが発生した時。

類似被害との見分けかた　花にはヒラズハナアザミウマも寄生し，被害も類似する。

（2）害虫の生態と発生しやすい条件

生態・生活サイクル　休眠しない。耐寒性は高い。施設栽培では周年発生する。

発生しやすい条件　本種は花弁や花粉を好み，寄主植物はきわめて多い。

他の鉢花を同時に栽培している施設では，そこから移動してくることも多いので注意する。

(3) 防除のポイント

耕種的防除　発生源となる圃場周辺の除草。施設栽培では，換気窓に1mm目合いの防虫網を張り，成虫の飛来を防ぐ。

生物防除　農薬登録されている天敵資材はない。

農薬による防除　発生初期にマラソン乳剤，オルトラン水和剤，オルトラン粒剤を散布をする。

効果の判断と次年度の対策　散布後の被害，虫数の減少から判断する。

執筆　池田　二三高（静岡県病害虫防除所）　　　　　　　　　　（1997年）

改訂　西東　力（静岡県農業試験場）　　　　　　　　　　　　（2003年）

クリバネアザミウマ

英名：Banded greenhouse thrips

別名：—

学名：***Hercinothrips femoralis* (Reuter)**

《アザミウマ目／アザミウマ科》

[多発時期] 夏季

[伝染・侵入様式] 飛来

[発生・加害部位] 葉，花梗

[発病・発生適温] 25〜30℃

[湿度条件] —

[防除対象] 成虫，幼虫，蛹

[他の被害作物] ハマユウ，ディーフェンバキアなどの観葉植物・花卉，ピーマンなどの野菜

（1）被害のようすと診断ポイント

発生動向　北海道を含めて国内に広く分布する。本種は古くから知られていたが，問題となり始めたのは近年になってからである。発生実態の詳しい調査は行なわれていない。

寄主範囲はきわめて広く，さまざまな農作物に寄生する。インパチェンスのほか，観葉植物ではディーフェンバキア，カラテアなど，花卉ではファレノプシスなど，野菜ではピーマン，シシトウなどで発生が目立つ。いずれも，殺虫剤の使用をひかえた施設栽培で発生しやすい。露地の植物ではとくにハマユウを好み，しばしば群生する。ハマユウは重要な発生源になっていると思われる。

初発のでかたと被害　成虫と幼虫が葉の表面の葉脈に沿って食害する。食害部は白いカスリ状を呈し，一見，ハダニによる被害と見間違える。群生すると，葉は幼虫の糞によって黒く汚れる。

多発時の被害　激しく食害された葉は白っぽく見えるようになる。新葉にもつぎつぎと寄生し，加害は長期間に及ぶ。

診断のポイント　本種は比較的大型のアザミウマであり，寄生を発見するの

199

は比較的容易である。成虫は黒く，幼虫と蛹は乳白色を呈する。葉脈部，葉の基部，湾曲部などくぼんだところに群生しやすい。糞により葉は黒く汚れる。成虫，幼虫とも動きは鈍い。

防除適期の症状　葉にカスリ状の食害痕がみられはじめたら，殺虫剤を散布する。

類似症状・被害との見分けかた　ハダニによる症状と類似するため，成虫や幼虫の寄生を確認して見分ける。

(2) 病原・害虫の生態と発生しやすい条件

生態・生活サイクル　葉の中に産卵する。孵化幼虫は2齢を経過したのち，葉上などで蛹となる。

成虫は体長1.2〜1.5mm。体全体が黒褐色で，翅に帯状の横縞がある。雌だけで単為生殖を行なう。雄の出現はまれである。

幼虫は尾端に黒い水玉状の糞を携えているのが特徴である。糞の付着によって葉が汚れる。

休眠しないことから，施設栽培の農作物では一年中発生する。暖地においては露地でも越冬できると思われるが，詳細は不明である。

発生しやすい条件　発生は高温期に多い。殺虫剤をひかえた場合に発生しやすい。

(3) 防除のポイント

耕種的防除　周辺に発生源がないか確かめる。植物残渣は土中に埋める。施設栽培では開口部に寒冷紗を設置する。

生物防除　施設栽培のアザミウマ類に対しては数種の生物農薬が市販されているが，インパチェンスに使用できる天敵はない。また，クリバネアザミウマの土着天敵の調査は行なわれていないため，生物的防除の素材として有望な天敵も不明である。

農薬による防除　効果の高い殺虫剤は多い。花卉類・観葉植物のアザミウマ類に登録のあるオルトラン水和剤，オルトラン粒剤，マラソン乳剤，ハチハチフロアブル，オンコル粒剤5などを散布する。

クリバネアザミウマ

効果の判断と次年度の対策　成虫と幼虫が認められなくなれば，効果が高かったと判断する。

　　執筆　西東　力（静岡大学農学部）　　　　　　　　　　　　　　（2010年）

主要農薬使用上の着眼点 (西東力, 2010)

(回数は同一成分を含む農薬の総使用回数)

商品名	一般名	使用倍数・量	使用時期	使用回数	使用方法
《有機リン系剤》					
オルトラン水和剤	アセフェート水和剤	1000～1500倍	発生初期	5回以内	散布
オルトラン粒剤	アセフェート粒剤	3～6kg/10a	発生初期	5回以内	株元散布
マラソン乳剤	マラソン乳剤	2000～3000倍	発生初期	6回以内	散布

　オルトラン水和剤，オルトラン粒剤，マラソン乳剤はいずれも普通物で，前2剤は浸透移行性である。神経系におけるアセチルコリンエステラーゼの働きを阻害し，幅広い害虫に対して効果がある

《ピラゾール系剤》

商品名	一般名	使用倍数・量	使用時期	使用回数	使用方法
ハチハチフロアブル	トルフェンピラド水和剤	1000倍	発生初期	4回以内	散布

　ハチハチフロアブルは劇物である。ミトコンドリアにおけるエネルギー代謝系に作用すると考えられており，鱗翅目，双翅目，ダニ類など幅広い害虫に対して効果がある。アザミウマ目に対しては摂食抑制作用も示す。浸透移行性はないので，散布ムラのないよう散布する。また，マルハナバチや天敵昆虫に対して悪影響があるので注意する

《カーバメート系剤》

商品名	一般名	使用倍数・量	使用時期	使用回数	使用方法
オンコル粒剤5	ベンフラカルブ粒剤	6kg/10a	発生初期	3回以内	株元散布

　オンコル粒剤5は劇物で，浸透移行性がある。神経系におけるアセチルコリンエステラーゼの働きを阻害し，半翅目，鞘翅目，双翅目，鱗翅目など幅広い害虫に対して効果がある

スズメガ類

【セスジスズメ】

英名：Hawk moth

別名：－

学名：**_Theretra oldenlandiae_ (Fabricius)**

《鱗翅目／スズメガ科》

【ベニスズメ】

英名：－

別名：－

学名：**_Deilephia elpenor_ (Linnaeus)**

《鱗翅目／スズメガ科》

[多発時期]　夏期

[侵入様式]　飛来

[加害部位]　葉

[発生適温]　－

[湿度条件]　－

[防除対象]　幼虫

[他の加害作物]　セスジスズメはホウセンカ，インパチェンス，サトイモ科，ブドウ科。ベニスズメはホウセンカ，アカバナ科，ツリフネソウ科，ミソハギ科，アカネ科，ブドウ科

(1) 被害のようすと診断ポイント

最近の発生動向　農薬無散布の家庭の花園などで発生する。

初発のでかたと被害　若い葉が食害され，幼虫の存在に気がつかないことが多い。

多発時の被害　若い芽，葉，茎が食べ尽くされてしまう。

診断のポイント　独特の形をしたイモムシを見つけることが先決である。

防除適期の症状　若い葉の一部が食害された若齢期に防除する。

類似被害との見分けかた　ヒトリガなど他の鱗翅目害虫の被害と区別しがたい。

203

(2) 害虫の生態と発生しやすい条件

生態・生活サイクル　直径2mm内外の薄緑色をした卵が1個ずつ産み付けられる。セスジスズメ，ベニスズメとも，通常年2回発生で，幼虫は6〜10月に発生する。両種とも蛹で越冬する。

発生しやすい条件　とくにわかっていない。

(3) 防除のポイント

耕種的防除　大きなイモムシは捕殺する。

生物防除　天敵としては寄生蜂や寄生蠅があるが防除システムに組み入れるまでには至っていない。

農薬による防除　当該の害虫に登録がある防除薬剤はないが，スズメガの若齢期にアブラムシなどを対象にNAC水和剤を散布する。

効果の判断と次年度の対策　薬剤散布2〜3日後に，幼虫の生死を確認する。

執筆　根本　久（埼玉県園芸試験場）

（1997年）

カンザワハダニ

英名：Kanzawa spider mite
別名：―
学名：***Tetranychus kanzawai* Kishida**
《ダニ目／ハダニ科》

[多発時期]　4〜11月
[侵入様式]　圃場外から侵入。苗からの持込み
[加害部位]　葉
[発生適温]　25℃
[湿度条件]　乾燥条件を好む
[防除対象]　幼虫，成虫
[他の加害作物]　多くの花，野菜

(1) 被害のようすと診断のポイント

最近の発生動向　並。

初発のでかたと被害　下葉の一部あるいは全体が白いカスリ状となる。その部分に濃赤色のハダニが集まっている。

多発時の被害　葉全体が白っぽくなり，激しい場合は下葉から枯れ上がる。また，多発すると糸を張り，糸を伝って盛んに動き回るようになる。

診断のポイント　葉色の悪い下葉の裏面を観察し，ハダニの寄生の有無を確認する。

防除適期の症状　多発するとますます防除がむずかしくなる。いったんカスリ状となった葉は回復しないので，ハダニの寄生を確認したらただちに防除を行なう。

類似被害との見分けかた　アザミウマの一種クリバネアザミウマも葉に寄生して類似の被害を与える。クリバネアザミウマは全体が黒いので，カンザワハダニと容易に見分けることができる。

（2）害虫の生態と発生しやすい条件

生態・生活サイクル　施設内では11〜1月に一部休眠することがあるが，ほぼ周年発生する。野外では，3月下旬〜11月下旬まで発生する。

発生しやすい条件　高温，乾燥条件で多発しやすい。

（3）防除のポイント

耕種的防除　発生源となる圃場周辺の除草。

生物防除　ハダニ類の天敵は数多いが，花卉のハダニ類に対して実用性の高い生物的防除法は見当たらない。

農薬による防除　外観が重視される花卉では初期防除を徹底することが何より重要である。多発させてしまうと手遅れとなる。ケルセン乳剤かケルセン水和剤を散布する。

効果の判断と次年度の対策　農薬散布の数日後に葉裏を観察し，生存しているハダニがいないか確認する。防除がうまくいったときは新芽がきれいに伸びてくる。

執筆　池田　二三高（静岡県病害虫防除所）　　　　　　　　　　（1997年）

改訂　西東　力（静岡県農業試験場）　　　　　　　　　　　　（2003年）

防除薬剤と使用法・病気

うどんこ病

商品名	一般名	使用倍数_数量	使用時期	使用回数	使用方法
あめんこ	還元澱粉糖化物液剤	原液 −	収穫前日まで	−	散布
あめんこ100	還元澱粉糖化物液剤	100倍 100〜300l/10a	収穫前日まで	−	散布
エコピタ液剤	還元澱粉糖化物液剤	100倍 100〜300l/10a	収穫前日まで	−	散布
カリグリーン	炭酸水素カリウム水溶剤	800倍 150〜500l/10a	発病初期	−	散布
サンヨール	DBEDC液剤	500倍	−	8回以内	散布
サンヨール液剤AL	DBEDC液剤	原液	−	8回以内	散布
パンチョTF顆粒水和剤	シフルフェナミド・トリフルミゾール水和剤	2000倍, 100〜300L/10a	−	2回以内	散布
ヒットゴール液剤AL	シフルトリン・トリアジメホン液剤	原液	発生初期	5回以内	希釈せずそのまま散布する
ピリカット乳剤	ジフルメトリム乳剤	2000倍 0.2〜0.3l/m²	発病初期	6回以内	散布
ベニカX	ペルメトリン・ミクロブタニルエアゾル		−	−	噴射液が均一に付着するように噴射する。
ベニカXスプレー	ペルメトリン・ミクロブタニル液剤	原液	−	−	散布
ベニカグリーンVスプレー	フェンプロパトリン・ミクロブタニル液剤	原液		5回以内	散布

インパチェンス類／防除薬剤と使用法

207

ポリオキシン AL水溶剤	ポリオキシン水 溶剤	2500倍	発病初期	5回以 内	散布
ムシキン液剤 AL	シフルトリン・ トリアジメホン 液剤	原液	発生初期	5回以 内	希釈せずそのまま散布する
モレスタン水和 剤	キノキサリン系 水和剤	2000〜3000 倍	－	－	散布

(2007年)

防除薬剤と使用法・病気

白絹病

商品名	一般名	使用倍数_数量	使用時期	使用回数	使用方法
ガスタード微粒剤 バスアミド微粒剤	ダゾメット粉粒剤	20〜30kg/10a	は種又は植付前	1回	土壌を耕起整地した後，本剤の所定量を均一に散布して深さ15〜25cmに土壌と十分混和する。混和後ビニール等で被覆処理する。被覆しない場合には鎮圧散水してガスの蒸散を防ぐ。7〜14日後被覆を除去して少なくとも2回以上の耕起によるガス抜きを行う。
モンカットフロアブル40	フルトラニル水和剤	1000〜2000倍 _	－	3回以内	株元散布

(2007年)

灰色かび病

商品名	一般名	使用倍数_数量	使用時期	使用回数	使用方法
エムダイファー水和剤	マンネブ水和剤	400〜650倍 _	発病初期	8回以内	散布
ゲッター水和剤	ジエトフェンカルブ・チオファネートメチル水和剤	1000倍 150〜300l/10a	－	5回以内	散布
サンヨール	DBEDC液剤	500倍	－	8回以内	散布
フルピカフロアブル	メパニピリム水和剤	2000〜3000倍 100〜300l/10a	発病初期	5回以内	散布
ボトキラー水和剤	バチルス　ズブチリス水和剤	10〜15g/10a/日	発病前〜発病初期		ダクト内投入
ポリオキシンAL水溶剤	ポリオキシン水溶剤	2500倍	発病初期	5回以内	散布
ポリベリン水和剤	イミノクタジン酢酸塩・ポリオキシン水和剤	1000倍	－	5回以内	散布

(2007年)

疫病

商品名	一般名	使用倍数_数量	使用時期	使用回数	使用方法
リドミル粒剤2	メタラキシル粒剤	20kg/10a	定植時又は生育期	3回以内	土壌表面散布

(2007年)

アルタナリア斑点病

商品名	一般名	使用倍数_数量	使用時期	使用回数	使用方法
ロブラール水和剤	イプロジオン水和剤	種子重量の0.5%	は種前	1回	種子処理機による種子粉衣

(2007年)

オンブバッタ

商品名	一般名	使用倍数_数量	使用時期	使用回数	使用方法
スミチオン乳剤	MEP乳剤	1000倍_	－	6回以内	散布

チャノコカクモンハマキ（ハマキムシ類）

（2007年）

商品名	一般名	使用倍数_数量	使用時期	使用回数	使用方法
アディオン乳剤	ペルメトリン乳剤	2000倍_	発生初期	6回以内	散布
スミチオン乳剤	MEP乳剤	1000倍_	－	6回以内	散布

（2007年）

ミカンキイロアザミウマ（アザミウマ類）

商品名	一般名	使用倍数_数量	使用時期	使用回数	使用方法
オルトラン水和剤	アセフェート水和剤	1000～1500倍	発生初期	5回以内	散布
オルトラン粒剤	アセフェート粒剤	3～6kg/10a	発生初期	5回以内	株元散布
オンコル粒剤5	ベンフラカルブ粒剤	6kg/10a	生育期	3回以内	株元散布
マラソン乳剤	マラソン乳剤	2000～3000倍	発生初期	6回以内	散布
アクタラ顆粒水溶剤	チアメトキサム水溶剤	1000倍 100～300l/10a	発生初期	6回以内	散布
アファーム乳剤	エマメクチン安息香酸塩乳剤	2000倍 100～300l/10a	発生初期	5回以内	散布

（2007年）

防除薬剤と使用法・害虫

カンザワハダニ（ハダニ類）

商品名	一般名	使用倍数_数量	使用時期	使用回数	使用方法
アーリーセーフ	脂肪酸グリセリド乳剤	150〜300Ll/10a	–	–	散布
マラソン乳剤	マラソン乳剤	2000〜3000倍	発生初期	6回以内	散布 水田に小包装（パック）のまま投げ入れる。
コテツフロアブル	クロルフェナピル水和剤	2000倍150〜300l/10a	発生初期	2回以内	散布
サンクリスタル乳剤	脂肪酸グリセリド乳剤	600倍150〜300l/10a	–	–	散布
サンヨール	DBEDC液剤	500倍	–	8回以内	散布
ダニサラバフロアブル	シフルメトフェン水和剤	1000倍,100〜350L/10a	発生初期		
テデオン水和剤	テトラジホン水和剤	500〜1000倍	–		散布
テデオン乳剤	テトラジホン水和剤	500〜1000倍	–		散布
ニッソラン水和剤	ヘキシチアゾクス水和剤	2000〜3000倍	–	2回以内	散布
バロックフロアブル	エトキサゾール水和剤	2000倍100〜300l/10a	発生初期	1回	散布
ピラニカEW	テブフェンピラド乳剤	2000倍150〜300l/10a	発生初期	1回	散布
ピラニカEW	テブフェンピラド乳剤	2000倍150〜300l/10a	発生初期	1回	散布
マラソン乳剤	マラソン乳剤	2000〜3000倍	発生初期	6回以内	散布

インパチェンス類／防除薬剤と使用法

マラソン乳剤50	マラソン乳剤	2000〜3000倍 −	発生初期	6回以内	散布
ロディー乳剤	フェンプロパトリン・MEP乳剤	1000倍	−	6回以内	散布
園芸用バポナ殺虫剤	DDVPくん蒸剤	5cmサイズ 1枚/5〜6m³ 25cmサイズ 1枚/25〜30m³	−	−	密閉容器を開封し，本剤をひも，針金あるいは釘などで天井，壁またはフレームから吊り下げる。（適用場所：温室，ビニールハウス，トンネル栽培）
粘着くん液剤	デンプン液剤	100倍 150〜300l/10a	発生初期	6回以内	散布

(2007年)

エキザカム

リンドウ科

●図解・病害虫の見分け方

病気

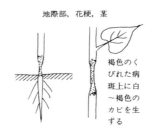

地際部，花梗，茎

褐色のくびれた病斑上に白〜褐色のカビを生ずる

株枯病

水が浸みたような病斑。灰褐色粉状の菌体を生じる。茎を病斑が取り巻くと上部が萎凋する

灰色かび病

株枯病

英名：Stem blight

別名：－

病原菌学名：***Nectria gliocladioides* Smalley et Hansen**
《糸状菌／子のう菌類》

病原菌学名：***Gliocladium roseum* (Link) Bain** （不完全世代）
《糸状菌／子のう菌類》

［多発時期］　4〜6月

［伝染源］　土壌，被害残渣，穂木

［伝染様式］　分生胞子の飛散

［発生部位］　茎，花梗

［発病適温］　25〜28℃

［湿度条件］　多湿

［他の被害作物］　植物寄生の報告はない

（1）被害のようすと診断ポイント

最近の発生動向　エキザカムはリンドウ科に属する多年生草花であり，さわやかさを感じさせるブルーの花色が好まれ，春〜初夏に鉢花として利用されている。エキザカムにとって株枯病は最も重要な病害であり，本病発生の有無で栽培が左右される。

初発のでかたと被害　株枯病は出蕾期〜開花期と挿し木床で発生する。はじめ一部の枝が生気を失って生育不良となり，日中はしおれ，夜間は回復を繰り返す。やがて萎ちょうした状態で枝枯れ状となる。苗床では挿し木後1週間前後に生気を失ってしおれ，立枯れ症状となる。

開花期の病徴は花梗や枝の分岐部に水浸斑としてみられる。水浸斑は上下に向かって急速に進展し，細くくびれるように褐色に腐敗し，乾固して枝枯れとなる。病枝を切断すると，内部まで褐変し，腐敗しているのが観察される。やがて枯死した枝や茎には，白〜灰色のカビを生じ，後に灰〜黒色の胞子を多数形成する。

高温・多湿条件では枝から株元の茎に向かって病徴が進行し，株枯れ状とな

エキザカム／病気

217

る。また，発病株からは容易に伝染し，隣接する鉢は次々と発病する。低温・乾燥条件では一部の枝枯れや花梗枯れで病徴は停止するが，軽微の病徴でも花梗部分が発病するため，商品価値はまったくなくなる。

多発時の被害　ほとんどの花梗や枝が発病するため，地上部が急激に枯死し，一見熱湯をかけられたような症状を呈して急激に枯死する。また，発病株を中心に隣接する株が次々と発病する。

診断のポイント　花や葉が生気を失ってしおれる。しおれた花梗や茎にはややくびれた褐色の病斑が観察され，後に白〜灰色のカビを生ずる。病茎を切断すると内部が褐色に腐敗している。

防除適期の症状　花梗や茎にややくびれた病斑を形成する。この時期は病原菌が組織内部まで侵入していないため，病茎を取り除き耕種的および農薬防除を併用すれば病徴の進行を防止できる。

類似症状との見分けかた　薬害や灰色かび病とまちがいやすい。薬害は多くの場合花や葉に障害が現われ，灰色かび病は花弁や葉先が褐変し，後に灰色のカビを生ずる。本病は病徴の進展に伴って花や葉も枯死するが，花や葉には病斑を形成せず，花梗や茎にくびれた褐色の病斑を形成する。

(2) 病原菌の生態と発生しやすい条件

生態・生活サイクル　病原菌（ネクトリア・グリオクラデオイデス）は広く土壌中に存在し，ほとんどの地域と土壌で観察される。これまでは糸状菌（病原菌など）に寄生する菌として知られており，善玉菌として取り扱われていた。このため土壌病原菌としての記載例はなく，病原菌としてはエキザカムが最初の報告である。自然界に存在するネクトリア・グリオクラデオイデス菌がすべてエキザカムに寄生するか，あるいはエキザカムに病原性をもった本菌が他の植物に寄生性を示すかについては明らかにされていない。

本菌は子のう菌類に属し，まれに病斑上に5〜7mm，赤褐色の子のう殻束状集塊（有性世代）を形成するが，通常，土壌中や病斑上では分生胞子と菌糸の不完全世代として観察される。

第一次伝染源は汚染土壌や被害残渣上に形成された分生胞子と罹病穂木であるが，エキザカムは挿し木によって繁殖されるため，穂木からの伝染が最も重

要である。罹病穂木は挿し木時点でほとんどが発病して枯死するが，生き残った株は出蕾期頃まではほぼ正常に生育し，出蕾期に突然発病して株枯れとなる。病株上には分生胞子を擬頭状あるいは連鎖状に多数形成し，これが飛散して次々伝染する。

発生しやすい条件　本菌は高温・多湿条件では繁殖が旺盛であり，温室のガラスやベンチ上でも盛んに繁殖することができる。しかし，低温・乾燥条件ではホストのエキザカムでも繁殖することはできない。

（3）防除のポイント

耕種的防除　本病は穂木から容易に伝染するので無病株から採穂する。また，本菌は病株上に多数の分生胞子を形成して飛散する。このため，発病の認められた温室ではほとんどの株が汚染されていると考えられるので，発生温室では発病の認められない株からも採穂は行なわないようにする。

発生が認められた場合には，換気を十分行ない湿度を下げ，やや低温に管理する。発病株からは分生胞子の飛散によって次々と伝染するため，たとえ軽微な発病株でもすみやかに温室外に持ち出し，焼却処分する。また，病原菌は被害残渣や土壌中の有機物，ベンチや温室のガラス面などの無機物でも容易に繁殖するため，ベンチ下を含め温室内を清潔に保つ。

生物防除　特になし。

農薬による防除　薬剤による防除は試みられているが，効果のある方法は確立されていないため，耕種的防除が中心となる。

やむをえず発生温室から採穂する場合には，穂木をベノミル水和剤2,000倍液あるいはチオファネートネチル水和剤2,000倍液に30分間浸漬してから挿し木をすると有効との報告がある。

効果の判断と次年度の対策　湿度や温度管理，薬剤で病徴が停止したら，くびれた病変部を観察する。効果が認められる場合には病変部と健全部がはっきりと区別される。また，病茎を切断し，内部病変の進行の有無を調べる。

本病菌は腐生性が強く，被害残渣やベンチなどで容易に越冬する。このため，発病が認められた温室では次年度の発生が予想される。被害残渣の処分とベンチや鉢の消毒をスチームなどで完全に行なう。また，一見健全に見える株でも

汚染の恐れがあるため，穂木は新しく導入する。

執筆　木嶋　利男（栃木県農業試験場）

（1997年）

灰色かび病

英名：Gray mold

別名：—

学名：***Botrytis cinerea* Persoon: Fries**

《糸状菌／不完全菌類》

［多発時期］1〜7月（梅雨明けまで）および9〜12月。盛夏期を除き周年

［伝染源］罹病植物，被害残渣

［伝染・侵入様式］空気伝染

［発生・加害部位］花，葉，茎

［発病・発生適温］20℃付近

［湿度条件］多湿

［他の被害作物］多犯性で葉，茎，花および果実など多くの植物の地上部に腐敗を
起こす

(1) 被害のようすと診断ポイント

発生動向　冷涼多湿条件で多種の作物に発生し，エキザカムにおいても常発
の病害となっている。本病の病原菌は薬剤耐性により難防除となることが知ら
れている。

初発のでかたと被害　茎葉部に不整形で水浸状の小斑点を生じ，多湿状態で
は急速に拡大する。

多発時の被害　罹病部は軟化腐敗し，茎を病斑が取り巻くと，上部の萎凋を
起こす。罹病部には灰褐色で粉状の菌体を豊富に生じる。

診断のポイント　他作物と同様に罹病部位に生じる灰褐色で粉状の菌体によ
る診断は容易であり，菌体を認めない初期罹病部などは一時多湿に保って観察
する。

防除適期の症状　初期の水浸状病斑形成時に対処する。

類似症状・被害との見分けかた　灰褐色で粉状の菌体により見分けは容易で
ある。

221

(2) 病原・害虫の生態と発生しやすい条件

生態・生活サイクル　被害残渣上の分生子が第一次伝染源となる。多犯性であり周辺の作物の罹病個体も伝染源となる。

発生しやすい条件　冷涼，多湿で周辺に罹病しやすい作物の作付けがあると発生しやすい。

(3) 防除のポイント

耕種的防除　健全な株から採穂する。発病部位はただちに除去する。栽培環境を多湿にしないように留意する。

生物防除　バチルス・ズブチリス芽胞を主成分とするボトキラー水和剤（ダクト内投入 10 ～ 15g/10a/ 日）の花卉類・観葉植物での登録がある。

農薬による防除　フルピカフロアブル 2,000 ～ 3,000 倍液またはゲッター水和剤 1,000 倍液の散布。

効果の判断と次年度の対策　新たな病斑の発生がないことで効果を判断する。発病株，発病部位を除去し，資材を更新，洗浄する。

　　執筆　竹内　純（東京都島しょ農林水産総合センター八丈事業所）　　（2011年）

灰色かび病

主要農薬使用上の着眼点（竹内　純, 2011）

（回数は同一成分を含む農薬の総使用回数。混合剤は成分ごとに別途定められているので注意）

商品名	一般名	使用倍数・量	使用時期	使用回数	使用方法
《アニリノピリミジン系剤》					
フルピカフロアブル	メパニピリム水和剤	2000倍・100～300*l*/10a	発病初期	5回以内	散布
作物群登録の花卉類・観葉植物での登録であり，個々の栽培条件ごとに薬害確認のため，数株に試用する必要がある					
《混合剤》					
ゲッター水和剤	ジエトフェンカルブ・チオファネートメチル水和剤	1000倍・100～300*l*/10a	発病初期	5回以内	散布
作物群登録の花卉類・観葉植物での登録であり，個々の栽培条件ごとに薬害確認のため，数株に試用する必要がある					
《生物由来殺菌剤》					
ボトキラー水和剤	バチルス・ズブチリス水和剤	10～15g/10a/日	発病前～発病初期	―	ダクト内投入
作物群登録の花卉類・観葉植物での登録であり，個々の栽培条件ごとに汚れなどに注意する必要がある					

エキザカム／病気

223

エローサルタン　　　キク科

●図解・病害虫の見分け方

地際部から
病斑が進展

灰色かび病

225

灰色かび病

英名：Gray mold

別名：―

病原菌学名：***Botrytis cinerea* Persoon:Fries**

《糸状菌／不完全菌類》

[多発時期]　5月（北海道地域）

[伝染源]　罹病残渣，菌核

[伝染様式]　分生子の飛散

[発生部位]　茎部，葉

[発病適温]　20～25℃

[湿度条件]　多湿

[他の被害作物]　各種野菜・花卉に発生

(1) 被害のようすと診断ポイント

最近の発生動向　北海道の場合，ハウスで栽培されていることが多いが，5月頃から発病が多くなる。この時期の気象から，ハウス内は密閉されることが多く，近年は常発している。

初発のでかたと被害　茎葉が繁茂し始めると地際部などに淡褐色～暗褐色で不正形の斑点が現われる。やがて病斑が拡大すると内部は褐色で表面が黒褐色となる。また，まれに株の下葉などが侵され，葉先が淡褐色に変色する。発病茎の表面や葉の先端を観察すると表面がカビに覆われている。

多発時の被害　地際部から伸展した病斑が地上部へかなり進行すると，株全体は立枯れ症状となる。

診断のポイント　発病のほとんどは地際部から始まるので地際部の発病に注意する。

防除適期の症状　地際部に暗褐色の不正形病斑が現われ始めたら防除を開始する。

類似症状との見分けかた　類似症状を示す病害は今のところ報告されていない。

(2) 病原菌の生態と発生しやすい条件

生態・生活サイクル　前年の罹病残渣で越冬した菌糸や分生子，菌核などが伝染源となる。病斑部には多量の分生子が形成され，これらが飛散して蔓延する。また，寄主範囲はきわめて広いため，他作物上で形成された胞子が飛散し，感染を起こす場合もある。

発生しやすい条件　北海道の場合，5月頃の気象条件が曇天に経過すると本病の発生に好適な条件となる。

(3) 防除のポイント

耕種的防除　ハウス内の風通しをよくし，湿度の低下に努める。また，多肥栽培により，軟弱徒長した株は発病しやすいのでさける。

生物防除　生物防除については，今のところ試験例がない。

農薬による防除　農薬による防除については，今のところ試験例がないが他の野菜・花卉類で本病菌に登録のある薬剤（ロブラール水和剤，フロンサイド水和剤）は有効と思われる。

効果の判断と次年度の対策　発病株は株ごと早期に抜き取り，伝染源の密度を低下させる。

執筆　堀田　治邦（北海道立花・野菜技術センター）

(1997年)

オステオスペルマム　キク科

●図解・病害虫の見分け方

病気

葉では暗緑色水浸状の病斑

花弁では褐色の小斑点ができ，やがて水浸状に軟化腐敗する

灰色かび病

あめ色に軟化
菌核
はじめ白色綿毛状の菌糸で覆われやがて黒色の菌核を形成する

菌核病

病斑は淡褐色，やや陥没し，眼のある円斑

円斑病

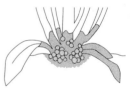

地際から軟化腐敗し，周囲に菌核を形成する

白絹病

 害 虫

葉が食害されて孔があく

ヨトウガ

葉に曲がりくねった白い筋が生じる

ナモグリバエ

葉に白色斑紋状の吸汁痕が生じ、葉が変形する

ナガメ

菌核病

英名：Sclerotinia rot

別名：—

病原菌学名：***Sclerotinia sclerotiorum* (Libert) de Bary**

《糸状菌／子のう菌類》

[多発時期] 東北地方の露地では6月ころ

[伝染源] 子のう胞子および土壌や被害残渣上の菌核

[伝染様式] 子のう胞子の飛散。菌核からの菌糸の直接発芽

[発生部位] 茎，葉。地際部が多い

[発病適温] 20℃前後

[湿度条件] 涼温，多湿

[他の被害作物] きわめて多犯性であり，ダイズ，キャベツ，レタス，メロン，トマトなどの野菜類のほか，ストック，キク，カーネーションなどの花卉類に菌核病を引き起こす

（1）被害のようすと診断ポイント

最近の発生動向 少発生。観賞用に露地栽培した場合に発生が若干みられる。

初発のでかたと被害 地際部が水浸状あめ色に変色する。

多発時の被害 病勢が進むと，表面に白色綿毛状の菌糸を生じ軟化腐敗する。地際部から発病した株は立枯れ症状を示す。やがて，罹病部に黒色ネズミの糞状の菌核を生じる。

診断のポイント 罹病部が白い綿毛状の菌糸で覆われる。被害株をビニール袋に入れておくと1週間ほどで黒色ネズミの糞状の菌核が形成される。

防除適期の症状 予防を基本とする。

類似症状との見分けかた 白色綿毛状の菌糸と黒色ネズミの糞状の菌核で他と区別できる。

(2) 病原の生態と発生しやすい条件

生態・生活サイクル　被害残渣に生じた菌核で冬を越し伝染源となる。春になると菌核から子のう盤を形成し，これらから子のう胞子が飛散し感染する。また，菌核から菌糸が伸張し感染することも考えられる。

発生しやすい条件　被害残渣をすき込んだり，被害のあった場所に連作すると発生しやすい。また，過繁茂などで地際部が多湿になると発病しやすい。

(3) 防除のポイント

耕種的防除　苗ものとして栽培する際は，用土に注意する。観賞期では，発病株は早めに株全体を引き抜き適切に処分する。

生物防除　特になし。

農薬による防除　予防を基本とする。なお，花卉類の菌核病に適用のある薬剤には，トップジンM水和剤がある（2005年10月末現在）。

効果の判断と次年度の対策　発病株の増加がなければ効果があったと判断できる。

執筆　菅原　敬（山形県庄内総合支庁農業技術普及課産地研究室）　　　（2005年）

菌核病　　　　　　　　　　　　　　　　　　　　　　　　　　　　　　（菅原　敬）

商品名	一般名	使用期間	使用回数	倍率	特性と使用上の注意
トップジンM水和剤	《ベンズイミダゾール系剤》チオファネートメチル水和剤	—	5回以内	1500倍	有糸分裂時に形成される紡錘体に作用し，有糸分裂を阻害すると考えられる。胞子の発芽や発芽管伸張，付着期形成などを阻害する。治療効果，予防効果を併せ持つが，連用は耐性菌の出現が懸念される

灰色かび病

英名：Gray mold
別名：—
病原菌学名：***Botrytis cinerea* Persoon : Fries**
《糸状菌／不完全菌類》

[多発時期]　盛夏期を除く春〜秋
[伝染源]　分生子
[伝染様式]　空気伝染（分生子の飛散）
[発生部位]　茎葉および花蕾
[発病適温]　15〜20℃
[湿度条件]　多湿
[他の被害作物]　きわめて多犯性で，バラ，トルコギキョウ，ストック，ゼラニウム，シクラメンなどの花卉類のほか，トマト，ナス，イチゴなど多くの野菜類や果樹類に灰色かび病を引き起こす

（1）被害のようすと診断ポイント

最近の発生動向　栽培が多くないため不詳だが，一定程度の発生はあるものと推察される。観賞用に露地に定植したものは比較的発生がみられる。

初発のでかたと被害　花弁では褐色〜白色の小斑点を生じる。葉身では暗緑色〜褐色の病斑ができる。

多発時の被害　葉，茎，花弁，蕾が暗緑色〜褐色，水浸状に軟化腐敗する。多湿条件下では，患部に灰褐色の分生子を形成する。

診断のポイント　花弁ではあめ色，水浸状に軟化する。茎葉では暗緑色〜褐色の不整形病斑となる，多湿条件下ではしばしば灰色の分生子を生じる。

防除適期の症状　花弁では小斑点がみられたら，茎葉では水浸状の病斑がみられたら防除を行なう。

類似症状との見分けかた　特になし。

（2）病原の生態と発生しやすい条件

生態・生活サイクル　本病原菌はきわめて多犯性であり，多くの花卉類，野菜類や果樹類に灰色かび病を引き起こす。また，腐生性が強く有機物上で腐生的に繁殖することができる。病原菌は5〜30℃で生育でき，15〜20℃が生育適温である。35℃以上では菌糸の伸長はみられない。伝染方法は分生子の風による飛散が主である。

発生しやすい条件　涼温，多湿。

（3）防除のポイント

耕種的防除　多湿にならないよう管理する。茎葉では繁茂した箇所で発生するため，生育に応じて適宜鉢の間を広げ風通しをよくする。茎葉に落下した花の残渣からも広がるため適宜除去する。また，多肥では茎葉が軟弱になりやすいため，施肥量に留意する。

生物防除　適用はないが，バチルス・ズブチリス製剤は効果があると思われる。

農薬による防除　花卉類の灰色かび病に適用のある農薬にはポリオキシンAL水溶剤，ポリベリン水和剤，ゲッター水和剤，マンネブダイセンM水和剤，エムダイファー水和剤，フルピカフロアブル，サンヨールがある（2005年10月末現在）。

効果の判断と次年度の対策　病斑の広がりや発病株の増加がなければ効果があったと判断できる。

執筆　菅原　敬（山形県庄内総合支庁農業技術普及課産地研究室）　　　　（2005年）

234

灰色かび病

灰色かび病

(菅原　敬)

商品名	一般名	使用期間	使用回数	倍率	特性と使用上の注意
ポリオキシンAL水溶剤	《抗生物質剤》ポリオキシン水溶剤	—	5回以内	2500倍	菌糸の細胞壁成分であるキチンの生合成を阻害し、菌糸の伸長抑制と発芽管や菌糸先端を膨潤させる作用があり、予防効果と治療効果を併せ持つ。耐性は出にくいが、連用は避ける
ポリベリン水和剤	《混合剤》イミノクタジン酢酸塩・ポリオキシン水和剤	—	5回以内	1000倍	イミノクタジン酢酸塩は膜脂質生合成に作用し、胞子発芽、付着器形成、菌糸の伸長などを阻害する。治療効果もあるが、予防効果に優れる。ポリオキシンは菌糸の細胞壁成分であるキチンの生合成を阻害し、菌糸の伸長抑制と発芽管や菌糸先端を膨潤させる作用があり、予防効果と治療効果を併せ持つ
ゲッター水和剤	《混合剤》ジエトフェンカルブ・チオファネートメチル剤	—	5回以内	1000倍	いずれも有糸分裂時に形成される紡錘体に作用し、有糸分裂を阻害する。ジエトフェンカルブ剤はベンズイミダゾール(チオファネートメチル剤)耐性菌に効力がある。チオファネートメチル剤は治療効果、予防効果を併せ持つが、耐性菌の出現が知られている
マンネブダイセンM水和剤	《有機硫黄剤》マンネブ水和剤	—	8回以内	400〜640倍	病原菌体内の金属を補足し金属欠乏を起こすとする説と、TCA回路のSH酵素を不活化する説がある。予防効果が高いため、発生初期に散布する
エムダイファー水和剤	《有機硫黄剤》マンネブ水和剤	—	8回以内	400〜640倍	病原菌体内の金属を補足し金属欠乏を起こすとする説と、TCA回路のSH酵素を不活化する説がある。予防効果が高いため、発生初期に散布する
フルピカフロアブル	《アニリノピリミジン系殺菌剤》メパニピリム剤	—	5回以内	2000〜3000倍	病原菌からの細胞壁分解酵素の分泌抑制と菌体内への栄養源の取り込み抑制により、植物への侵入を阻害する。葉の表面から組織中への浸達性があり、ベンズイミダゾール、ジエトフェンカルブに耐性の灰色かび病菌に対しても、安定した効果を示す。フロアブル剤のため汚れが少ない
サンヨール	《有機銅剤》DBEDC乳剤	—	8回以内	500倍	SH基阻害剤。予防効果に優れるため、発病前から発生初期までに予防的に散布する

オステオスペルマム／病気

235

白絹病

英名：Southern blight
別名：—
学名：***Sclerotium rolfsii* Saccardo**
《糸状菌／不完全菌類(担子菌類)》

[多発時期] 盛夏期
[伝染源] 土壌中や被害残渣上の菌核
[伝染・侵入様式] 菌核の発芽菌糸
[発生・加害部位] 地際部
[発病・発生適温] 30℃前後
[湿度条件] 多湿
[他の被害作物] キク科をはじめ，ナス科やマメ科作物などきわめて多犯性である

(1) 被害のようすと診断ポイント

発生動向　花壇など比較的小規模な露地栽培での発生は多くないようである。

初発のでかたと被害　株元には白色菌糸が観察され，地際部から徐々に褐変し軟化腐敗する。

多発時の被害　地際部から腐敗，枯死し，罹病部周辺には球形で褐色の菌核が観察される。

診断のポイント　比較的太い白色の菌糸，および菌核。菌核は表面平滑で球形，大きさ1〜2mm程度。

防除適期の症状　白色菌糸が認められ，菌核が形成される前あるいは白色で未熟な菌核が確認され始めたら防除を行なう。前年に発病が認められた場合，土壌消毒などの予防を行なう。

類似症状・被害との見分けかた　とくになし。

(2) 病原・害虫の生態と発生しやすい条件

生態・生活サイクル　菌核および罹病残渣から菌糸が繁殖し，隣接する株に次々と伝染する。また，罹病株に生じた菌核が越冬し，翌年の伝染源となる。

オステオスペルマム／病気

237

発生しやすい条件 密植により地際部が多湿になると発生が助長される。

(3) 防除のポイント

耕種的防除 密植を避ける。発生した場合，速やかに発病株を抜き取る。

生物防除 なし。

農薬による防除 モンカットフロアブル40およびダゾメット粉粒剤の適用があるが，いずれも予防を基本とする。

効果の判断と次年度の対策 発生株から周辺株への二次伝染がなければ，当年の防除は効果があったと判断する。次年度以降も，発生の増加がなければ効果があったと判断する。

執筆 西川 盾士（株・サカタのタネ掛川総合研究センター） (2009年)

主要農薬使用上の着眼点 (西川盾士, 2009)

（回数は同一成分を含む農薬の総使用回数）

商品名	一般名	使用倍数・量	使用時期	使用回数	使用方法
《酸アミド系剤》					
モンカットフロアブル40	フルトラニル水和剤	1000〜2000倍	—	3回以内	株元散布

フルトラニル水和剤：菌核の発芽阻害および菌糸生育阻害作用をもつため，予防・治療効果を有する

《土壌消毒剤》					
バスアミド微粒剤	ダゾメット粉粒剤	20〜30kg/10a	播種または植付け前	1回	本剤の所定量を均一に散布して土壌と混和する
ガスタード微粒剤	ダゾメット粉粒剤	20〜30kg/10a	播種または植付け前	1回	本剤の所定量を均一に散布して土壌と混和する

ダゾメット粉粒剤：土壌水分に反応してイソチオシアン酸メチルを発生し，そのくん蒸効果によって殺菌作用を示す。植付け前に土壌と混和して使用するが，ガス抜き不十分な場合には薬害のおそれがある

円斑病

英名：Circular leaf spot
別名：—
学名：***Cercospora apii* sensu lato**
　　　　《糸状菌／不完全菌類》

［多発時期］夏〜初秋
［伝染源］分生子
［伝染・侵入様式］分生子の飛散
［発生・加害部位］葉
［発病・発生適温］25〜30℃
［湿度条件］多湿
［他の被害作物］実験的にはきわめて広い宿主範囲をもつことが確認されている

（1）被害のようすと診断ポイント

発生動向　最近の発生はまったく認められない。

初発のでかたと被害　はじめ小さい黄色斑点や褐色斑点が形成され，徐々に拡大し円形の大型病斑となる。

多発時の被害　病斑が癒合拡大し，下位葉から枯死する。

診断のポイント　病斑上に褐色の分生子柄と無色の分生子が密生するのが観察される。

防除適期の症状　5〜10mm程度の明瞭な病斑が認められたら防除を行なう。

類似症状・被害との見分けかた　とくになし。

（2）病原・害虫の生態と発生しやすい条件

生態・生活サイクル　病斑上の分生子が飛散することにより伝染し，罹病残渣で越冬すると思われる。

発生しやすい条件　高温多湿。

オステオスペルマム／病気

(3) 防除のポイント

耕種的防除　密植・過繁茂を避ける。罹病葉を除去する。

生物防除　とくになし。

農薬による防除　本病に対する農薬の適用はない。

効果の判断と次年度の対策　上位葉での発生が多くなければ効果はあったとする。

執筆　西川　盾士（株・サカタのタネ掛川総合研究センター）　　　　　（2009年）

ナモグリバエ

英名：Garden pea leafminer
別名：－
学名：***Chromatomyia horticola* (Goureau)**
《双翅目／ハモグリバエ科》

[多発時期]　3～5月，10～11月
[侵入様式]　成虫の飛来侵入
[加害部位]　葉
[発生適温]　20～25℃
[湿度条件]　特になし
[防除対象]　成虫，幼虫
[他の加害作物]　ハクサイ，キャベツ，レタス，ダイズ，インゲンマメ，アズキ，
　　エンドウ，ソラマメ，キク，ダリア，アスター，キンセンカなど多くの作物

（1）被害のようすと診断ポイント

最近の発生動向　年数回の発生。発生量は年により変動があるが，最近はやや多発傾向である。

初発のでかたと被害　幼虫が表皮を残して葉の内部を食べ進むため，食害痕は曲がりくねった帯状の白い筋となる。雌成虫が産卵管で葉に孔をあけて吸汁したり，産卵したりするため，吸汁産卵痕が白い小斑点となって残る。

多発時の被害　幼虫の食害痕が葉に多数発生し，曲がりくねった帯状の筋で葉全体が真っ白になる。

診断のポイント　成幼虫は非常に小さくて見つけにくいので，葉の食害痕や吸汁産卵痕の発生に注意する。葉に曲がりくねった帯状の白い筋が見られる場合は，被害部分の先端をルーペで観察し，黄白色の幼虫の発生を確認する。

防除適期の症状　幼虫の食害痕の発生を認めた時が防除適期である。

類似被害との見分けかた　ナスハモグリバエやトマトハモグリバエなどナモグリバエ以外のハモグリバエ類が発生する場合もあるが，被害で種類を区別することは難しい。また，ハモグリバエ類は形態が酷似しているため，肉

眼またはルーペで種類を区別するのは困難である。

(2) 害虫の生態と発生しやすい条件

生態・生活サイクル　成虫は体長が約3mm，体色は灰黒色である。雌成虫は産卵管で表面に小さな孔をあけ，にじみ出る汁液を摂取して生活する。卵は約0.2mm，葉の内部に1卵ずつ産み付けられる。幼虫は体長約3mm，体色は黄白色のうじむしである。老熟幼虫は葉内で蛹化する。蛹は体長約2mm，黒色の俵型である。

発生しやすい条件　春季と秋季に多発する傾向があるが，ハウスでは周年発生する。周辺にキク科などの雑草が多いとそこが発生源となる。

(3) 防除のポイント

耕種的防除　周辺の除草を行ない，発生源を除去する。目合1mm以下のネットでトンネルがけを行ない，成虫の飛来侵入を防止する。成虫は黄色に誘引されるため，黄色粘着トラップを設置し，誘殺数が多くなったら被害に注意する。

生物防除　ハモグリバエ類の天敵として幼虫寄生蜂（イサエアヒメコバチ，ハモグリコマユバチ）が生物農薬としてあるが，花卉類に対する登録はない。

農薬による防除　発生初期に花卉類のハモグリバエ類に対して登録のあるアファーム乳剤，アクタラ顆粒水溶剤を散布する。幼虫は葉の内部に生息してるため，十分量の薬液を散布むらのないようていねいに散布する。

効果の判断と次年度の対策　殺虫剤散布3〜5日後に葉の幼虫食害痕数が増加しない場合には効果があったと判断される。

執筆　柴尾　学（大阪府立食とみどりの総合技術センター）　　　　（2004年）

ヨトウガ

英名：Cabbage armyworm
別名：ヨトウムシ
学名：***Mamestra brassicae* (Linnaeus)**
《鱗翅目／ヤガ科》

［多発時期］　5〜6月，9〜10月
［侵入様式］　成虫の飛来侵入，幼虫の歩行侵入
［加害部位］　葉，花
［発生適温］　20〜25℃
［湿度条件］　やや乾燥
［防除対象］　幼虫
［他の加害作物］　キク，デージー，キンセンカ，カーネーション，ナデシコ，ゼ
ラニウム，パンジー，キャベツ，ダイコン，ナスなど多くの作物

（1）被害のようすと診断のポイント

最近の発生動向　年2回発生。発生量は年により変動があるが，最近はや
や多発傾向である。

初発のでかたと被害　幼虫が葉または花を食害するため小孔があく。

多発時の被害　幼虫によって葉が食い尽くされて丸坊主になるほか，花も
食い荒らされる。とくに，幼苗の場合は食い尽くされて枯死することもある。

診断のポイント　外部から幼虫が侵入した場合は，突然，葉や花が食害さ
れて孔があく。春季や秋季，卵塊から幼虫が孵化したときは，その卵塊のあ
った株が激しく食害され，その株から同心円状に被害が広がっていく。中齢
幼虫は体長1〜2cm，淡緑色で，葉を食害する。老齢幼虫は体長3〜4cm，黄
褐色〜暗褐色で，昼間は土中に潜り，夜間にはい出して葉を食害する。葉上
や株元に茶褐色の丸い虫糞が散乱していることが多い。

防除適期の症状　葉に小孔が生じ，幼虫の発生を認めたときが防除適期で
ある。

類似被害との見分けかた　ハモグリバエ類が多発したときにも葉が半透明
になるが，ヨトウガでは葉裏の幼虫を確認することで見分けられる。

(2) 害虫の生態と発生しやすい条件

生態・生活サイクル　年2回発生する。関西地方では老齢幼虫が土中で越冬し，翌春，気温が上昇すると土中で蛹となり，5月に成虫となる。ビニールハウスなどで加温すると，越冬幼虫が早く蛹になって成虫となるので，2～3月から被害が現われる。雌成虫は各種作物の葉裏に卵塊として産卵するため，孵化幼虫は集団で葉を食害する。7月になると老齢幼虫は土中で夏眠し，気温が下がり始めた9月に蛹化し，成虫となる。その後，幼虫は11月になると越冬する。

発生しやすい条件　周辺で野菜や花卉などが周年栽培されている場所は発生が多くなる。また，圃場の周囲に雑草が繁茂しているところでは発生が多くなる。

(3) 防除のポイント

耕種的防除　卵塊や幼虫の集団が付着した葉は見つけしだい処分する。葉を切り取るときには，卵塊や幼虫を落とさないよう注意する。老齢幼虫は夜間に這い出して食害するため，夜間に株元を観察して幼虫を捕殺する。目合4mm以下のネットでトンネルがけを行ない，成虫の飛来侵入を防止する。

生物防除　ヨトウムシ類の天敵として寄生蜂や顆粒病ウイルスなどが確認されているが，現時点では実用化されていない。

農薬による防除　発生初期に花卉類のヨトウムシ類に対して登録のあるアファーム乳剤，コテツフロアブル，アディオン乳剤，ノーモルト乳剤，ラービンフロアブル，オルトラン粒剤・水和剤などを散布する。若齢幼虫が葉裏に付着しているときに散布するのが基本で，この時期に葉裏に十分薬液が付着するよう，食害が見られる株を重点的に散布する。

効果の判断と次年度の対策　葉裏に若中齢幼虫が発生している株をマークしておき，薬剤散布3日後に幼虫の発生が認められなければ効果があったと判断される。

執筆　柴尾　学（大阪府立食とみどりの総合技術センター）　　　　（2004年）

ナガメ

英名：Cabbage bug

別名：—

学名：***Eurydema rugosum* Motschulsky**

《半翅目／カメムシ科》

[多発時期]　5〜10月

[侵入様式]　成虫の飛来侵入

[加害部位]　葉，つぼみ，花

[発生適温]　25℃

[湿度条件]　特になし

[防除対象]　成虫，幼虫

[他の加害作物]　ストック，ダイコン，ハクサイ，キャベツ，ワサビなど主にアブラナ科作物を加害するが，フウチョウソウ，ニンジン，ヒメジョオンなどアブラナ科以外の植物にも発生

（1）被害のようすと診断ポイント

最近の発生動向　年2回の発生。発生量の年次変動は小さい。

初発のでかたと被害　成幼虫とも生長点付近の若い葉を吸汁するため，葉では表面に白色斑紋状の吸汁痕が生じる。花芽では吸汁により開花が遅れる。

多発時の被害　多発すると成幼虫が集団で吸汁するため，葉が変形して萎縮したり，花が開花しなかったりすることもある。

診断のポイント　成幼虫の発生を確認する。成幼虫とも生長点付近の葉に発生していることが多い。成虫は体長8〜9mm，全体に黒色の亀甲型で，背面に橙赤色紋がある。幼虫はほぼ円形，頭胸部は黒色，腹部は橙黄色で，各節の中央と両縁に黒い斑紋がある。

防除適期の症状　成幼虫の発生を認めたときが防除適期である。

類似被害との見分けかた　特になし。

（2）害虫の生態と発生しやすい条件

生態・生活サイクル　成虫で越冬する。越冬成虫は5月頃より活動し，植

物の葉裏に卵塊で産卵する。幼虫は5齢を経て6月下旬～7月上旬に第1回成虫が発生する。この成虫は再び産卵し，8月下旬～9月上旬に第2回成虫が発生し，越冬する。

発生しやすい条件　とくにアブラナ科の野菜や雑草で増殖するため，付近にアブラナ科の野菜が栽培されていたり，アブラナ科の雑草が多い場合にはそこが発生源となる。

（3）防除のポイント

耕種的防除　周辺の除草を行ない，発生源を除去する。発生が少ない場合には成幼虫を捕殺する。目合2mm以下のネットでトンネルがけを行ない，成虫の飛来侵入を防止する。

生物防除　特になし。

農薬による防除　ナガメに対する登録薬剤はない。花卉類のアブラムシ類に対して登録のある薬剤などで同時防除を行なう。

効果の判断と次年度の対策　殺虫剤散布後に成幼虫の発生が認められない場合には効果があったと判断される。

執筆　柴尾　学（大阪府立食とみどりの総合技術センター）　　　　　　（2004年）

オダマキ　　　キンポウゲ科

●図解・病害虫の見分け方

病気

うどんこ状の白粉は、ほこりをかぶったように見える

〈葉〉

小斑点～全体

うどんこ病

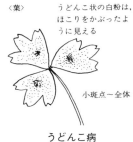

株元の茎・葉柄・根に白いカビ

成熟すると褐色の仁丹粒大の菌核を形成

白絹病

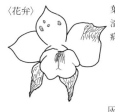

〈花弁〉

葉先枯れや花弁の残渣が付着して、褐色の病斑が広がる

〈葉〉

多湿条件下では、灰色のカビを生ずる

灰色かび病

葉での病徴：周辺黒色、内部白の円形病斑

紫斑病

害虫

展開した葉に小さい白～黄緑の点々が発生

カンザワハダニ

葉が萎れたり切断されたりする

ハスモンヨトウ

うどんこ病

英名：Powdery mildew

別名：－

病原菌学名：***Erysiphe aquilegiae*** de Candoll var. ***aquilegiae*** Zeng et Chen

《糸状菌／子のう菌類》

［多発時期］　春から初夏
［伝染源］　被害株の病斑上に子のう殻を形成し，翌年の伝染源となる
［伝染様式］　分生子を多量に形成し，風によって周辺に広がる
［発生部位］　葉，茎，花梗
［発病適温］　5～6月の気候
［湿度条件］　やや乾燥
［他の被害作物］　キンポウゲ科の花卉や雑草

（1）被害のようすと診断ポイント

最近の発生動向　多発。

初発のでかたと被害　葉に発生し，はじめうっすらとした粉状の斑点となって現われる。やがて葉全体に広がる。他の作物のようにうどん粉をふりかけたように白くならないのでほこりがかぶったようになっているものと誤り，気がつかない場合が多い。発生が終わり，分生子が洗い流されると，葉は黒ずんだようになり，しだいに生気を失って黄化する。

ハウス内では周年発生するが，春先～6月頃までに発生が多い。

多発時の被害　上葉まで葉が真っ白になった株があちこちに認められる。

診断のポイント　葉に発生し，はじめうっすらとした粉上の斑点となって現われる。やがて葉全体に広がる。

防除適期の症状　下葉にうどんこ状に斑点が認められはじめた時。

類似症状との見分けかた　葉にうっすらと生じるすす病は黒っぽくなる。これは，アブラムシやオンシツコナジラミが発生する甘露（虫の排尿）上に発生するカビである。

(2) 病原菌の生態と発生しやすい条件

生態・生活サイクル　子のう殻を形成する。枯れた被害葉上に残存する子のう胞子が第一次伝染源となる。また，病斑上に分生子を多量に形成する。分生子で，風によって周辺に拡がる。

発生しやすい条件　密植。

(3) 防除のポイント

耕種的防除　密植をさける。

生物防除　特になし。

農薬による防除　バイコラール，ラリー，アンビル，トリフミンなどのEBI剤が効果がある。発病により生育が抑制されるため，発生初期からの防除を心掛けたい。

効果の判断と次年度の対策　うどん粉様病斑が生じなければ，効果があったとする。

執筆　植松　清次（千葉県暖地園芸試験場）

(1997年)

白絹病

白絹病

英名：Southern blight

別名：－

病原菌学名：***Sclerotium rolfsii* Saccardo**

《糸状菌／不完全菌類》

[多発時期]　梅雨～初秋，特に梅雨明け～盛夏

[伝染源]　被害植物上の菌核

[伝染様式]　菌核が浅い土壌中に混入して伝染する

[発生部位]　地際部の茎，地面に接した葉および地表近くの根部

[発病適温]　高温29～35℃，夜温は高いほうがよい

[湿度条件]　土壌湿度が乾かない程度のやや過湿

[他の被害作物]　マメ類，野菜；果菜類，茎葉菜類，根菜類，球根類，切り花類，鉢花類などの多くの作物

（1）被害のようすと診断ポイント

最近の発生動向　並発生。

初発のでかたと被害　梅雨～初秋，特に梅雨明け～盛夏に，はじめ地際部付近の表面に貼りつくように白い絹糸状の菌糸が放射状に伸びているのが観察される。

多発時の被害　地際部の茎や葉柄，根が腐敗する。萎ちょう枯死する。

診断のポイント　梅雨～初秋，特に梅雨明け～盛夏に，はじめ地際部付近の表面に貼りつくように白い絹糸状の菌糸が放射状に伸びているのが観察される。また，菌糸上にははじめ白色，成熟すると褐色になる，大きさが1～2mmの仁丹粒程度の菌核が形成される。

防除適期の症状　数株程度の萎ちょうが認められた初発の時期。常発地では梅雨時から梅雨明け時。

類似症状との見分けかた　特になし。

（2）病原菌の生態と発生しやすい条件

生態・生活サイクル　第一次伝染源は被害株上に生じた菌核。菌核は越冬し

オダマキ／病気

251

て翌年の高温多湿時期に発芽し，菌糸をのばして周辺の残渣や，植物体に広がる。

発生しやすい条件　酸性土壌で発生しやすい。また，生わらや青刈りの未分解粗大有機物をすき込んだり，マルチすると多発する。

(3) 防除のポイント

耕種的防除　第一次伝染源は被害株に生じた菌核であるので，菌核をつくる前に発病株を抜き取って焼却する。菌核ができてからは菌核を残さないように注意する。

酸性土壌で発生しやすいので，土壌pHを高くする。また完熟堆肥を使用し，生わらなどの粗大有機物はすき込んだりマルチには使用しない。

生物防除　なし。

農薬による防除　多発圃場では作付け前にクロールピクリン30kg/10a，バスアミド微粒剤などの土壌くん蒸剤で土壌消毒を行なう。発生ごく初期からリゾレックス水和剤500倍 3l/10aを株元に土壌灌注する。

効果の判断と次年度の対策　発生がなければ，防除効果があったものとする。発生が多くなった圃場では，翌年6月頃から発生に注意し，薬剤処理を行なう。

執筆　植松　清次（千葉県暖地園芸試験場）

（1997年）

灰色かび病

英名：Gray mold
別名：—
学名：***Botrytis cinerea* Person: Fries**
《糸状菌／不完全菌類》

［多発時期］春（開花期）
［伝染源］菌核や胞子からの発芽，残渣中の菌糸
［伝染・侵入様式］主に空気伝染（分生子の飛散）
［発生・加害部位］主として花弁
［発病・発生適温］15〜20℃付近
［湿度条件］多湿
［他の被害作物］きわめて多犯性で，バラ，トルコギキョウ，ストック，ゼラニウム，シクラメンなどの花卉類のほか，トマト，ナス，イチゴなど多くの野菜類や果樹類に灰色かび病を引き起こす

(1) 被害のようすと診断ポイント

発生動向 少ない。栽培が多くないため不詳だが，観賞用に露地に定植したものは若干発生がみられる。

初発のでかたと被害 花弁に白色から淡褐色の小斑点を生ずる。

多発時の被害 花弁が水浸状に軟化腐敗する。茎葉での発病は少ないが，罹病した花の残渣が付着したり，葉先枯れを起こした部分から発病することがあり，褐色の病斑が拡大する。多湿条件下では，患部に灰褐色の分生子を形成する。

診断のポイント 多湿条件では罹病部に灰褐色の分生子を生じる。

防除適期の症状 花弁に小斑点がみられたら，防除が必要である。

類似症状・被害との見分けかた 特になし。

(2) 病原・害虫の生態と発生しやすい条件

生態・生活サイクル 本病原菌はきわめて多犯性であり，多くの花卉類，野菜類や果樹類に灰色かび病を引き起こす。また，腐生性が強く有機物上で

腐性的に繁殖することができる。伝染源は菌糸や菌核，分生子である。本菌は5〜30℃で生育でき，20℃付近が菌糸伸長の適温である。35℃以上では菌糸が伸長できない。伝染方法は主として分生子の風による飛散である。

発生しやすい条件 涼温，多湿。

(3) 防除のポイント

耕種的防除 施設では，多湿にならないよう管理する。花弁の発病が多いので発蕾後の頭上灌水はひかえる。茎葉の発病は少ないが，過繁茂した箇所で発生する場合があるため，生育に応じて適宜鉢の間を広げ，風通しを良くする。茎葉に落下した花の残渣からも発病するため花がらや古い茎葉は適宜除去する。また，多肥では茎葉が軟弱になりやすいため，施肥量に留意する。

生物防除 バチルス・ズブチリス製剤は花卉類の灰色かび病に登録がある。

農薬による防除 花卉類の灰色かび病に適用のある農薬にはポリオキシンAL水溶剤，ポリベリン水和剤，ゲッター水和剤，マンネブダイセンM水和剤，エムダイファー水和剤，フルピカフロアブル，サンヨール，ボトキラーがある（2008年10月1日現在）。

効果の判断と次年度の対策 散布後1週間ほど観察し，病斑の広がりや発病株の増加がなければ効果があったと判断できる。

執筆　菅原　敬（山形県庄内産地研究室）　　　　　　　　　　　　　（2008年）

灰色かび病

主要農薬使用上の着眼点 (菅原敬, 2008)

(回数は同一成分を含む農薬の総使用回数)

商品名	一般名	使用倍数・量	使用時期	使用回数	使用方法
《有機硫黄剤》					
マンネブダイセンM水和剤	マンネブ水和剤	400〜650倍	発病初期	8回以内	散布
エムダイファー水和剤	マンネブ水和剤	400〜650倍	発病初期	8回以内	散布

病原菌体内の金属を捕捉し金属欠乏を起こすとする説と, TCA回路のSH酵素を不活化する説がある。予防効果が高いため, 発生初期に散布する

《有機銅剤》					
サンヨール	DBEDC乳剤	500倍	—	8回以内	散布

SH基阻害剤。予防効果に優れるため, 発病前から発生初期までに予防的に散布する

《抗生物質剤》					
ポリオキシンAL水溶剤	ポリオキシン水溶剤	2500倍	発病初期	5回以内	散布

菌糸の細胞壁成分であるキチンの生合成を阻害し, 菌糸の伸長抑制と発芽管や菌糸先端を膨潤させる作用があり, 予防効果と治療効果を併せ持つ。耐性菌は出にくいが, 連用は避ける

《アニリノピリミジン系剤》					
フルピカフロアブル	メパニピリム水和剤	2000〜3000倍	発病初期	5回以内	散布

病原菌からの細胞壁分解酵素の分泌抑制と菌体内への栄養源の取り込み抑制により, 植物への侵入を阻害する。葉の表面から組織中への浸達性があり, ベンゾイミダゾール, ジエトフェンカルブに耐性の灰色かび病菌に対しても, 安定した効果を示す。フロアブル剤のため汚れが少ない

《混合剤》					
ポリベリン水和剤	イミノクタジン酢酸塩・ポリオキシン水和剤	1000倍	発病初期	5回以内	散布

イミノクタジン酢酸塩は膜脂質生合成に作用し, 胞子発芽, 付着器形成, 菌糸の伸長などを阻害する。治療効果もあるが, 予防効果に優れる。ポリオキシンは菌糸の細胞壁成分であるキチンの生合成を阻害し, 菌糸の伸長抑制と発芽管や菌糸先端を膨潤させる作用があり, 予防効果と治療効果を併せ持つ

《混合剤》					
ゲッター水和剤	ジエトフェンカルブ・チオファネートメチル水和剤	1000倍	発病初期	5回以内	散布

いずれも有糸分裂時に形成される紡錘体に作用し, 有糸分裂を阻害する。ジエトフェンカルブ剤はベンゾイミダゾール (チオファネートメチル剤) 耐性菌に効力がある。チオファネートメチル剤は治療効果, 予防効果を併せ持つが, 耐性菌の出現が知られている

《生物由来殺菌剤》					
ボトキラー水和剤	バチルス・ズブチリス水和剤	10〜15g/10a/日	発病前〜発病初期	—	ダクト内投入

バチルス・ズブチリスの生芽胞を製品化したもので, 植物表面上で生息場所や養分の競合により後からくる病原菌を排除する。低温条件下 (10℃以下) では効果が劣る。また, 一部の殺菌剤や殺虫剤から影響を受けるため, 近接散布に注意する

オダマキ (アクイレギア) ／病気

255

紫斑病

英名：Leaf spot

別名：—

学名：***Stemphylium lancipes*** **(Ellis & Everh.) Simmons**

《糸状菌／不完全菌類》

［多発時期］春

［伝染源］不明

［伝染・侵入様式］空気伝染

［発生・加害部位］葉

［発病・発生適温］20～25℃

［湿度条件］高い

［他の被害作物］他作物への被害は不明である

（1）被害のようすと診断ポイント

発生動向　露地植えで発生。

初発のでかたと被害　周辺が黒色，内部は白っぽい大小の円形病斑。周辺は黄～褐～紫色。

多発時の被害　病斑が融合し，葉は黄化・枯死する。

診断のポイント　周辺黒色，内部白色の円形病斑。分生子は褐色，根元が丸く先端はとがる。

防除適期の症状　発病してからではおそいので，発病前から予防対策に努める。

類似症状・被害との見分けかた　輪斑病では，古い病斑中に黒色の小粒点を生じる。灰色かび病では，花弁，萼，葉などが脱色し小斑点を形成または腐敗する。

（2）病原・害虫の生態と発生しやすい条件

生態・生活サイクル　分生子が風雨や灌水によって飛散し，感染すると考えられる。

発生しやすい条件　通風不良や降雨などによる高湿度状態が本病の蔓延を助

長する。

（3）防除のポイント

耕種的防除　通風性や排水性を確保する。植物残渣は除去する。過灌水を避ける。

生物防除　とくになし。

農薬による防除　紫斑病に対する登録農薬はない。

効果の判断と次年度の対策　植物残渣は除去し，次作に残さないようにする。

執筆　佐藤　衛（農研機構野菜花き研究部門）　　　　　　　　　（2018年）

カンザワハダニ

英名：Kanzawa spider mite

別名：—

学名：***Tetranychus kanzawai* Kishida**

《ダニ目／ハダニ科》

[多発時期]　周年。ただし露地では4〜11月まで
[侵入様式]　圃場外から侵入
[加害部位]　葉
[発生適温]　25℃
[湿度条件]　50〜80％
[防除対象]　全発育態
[他の加害作物]　多くの広葉の花，野菜

（1）被害のようすと診断ポイント

最近の発生動向　並。

初発のでかたと被害　展開した葉に，一部あるいは全体に，小さい白〜黄緑の点々が発生。葉表は，緑が退色し，その部分に小さなハダニが集まっている。

多発時の被害　ハダニにとっては好適な植物ではないが，周囲に多発生の植物があると移動してきて被害を受ける。とくに，底面灌水の栽培では，葉に水がかからないので発生が多くなる。葉全体に，小さい白〜黄緑の点々が発生した葉が株全体に増える。葉の一部が枯れることはない。生長が遅延するほどの被害にはならないが，株全体が汚れて商品性が低下する。葉表に発生し，ごく若い葉の時には葉裏にも寄生する。

診断のポイント　展開した葉の表に，一部あるいは全体に，小さい白〜黄緑の点々が発生するので，この症状を発見する。

防除適期の症状　展開した葉に，一部あるいは全体に，小さく円状の白〜黄緑の点々の発生が確認された時や，葉表にハダニが確認された時。

類似被害との見分けかた　類似症状を現わす害虫はない。

オダマキ／害虫

(2) 害虫の生態と発生しやすい条件

生態・生活サイクル　施設内では11～1月に一部休眠することがあるが，ほぼ周年発生する。野外では，3月下旬～11月下旬まで発生する。オダマキは，ハダニの増殖には好適ではなく，また，頭上灌水により葉上のハダニが流されるので発生は少ないが，底面灌水による栽培では多くなる。

発生しやすい条件　少湿～適湿。底面灌水による栽培。

(3) 防除のポイント

耕種的防除　発生源となる圃場周辺の除草。

生物防除　捕食性天敵が多いので，天敵保護のためには，合成ピレスロイド剤の使用は避けたほうがよい。

農薬による防除　発生初期に薬剤散布をする。

効果の判断と次年度の対策　散布後の被害，虫数の減少から判断する。

執筆　池田　二三高（静岡県病害虫防除所）

(1997年)

ハスモンヨトウ

英名：Common cutworm
別名：－
学名：***Spodoptera litura* (Fabricius)**
《鱗翅目／ヤガ科》

[多発時期]　8〜9月
[侵入様式]　圃場外からの飛来
[加害部位]　葉，花
[発生適温]　25〜30℃
[湿度条件]　少湿
[防除対象]　幼虫
[他の加害作物]　サツマイモ，ダイズ，サトイモ，キクなど多くの野菜や花

（1）被害のようすと診断ポイント

最近の発生動向　並。西南暖地では多い。

初発のでかたと被害　卵塊で産卵される。オダマキでは葉が小さいので産卵された葉は集中して被害が生じて枯れる。幼虫は早くから分散し柔らかい葉を食害する。食害された葉には不規則な食害痕が現われる。また，葉柄をかじるので葉が萎れたり葉が切断されたりする。

多発時の被害　幼虫が大きくなるほど被害量も多くなる。葉は暴食され，花も食害されることもある。

診断のポイント　卵塊の確認は難しいので，葉に小さな穴があいた場合や，葉柄が切断された場合には葉柄の基部や葉裏をめくって，幼虫を調べる。

防除適期の症状　葉に食害痕や葉柄が切断された被害が現われた時。

類似被害との見分けかた　類似症状はない。

（2）害虫の生態と発生しやすい条件

生態・生活サイクル　ハスモンヨトウにとっては好ましい植物ではないが，発生の多いときには被害が大きい。8月から多くなり10月に終息する。この間，数世代を経過する。

発生しやすい条件　高温で晴天が続いた年には発生が多い。圃場周辺に，野菜や花が栽培されていると発生は多い。

(3) 防除のポイント

耕種的防除　圃場周辺には，野菜や花の栽培をひかえる。施設栽培では，換気窓に4mm目合いの防虫網を張り，成虫の飛来を防ぐ。

生物防除　なし。

農薬による防除　幼虫の発生初期に薬剤散布を行なう。

効果の判断と次年度の対策　散布後の被害，虫数の減少から判断する。

執筆　池田　二三高（静岡県病害虫防除所）

（1997年）

カーネーション　　　ナデシコ科

●図解・病害虫の見分け方

病気

断面図
開花した時，花弁内部はすでに腐敗している
芽腐病

十分に開花してから，花弁外側から褐変
灰色かび病

がく
斑点ができ，周囲は紫色

葉
褐変・枯死する
斑点を生じ，時に葉先も枯れる

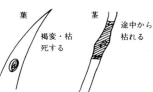
茎
途中から枯れる
初め斑点状。後に周囲は紫色
斑点病

蕾の萼筒，葉の表面に白色粉状の付着物
うどんこ病

花蕾
褐変，枯死

茎　断面
途中から枯れる
多湿時には白い綿状のカビがはえる

茎
地際部から枯れる
立枯病

葉の病斑
蕾の病斑

はじめ円形〜楕円形で淡褐色の病斑，のち中央部に黒点が観察される
黒点病

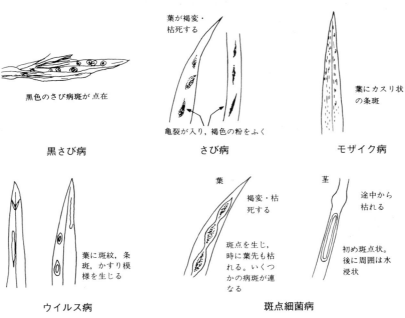

黒さび病　　さび病　　モザイク病

ウイルス病　　斑点細菌病

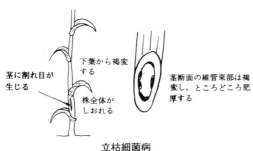

立枯細菌病

萎ちょう病

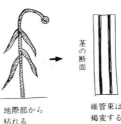

萎ちょう細菌病

カーネーション

茎の地際部から枯れ，湯で煮たように軟腐する。維管束は褐変していない

疫病

茎の地際部から枯れ，乾腐する。ケシの実状の粒子がつく。維管束は褐変していない

茎腐病

根部が水浸状に腐敗，脱落

根腐病

害虫

花弁に小さな白斑や汚れが発生

ミカンキイロアザミウマ

幼虫が花や蕾に潜入し加害する。花弁の一部が欠如し奇形となる

オオタバコガ

葉などに点々とカスリ状の吸汁跡がみられる

ニセナミハダニ

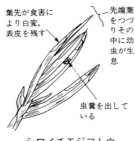

葉先が食害により白変，表皮を残す

先端葉をつづりその中に幼虫が生息

虫糞を出している

シロイチモジヨトウ

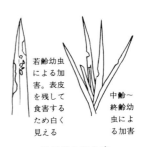

若齢幼虫による加害。表皮を残して食害するため白く見える

中齢～終齢幼虫による加害

ハスモンヨトウ

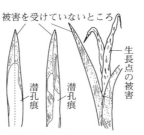

被害を受けていないところ

生長点の被害

潜孔痕

潜孔痕

左：ハコベハナバエ葉の潜り痕
中央：アシグロハモグリバエ葉の潜り痕
右：ハコベハナバエ生長点の被害

アシグロハモグリバエ

葉に小斑点が生じる。やがて葉全体が白っぽくなる

ナミハダニ（赤色系）

265

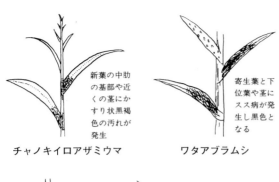

チャノキイロアザミウマ　　ワタアブラムシ

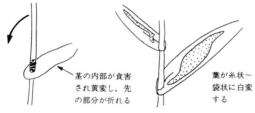

ハコベハナバエ

ウイルス病

【カーネーション潜在ウイルス】

英名：—

別名：—

学名：***Carnation latent virus*** **(CLV)**

《ウイルス（*Carlavirus*）》

【カーネーション斑紋ウイルス】

英名：—

別名：—

学名：***Carnation mottle virus*** **(CarMV)**

《ウイルス（*Carmovirus*）》

【カーネーションエッチドリングウイルス】

英名：—

別名：—

学名：***Carnation etched ring virus*** **(CERV)**

《ウイルス（*Caulimovirus*）》

【カーネーションえそ斑ウイルス】

英名：—

別名：—

学名：***Carnation necrotic fleck virus*** **(CNFV)**

《ウイルス（*Closterovirus*）》

【カーネーションベインモットルウイルス】

英名：—

別名：—

学名：***Carnation vein mottle virus*** **(CVMoV)**

《ウイルス（*Potyvirus*）》

［多発時期］アブラムシ類が多発生すると多発することがある

［伝染源］汚染母株，周辺雑草

［伝染・侵入様式］CLV：汁液伝染（アブラムシ），接触伝染。CarMV：汁液伝染，接触伝染。CVMoV，CERV：汁液伝染（アブラムシ），接触伝染も起こっている可能性あり。CNFV：汁液伝染（アブラムシ）

［発生・加害部位］おもに葉に発生するが，品種によっては花に斑入りを生じることもある

［発病・発生適温］　カーネーションの生育適温が発病適温となる。極端な低温・高温
　　により病徴は不明瞭になることが多い
［湿度条件］　あまり影響ないと考えられる
［他の被害作物］　他のナデシコ科植物にも感染すると考えられるが，被害の実態は不
　　明

（1）被害のようすと診断ポイント

　発生動向　CLVは全国各地のカーネーションに無病徴感染していると考え
られる。ウイルスフリー苗を導入しても周辺圃場に感染植物があると数年のう
ちに汚染されてしまう。一方，ウイルスフリー苗の普及により，CarMVの発生
は減少していると考えられ，CNFV，CVMoV，CERVなどの発生はほとんど
見られなくなった。

　初発のでかたと被害　CLV：感染していても単独ではほとんど病徴は表われ
ない。生育障害もほぼない。しかし，他のウイルス，とくにCarMVと重複感
染した場合，単独感染の場合と比べ，激しい病徴を表わす傾向がある。

　CarMV：病徴は不明瞭であるが，品種によっては激しい斑紋，条斑あるいは
モザイクを生じる。被害の程度は，品種によって異なり，病徴が軽微な品種で
も切り花本数が減少することもある。花弁の斑入りは認められない場合が多い
が，こちらも品種によって生じることもある。

　CNFV：葉に斑紋などを生じる。低温期には病徴は出にくい。

　CVMoV：若い葉に退緑斑点，条斑，モザイク，濃緑斑紋などの病徴を生じ
るが，不明瞭な株も多い。また，低温期はそれらの病徴は軽くなる。古い葉は
通常無病徴である。

　CERV：病徴は不明瞭な場合が多い。品種によっては，葉にえそ斑点などを
示す。こちらも品種によって病徴は異なる。

　多発時の被害　CarMV：汚染された親株から増殖した穂木により，被害が拡
大する。知らず知らずのうちに多発していることが見られる。

　CNFV：発病すれば，商品価値が下がる。また，生育不良などの障害要因に
もなっている可能性がある。

　CVMoV：病徴は品種によって異なり，発病が激しい場合は切り花本数が大

268

ウイルス病

幅に減少する。また，CarMVやCLVとの重複感染で病徴が激しくなる。

CERV：被害の程度は不明。

診断のポイント　CLV：エライザ法などの血清学的方法により診断できる。

CarMV：エライザ法などの血清学的手法で容易に診断できる。また，*C. quinoa*などの判別植物に汁液接種すると，接種後速やかに（3日程度）に小さなえそ斑点を多数生じることが特徴的である。しかし，CLVやCVMoVも退緑斑を生じ，これらのウイルスが重複感染している場合も多いので注意して診断する必要がある。

CNFV：本ウイルスは篩部局在性であるが，特徴のあるらせん構造が電顕で観察されるので検出はそう困難ではない。

CVMoV：電顕観察はウイルス粒子数が少ないので，部分純化操作を行なって試料を作成すると検出は容易になる。直接検鏡する場合は，CLVと重複感染している場合も多いので注意する。判別植物には，*C. quinoa*のほか，フクロナデシコ，ビジョナデシコが利用できる。

CERV：電顕による粒子の認識は比較的容易であるが，発病葉でもウイルス粒子が少ない場合があるので注意する。

防除適期の症状　芽かきなどの作業時に，軽いモザイク症状などの病徴に気づいた場合はただちに発生状況を把握し，抜取りなどの対策を講じる。

類似症状・被害との見分けかた　葉枯れや葉脈透過などは生理障害によっても発生するが，その出方をよく吟味して，ウイルス病か否かを判断する。

(2) 病原・害虫の生態と発生しやすい条件

生態・生活サイクル　CLV：宿主範囲は狭く，ナデシコ科・アカザ科の植物，ツルナおよび一部のタバコに限られる。多種のアブラムシ類によって非永続伝搬される。

CarMV：宿主範囲はやや広く，ナデシコ科植物の多くにモザイクを生じ，また，アカザ科やヒユ科，ツルナ科，ナス科の植物にも感染する。

CNFV：宿主範囲はナデシコ科に限られ狭い。モモアカアブラムシによる伝搬のみ知られているが，ほかにも伝搬能力を有するアブラムシ種がいると考えられる。汁液伝染率は低いと考えられ，芽整理など作業中に接触伝染する危険

性は低いと考えられる。

　CVMoV：苗や周辺圃場の感染株からアブラムシによって伝搬される。また，作業中の接触伝染も起こっていると考えられる。

　CERV：宿主範囲は狭く，ナデシコ科に限られる。汁液接種は容易でモモアカアブラムシにより非永続的に伝搬される。

　発生しやすい条件　CLV：汁液伝染を容易に起こすので，摘心，切り花などの作業中に接触伝染が起こっていると考えられる。

　CarMV：一次伝染源は罹病苗で，作業により使用器具や手指に付着した汁液による伝染や，罹病葉との接触によって伝染すると考えられる。

　CNFV：アブラムシの発生が多いと多発する可能性がある。

　CVMoV：周辺圃場の雑草の繁茂。アブラムシの多発。

　CERV：モモアカアブラムシ以外の種類によっても伝搬されると考えられるので，アブラムシが多発すると発生しやすくなる。

(3) 防除のポイント

　耕種的防除　CLV：無病苗を使用し本圃でのアブラムシ類有翅虫の飛来を防ぐ。また，摘心や収穫作業による汁液伝染を防ぐため，ハサミなどの刃物はできるだけ消毒するようにする。

　CarMV：無病苗を使用する。芽整理などの作業によって伝染しないよう，手指や器具をこまめに洗浄する。施設周辺の圃場衛生を心がける。

　CNFV：無病苗を使用する。アブラムシ類有翅虫の飛来を防ぐため，施設の戸窓に防虫ネットを展張する。

　CVMV：アブラムシ類有翅虫の飛来を防ぐため，施設の戸窓に防虫ネットを展張する。また，摘心や収穫作業による汁液伝染を防ぐため，ハサミなどの刃物はできるだけ消毒するようにする。

　無病苗を使用する。

　CERV：CLV，CVMoVに準じる。

　生物防除　試験例はない。

　農薬による防除　CLV，CNFV：アブラムシ類が多発した場合は殺虫剤を散布する。しかし，本ウイルス病は，翅をもったアブラムシが施設外から侵入し，

ウイルス病

伝搬するため，アブラムシ類の多発してからの殺虫剤散布の効果は低いと考えられる。

CVMoV：定期的にアブラムシの防除を行なう。

効果の判断と次年度の対策　ウイルス病の病徴が認められなければ防除は成功したといってよい。

執筆　清水　時哉（長野県野菜花き試験場）　　　　　　　　　　　　（1997年）

改訂　藤永　真史（長野県農業試験場）　　　　　　　　　　　　　　（2015年）

モザイク病

モザイク病

【キュウリモザイクウイルス】

英名：Mosaic

別名：—

学名：***Cucumber mosaic virus* (CMV)**

《ウイルス（*Cucumovirus*）》

［多発時期］露地栽培では5～6月および9～10月，施設冬春切り栽培では9月～翌年6月，施設夏秋切り栽培では3～6月および9～12月

［伝染源］挿し穂，感染株，周辺宿主作物および周辺雑草

［伝染・侵入様式］アブラムシ伝染，汁液伝染

［発生・加害部位］全身

［発病・発生適温］不明

［湿度条件］関係なし

［他の被害作物］宿主範囲はきわめて広い。ダイコン，ハクサイ，トマト，ナス，キュウリ，ホウレンソウなど多種野菜類およびユリ，チューリップ，シクラメン，スターチス，トルコギキョウ，リンドウ，アサガオ，ダリアなど多種花卉類

（1）被害のようすと診断ポイント

発生動向　カーネーションでは，モザイク病をはじめウイルス病害は重要病害として位置づけられているため，苗はウイルスフリー苗が主流のため，多発生することは少ない。しかし，近年では，海外で養成された新品種などを用いることが多いことから，思わぬ発生を見ることがある。

初発のでかたと被害　アブラムシ類による虫媒伝染の場合，ハウスの出入り口や側面部分からスポット的に発生し，その後摘心，採花などの作業により，発生株から連続的に発病株が拡大する。採取穂の親株がウイルスに感染していた場合，初発生から連続的に発病し，虫媒伝染のように圃場内の特徴的な場所から発生するとは限らない。

多発時の被害　株が生育不良を呈し，奇形花が多くなり，収量が激減する。

診断のポイント　生長点付近の葉身にモザイク斑や黄緑色条斑が現われ，激

しい場合には生育不良となる。また，花弁にカスリ状の条斑が形成され，奇形
となることもある。

防除適期の症状　症状が見られてからでは手遅れである。

類似症状・被害との見分けかた　花弁のカスリ状条斑はスリップス類の被害
と類似する場合がある。スリップス類による被害の場合は，花弁の間および萼
と花弁の間に本虫の寄生が確認でき，本虫を対象に薬剤散布後に発蕾，開花し
た花弁には被害が見られなくなる。

(2) 病原・害虫の生態と発生しやすい条件

生態・生活サイクル　病原ウイルスはきわめて多犯性であり，カーネーショ
ン以外の多くの作物や雑草にも感染するので，栽培圃場の周辺にはいたるとこ
ろに伝染源が存在する。

本病原ウイルスは多くのアブラムシによって非永続的に伝搬される。また，
摘心や採花時に用いるはさみや手指の接触により伝搬される。病原ウイルスは
いったんカーネーションに感染すると，感染株内で維持され，その株が親株と
して利用されると，次世代に伝染する。このように植物体内を通じて伝染環が
維持される。保毒株から増殖する栄養繁殖器官で次世代へ伝染する比率がもっ
とも高い。

発生しやすい条件　圃場周辺の雑草が繁茂すると，アブラムシの発生が多く
なり，カーネーション栽培圃場へ飛来しやすくなる。

(3) 防除のポイント

耕種的防除　本病原ウイルスは保毒株から増殖する栄養繁殖で伝染するた
め，切り花用の株からは採穂せず，茎頂培養を行なったウイルスフリー株から
採穂して増殖する。また，育苗床で症状が見られたものや異常苗は定植せずに，
厳選した健全苗を定植するよう心がける。

本病はアブラムシ類によって媒介されるので，飛来を未然に防止するため，
育苗施設では防虫設備のある施設で管理を行なう。また，定植前にはシルバー
ポリフィルムによるマルチを施すと，アブラムシの飛来を未然に防止すること
ができる。またシルバーポリフィルムによるマルチは光の乱反射により生育促

モザイク病

進効果も期待できる。

　圃場周辺の他作物や雑草も本病原ウイルスの感染植物となり得るので，圃場周辺の除草など，周辺環境衛生にも十分注意する。

　育苗時や栽培時に発病穂，発病株が観察されたらただちに取り除き，まん延防止に努める。

　栽培期間中，摘心や採花に用いるはさみなどは，第三リン酸ソーダ3％液に浸漬して消毒を行ないながら使用する。

　生物防除　とくになし。

　農薬による防除　本病自体は農薬による防除ができないが，媒介虫であるアブラムシ類を防除することにより感染防止が可能である。圃場内での発生は有翅虫の飛来から始まるので，圃場での発生を注意深く観察し，有翅虫が見られたら早急に薬剤散布を行なう。ただし，葉裏に寄生するため，発見が遅れることがあるので，定植時に粒剤を施用し，あとは定期的に葉裏にも薬剤がかかるよう十分量の薬剤散布を行なう。

　同一薬剤および同一系統の薬剤を連続使用すると薬剤に対し感受性の低下したアブラムシが出現し，薬剤の効果が劣るようになるので，他薬剤，他系統薬剤とのローテーション散布に心がける。

　効果の判断と次年度の対策　アブラムシの寄生が見られず，モザイク症状株や奇形花が見られなければ効果があったものとして判断できる。

　次年度への伝染源として重要なものは親株であるので，発病株の除去やアブラムシ防除を徹底して，健全親株の育成に心がける。また周辺雑草などの除去により，伝染源を極力減少させるように努める。

　執筆　吉松　英明（大分県農業技術センター）　　　　　　　　　　（1997年）

　改訂　藤永　真史（長野県農業試験場）　　　　　　　　　　　　（2015年）

斑点細菌病

斑点細菌病

英名：Bacterial Spot
別名：—
学名：***Burkholderia andropogonis* (Smith 1911) Stapp 1928**
《細菌／グラム陰性菌》
［多発時期］施設栽培：6〜7月，9〜11月，露地栽培：5〜7月，9〜11月
［伝染源］周囲の発病株および土壌表面に残った罹病残渣
［伝染・侵入様式］風雨による空気伝染が主
［発生・加害部位］茎葉
［発病・発生適温］気温20〜25℃付近
［湿度条件］多湿を好む
［他の被害作物］トウモロコシ，ブーゲンビレア，ニューサイラン，チューリップ，ストレリチア，シュッコンカスミソウ，ルスカス，エジプトマメ

（1）被害のようすと診断ポイント

発生動向　露地栽培が主体であったころは，春・秋といったやや冷涼な時期の降雨後に常発する病気であったが，施設栽培が中心となった今では，あまり見かけなくなった。

初発のでかたと被害　はじめ葉または茎に針頭大で水浸状の斑点を生じる。この斑点がしだいに大きくなり，葉では径5〜10mm程度，円形〜楕円形で内側がくぼんだ灰白色の斑点となる。健全部との境は明瞭である。また，このころより容易にほかの病斑と融合し，あたかもナメクジが這ったような細長い病斑となる。茎では長楕円形の大型斑点となる点は葉と同じであるが，色は相当日数を経たあとも，中心部暗緑色で健全部との境が水浸状のままである。茎では他の病斑と融合することは少ないため大型病斑にはなりにくいが，まれに茎を一周とり囲むと病斑部より上部が枯死し，立枯病に似た症状となる。

さらに病気が進展すると，葉・茎とも病斑部は褐色を帯びる。露地栽培では，圃場端の風雨が当たりやすいところに，施設栽培では隅の雨が吹き込む箇所や，雨漏りのする箇所にかたまって発病する。

カーネーション／病気

277

多発時の被害　葉が下葉から徐々に枯れ込み垂れ下がるため，植物体全体が大変汚く見える。さらに進むと，病斑の中心から雑菌が侵入・増殖するため，斑点部分が濃褐色〜黒色になり腐敗する。最終的には多くが落葉するため，茎の発病が少なくても株全体の枯死を引き起こす。

診断のポイント　葉に斑点を生じる病害には，斑点病や黒斑病があるが，本病は斑点病や黒斑病のように健全部との境が明瞭な紫色にはならない。その代わりにいくつかの病斑が融合して長い斑点になるのは，ほぼ本病に限って見られる。また，斑点病や黒斑病の場合には病気が進むと灰白色の斑点部に黒い粉を生じ，手で触れると容易につくが，斑点細菌病では病斑部に黒い粉を生じることはない。また，斑点病が屋根のしっかりかかった施設内でも防除を怠ると常発するのに対し，斑点細菌病は苗の時期に頭上灌水でもしない限り，露地栽培か施設栽培の雨が吹き込む箇所や雨漏りのする箇所に限って発病するので区別することもできる。茎の症状はほかの病気と区別しにくいが，茎に本病が発生するときは前もってまず葉に発生が認められるので，葉の症状で診断を行なう。

防除適期の症状　茎に発生する前なら，かなり高い防除効果が期待できる。

類似症状・被害との見分けかた　診断のポイントを参照のこと。

(2) 病原・害虫の生態と発生しやすい条件

生態・生活サイクル　植物残渣とともに土壌表層や土壌中で生存し，風雨によって飛散・伝染していく。残渣内ではない裸の状態では，土壌中での生存能力は低い。

発生しやすい条件　露地栽培で多いこと以外は不明。品種について西東(1982)が行なった試験によれば，抵抗性が強かったのはアラスカ，ダービー，粧，カリフォルニアレッド，ウイリアムシム，ノースランド，ポートレート，レナ，ロマンザ，エンバーローズ，ダニロ，やや強かったのがスケニア，ソアナ，並であったのがロリータ，ジャンヌダルク，ピンクミニスター，ノラ，伊豆ピンク，ピンクバービー，ユーコン，やや弱かったのはロメオ，イエローダスティー，伊豆4号，伊豆8号，ゴールドスター，弱かったのはコーラルで，非常に弱かったのはサマードリームであった。

(3) 防除のポイント

耕種的防除　他の病気と同様，伝染源の除去は重要である。まずは，発病葉を摘み取り，焼却処分するかビニール内に入れて完全に発酵・腐敗させる。地表に残った発病葉も同様に処分する。次に，周囲の寄主植物を除去する。冒頭に記載したように，トウモロコシ，ブーゲンビレア，ニューサイラン（マオラン），チューリップ，ストレリチア，シュッコンカスミソウ，ルスカス，エジプトマメと非常に病原菌の寄主範囲が広い。属どころか科を越えてかなり違った植物にも病原性がある。なお本病病原菌による上記植物での病名は，それぞれトウモロコシ条斑細菌病，ブーゲンビレア斑点細菌病，ニューサイラン褐線細菌病，チューリップ黒腐病（球根に発生する），ストレリチア条斑細菌病，シュッコンカスミソウ斑点細菌病，ルスカス褐斑細菌病である。静岡県で具体的に本病の伝染源になったと推定された例は，伊豆地域でカーネーション栽培温室から道を1本隔てた温室内で発生していたストレリチア条斑細菌病とルスカス褐斑細菌病である。いずれにせよ，寄主植物は可能な限り除去するか栽培しないようにする。

　物理的防除：上記したように，本病のもっとも有効な防除法は，しっかりとした雨よけ栽培を行なうことである。施設の場合は，雨が吹き込まないうちに側窓を閉めるとか，雨漏り箇所を修理するといったことを励行すれば，薬剤を使用しなくとも発生は防げる。もし，発病しても同じように処置をすぐに行なえば，それ以上の伝染は十分防止できる。

生物防除　事例はない。

農薬による防除　現在，登録農薬はない。耕種的防除の励行に努めること。

効果の判断と次年度の対策　次作で発病の有無を確認するしかない。

　執筆　外側　正之（静岡県病害虫防除所）　　　　　　　　　　（1997年）

　改訂　外側　正之（静岡県農林技術研究所）　　　　　　　　　（2015年）

萎凋細菌病

英名：Bacterial wilt

別名：—

学名：***Burkholderia caryophylli*** **(Burkholder 1942) Starr and**
Burkholder 1942

《細菌／グラム陰性菌》

［多発時期］施設栽培：6〜9月，露地栽培：7〜8月

［伝染源］土壌中に残った病原菌（罹病残渣が主）

［伝染・侵入様式］土壌灌水による土壌伝染が主，ほかに接触伝染

［発生・加害部位］株全体

［発病・発生適温］気温30℃以上

［湿度条件］多湿を好む

［他の被害作物］シュッコンカスミソウ，スターチス，トルコキキョウ

(1) 被害のようすと診断ポイント

発生動向　昔からの栽培地では土壌消毒などが徹底して行なわれているので，激発は見られにくくなってきた。しかし，新しい産地やこの病気による大きな被害を経験していない産地では，時に大発生を見ることがある。

初発のでかたと被害　高温期（日中の気温が25℃以上）では，株全体の急激な萎凋症状を特徴とする。でやすい時期も症状も，野菜・花卉類の青枯病とそっくりである。下葉から徐々に枯れ上がるのではなく，株全体に一気に症状が出る。日中，元気がなく，何となく葉が萎れているような感じをもってから，わずか数日後には，葉が青いまま株全体がひからびたようになり，1週間〜10日前後で枯死に至る。茎の表皮は剝がれやすくなっており，維管束は褐変，手で表皮下を触ると，ベタベタする。

低温期に発病する場合は，ステム・クラック症状（茎に長さ2〜3cmの縦の裂け目ができ，数日〜数か月後にこの裂け目から白濁色〜淡褐色でゼリー状の細菌泥が出てくる）という独特の症状を示す。この症状がでるのは，カーネーションでは本病のみである。

281

多発時の被害　育苗中や高温期では水の流れる方向に向かって急速に発生が広がる。1週間で数百株が枯死することも珍しくない。発病した列のカーネーションが数百株まとめて真っ白に枯れ上がっているようすはすさまじいものがある。低温期はわずかな葉の垂れ下がりと，株先端部のわずかなわん曲（いじけ症状）を示す株が徐々に増加していく。

　診断のポイント　維管束が褐変すること，手で表皮下を触るとベタベタすることの2点がそろえばほぼ間違いない。さらに確実を期したいときは，地際部の茎を切って，水につけ軽く揺する。しばらくして，白濁液がスーッと茎から下方へ流れ出せば本病と断言できる。

　防除適期の症状　いったん発病したら発病株の防除・治療は不可能で，周囲の株への伝染をいかに減らすかのみである。

　類似症状・被害との見分けかた　萎凋病と立枯細菌病も維管束が褐変し最終的には株全体が枯死するが，いずれの病気も，①高温期はあまり発生しない，②進展がゆっくり，③表皮下はあまりベタベタしない，とくに萎凋病ではまったくといってよいほどベタつきはない，④水につけても白濁液が流れ出ない，の4点で区別ができる。

（2）病原・害虫の生態と発生しやすい条件

　生態・生活サイクル　病原菌は植物残渣中に残った状態でも裸の土壌中どちらでも長期間生存できる。さらに土壌表層のみでなく，カーネーションの根の伸長に沿って深くまで入り込み生存している。2mくらいの深さまでも生存していたとのデータがあるので，野菜類の青枯病菌と同様な生存能力と考えればよい。こうして生存している菌が，水の流れに乗って新たな宿主に行き着くのである。

　発生しやすい条件　高温期であれば植物側のステージや生育状態に関係なく発病する。栄養条件と発病との関係は明らかでない。

（3）防除のポイント

　耕種的防除　無病苗の使用が最重要である。最近の販売苗はウイルスフリー株といった無病苗が普通なので購入するときは心配ない。注意が必要なのは自

家苗である。発病のあった株はもちろんその周囲の株からも芽取りはしないほうがよい。さらに、挿し芽中の点検をこまめに行なって、少しでも生育がおかしいものがあれば抜き取る。

さらに重要なのは1株でも発病苗があった場合には、その育苗箱の苗を思い切って全部処分することである。ここで思い切りがつかず、健全そうなものだけ残して植えるとあとで大変痛い目にあう。育苗箱での本病の伝染は劇的なくらいに急速なため、1株でも発病していたら、どんなに健全に見えても、5割以上の苗がすでに病原菌を保持していると考えてよい。なお、使用した育苗箱も水で洗うだけでなく、塩素系の洗剤で消毒すること。

1988年から（独）農研機構花き研究所で抵抗性育種が行なわれている。その結果、2000年に抵抗性中間母体「カーネーション農1号」が品種登録され、さらなる改良の結果、2010年に「花恋（かれん）ルージュ」の品種登録出願が行なわれた。登録がされれば、実際に生産現場で使用することが可能となる。

生物防除　青枯病などに対してはすでに登録され市販されている生物防除剤があるが、本病に対する防除効果試験はされていない。公的試験場とメーカーの協力により、本病に対する防除効果試験が実施され、登録に向けて進むことを期待したい。

農薬による防除　本病の防除は無病苗の使用と適正な土壌消毒が二本柱となる。薬剤はクロルピクリンか、各種代表的な土壌消毒剤は、ほとんどの剤が本病に登録がある。土壌条件や周囲の環境を考慮して、使用する剤を選定する。ほかの土壌病害と同様、圃場のすみは注入間隔を少し狭めて処理するとよい。なお、栽培中に発病した場合の応急措置として部分消毒法があったが、これは現行の農薬取締法では、登録された使用方法でないことから実施ができなくなった。

効果の判断と次年度の対策　とくになし。

執筆　外側　正之（静岡県病害虫防除所）　　　　　　　　　　（1997年）
改訂　外側　正之（静岡県農林技術研究所）　　　　　　　　　（2015年）

主要農薬使用上の着眼点 (外側　正之, 2015)

(回数は同一成分を含む農薬の総使用回数。混合剤は成分ごとに別途定められているので注意)

商品名	一般名	使用倍数・量	使用時期	使用回数	使用方法
《土壌消毒剤》					
ソイリーン	クロルピクリン・D-Dくん蒸剤	30l/10a(1穴当たり3ml)	作付けの10〜15日前	1回	耕起整地後, 30cm間隔のチドリ状に深さ約15cmに所定量を注入し, ただちに覆土し, ポリエチレン, ビニールなどで被覆する
クロールピクリン	クロルピクリンくん蒸剤	〈床土・堆肥〉1穴当たり3〜5ml〈圃場〉1穴当たり2〜3ml	—	2回以内(床土1回, 圃場1回)	土壌くん蒸
クロピクテープ	クロルピクリンくん蒸剤	〈圃場〉110m/100m²	—	1回	土壌くん蒸
バスアミド微粒剤	ダゾメット粉粒剤	20〜30kg/10a	播種または植付け前	1回	本剤の所定量を均一に散布して土壌と混和する
ガスタード微粒剤	ダゾメット粉粒剤	20〜30kg/10a	播種または植付け前	1回	本剤の所定量を均一に散布して土壌と混和する
ディ・トラペックス油剤	メチルイソチオシアネート・D-D油剤	30〜40l/10a	播種または植付けの21日前まで	1回	圃場を耕起・整地したあと, 所定量を深さ約12〜15cmに注入し, ただちに覆土・鎮圧する。薬剤処理7〜14日後にガス抜き作業を行なう

いずれも代表的な土壌消毒剤で, 幅広い土壌害虫・土壌伝染性病原菌に効果がある。使用にさいしての適正な土壌水分量が剤によって異なるので, 各剤の使用上の注意を熟読すること。また, いずれも速やかにガス化するので, ビニール被覆などにより作物や人畜への悪影響が及ばないように注意すること

商品名	一般名	使用倍数・量	使用時期	使用回数	使用方法
《殺線虫剤》					
トラペックサイド油剤	メチルイソチオシアネート油剤	30〜40l/10a(1穴当たり3〜4ml)	播種または植付けの21日前まで	1回	圃場を耕起・整地したあと, 30cm間隔のチドリに深さ約12〜15cmの穴をあけ, 所定量を注入し, ただちに覆土しポリエチレン, ビニールなどで被覆する。薬剤処理7〜10日後にガス抜き作業を行なう

ガス化した成分が, 循環器もしくは呼吸酸素系を破壊して殺線虫効果を発揮する

立枯細菌病

英名：Bacterial stunt, Slow wilt
別名：—
学名：***Pantoea chrysanthemi* pv. *dianthicola* (Hellmers) Dickey**
《細菌》
［多発時期］ハウス栽培：9〜6月
［伝染源］苗，土壌，被害残渣
［伝染・侵入様式］土壌伝染，苗による伝染
［発生・加害部位］根，茎，葉
［発病・発生適温］25〜27℃
［湿度条件］多湿土壌
［他の被害作物］なし

(1) 被害のようすと診断ポイント

発生動向　わが国では1982年，静岡県のカーネーション栽培団地ではじめて確認された。同団地では翌年も本病が発生し，発生圃場数も増大したが，最近の詳しい発生状況については調べられていない。また，全国レベルの発生状況についても不明である。本病の病徴は，カーネーション萎凋細菌病のそれと酷似しているため，両者が混同されていることも考えられる。

初発のでかたと被害　根や茎の導管部が侵されることによって，株全体が萎凋し，最終的に青枯れ症状を呈して枯死する。萎凋は茎の導管閉塞によって生じる。導管閉塞が片側に偏在する場合は，そちら側の枝から萎凋が始まる。

6月定植の作型では，年内に下葉が枯れ上がり生育不良を起こし，翌春，気温の上昇とともに急速に萎凋する。

多発時の被害　はじめ数株がかたまって発病し，多発すると坪枯れ状を呈する。病状の進んだ株は，根が腐敗するため，引っ張ると作土から簡単に抜けてしまう。

診断のポイント　病徴ははじめ下葉の褐変となってあらわれる。やがて，茎葉に生気がなくなり，萎凋・枯死する。こうした株では，根は全体に淡い赤褐

色を呈し，地際部の茎も内部が赤褐色に変色し，しばしば空洞が形成される。

　地際に近い茎を切断し，その断面をルーペで観察すると，リング状あるいは部分的に褐変した維管束が認められる。また，木部は著しく肥厚し，細菌によって閉塞した導管が多数認められる。維管束の褐変は，草丈1.5m程度の罹病株では50〜60cmの高さにまで達し，節間にはしばしば明瞭な亀裂（クラック）を生じる。

　防除適期の症状　本病は導管部が侵される病害であることから，いったん発病してしまうと，手の施しようがない。

　類似症状・被害との見分けかた　被害のようすは，同じ導管病である萎凋細菌病や萎凋病と似ているが，萎凋細菌病と萎凋病は低温期にほとんど発病しないのに対し，立枯細菌病は低温期にも発病する。

　萎凋細菌病では罹病株の茎の断面に触れるとベトつき，また茎に生じた亀裂からは細菌の塊が水飴・ゼリー状に表出する。このため，水を入れたコップに切断した茎を浸すと，切り口から白い菌泥（細菌の塊）が帯状に流出するのが観察される。一方，立枯細菌病の罹病株では茎の断面はベトつかず，茎の亀裂から菌泥が流出することはない。また，切断した茎を水に挿しても，切り口からの菌泥の流出は認められない。

　萎凋病の罹病株では水気を失うことから，茎の断面は退緑し，ぱさついた感触があるが，立枯細菌病の罹病株ではぱさついた感触はない。

　立枯細菌病の病原菌はジャガイモを腐敗させる生理学的性質がある。この性質を利用した簡易診断法の手順は次のとおりである。

　①導管部が褐変したカーネーションの茎をよく洗い，厚さ2〜3mmの輪切りにする。

　②ジャガイモは皮をむき，厚さ1cmほどにスライスする。

　③これをバットに入れ，水道水を5分間かけ流したのち，ティッシュペーパーで余分の水をふきとる。

　④2枚のジャガイモのスライスの間にカーネーションの茎の輪切りを数個はさみ，よく密着するように輪ゴムで固定する。

　⑤これをシャーレなどの容器に入れて室内で2〜3日放置する。

　⑥茎の輪切りに接したジャガイモ面が水浸状に激しく腐敗していれば立枯細

菌病とみなすことができる（萎凋細菌病や萎凋病であれば，ジャガイモはわず
かに変色することはあっても，腐敗することはない）。

（2）病原・害虫の生態と発生しやすい条件

生態・生活サイクル　本病は，苗あるいは土壌を通して伝染する。病原菌は
導管に沿って植物体の上部にまで達する。したがって，罹病株から挿し穂をと
ると，苗によって病原菌が本圃に持ち込まれる。

罹病株の根は腐敗し，やがて病原菌が土壌中に放出される。病原菌は水によ
って拡散し，周囲の株につぎつぎと伝染する。また，病原菌は土壌中で長期間
生存することから，いったん発病が見られた本圃では，次作でも発病すること
が多い。

本病原細菌は，発育適温が25〜27℃であるが，10〜15℃の低温でも良好に
発育する特徴がある。

発生しやすい条件　6月定植の作型では，苗や土壌を通して年内に感染し，
翌春，気温が高くなると激しく発病する。過湿土壌で発生しやすい。

（3）防除のポイント

耕種的防除　防除のポイントは，苗の管理と土壌からの伝染を防ぐことであ
る。

苗づくりにあたっては，健全な親株から挿し穂をとるようにする。感染して
いる親株からとった挿し穂は導管に病原菌をもっている可能性が高く，こうし
た穂が挿し穂箱内に持ち込まれると，水を通してほかの穂に伝染してしまう。
砂上げ時，根の褐変が多数見られる場合は，同じ箱でつくった苗をすべて廃棄
する。

生物防除　とくになし。

農薬による防除　立枯細菌病に登録のある農薬はないが，土壌消毒が有効で
あることから，萎凋細菌病や立枯病などほかの土壌病害と同時防除が可能であ
る。

効果の判断と次年度の対策　改植にあたっては，次作への伝染源を少なくす
るため，根などの残渣をできるだけ取り除いてから土壌消毒を行なう。ただし，

多発圃場では，蒸気消毒によって次作への伝染を完全に防ぐことはできない。本病が毎年発生するようであれば，土壌を入れ替えることも必要となる。

執筆　西東　力（静岡県農業技術課）　　　　　　　　　　　　　（1997年）

改訂　外側　正之（静岡県農林技術研究所）　　　　　　　　　（2015年）

萎凋病

萎凋病

　　英名：Wilt
　　別名：裾腐病，立枯病
　　学名：*Fusarium oxysporum* **f. sp.** *dianthi* **(Prillieux et Dela croix)**
　　　　　Snyder et Hansen
　　　　　　　《糸状菌／不完全菌類》
　［多発時期］施設栽培，露地栽培ともに春・秋のやや冷涼な季節
　［伝染源］発病地の土壌，発病植物の残渣
　［伝染・侵入様式］土壌伝染
　［発生・加害部位］株全体
　［発病・発生適温］20〜25℃
　［湿度条件］極端な乾燥条件でなければ湿度の高低は問わない
　［他の被害作物］セキチクなど，カーネーション以外のナデシコ科植物にも寄生性を
　　有する可能性は大きいが具体的なデータはない

(1) 被害のようすと診断ポイント

　発生動向　北海道や東北地域といった寒冷地でカーネーション栽培が増加している
のに伴い，冷涼な気温で発生しやすい本病も増加傾向にある。また最近
は，栽培にさいして，自家育成苗ではなく輸入苗を使う例が増加しているが，
時にこうした輸入苗で大発生することもある。

　初発のでかたと被害　下葉の黄化に始まる。この黄化は一番下の葉から規則
正しく順番に上葉に移っていく。黄化が下から5〜6枚程度まで進むと，上位
葉の萎凋が始まる。はじめは昼間の気温が高いときのみで夕方には回復する
が，やがて気温が下がっても葉の萎凋は回復しなくなる。最終的には株全体が
萎凋・枯死する。

　多発時の被害　萎凋細菌病と同様，株が集団で萎凋・枯死する。

　診断のポイント　下葉から徐々に枯れ上がり，最終的に株全体が萎凋・枯死
する点にある。

　防除適期の症状　いったん発病したら発病株の防除・治療は不可能。周囲の

289

株への伝染をいかに減らすかのみ。

類似症状・被害との見分けかた　株全体が萎凋する病気には，本病と萎凋細菌病，立枯細菌病の3種類がある。3種類とも維管束が褐変するが，本病は萎凋細菌病のような急速な病気の進展を見せず，下葉から徐々に枯れ，枯死までに数か月，早くとも1か月は要する点と，萎凋細菌病のように維管束に触れてもベタベタすることがない点で区別可能である。気温が低い時期には，萎凋細菌病も進展が緩慢になるが，萎凋細菌病の特徴であるステム・クラック症状（茎に長さ2～3cmの縦の裂け目ができ，数日～数か月後にこの裂け目から白濁色～淡褐色でゼリー状の細菌泥が出てくる）は本病では見られない。

(2) 病原・害虫の生態と発生しやすい条件

生態・生活サイクル　小型・大型分生胞子，厚膜胞子およびBud cellという4種類の胞子を形成する。各胞子の役割・分担はまだ明確には解明されていないが，土壌中でも長期間生き残るのが厚膜胞子，維管束中を流れていくのはBud cellと考えられている。また，植物残渣中では胞子だけではなく，菌糸の状態でも生存している。以上のように，環境条件によって生存形態を変化させているため，*Fusarium oxysporum*による病気は根絶がむずかしいのである。

発生しやすい条件　ほかのフザリウム病と同様に，窒素過多で発生が多くなる。冷涼な地域の秋切り型栽培で発生が多い傾向はある。

(3) 防除のポイント

耕種的防除　無病苗の使用が最重要である。この場合，萎凋細菌病と異なり，販売苗でも注意が必要である。販売苗はウイルスフリー株といった無病苗が普通なのであるが，まれに購入苗にいっせいに本病が発生することがある。この場合，特定の品種のみに限ってまとめて発生するので苗が保菌していたものと推定できる。購入苗だからといって油断しないで，茎を下から眺め，維管束が褐変していないかよく見る。維管束が褐変していたら購入先に送り調べてもらったほうがよい。また，植付け後も特定の品種だけにまとめて発病したら，ぜひ一度購入先の人に現地を見てもらったほうがよい。自家苗についても維管束が褐変していないかよく見て，疑わしい苗があれば躊躇なく焼却処分する。た

だし，萎凋細菌病のようには伝染が急速ではないので「1株でも発病苗があった場合には，その育苗箱の苗を思い切って全部処分する」という処置は必要ない。発病苗の周囲を取り除き，あとは疑わしい株がでるごとに抜取り処分する。

抵抗性品種の利用も有効な防除法である。本病病原菌には種々のタイプ（レース）が知られているが，日本ではおもにレース2が分布していることが明らかにされている。品種のカタログには各レースに対する抵抗性が示されているものがあるので，それを参考にして，自分の栽培する品種が，病原菌レース2にどの程度抵抗性なのかを把握しておくことも重要である。

生物防除　諸外国では膨大な数の試験例がありいくつかは実用化されている。また，日本でもいくつかの剤については野菜類の土壌伝染性病害に対し実用化されたものもある。しかし，花卉の土壌病害に対する登録試験は進んでいない。

農薬による防除　本病の防除は無病苗の使用と適正な土壌消毒が二本柱となる。クロルピクリン剤のほかに，トラペックス油剤およびディ・トラペックス油剤が本病に登録されている。ほかの土壌病害と同様，圃場のすみは注入間隔を少し狭めて処理するとよい。

効果の判断と次年度の対策　収穫期になっても前作の発病箇所に発生しなければ効果があったといえる。

執筆　外側　正之（静岡県病害虫防除所）　　　　　　　　　　　　（1997年）

改訂　外側　正之（静岡県農林技術研究所）　　　　　　　　　　　（2015年）

主要農薬使用上の着眼点（外側　正之, 2015）

（回数は同一成分を含む農薬の総使用回数。混合剤は成分ごとに別途定められているので注意）

商品名	一般名	使用倍数・量	使用時期	使用回数	使用方法
《土壌消毒剤》					
クロルピクリン錠剤	クロルピクリンくん蒸剤	1穴当たり1錠	—	2回以内（床土1回, 圃場1回）	土壌くん蒸〈床土・堆肥〉床土・堆肥を30cmの高さに積み30×30cmごとに1穴当たり1錠処理する。〈圃場〉「1穴当たり1錠処理」30×30cmごとに1錠処理する
クロルピクリン錠剤	クロルピクリンくん蒸剤	1m²当たり10錠	—	2回以内（床土1回, 圃場1回）	土壌くん蒸〈圃場〉「1m²当たり10錠処理」地表面に所定量を散布処理する
ディ・トラペックス油剤	メチルイソチオシアネート・D-D油剤	30～40l/10a	播種または植付けの21日前まで	1回	圃場を耕起・整地したあと, 所定量を深さ約12～15cmに注入し, ただちに覆土・鎮圧する。薬剤処理7～14日後にガス抜き作業を行なう

　いずれも代表的な土壌消毒剤で, 幅広い土壌害虫・土壌伝染性病原菌に効果がある。使用にさいしての適正な土壌水分量が剤によって異なるので, 各剤の使用上の注意を熟読すること。また, いずれも速やかにガス化するので, ビニール被覆などにより作物や人畜への悪影響が及ばないように注意すること

商品名	一般名	使用倍数・量	使用時期	使用回数	使用方法
《殺線虫剤》					
トラペックサイド油剤	メチルイソチオシアネート油剤	30～40l/10a（1穴当たり3～4ml）	播種または植付けの21日前まで	1回	圃場を耕起・整地したあと, 30cm間隔のチドリに深さ約12～15cmの穴をあけ, 所定量を注入し, ただちに覆土しポリエチレン, ビニールなどで被覆する。薬剤処理7～10日後にガス抜き作業を行なう

　ガス化した成分が, 循環器もしくは呼吸酸素系を破壊して殺線虫効果を発揮する

灰色かび病

灰色かび病

英名：Gray mold
別名：ボト
学名：***Botrytis cinerea* Persoon: Fries**
《糸状菌／不完全菌類》

[多発時期] 開花期
[伝染源] 発病植物残渣中の病原菌，ほかの作物の灰色かび病
[伝染・侵入様式] 空気伝染
[発生・加害部位] 花弁・萼が主だが，冷蔵中の苗にも出る
[発病・発生適温] 15～20℃前後
[湿度条件] 結露時間が長くなると多発する
[他の被害作物] あらゆる農作物を侵す

(1) 被害のようすと診断ポイント

発生動向　露地栽培の減少と施設栽培の増加により，被害は減少した。しかし，今後，栽培体系が多様となり，冬季に施設を密閉して加温するような作型が増加すると，トマトの場合と同様に本病が再度猛威を振るう可能性は否定できない。

初発のでかたと被害　花弁・萼・蕾いずれもはじめ淡褐色で水浸状の小斑点がしだいに大きくなり，大型の褐色不定形の斑点となる。さらに，この斑点上に灰色がかったカビが生え，同時に灰色がかった粉（胞子）を多量に形成する。この粉は，わずかな揺れで容易に飛散する。花弁では，外側から発病しやすい。中心部から発病したり，蕾が開いたときにすでに褐変が見られたりする場合には，芽腐病が考えられるので，類似症状との見分け方を参照のこと。葉・茎では一般的に発病しないが，発病した花弁が落ちる途中で引っかかり，そこから発病することはまれにある。

多発時の被害　花弁や蕾全体が灰色の胞子ですっかり覆われ，後に乾固する。落下しないでそのまま残っている場合が多い。また，冷蔵期間が何か月にも及ぶ場合には苗にも発病し，苗（挿し芽）が灰色のカビと胞子で覆われるこ

カーネーション／病気

293

ともまれにある。

診断のポイント　褐色で不正形の斑点を生じる点が特徴的である。灰色の胞子が形成されれば，診断は確実である。

防除適期の症状　淡褐色で水浸状の小斑点にとどまっているうちに防除対策を講ずること。進展がきわめて速い病害なので，早期防除に努めないと対応に苦慮する。

類似症状・被害との見分けかた　花弁が褐変する病気にはほかに芽腐病がある。おもな違いは，①灰色かび病が外側（萼に近い）花弁から発病しやすいのに対し，芽腐病では中心部の花弁から発病しやすい，②灰色かび病では花弁がかなり開いてから発病するのに対し，芽腐病では蕾がわずかに開いた時点ですでに発病していることが多い，の2点である。より詳しくは，芽腐病の項を参照のこと。

(2) 病原・害虫の生態と発生しやすい条件

生態・生活サイクル　条件のよいときには多量の胞子を形成して空中に飛散する，条件が悪くなると菌核をつくって土中や土表で休眠するか菌糸の状態で植物残渣内にとどまる，のパターンを繰り返している。植物のあるところ，本病菌も必ず存在するというくらい，どこにでも存在している。

発生しやすい条件　まず結論をいうと，風雨によって空気伝染する病害であることから，露地栽培では発生が多い。また，ガラス温室とビニール温室を比較するとビニール温室のほうが発生しやすい。これを理屈の面から考えてみると，本病は湿度が高いところで発生しやすいといわれるが，より正確にいうと植物体表面やその付近が結露しやすい環境下で発生しやすい。結露しやすい環境とは，施設の状態からいうと，①天井が低いことと，②風通しの悪いことの2点である。

(3) 防除のポイント

耕種的防除　栽培中では，発病花の除去処分が非常に有効である。ただし，胞子が形成されてから摘み取ると逆に胞子をばらまくことにもなりかねないので褐色の小型斑点にとどまっているうちに行なう。摘み取った花はもちろん近

くに積み上げたりせず，ビニール袋内に密閉して腐敗させるか，蓋をつけたドラム缶などの中で乾燥させたあと，まとまったら燃やす。次に，栽培終了後は植物残渣の処分をていねいに行なうことである。無病苗の購入・使用も励行したい。これは，カーネーションにおけるすべての病害防除の基本である。

生物防除　野菜類一般の灰色かび病で登録された生物防除剤の中で，いくつか花卉の灰色かび病にも使用可能なものがある。

農薬による防除　花卉類の灰色かび病には非常に多くの剤が登録されている。しかし，本病に関してはほかの病気と異なり，化学農薬の使用は耕種的防除の補助手段と認識したほうがよい。とにかく耕種的防除を守らずにいくら散布しても耐性菌をつくっているだけで，そのうち効果のある薬剤が一つもないという事態を招くので，この点を十分に認識すること。なお，耐性菌の発生を避けるためにはローテーション散布が必要であるが，表に示した剤はいずれも作用機作が異なるので，同一剤を連用しなければ，どのような順番で散布してもよい。

効果の判断と次年度の対策　とくになし。次年度の対策は，耕種的防除を参照のこと。

　　執筆　外側　正之（静岡県病害虫防除所）　　　　　　　　　　　（1997年）

　　改訂　外側　正之（静岡県農林技術研究所）　　　　　　　　　（2015年）

主要農薬使用上の着眼点(外側　正之, 2015)

(回数は同一成分を含む農薬の総使用回数。混合剤は成分ごとに別途定められているので注意)

商品名	一般名	使用倍数・量	使用時期	使用回数	使用方法
《有機銅剤》					
サンヨール	DBEDC乳剤	500倍・100〜300l/10a	発生初期	8回以内	散布

古くから知られている予防剤である。汚れが少ないので使いやすい

商品名	一般名	使用倍数・量	使用時期	使用回数	使用方法
《混合剤》					
ゲッター水和剤	ジエトフェンカルブ・チオファネートメチル水和剤	1000倍・100〜300l/10a	—	5回以内	散布

ベンレートやトップジンMの主成分と, 耐性菌にのみ効果を示す剤の混合剤であることから, 感受性菌・耐性菌の双方に卓効を示すが, 中程度耐性菌には効果が劣る。連用すると, 中程度耐性菌の比率が高まり効果が落ちる可能性があるので, ほかの剤と組み合わせて使用すること

商品名	一般名	使用倍数・量	使用時期	使用回数	使用方法
《生物由来殺菌剤》					
ボトキラー水和剤	バチルス・ズブチリス水和剤	10〜15g/10a/日	発病前〜発病初期	—	ダクト内投入

病原菌が付着する前に葉面に住み着き, 病原菌の定着を阻害することで効果を示すので, 予防剤として使用すること。施設内では高い菌密度を維持しやすいので露地よりも高い効果が得られる

商品名	一般名	使用倍数・量	使用時期	使用回数	使用方法
《アニリノピリミジン系剤》					
フルピカフロアブル	メパニピリム水和剤	2000〜3000倍・100〜300l/10a	発病初期	5回以内	散布

植物病原糸状菌に対し, 多様な作用で感染行動を阻害するので, 灰色かび病やうどんこ病をはじめ, 広範囲の病害に用いられる。皮膚に対して刺激性があるので, 注意する

立枯病

英名：Stub dieback, Basal foot rot, Limb, Root and stem rot
別名：裾腐病
学名：***Fusarium avenaceum* (Fri.) Saccardo**
　　　《糸状菌／不完全菌類》

英名：Stub dieback, Basal foot rot, Limb, Root and stem rot
別名：裾腐病
学名：***Gibberella zeae* (Schweinitz) Petch**
　　　《糸状菌／子のう菌類》

英名：Stub dieback, Basal foot rot, Limb, Root and stem rot
別名：裾腐病
学名：***Fusarium graminearum* Schwabe**
　　　《糸状菌／子のう菌類》

英名：Stub dieback, Basal foot rot, Limb, Root and stem rot
別名：裾腐病
学名：***Fusarium asiaticum* Schwabe**
　　　《糸状菌／子のう菌類》

英名：Stub dieback, Basal foot rot, Limb, Root and stem rot
別名：裾腐病
学名：***Fusarium tricinctum* (Corda) Saccardo**
　　　《糸状菌／不完全菌類》

［多発時期］春，秋
［伝染源］発病植物，イネ科植物残渣中の病原菌および土壌中の病原菌
［伝染・侵入様式］空気伝染が主。かつて主といわれていた土壌伝染の重要性はあまり高くない
［発生・加害部位］茎が主だが，副次的に蕾や葉でも発病する
［発病・発生適温］20～25℃前後

[湿度条件] 極端な乾燥状態以外ならとくに問わない
[他の被害作物] イネ科植物，とくにムギ類では赤かび病として重要。ほかに各種花類に苗腐れや茎腐れ症状を起こすことがある

(1) 被害のようすと診断ポイント

発生動向　気候の冷涼な東北・北海道地域での栽培増加に伴い，発生面積も増える傾向にある。ただし，温暖地域における古くからの産地では横ばい状態。

初発のでかたと被害　草丈が大きくなってから発生する立枯れ症状と，苗腐れ症状の2種類に分けられる。

多発時の被害　立枯れ症状が多発すると蕾や地際部にまで病斑が進展するものがでてくる。症状は，茎途中にでる場合と同様で，褐色の腐敗が表皮から髄部に浸透していく。ただし，蕾の病斑上に大型分生胞子塊，子のう殻が形成されるのを観察したことはない。逆に，地際部の病斑では大型分生胞子塊，子のう殻とも容易に形成される。冷蔵中に多発した場合は，苗（挿し芽）が白い菌糸（部分的に赤色を帯びる）でほぼ全面を覆われている。茎内部の腐敗も髄部付近まで進行し，使える苗はほとんどなくなる。定植後に多発した場合は，腐敗が根にまで及ぶため，最終的に干からびた茎葉が残骸となって残るのみとなる。なお，定植後の苗腐れ症状は，雑菌の侵入・増殖により軟腐して疫病との区別が困難な場合がある。

診断のポイント　立枯れ症状では，大型分生胞子塊，子のう殻を確認することがもっとも確実である。地際部の茎から発病した場合には，萎凋病と区別するため茎を縦に割ってみること。萎凋病では維管束のみが上下方向に綺麗に褐変しているのに対し，立枯病では腐敗が表皮から髄部に向かって進んでいる。

防除適期の症状　立枯れ症状では，発病が節や葉基部付近にとどまっているうちに防除を開始したい。定植後では，発病株が見つかり次第防除を開始する。

類似症状・被害との見分けかた　茎の途中から枯れてくる病気に斑点病があるが，本病の場合は，斑点病のように健全部との境が紫色の帯になることはない。口絵で違いをよく確かめてほしい。萎凋病との区別は診断のポイントを参照のこと。また，定植後の苗腐敗症状における疫病，茎腐病との区別について

298

は疫病，茎腐病の項を参照のこと。

(2) 病原・害虫の生態と発生しやすい条件

生態・生活サイクル　本病病原菌は，ムギ類赤かび病菌として著名であるため，本菌の生態はムギ類赤かび病防除を目的に膨大な試験が行なわれてきている。その結果の要点を述べると，伝染源はイネ科を中心とした植物上で形成された胞子である。イネ科植物にはイネ，ムギはもちろんのことトウモロコシやイネ科雑草（ススキ，カヤなど）を含む。また，本病菌は弱いながらダイズやクローバにも病原性があるので，これらの植物上でも生存し胞子形成が可能なものと思われる。また，健全な状態と枯死した状態とを比較してみると，本菌は枯死した状態の植物でのほうがはるかに生存，増殖が良好である。実際，水田栽培中のイネからは栽培中いつでもほぼ確実に本菌を検出できるもののその菌量はわずかである。これに対し，刈取り後に積み上げられた稲わらや刈り株では膨大な量の胞子が形成されている。ムギ類では栽培時期との関係から，水田に放置された前年の刈り株上の胞子がもっとも重要な伝染源といわれる。この胞子が，風雨によって空気伝染し，新たな宿主に感染するのである。

発生しやすい条件　外国のデータであるが，肥料とくに窒素分が多い場合に発病が増加することが実証されている。品種について1989（平成元）年に筆者が行なった試験では，立枯れ症状に対し，当時の中心的品種「ノラ」より発病が少なかったのは「レナスーパー」「スケニア」「サビナ」「フランシスコ」「ソアナ」「ウエストピンク」，同程度だったのは「伊豆ピンク」「バーバラ」「ローニャ」「ロメオ」「ミルナ」，発病が多かったのは「パラス」「ユーコン」「コーラル」「アリセッタ」「タンガ」「瀬戸の初霜」であった。

(3) 防除のポイント

耕種的防除　栽培中では，発病株の除去処分が非常に有効である。次に，栽培終了後は植物残渣の処分をていねいに行なうことである。無病苗の購入・使用も励行したい。これは，カーネーションにおけるすべての病害防除の基本である。以上3点と薬剤散布を行なえば，本病はかなり防げる。

生物防除　日本のみならず外国でも成功した事例がない。

農薬による防除　定植前の土壌消毒剤と栽培中に茎葉に散布する剤の2タイプが登録されている。

花卉類の立枯病に登録のある剤の中で，リドミル剤とリゾレックス剤の2種類は，病原菌の性状から考えるとカーネーション立枯病には効果が期待できない。他の登録剤を使用すること。

芽取り（採穂）前の薬剤散布がもっとも効果的である。ミスト中や定植前では効果が劣る。次に定植後の場合，多発地では発病の有無にかかわらず摘心前後には必ず散布を行なうこと。当然，摘心部に重点的に散布することになる。その他，収穫が長期間に及ぶ栽培体系では切り花期にも散布する。切り口に重点的に散布するのはいうまでもない。これ以外の防除は，発生状況を見て考えることになるが，通常は多くても1か月に一度の散布で十分である。これ以上の散布が必要な場合は，耕種的防除がきちんと行なわれているか点検すべきである。ただし，苗腐れ症状が多発した場合には，1週間おきに2〜3回連続して土壌灌注をしないと病勢が衰えない場合もある。

効果の判断と次年度の対策　新しい摘心部や切り口に生じた褐変が上下に進展しないようであれば効果があったといえる。次年度の対策は，耕種的防除を参照のこと。

執筆　外側　正之（静岡県病害虫防除所）　　　　　　　　　　　（1997年）

改訂　外側　正之（静岡県農林技術研究所）　　　　　　　　　　（2015年）

立枯病

主要農薬使用上の着眼点（外側　正之, 2015）

（回数は同一成分を含む農薬の総使用回数。混合剤は成分ごとに別途定められているので注意）

商品名	一般名	使用倍数・量	使用時期	使用回数	使用方法
《殺線虫剤》					
キルパー	カーバムナトリウム塩液剤	原液として60l/10a	播種または定植の15日前まで	1回	あらかじめ被覆した内で, 所定量の薬液を水で希釈し土壌表面に散布または灌水する
キルパー	カーバムナトリウム塩液剤	原液として60l/10a	播種または定植の15日前まで	1回	所定量の薬液を土壌表面に散布し, ただちに混和し被覆する

ガス化した成分が, 循環器もしくは呼吸酸素系を破壊して殺線虫効果を発揮する

《土壌消毒剤》					
ダブルストッパー	クロルピクリン・D-Dくん蒸剤	30l/10a（1穴当たり3ml）	作付けの10〜15日前	1回	土壌くん蒸（30×30cmごとの深さ15cmの穴に1穴処理する）
クロールピクリン	クロルピクリンくん蒸剤	〈床土・堆肥〉1穴当たり3〜5ml〈圃場〉1穴当たり2〜3ml	―	2回以内（床土1回, 圃場1回）	土壌くん蒸
ドロクロール	クロルピクリンくん蒸剤	〈床土・堆肥〉1穴当たり3〜6ml〈圃場〉1穴当たり2〜3ml	―	2回以内（床土1回, 圃場1回）	土壌くん蒸
ドジョウピクリン	クロルピクリンくん蒸剤	〈床土・堆肥〉1穴当たり3〜6ml〈圃場〉1穴当たり2〜3ml	―	2回以内（床土1回, 圃場1回）	土壌くん蒸
クロピク80	クロルピクリンくん蒸剤	〈床土・堆肥〉1穴当たり3〜6ml〈圃場〉1穴当たり2〜3ml	―	2回以内（床土1回, 圃場1回）	土壌くん蒸
クロルピクリン錠剤	クロルピクリンくん蒸剤	1穴当たり1錠	―	2回以内（床土1回, 圃場1回）	土壌くん蒸〈床土・堆肥〉床土・堆肥を30cmの高さに積み30×30cmごとに1穴当たり1錠処理する。〈圃場〉「1穴当たり1錠処理」30×30cmごとに1錠処理する

301

クロピクフロー	クロルピクリンくん蒸剤	30l/10a	—	1回	耕起整地後, 灌水チューブを設置し, その上からポリエチレンなどで被覆する。その後, 液肥混合器などを使用し, 本剤を処理用の水に混入させ処理する
バスアミド微粒剤	ダゾメット粉粒剤	20～30kg/10a	播種または植付け前	1回	本剤の所定量を均一に散布して土壌と混和する
ガスタード微粒剤	ダゾメット粉粒剤	20～30kg/10a	播種または植付け前	1回	本剤の所定量を均一に散布して土壌と混和する
タチガレン液剤	ヒドロキシイソキサゾール液剤	500倍・3l/m²	定植時および活着後	3回以内	土壌灌注

いずれも代表的な土壌消毒剤で, 幅広い土壌害虫・土壌伝染性病原菌に効果がある。使用にさいしての適正な土壌水分量が剤によって異なるので, 各剤の使用上の注意を熟読すること。また, いずれも速やかにガス化するので, ビニール被覆などにより作物や人畜への悪影響が及ばないように注意すること。タチガレン液剤は直接の殺菌力はあまり強くないが, 土壌施用した場合に, 土壌病害に効果を示す。植物ホルモン的な作用も有することが知られている。定植後に使える剤である

《キャプタン剤》

オーソサイド水和剤80	キャプタン水和剤	600倍・100～300l/10a	—	8回以内	散布

キャプタンの名前で世界的に広く使われている殺菌剤の日本における商品名がオーソサイドである。非常に広範囲の病原菌に対し効果を示す。水産動物に悪影響があるので, 本剤が河川などに流入しないように注意する

茎腐病

英名：Stem rot, Root rot
別名：—
学名：***Rhizoctonia solani* Kühn**
《糸状菌／不完全菌類》

［多発時期］施設栽培：定植時，露地栽培：定植時
［伝染源］土壌および発病植物残渣中の病原菌
［伝染・侵入様式］土壌伝染が主，まれに空気伝染
［発生・加害部位］株全体
［発病・発生適温］25℃以上
［湿変条件］極端な乾燥状態以外ならとくに問わない
［他の被害作物］各種野菜・花類の苗，条件次第では果樹のような木本性・永年性植物でも発病

（1）被害のようすと診断ポイント

発生動向 施設栽培の増加および無病苗の使用と土壌消毒の徹底により減少している。

初発のでかたと被害 発病は苗および定植1か月以内の株に多い。地際部およびその付近の茎に小型の褐色斑点を生ずるとともに茎葉が生育不良となる。褐色斑点が拡大し茎を一周すると地上部全体が枯死する。通常，地下部は健全なまま残るので発病株は地上部だけが容易に抜けるようになる。発病株を縦にさいてみると，地際部付近を中心に茎内部の褐変・腐敗が髄部にまで達すると同時に上下方向に広がっている。しかし，萎凋細菌病や萎凋病のように，維管束の褐変が地上10cm以上の高さにまで広がることはない。

多発時の被害 発病が激しい場合には，各種雑菌の侵入により，根も褐色〜黒色に腐敗・枯死する。また，枯れた発病株上には病原菌のほか，種々の雑菌が取りつき，白い菌糸で覆われる。

診断のポイント 地際部の茎が髄部まで褐変・腐敗するのが最大の特徴。また，疫病と異なり乾燥した腐敗を呈するので，湯で煮たように暗緑色に軟化す

ることはない。また，茎内部の褐変・腐敗はあくまで地際部付近にとどまり，地上数十cmの高さの茎内部が褐変・腐敗することもない。

防除適期の症状　基本的に土壌伝染性病害なので，植付け前が防除適期となる。植付け後は対症療法のみで根本的解決は困難である。

類似症状・被害との見分けかた　苗が乾燥した状態で腐敗する病気には，茎腐病のほかに立枯病が苗に発生するケースがある。両者の区別はむずかしく，最終診断は病原菌の分離によらねばならないが，発病株をビニール内に密閉すると，立枯病の場合には数日〜1週間後に，ピンク色〜淡朱色，ときにクリーム色の粉状の塊（大型分生胞子の塊）が形成されるのに対し，茎腐病では白い菌糸が生育するのみで胞子の塊は見られない。ただし，ビニール内湿度が高すぎると雑菌の白い菌糸がはびこり，立枯病の場合でも胞子塊ができないか見えにくくなるので，濡れた発病株は表面水分を拭き取ってからビニールに入れたほうがよい。

(2) 病原・害虫の生態と発生しやすい条件

生態・生活サイクル　菌糸および菌核の状態で植物残渣や裸土壌中に生存している。本来は，土壌中で腐生生活を送っている菌なので，生きた植物がなくとも，土壌中で長期間生存できる。また，まれに完全世代の担子胞子を形成し，空気伝染する場合もあるとされる。

発生しやすい条件　肥料に窒素分が多い場合に発病が増加すると推定されるが，具体的なデータはない。また，分解不完全な肥料や植物残渣が含まれる土壌を消毒せずに用いると発生しやすい。

(3) 防除のポイント

耕種的防除　植物残渣の処分をていねいに行なうこと。これは，発病株のみならず，健全株の残渣も同様である。本病病原菌は，死んだ植物体内部が大好きで，発病株であろうとなかろうと，植物の種類が何であろうと，土壌表面および土壌中に枯死した植物があれば侵入・増殖する。したがって，ほかの病気のように発病株の残渣だけを処分するというのでなく，植物と認められるものは種類を問わず逐一処分する根気強さが必要である。

304

茎腐病

生物防除　行なわれていない。

農薬による防除　土壌消毒剤としては，唯一キルパーが登録されている。定植後に使える剤としては，オーソサイド剤とリゾレックス剤の2種類がある。急激に広がる病気ではないので，発生後はあわてず発病株の抜取り処分をきちんと行なったうえで，薬剤を株元へ灌注する。灌注方法や回数は各剤の使用法を熟読すること。

効果の判断と次年度の対策　新たな発病がなければよい。

執筆　外側　正之（静岡県病害虫防除所）　　　　　　　　　　　　（1997年）

改訂　外側　正之（静岡県農林技術研究所）　　　　　　　　　　（2015年）

カーネーション／病気

主要農薬使用上の着眼点（外側　正之, 2015）

（回数は同一成分を含む農薬の総使用回数。混合剤は成分ごとに別途定められているので注意）

商品名	一般名	使用倍数・量	使用時期	使用回数	使用方法
《有機リン剤》					
リゾレックス水和剤	トルクロホスメチル水和剤	500〜1000倍・3l/m²	生育期	5回以内	土壌灌注

　土壌伝染病菌として著名な*Rhizoctonia*（リゾクトニア）属菌に対して著効を示す。耐久器官の菌核にも殺菌作用を示すことが知られている

《キャプタン剤》					
オーソサイド水和剤80	キャプタン水和剤	600倍・100〜300l/10a	—	8回以内	散布

　キャプタンの名前で世界的に広く使われている殺菌剤の日本における商品名がオーソサイドである。非常に広範囲の病原菌に対し効果を示す。水産動物に悪影響があるので，本剤が河川などに流入しないように注意する

《殺線虫剤》					
キルパー	カーバムナトリウム塩液剤	原液として60l/10a	播種または定植の15日前まで	1回	所定量の薬液を土壌表面に散布し，ただちに混和し被覆する

　ガス化した成分が，循環器もしくは呼吸酸素系を破壊して殺線虫効果を発揮する。使用上の注意点はクロールピクリンなどほかの土壌消毒剤と同様である

さび病

英名：Rust
別名：—
学名：***Uromyces dianthi* (Persoon) Niessl**
《糸状菌／担子菌類》

［多発時期］施設栽培：晩秋〜春，露地栽培：晩秋，春
［伝染源］発病植物残渣中の病原菌
［伝染・侵入様式］空気伝染が主
［発生・加害部位］葉・茎
［発病・発生適温］20℃前後
［湿度条件］極端な乾燥状態以外ならとくに問わない
［他の被害作物］トウダイグサ科，ニシキソウ科の植物

(1) 被害のようすと診断ポイント

発生動向　気密性の高い施設栽培の増加および無病苗の使用により減少している。

初発のでかたと被害　茎・葉に発生する。はじめ，暗緑色，時に褐色の小さな斑点が拡大するにつれて長楕円形の斑点になりながら盛り上がる。やがて1〜数本の細かい亀裂が縦方向に入るとともに，この中から濃褐色の粉末（夏胞子）が噴出する。胞子は触れると容易に皮膚や服に付着する。葉には数個の病斑を生ずるが，茎の病斑は分散するため，同じ茎にいくつも発生したり，発病部位から上部が枯れることはほとんどない。

多発時の被害　発病が激しい場合にも，葉には数個の病斑を生ずるが，茎の病斑は分散し，同じ茎にいくつも発生したり，発病部位から上部が枯れたりすることはほとんどない。

診断のポイント　濃褐色の粉末（夏胞子）が噴出する点はきわめて特徴的で，他病害では見られないので診断は容易である。

防除適期の症状　発病が数株ごとに固まっているうちに見つけ，防除対策を講じたい。発生株数が増加すると，効果的な耕種的防除法が行ないにくくなる

し，薬剤防除効果も低下する。

　類似症状・被害との見分けかた　診断が容易なためなし。

(2) 病原・害虫の生態と発生しやすい条件

　生態・生活サイクル　さび病は一般的に，農作物のほかに中間宿主として寄生する植物があり，生活場所を季節によって分けている。本病菌もニシキソウ科・トウダイグサ科の植物を中間宿主にしているとされるが，実際の現地で観察すると，ニシキソウ科・トウダイグサ科の植物がないところでも，常発している。したがって，中間宿主なしにカーネーション上のみで年間の生活環を繰り返していると推察される。この場合，発病株の残渣内で長期間生存し，条件がよくなると，胞子を噴出し新たな感染を引き起こしていると思われる。

　発生しやすい条件　肥料に窒素分が多い場合に発病が増加すると推定されるが，具体的なデータはない。

　品種：現地での発生を見ていると品種によって発病程度に大きな差があることは確かだが，具体的なデータはない。

(3) 防除のポイント

　耕種的防除　栽培中では，発病葉の除去処分が非常に有効である。ただし茎に発生すると株ごとの処分となり損失も大きいので，発生が葉に限られているうちに行なうこと。また一般的に除去処分というと，手で摘み取ることとされるが，本病の場合摘み取ると手や服に胞子が容易に付着し飛散するので，かえって病原菌をまいていることになりかねない。そこで静岡県伊豆地域では，ライターの火で葉を焼いている。これは，胞子をまき散らすことなく完全に発生葉を処分できるので有効である。発生が少ないうちならほかの作業中でも見つけ次第すぐにできる方法なので，現地で広く普及している。

　次に，栽培終了後は植物残渣の処分をていねいに行なうことである。無病苗の購入・使用も励行したい。これは，カーネーションにおけるすべての病害防除の基本である。以上3点と年数回の薬剤散布を行なえば，本病はほぼ完全に防げる。もちろん，圃場近辺にニシキソウ科・トウダイグサ科の植物があれば除いたほうが望ましい。

さび病

生物防除　行なわれていない。

農薬による防除　茎に発生が見られるようになると、除去処分だけでは伝染源をなくすことが困難になるので、薬剤散布を組み合わせる。多発時は2週間に一度くらい、治まってきたら2か月に一度くらいの間隔で行なう。登録剤は4種類ある。エムダイファー水和剤、ジマンダイセン水和剤は廉価で耐性菌の出現の心配がないが薬剤の汚れが残りやすい欠点がある。ステンレスも耐性菌の出現は心配ないが、品種によっては高温時に薬害を出す可能性があるので、高温期に新しい品種に散布する場合は、あらかじめ少量の株に試し散布を行なったほうがよい。バシタック水和剤は汚れが付きにくい剤なので、出荷が近いときの防除に適しているが、連用すると耐性菌出現の可能性があるので注意する。

効果の判断と次年度の対策　病斑が黒変し、胞子を噴出しなくなれば、薬剤の効果があったと判断できる。より具体的には、手で触れて濃褐色の粉がつかなければよい。次年度の対策は耕種的防除を参照のこと。

執筆　外側　正之（静岡県病害虫防除所）　　　　　　　　　　　　（1997年）

改訂　外側　正之（静岡県農林技術研究所）　　　　　　　　　　（2015年）

主要農薬使用上の着眼点（外側　正之, 2015）

（回数は同一成分を含む農薬の総使用回数。混合剤は成分ごとに別途定められているので注意）

商品名	一般名	使用倍数・量	使用時期	使用回数	使用方法
《有機硫黄剤》					
ステンレス	アンバム液剤	1000～1500倍・100～300l/10a	—	8回以内	散布
ジマンダイセン水和剤	マンゼブ水和剤	400～600倍・100～300l/10a	—	8回以内	散布
エムダイファー水和剤	マンネブ水和剤	400～650倍・—	発病初期	8回以内	散布

昔から銅剤とともに各種の病害に対して用いられてきた。耐性菌出現の可能性が低いので使いやすい剤にであるが、あくまで予防的効果が主体であること、作物に薬斑が残りやすい点で注意が必要である

《酸アミド系剤》					
バシタック水和剤75	メプロニル水和剤	500～1000倍・100～300l/10a	発病初期	8回以内	散布

さび病菌が属する「担子菌類」に特異的に作用を示す。治療剤であること、薬斑がつきにくい特徴があるので、収穫が近くなってからでも使える利点はあるが、連用すると耐性菌出現の可能性が高いので、他の剤や耕種的防除法と組み合わせること

うどんこ病

うどんこ病

英名：Powdery mildew
別名：—
病原菌学名：**Oidium (Pseudoidium) dianthi Jacz**
《糸状菌／子のう菌類》

［多発時期］　4～6月
［伝染源］　不明
［伝染様式］　空気伝染
［発生部位］　葉，茎，萼筒，花の苞葉
［発病適温］　不明
［湿度条件］　不明
［他の被害作物］　セキチク，ビジョナデシコ，キバナナデシコ

（1）被害のようすと診断ポイント

最近の発生動向　1999年に高知県で初めて発生が確認された。その後，2001年，2002年に長野県，宮城県で発生が確認されているが，局地的・散発的である。品種間差異があり，スプレー種は比較的弱い傾向がある。現在発病が確認されている品種は，'ジプシー''シャンペン''スカーレットクイーン''ライトピンクバーバラ''ホワイトバーバラ''ピーチインターメッツォ''ボレアル''ララ''レニー'である。

初発のでかたと被害　葉の表面もしくは蕾の萼筒に白い粉状の付着物がつく。

多発時の被害　株全体で発生した場合，全身的な生育不良となる。花穂での発病は商品価値を著しく低下させる。萼筒に発病すると，品種により開花異常（萼割れ症状）となる。

診断のポイント　他のうどんこ病同様，白く粉を吹いたような病斑が生じる。

防除適期の症状　防除試験がないので不明。

類似症状との見分けかた　ダニの多発時にも葉が白く見えることがあるが，うどんこ病は白い部分に厚みがあり，指でこすり取ると湿った感触があるな

311

ど，明らかな差がある。

（2）病原の生態と発生しやすい条件

生態・生活サイクル　不明。

発生しやすい条件　施設内の水はけの悪い箇所で発生しやすい。

（3）防除のポイント

耕種的防除　圃場衛生に努める。苗は健全なものを選び，発病株およびその周辺の株からの採穂は避ける。密植，多湿を避ける。

生物防除　なし

農薬による防除　登録農薬はまだない。薬剤による防除も試験例がない。病害発生による経済的損失は大きいので野菜などのうどんこ病に効果が認められている薬剤のカーネーションへの登録が望まれる。

効果の判断と次年度の対策　被害株を施設内に残さない。発病株からの採穂をしない。

執筆　伊藤　陽子（独・農業技術研究機構　花き研究所）　　　　　　（2002年）

※ 別表参照

防除薬剤と使用法・病気

うどんこ病

商品名	一般名	使用倍数_数量	使用時期	使用回数	使用方法
あめんこ	還元澱粉糖化物液剤	原液 －	収穫前日まで	－	散布
あめんこ100	還元澱粉糖化物液剤	100倍 100〜300l/10a	収穫前日まで	－	散布
エコピタ液剤	還元澱粉糖化物液剤	100倍 100〜300l/10a	収穫前日まで	－	散布
カリグリーン	炭酸水素カリウム水溶剤	800倍 150〜500l/10a	発病初期	－	散布
サンヨール	DBEDC液剤	500倍	－	8回以内	散布
サンヨール液剤AL	DBEDC液剤	原液	－	8回以内	散布
パンチョTF顆粒水和剤	シフルフェナミド・トリフルミゾール水和剤	2000倍, 100〜300L/10a		2回以内	散布
ヒットゴール液剤AL	シフルトリン・トリアジメホン液剤	原液	発生初期	5回以内	希釈せずそのまま散布する
ピリカット乳剤	ジフルメトリム乳剤	2000倍 0.2〜0.3l/m²	発病初期	6回以内	散布
ベニカX	ペルメトリン・ミクロブタニルエアゾル		－	－	噴射液が均一に付着するように噴射する。
ベニカXスプレー	ペルメトリン・ミクロブタニル液剤	原液	－	－	散布
ベニカグリーンVスプレー	フェンプロパトリン・ミクロブタニル液剤	原液		5回以内	散布

カーネーション／防除薬剤と使用法

313

ポリオキシン AL水溶剤	ポリオキシン水 溶剤	2500倍	発病初期	5回以 内	散布
ムシキン液剤 AL	シフルトリン・ トリアジメホン 液剤	原液	発生初期	5回以 内	希釈せずそのまま散布する
モレスタン水和 剤	キノキサリン系 水和剤	2000〜3000 倍	−	−	散布

(2007年)

疫病

疫病

英名：Phytophthora blight
別名：—
学名：***Phytophthora nicotianae***
　　　《糸状菌／藻菌類》

英名：Phytophthora blight
別名：—
学名：***Phytophthora cryptogea***
　　　《糸状菌／藻菌類》

［多発時期］施設栽培：定植時，露地栽培：定植時と長雨時
［伝染源］土壌・溜まり水および発病植物残渣中の病原菌
［伝染・侵入様式］土壌伝染，水媒伝染が主
［発生・加害部位］株全体
［発病・発生適温］20〜25℃前後
［湿度条件］高いほど出やすい。逆に乾燥状態では通常の病害よりでにくい
［他の被害作物］各種野菜・花類の苗のほか湿潤状態が続けば果樹のような木本性・
　永年性植物でも発病する

(1) 被害のようすと診断ポイント

発生動向　施設栽培の増加および隔離床ベッド栽培の普及により全体的には
減少している。

初発のでかたと被害　発病は苗および定植1か月以内の株に多い。地際部お
よびその付近の葉基部が湯で煮たように暗緑色に軟化し，とろけるように腐
る。苗ではそのまま腐敗が全体に及ぶ。発病苗は地際部を境に容易に引き抜け
るため根冠部および根は地中に残りやすい。大きめの株でも発病部位はやがて
褐色を帯び腐敗・倒伏するため，病患部より上部は萎凋・枯死する。その後乾
燥すると腐敗の進展は止まるが，すでに発病した部位は灰白色となり皺だらけ
の状態で残るため見苦しい。

カーネーション／病気

315

多発時の被害 発病が激しい場合には，根も褐色～黒色に腐敗・枯死する。また，枯れた発病株上には病原菌のほか，種々の雑菌が取りつき，白い菌糸で覆われる。

診断のポイント 湯で煮たように暗緑色に軟化し，とろけるように腐るのがポイント。カーネーションでは細菌による軟腐病はまだ知られていないので，こうした症状は疫病と診断してよい。

防除適期の症状 基本的に土壌伝染性病害なので，植付け前が防除適期となる。植付け後は対症療法のみで根本的解決は困難である。

類似症状・被害との見分けかた 苗が腐敗する病気には疫病のほか，茎腐病・立枯病があるが，茎腐病・立枯病の2つは乾腐であるので区別可能である。ただし，灌水過多の場合は，茎腐病・立枯病でも軟腐症状を示すことがある。この場合，なんらかの方法で発病株を数日風乾させてみる。乾燥後に，茎内部が褐色になっているようなら，茎腐病・立枯病の可能性が高い。一方，疫病では，葉が十分に乾燥したあとでも，茎内部は暗緑色に軟化している。

(2) 病原・害虫の生態と発生しやすい条件

生態・生活サイクル カビの中でもとくに多量の水分を好むため，水はけの悪い圃場や水溜まりの中，雨水を貯めたタンクの中から検出されることがある。遊走子（ゆうそうし）と呼ばれる胞子を形成し，これが水中を泳いで伝染していく。

発生しやすい条件 肥料に窒素分が多い場合に発病が増加すると推定されるが，具体的なデータはない。環境条件としては，上記のことから梅雨時に定植を行なったり，育苗期が梅雨時にあたる作型で発生が多い。

(3) 防除のポイント

耕種的防除 本病の根本的対策であり，具体的には，排水対策を行なう。①灌水を可能な限り最小限にとどめる，②栽培途中でも次期作でもよいが可能な限り早いうちに土壌の改良を行ない，栽培中ならキノックスのような排水を良好にする土壌改良剤を投入する，③毎年出る場合には土壌を入れ替えるとともに暗渠・明渠のいずれかの敷設を考える，④うねを高くして地際部および根部

に水が溜まらないようにすることである。

生物防除　行なわれていない。

農薬による防除　本病に登録のある剤はリドミル粒剤のみである。効果の高い剤であるが，連用により耐性菌出現の可能性がある剤なので，耕種的防除と組み合わせることが必須で，農薬だけに頼らないようにすべきである。

効果の判断と次年度の対策　発病初期段階にある株の病斑が白く乾燥して，健全な生育を再び始めるようになれば効果があったといえる。

　　執筆　外側　正之（静岡県病害虫防除所）　　　　　　　　　　　　　　（1997 年）

　　改訂　外側　正之（静岡県農林技術研究所）　　　　　　　　　　　　　（2015 年）

主要農薬使用上の着眼点（外側　正之, 2015）
　　　　（回数は同一成分を含む農薬の総使用回数。混合剤は成分ごとに別途定められているので注意）

商品名	一般名	使用倍数・量	使用時期	使用回数	使用方法
《酸アミド系剤》					
リドミル粒剤2	メタラキシル粒剤	20kg/10a	定植時または生育期	3回以内	土壌表面散布

　疫病菌，べと病菌などに特異的に卓効を示す。浸透性にも優れる剤であるが，連用すると耐性菌が出現するので，注意事項に書かれた適正使用回数を遵守するとともに，耕種的防除を組み合わせることで，本剤に頼り切った防除にならないようにすること

斑点病

英名：Blight, Stem rot
別名：—
学名：*Alternaria dianthi* Stevens et Hall
　　　《糸状菌／不完全菌類》
［多発時期］厳寒期以外は年間を通して発生し，とくにピークはない
［伝染源］発病植物残渣中の病原菌
［伝染・侵入様式］空気伝染
［発生・加害部位］葉・茎・蕾が主だが，苗の冷蔵中や幼苗期は株全体に出る
［発病・発生適温］20〜25℃前後
［湿度条件］極端な乾燥状態以外ならとくに問わない
［他の被害作物］セキチク，ナデシコ

（1）被害のようすと診断ポイント

発生動向　おおむね横ばい状態。ただし，最近の品種の中には際だって発病しやすいものがあるため，栽培品種の種類によっては増加傾向。

初発のでかたと被害　斑点病はカーネーション栽培中にもっともよくでる病気である。多少の差はあっても地域・品種を問わない。また，厳寒期を除けば季節も問わない。

はじめ葉に小針状で暗緑色の円形斑点ができる。色が葉色と似ているが，陽の射しこむ場所では，水浸状となっていてわかりやすい。陽の射しこまない場所で疑わしい斑点を見つけたら，葉を取って陽の方向にかざして見ると水浸状となっているかどうかわかる。非常に綺麗な水浸状斑点なので，細菌病を思わせる。実際，初期病徴では斑点細菌病と区別不可能である。斑点はしだいに大きくなると，中心部が灰白色〜褐色で健全部との境が明瞭な紫色の帯で分けられる。この時期になると，茎や蕾にも同様な発病が見られだす。病斑上にはやがて黒い粉（胞子）が形成されるが，手で触れると容易に付く。なお，病気が後期に入ると斑点病と黒点病との区別がある程度可能となる。すなわち，①斑点病では黒い粉が分散しているのに対し，黒点病でははっきりとした2〜3重

のリング状になりやすい。②また，2つの病気を見慣れてくると，黒点病は斑点病に比べて斑点全体が黒みがかっているのがわかる。口絵を参考に比較して見てほしい。

なお，本病は定植後まもない幼苗期に発生すると，地際部に縦長の斑点を生じるが，灌水過多の場合は，さらに進行して株全体を腐敗させる。また，保菌した苗を長期間冷蔵すると冷蔵中でも増殖して苗腐敗を起こさせる。この場合の病徴は立枯病による苗腐れと同一なので，詳しい病徴は立枯病の項を参照のこと。

多発時の被害　1株当たりの斑点数が100個近くになるまで放置すると株のダメージが大きいため，生育が不良となり出す。また，茎の病斑が一周すると病斑部より上は枯死するため，あたかも立枯病が発生したようになる。定植後間もない時期に多発した場合は，やはり立枯病と同様で腐敗が根にまで及ぶため，最終的に干からびた茎葉が残骸となって残るのみとなる。

診断のポイント　斑点は大きくなると，①中心部が灰白色～褐色で健全部との境が明瞭な紫色の帯で分けられる。②病斑上にはやがて黒い粉（胞子）が形成される。以上2点がポイント。

防除適期の症状　斑点が下葉に限って生じ，1株当たりの斑点数が5個くらいまでを目途に防除を開始しないと，対応に苦慮する。

類似症状・被害との見分けかた　まず，斑点細菌病との区別であるが，斑点細菌病は健全部との境が明瞭な紫色にならない。また，逆に本病は斑点細菌病のように斑点どうしが融合して長細い病斑となることはないので，この点に注目すれば区別がつく。苗腐れ症状は，疫病や立枯病，茎腐病でも発生するが，外見による区別は実際のところむずかしい。おおよその目安は上記3病害のところで述べたので参照のこと。

(2) 病原・害虫の生態と発生しやすい条件

生態・生活サイクル　最初に述べたようにカーネーションではもっとも一般的な病気であるにもかかわらず，生態についての研究はほとんど見当たらない。この理由として2点が挙げられる。①土壌病害のように株全体が壊滅的被害を受けるわけではなく，定期的な薬剤散布のみでも相当防げるので，萎凋細

菌病や萎凋病のように生態究明の必要に迫られることが少ない。②アルターナリア属には膨大な数の植物病原菌が含まれるほか，雑菌（＝病原性のない）も多数あるにもかかわらず，形態的な特徴で分類することが非常にむずかしい（かつては，形態による分類検索表なども発表されたことがあったが，形態変異の幅が大きいので，実際上検索表は使いにくい〔使えない〕）ため，自然界からカーネーション斑点病菌のみを採集してくることがきわめて困難で，本病菌かどうかを確かめるには，人工接種試験を1菌株ずつ行なうしかないためである。分子生物学の理論でいけば集めた菌株の中からカーネーションへの病原性遺伝子を持つもののみ拾い出せばよいのだが，全農作物の全病害中で占める本病の重要性を考えると，本病菌の病原性遺伝子解明が近い将来に行なわれる可能性は限りなくゼロに近い。

　以上より，本病菌の生態については発生状況から推測しているのが実情であるが，カーネーション以外の植物が周囲に見当たらないような圃場でも，発病株残渣がある場合には，翌年の定植後速やかに本病の発生を見ることから，発病株残渣の上や中で相当期間生き残って，次作の伝染源になっていることはほぼ確実である。なお，本病菌が圃場周囲の植物とカーネーションの間を行き来しているか否かは興味ある問題だが，筆者が1989（平成元）年のころに伊豆地域で調べたかぎりでは，カーネーション斑点病菌によってなんらかの病徴を示す植物は雑草を含め見つからなかった。

　発生しやすい条件　風雨によって空気伝染する病害であることから，露地栽培では発生が多い。品種：“茎葉が軟らかく大輪系の品種が発病しやすい”というのが従来の定説であったが，現在の種々雑多な品種を見ていると，一度栽培してみないとわからないというのが現実である。それでも筆者のわずかな経験の中では，「アリセッタ」という品種より本病に弱いものはあまりないように感じている。筆者は，アリセッタを指標植物というか菌密度の推定に使い，数株端に植えておいて，これに発病し始めるとその作期の第1回防除を行なっていたことがある。

(3) 防除のポイント

　耕種的防除　栽培中では，発病葉の除去処分が非常に有効である。ただし，

下葉に限られているうちに行なわないと大変でやり切れなくなる。筆者の知人のある農家は，圃場にくると必ず全圃場を一周して発病葉を摘み取っていた。栽培初期からこれをやると1回当たりに要する時間はわずかで済んでしまい薬剤散布より楽だといっている。摘み取った葉はもちろん近くに積み上げたりせず，ビニール袋内に密閉して発酵させるか，蓋をつけたドラム缶などの中で乾燥させたあと，まとまったら燃やしていた。耕種的防除の見本のような方法であった。次に，栽培終了後は植物残渣の処分をていねいに行なうことである。無病苗の購入・使用も励行したい。これは，カーネーションにおけるすべての病害防除の基本である。以上3点と薬剤散布を行なえば，本病で実害を受けることはほとんどなくなるはずである。

　冷蔵中の発病や定植後の苗腐れを防止するには，冷蔵中に菌が増殖することを避ける工夫がいる。立枯病とまったく同じであるが非常に重要なのであえて繰り返す。まずビニールのような湿気の逃げない袋での保管をやめること。紙袋を用いるか新聞紙に包んで冷蔵し，長期間冷蔵するときには，ときどき観察して濡れがひどくなったら紙袋や新聞紙を交換することである。

　生物防除　試験事例はないが，灰色かび病に登録のある生物防除剤での試験事例実施が望まれる。

　農薬による防除　これも立枯病と共通事項が多い。まず，芽取り（採穂）前の薬剤散布がもっとも効果的である。ミスト中や定植前では効果が劣る。次に定植後の場合，多発地では発病の有無にかかわらず1～2か月に一度は定期散布を行なうこと。より具体的な散布間隔は同じ地域でも圃場によって大きく異なるので，経験から自分の圃場で必要な間隔を決めてもらうしかない。ただ一言，人がやっているから自分の圃場も散布するかといった感じで本病をしっかり防除できた事例を見たことがないことだけは確かである。通常は多くても1か月に一度の散布で十分である。これ以上の散布が必要な場合は，耕種的防除がきちんと行なわれているか点検すべきである。ただし，苗腐れ症状が多発した場合には，1週間おきに2～3回連続して土壌灌注をしないと病勢が衰えない場合もある。

　登録剤は4剤ある。このうち，ポリオキシン剤の2剤は，連用すると耐性菌が発生するので，耕種的防除や他の化学農薬と組み合わせて使うこと。

斑点病

効果の判断と次年度の対策　上葉に新しい斑点が生じないようになれば効果があったといえる。下葉の発生を根絶させるのはむずかしい。次年度の対策は，耕種的防除を参照のこと。

執筆　外側　正之（静岡県病害虫防除所）　　　　　　　　　　　（1997年）

改訂　外側　正之（静岡県農林技術研究所）　　　　　　　　　（2015年）

カーネーション／病気

主要農薬使用上の着眼点（外側　正之, 2015）

（回数は同一成分を含む農薬の総使用回数。混合剤は成分ごとに別途定められているので注意）

商品名	一般名	使用倍数・量	使用時期	使用回数	使用方法
《有機塩素剤》					
ダコニール	TPN水和剤	600〜800倍・—	—	6回以内	散布
ダコニール1000	TPN水和剤	1000倍・100〜300*l*/10a	—	6回以内	散布

幅広い病原菌に対して予防効果を示す。とくに胞子形成・胞子発芽を強く抑制する。耐性菌出現の可能性が低く，薬斑もつきにくいので使いやすい剤である

商品名	一般名	使用倍数・量	使用時期	使用回数	使用方法
《有機硫黄剤》					
ステンレス	アンバム液剤	1000倍・100〜300*l*/10a	—	8回以内	散布

昔から銅剤とともに各種の病害に対して用いられてきた。耐性菌出現の可能性が低いので使いやすい剤ではあるが，あくまで予防的効果が主体であること，作物に薬斑が残りやすい点で注意が必要である

商品名	一般名	使用倍数・量	使用時期	使用回数	使用方法
《抗生物質剤》					
ポリオキシンAL水溶剤	ポリオキシン水溶剤	2500〜5000倍・100〜300*l*/10a	発病初期	8回以内	散布
ポリオキシンAL乳剤	ポリオキシン乳剤	500〜1000倍・—	—	—	散布

農業用抗生物質として古くから知られる剤である。とくにアルターナリア属菌には著効を示すので，カーネーション斑点病菌にも効果が高いが，耐性菌が出現するので連用は絶対に避けること

黒点病

英名：Leaf spot
別名：褐斑病，斑点病
学名：***Mycosphaerella dianthi*** (C. C. Burt) J Jørstadrstad
《糸状菌／子のう菌類》

［多発時期］3〜4月（東北），4〜5月および9〜10月（北海道）
［伝染源］罹病残渣，汚染苗
［伝染・侵入様式］空気伝染
［発生・加害部位］葉，蕾，茎
［発病・発生適温］15〜20℃
［湿度条件］多湿
［他の被害作物］感染植物はカーネーションのほか，ビジョナデシコ，タツタナデシコ，カワラナデシコ，キバナナデシコ，セキチクなどである

(1) 被害のようすと診断ポイント

発生動向　ハウス栽培で発生が認められる。1990年代には北海道，東北地域で多発した病害であるが，近年は良質な苗の供給や比較的低温年が少ないなどで，発生は少発に留まっている。

初発のでかたと被害　葉，蕾，茎に発生する。品種によって多少異なるが，葉でははじめ円形または楕円形で淡褐色の病斑を生じる。これが拡大すると周縁部が黒褐色，中央部が淡褐色に壊死した病斑となる。10℃程度の低温下で病斑が形成されると周縁部は赤紫色が濃くなり，周縁部の病斑の幅は大きくなる。病斑の中央部には病原菌の分生子が形成され，黒色の点が肉眼で観察されるようになる。茎では細長い楕円形の病斑となり，葉と同じような黒点を生ずる。蕾に発病すると同様の病斑が萼全体に現われ，病斑の境界部は赤褐色が強くなる。

多発時の被害　多発すると病斑が融合して大型化し，葉で淡褐色に壊死した部分が目立つようになり，枯れ上がる。茎の病斑でも病斑は茎に沿って大型化し，病斑部から折れる場合も認められる。

診断のポイント　病斑は古い葉よりも新しい葉で発生しやすく，上位葉の発生状況を観察する。病斑は円形で，中心部組織の壊死で淡褐色に変色してくると本病と診断できる。

防除適期の症状　発生後の対策が早ければ早いほど効果は高まることから，病斑の早期発見が重要である。淡褐色の病斑がわずかに認められる段階で，病斑中心部の淡褐色化がわずかでも認められたら，防除適期である。

類似症状・被害との見分けかた　本病は25℃以上で発病しないことから，ハウス内あるいは露地温度が25℃を超えるような時期の病斑は本病ではない。25℃未満で類似する病害は斑点病である。斑点病とは初期病斑が淡褐色〜褐色の微小斑点で見分けがつきにくいが，病斑が拡大すると中央部が淡褐色になることで見分けられる。

(2) 病原・害虫の生態と発生しやすい条件

生態・生活サイクル　病原菌は被害植物残渣の組織内で菌糸塊をつくって越冬し，翌年の伝染源となる。気温が上昇すると分生子が形成され，これが飛散して感染する。好適温度は15〜20℃で，25℃では発病が抑制される。発病までに至る潜伏期間は7〜8日と長い。

発生しやすい条件　ハウス栽培では春先の低温時期から栽培が行なわれるが，この時期に降雨があるとハウスの側窓を閉め切る時間が長く，そのためハウス内の湿度が上昇して発生しやすい条件となる。同様に北海道では9〜10月に降雨があり，ハウスを閉め切った場合に発生しやすくなるが，発生量は春先ほどではない。

(3) 防除のポイント

耕種的防除　本病は低温条件下での多湿で発生しやすいため，ハウス内が過湿とならないように努める。天候を見ながら，栽培ベッドの灌水を調節し，過灌水は避ける。また，ハウスのフィルムは無滴効果をもつものを使用する。経済的に可能であれば，低温期に栽培する作型は加温ハウスで栽培を行なう。発生が見られたハウスでは罹病葉などをできるだけ取り除く。

生物防除　今までに試験されたことはない。

農薬による防除　本病に対して13薬剤の防除効果が明らかになっているが，いずれも農薬登録に至っていない。このうち，カーネーション（花卉類も含む）に登録のある薬剤も含まれていることから，ほかの病害の防除を実施する場合にはこれらを選択する。

効果の判断と次年度の対策　耕種的対策が軸となるが，ハウス内温度が25℃以下の条件で上位葉にほとんど病斑が認められない場合は防除効果があったと判断できる。収穫後の切り株に病斑の有無を確認し，認められた場合は罹病残渣を土中深く埋めるなどして処分する。

　　執筆　堀田　治邦（地独・北海道立総合研究機構中央農業試験場）　　　（2015年）

芽腐病

英名：Bud rot
別名：—
学名：***Fusarium poae* (Peck) Wollenweber**
《糸状菌／不完全菌類》

[多発時期] 開花初期
[伝染源] 発病植物残渣中の病原菌
[伝染・侵入様式] 昆虫による媒介が主
[発生・加害部位] 花弁・柱頭
[発病・発生適温] 15～20℃前後
[湿度条件] 極端な乾燥条件以外は問わない
[他の被害作物] ムギ類赤かび病の原因菌のひとつとして知られる。ムギ類以外の
　イネ科植物にも寄生するが実害は少ない

(1) 被害のようすと診断ポイント

　発生動向　古くから存在自体は知られていたが，現在までのところ多発事例はほとんどない。ただし，病原菌が冷涼な気候を好むため，東北・北海道地域での栽培が増えるにつれて増加傾向にある。

　初発のでかたと被害　わずかに開きかけた蕾を上からながめると，中心部付近の花弁がわずかに褐変している。しかし，この褐変はわずかなので，かなり開花したあと，出荷準備中に気づくことが多い。あるいは出荷中にはわからず，市場で仲買人が発病に気づき，苦情が寄せられる場合も少なくない。このように書くと，花弁がわずかに枯れるだけのように考えがちだが，外見からわからぬうちに腐敗が花の内部に向かって進行している。口絵写真のように花を縦に割って見るとよくわかるが，花弁の先（外から見えるところ）の褐変はわずかでも腐敗は内部の花弁や柱頭に向かって進んでおり，時にはすでに柱頭が完全に軟腐していることもある。また，蕾がまったく開いていなくともすでに発生が始まり腐敗が進行中のこともある。

　多発時の被害　花弁の褐変はかなり外側の花弁にまで広がる。それととも

に，花内部には白い菌糸が充満する。

診断のポイント　中心付近の花弁の褐変。きわめて特徴的なのでわかりやすい。

防除適期の症状　花弁がわずかでも褐変してしまえば商品価値はないので，発病してからではおそい。予防対策を講ずるしかない。

類似症状・被害との見分けかた　花弁が褐変する病気にはほかに灰色かび病がある。おもな違いは，①灰色かび病が外側（＝萼に近い）花弁から発病しやすいのに対し，芽腐病では中心部の花弁から発病しやすい，②灰色かび病では花弁がかなり開いてから発病するのに対し，芽腐病では蕾がわずかに開いた時点ですでに発病していることが多い，の2点である。

(2) 病原・害虫の生態と発生しやすい条件

生態・生活サイクル　本病病原菌は，カーネーションのほか，牧草やムギといった種々のイネ科植物から分離される。諸外国でも同じなので，一般的に存在する菌といえる。また，フザリウム菌特有の三日月型の大型分生胞子と西洋ナシ～卵型の小型分生胞子を菌糸上に形成するので，2種の胞子とも空気中に飛散しているはずである。しかし，それだけではなぜ蕾が開かないうちから発病するのか説明がつかない。外国の文献によれば白いダニの一種（和名なし）が胞子を体につけて蕾内に潜り込むという。筆者も確かに伊豆で白いダニがついていた圃場で本病の発生を認めた経験が一度だけだがある。また，この経験を機会にカーネーションを加害する害虫を集め，体表から糸状菌の分離を試みたところ，アザミウマ類とクロウリハムシから本病菌が採取できた。このうち，アザミウマ類は体の大きさと寄生部位から，開花前に蕾内に侵入している可能性が考えられたが，実際に本病菌を媒介するのか，その重要性はどの程度なのかはまだ試験していない。

発生しやすい条件　まったく不明。

(3) 防除のポイント

耕種的防除　実際のデータがないので推定するしかないが，栽培中では，やはり発病花の除去処分は必要と思われる。また，菌の生態からイネ科植物が周

芽腐病

囲にあれば可能な限り除去したほうがよいだろう。それ以外では，ダニやアザ
ミウマ類といった微小昆虫の防除が必要なので，そちらの項も参照されたい。

生物防除　事例なし。

農薬による防除　本病の防除は，開花してからでは間に合わない。開花初期
に花弁の間に薬剤がしみ込むように散布する。登録のあるトップジンM剤は連
用により血性菌が発生しやすい剤なので，本剤のみに頼りきった防除は行なわ
ないこと。具体的には，媒介虫と考えられるダニ，スリップスなどの微小昆虫
の防除を併せて行なうのが効果的な防除法と思われる。ダニ，アザミウマ類な
どの微小昆虫の具体的防除についてはそちらの項を参照してほしい。

効果の判断と次年度の対策　とくになし。次年度の対策は，耕種的防除を参
照のこと。

執筆　外側　正之（静岡県病害虫防除所）　　　　　　　　　　　　（1997年）

改訂　外側　正之（静岡県農林技術研究所）　　　　　　　　　　　（2015年）

主要農薬使用上の着眼点（外側　正之, 2015）

（回数は同一成分を含む農薬の総使用回数。混合剤は成分ごとに別途定められているので注意）

商品名	一般名	使用倍数・量	使用時期	使用回数	使用方法
《ベンゾイミダゾール系剤》					
トップジンM水和剤	チオファネートメチル水和剤	1500〜2000倍・100〜300*l*/10a	—	5回以内	散布

銅剤・硫黄剤が予防剤として広く使われてきたのに対して，治療剤の中でもっとも長期間・広範囲に使
われているのが本剤である。優れた剤ではあるが，きわめて耐性菌が出やすいことも知られているので，
連用は絶対に避けること。また，人によっては眼や皮膚に対して刺激性があるといわれている

根腐病

英名：Root and stem rot
別名：―
学名：***Pythium deliense* Meurs**
　　　《糸状菌／そう菌類》

英名：Root and stem rot
別名：―
学名：***Pythium aphanidermatum* (Edson) Fitzpatrick**
　　　《糸状菌／そう菌類》

英名：Root and stem rot
別名：―
学名：***Pythium irregulare* Buisman**
　　　《糸状菌／そう菌類》

英名：Root and stem rot
別名：―
学名：***Pythium myriotylum* Drechsler**
　　　《糸状菌／そう菌類》

［多発時期］定植後
［伝染源］罹病残渣
［伝染・侵入様式］土壌伝染
［発生・加害部位］根部，茎葉
［発病・発生適温］20〜25 ℃：*Pythium irregulare*，30〜35 ℃：*Pythium aphanidermatum*，35℃：*Pythium deliense*
［湿度条件］多湿
［他の被害作物］ナデシコ，チューリップ，ゴボウ，トマト，キュウリ，ホウレンソウ，ミツバ，シュッコンカスミソウ，ゼラニウムなど

(1) 被害のようすと診断ポイント

最近の発生動向　1984年頃から発生が確認された病害で，近年でも突発的に発生が見られる。育苗時や圃場への定植直後から発生するため，被害は大きい。

初発のでかたと被害　はじめ植物の生育が停滞し，健全株に比べ退緑した株が認められる。この株を掘り上げてみると根部が水浸状に腐敗し，淡褐色に変色しているのが認められる。

多発時の被害　生育の停滞した株は，さらに脱水症状を起こしたように立ち枯れ，葉や茎の表面が白色綿毛状の菌糸に覆われる場合もある。地際部の茎は褐色～黒褐色に腐敗し，容易に抜き取ることができ，根はほとんど脱落している。

診断のポイント　葉の退緑した株や生育不良株がないか観察する。認められれば根部の腐敗を確認する。

防除適期の症状　発生が見られたら，ただちに抜き取り等を徹底する。

類似症状・被害との見分けかた　立枯細菌病などによる萎凋症状が判断しづらい。生長点の萎縮症状や維管束の褐変が発生するので本病と異なる。

(2) 病原・害虫の生態と発生しやすい条件

生態・生活サイクル　病斑部には多数の卵胞子形成が認められ，これが土壌中の罹病残渣となって長期間生存し，伝染源となる。寄主植物が植えられると遊走子を形成し，根部から感染する。発病株中にふたたび卵胞子を形成する。

発生しやすい条件　排水不良地で発生しやすい傾向にある。

(3) 防除のポイント

耕種的防除　圃場の透排水に努める。育苗時あるいは定植直後の灌水量を適度に保つ。

生物防除　生物防除については，今のところ試験例がない。

農薬による防除　農薬による防除については，リゾレックス水和剤の土壌灌注処理が登録を有するが，薬剤の特性上，効果は低いと考えられる。

根腐病

効果の判断と次年度の対策　発病株は株ごと早期に抜き取り，周辺株への拡大状況で効果を判断する。発生圃場では次年度に向けて透排水対策を行なう。激しい場合は，非寄主作物などを輪作に組み込む。

　　執筆　堀田　治邦（北海道立花・野菜技術センター）　　　　　　　　　（1997年）

　　改訂　堀田　治邦（地独・北海道立総合研究機構中央農業試験場）　　（2015年）

主要農薬使用上の着眼点（堀田　治邦, 2015）

（回数は同一成分を含む農薬の総使用回数。混合剤は成分ごとに別途定められているので注意）

商品名	一般名	使用倍数・量	使用時期	使用回数	使用方法
《有機リン剤》					
リゾレックス水和剤	トリクロホスメチル水和剤	500〜1000倍・3l/m²	生育期	5回以内	土壌灌注

　有機リン系の殺菌剤で，予防的な処理で効果がある

黒さび病

英名：Black rust

別名：—

学名：***Puccinia arenariae* Winter**

《糸状菌／担子菌類》

［多発時期］6〜7月および9月（北海道），5月および10月（本州地域）

［伝染源］罹病したナデシコ科雑草

［伝染・侵入様式］胞子の飛散による空気伝染

［発生・加害部位］葉，茎，花柄

［発病・発生適温］15〜20℃

［湿度条件］多湿

［他の被害作物］ウシハコベ，コハコベ，ツメクサ，ノミフスマ，ミミナグサなどの雑草

(1) 被害のようすと診断ポイント

発生動向　おもにジプシー系のカーネーションに発生するが，近年の栽培は減少しており，本病による被害は少ない。

初発のでかたと被害　はじめ葉の表側に直径1〜2mmの黄色斑点が見られる。やがて黄色の斑点が葉全体に形成されるようになる。これら黄色斑の葉裏は黒褐色でビロード状の集塊が同心円状に形成されている。

多発時の被害　葉に現われた病斑が茎や花柄にも認められる。病斑は同心円状に拡大して大型病斑となり，黒褐色部はドーナツ状に拡大し，中央部は白色粉状に変化する。

診断のポイント　発生は下位葉から認められるため，この部位に黄色斑点が形成されていないか注意する。

防除適期の症状　黄色斑点が見られたら防除を行なう。

類似症状・被害との見分けかた　従来からカーネーションにさび病が発生しているがジプシー系カーネーションでの発生は明らかでない。症状は大きく異なり，葉身の表面に褐色の小斑点が形成され，これらが長楕円形あるいは紡錘

形に拡大し，表皮が破れて黒色粉状の胞子が裸出する。

(2) 病原・害虫の生態と発生しやすい条件

生態・生活サイクル　発生生態の詳細は不明であるが，各種ナデシコ科雑草に発病することから，これらが伝染源となっている場合も考えられる。発病株では本病菌の冬胞子（黒褐色の集塊）や担子胞子（白色粉状物）が病斑上に形成され，飛散してまん延すると考えられる。

発生しやすい条件　茎葉がうっぺいしてくると胞子形成が活発となり，下位葉から上位葉へ感染が広がる。

(3) 防除のポイント

耕種的防除　茎葉はうっぺいを回避するため，株間を広げたり，風通しのよい環境を心がける。また，伝染源となるナデシコ科雑草は除去する。発病株は早期に抜き取り，地中に埋没するなどして処分する。

生物防除　生物防除については，今のところ試験例がない。

農薬による防除　農薬による防除については，今のところ試験例がない。

効果の判断と次年度の対策　発病株の周囲に感染が広がっていないか注意する。翌年への対策は雑草の抜き取りなどを実施し，圃場清掃に努める。

　　執筆　堀田　治邦（北海道立花・野菜技術センター）　　　　　　　（1997年）

　　改訂　堀田　治邦（地独・北海道立総合研究機構中央農業試験場）　（2015年）

ナミハダニ（赤色系）

英名：Two-spotted spider mite
別名：ニセナミハダニ
学名：***Tetranychus urticae* Koch**
《ダニ目／ハダニ科》

［多発時期］3～5月，8～9月
［伝染・侵入様式］苗による持ち込み。周辺雑草からの侵入
［発生・加害部位］葉，蕾，花
［発病・発生適温］20～25℃
［湿度条件］50～60％
［防除対象］幼虫，成虫
［他の被害作物］多くの野菜，花卉

（1）被害のようすと診断ポイント

発生動向 殺ダニ剤に対する抵抗性が問題化している。新規の剤に対しても短期間のうちに抵抗性が発達する。

初発のでかたと被害 下のほうの葉や株元付近の葉に，白いカスリ状となる。葉裏に赤いハダニが見える。

多発時の被害 葉一面に緑色が消失し，白っぽくなる。クモの巣状の糸が一面に張られ，糸を伝って盛んに動き回るようになる。蕾や花にも寄生し，萼や花弁にカスリ状の食害痕が現われる。花色の濃い品種では食害痕がとくに目立つ。

診断のポイント たえず株元近くの葉の寄生を調査し，葉がカスリ状になっていた場合は葉裏にハダニがいるかどうか確認する。

防除適期の症状 多発させてしまうと，ますます防除が難しくなる。下葉にカスリ状の食害痕が見られたら防除を開始する。

類似症状・被害との見分けかた 葉がカスリ状になるのはハダニ独特の症状であるが，花弁の被害はアザミウマ類によるものと見分けにくい。アザミウマ類による花弁の被害は，線状や斑紋状の明瞭な脱色斑となって現われることが

多い。

ナミハダニには体色が赤い系統と薄緑の系統があり，両者は別種（前者はニセナミハダニ，後者はナミハダニ）とされてきたが，交雑が可能であることから，両種ともナミハダニに統一された。現在はナミハダニの赤色系あるいは緑色系と呼ばれることが多い。

カーネーションに寄生するのはおもに赤色系であるが，緑色系の発生も知られている。

(2) 病原・害虫の生態と発生しやすい条件

生態・生活サイクル　1年中発生するが，とくに春に多発する。多発すると糸を張り，糸を伝って移動する。

苗による持ち込みや圃場周辺からの侵入が発生源となっている。

25℃の場合，卵から成虫になるまでの期間は約10日である。

受精卵は雌に，未受精卵（単為生殖の場合）は雄となる。

発生しやすい条件　高温，乾燥条件下で多発する。

苗からの持ち込みと圃場周辺の雑草が発生源となる。

(3) 防除のポイント

耕種的防除　発生源となる圃場周辺の雑草を防除する。

ハダニが発生した植物残渣を圃場の近くに捨てない。

生物防除　施設栽培では発生初期にスパイデックス（チリカブリダニ），スパイカル（ミヤコカブリダニ）などのカブリダニを放飼する。

農薬による防除　ハダニははじめ，部分的に発生する。圃場全体に発生が広がる前に防除する。

サンマイトフロアブル，ダニサラバフロアブル，ダニトロンフロアブル，ニッソラン，ロディー乳剤，ダニカット乳剤20，テルスターフロアブル，ピラニカEW，カネマイトフロアブルなどを散布する。ダニトロンフロアブルは目に刺激性があるので注意する。葉裏によく薬液をかける。また，同一系統の薬剤の連用を避ける。

施設栽培ではマブリックジェット，テルスタージェットなどでくん煙する。

ナミハダニ（赤色系）

効果の判断と次年度の対策　防除後に動き回るハダニが観察された場合は，効果が低かったと判断する。

苗からのハダニの持ち込みに注意する。

執筆　池田　二三高（静岡県病害虫防除所）　　　　　　　　　　　（1997年）

改訂　西東　力（静岡大学農学部）　　　　　　　　　　　　　　（2015年）

主要農薬使用上の着眼点（西東　力, 2015）

（回数は同一成分を含む農薬の総使用回数。混合剤は成分ごとに別途定められているので注意）

商品名	一般名	使用倍数・量	使用時期	使用回数	使用方法
《天敵製剤》					
スパイデックス	チリカブリダニ剤	100ml/10a（チリカブリダニ約2000頭）	発生初期	—	放飼
スパイカルEX	ミヤコカブリダニ剤	100〜300ml/10a（約2000〜6000頭）	発生初期	—	放飼

薬剤抵抗性のハダニにも効果がある。ハダニが低密度の時期に使用を開始する。天敵の放飼後に殺虫剤を使用する場合は，天敵に影響のないものを選ぶ。有機栽培・特別栽培農産物でも使用可能

《殺ダニ剤》					
サンマイトフロアブル	ピリダベン水和剤	1000倍・100〜300l/10a	—	2回以内	散布
ダニサラバフロアブル	シフルメトフェン水和剤	1000倍・100〜350l/10a	発生初期	2回以内	散布
ダニトロンフロアブル	フェンピロキシメート水和剤	1000〜2000倍・150〜300l/10a	発生初期	1回	散布
ニッソラン水和剤	ヘキシチアゾクス水和剤	2000〜3000倍・100〜300l/10a	—	2回以内	散布
ダニカット乳剤20	アミトラズ乳剤	800倍	蕾の開裂前	2回以内	散布
ピラニカEW	テブフェンピラド乳剤	1000〜2000倍・150〜300l/10a	発生初期	1回	散布
カネマイトフロアブル	アセキノシル水和剤	1000〜1500倍・150〜300l/10a	—	1回	散布

ダニトロンフロアブルは目に刺激性があるので注意する。葉裏によく薬液をかける。また，同一系統の薬剤の連用を避ける

《合成ピレスロイド剤》					
テルスターフロアブル	ビフェントリン水和剤	4000倍・100〜300l/10a	—	3回以内	散布
ロディー乳剤	フェンプロパトリン乳剤	1000倍・100〜300l/10a	—	6回以内	散布

| マブリックジェット | フルバリネートくん煙剤 | くん煙室容積400m³（高さ2m, 床面積200m²）当たり50g | 発生初期 | 2回以内 | くん煙 |
| テルスタージェット | ビフェントリンくん煙剤 | くん煙処理室の容積400m³（床面積200m²×高さ2m）当たり48g | 発生初期 | 3回以内 | くん煙 |

施設栽培ではマブリックジェット, テルスタージェットなどでくん煙する

ワタアブラムシ

英名：Cotton aphid
別名：—
学名：***Aphis gossypii* Glover**
《半翅目／アブラムシ科》

[多発時期] 春〜初夏，秋
[伝染・侵入様式] 圃場外からの飛来
[発生・加害部位] 新芽，蕾，花弁
[発病・発生適温] 20〜25℃
[湿度条件] —
[防除対象] 成虫，幼虫
[他の被害作物] 多くの野菜・花卉

(1) 被害のようすと診断ポイント

発生動向　1980年代以降，殺虫剤に対する感受性低下が問題化している。

カーネーションにはワタアブラムシのほか，モモアカアブラムシも発生する。モモアカアブラムシも殺虫剤に対して抵抗性が発達している。

初発のでかたと被害　新芽や花蕾に黒っぽいアブラムシが集団で寄生する。

多発時の被害　アブラムシの排泄物（甘露）が葉に付着し，濡れたようになる。やがて，排泄物に「すす病」が発生して黒く汚れる。

アブラムシによる吸汁と「すす病」によって植物体は衰弱し発育が悪化する。ウイルス病を媒介する。

診断のポイント　新芽をよく観察する。

黄色粘着トラップを吊るしておくと，有翅のアブラムシが誘殺されるので，飛来量を判断できる。

防除適期の症状　発生初期に防除する。多発してしまうと手遅れとなる。

類似症状・被害との見分けかた　ワタアブラムシは黒っぽく，モモアカアブラムシに朱色である。モモアカアブラムシの防除対策もワタアブラムシと同じである。

カーネーションには，アブラムシのほかにも小さな害虫（アザミウマ類，ハダニなど）が発生するが，容易に見分けられる。アザミウマ類はおもに花に寄生し，花弁が奇形となったり，変色したりする。成虫は細長く，活発に動き回る。ハダニが寄生した葉はカスリ状となる。アブラムシより小さく，糸を張る。

微小害虫の観察には，拡大鏡やルーペを用いる。

(2) 病原・害虫の生態と発生しやすい条件

生態・生活サイクル　温暖な地域では卵を産むことなく，一年中，単為生殖をくり返す。寒冷地では秋に雄が出現し，交尾して卵を産み，卵越冬する。

有翅虫がカーネーションの圃場に飛来して仔虫を産む。仔虫は5日内外で成虫（無翅）となり，つぎつぎと仔虫を産む（1雌当たり100匹以上）。これをくり返すため，短期間のうちに大きな集団ができてしまう。

アブラムシの集団が大きくなると，翅をもつ成虫が現われ，新たな寄主植物を求めて分散する。

発生しやすい条件　アブラムシは低温を好むため，春先にもっともよく増える。有翅虫の飛来もこの時期に多い。

(3) 防除のポイント

耕種的防除　有翅虫の飛来を防ぐため，施設栽培では天窓や側窓に1mm目合いの防虫網を設置する。

生物防除　アブラムシには多種類の天敵昆虫や天敵微生物がいるが，カーネーションでは実用的な生物防除法は確立されていない。

農薬による防除　発生初期にオルトラン水和剤，コルト顆粒水和剤，ダントツ水溶剤，チェス顆粒水和剤，ロディー乳剤を散布する。

アクタラ粒剤5，オルトラン粒剤などを散布する。

効果の判断と次年度の対策　爪楊枝など先端がとがったものでアブラムシの体をつついてみる。生きていれば動き回り，死んでいれば植物体から落下する。

防虫網によって飛来・侵入を防ぐことが大切である。

執筆　池田　二三高（静岡県病害虫防除所）　　　　　　　　　　　（1997年）

改訂　西東　力（静岡大学農学部）　　　　　　　　　　　　　　（2015年）

ワタアブラムシ

主要農薬使用上の着眼点（西東　力, 2015）

（回数は同一成分を含む農薬の総使用回数。混合剤は成分ごとに別途定められているので注意）

商品名	一般名	使用倍数・量	使用時期	使用回数	使用方法
《有機リン剤》					
オルトラン水和剤	アセフェート水和剤	1000〜1500倍・100〜300*l*/10a	発生初期	5回以内	散布
オルトラン粒剤	アセフェート粒剤	3〜6kg/10a	発生初期	5回以内	株元散布

　有機リン剤抵抗性の個体群が多い。効果が低い場合は別の殺虫剤に切り替える

《ネオニコチノイド系剤》					
ダントツ水溶剤	クロチアニジン水溶剤	2000〜4000倍・100〜300*l*/10a	発生初期	4回以内	散布
アクタラ粒剤5	チアトメキサム粒剤	6kg/10a	生育期	1回	株元散布

　浸透移行性。アブラムシが吸汁する際, 殺虫成分が取り込まれる

《合成ピレスロイド剤》					
ロディー乳剤	フェンプロパトリン乳剤	1000倍・100〜300*l*/10a	—	6回以内	散布

　抵抗性が発達しつつある。効果が低い場合は別の殺虫剤に切り替える

《アミノキナゾリン系剤》					
コルト顆粒水和剤	ピリフルキナゾン水和剤	4000倍・100〜300*l*/10a	発生初期	4回以内	散布

　浸透移行性。アブラムシの吸汁行動を阻害する。天敵に対して悪影響が少ない

《ピリジンアゾメチン系剤》					
チェス顆粒水和剤	ピメトロジン水和剤	5000倍・100〜300*l*/10a	発生初期	4回以内	散布

　浸透移行性。アブラムシの吸汁行動を阻害する。天敵に対して悪影響が少ない

カーネーション／害虫

アザミウマ類

【チャノキイロアザミウマ】

英名：Yellow tea thrips

別名：—

学名：***Scirtothrips dorsalis*** Hood

《アザミウマ目／アザミウマ科》

【ミカンキイロアザミウマ】

英名：Western flower thrips

別名：—

学名：***Frankliniella occidentalis*** (Pergande)

《アザミウマ目／アザミウマ科》

【ヒラズハナアザミウマ】

英名：Flower thrips

別名：—

学名：***Frankliniella intonsa*** (Trybom)

《アザミウマ目／アザミウマ科》

［多発時期］チャノキイロアザミウマ：夏～初秋，ミカンキイロアザミウマ：初夏，
　ヒラズハナアザミウマ：初夏

［伝染・侵入様式］圃場周囲からの飛来

［発生・加害部位］チャノキイロアザミウマ：新芽～蕾，ミカンキイロアザミウマ・
　ヒラズハナアザミウマ：花弁

［発病・発生適温］20～30℃

［湿度条件］少雨ほど多発しやすい

［防除対象］チャノキイロアザミウマ：新芽，ミカンキイロアザミウマ・ヒラズハナ
　アザミウマ：花蕾

［他の被害作物］チャノキイロアザミウマ：チャ，カンキツ，カキ，ブドウ，イチゴ，
　ミカンキイロアザミウマ：カンキツ，ブドウ，イチゴ，トマト，キャベツ，キ
　ク，ガーベラ，バラ，ヒラズハナアザミウマ：イチゴ，キク，ガーベラ，バラ

（1）被害のようすと診断ポイント

　発生動向　チャノキイロアザミウマは広葉樹の新芽で幼虫が発育し，新成虫
が羽化したあとに周辺に分散する。野外では新芽が多い季節のあとの世代で発

生数が多い。

ミカンキイロアザミウマやヒラズハナアザミウマは草本類の花で増加しやすいく，野外では春から初夏の雑草の花でも生息が確認できる。

ミカンキイロアザミウマは，多種類の殺虫剤に対して薬剤感受性が低下しているため，花卉類の温室はとくに本種が増殖しやすい環境になっている。しかし，近年では露地で多発することは少ない。

ヒラズハナアザミウマは，ミカンキイロアザミウマと同様，草本類の花を好んで増殖する。ミカンキイロアザミウマが侵入した当初は雑草でもミカンキイロアザミウマの比率が高かったが，最近ではヒラズハナアザミウマの比率が高い。

初発のでかたと被害　チャノキイロアザミウマは新芽に寄生し，新葉の中肋基部にカスリ状の黒褐色の汚れが発生する。

ミカンキイロアザミウマやヒラズハナアザミウマは花蕾が開き始めると蕾内部に侵入し，花弁に小さな白斑や汚れを発生させる。

多発時の被害　チャノキイロアザミウマは，新葉の中肋基部や近くの茎，蕾の萼に黒褐色の汚れが広範囲に発生する。

ミカンキイロアザミウマやヒラズハナアザミウマでは，大部分の花弁に白斑や褐色の汚れが発生するとともに，葉裏に銀灰色のシルバリング症状が発生する。

診断のポイント　新葉の中肋基部や付近の茎に黒褐色のカスリ症状が認められる場合，新芽の内部を調べて成虫や幼虫の有無を確認する。10倍以上のルーペで観察し，虫体が黄色で背側にY字型の黒褐色の翅が認められれば，チャノキイロアザミウマである。

一方，花弁に白斑症状が認められる場合，花に息を吹きかけると体長1.5mm，紡錘状の黄色や薄茶色の虫が観察されれば，ミカンキイロアザミウマの可能性が高い。同様の形態・大きさで黒褐色であれば，ヒラズハナアザミウマと考えられる。

施設栽培では，開口部付近の株に被害が出やすい。また，開花が早い株ではミカンキイロアザミウマやヒラズハナアザミウマの被害が発生しやすいので，観察のポイントとする。

アザミウマ類

防除適期の症状　新葉中肋の基部に黒褐色のカスリ症状が確認されたら，薬剤防除を実施する。

花の防除では，開花が早い花に注目し，アザミウマや被害が確認されたら防除を行なう。毎年被害が発生する園では，開花初期から薬剤防除を実施する。

類似症状・被害との見分けかた　花ではハダニによる食害でも白斑が発生するので，ルーペなどを用いて確認する必要がある。また，赤やピンク色の花では生理的現象と思われる白斑やカスリ症状が発生する場合があるが，発生量が多いこと，被害部位周辺に虫糞がない場合は生理現象の可能性が高い。

(2) 病原・害虫の生態と発生しやすい条件

生態・生活サイクル　アザミウマ科のアザミウマ類は同様の生態を示す。すなわち，雌成虫が植物体中に産卵し，孵化した1齢幼虫は植物体の表面組織を摂食し，脱皮をして2齢幼虫となる。十分に発育した2齢幼虫は土中や落葉下，または樹皮の割れ目で脱皮して第1蛹となる。蛹は摂食はしないが，歩行はでき，さらに脱皮して第2蛹となる。やがて羽化して新成虫となり，飛翔して分散する。

チャノキイロアザミウマは，土中に蛹で越冬し，3月下旬には新成虫が発生する。本種はさまざまな植物の新芽や新梢で増殖を繰り返し，10月まで7〜9世代を繰り返す。チャ，イヌマキ，イスノキは本種が増加しやすい。25℃では17日で卵から成虫まで発育し，雌成虫は50卵を産卵する。

ミカンキイロアザミウマは，冬季の休眠性をもたないため，温室内では一年中発生する。関東以西では露地でも越冬し，4月中旬から飛翔し始め，露地では5月下旬から7月上旬に発生ピークとなる。8月以降は発生量は少ないが，11月まで露地で飛翔が見られる。雑草の花でも増殖し，侵入当初の花卉生産地帯では本種の比率が高かったが，最近では露地で多発することは少ない。しかし，薬剤抵抗性が発達しているため，花卉類生産温室では薬剤防除下でもしばしば多発する。25℃恒温下では卵から成虫まで12日間を要し，雌成虫は200卵を産卵する。

ヒラズハナアザミウマは，雌成虫が生殖休眠状態で越冬し，5月上旬から飛翔分散が観察され，7月に発生ピークとなる。ミカンキイロアザミウマと同様

349

に本種も花を好み，両種が混在することがある。最近の雑草では本種の比率が高い。25℃恒温下では卵から成虫まで10日間を要し，雌成虫は300卵を産卵する。

発生しやすい条件　梅雨が少雨傾向の年には，発生しやすい。

圃場周辺に増殖しやすい植物が多い場合。

(3) 防除のポイント

耕種的防除　増殖しやすい植物を圃場周囲から除去する。樹木を除去することはむずかしいと思われるが，ミカンキイロアザミウマやヒラズハナアザミウマの増殖場所となる雑草の除草に努める。

また，圃場周辺から，不要な植物や残渣をできるかぎり取り除き，発生源をできるかぎり除去する。

生物防除　アザミウマ類幼虫を捕食するカブリダニ製剤（スワルスキーカブリダニ）が市販されているが，カーネーションにおける防除効果は不明である。

農薬による防除　花卉類・観葉植物またはカーネーションのアザミウマ類に登録されている殺虫剤には，有機リン系，カーバメイト系，ネオニコチノイド系，マクロライド系などがある。薬剤によってはミカンキイロアザミウマのみの適用の剤がある。アザミウマ類は成虫や幼虫は植物に生息しているため散布薬剤に触れる機会が多いが，蛹は土中などに生息するために薬液が直接かからない。蛹は数日から1週間程度で羽化するため，7日間隔で連続防除を行ない新成虫を防除する。

アザミウマ種によって殺虫剤の効果が多少異なるので，概略を述べる。

チャノキイロアザミウマには，合成ピレスロイド系殺虫剤に対する抵抗性が知られている。一方，有機リン系，ネオニコチノイド系，マクロライド系，スピノシン系，ピロール系などは防除効果は高い。

ヒラズハナアザミウマに対して，ネオニコチノイド系殺虫剤の効果は低いが，有機リン系やその他の系統は効果が高い。

ミカンキイロアザミウマに対して，ネオニコチノイド系および合成ピレスロイド系殺虫剤の効果は低い。有機リン系ではトクチオン乳剤の効果が高い。マクロライド系，スピノシン系，ピロール系，フェニルピラゾール系の効果は高

アザミウマ類

い。

効果の判断と次年度の対策　被害が周辺株に拡大しなければ，防除効果があったと考えてよい。

　　執筆　池田　二三高（静岡県病害虫防除所）　　　　　　　　　（1997年）

　　改訂　片山　晴喜（静岡県農林技術研究所果樹研究センター）　（2015年）

主要農薬使用上の着眼点（片山　晴喜, 2015）

（回数は同一成分を含む農薬の総使用回数。混合剤は成分ごとに別途定められているので注意）

商品名	一般名	使用倍数・量	使用時期	使用回数	使用方法
《有機リン剤》					
オルトラン水和剤	アセフェート水和剤	1000〜1500倍・100〜300l/10a	発生初期	5回以内	散布
オルトラン粒剤	アセフェート粒剤	3〜6kg/10a	発生初期	5回以内	株元散布
トクチオン乳剤	プロチオホス乳剤	1000倍・100〜300l/10a	発生初期	5回以内	散布

　　オルトラン粒剤は株元散布で根から吸収させ，新芽内部の吸汁性微小昆虫に効果が期待できる。トクチオン乳剤はミカンキイロアザミウマに対して防除効果が期待できる

《カーバメイト系剤》					
オンコル粒剤5	ベンフラカルブ粒剤	6kg/10a	生育期	3回以内	株元散布

　　粒剤は株元散布で根から吸収させ，新芽内部の吸汁性微小昆虫に効果が期待できる

《ネオニコチノイド系剤》					
モスピラン顆粒水溶剤	アセタミプリド水溶剤	2000倍・100〜300l/10a	発生初期	5回以内	散布

　　アザミウマ類のほかに，アブラムシ類にも効果がある。ヒラズハナアザミウマとミカンキイロアザミウマにはやや効果が低い

《マクロライド系剤》					
アファーム乳剤	エマメクチン安息香酸塩乳剤	2000倍・100〜300l/10a	発生初期	5回以内	散布
アグリメック	アバメクチン乳剤	500倍・100〜300l/10a	発生初期	5回以内	散布

　　アファーム乳剤，アグリメックはミカンキイロアザミウマに適用がある。アファーム乳剤はオオタバコガ，ヨトウムシ類にも効果がある。アグリメックはハダニ類にも効果がある

《スピノシン系剤》					
ディアナSC	スピネトラム水和剤	2500〜5000倍・100〜300l/10a	発生初期	2回以内	散布

　　アザミウマ類のほかに，オオタバコガにも効果がある

《ピロール系剤》

コテツフロアブル	クロルフェナピル水和剤	2000倍・150〜300l/10a	発生初期	2回以内	散布

　コテツフロアブルはミカンキイロアザミウマに適用がある。殺虫活性を示す害虫の種類が多く，アザミウマ類のほかに，ハダニ類，ヨトウムシ類にも効果がある

《フェニルピラゾール系剤》

プリンスフロアブル	フィプロニル水和剤	2000倍・100〜300l/10a	発生初期	5回以内	散布

　アザミウマ類のほかに，オオタバコガにも効果がある

《ピラゾール系剤》

ハチハチフロアブル	トルフェンピラド水和剤	1000倍・100〜300l/10a	発生初期	4回以内	散布

　殺虫活性を示す害虫の種類が多く，アザミウマ類のほかに，アブラムシ類，コナジラミ類にも効果を示す

アシグロハモグリバエ

英名：South American leaf-miner, Pea leaf-miner
別名：—
学名：***Liriomyza huidobrensis* (Blanchard)**
《双翅目／ハモグリバエ科》

[多発時期] 7〜9月
[伝染・侵入様式] 寒冷地では，越冬はビニールハウスなどの施設内に限られる
[発生・加害部位] 葉
[発病・発生適温] 不明
[湿度条件] 不明
[防除対象] 殺虫剤の茎葉散布，寒冷地においては冬期間の被覆除去
[他の被害作物] キク，アスターほか花卉類，ホウレンソウ，セルリー，レタス，ネ
　　ギ，アブラナ科野菜，キュウリ，トマト，テンサイ，ジャガイモ，ダイズ

(1) 被害のようすと診断ポイント

　発生動向　2001年に北海道で初めて確認された南アメリカ原産の侵入害虫
である。本州においても，中国地方，東北地方において発生が確認されている。
北海道では初確認以降発生を拡大させ，10年程度経過する間にほぼ全域に発生
が確認された。各地において発生確認当初には多くの作物で激しいものも含め
た多発生事例が認められたが，その後数年間で発生が沈静化する傾向が見られ
ている。カーネーションでの被害事例は多くはない。

　初発のでかたと被害　施設内での越冬時には，3月ころまで密度が低下傾向
にある。4月から6月の期間，施設内の温度上昇に伴い徐々に密度を高めるた
め，このころに被害が目立ち始める。

　多発時の被害　下位葉を主体に潜孔が目立つ。多数の幼虫の寄生を受けた葉
は幼虫の食害によって潜孔が袋状を呈し，この部分はのちに枯死する。

　診断のポイント　カーネーションの葉に不規則な線状潜孔を形成する。本種
は広食性であるため，発生ハウス内外の雑草（ハコベ，イヌホオズキなど）の
葉に径1mm程度の白点（成虫食痕）が多数認められる。葉面の広い植物の葉に

カーネーション／害虫

353

潜孔する場合，潜孔は葉脈沿いに集中する傾向がある。

防除適期の症状　越冬可能な施設内においても3月ころまでには密度が低下していくため，3月以降の密度上昇初期に効果的な薬剤による防除を行ない，施設内の密度を高めないようにすることが重要である。

類似症状・被害との見分けかた　カーネーションの葉に潜孔する害虫として，アシグロハモグリバエ，カーネーションハモグリバエ，ハコベハナバエがあげられる。

アシグロハモグリバエおよび同属のカーネーションハモグリバエは，葉に不規則な線状潜孔を形成する。潜孔の一部は幅の狭いカーネーション葉の幅いっぱいに達することもあるが，潜孔が広く袋状を呈することは少ない。これに対してハコベハナバエは，葉の幅いっぱいに広がる白色の潜孔を形成すること，生育初期のカーネーションではとくに生長点付近に被害が集中する点で両種との識別は可能である。

カーネーションハモグリバエは過去に北海道の一地域で発生が確認された侵入害虫で，現在の発生継続の有無は不明である。また，同種はカーネーションなど*Dianthus*属にのみ寄生し，アシグロハモグリバエのようにほかの花卉類や雑草に寄生したり成虫食痕を形成したりすることはない。

(2) 病原・害虫の生態と発生しやすい条件

生態・生活サイクル　寒冷地において，冬期間には施設内であっても世代交代による増殖はほとんどないようである。北海道の施設内の温度から，4月から6月にかけて，2世代程度を経過するものと考えられる。この期間に密度を徐々に高めて，以降は施設内温度に応じてより短い間隔で世代交代しながら密度を急激に高めていくものと考えられる。一部の個体は6月以降に施設外に逸出し，露地栽培作物にも被害を及ぼす。

発生しやすい条件　冬期間の施設内温度が比較的高く保たれている条件では多発しやすい。

(3) 防除のポイント

耕種的防除　寒冷地においては，野外では越冬できない。ハウスのビニール

を冬季に陰去することで発生を減らしたり根絶したりすることができる。

農薬による防除　昆虫成長制御剤（IGR剤）は他の花卉類などで防除効果が確認されている。

効果の判断と次年度の対策　密度が低下したあとの3月から6月にかけての漸増期から防除を励行し，初期の密度上昇を防ぐ。

　執筆　岩崎　暁生（地独・北海道立総合研究機構中央農業試験場）　　（2015年）

ハコベハナバエ

英名：Carnation tip maggot
別名：ハコベモグリハナバエ
学名：***Hylemya echinata* Seguy**
《双翅目／ハナバエ科》

［多発時期］4～6月
［伝染・侵入様式］飛来
［発生・加害部位］葉，茎
［発病・発生適温］—
［湿度条件］—
［防除対象］幼虫
［他の被害作物］ヒゲナデシコ，セキチクなどダイアンサス類各種

（1）被害のようすと診断ポイント

発生動向　発生量は年による変動が大きく，多い年では苗が100％食入を受けることがある。

初発のでかたと被害　葉では袋状に白斑紋ができる。生長点では新芽が枯れて心止まりになる。また，茎では折れて倒れる。被害部を開くと，8mm前後，淡黄色のウジが見つかる。

多発時の被害　苗では葉の内部が食害されて白くなって枯れ，新芽に食入を受けると生長が止まり，株全体が枯死することもある。そのため，苗のころに多発すると被害がきわめて大きい。茎に食入を受けるとそこから先の部分は生気がなくなり，やがて折れて倒れる。

診断のポイント　葉に袋状の白斑ができて枯れる。新芽が枯れて心止まりになる。茎では折れて倒れる。

防除適期の症状　葉に白色の袋状の斑紋が見つかったとき。

類似症状・被害との見分けかた　ナモグリバエがときどき発生し，葉に糸状の白色の症状を残すが，食害部分の幅は狭く，葉が枯死するようなことはない。

(2) 病原・害虫の生態と発生しやすい条件

生態・生活サイクル　詳細は不明。土壌中で蛹で越冬するといわれている。幼虫による被害は3月ごろから現われ，4～7月ごろにもっとも多くなる。秋季は10月中下旬まで被害が見られる。成虫のハエは茎の先端部や側芽の付近に産卵し，孵化した幼虫は新葉に潜って袋状に白くする。その後茎に移動して，内部を食害し，通常茎内には黄色の虫糞が詰まっている。

発生しやすい条件　ヒゲナデシコ類よりもカーネーション類の葉の厚いものに発生が多い。

(3) 防除のポイント

耕種的防除　被害を受けた葉，新芽，茎は見つけしだい切り取り，処分をする。

生物防除　なし。

農薬による防除　有効な登録農薬はない。

効果の判断と次年度の対策　被害葉，被害茎は見つけしだい処分し，次の世代への発生源を断つ。

執筆　木村　裕（元大阪府立農林技術センター）　　　　　　　　（1997年）

改訂　木村　裕（元大阪府立農林技術センター）　　　　　　　　（2015年）

オオタバコガ

オオタバコガ

英名：Tobacco budworm
別名：—
学名：***Helicoverpa armigera* (Hübner)**
《鱗翅目／ヤガ科》

[多発時期] 9～11月
[伝染・侵入様式] 飛来
[発生・加害部位] 蕾，花
[発病・発生適温] 25～30℃
[湿度条件] 適湿
[防除対象] 幼虫
[他の被害作物] キク，ガーベラ，バラ，ホオズキ，トマト，ピーマン，ナス，レタス，キャベツ，エンドウなど多数

カーネーション／害虫

(1) 被害のようすと診断ポイント

発生動向　本種による発生・被害が問題になり始めたのは1994年である。本種はきわめて広食性の害虫であり，それ以降，各地で多くの花卉類，果菜類，葉菜類を加害している。発生量は年次変動が大きい。

初発のでかたと被害　1粒ずつ産卵される。1～2齢幼虫は蕾や花に潜る性質があるので，若齢幼虫の発生には気づかない。しばらくすると，蕾の一部が変色し，時に虫糞が出る。開花直後の花の一部が変色し，時に虫糞が出たり，花の形が崩れる。芽や葉に被害はほとんど発生しない。

多発時の被害　大きな蕾，花が食害される。幼虫が加害しているのが見える。

診断のポイント　1齢幼虫は蕾や花に潜り，外からは見えないので被害の発見が遅れる。常発地では，蕾が食害されていないかを注意して調べる。また，開花直後の花の形が乱れた場合，必ず花を開いて幼虫が食害していないかを調べる。

防除適期の症状　蕾，花に食害痕が見られたとき。加害している幼虫が見えたとき。

359

類似症状・被害との見分けかた　花の被害症状はシロイチモジヨトウと酷似する。幼虫を確認して同定する。また，生長点付近の葉を綴り合わせて加害していればシロイチモジヨトウと考えられる。

(2) 病原・害虫の生態と発生しやすい条件

生態・生活サイクル　越冬は蛹態で行なわれ，新成虫は5月から現われる。以後11月まで数世代発生する。

発生しやすい条件　きわめて広食性のため，圃場周辺には常に発生源が存在する。圃場周辺に本種の発生する作物が栽培されているところや，周辺が雑草地のところは多発生する。

夏季が少雨，高温で経過した年に発生が多い傾向がある。

(3) 防除のポイント

耕種的防除　圃場周辺の除草を行なう。

物理的防除　施設の換気部を目合い4mmの防虫ネットで被覆し，外から成虫が飛来してくるのを防止する。

防蛾灯（黄色蛍光灯40W）を施設内もしくは施設外周辺部に10m程度の間隔で設置する。成虫の飛来防止効果が高く，定植直後から終夜点灯すると被害が軽減できる。シロイチモジヨトウ，ハスモンヨトウも同時防除できる。

生物防除　天敵利用など実用的な防除技術は未確立である。

農薬による防除　発生初期から定期的に薬剤散布を行なう。

薬液が虫体に到達するよう十分量散布する。

幼虫は蕾や花の内部に潜るため，農薬を散布しても十分な効果が得られない場合がある。上記の耕種的防除方法，物理的防除方法を組み合わせた総合的な防除対策が重要である。

効果の判断と次年度の対策　被害花の減少から判断する。被害が多い環境であれば，定植後からフェロモントラップにより発生消長を調査し防除適期を決める。

　　執筆　池田　二三高（静岡県病害虫防除所）　　　　　　　　　　　（1997年）

　　改訂　井口　雅裕（和歌山県農業試験場）　　　　　　　　　　　（2015年）

オオタバコガ

主要農薬使用上の着眼点（井口　雅裕, 2015）

（回数は同一成分を含む農薬の総使用回数。混合剤は成分ごとに別途定められているので注意）

商品名	一般名	使用倍数・量	使用時期	使用回数	使用方法
《マクロライド系剤》					
アファーム乳剤	エマメクチン安息香酸塩乳剤	1000倍・100〜300l/10a	発生初期	5回以内	散布
アニキ乳剤	レピメクチン乳剤	1000〜2000倍・100〜300l/10a	発生初期	6回以内	散布

　速効的に作用する。食毒により速やかに摂食を停止し，昆虫は麻痺の症状を呈して死に至る。なお，アファーム乳剤は花卉類・観葉植物のオオタバコガに対して，アニキ乳剤はカーネーションのオオタバコガに対して適用がある

《スピノシン系剤》					
ディアナSC	スピネトラム水和剤	2500〜5000倍・100〜300l/10a	発生初期	2回以内	散布

　食毒および接触毒として作用し，速やかな食害抑制効果を示す。なお，ディアナSCは花卉類・観葉植物（リンドウを除く）のオオタバコガに対して適用がある

《ピリダリル剤》					
プレオフロアブル	ピリダリル水和剤	1000倍・100〜300l/10a	発生初期	2回以内	散布

　食毒および接触毒として作用し，鱗翅目害虫に対して速効的である。残効性と耐雨性に優れる。浸透移行性は低い。天敵昆虫類に対する影響は小さい。プレオフロアブルは花卉類・観葉植物のオオタバコガに対して適用がある

《フェニルピラゾール系剤》					
プリンスフロアブル	フィプロニル水和剤	2000倍・100〜300l/10a	発生初期	5回以内	散布

　食毒および接触毒として作用し，浸透移行性と残効性を有する。効果の発現はやや遅効的である

《ジアミド系剤》					
フェニックス顆粒水和剤	フルベンジアミド水和剤	2000倍・100〜300l/10a	発生初期	4回以内	散布

　幼虫に対して速効的な食毒作用がある。残効性に優れる。天敵昆虫類に対する影響は小さい。なお，フェニックス顆粒水和剤は花卉類・観葉植物（キク，リンドウを除く）のオオタバコガに対して適用がある

《セミカルバゾン系剤》					
アクセルフロアブル	メタフルミゾン水和剤	1000倍・100〜300l/10a	発生初期	6回以内	散布

　速効的に摂食阻害効果を示す。アクセルフロアブルは花卉類・観葉植物（キクを除く）のオオタバコガに対して適用がある

《微生物農薬》					
エスマルクDF	BT水和剤	1000倍・100〜300l/10a	発生初期	―	散布

　BT水和剤は，バチルス・チューリンゲンシスに属する細菌がその菌体内に生成する結晶毒素タンパク質を有効成分とする。致死には2〜3日を要するが，食下後2〜3時間で摂食活動を停止する。なお，エスマルクDFは花卉類・観葉植物のオオタバコガに対して適用がある

《性フェロモン剤》

コンフューザーV	アルミゲルア・ウワバルア・ダイアモルア・ビートアーミルア・リトルア剤	100～200本/10a（41g/100本製剤）	対象作物の栽培全期間	—	作物の生育に支障のない高さに支持棒などを立て支持棒にディスペンサーを巻き付け固定し圃場に配置する

　成虫の交尾行動を阻害することにより害虫の密度を下げることを目的としているので，対象害虫の発生初期から収穫期まで連続し，広範囲で一斉に使用することが望ましい。なお，コンフューザーVはコナガ，シロイチモジヨトウ，ハスモンヨトウ，タマナギンウワバ，イラクサギンウワバ，ヨトウガにも効果がある

ハスモンヨトウ

英名：Common cutworm
別名：—
学名：***Spodoptera litura* (Fabricius)**
《鱗翅目／ヤガ科》

[多発時期] 8〜10月
[伝染・侵入様式] 飛来
[発生・加害部位] 葉，花
[発病・発生適温] 25〜30℃
[湿度条件] 関係なし
[防除対象] 幼虫
[他の被害作物] ダイズ，サトイモ，サツマイモ，トマト，ナス，イチゴ，キク，シュッコンカスミソウ，カンキツ，カキ，ブドウなど多種の野菜類，花卉類，果樹類

(1) 被害のようすと診断ポイント

発生動向　年により発生の時期，発生量が異なるため，被害の状況も年次変動が大きい。

初発のでかたと被害　成虫は葉裏などに卵塊で産卵する。孵化した幼虫は集団で葉を食害するため，はじめは局所的に発生が見られる。若齢幼虫は表皮を残して葉肉を食べるので，被害葉は白変する。

多発時の被害　幼虫は，中齢期になると分散して葉や蕾，花を食害するため，切り花として出荷できなくなる。老齢期になると摂食量が増え，被害が大きくなる。

診断のポイント　卵塊で産卵するため，集中的に被害が見られ，被害葉に若齢幼虫が群棲している。他のヨトウムシ類と類似するが，ハスモンヨトウの2齢幼虫は頭部のやや後方に一対の黒色斑紋が見られる。

防除適期の症状　圃場内で白変した葉が見られたときが防除適期である。その時期を逃し，幼虫の齢が進むと薬剤が効きにくくなるため，手遅れとなるこ

とがある。

　類似症状・被害との見分けかた　他のヨトウムシ類と類似するが，ハスモン
ヨトウの2齢幼虫は頭部のやや後方に一対の黒色斑紋が見られる。

(2) 病原・害虫の生態と発生しやすい条件

　生態・生活サイクル　西南暖地では本虫の越冬は幼虫または蛹のようであ
る。野外では，1年に5〜6世代を繰り返す。

　卵は数十〜数百個くらいまとめて卵塊として産卵される。1頭の雌が数卵塊
を産卵する。幼虫は若齢期には集団で食害するが，中齢期以降は分散して食害
するようになる。また，夜行性が強くなり，日中は葉陰や株元に潜んで，夜間
活動するようになる。通常6齢経過後に落葉下や土中で蛹化し，その後羽化す
る。

　発生しやすい条件　夏季が少雨，高温で経過した年に発生が多い。また，施
設栽培の多い地帯で発生が多い傾向にある。

(3) 防除のポイント

　耕種的防除　発生初期に集団加害された白変葉を取り除き，捕殺する。

　物理的防除　施設の換気部を目合い4mmの防虫ネットで被覆し，外から成虫
が飛来してくるのを防止する。

　防蛾灯（黄色蛍光灯40W）を施設内もしくは施設外周辺部に10m程度の間隔
で設置する。成虫の飛来防止効果が高く，定植直後から終夜点灯すると被害が
軽減できる。シロイチモジヨトウ，オオタバコガも同時防除できる。

　生物防除　花卉類のハスモンヨトウに適用があるスタイナーネマ・カーポカ
プサエ剤（天敵線虫）が利用できる。老齢幼虫発生期に株元に土壌灌注する。

　農薬による防除　葉の白変が認められたら早急に薬剤防除を行なう。

　老齢幼虫が加害し，その後成虫による産卵が継続して行なわれるようであれ
ば，速効的で残効性がやや長い合成ピレスロイド剤を散布して密度低下を図
る。若齢幼虫の発生が継続していれば，IGR剤やBT剤を散布する。

　雌雄の交信を攪乱して交尾を阻害するための性フェロモン剤（商品名：ヨト
ウコン-H）が市販されている。施設内の高所に針金などを張り，そこにフェロ

ハスモンヨトウ

モンディスペンサーを等間隔に10a当たり100〜1,000本を取り付ける。ロープタイプでは10a当たり20〜200mを直接取り付ければよい。外部からの既交尾雌の侵入を防止するため，施設の開口部に防虫ネットを設置する。次世代以降の幼虫密度の低下が期待できる。

効果の判断と次年度の対策　若齢幼虫や中齢幼虫について，合成ピレスロイド剤や有機リン剤などの速効性薬剤では散布1日後，IGR剤やBT剤などの遅効的薬剤では3〜5日後に死亡個体の有無を観察する。死亡していれば効果があったと判断できる。死亡個体が少なければ使用薬剤に対し感受性が低下しているかもしれないので，異なる作用機作の薬剤を散布する。

施設内に残る雑草にも生息していることがあるので，作付け終了時には施設内除草や，残渣処理をていねいに行なう。

執筆　吉松　英明（大分県農業技術センター）　　　　　　　　　　（1997年）

改訂　井口　雅裕（和歌山県農業試験場）　　　　　　　　　　　（2015年）

主要農薬使用上の着眼点（井口　雅裕, 2015）

（回数は同一成分を含む農薬の総使用回数。混合剤は成分ごとに別途定められているので注意）

商品名	一般名	使用倍数・量	使用時期	使用回数	使用方法
《有機リン剤》					
オルトラン水和剤	アセフェート水和剤	1000倍・100〜300l/10a	発生初期	5回以内	散布

浸透移行性を有し，接触毒あるいは食毒として作用する。連用すると害虫の抵抗性を助長しやすいため，散布回数を最小限に抑え，作用機作の異なる他の薬剤とのローテーション使用に努める。なお，オルトラン水和剤は花卉類・観葉植物のヨトウムシ類に対して適用がある

《カーバメート系剤》					
ラービンフロアブル	チオジカルブ水和剤	750倍・—	発生初期	6回以内	散布

接触毒あるいは食毒として作用する。連用すると害虫の抵抗性を助長しやすいため，散布回数を最小限に抑え，作用機作の異なる他の薬剤とのローテーション使用に努める。なお，ラービンフロアブルは花卉類・観葉植物のヨトウムシ類に対して適用がある

《合成ピレスロイド剤》					
アグロスリン乳剤	シペルメトリン乳剤	2000倍・100〜300l/10a	発生初期	6回以内	散布

接触毒あるいは食毒を有し，速効的に作用する。連用すると害虫の抵抗性を助長しやすいため，散布回数を最小限に抑え，作用機作の異なる他の薬剤とのローテーション使用に努める。なお，アグロスリン乳剤はカーネーションのヨトウムシ類に対して適用がある

《マクロライド系剤》					
アファーム乳剤	エマメクチン安息香酸塩乳剤	1000倍・100〜300l/10a	発生初期	5回以内	散布

速効的に作用する。食毒により速やかに摂食を停止し，昆虫は麻痺の症状を呈して死に至る。なお，アファーム乳剤は花卉類・観葉植物のヨトウムシ類に対して適用がある

《ピロール系剤》					
コテツフロアブル	クロルフェナピル水和剤	2000倍・150〜300l/10a	発生初期	2回以内	散布

鱗翅目害虫にはおもに食毒として作用するのでやや遅効的である。なお，コテツフロアブルは花卉類・観葉植物（キク，ストックを除く）のヨトウムシ類に対して適用がある

《ピリダリル剤》					
プレオフロアブル	ピリダリル水和剤	1000倍・100〜300l/10a	発生初期	2回以内	散布

食毒および接触毒として作用し，鱗翅目害虫に対して速効的である。残効性と耐雨性に優れる。浸透移行性は低い。天敵昆虫類に対する影響は小さい。なお，プレオフロアブルは花卉類・観葉植物のハスモンヨトウに対して適用がある

《ジアミド系剤》					
フェニックス顆粒水和剤	フルベンジアミド水和剤	2000倍・100〜300l/10a	発生初期	4回以内	散布

幼虫に対して速効的な食毒作用がある。残効性に優れる。天敵昆虫類に対する影響は小さい。なお，フェニックス顆粒水和剤は花卉類・観葉植物（キク，リンドウを除く）のハスモンヨトウに対して適用がある

ハスモンヨトウ

《IGR剤》

ノーモルト乳剤	テフルベンズロン乳剤	2000倍・100～300l/10a	発生初期	2回以内	散布
ロムダンフロアブル	テブフェノジド水和剤	1000倍・100～300l/10a	発生初期	5回以内	散布
マッチ乳剤	ルフェヌロン乳剤	2000倍・100～300l/10a	発生初期	5回以内	散布

昆虫成長制御剤。昆虫のキチン合成阻害あるいは幼若ホルモン様物質などを利用することで脱皮，変態を撹乱し，害虫を死亡させる。幼虫期に効果が高い。遅効的。種選択性が高く，天敵昆虫類に対する影響は小さい。テフルベンズロン，ルフェヌロンはキチン合成阻害，テブフェノジドは脱皮ホルモン様作用をもち，異常脱皮を促すことにより殺虫効果を現わす。なお，ノーモルト乳剤は花卉類・観葉植物のヨトウムシ類に対して，ロムダンフロアブルとマッチ乳剤は花卉類・観葉植物（キクを除く）のハスモンヨトウに対して適用がある

《微生物農薬》

ゼンターリ顆粒水和剤	BT水和剤	1000倍・100～300l/10a	発生初期	—	散布
バイオセーフ	スタイナーネマ・カーポカプサエ剤	2億5000万頭（約100g)/10a・500～2000l/10a	老齢幼虫発生期	—	土壌灌注

BT水和剤は，バチルス・チューリンゲンシスに属する細菌がその菌体内に生成する結晶毒素タンパク質を有効成分とする。致死には2～3日を要するが，食下後2～3時間で摂食活動を停止する。スタイナーネマ・カーポカプサエは，その体内に共生細菌を有する絶対寄生性の昆虫病原性線虫で，土壌中に生息している。幼虫に寄生，繁殖し，宿主を死に至らしめる。なお，バイオセーフは花卉類・観葉植物のハスモンヨトウに対して適用がある

《性フェロモン剤》

ヨトウコン-H	リトルア剤	20～200m/10a（20cmチューブの場合100～1000本)	成虫発生初期から終期まで	—	施設（施設内上部に固定する，または枝などに巻き付ける)
コンフューザーV	アルミゲルア・ウワバルア・ダイアモルア・ビートアーミルア・リトルア剤	100～200本/10a（41g/100本製剤)	対象作物の栽培全期間	—	作物の生育に支障のない高さに支持棒などを立て支持棒にディスペンサーを巻き付け固定し圃場に配置する

成虫の交尾行動を阻害することにより害虫の密度を下げることを目的としているので，対象害虫の発生初期から収穫期まで連続し，広範囲で一斉に使用することが望ましい。なお，コンフューザーVはコナガ，オオタバコガ，シロイチモジヨトウ，タマナギンウワバ，イラクサギンウワバ，ヨトウガにも効果がある

シロイチモジヨトウ

英名：Beet armyworm
別名：—
学名：***Spodoptera exigua*** **(Hübner)**
《鱗翅目／ヤガ科》

［多発時期］7〜9月，生育初期
［伝染・侵入様式］飛来
［発生・加害部位］葉，花
［発病・発生適温］25〜30℃
［湿度条件］関係なし
［防除対象］幼虫
［他の被害作物］シュッコンカスミソウ，トルコギキョウ，バラ，スターチス，ガー
　　ベラ，キク，ネギ，スイカ，キャベツ，ハクサイ，レタス，ホウレンソウ，シ
　　ュンギク，シソ，セルリー，エンドウなど多数

（1）被害のようすと診断ポイント

発生動向　本種による発生・被害が問題になり始めたのは，1980年代以降である。当初，千葉県以南の各地でネギを中心に被害が問題になった。その後，エンドウ，スイカなど野菜類をはじめ，カーネーション，シュッコンカスミソウなど花卉類で被害が大きい。発生地域も，ほぼ全国に拡大した。

初発のでかたと被害　葉裏に卵塊で産卵し，孵化幼虫は群がって生息するので，はじめは局所的に被害が発生する。孵化幼虫は，まもなく生長点付近の葉（シュート）を綴り合わせ，その内部から食害し，葉先が白変する。

多発時の被害　被害葉が全体に広がり，茎葉が切断され生育が遅延する。定植後の生育初期に食害されると著しく生育が遅延し，甚だしい場合は枯死する株も見られる。

診断のポイント　成虫は開翅長約28mm，体長約12mmでハスモンヨトウと比べるとかなり小さい。体色は全体的に灰褐色で，前翅の中央部に黄褐色の円形斑紋がある。夜間活動性であるので，圃場で昼間はほとんど見かけない。

卵は葉裏に灰白色の鱗毛で覆われた卵塊で産みつける。地際部に近い，比較的低い位置に産卵する習性がある。孵化幼虫は，しばらく群棲して葉を食害する。幼虫は糸を吐いて葉を綴り合わせ，その中に生息して食害し，虫糞を外に排出する。葉先が白変した被害株がないかよく観察する。この被害葉を分解して，幼虫の有無を確認する。

シロイチモジヨトウの発生予察用の合成性フェロモン剤とトラップが市販されている。これを圃場に設置し，定期的に調査すると，成虫の発生状況が把握できる。

防除適期の症状　定植後まもない時期から圃場をよく観察し，被害葉が一部に発生した初期に防除を行なう。

類似症状・被害との見分けかた　被害葉はハスモンヨトウと混同されやすい。シロイチモジヨトウは幼虫が糸を吐いて葉を綴り合わせ，その内部に生息する習性があることから区別できる。また，ハスモンヨトウの2齢幼虫は頭部のやや後方に一対の黒色斑紋ができるので，区別が容易にできる。

(2) 病原・害虫の生態と発生しやすい条件

生態・生活サイクル　発育期間は温度により異なるが，25℃ではおおむね卵期間3日，幼虫期間17日，蛹期間9日で，卵から成虫羽化までに約1か月を要する。雌成虫は蛹から羽化するとすぐに交尾を行ない，1〜3日後から産卵を開始する。卵は葉裏に灰白色の鱗毛で覆われた卵塊で産みつける。卵塊の大きさは数十〜120卵粒である。室内飼育では，1雌が一生の間に産む卵粒数は1,000個に及ぶ例がある。

孵化幼虫は，しばらく群棲して葉を食害する。まもなく，幼虫は糸を吐いて葉を綴り合わせ，その中に生息して食害し，虫糞を外に排出する。幼虫は5齢を経過して老熟すると，土中に移動して土塊をつくり蛹化する。蛹は体長15〜20mmで黄〜赤褐色を呈する。

発生は年間6〜7世代を経過する。発生密度は，5月上旬ごろから気温の上昇とともに増加してくる。一般に7月から9月の高温期に密度が高い。10月以降は発生が減少する。

発生しやすい条件　夏季高温時（6〜7月）に定植するスプレー系品種で，

生育初期の発生，被害が最も多い。若い生育段階の植物に好んで産卵する傾向がある。したがって，同じ作物でも生育初期の被害が大きい。また，夏季が少雨，高温で経過した年に発生が多い傾向がある。

(3) 防除のポイント

耕起的防除　雑草にも生息するので，施設内や施設周辺の除草を行なう。

物理的防除　施設の換気部を防虫ネットで被覆し，外から成虫が飛来してくるのを防止する。施設内の温度が上昇するので，換気面積を広くするなど温度管理に注意する。

ピンチや整枝作業時に卵塊や幼虫の発生に注意し，発見したら捕殺する。

防蛾灯（黄色蛍光灯40W）を施設内もしくは施設外周辺部に10m程度の間隔で設置する。成虫の飛来防止効果が高く，定植直後から終夜点灯すると被害が軽減できる。ハスモンヨトウ，オオタバコガも同時防除できる。

生物防除　天敵利用など実用的な防除技術は未確立である。

農薬による防除　幼虫は齢が進むと効果が劣るので，若齢期の防除に重点をおく。薬液が虫体に到達するよう十分量散布する。

カーネーションでは，本種の防除に使用できる農薬は少ない。そのうえ，本種は合成ピレスロイド系，有機リン系，カーバメート系，昆虫成長制御剤の各種殺虫剤に対する感受性低下が認められており，化学殺虫剤のみによる防除は困難な状況である。上記の物理的防除方法や以下の交信撹乱法を組み合わせた総合的な防除対策が重要である。

雌雄の交信を撹乱して交尾を阻害するための性フェロモン剤（商品名：ヨトウコン-S）が市販されている。施設内の高所に針金などを張り，そこにフェロモンディスペンサーを等間隔に10a当たり500本を取り付ける。ロープタイプでは10a当たり100mを直接取り付ければよい。外部からの既交尾雌の侵入を防止するため，施設の開口部に防虫ネットを設置する。次世代以降の幼虫密度の低下が期待できる。

効果の判断と次年度の対策　物理的防除や性フェロモン剤による防除では効果の判断はむずかしいが，同時期に定植した周辺の圃場での発生や例年の発生程度と比較する。農薬による防除では，散布3日後くらいに綴り合わせた被害

葉を分解し，内部の幼虫の生死を確認する。死虫率が80％程度であれば優れた防除効果といえる。栽培終了時に多発している圃場では，外部へ移動分散させないよう施設を密閉し虫を死滅させてから作物残渣を処分する。

　　執筆　矢野　貞彦（和歌山県農業試験場）　　　　　　　　　（1997年）

　　改訂　井口　雅裕（和歌山県農業試験場）　　　　　　　　　（2015年）

主要農薬使用上の着眼点（井口　雅裕, 2015）

（回数は同一成分を含む農薬の総使用回数。混合剤は成分ごとに別途定められているので注意）

商品名	一般名	使用倍数・量	使用時期	使用回数	使用方法
《有機リン剤》					
オルトラン水和剤	アセフェート水和剤	1000倍・100〜300l/10a	発生初期	5回以内	散布

浸透移行性を有し，接触毒あるいは食毒として作用する。連用すると害虫の抵抗性を助長しやすいため，散布回数を最小限に抑え，作用機作の異なる他の薬剤とのローテーション使用に努める。なお，オルトラン水和剤は花卉類・観葉植物のヨトウムシ類に対して適用がある

《カーバメート系剤》					
ラービンフロアブル	チオジカルブ水和剤	750倍・―	発生初期	6回以内	散布

接触毒あるいは食毒として作用する。連用すると害虫の抵抗性を助長しやすいため，散布回数を最小限に抑え，作用機作の異なる他の薬剤とのローテーション使用に努める。なお，ラービンフロアブルは花卉類・観葉植物のヨトウムシ類に対して適用がある

《合成ピレスロイド剤》					
アグロスリン乳剤	シペルメトリン乳剤	2000倍・100〜300l/10a	発生初期	6回以内	散布

接触毒あるいは食毒を有し，速効的に作用する。連用すると害虫の抵抗性を助長しやすいため，散布回数を最小限に抑え，作用機作の異なる他の薬剤とのローテーション使用に努める。なお，アグロスリン乳剤はカーネーションのヨトウムシ類に対して適用がある

《マクロライド系剤》					
アファーム乳剤	エマメクチン安息香酸塩乳剤	1000倍・100〜300l/10a	発生初期	5回以内	散布

速効的に作用する。食毒により速やかに摂食を停止し，昆虫は麻痺の症状を呈して死に至る。なお，アファーム乳剤は花卉類・観葉植物のヨトウムシ類に対して適用がある

《ピロール系剤》					
コテツフロアブル	クロルフェナピル水和剤	2000倍・150〜300l/10a	発生初期	2回以内	散布

鱗翅目害虫にはおもに食毒として作用するのでやや遅効的である。なお，コテツフロアブルは花卉類・観葉植物（キク, ストックを除く）のヨトウムシ類に対して適用がある

シロイチモジヨトウ

《IGR剤》

ノーモルト乳剤	テフルベンズロン乳剤	2000倍・100〜300*l*/10a	発生初期	2回以内	散布
ロムダンフロアブル	テブフェノジド水和剤	1000倍・100〜300*l*/10a	発生初期	5回以内	散布

昆虫成長制御剤。昆虫のキチン合成阻害あるいは幼若ホルモン様物質などを利用することで脱皮, 変態を攪乱し, 害虫を死亡させる。幼虫期に効果が高い。遅効的。種選択性が高く, 天敵昆虫類に対する影響は小さい。テフルベンズロンはキチン合成阻害, テブフェノジドは脱皮ホルモン様作用をもち, 異常脱皮を促すことにより殺虫効果を現わす。なお, ノーモルト乳剤は花卉類・観葉植物のヨトウムシ類に対して, ロムダンフロアブルは花卉類・観葉植物 (キクを除く) のシロイチモジヨトウに対して適用がある

《性フェロモン剤》

ヨトウコン-S	ビートアーミルア剤	ハウスの場合：100〜140m (20cmチューブの場合は500〜700本) /10a	シロイチモジヨトウの発生初期〜終期	—	作物上に支柱などを用いて固定する
コンフューザーV	アルミゲルア・ウワバルア・ダイアモルア・ビートアーミルア・リトルア剤	100本/10a (41g/100本製剤)	対象作物の栽培全期間	—	作物の生育に支障のない高さに支持棒などを立て支持棒にディスペンサーを巻き付け固定し圃場に配置する

成虫の交尾行動を阻害することにより害虫の密度を下げることを目的としているので, 対象害虫の発生初期から収穫期まで連続し, 広範囲で一斉に使用することが望ましい。なお, コンフューザーVはコナガ, オオタバコガ, ハスモンヨトウ, タマナギンウワバ, イラクサギンウワバ, ヨトウガにも効果がある

カーネーション／害虫

373

ガーベラ

キク科

●図解・病害虫の見分け方

病気

花心が褐色に腐敗。花弁に褐斑や褐色腐敗
花腐病

花弁の先が緑〜黒変腐敗。花弁に緑〜黒色のすじ状斑
青かび病

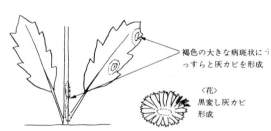
褐色の大きな病斑状にうっすらと灰カビを形成
〈花〉黒変し灰カビ形成
灰色かび病

黄色っぽく不整形でモザイク状の斑点（明瞭ではない）
モザイク病

うどんこ状の白粉をふりかけたようにうっすらと葉が白くなる
うどんこ病

暗褐色の円形病斑。進展すると黒褐色不正形に
炭疽病

モザイク状の斑点や輪紋が発生
えそ輪紋病

375

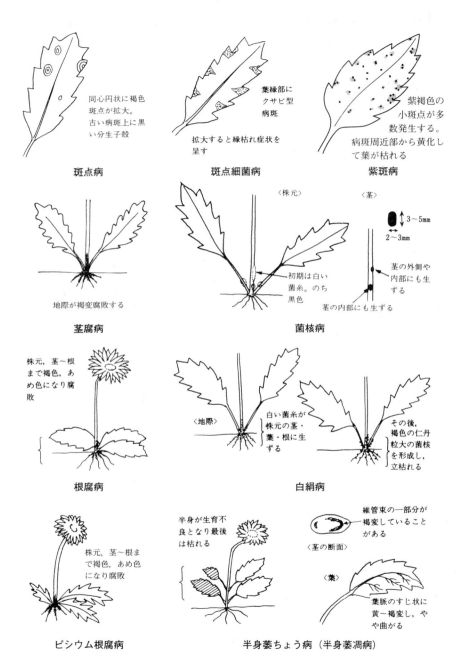

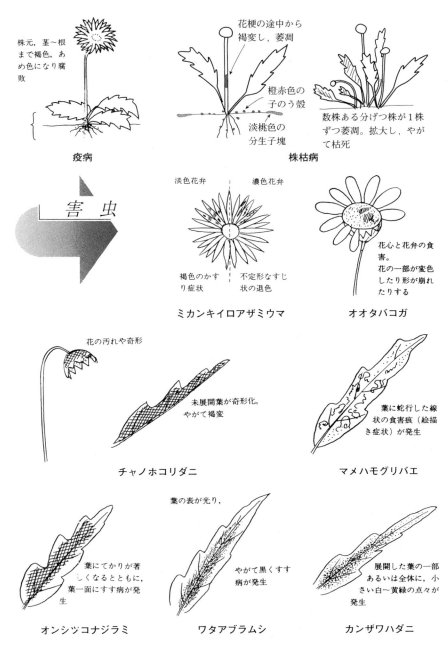

モザイク病

モザイク病

【キュウリモザイクウイルス】
英名：Cucumber mosaic virus
別名：—
学名：***Cucumber mosaic virus*** **(CMV)**
《ウイルス（*Cucumovirus*）》
【タバコモザイクウイルス】
英名：Tobacco mosaic virus
別名：—
学名：***Tobacco mosaic virus*** **(TMV)**
《ウイルス（*Tobamovirus*）》

［多発時期］周年
［伝染源］被害植物
［伝染・侵入様式］TMVはアブラムシ，CMVは汁液伝染，種子伝染，土壌伝染
［発生・加害部位］葉，茎
［発病・発生適温］媒介虫の活動期
［湿度条件］特になし
［他の被害作物］いずれのウイルスも多犯性

(1) 被害のようすと診断ポイント

発生動向 少ない。

初発のでかたと被害 葉に淡いモザイクが認められる。

多発時の被害 症状が圃場全体にぽつぽつと認められるようになったら多発。

診断のポイント 葉に淡いモザイクが認められる。

防除適期の症状 一度感染したらその株は，ウイルスを取り除くことができないので，あくまでも感染予防を重点におく。

類似症状・被害との見分けかた 葉に淡いモザイクが認められる。

(2) 病原・害虫の生態と発生しやすい条件

生態・生活サイクル CMVは多くの野菜，花卉，雑草と寄主範囲はきわめ

379

て広い。いくつかの系統が知られているが，ガーベラに寄生する系統について
は明らかになっていない。アブラムシが媒介する。種子伝染はほとんどしない。

発生しやすい条件　媒介虫が必要なウイルスでは，圃場に媒介虫の存在が必
要である。

(3) 防除のポイント

耕種的防除　圃場内へ侵入防止のために，紫外線カットフィルムなどを利用
する防除法がある。外から雌成虫の飛込みを防ぐため，サイド，天窓，換気窓
などの開口部をシルバー寒冷紗（ダイオミラー）で覆う。また，施設周囲を寒
冷紗や防風網で障壁をつくる。

媒介虫を多発させない。伝染源となる被害株は抜いて焼却する。またウイル
スに感染した株からは株分けをしない。

媒介虫を入れないために，よけいな鉢花や苗を購入して，圃場内や圃場周辺
の花壇に植えない。

アブラムシは金竜（黄，ピンク色）などの着色粘着紙に成虫が誘引されるの
で，圃場に数個とりつけておくと発生密度の目安になり，防除の参考にできる。

生物防除　特になし。

農薬による防除　アブラムシはアルバリンまたはスタークルやオルトランな
どの粒剤や水和剤で防除する。

効果の判断と次年度の対策　発生がなければ，防除効果があったものとする。

執筆　植松　清次（千葉県暖地園芸試験場）　　　　　　　　　　（1997年）

改訂　竹内　純（東京都島しょ農林水産総合センター八丈事業所）　（2010年）

ウイルス病

【ソラマメウイルトウイルス】
英名：Broad bean wilt virus
別名：—
学名：***Broad bean wilt virus*** **(BBWV)**
《ウイルス （*Fabavirus*）》

【ニンニク潜在ウイルス】
英名：Garlic latent virus
別名：—
学名：***Garlic latent virus*** **(GLV)**
《ウイルス （*Carlavirus*）》

［多発時期］周年
［伝染源］被害植物
［伝染・侵入様式］BBWVはアブラムシ，汁液伝染，GLVは汁液接種
［発生・加害部位］葉，茎
［発病・発生適温］媒介虫の活動期
［湿度条件］特になし
［他の被害作物］BBWVは多犯性，GLVは狭い

(1) 被害のようすと診断ポイント

発生動向　少ない。

初発のでかたと被害　モザイク，斑紋症状。

多発時の被害　症状が圃場全体にぽつぽつと認められるようになったら多発。

診断のポイント　新葉に特有のモザイク症状が見られる。

防除適期の症状　一度感染したらその株はウイルスを取り除くことができないので，あくまでも感染予防を重点におく。

類似症状・被害との見分けかた　特になし。

(2) 病原・害虫の生態と発生しやすい条件

生態・生活サイクル　BBWVは多くの野菜，花卉，雑草と寄主範囲はきわ

めて広い。いくつかの系統が知られているが，ガーベラに寄生する系統については明らかになっていない。アブラムシが媒介する。種子伝染はほとんどしない。

発生しやすい条件　媒介虫が必要なウイルスでは，圃場に媒介虫の存在が必要である。

(3) 防除のポイント

耕種的防除　媒介虫が必要なウイルスでは圃場に媒介虫の存在が必要である。圃場内へ侵入防止のために，紫外線カットフィルムなどを利用する防除法がある。外から雌成虫の飛込みを防ぐため，サイド，天窓，換気窓などの開口部をシルバー寒冷紗（ダイオミラー）で覆う。また，施設周囲を寒冷紗や防風網で障壁をつくる。

媒介虫を多発させない。伝染源となる被害株は抜いて焼却する。またウイルスに感染した株からは株分けをしない。

媒介虫を入れないために，よけいな鉢花や苗を購入して，圃場内や圃場周辺の花壇に植えない。

アブラムシは金竜（黄，ピンク色）などの着色粘着紙に成虫が誘引されるので，圃場に数個とりつけておくと発生密度の目安になり，防除の参考にできる。

生物防除　特になし。

農薬による防除　アブラムシはアルバリンまたはスタークルやオルトランなどの粒剤や水和剤で防除する。

効果の判断と次年度の対策　発生がなければ，防除効果があったものとする。

執筆　植松　清次（千葉県暖地園芸試験場）　　　　　　　　　（1997年）

改訂　竹内　純（東京都島しょ農林水産総合センター八丈事業所）　　（2010年）

輪紋モザイク病

【ソテツえそ萎縮ウイルス】
英名：Cycas necrotic stunt virus
別名：—
学名：*Cycas necrotic stunt virus* **(CNSV)**
《ウイルス（*Nepovirus*グループ）》

[多発時期] 周年
[伝染源] 被害植物
[伝染・侵入様式] 汁液伝染，花粉伝染，種子伝染，土壌センチュウ
[発生・加害部位] 葉，茎
[発病・発生適温] 媒介虫の活動期
[湿度条件] 特になし
[他の被害作物] 寄主範囲は狭い

(1) 被害のようすと診断ポイント

発生動向 少ない。

初発のでかたと被害 モザイク症状，輪紋のモザイク症状。

多発時の被害 症状が圃場全体にぽつぽつと認められるようになったら多発。

診断のポイント 新葉に特有のモザイク症状が見られる。

防除適期の症状 一度感染したらその株はウイルスを取り除くことができないので，あくまでも感染予防を重点におく。

類似症状・被害との見分けかた 特になし。

(2) 病原・害虫の生態と発生しやすい条件

生態・生活サイクル 土壌センチュウ（ロンギドウラス属）により土壌中の根から伝搬されるが，わが国では現在このウイルスを媒介するセンチュウが確認されていない。株分けなどの栄養繁殖によって伝染していると考えられる。

発生しやすい条件 媒介虫が必要なウイルスでは，圃場に媒介虫の存在が必要である。

383

(3) 防除のポイント

耕種的防除　伝染源となる被害株は抜いて焼却する。またウイルスに感染した株からは株分けをしない。媒介センチュウを入れないために，よけいな鉢花や苗を購入して，圃場内や圃場周辺の花壇に植えない。

生物防除　特になし。

農薬による防除　特になし。

効果の判断と次年度の対策　発生がなければ，防除効果があったものとする。

　　執筆　植松　清次（千葉県暖地園芸試験場）　　　　　　　　　　　　（1997年）

　　改訂　竹内　純（東京都島しょ農林水産総合センター八丈事業所）　　（2010年）

えそ輪紋病

【トマト黄化えそウイルス】
英名：Tomato spotted wilt virus
別名：—
学名：***Tomato spotted wilt virus*** **(TSWV)**
《ウイルス（*Tospovirus*）》

[多発時期] 周年
[伝染源] 被害植物
[伝染・侵入様式] アザミウマ類の媒介
[発生・加害部位] 葉，茎
[発病・発生適温] 媒介虫の活動期
[湿度条件] 特になし
[他の被害作物] 多犯性

(1) 被害のようすと診断ポイント

発生動向 多発傾向にある。

初発のでかたと被害 多くの作物で知られているTSWVの特徴的な病徴は，葉に輪紋状のモザイクと茎えそ，葉脈えそである。ガーベラでは輪紋はあまりはっきりとしない。葉脈えそを起こすため，一部の葉脈や葉脈に沿った部分が赤色になる。その後，そうした部分は不規則な葉枯れ症状を呈する。

多発時の被害 症状が圃場全体にぽつぽつと認められるようになったら多発である。

診断のポイント 展開後の葉にえそ症状が見られる。

防除適期の症状 一度感染したらその株はウイルスを取り除くことができないので，あくまでも感染予防を重点におく。

類似症状・被害との見分けかた 特になし。

(2) 病原・害虫の生態と発生しやすい条件

生態・生活サイクル 本ウイルスはミカンキイロアザミウマという防除が非

常にやっかいなアザミウマ類によって媒介される。そのほかに，野菜や花の害虫のミナミキイロアザミウマ，ヒラズハナアザミウマなどの7種類ほどが媒介虫として知られている。

アザミウマ類幼虫が吸汁して取り込まれたTSWVは虫体内で増殖する。アザミウマ類成虫は飛び回り，体内で増殖したTSWVを吸汁時に伝搬する。一度保毒したアザミウマ類は終生伝染能力があるが，親から卵にはウイルスは移らない。

本病はアザミウマ類の密度が高いとウイルスを保毒する虫数も多くなり，病気が多発すると圃場の保毒虫率も高まる。また，一度感染した植物からはウイルスは除けない。株分けでも広がる。ただし，種子伝染はない。

発生しやすい条件　媒介虫が必要なウイルスでは圃場に媒介虫の存在が必要である。

(3) 防除のポイント

耕種的防除　圃場内へ侵入防止のために，紫外線カットフィルムなどを利用する防除法がある。外から雌成虫の飛込みを防ぐため，サイド，天窓，換気窓などの開口部をシルバー寒冷紗（ダイオミラー）で覆う。また，施設周囲には寒冷紗や防風網で障壁をつくる。

媒介虫を多発させない。伝染源となる被害株は抜いて焼却する。またウイルスに感染した株からは株分けをしない。

媒介虫を入れないために（特にミカンキイロアザミウマ），よけいな鉢花や苗を購入したりして，圃場内や圃場周辺の花壇に植えない。ミカンキイロアザミウマは金竜（黄，ピンク色）などの着色粘着紙に成虫が誘引されるので，圃場に数個とりつけておくと発生密度の目安になり，防除の参考にできる。

生物防除　特になし。

農薬による防除　アザミウマ類防除を参照すること。

オルトラン水和剤および粒剤，ハチハチフロアブルを品種ごとに薬害をチェックしたあと使用する。

効果の判断と次年度の対策　発生がなければ，防除効果があったものとする。

執筆　植松　清次（千葉県暖地園芸試験場）　　　　　　　　　（1997年)

えそ輪紋病

改訂　竹内　純（東京都島しょ農林水産総合センター八丈事業所）　　（2010年）

主要農薬使用上の着眼点 (竹内純, 2010)

（回数は同一成分を含む農薬の総使用回数）

商品名	一般名	使用倍数・量	使用時期	使用回数	使用方法
《有機リン剤》					
オルトラン水和剤	アセフェート水和剤	1000～1500倍	発生初期	5回以内	散布
オルトラン粒剤	アセフェート粒剤	3～6kg/10a	発生初期	6回以内	株元散布

作物群, 花卉類・観葉植物での登録であり, 薬害などに留意すること

商品名	一般名	使用倍数・量	使用時期	使用回数	使用方法
《ピラゾール系剤》					
ハチハチフロアブル	トルフェンピラド水和剤	1000倍・100～300l/10a	発生初期	4回以内	散布

作物群, 花卉類・観葉植物での登録であり, 薬害などに留意すること

株枯病

英名：Haematonectria blight, Crown and root rot, Nectria blight
別名：—
学名：***Fusarium striatum* Sherbakoff**（不完全世代）
　　　《糸状菌／不完全菌類》

英名：Haematonectria blight, Crown and root rot, Nectria blight
別名：—
学名：***Haematonectria ipomoeae* (Halsted) Samuels & Nirenberg**
　　　《糸状菌／子のう菌類》

英名：Haematonectria blight, Crown and root rot, Nectria blight
別名：—
学名：***Fusarium oxysporum* Schlechtendal f. sp. *radicis-lycopersici*
Jarvis & Shoemaker**
　　　《糸状菌／不完全菌類》

［多発時期］周年
［伝染源］被害残渣，被害植物中の子のう胞子・厚壁胞子，分生子，保菌苗の持込み
［伝染・侵入様式］分生子の飛散，空気伝染，種苗伝染，土壌伝染
［発生・加害部位］地際部，クラウン，根部（まれに花，花梗，葉柄）
［発病・発生適温］25～30℃，10～20℃（花壇苗栽培）
［湿度条件］過湿
［他の被害作物］トマト，ピーマン，ファレノプシス，ドリテノプシス，ニセアカシアなど

（1）被害のようすと診断ポイント

発生動向　本病の発生は欧米諸国で以前から報告があったが，国内では
1998年に養液栽培において初めて確認された（現地情報では1995年ころから
発生あり）。現在，ガーベラでの発生は養液栽培を中心に確認されており，なか
でもロックウール栽培における発生が最も多く，少しずつ発生が拡大している

状況であり，今後気をつけなければならない病害のひとつである。

春季に出荷される花壇苗栽培で生産量の1～3%の割合で発生が見られ，出荷できず廃棄につながっている。発生は年次変動が大きい。

初発のでかたと被害　苗（育苗期間）～本圃（定植後～収穫時期）にかけて周年発生する。

はじめ主株または分げつ株の葉が黄化後，しだいに萎凋し，のちに枯死する。その後，しだいに株全体に同様の症状が拡大し，最後には萎凋・枯死する。

根部の表面は，部分的に褐～黒色を呈するが，地上部の症状が進行するとともに根全体が腐敗してくる。根部およびクラウンの導管部は褐～黒色を呈する。

苗の場合は発病後，急激に萎凋・枯死する。

本圃での発病は，本病の病原性が他の萎凋性病害と比較し病原性が弱く，感染から発病するまでに時間を要する。

ガーベラの植物としての特性上，数多く分げつするために，発病から株全体が萎凋し枯死するまで長期間を要する。そのために，現場では病害によるものと認識ができずに株が枯死するまで収穫を続けていることがあり，それが被害を多くしている原因でもある。

本病は，分げつ株の株枯れが徐々に増加するために採花本数の減少，品質低下が発生し収量に大きく影響する。

花壇苗栽培では春季出荷分で発生する。

花壇苗では春先に下葉が黄化または萎れる。病原性は強くない。株全体が萎凋・枯死まで至るものは少ない。罹病株のクラウン内部は褐変し，根は腐敗・脱落する。

多発時の被害　高温時，排水不良・多湿条件圃場で発生しやすい。

育苗期間に発生すると，苗不足を生じる。

生育後半の株疲れ時に発生しやすい。

地際部などの分生子飛散により，花の奇形，葉柄の褐変・萎凋が発生する場合がある。

花壇苗栽培では，年次により生産量の1～3%で発生し，多発は認められない。

診断のポイント　株全体または株の一部（分げつ株）の葉が黄化し，ゆっく

りと萎凋しのちに枯死する。根部およびクラウン部の内部は褐〜黒変する。地際部，根部には橙赤色の子のう殻および淡桃色の分生子塊が認められる。

花壇苗栽培では下葉の黄化，萎れが見られ，クラウンを切断すると内部に褐変が見られる。また，根は腐敗・脱落する。

防除適期の症状　育苗期から定期的に殺菌剤の予防防除が必須である。

類似症状・被害との見分けかた　立枯れ症状を起こす病害として，疫病，根腐病，白絹病，半身萎凋病などがある。

他の病害との大きな違いは，症状が急激に萎凋せずにゆっくりと時間をかけて少しずつ萎凋・枯死する点である。

地際部，根部には橙赤色の子のう殻および淡桃色の分生子塊が認められるので，判別しやすい。

(2) 病原・害虫の生態と発生しやすい条件

生態・生活サイクル　多犯性の病原菌である。

病原菌は，地際部，根部および被害葉などに多数の子のう殻，分生子塊を形成する。とくにロックウール栽培では，地際部に分生子塊と子のう殻を多数形成し，最も重要な伝染源となり，水滴や風などにより伝搬される。

子のう殻は被害葉と根部の間に形成されやすく，収穫や葉かき作業による傷から容易に作物体内に侵入しやすくなっている。

花壇苗栽培では種子や培土および資材が伝染源となる。鉢上げ時の傷から感染しやすい。

発生しやすい条件　養液栽培（とくにロックウール栽培），生育不良苗の定植，多湿条件下，生育後半の株疲れ時，未熟有機物施用土壌など。

(3) 防除のポイント

耕種的防除　排水不良畑では排水を良好にし，地下水位の高い圃場では栽培をしない。

前作で発病したときに用いた資材（ベッド，ロックウールマットなど）は十分に消毒するか，新品と交換する。

被害株茎葉などはていねいに抜き取り焼却する。

茎葉が過繁茂にならないように，まめに葉かきをし，通風管理を行なう。

未熟有機物の施用は避けて完熟堆肥を施用する。

花壇苗栽培では種子消毒を行ない，新品の培土や資材を用いる。栽培圃場の架台など植物と直接触れる部分を次亜塩素酸カルシウム製剤などで消毒を行なう。鉢上げ時に根やクラウン部分に極力傷をつけないようにする。

生物防除　とくになし。

農薬による防除　本病に登録のある薬剤は現在ない。

効果の判断と次年度の対策　作付け後，発生が認められない場合は防除効果があったと判断する。

発病部位に形成される橙赤色の子のう殻とともに被害株を圃場内に残さない。

生育不良な苗は定植しない。

花壇苗栽培では生育不良な苗は早期に除去する。

執筆　菅野　博英（宮城県石巻地域農業改良普及センター）　　　　　　　（2002年）

改訂　内橋　嘉一（兵庫県立農林水産技術総合センター）　　　　　　　（2018年）

斑点細菌病

斑点細菌病

英名：Bacterial blight
別名：—
学名：***Pseudomonas cichorii*** **(Swingl 1925) Stapp 1928**
《糸状菌／不完全菌類》

[多発時期] 露地栽培，6〜8月
[伝染源] 被害茎葉，土壌など
[伝染・侵入様式] 水および土壌による伝染
[発生・加害部位] 葉
[発病・発生適温] 20〜28℃
[湿度条件] 多湿下で発生
[他の被害作物] 多数の花卉，野菜類

(1) 被害のようすと診断ポイント

発生動向　ガーベラ斑点細菌病は神奈川県厚木市で切り花用に栽培されていたバンウノック系品種に発生していた。発生圃場では在来系品種も栽培されていたが，それには発生しておらず，品種間で抵抗性に差があるものと考えられる。

初発のでかたと被害　本病は葉，葉柄に発生する。葉枯れや斑点，腐敗症状を起こす。病斑は最初，暗色不正形の水浸状斑で，のち暗色〜黒褐色となる。この病斑はしだいに拡大，病斑相互が融合して大形病斑となる。葉縁部に形成された病斑は葉脈に沿って進展，拡大してクサビ形病斑となったり，縁枯れ症状を呈したりする。

多発時の被害　病斑は病勢の進展に伴い葉肉組織が消失して薄皮状となる。乾燥，湿潤の繰り返しが多い梅雨期には，病斑の進展が天候の影響を受けて，輪紋状を呈することがある。

診断のポイント　特に古い病斑は菌類病の病斑に類似して誤診断しやすいが，周辺の新鮮な病斑に水浸状斑のあることを観察すると診断の確率が高まる。また，病組織からの細菌の溢出を観察すると確実な診断が可能である。

393

防除適期の症状　不明。

類似症状・被害との見分けかた　初期病斑が水浸状を呈すること，病斑部に菌類の器官が存在しないことで判別する。

(2) 病原・害虫の生態と発生しやすい条件

生態・生活サイクル　本病原細菌はキク斑点細菌病，オクラ葉枯細菌病，レタス腐敗病，クローバー葉枯細菌病を起こし，多くのキク科雑草に感染・発病する。また，それらの根圏土壌で越冬し，感染源となる。

発生しやすい条件　比較的冷涼で，多湿条件下で多発生する。

(3) 防除のポイント

耕種的防除　伝染源となる寄主植物や雑草の除去，発病葉の早期摘葉は効果的であろう。

生物防除　特になし。

農薬による防除　現在，登録薬剤なし。

効果の判断と次年度の対策　不明。

執筆　陶山　一雄（東京農業大学農学部）　　　　　　　　　　（1997年）

改訂　竹内　純（東京都島しょ農林水産総合センター八丈事業所）　　（2010年）

紫斑病

英名：Cercospora leaf spot
別名：—
学名：*Cercospora gerberae* **Chupp et Viégas**
《糸状菌／不完全菌類》

［多発時期］9～11月
［伝染源］罹病植物体および被害残渣の病斑上の分生子
［伝染・侵入様式］風，降雨，灌水による分生子の飛散
［発生・加害部位］茎葉部
［発病・発生適温］20～25℃付近
［湿度条件］多湿
［他の被害作物］ガーベラに特異的な病害である

(1) 被害のようすと診断ポイント

発生動向　多湿で発生しやすい。

初発のでかたと被害　葉に紫褐色，不整円形病斑を生じる。

多発時の被害　病斑周辺部から黄化，葉枯れを起こす。

診断のポイント　紫褐色の小斑点を多数生じ，個々の病斑は1cm以下であるが，融合して大型化する。

防除適期の症状　病斑を認めたら，ただちに病葉を除去する。発生が継続する株は廃棄する。

類似症状・被害との見分けかた　紫褐色の病斑で個々の病斑はあまり大きくはならない。

(2) 病原・害虫の生態と発生しやすい条件

生態・生活サイクル　罹病植物体および被害残渣の病斑上の分生子が伝染源となる。

発生しやすい条件　高湿度条件下で発生しやすい。

(3) 防除のポイント

耕種的防除　過灌水を避ける。換気を良好に保つ。

生物防除　なし。

農薬による防除　現状ではガーベラの紫斑病には登録農薬がない。

効果の判断と次年度の対策　罹病株，罹病葉の除去。健全苗の植付け。

　　執筆　竹内　純（東京都農林総合研究センター）　　　　　　　　　　　　（2005年）

　　改訂　竹内　純（東京都島しょ農林水産総合センター八丈事業所）　　　（2010年）

うどんこ病

うどんこ病

英名：Powdery mildew

別名：—

学名：***Sphaerotheca fuliginea* (Schlechtendal: Fries) Pollacci**（完全世代）

《糸状菌／子のう菌類》

[多発時期] 春から初夏，秋

[伝染源] ハウス内では年間発生する。露地では子のう殻を形成し，伝染源となる

[伝染・侵入様式] 子のう殻は施設栽培ではほとんどみかけない。施設内では分生子を多量に形成する。分生子が風によって周辺に広がる

[発生・加害部位] 葉，花梗，花弁

[発病・発生適温] 20〜25℃

[湿度条件] 比較的乾燥した環境

[他の被害作物] ナス科，ウリ科，マメ科，キク科，ゴマノハグサ科などの多数の野菜，花卉類

(1) 被害のようすと診断ポイント

発生動向　多発生。

初発のでかたと被害　葉に発生し，はじめうっすらとした粉状の斑点となって現われる。やがて葉全体に広がる。他の作物のようにうどん粉をふりかけたように真っ白くならないので，ほこりがかぶったようになっているものと誤り，気がつかない場合が多い。葉はしだいに生気を失って黄化する。

ハウス内では周年発生するが，春先から6月ころまでに発生が多い。

多発時の被害　上葉まで葉が真っ白になった株があちこちに認められる。

診断のポイント　葉に発生し，はじめうっすらとした粉状の斑点となって現われる。やがて葉全体に広がる。

防除適期の症状　下葉にうどんこ状に斑点が認められるとき。

類似症状・被害との見分けかた　葉にうっすらと生じるすす病は黒っぽくなる。これは，アブラムシやオンシツコナジラミが発生する甘露（虫の排尿）上

397

に発生するカビである。

(2) 病原・害虫の生態と発生しやすい条件

生態・生活サイクル　子のう殻を形成するというが，施設栽培ではほとんどみかけることはない。病斑上に子のう殻を形成すると，子のう胞子が第一次伝染源となる。施設内では病斑上に分生子を多量に形成する。分生子で，風によって周辺に広がる。

発生しやすい条件　密植，葉かき不足で下葉に生じる。

(3) 防除のポイント

耕種的防除　葉かきをまめにする。

生物防除　特になし。

農薬による防除　トリフミン水和剤およびパンチョTF顆粒水和剤が有効である。発病により生育が抑制されるため，発生初期からの防除を心がけたい。

効果の判断と次年度の対策　うどん粉様病斑が生じなければ，効果があったとする。

執筆　植松　清次（千葉県暖地園芸試験場）　　　　　　　　　　（1997年）

改訂　竹内　純（東京都島しょ農林水産総合センター八丈事業所）　（2010年）

主要農薬使用上の着眼点(竹内純, 2010)

（回数は同一成分を含む農薬の総使用回数）

商品名	一般名	使用倍数・量	使用時期	使用回数	使用方法
《EBI剤》					
トリフミン水和剤	トリフルミゾール水和剤	3000倍	発病初期	5回以内	散布
作物群, 花卉類・観葉植物での登録であり, 薬害などに留意すること					
《混合剤》					
パンチョTF顆粒水和剤	シフルフェナミド・トリフルミゾール水和剤	2000倍・100〜300l/10a	—	2回以内	散布
作物群, 花卉類・観葉植物での登録であり, 薬害などに留意すること					

疫病

疫病

英名：Phytophthora rot
別名：—
学名：***Phytophthora nicotianae* van Breda de Haan**
《糸状菌／卵菌類》

［多発時期］5～10月，盛夏に雨が多いと多発
［伝染源］土壌伝染
［伝染・侵入様式］被害植物中あるいは土壌中の卵胞子，遊走子による水媒伝染
［発生・加害部位］葉，クラウン，根
［発病・発生適温］27～35℃
［湿度条件］過湿
［他の被害作物］ウリ科，キク科，ナス科，セリ科，ユリ科，ヒガンバナ科，ナデ
シコ科，ラン科，ゴマノハグサ科，パイナップル，カンキツなど多数の植物の
疫病

(1) 被害のようすと診断ポイント

発生動向　少発生。

初発のでかたと被害　高温時，排水不良で多湿になりやすい土壌で栽培したものに発生しやすい。

多発時の被害　圃場のあちこちで連続するように萎凋株が発生する。葉がはじめ青枯れ，後にかさかさに乾燥した株があちこちに散見される。

診断のポイント　茎葉が青枯れるように萎凋し，地下部の茎や根は褐色から黒褐色に変色し，軟化腐敗する。

防除適期の症状　しおれた株が認められたときは防除をする。また，激しい降雨が施設に流入したり，周辺からかなり浸透してきたりした場合は防除する必要がある。

類似症状・被害との見分けかた　立枯れ症状を起こす病害として，疫病，根腐病，白絹病などがある。根腐病と区別が困難である。半身萎凋病は葉の半身が紫色や黄化したり，展開している葉がやや黄化したほうへ湾曲したりする。

根冠部を切断すると導管部が黒変している。白絹病は白色菌糸と菌核を形成することから他の病害と区別される。

半身萎凋病や根腐病は夏季はあまり発生しないのに対し、疫病と白絹病は高温時に発生する。

(2) 病原・害虫の生態と発生しやすい条件

生態・生活サイクル 病原菌は卵胞子の形で土壌中に長く生存する。条件がよいと、卵胞子が発芽し、菌糸（遊走子のう柄）の先に遊走子のうを形成する。遊走子のう内では、遊走子が分化し、遊走子のう先端から放出される。遊走子は2本の鞭毛で遊泳して根やクラウンに達し、菌糸を伸ばして侵入し感染する。また、降雨などで過湿状態が続くと、発病部位の菌糸から遊走子のうが形成され、遊走子が周辺に放出される。

発生しやすい条件 低湿地、排水不良な場所に発生しやすい。また、大雨で施設内へ雨水が周辺から流入した場合も発生しやすい。

(3) 防除のポイント

耕種的防除 多雨時期に栽培圃場が過湿にならないように、明渠、暗渠を設置する。また、高うね栽培にする。根が十分に張ったら、株元には灌水しないで、いつもできるだけ乾いた状態にしておき、離れた位置に灌水する。

被害株はていねいに抜き取り、焼却する。まめに葉かきを行ない、株元の通風をはかる。

生物防除 特になし。

農薬による防除 プレビクールN液剤400～600倍液3l/m²、リドミル粒剤2の20kg/10a処理が有効である。

効果の判断と次年度の対策 発生が認められなければ効果があったものとする。

　　執筆　植松　清次（千葉県暖地園芸試験場）　　　　　　　　　　　　（1997年）

　　改訂　竹内　純（東京都島しょ農林水産総合センター八丈事業所）　　（2010年）

疫病

主要農薬使用上の着眼点（竹内純, 2010）

（回数は同一成分を含む農薬の総使用回数）

商品名	一般名	使用倍数・量	使用時期	使用回数	使用方法
《プロパモカルブ塩酸塩剤》					
プレビクールN液剤	プロパモカルブ塩酸塩液剤	400〜600倍	発病初期	8回以内	希釈液3l/m² 土壌灌注

作物群, 花卉類・観葉植物での登録であり, 薬害などに留意すること

《酸アミド系剤》					
リドミル粒剤2	メタラキシル粒剤	20kg/10a	定植時または生育期	3回以内	土壌表面散布

作物群, 花卉類・観葉植物での登録であり, 薬害などに留意すること

ガーベラ／病気

401

菌核病

別名：Sclerotinia stem rot
別名：菌核
学名：***Sclerotinia sclerotiorum* (Libert) de Bary**
　　　《糸状菌／子のう菌類》
［多発時期］施設では晩秋～春，露地では4～5月と9～11月
［伝染源］空気伝染。土壌中に越年した菌核
［伝染・侵入様式］菌核が水分を得て発芽し，小さい子のう盤を地上部に形成する。
　　子のう盤には多数の胞子が形成され，胞子により伝染する
［発生・加害部位］地際茎部，葉
［発病・発生適温］15～20℃
［湿度条件］多雨，多湿
［他の被害作物］アブラナ科，キク科，ウリ科，マメ科，セリ科，ナス科，ナデシ
　　コ科など多数の野菜，花卉類

(1) 被害のようすと診断ポイント

発生動向　多発。

初発のでかたと被害　施設では晩秋～春，露地では4～5月と9～11月ころ
に，低温（15～20℃）多雨が続くと発生しやすい。地際部茎部や花茎に白い
綿状のカビが発生する。灰褐色に軟化腐敗して葉が萎れる。ロックウール栽培
でもしばしば多発する。

多発時の被害　多くの株が萎凋枯死する。

診断のポイント　被害部は水浸状となり，白色綿毛状の菌糸と，はじめ白色
で成熟するとネズミの糞大の黒色の菌核が認められる。花梗を裂くと，内側に
形成しているのが観察されることがある。

防除適期の症状　低温かつ長雨が続いた時期に，数株が萎凋しはじめ，上記
の症状が観察された時期。

類似症状・被害との見分けかた　他の萎凋症状には黒色菌核は形成されない。

(2) 病原・害虫の生態と発生しやすい条件

生態・生活サイクル　第一次伝染源は被害株に生じた菌核である。菌核は越冬または越夏する。18～20℃で長雨が続き多湿条件のときに発芽し，子のう胞子を飛散して蔓延する。

発生しやすい条件　長雨が続くような春・秋。

(3) 防除のポイント

耕種的防除　第一次伝染源は被害株に生じた菌核であるので，菌核をつくる前に発病株を抜き取って焼却する。菌核ができてからは菌核を残さないように注意する。

発生圃場を蒸気あるいは温湯消毒する場合は，80℃以上で，10～15分程度とする。

生物防除　なし。

農薬による防除　トップジンM水和剤1,500倍を発生ごく初期から散布する。

効果の判断と次年度の対策　発生が引き続きなければ効果があったと判断してよい。

　　執筆　植松　清次（千葉県暖地園芸試験場）　　　　　　　　　　（1997年）

　　改訂　竹内　純（東京都島しょ農林水産総合センター八丈事業所）　　（2010年）

主要農薬使用上の着眼点（竹内純, 2010）

（回数は同一成分を含む農薬の総使用回数）

商品名	一般名	使用倍数・量	使用時期	使用回数	使用方法
《ベンゾイミダゾール系剤》					
トップジンM水和剤	チオファネートメチル水和剤	1500倍	—	5回以内	散布

作物群, 花卉類・観葉植物での登録であり, 薬害などに留意すること

白絹病

英名：Southern blight
別名：—
学名：***Sclerotium rolfsii* Saccardo**
《糸状菌／不完全菌類》

[多発時期] 梅雨～初秋，特に梅雨明け～盛夏
[伝染源] 被害植物上の菌核
[伝染・侵入様式] 菌核が浅い土壌中に混入
[発生・加害部位] 菌糸により地際部の茎，地面に接した葉や地表近くの根部
[発病・発生適温] 高温29～35℃，夜温は高いほうが発生しやすい
[湿度条件] 土壌湿度が乾かない程度のやや過湿
[他の被害作物] マメ類，野菜；果菜類・茎葉菜類・根菜類，球根類，切り花類，鉢花類などの多くの作物

（1）被害のようすと診断ポイント

発生動向 多発。

初発のでかたと被害 梅雨～初秋，特に梅雨明け～盛夏に，はじめ地際部付近の表面に貼りつくように白い絹糸状の菌糸が放射状に伸びているのが観察される。

多発時の被害 地際部の茎や葉柄，根が腐敗する。萎凋枯死する。

診断のポイント 梅雨～初秋，特に梅雨明け～盛夏に，はじめ地際部付近の表面に貼りつくように白い絹糸状の菌糸が放射状に伸びているのが観察される。また，菌糸上にははじめ白色，成熟すると褐色になる，大きさが1～2mmの仁丹粒程度の菌核が形成される。

防除適期の症状 数株程度の萎凋が認められた初発の時期。常発地では梅雨時から梅雨明け時。

類似症状・被害との見分けかた 立枯れ症状を起こす病害として，疫病，根腐病，白絹病などがある。根腐病と区別が困難である。半身萎凋病は葉の半身が紫色や黄化したり，展開している葉がやや黄化したほうへ湾曲したりする。

根冠部を切断すると導管部が黒変している。白絹病は白色菌糸と菌核を形成することからほかの病害と区別される。

半身萎凋病や根腐病は夏季はあまり発生しないのに対し，疫病と白絹病は高温時に発生する。

(2) 病原・害虫の生態と発生しやすい条件

生態・生活サイクル　第一次伝染源は被害株上に生じた菌核。菌核は越冬して翌年の高温多湿時期に発芽し，菌糸を伸ばして周辺の残渣や植物体に広がる。

発生しやすい条件　酸性土壌で発生しやすい。また，生わらや青刈りの未分解粗大有機物をすき込んだりすると多発する。

(3) 防除のポイント

耕種的防除　第一次伝染源は被害株に生じた菌核であるので，菌核をつくる前に発病株を抜き取って焼却する。菌核ができてからは菌核を残さないように注意する。

酸性土壌で発生しやすいので，土壌pHを高くする。完熟堆肥を使用し，生わらなどの粗大有機物はすき込んだり，マルチには使用しない。

生物防除　特になし。

農薬による防除　多発生のごく初期から，モンカットフロアブル40を1,000倍で株元に散布する。

効果の判断と次年度の対策　発生がなければ，防除効果があったものとする。発生が多くなった圃場では，翌年6月ころから発生に注意し，薬剤処理を行なう。

執筆　植松　清次（千葉県暖地園芸試験場）　　　　　　　　　　（1997年）

改訂　竹内　純（東京都島しょ農林水産総合センター八丈事業所）　（2010年）

白絹病

主要農薬使用上の着眼点（竹内純, 2010）

（回数は同一成分を含む農薬の総使用回数）

商品名	一般名	使用倍数・量	使用時期	使用回数	使用方法
《酸アミド系剤》					
モンカットフロアブル40	フルトラニル水和剤	1000〜2000倍・100〜300l/10a	—	3回以内	株元散布

作物群, 花卉類・観葉植物での登録であり, 薬害などに留意すること

ガーベラ／病気

炭疽病

炭疽病

英名：Anthracnose
別名：—
学名：***Colletotrichum* sp.**
《糸状菌／不完全菌類》
［多発時期］5月下旬～11月中旬
［伝染源］被害葉上の分生子層，菌糸で越年し，伝染源となる
［伝染・侵入様式］分生子層に生じた分生子が雨滴の飛沫で飛散し，空気伝染する
［発生‐加害部位］葉，葉柄，花梗
［発病‐発生適温］不詳
［湿度条件］不詳
［他の被害作物］不詳

（1）被害のようすと診断ポイント

発生動向　施設栽培ではまったく問題とならない。

初発のでかたと被害　春から秋にかけて発生する。葉には水浸状の暗褐色の円形病斑を生じ，拡大して暗紫色～黒褐色の丸～不正形の病斑となる。葉柄や花梗では水浸状の暗紫色のややくぼんだ斑点を生じ，拡大して暗紫色～黒褐色の病斑となる。病斑部から折れやすくなる。

多発時の被害　多くの葉，葉柄，花梗に上記の症状が現われると多発。

診断のポイント　類似症状・被害との見分けかたを参照。

防除適期の症状　数葉の葉に小斑点が認められはじめたら防除が必要である。

類似症状・被害との見分けかた　斑点を生じるものとして，斑点細菌病，斑点病，炭疽病，灰色かび病などがあるが区別が難しい。

斑点細菌病は冬から春にかけて，過湿の状態が続くと葉に発生する。最初に暗色の水浸状斑点が形成され，後に拡大してハローを伴う褐色の円形ないし不正形の円形病斑となる。葉縁部に形成された病斑は葉脈に沿って進展する。最後は病斑部の葉肉部が消失し，灰白色の紙状になる。

斑点病は紫褐色または茶褐色の斑点となって現われる。斑点は同心円的に拡

大する。古い病斑上には黒い小さなつぶつぶ（分生子殻）が認められる。

灰色かび病は病斑状にうっすらと灰色のカビを生じる。

炭疽病は暗紫色～黒褐色の丸い病斑となる。葉柄や花梗ではややくぼんだ斑点を生じ，拡大して暗紫色～黒褐色の病斑となる。条件がよいと病斑上に粉状のサーモンピンクの分生子を生じる。

(2) 病原・害虫の生態と発生しやすい条件

生態・生活サイクル　病原菌は被害葉，葉柄，花梗上に分生子層や菌糸で生存し，温度が高くなると，分生子層上に分生子を多数形成する。雨滴の飛沫などに乗り，周辺に分生子が拡散し，伝染する。

発生しやすい条件　高温多雨で発生しやすい。

(3) 防除のポイント

耕種的防除　病葉の葉かきをまめに行なう。病葉，残渣は焼き捨てる。施設栽培で発生を見たことがないので，露地では雨が多い春から梅雨時には雨よけ栽培を行なう。

生物防除　特になし。

農薬による防除　現在，登録薬剤はない。

効果の判断と次年度の対策　葉かき作業により病葉は認められなくなり，発生が止まれば，防除効果があったと判断する。

　　執筆　植松　清次（千葉県暖地園芸試験場）　　　　　　　　　　（1997年）

　　改訂　竹内　純（東京都島しょ農林水産総合センター八丈事業所）　（2010年）

根腐病

英名：Phytophthora root rot, Wilt, Crown rot
別名：疫病，根腐疫病
学名：***Phytophthora megasperma* Drechsler**
　　　《糸状菌／卵菌類》

英名：Phytophthora root rot, Wilt, Crown rot
別名：疫病，根腐疫病
学名：***Phytophthora cryptogea* Pethybridge et Lafferty**
　　　《糸状菌／卵菌類》

［多発時期］秋〜春，雨が多いと多発
［伝染源］土壌伝染
［伝染・侵入様式］被害植物中あるいは土壌中の卵胞子，遊走子による水媒伝染
［発生・加害部位］クラウン，根
［発病・発生適温］20〜27℃
［湿度条件］過湿
［他の被害作物］ウリ科，キク科，ナス科，ナデシコ科，セリ科，アブラナ科，マメ科，
　バラ科など多数の植物の疫病

（1）被害のようすと診断ポイント

発生動向　多発生。

初発のでかたと被害　高温時，排水不良で多湿になりやすい土壌で栽培した
ものに発生しやすい。ロックウール栽培では発生しやすい。

多発時の被害　圃場のあちこちで連続するように萎凋株が発生するが，発生
の進行は比較的ゆっくりしている。葉がはじめ青枯れ，後にかさかさに乾燥し
た株があちこちに散見される。

ロックウール栽培では，はじめ数株が萎凋するが，しだいにレーン全体に萎
凋が広がる。

診断のポイント　茎葉が青枯れるように萎凋し，地下部の茎や根はあめ色に

変色し，軟化腐敗する。

防除適期の症状　あらかじめ圃場は土壌消毒を行なう。しおれた株が認められた場合は防除をする。また，激しい降雨が施設に流入したり，周辺からかなり浸透してきた場合は防除する必要がある。

ロックウール栽培では，改植時に資材を消毒するか，資材すべてを取り替える。

類似症状・被害との見分けかた　立枯れ症状を起こす病害として，疫病，根腐病，白絹病などがある。根腐病と区別が困難である。半身萎凋病は葉の半身が紫色や黄化したり，展開している葉がやや黄化したほうへ湾曲したりする。根冠部を切断すると導管部が黒変している。白絹病は白色菌糸と菌核を形成することから他の病害と区別される。

半身萎凋病や根腐病は夏季はあまり発生しないのに対し，疫病と白絹病は高温時に発生する。

(2) 病原・害虫の生態と発生しやすい条件

生態・生活サイクル　病原菌は卵胞子の形で土壌中に長く生存する。条件がよいと，卵胞子が発芽し，菌糸（遊走子のう柄）の先に遊走子のうを形成する。遊走子のう内では，遊走子が分化し，遊走子のう先端から放出される。遊走子は2本の鞭毛で遊泳して根やクラウンに達し，菌糸を伸ばして侵入し，感染する。また，降雨などで過湿状態が続くと，発病部位の菌糸から遊走子のうが形成され，遊走子が周辺に放出される。

生育適温は疫病菌より低い。死滅温度は50℃前後と考えられる。

発生しやすい条件　低湿地，排水不良な場所に発生しやすい。また，大雨で，施設内へ雨水が周辺から流入した場合も発生しやすい。

ロックウール栽培では病原菌を苗や溶液と一緒に持ち込むと，いっきに根腐病が広がる。

(3) 防除のポイント

耕種的防除　多雨時期に栽培圃場が過湿にならないように，明渠，暗渠を設置する。また，高うね栽培にする。根が十分に張ったら，株元には灌水しない

で，いつもできるだけ乾いた状態にしておき，離れた位置に灌水する。被害株はていねいに抜き取り，焼却する。まめに葉かきを行ない，株元の通風をはかる。

ロックウール栽培では，作付け前に温水で消毒する。すべての資材が60℃以上になるようにする。

生物防除　特になし。

農薬による防除　現在，登録薬剤はない。

効果の判断と次年度の対策　発生が認められなければ効果があったものとする。

執筆　植松　清次（千葉県暖地園芸試験場）　　　　　　　　　　（1997年）

改訂　竹内　純（東京都島しょ農林水産総合センター八丈事業所）　（2010年）

灰色かび病

灰色かび病

英名：Gray mold
別名：ボト，ボトリチス病，葉腐病
学名：***Botrytis cinerea* Persoon**
《糸状菌／不完全菌類》

［多発時期］12〜4月
［伝染源］被害組織上の菌糸，分生子，菌核
［伝染・侵入様式］分生子の風による飛散
［発生・加害部位］葉，葉柄，株元部，花梗，花器
［発病・発生適温］20℃前後の冷涼条件
［湿度条件］多湿
［他の被害作物］マメ類，野菜；果菜類・茎葉菜類・根菜類，球根類，切り花類，鉢花類などの多くの作物

ガーベラ／病気

(1) 被害のようすと診断ポイント

発生動向　中発生。

初発のでかたと被害　低温，過湿の状態が続くと葉や花梗，花に発生しやすい。葉では褐色輪紋状を呈し，灰色のカビを生じる。花梗，花でははじめ水浸状，褐変腐敗し，その後病斑上に灰色のカビを生じる。

多発時の被害　花弁にシミ状の病斑が多数認められたり，株元に灰色のカビが認められ，多くの株が萎凋しはじめたら多発。

診断のポイント　葉柄や花梗に生じた場合，灰色のカビを形成するのでそれとわかるが，葉に斑点を生じる場合は，他の病害と区別が難しい場合がある。

防除適期の症状　低温過湿の状態が数日続いたとき。

類似症状・被害との見分けかた　斑点を生じるものとして，斑点細菌病，斑点病，炭疽病，灰色かび病などがあるが区別が難しい。

斑点細菌病は冬から春にかけて，過湿の状態が続くと葉に発生する。最初に暗色の水浸状斑点が形成され，後に拡大してハローを伴う褐色の円形ないし不正形の円形病斑となる。葉縁部に形成された病斑は葉脈に沿って進展する。最

415

後は病斑部の葉肉部が消失し，灰白色の紙状になる。

斑点病は紫褐色または茶褐色の斑点となって現われる。斑点は同心円的に拡大する。古い病斑上には黒い小さなつぶつぶ（分生子殻）が認められる。

炭疽病は暗紫色〜黒褐色の丸い病斑となる。葉柄や花梗ではややくぼんだ斑点を生じ，拡大して暗紫色〜黒褐色の病斑となる。条件がよいと病斑上に粉状のサーモンピンクの分生子を生じる。

灰色かび病は病斑上にうっすらと灰色のカビを生じる。

(2) 病原・害虫の生態と発生しやすい条件

生態・生活サイクル　多犯性の病原菌である。被害組織に生じた菌糸，分生子，または菌核の形で越夏越年するほか，有機物の上で腐生的に繁殖して伝染源となる。越年した分生子または菌糸や菌核から生じた分生子は，風によって飛散し伝播する。花がらを残しておくと，そこから発生しやすい。

発生しやすい条件　低温，過湿の状態が続くと葉や花梗，花に発生しやすい。

(3) 防除のポイント

耕種的防除　過湿を避ける。ハウス内が夕方にモヤがかかり，早朝に水滴がビニールから落ちるような条件で多発しやすい。灌水に注意し，圃場全面にマルチをする。過湿条件が続く時期は加温を行なって湿度を下げる。

生育が過繁茂となるような施肥や灌水は発病を助長しやすい。葉が込み合わないように，下葉かきをして通風をよくする。

開花後の花を放置すると，花や落下した花弁などが葉に付着した部分から発生することが多く，咲き終わった花梗は取り除く。このような花梗は通路に放置しないで，持ち出して焼却する。

生物防除　特になし。

農薬による防除　薬剤耐性菌が出やすいため，同一薬剤の連用は避ける。フルピカフロアブル2,000倍，アフェットフロアブル2,000倍，ゲッター水和剤1,000倍，ポリベリン水和剤1,000倍などの薬剤を交互に用いるように心がける。はじめて使用するときは品種ごとに薬害をチェックする。

効果の判断と次年度の対策　その後の発生がなければ，防除効果があったと

灰色かび病

判断してよい。

執筆　植松　清次（千葉県暖地園芸試験場）　　　　　　（1997年）

改訂　竹内　純（東京都島しょ農林水産総合センター八丈事業所）　（2010年）

主要農薬使用上の着眼点 (竹内純, 2010)

(回数は同一成分を含む農薬の総使用回数)

商品名	一般名	使用倍数・量	使用時期	使用回数	使用方法
《アニリノピリミジン系剤》					
フルピカフロアブル	メパニピリム水和剤	2000〜3000倍・100〜300l/10a	発病初期	5回以内	散布
作物群, 花卉類・観葉植物での登録であり, 薬害などに留意すること					
《アニリド系剤》					
アフェットフロアブル	ペンチオピラド水和剤	2000倍・100〜300l/10a	発病初期	3回以内	散布
作物群, 花卉類・観葉植物での登録であり, 薬害などに留意すること					
《混合剤》					
ゲッター水和剤	ジエトフェンカルブ・チオファネートメチル水和剤	1000倍・100〜300l/10a	—	5回以内	散布
ポリベリン水和剤	イミノクタジン酢酸塩・ポリオキシン水和剤	1000倍	発病初期	5回以内	散布
作物群, 花卉類・観葉植物での登録であり, 薬害などに留意すること					

斑点病

英名：Leaf spot
別名：—
学名：***Phyllosticta* sp.**
《糸状菌／不完全菌類》
［多発時期］梅雨時や秋雨など高温多湿の季節
［伝染源］病斑上の分生子殻の中に多数の分生胞子を形成し，伝染源となる
［伝染・侵入様式］空気伝染。分生子殻内に生じた分生子は，雨などによって外へ押し出され，飛沫とともに周辺へ飛散する
［発生・加害部位］葉
［発病・発生適温］やや高温
［湿度条件］梅雨時や秋雨が長く続いたときに発生
［他の被害作物］不詳

（1）被害のようすと診断ポイント

発生動向　露地栽培で発生し，施設栽培では発生しない。

初発のでかたと被害　はじめ葉脈に沿って褐色の小斑点が現われ，しだいに同心円上に拡大し，褐色～黒褐色の円形ないし不正形の大きな病斑となる。よく目を凝らして観察すると，古い病斑上には小さい黒点（分生子殻）が認められる。

多発時の被害　多くの葉に病斑が現われ，多発した葉が枯死する。

診断のポイント　類似症状・被害との見分けかたを参照。

防除適期の症状　下葉に小斑点が現われたとき。

類似症状・被害との見分けかた　斑点を生じるものとして，斑点細菌病，斑点病，炭疽病，灰色かび病などがあるが区別が難しい。

斑点細菌病は冬から春にかけて，過湿の状態が続くと葉に発生する。最初に暗色の水浸状斑点が形成され，後に拡大してハローを伴う褐色の円形ないし不正形の円形病斑となる。葉縁部に形成された病斑は葉脈に沿って進展する。最後は病斑部の葉肉部が消失し，灰白色の紙状になる。

斑点病は紫褐色または茶褐色の斑点となって現われる。斑点は同心円的に拡大する。古い病斑上には黒い小さなつぶつぶ（分生子殻）が認められる。

炭疽病は暗紫色〜黒褐色の丸い病斑となる。葉柄や花梗ではややくぼんだ斑点を生じ，拡大して暗紫色〜黒褐色の病斑となる。条件がよいと病斑上に粉状のサーモンピンクの分生子を生じる。

灰色かび病は病斑上にうっすらと灰色のカビを生じる。

(2) 病原・害虫の生態と発生しやすい条件

生態・生活サイクル　病斑上に分生子殻を形成し，その中に多数の分生胞子を形成し，伝染源となる。分生子殻内に生じた分生子は，雨などによって外へ押し出され，飛沫とともに周辺へ飛散する。空気伝染。完全世代は未詳。

発生しやすい条件　やや高温多湿時。梅雨時や秋雨が長く続いたときに発生する。

(3) 防除のポイント

耕種的防除　病葉の葉かきをまめに行なう。病葉，残渣は焼き捨てる。施設栽培で発生を見たことがないので，露地では雨が多い春から梅雨時には雨よけ栽培を行なう。

生物防除　特になし。

農薬による防除　現在，登録薬剤はない。

効果の判断と次年度の対策　葉かき作業により，病葉は認められなくなり，発生が止まれば，防除効果があったと判断する。

　　執筆　植松　清次（千葉県暖地園芸試験場）　　　　　　　　　　（1997年）

　　改訂　竹内　純（東京都島しょ農林水産総合センター八丈事業所）　　（2010年）

半身萎凋病

英名：Verticillium wilt
別名：—
学名：***Verticillium dahliae* Klebahn**
《糸状菌／不完全菌類》
［多発時期］施設栽培では夏季は発生が緩慢となる
［伝染源］枯死葉や葉柄の微小菌核
［伝染・侵入様式］連作によって被害が激しくなる。根から感染し，菌糸が導管内
　に広がる
［発生・加害部位］根，茎，葉
［発病・発生適温］18〜25℃
［湿度条件］特にない
［他の被害作物］菌群によって異なるがキク科，ナス科，アオイ科など，多くの作
　物に発生

（1）被害のようすと診断ポイント

発生動向　中発生。

初発のでかたと被害　下葉に黄化が始まる。また，葉の半身が紫色や黄化し
たり，展開している葉がやや黄化したほうへ湾曲したりする。株はしだいに生
育が衰えたり，急激に萎凋枯死したりする。発病はじめの株は，外見上，根や
株元には異常は認められないが，根冠部を切断すると導管部が黒変している。
　発病は低温時期に多いが，進展は緩慢で，高温期になり株疲れを起こしたよ
うに枯死する。

多発時の被害　多くの株が連続して枯死する。

診断のポイント　葉の半身が紫色や黄化したり，展開している葉がやや黄化
したほうへ湾曲したりする。根冠部を切断すると導管部が黒変している。

防除適期の症状　適期は作付け前で，土壌くん蒸剤で徹底した土壌消毒を行
なう。

類似症状・被害との見分けかた　立枯れ症状を起こす病害として，疫病，根

腐病，白絹病などがある。根腐病と区別が困難である。半身萎凋病は葉の半身が紫色や黄化したり，展開している葉がやや黄化したほうへ湾曲したりする。根冠部を切断すると導管部が黒変している。白絹病は白色菌糸と菌核を形成することからほかの病害と区別される。

　半身萎凋病や根腐病は夏期はあまり発生しないのに対し，疫病と白絹病は高温時に発生する。

(2) 病原・害虫の生態と発生しやすい条件

　生態・生活サイクル　伝染源は枯死葉や葉柄に多量の黒色の微小菌核（大きさ50～300μm）を形成し，土壌中に7～8年以上生存する。連作によって被害が激しくなる。本菌は根から感染し，菌糸が導管内に広がるため，茎葉や根の維管束が褐変する。

　発生しやすい条件　高土壌pH（7以上）で発生しやすい。

(3) 防除のポイント

　耕種的防除　発病株はていねいに根ごと抜き去り，焼却する。
　生物防除　特になし。
　農薬による防除　伝染源となる微小菌核を防除する。作付け前にガスタード微粒剤またはバスアミド微粒剤20～30kg/10aなど適用のある薬剤で土壌消毒を行なう。連作しない。
　効果の判断と次年度の対策　作付け後に発生が認められなかったら防除効果があったとする。

　　執筆　植松　清次（千葉県暖地園芸試験場）　　　　　　　　　　（1997年）
　　改訂　竹内　純（東京都島しょ農林水産総合センター八丈事業所）　（2010年）

半身萎凋病

主要農薬使用上の着眼点 (竹内純, 2010)

(回数は同一成分を含む農薬の総使用回数)

商品名	一般名	使用倍数・量	使用時期	使用回数	使用方法
《土壌消毒剤》					
ガスタード微粒剤	ダゾメット粉粒剤	20〜30kg/10a	播種または植付け前	1回	本剤の所定量を均一に散布して土壌と混和する
バスアミド微粒剤	ダゾメット粉粒剤	20〜30kg/10a	播種または植付け前	1回	本剤の所定量を均一に散布して土壌と混和する

作物群：花卉類・観葉植物での登録であり, 薬害などに留意すること

青かび病

英名：Penicillium blight
別名：—
学名：*Penicillium olsonii* **Bain. & Sartory**
　　　　《糸状菌／不完全菌類》

［多発時期］周年（おもに11～5月）
［伝染源］被害組織上の菌糸，分生子
［伝染・侵入様式］分生子の風による飛散
［発生・加害部位］花
［発病・発生適温］20～25℃
［湿度条件］多湿
［他の被害作物］温室内のトマトなどの野菜

（1）被害のようすと診断ポイント

発生動向　2007年に静岡県で発生が確認された。

初発のでかたと被害　花弁に緑～黒色の斑点が形成される。蕾時に感染すると花弁の先の部分が緑～黒色に腐敗する。

多発時の被害　花弁に緑～黒色の斑点が多数認められたら多発。このような圃場では，出荷時には健全に見えても市場到着後に腐敗が確認され，クレームの対象となりやすい。

診断のポイント　花弁に形成される初期病斑が緑～黒色で，薄色の花弁の場合は病斑の周辺部が淡緑色となる場合が多い。病徴が進むと病斑は褐変するが，病斑上に青緑色の分生子を形成するので判断できる。

防除適期の症状　過湿条件が数日続いた場合。

類似症状・被害との見分けかた　花弁に斑点を形成する病害には灰色かび病，花腐病などがあるが初期段階では区別は難しい。灰色かび病は病斑上に灰色のカビを生じ，花腐病は褐色～暗褐色の病斑を形成し，病徴が進むと病斑上に連鎖した黒褐色の分生子を形成する。青かび病は病斑が緑～黒色になるので区別できる。

425

(2) 病原・害虫の生態と発生しやすい条件

生態・生活サイクル　被害組織に生じた菌糸，分生子のほか，菌核を形成する場合もある。腐生性の強い菌であるため，残渣などの有機物上で腐生的に繁殖して伝染源になる。

発生しやすい条件　多湿条件下。灰色かび病と同様に20℃前後の気温のときに発生しやすく，混発している場合が多い。

(3) 防除のポイント

耕種的防除　施設内が過湿とならないように換気を行なうとともに，雨天が続くときは加温により湿度を下げる。また葉かきをまめに行ない，開花後の花を圃場に残さなようにし，残渣は圃場外に持ち出して処分する。

生物防除　特になし。

農薬による防除　登録剤は現在のところない。耕種的防除を実施する。

効果の判断と次年度の対策　その後の発生が見られなければ，防除効果があったものと判断できる。

　　執筆　鈴木　幹彦（静岡県農林技術研究所）　　　　　　　　　　（2010年）

茎腐病

英名：Stem and root rot

別名：―

学名：***Rhizoctonia solani* Kühn AG-4**

《糸状菌／不完全菌類》

[多発時期] 定植期

[伝染源] 土壌伝染

[伝染・侵入様式] 菌糸

[発生・加害部位] 地際部，根部

[発病・発生適温] 25～30℃

[湿度条件] 多湿

[他の被害作物] 多数の野菜，花卉類

（1）被害のようすと診断ポイント

発生動向　静岡県で2006年6月に発生が確認された。

初発のでかたと被害　地際の茎葉が褐色に変色し，腐敗する。

多発時の被害　定植後に萎凋株が散見され，周囲の株へ発病が広がる。

診断のポイント　初期は地際の茎や葉柄部に褐色の小斑が形成される。これがのちに拡大し，茎，葉柄を一周するとその上部が萎凋，枯死する。

防除適期の症状　定植前が最も重要な防除期で，発生後の防除は発病の拡大を防ぐ対応だけとなる。

類似症状・被害との見分けかた　立枯れ性の病害として疫病，根腐病，半身萎凋病などがあるが，本病は地際部の茎葉から褐変腐敗するので区別することができる。

（2）病原・害虫の生態と発生しやすい条件

生態・生活サイクル　菌糸や菌核の状態で植物残渣や土壌中に長期間残存する。腐生性の強い菌なので生きた植物体がなくても残存できる。本菌の完全世代は担子胞子を形成，風媒伝染する場合があるが，ガーベラでは確認できてい

ない。

発生しやすい条件　窒素肥料が多い場合や未熟な有機物があると発生が増加するものと考えられる。

(3) 防除のポイント

耕種的防除　発生株は早期に抜き取り除去するとともに，作終了後は健全株を含め，残渣をていねいに圃場外へ搬出，処分する。

生物防除　特になし。

農薬による防除　作付け前に土壌消毒を実施し，発生が確認されたら，花卉類登録のあるリゾレックス水和剤500～1,000倍，$3l/m^2$土壌灌注を実施する。

効果の判断と次年度の対策　その後の発生が見られなければ，防除効果があったものと判断できる。

執筆　鈴木　幹彦（静岡県農林技術研究所）　　　　　　　　　　（2010年）

主要農薬使用上の着眼点（鈴木幹彦, 2010）

（回数は同一成分を含む農薬の総使用回数）

商品名	一般名	使用倍数・量	使用時期	使用回数	使用方法
《有機リン剤》					
リゾレックス水和剤	トルクロホスメチル水和剤	500～1000倍・―	生育期	5回以内	土壌灌注($3l/m^2$)

予防的に作用する薬剤であるため，発生前か発生初期に使用する

花腐病

英名：Flower blight
別名：—
学名：***Alternaria tenuissima* (Kunze: Fries) Wiltshire**
《糸状菌／不完全菌類》

[多発時期] 春から初夏，秋
[伝染源] 被害組織上の菌糸，分生子
[伝染・侵入様式] 分生子の風による飛散
[発生・加害部位] 花心，花弁，葉
[発病・発生適温] 25～30℃
[湿度条件] 多湿
[他の被害作物] 切り花類，鉢花類などの多くの作物

(1) 被害のようすと診断ポイント

発生動向 中発生。灰色かび病と混発している。

初発のでかたと被害 過湿条件が続くと花に褐色の斑点を形成する。品種によっては花心が褐色に腐敗する。

多発時の被害 花弁に褐色の斑点が多数認められたら多発。このような圃場では，出荷時には健全に見えても市場到着後に腐敗が確認され，クレームの対象となりやすい。

診断のポイント 花弁に褐色の斑点や花心部を褐変腐敗させ，病徴が進むと病斑上に連鎖した黒褐色の分生子を形成するので判断できる。

防除適期の症状 過湿条件が数日続いた場合。

類似症状・被害との見分けかた 花弁に斑点を形成する病害には灰色かび病，青かび病などがあるが初期段階では区別は難しい。灰色かび病は病斑上に灰色のカビを生じ，青かび病は病斑が緑～黒色になる。花腐病は褐色～暗褐色の病斑を形成し，病徴が進むと病斑上に連鎖した黒褐色の分生子を形成する。

429

(2) 病原・害虫の生態と発生しやすい条件

生態・生活サイクル　多犯性で，腐生性の強い菌であるので，被害組織に生じた菌糸，分生子のほか，残渣などの有機物上で腐生的に繁殖して伝染源になる。

発生しやすい条件　多湿条件下。灰色かび病や青かび病よりやや高い気温で発生する。

(3) 防除のポイント

耕種的防除　施設内が過湿とならないように換気を行なうとともに，雨天が続くときは加温により湿度を下げる。また，葉かきをまめに行ない，開花後の花を圃場に残さなようにし，残渣は圃場外に持ち出して処分する。

生物防除　特になし。

農薬による防除　登録剤は現在のところない。耕種的防除を実施する。

効果の判断と次年度の対策　その後の発生が見られなければ，防除効果があったものと判断できる。

執筆　鈴木　幹彦（静岡県農林技術研究所）　　　　　　　　　　（2010年）

ピシウム根腐病

ピシウム根腐病

英名：Pythium root rot
別名：—
学名：*Pythium helicoides* **Drechsler**
《糸状菌／卵菌類》

[多発時期] 夏季
[伝染源] 被害残渣，被害植物中の卵胞子，遊走子，保菌苗の持込み
[伝染・侵入様式] 土壌伝染，遊走子
[発生・加害部位] 地際部，根部
[発病・発生適温] 28〜40℃
[湿度条件] 多湿
[他の被害作物] バラ，イチゴ，カランコエ，エリカ，キウイフルーツなど

(1) 被害のようすと診断ポイント

発生動向　2008年6月に静岡県で初発を確認した。

初発のでかたと被害　苗（育苗期間）〜本圃（定植後〜収穫期）にかけて高温期を中心に発生する。根の褐変，葉の縮れ，萎凋を示し，花立ちが悪くなる。

多発時の被害　うねに沿って連続で萎凋株が確認され，病徴が進むと枯死する。

診断のポイント　うねに沿って連続して萎凋株が確認される。

防除適期の症状　土壌伝染性病害のため定植前が最も重要な防除期で，発生後は周囲への感染の防止を図るのみである。

類似症状・被害との見分けかた　立枯れ性病害の疫病，根腐病とは症状で区別することはできない。ただし，根腐病は高温期には発生しにくい。

(2) 病原・害虫の生態と発生しやすい条件

生態・生活サイクル　土壌中の植物残渣内の卵胞子から条件が良くなると胞子のうを形成する。胞子のうの先端に球のうが形成され，この中で遊走子が分化，放出される。遊走子は2本の鞭毛で水中を遊泳して，クラウン，根に定着

431

し，菌糸を伸長させて感染する。多湿条件下では菌糸から胞子のうを形成させて，遊走子を放出する。罹病根内には耐久器官である卵胞子を形成し，次作の感染源となる。

発生しやすい条件　多湿条件。排水不良の圃場では発生が多くなる。台風などの大雨で圃場が冠水すると多発する可能性が高いので注意が必要である。

(3) 防除のポイント

耕種的防除　水媒性の菌であるため栽培土壌が過湿にならないように，排水対策を実施する。

罹病株は早期に抜き取り，圃場外へ持ち出して処分する。罹病根に卵胞子を形成し，感染源となるので，ていねいに掘り取り処分する。

生物防除　特になし。

農薬による防除　登録薬剤は現在のところない。作付け前に土壌消毒を実施する。

効果の判断と次年度の対策　発生が認められなければ効果があったものとする。

執筆　鈴木　幹彦（静岡県農林技術研究所）　　　　　　　　　　（2010年）

チャノホコリダニ

英名：Broad mite
別名：—
学名：***Polyphagotaysonemus latus* (Banks)**
《ダニ目／ホコリダニ科》

[多発時期] 夏季
[伝染・侵入様式] 苗による持込み，土壌改良などの有機物による持込み，圃場外
　　からの侵入
[発生・加害部位] 新芽，新葉，つぼみ，花
[発病・発生適温] 25〜30℃
[湿度条件] やや乾燥条件が好適
[防除対象] 幼虫，成虫
[他の被害作物] ナス，シクラメン，ケイトウほか多種

(1) 被害のようすと診断ポイント

発生動向　多。

初発のでかたと被害　伸びてきた新葉の葉表の表面の光沢が強くなる。葉の幅が狭くなり，奇形となる。やがて葉表が茶色となる。

多発時の被害　新葉の伸びは遅くなり，その葉の奇形や葉表の茶色がいっそう進む。新芽が萎縮し，生長がほとんど停止することがある。つぼみが咲かずに枯れたり，咲いても花の汚れや奇形が生じる。

診断のポイント　ホコリダニは小さいので肉眼では発生の確認も種類の判別もできない。必ず顕微鏡を用いて調べる。被害の出ているところにはすでにいないので，ごく小さな新芽やつぼみを取って調べる。

防除適期の症状　新葉の伸びが遅くなり，葉のてかりがいちじるしくなったり，奇形が生じたときには，顕微鏡で発生を確認してただちに防除を行なう。

類似症状・被害との見分けかた　葉裏の褐変症状がアザミウマ類の被害と近いが，萎縮症状など類似症状を起こす害虫はない。卵の表面に細かく浮き出る泡状白紋は本種を特定する特徴であるが，肉眼では判別困難で10倍の手持ちルーペが最低限必要となる。

(2) 病原・害虫の生態と発生しやすい条件

生態・生活サイクル　非休眠性のため，施設栽培では周年発生する。露地では7〜9月の高温期に，1世代2週間の速度で多発生する。

発生しやすい条件　施設が高温で経過した場合。発生源はよくわかっていないが，圃場周辺が雑草地であったり，稲わらなどの植物質の有機物を入れたりすると発生は多くなる。

(3) 防除のポイント

耕種的防除　圃場周辺の除草を行なう。次作の定植前に，前作の残渣を完全に除去するとともに，清掃後は10日以上あけて定植する。

生物防除　なし。

農薬による防除　発生初期にハダニ類の防除を行なう。

効果の判断と次年度の対策　とくに新芽の部分の被害の減少から判断する。

　　執筆　池田　二三高（静岡県病害虫防除所）　　　　　　　　　　　（1997年）

　　改訂　竹内　浩二（東京都島しょ農林水産総合センター大島事業所）　（2010年）

オオタバコガ

英名：Tobacco budworm
別名：—
学名：***Helicoverpa armigera* (Hubner)**
　　　　《鱗翅目／ヤガ科》

[多発時期] 7～9月
[伝染・侵入様式] 圃場外からの成虫の飛来，隣接株からの幼虫の移動
[発生・加害部位] つぼみ，花，葉
[発病・発生適温] 25～30℃
[湿度条件] やや乾燥条件が好適
[防除対象] 若齢幼虫
[他の被害作物] カーネーション，キク，トマト，ピーマン，ナス，スイートコーン，
　　オクラ，キャベツ，レタス，ホオズキほか

（1）被害のようすと診断ポイント

発生動向　わが国ではタバコなどの害虫として従来から知られてきたが，それほど重要な害虫ではなかった。ところが，1994年の夏から秋にかけて突然のように西日本全域で多発となった。これ以降，トマトやピーマンなどの果菜類をはじめ花卉類生産などの現場では多発生状態が続いている。

初発のでかたと被害　1～2齢幼虫はつぼみなどの中に潜る性質があるので，侵入直後は発見しにくい。侵入すると，つぼみの一部が変色し，ときに虫糞が出る。

開花直後の花では一部が変色し，虫糞が出たり，花の形が崩れたりする。芽や葉に被害はほとんど出ない。

多発時の被害　中齢幼虫以降は1頭の幼虫が複数のつぼみや花心を食害する。このため，直径1mほどの範囲内で複数のつぼみ，花が食害されている箇所が圃場内でいくつも認められる。渡り歩く移動中の幼虫の姿が確認できる。

診断のポイント　1齢幼虫はつぼみや花に潜り，外からは見えにくいので虫糞の発生に留意する。常発地では，つぼみが食害されていないかを注意して調べる。また，開花直後の花の形が乱れた場合，必ず花を開いて幼虫が食害して

435

いないかを調べる。

防除適期の症状　つぼみ，花に食害痕が見られたり，加害している幼虫が見えたとき。被害拡大を防止することと薬効を活かすために可能な限り若齢期に防除する。

類似症状・被害との見分けかた　シロイチモジヨトウ，ハスモンヨトウが同様に加害するので幼虫で種類を確認する。ハスモンヨトウは1～2齢幼虫は花の中へは潜らない。他種の大型チョウ目幼虫に比べ，体表から出ている細い刺毛が長く目立つ。

(2) 病原・害虫の生態と発生しやすい条件

生態・生活サイクル　越冬は蛹態で行なわれ，新成虫は5月から現われる。個体数が増加して目立ってくるのは8月以降であり，10月まで数世代を繰り返す。

発生しやすい条件　きわめて広食性のため，圃場周辺にはつねに発生源が存在する。圃場周辺に本種の発生する作物が栽培されているところや，周辺が雑草地のところは多発生する。

(3) 防除のポイント

耕種的防除　圃場周辺の除草を行なう。施設栽培では，側窓や換気窓など開口部に4mm目合いの防虫網を張り，成虫の飛来を防ぐ。被害が多い環境であれば，定植後から誘殺用のフェロモントラップを設置し，経時的に発生を調査する。そのうえで，密度増加期の若齢幼虫発生期に寄生花ごと処分する。また，黄色蛍光灯などにより夜間照明を設置することで夜間の活動（交尾，産卵など）を抑制し，圃場内の個体数増加を抑えることが可能である。

生物防除　なし。

農薬による防除　誘殺用フェロモントラップなどで発生消長をモニタリングしながら，発生初期の若齢幼虫期に薬剤散布を行なう。

効果の判断と次年度の対策　被害花の減少から判断する。交信攪乱用フェロモン剤を利用した場合，誘殺用フェロモントラップを処理した圃場と処理していない圃場にそれぞれ設置し，誘殺量を比較することで，設置効果を確認でき

436

オオタバコガ

る。幼虫による被害の発生量の比較をして効果を判断する。

執筆　池田　二三高（静岡県病害虫防除所）　　　　　　　　　　　　（1997年）

改訂　竹内　浩二（東京都島しょ農林水産総合センター大島事業所）　（2010年）

主要農薬使用上の着眼点 (竹内浩二, 2010)

（回数は同一成分を含む農薬の総使用回数）

商品名	一般名	使用倍数・量	使用時期	使用回数	使用方法
《性フェロモン剤》					
コンフューザーV	アルミゲルア・ウワバルア・ダイアモルア・ビートアーミルア・リトルア剤	100〜200本/10a（41g/100本製剤）	対象作物の栽培全期間	—	作物の生育に支障のない高さに支持棒などを立て，支持棒にディスペンサーを巻き付け固定し，圃場に配置する

交尾阻害を目的とし，次世代の害虫密度を下げる

《マクロライド系剤》					
アファーム乳剤	エマメクチン安息香酸塩乳剤	1000倍（100〜300*l*/10a）	発生初期	5回以内	散布

植物体への浸透移行性がないので，かけ残しのないように葉の表裏に十分散布する

437

マメハモグリバエ

英名：Legume leafminer, Serpentine leafminer, American leafminer
別名：—
学名：***Liriomyza trifolii* (Burgess)**
《双翅目／ハモグリバエ科》

[多発時期] 夏季
[伝染・侵入様式] 成虫の飛来，寄生苗による持込み
[発生・加害部位] 葉，花
[発病・発生適温] 25〜30℃
[湿度条件] 適湿
[防除対象] 幼虫，成虫
[他の被害作物] キク，トマト，インゲンマメなど多くの花や野菜

(1) 被害のようすと診断ポイント

発生動向　防除法が普及したことから，最近の発生は少ない。また，天敵(寄生蜂)の増加なども発生を減少させている要因のひとつと考えられる。

初発のでかたと被害　葉に蛇行した線状の食害痕(絵描き症状)が発生する。

多発時の被害　葉一面に幼虫による線状の食害痕が発生する。寄生数が多くなると株が衰弱し，切り花の品質と収穫本数が激減する。品種によっては花弁にも産卵し幼虫による食害痕が生じる。

診断のポイント　葉表に直径1mmほどの針で刺したような白斑が多数現われるが，これは成虫による吸汁痕または産卵痕である。その後，孵化した幼虫による線状の食害痕(絵描き症状)が現われる。

防除適期の症状　線状の被害(絵描き症状)が現われたら，ただちに防除する。多発後は成虫，卵，幼虫，蛹が混在するようになり，防除効果はあがりにくくなる。

類似症状・被害との見分けかた　ナモグリバエも幼虫の食害痕は絵描き症状を呈するが，発生時期が10〜5月までである。また，マメハモグリバエの成虫は黒と黄のまだら模様なのに対し，ナモグリバエの成虫は灰色である。さら

にマメハモグリバエ幼虫の食害痕では糞粒が線状に連なるのに対し，ナモグリバエ幼虫の食害痕では糞粒が点々と連なるという違いがある。

1999年にわが国に侵入が確認され，現在では全国に分布するトマトハモグリバエは本種と同属で，形態は酷似しており識別は困難である（実体顕微鏡による雄成虫交尾器の観察が必要）。

(2) 病原・害虫の生態と発生しやすい条件

生態・生活サイクル　成虫は充実した葉の内部に産卵する。孵化した幼虫は葉肉を食害しながら成長し，やがて葉から脱出し地上で蛹になる。非休眠性のため施設内では周年発生する。また，沖縄県など暖地では冬季も屋外で発生する。

九州以北では冬季の屋外での発生はほとんどみられない。

発生しやすい条件　関東・東海以西の暖地，とりわけ施設園芸地帯における発生が多い。また，圃場周辺に寄主作物が栽培されているところでは，成虫の移動によって発生しやすくなる。

(3) 防除のポイント

耕種的防除　ナズナやノボロギクなどの雑草にもよく寄生するので，圃場周辺の除草を行なう。圃場の周囲にはマメハモグリバエの寄主作物を栽培しない。施設栽培では側窓や天窓に1mm目合いの寒冷紗を張り，成虫の飛来を防ぐ。

生物防除　土着の寄生蜂は重要な天敵となっている。マメハモグリバエに効果の小さい有機リン剤や合成ピレスロイド剤を散布すると，こうした土着寄生蜂に大きな影響を与え，かえってマメハモグリバエを多発させてしまうので注意する。

農薬による防除　マメハモグリバエに有効な殺虫剤を選ぶか，IGR剤などの選択的殺虫剤により寄生蜂を保護しながらマメハモグリバエを防除することが重要である。

効果の判断と次年度の対策　農薬の効果を判断するためには，短い食害痕（長さ5〜10mm）にフェルトペンで印をつけておき，3〜4日後にこの食害痕を観察する方法が便利である。食害痕が短いままなら，効果が高く，食害痕が

長く伸び幼虫が葉から脱出していれば，効果がなかったと判断する。

　植替えのときは施設を密閉して20日以上放置する。また，蛹は高温に弱いので，植替え時に作土全面をビニールで覆い（2～3日間），地温を高めて蛹を熱殺する方法もある。

　定植前に食害痕の有無を確かめ，マメハモグリバエを圃場に持ち込まないようにする。

　　　執筆　池田　二三高（静岡県病害虫防除所）　　　　　　　　　　　　（1997年）
　　　改訂　竹内　浩二（東京都島しょ農林水産総合センター大島事業所）　（2010年）

主要農薬使用上の着眼点（竹内浩二, 2010）

（回数は同一成分を含む農薬の総使用回数）

商品名	一般名	使用倍数・量	使用時期	使用回数	使用方法
《IGR剤》					
カスケード乳剤	フルフェノクスロン乳剤	2000倍（100～300l/10a）	—	3回以内	散布
トリガード液剤	シロマジン液剤	1000倍（100～300l/10a）	発生初期	4回以内	散布

　天敵生物への影響は比較的小さい

《ネオニコチノイド系剤》					
アクタラ顆粒水溶剤	チアメトキサム水溶剤	2000倍（100～300l/10a）	発生初期	6回以内	散布
アルバリン粒剤	ジノテフラン粒剤	2g/株（ただし、10a当たり30kgまで）	定植時	1回	植穴土壌混和
スターガード粒剤	ジノテフラン粒剤	2g/株（ただし、10a当たり30kgまで）	定植時	1回	植穴土壌混和
スタークル粒剤	ジノテフラン粒剤	2g/株（ただし、10a当たり30kgまで）	定植時	1回	植穴土壌混和

　比較的残効期間が長い。天敵生物への影響は大きい

《マクロライド系剤》					
アファーム乳剤	エマメクチン安息香酸塩乳剤	1000倍（100～300l/10a）	発生初期	5回以内	散布

　アファーム乳剤は植物体への浸透移行性がないので，かけ残しのないように葉の表裏に十分散布する

《混合剤》					
オルトランDX粒剤	アセフェート・クロチアニジン粒剤	2g/株	発生初期	4回以内	生育期株元処理

　浸透移行性が高く，食葉性，吸汁性，土壌潜伏害虫など広範囲の害虫に利用可

《ネライストキシン系剤》					
パダンSG水溶剤	カルタップ水溶剤	1500倍（100～300l/10a）	—	4回以内	散布

　ガーベラには品種（パープルレイン，マンボなど）によっては薬害を生じるおそれがあるので，あらかじめ薬害のないことを確かめたうえで使用する

《有機リン剤》					
カルホス乳剤	イソキサチオン乳剤	1000倍	—	4回以内	散布

　接触毒と食毒の両作用，幅広い害虫に有効，作物への吸収移行なし

オンシツコナジラミ

英名：Greenhouse whitefly
別名：—
学名：*Trialeurodes vaporariorum* **Westwood**
　　《半翅目／コナジラミ科》

［多発時期］5～7月
［伝染・侵入様式］圃場外からの成虫の飛来，寄生苗の持込み，作業者に付着した
　成虫の持込み
［発生・加害部位］葉
［発病・発生適温］20～25℃
［湿度条件］適湿
［防除対象］幼虫，成虫
［他の被害作物］キク，トマト，キュウリ，ナス

（1）被害のようすと診断ポイント

発生動向　並。

初発のでかたと被害　葉をゆすると白く小さい成虫が飛び立つ。幼虫の発生
が始まると，排泄物により葉にてかりが発生する。

多発時の被害　成虫，幼虫の発生が多くなると，排泄物による葉のてかりが
著しくなるとともに，葉一面にすす病が発生し黒くなる。

診断のポイント　葉をゆすると白く小さい成虫が飛び立つ。これが寄生の開
始と考えてよい。黄色の粘着トラップに誘殺されるので，これを吊して初発生
を調べる。

防除適期の症状　葉をゆすると白く小さい成虫が飛び立ち，葉裏に幼虫の発
生が確認されたとき。

類似症状・被害との見分けかた　タバココナジラミも同様の被害が生じる。
一般に，オンシツコナジラミは低温期，タバココナジラミは高温期の発生が多
い。被害からは，両者の差はない。成虫または幼虫の形態から分類する。ガー
ベラの栽培は寒候期の栽培が主体のためオンシツコナジラミの発生が多い。

443

(2) 病原・害虫の生態と発生しやすい条件

生態・生活サイクル　非休眠性のため施設では周年発生する。野外では春と秋に発生が多く，夏季には少発生となる。越冬は野外の雑草で幼虫や蛹で行なわれ，4〜10月まで数世代発生する。ガーベラでは，切り花時期が9〜5月になるため，9〜11月，5〜6月の発生が多い。

発生しやすい条件　施設内の温度が20〜25℃で経過しているとき。圃場周辺に本種の発生する作物が栽培されているところや，周辺が雑草地のところは多発生する。

(3) 防除のポイント

耕種的防除　圃場周辺の除草を行なう。施設栽培では，開口部の側窓や換気窓に0.4〜0.6mm目合いの防虫網を張り，成虫の飛来を防止する。

生物防除　オンシツツヤコバチの効果は高いが，ガーベラでは農薬登録がない。

農薬による防除　幼虫の発生が始まったとき。

効果の判断と次年度の対策　成虫または幼虫の発生数の減少から判断する。常発地では，定植後から黄色の粘着トラップを吊して，誘殺量を調べる。

　　執筆　池田　二三高（静岡県病害虫防除所）　　　　　　　　　　　（1997年）

　　改訂　竹内　浩二（東京都島しょ農林水産総合センター大島事業所）　（2010年）

オンシツコナジラミ

主要農薬使用上の着眼点（竹内浩二, 2010）

（回数は同一成分を含む農薬の総使用回数）

商品名	一般名	使用倍数・量	使用時期	使用回数	使用方法
《IGR剤》					
アプロード水和剤	ブプロフェジン水和剤	1000倍	幼虫, 発生初期	6回以内	散布
ラノーテープ	ピリプロキシフェン剤	50m²/10a（施設に限る）	栽培期間中	1回	作物体の付近に設置する
天敵生物への影響は比較的小さい					
《有機リン剤》					
カルホス乳剤	イソキサチオン乳剤	1000倍	若齢幼虫	4回以内	散布
スプラサイド水和剤	DMTP水和剤	1000倍	発生初期	6回以内	散布
スプラサイド乳剤40	DMTP乳剤	1000倍	—	6回以内	散布
天敵生物への影響は大きい					
《ネオニコチノイド系剤》					
アルバリン粒剤	ジノテフラン粒剤	1g/株（ただし, 10a当たり30kgまで）	定植時	1回	植穴土壌混和
スターガード粒剤	ジノテフラン粒剤	1g/株（ただし, 10a当たり30kgまで）	定植時	1回	植穴土壌混和
スタークル粒剤	ジノテフラン粒剤	1g/株（ただし, 10a当たり30kgまで）	定植時	1回	植穴土壌混和
アルバリン顆粒水溶剤	ジノテフラン水溶剤	2000〜3000倍（100〜300l/10a）	発生初期	4回以内	散布
アントム顆粒水溶剤	ジノテフラン水溶剤	2000〜3000倍（100〜300l/10a）	発生初期	4回以内	散布
スタークル顆粒水溶剤	ジノテフラン水溶剤	2000〜3000倍（100〜300l/10a）	発生初期	4回以内	散布
ベストガード水溶剤	ニテンピラム水溶剤	1000倍（100〜300l/10a）	発生初期	4回以内	散布
比較的残効期間が長い。天敵生物への影響は大きい					
《混合剤》					
ベニカDスプレー	エトフェンプロックス・クロチアニジン液剤	原液	—	6回以内	散布
アプロードエースフロアブル	フェンピロキシメート・ブプロフェジン水和剤	1000倍（100〜300l/10a）	発生初期	6回以内	散布
即効性, 浸透移行性, 持続性があり広範な害虫に効果があるが, 天敵生物などへの影響は大きい					

ガーベラ／害虫

445

《ピリジンアゾメチン系剤》

チェス水和剤	ピメトロジン水和剤	3000倍 (150〜300*l*/10a)	—	4回以内	散布
チェス顆粒水和剤	ピメトロジン水和剤	5000倍 (100〜300*l*/10a)	発生初期	4回以内	散布

ピメトロジン剤は天敵生物への影響が小さい

ワタアブラムシ

英名：Cotton aphid
別名：—
学名：***Aphis gossypii* Glover**
　　　　《半翅目／アブラムシ科》

［多発時期］春〜秋
［伝染・侵入様式］圃場外からの有翅胎生雌虫の飛来，寄生株の持込み
［発生・加害部位］葉，花
［発病・発生適温］20〜25℃
［湿度条件］やや乾燥条件が好適
［防除対象］幼虫，成虫
［他の被害作物］キク，イチゴ，サトイモなど

（1）被害のようすと診断ポイント

発生動向　多い。

初発のでかたと被害　新芽やつぼみに寄生した場合は外部から見えるが，葉裏や花に寄生の場合には見えないことが多い。葉の表が光るようになるが，これは上位の葉裏に寄生のアブラムシの排泄物によるものである。

多発時の被害　新芽が萎縮したり生長が阻害されることはない。葉の表がますます光り，やがて黒くすす病が発生する。また，多発時は，花にも寄生が始まる。ガーベラは葉を出荷しないので，花の被害が重点となる。

診断のポイント　新芽やつぼみへの寄生，葉のてかり，葉裏をめくって寄生をたえず確かめる。施設では，黄色粘着テープなどを吊して有翅虫の誘殺量を確認し，初期の対策をとれるようにする。

防除適期の症状　寄生の確認された時点，誘殺が始まったらただちに第1回の防除を行なう。

類似症状・被害との見分けかた　葉のてかりは，コナジラミ類の寄生によることもあるので，必ず葉裏をめくって種の確認を行なう。

447

(2) 病原・害虫の生態と発生しやすい条件

生態・生活サイクル　周年発生をする。広食性であり，多くの植物に寄生するので飛来源は非常に多い。野外の越冬は，オオイヌノフグリ，タチイヌノフグリ，ホトケノザなどで行なわれることが多いので，圃場周辺では冬季に除草を行なう。

発生しやすい条件　周辺に花，野菜，雑草が多い時期および場所。

(3) 防除のポイント

耕種的防除　圃場周辺の除草。施設栽培では，側窓や換気窓などの開口部に0.8mm以下の目合いの防虫網を張り，有翅虫の飛来を防ぐ。

生物防除　野菜類ではナミテントウ，クサカゲロウ，アブラバチ，ショクガタマバエなどの登録天敵製剤が実用化されているが，花卉類としての登録は今のところない。通常土着のアブラバチ類やハナアブ類，ショクガタマバエ類の自然発生が見られる。

農薬による防除　発生前に土壌処理剤の処理。発生初期に農薬散布。

効果の判断と次年度の対策　散布後の被害，虫数の減少から判断する。常発地では，定植時に土壌処理剤の処理が有効である。

　　執筆　池田　二三高（静岡県病害虫防除所）　　　　　　　　　　　（1997年）

　　改訂　竹内　浩二（東京都島しょ農林水産総合センター大島事業所）　（2010年）

ワタアブラムシ

主要農薬使用上の着眼点 (竹内浩二, 2010)

(回数は同一成分を含む農薬の総使用回数)

商品名	一般名	使用倍数・量	使用時期	使用回数	使用方法
《合成ピレスロイド系剤》					
ロディー乳剤	フェンプロパトリン乳剤	1000倍	—	6回以内	散布
ムシパワーAL	フェンプロパトリン乳剤	原液	—	6回以内	希釈せずそのまま散布する

合成ピレスロイド系薬剤の連用はハダニ類のリサージェンスを引き起こすことなどから避ける

商品名	一般名	使用倍数・量	使用時期	使用回数	使用方法
《ネオニコチノイド系剤》					
アースガーデンC	イミダクロプリド液剤	原液	発生初期	5回以内	希釈せずそのまま散布する
アブラムシムシAL	イミダクロプリド液剤	原液	発生初期	5回以内	希釈せずそのまま散布する
ブルースカイAL	イミダクロプリド液剤	原液	発生初期	5回以内	希釈せずそのまま散布する
アドマイヤーフロアブル	イミダクロプリド水和剤	2000倍(100〜200l/10a)	発生初期	5回以内	散布
ブルースカイ粒剤	イミダクロプリド粒剤	2g/株	定植時	1回	植穴土壌混和
ブルースカイ粒剤	イミダクロプリド粒剤	2g/株	生育期	5回以内	株元散布
アクタラAL	チアメトキサム液剤	原液	発生初期	6回以内	散布
カダンスプレーEX	チアメトキサム液剤	原液	発生初期	6回以内	散布
アクタラ粒剤5	チアメトキサム粒剤	6kg/10a	生育期	1回	株元散布
アルバリン粒剤	ジノテフラン粒剤	1g/株 (ただし、10a当たり30kgまで)	定植時	1回	植穴土壌混和
スタークル粒剤	ジノテフラン粒剤	1g/株 (ただし、10a当たり30kgまで)	定植時	1回	植穴土壌混和
スターガード粒剤	ジノテフラン粒剤	1g/株 (ただし、10a当たり30kgまで)	定植時	1回	植穴土壌混和
アルバリン粒剤	ジノテフラン粒剤	20kg/10a	生育期	1回	株元散布
スタークル粒剤	ジノテフラン粒剤	20kg/10a	生育期	1回	株元散布
スターガード粒剤	ジノテフラン粒剤	20kg/10a	生育期	1回	株元散布
アルバリン顆粒水溶剤	ジノテフラン水溶剤	2000〜3000倍(100〜300l/10a)	発生初期	4回以内	散布
スタークル顆粒水溶剤	ジノテフラン水溶剤	2000〜3000倍(100〜300l/10a)	発生初期	4回以内	散布

アントム顆粒水溶剤	ジノテフラン水溶剤	2000〜3000倍(100〜300l/10a)	発生初期	4回以内	散布
ベストガード粒剤	ニテンピラム粒剤	1〜2g/株	発生初期	4回以内	生育期株元散布
モスピラン水溶剤	アセタミプリド水溶剤	4000倍(100〜300l/10a)	発生初期	5回以内	散布
モスピラン顆粒水溶剤	アセタミプリド水溶剤	4000倍(100〜300l/10a)	発生初期	5回以内	散布

比較的残効期間が長い。天敵生物への影響は大きい

《有機リン剤》

オルトラン水和剤	アセフェート水和剤	1000〜1500倍	発生初期	5回以内	散布
オルトラン粒剤	アセフェート粒剤	3〜6kg/10a	発生初期	5回以内	株元散布
マラソン乳剤	マラソン乳剤	2000〜3000倍	発生初期	6回以内	散布
マラソン乳剤50	マラソン乳剤	2000〜3000倍	発生初期	6回以内	散布
サンスモークVP	DDVPくん煙剤	11g/100m³	—	5回以内	くん煙(適用場所:園芸用ガラス室。ビニールハウス,ビニールトンネル)
園芸用バポナ殺虫剤	DDVPくん蒸剤	5cmサイズ1枚/5〜6m³,25cmサイズ1枚/25〜30m³	—	—	密閉容器を開封し,本剤をひも,針金あるいは釘などで天井,壁またはフレームから吊り下げる(適用場所:温室,ビニールハウス,トンネル栽培)
バナプレート	DDVPくん蒸剤	120g板1枚/30〜60m³(1m³当たり板重量2〜4g)	収穫3日前まで	—	温室またはビニールハウス内の中央通路または周辺部に直接作物に触れないように吊しておく(適用場所:温室,ビニールハウス)
日曹殺虫プレート	DDVPくん蒸剤	L型1枚/30〜60m³,H型1枚/15〜30m³,S型1枚/7.5〜15m³	—	5回以内	ビニールハウス・温室内の中央通路または周辺部に作物に直接接触しないように吊す(2枚以上使用する場合の間隔は,L型3m程度,H型1.5m程度, S型0.7m程度)(適用場所:温室,ビニールハウス)

天敵生物への影響は大きい

ワタアブラムシ

《混合剤》

スミソン乳剤	マラソン・MEP乳剤	1000倍	—	6回以内	散布

　即効的で残効もある。アブラナ科作物にはかからないよう注意する

《有機銅剤》

サンヨール	DBEDC乳剤	500倍	—	8回以内	散布

　野菜, 花卉などの糸状菌殺菌剤であるが, ハダニなどに対する物理的な殺虫効果がある

《ピリジンアゾメチン系剤》

チェス顆粒水和剤	ピメトロジン水和剤	5000倍(100〜300l/10a)	発生初期	4回以内	散布

　ピメトロジン剤は天敵生物への影響が小さい

《天然殺虫剤》

あめんこ	還元澱粉糖化物液剤	原液	発生初期	—	散布
あめんこ100	還元澱粉糖化物液剤	100倍(100〜300l/10a)	発生初期	—	散布
エコピタ液剤	還元澱粉糖化物液剤	100倍(100〜300l/10a)	発生初期	—	散布
ベニカマイルドスプレー	還元澱粉糖化物液剤	原液	発生初期	—	散布

　虫体に直接かけること。天敵生物への影響が少ない。残効性はないので日にちをおいて数回処理する

《気門封鎖剤》

カダンセーフ	ソルビタン脂肪酸エステル乳剤	原液	発生初期	—	希釈せずそのまま散布する

　虫体に直接かけること。天敵生物への影響が少ない。残効性はないので日にちをおいて数回処理する

《ネオニコチノイド系剤》

カダン殺虫肥料	アセタミプリド複合肥料	2錠/株	生育期	5回以内	株元に置く

　殺虫・肥料成分は2〜3か月持続

《混合剤》

モスピラン・トップジンMスプレー	アセタミプリド・チオファネートメチル水和剤	原液	発生初期	5回以内	希釈せずそのまま散布する

　比較的残効期間が長い

《混合剤》

オルトランDX粒剤	アセフェート・クロチアニジン粒剤	2g/株	発生初期	4回以内	生育期株元処理

　浸透移行性が高く, 食葉性, 吸汁性, 土壌潜伏害虫など広範囲の害虫に利用可

451

《ネオニコチノイド系剤》

ブルースカイスティック	イミダクロプリド複合肥料	1錠/株	生育期	3回以内	株元付近さし込み
プロバドスティック	イミダクロプリド複合肥料	1錠/株	生育期	3回以内	株元付近さし込み

浸透移行して長期に効果持続

《混合剤》

ベニカDスプレー	エトフェンプロックス・クロチアニジン液剤	原液	―	6回以内	散布
ベニカX	ペルメトリン・ミクロブタニルエアゾル	原液	―	―	噴射液が均一に付着するように噴射する
ベニカXスプレー	ペルメトリン・ミクロブタニル液剤	原液	―	―	散布
ベニカグリーンVスプレー	フェンプロパトリン・ミクロブタニル液剤	原液	―	5回以内	散布
ヒットゴール液剤AL	シフルトリン・トリアジメホン液剤	原液	発生初期	5回以内	希釈せずそのまま散布する
花セラピー	フェンプロパトリン・ヘキサコナゾール液剤	原液	―	6回以内	散布
花セラピー100	フェンプロパトリン・ヘキサコナゾール液剤	100倍	―	6回以内	散布
ダブルプレーAL	フェンプロパトリン・テトラコナゾール液剤	原液	発生時	―	散布
ダブルアタック	フェンプロパトリン・テトラコナゾール液剤	原液	発生時	―	散布
ナイスプレー	フェンプロパトリン・テトラコナゾール液剤	原液	発生時	―	散布
ガーデンケアスプレー	フェンプロパトリン・テトラコナゾール液剤	原液	発生時	―	散布

広範囲な害虫に即効的に作用する。天敵生物などへの影響は大きい

カンザワハダニ

英名：Kanzawa spider mite
別名：—
学名：*Tetranychus kanzawai* Kishida
《ダニ目／ハダニ科》

［多発時期］周年。ただし，露地では4～11月まで
［伝染・侵入様式］圃場外からの風による成虫の侵入。寄生苗による持込み。作業
　　者に付着して侵入，伝搬する
［発生・加害部位］葉，花
［発病・発生適温］25℃
［湿度条件］50～80%，やや乾燥条件が好適
［防除対象］全発育態
［他の被害作物］きわめて多くの広葉の花，野菜，果樹

（1）被害のようすと診断ポイント

発生動向　並。

初発のでかたと被害　展開した葉の一部あるいは全体に，小さい白～黄緑の点々が発生している。葉裏は，緑が退色し，その部分に小さなハダニが集まっている。

多発時の被害　葉全体の緑色が退色したり，葉の一部が枯れたりする。育苗時の被害は，その後に生長が遅延する。

診断のポイント　展開した葉上には，一部あるいは全体に小さい白～黄緑の点々が発生するので，この症状を発見する。

防除適期の症状　展開した葉を見て，一部あるいは全体に小さく円状の白～黄緑の点々の発生が確認されたときや，葉裏にハダニが確認されたとき。

類似症状・被害との見分けかた　ミナミキイロアザミウマによる被害は葉脈に沿って白色となる。また，葉裏にはシルバリング症状が現われる。ハダニではシルバリングは現われない。

453

(2) 病原・害虫の生態と発生しやすい条件

生態・生活サイクル　施設内では11月～1月に一部休眠することがあるが，ほぼ周年発生する。野外では，3月下旬～11月下旬まで発生する。

発生しやすい条件　少湿～適湿。

(3) 防除のポイント

耕種的防除　発生源となる圃場周辺の除草。

生物防除　捕食性天敵が多いので，天敵保護のためには，合成ピレスロイド剤の使用は避けることが望ましい。また，ミヤコカブリダニ製剤が農薬登録されており利用できる。利用にあたってはカブリダニに影響の少ない薬剤を選択することが必要となるので，ハダニ以外の害虫の発生状況や散布予定薬剤など事前に十分検討しておく必要がある。

農薬による防除　発生初期に薬剤散布。

効果の判断と次年度の対策　散布後の被害，虫数の減少から判断する。

執筆　池田　二三高（静岡県病害虫防除所）　　　　　　　　　（1997年）

改訂　竹内　浩二（東京都島しょ農林水産総合センター大島事業所）　（2010年）

カンザワハダニ

主要農薬使用上の着眼点（竹内浩二, 2010）

（回数は同一成分を含む農薬の総使用回数）

商品名	一般名	使用倍数・量	使用時期	使用回数	使用方法
《合成ピレスロイド剤》					
ロディー乳剤	フェンプロパトリン乳剤	1000倍	—	6回以内	散布

連用はハダニのリサージェンスを起こすおそれがある

《有機リン剤》					
マラソン乳剤	マラソン乳剤	2000〜3000倍	発生初期	6回以内	散布
マラソン乳剤50	マラソン乳剤	2000〜3000倍	発生初期	6回以内	散布
園芸用バポナ殺虫剤	DDVPくん蒸剤	5cmサイズ1枚/5〜6m³, 25cmサイズ1枚/25〜30m³	—	—	密閉容器を開封し, 本剤をひも, 針金あるいは釘などで天井, 壁またはフレームから吊り下げる（適用場所：温室, ビニールハウス, トンネル栽培）

天敵生物への影響は大きい

《天然殺虫剤》					
サンクリスタル乳剤	脂肪酸グリセリド乳剤	600倍（150〜500l/10a）	—	—	散布
アーリーセーフ	脂肪酸グリセリド乳剤	600倍（150〜500l/10a）	—	—	散布
粘着くん液剤	デンプン液剤	100倍（150〜300l/10a）	発生初期	—	散布
あめんこ	還元澱粉糖化物液剤	原液	発生初期	—	散布
ベニカマイルドスプレー	還元澱粉糖化物液剤	原液	発生初期	—	散布

虫体に直接かけること。天敵生物への影響が少ない。残効性はないので日にちをおいて数回処理する

《有機銅剤》					
サンヨール	DBEDC乳剤	500倍	—	8回以内	散布

野菜, 花卉などの糸状菌殺菌剤であるが, ハダニなどに対する物理的な殺虫効果がある

《殺ダニ剤》					
ピラニカEW	テブフェンピラド乳剤	2000倍（150〜300l/10a）	発生初期	1回	散布
ダニサラバフロアブル	シフルメトフェン水和剤	1000倍（100〜350l/10a）	発生初期	2回以内	散布

ガーベラ／害虫

テデオン水和剤	テトラジホン水和剤	500〜1000倍	—	—	散布
テデオン乳剤	テトラジホン乳剤	500〜1000倍	—	—	散布
ニッソラン水和剤	ヘキシチアゾクス水和剤	2000〜3000倍	—	2回以内	散布
バロックフロアブル	エトキサゾール水和剤	2000倍(100〜300l/10a)	発生初期	1回	散布

同じ薬剤を連用しないこと

《ピロール系剤》

コテツフロアブル	クロルフェナピル水和剤	2000倍(150〜300l/10a)	発生初期	2回以内	散布

殺虫スペクトルが広く,鱗翅目,アザミウマ目,半翅目,ダニ目などに効果がある

《抗生物質剤》

ポリオキシンAL水溶剤	ポリオキシン水溶剤	2500倍	発生初期	5回以内	散布

うどんこ病,灰色かび病などの病害に予防,治療効果がある

《混合剤》

ガーディーSG	エマメクチン安息香酸塩・チアメトキサム・ジフェノコナゾール水溶剤	500倍(100〜300l/10a)	発生初期	5回以内	散布
花華やか 顆粒水溶剤	エマメクチン安息香酸塩・チアメトキサム・ジフェノコナゾール水溶剤	500倍(100〜300l/10a)	発生初期	5回以内	散布

エマメクチン安息香酸塩は食毒作用が高く,広範な害虫に即効的に効く

《天敵製剤》

スパイカルEX	ミヤコカブリダニ剤	100〜300ml/10a(約2000〜6000頭)	発生初期	—	放飼

本剤の使用期間中に他剤を処理する場合は,ミヤコカブリダニの活動に影響を及ぼすおそれがあるので,十分に注意する。容器内でのミヤコカブリダニの生存日数は短いので,入手後すみやかに使用する

ミカンキイロアザミウマ

英名：Western flower thrips
別名：—
学名：***Frankliniella occidentalis* Pergande**
《アザミウマ目／アザミウマ科》

［多発時期］3〜7月
［伝染・侵入様式］苗による持込み，施設開口部からの成虫の飛来侵入
［発生・加害部位］蕾，花
［発病・発生適温］20〜30℃
［湿度条件］不明
［防除対象］成虫，幼虫
［他の被害作物］キク，バラ，カーネーション，トルコギキョウ，シクラメンなど
　　　花卉類全般，キュウリ，ナス，ピーマン，トマト，イチゴ，レタス

(1) 被害のようすと診断ポイント

発生動向　本種は1990年に初めて発生が確認された侵入害虫である。1996年までに45都道府県で発生が確認され，現在ではほぼ全国的に発生している。これまで中〜多発生の状態が続いているが，有効な薬剤の登録も進み，大きな被害となることは少なくなった。

本種は，トマト黄化えそウイルス（TSWV）を媒介するアザミウマ類の一種である。TSWVはガーベラの葉にえそ輪紋を発生させ，生育を抑制し，花立ち数を減少させる（えそ輪紋病）。1995年以降，本種の発生地域ではキク，ガーベラ，トマト，ピーマンなどでTSWVが多発生し，現在では全国で発生している。

初発のでかたと被害　施設開口部，とくに出入口や側窓付近の株で発生しやすい。成虫は花に寄生し，とくに開花初期の花に侵入した場合，伸展中の花弁を口針で食害するため，一部の花弁に被害が発生する。花弁が白，ピンクおよび黄色などの淡色系の品種では，褐色のカスリ症状となる。また，オレンジなどの濃色系品種では退色した不定形な帯状の傷が発生する。

457

多発時の被害　多発生した場合，被害は施設中央の株でも発生するようになり，多くの花で数枚から半数以上の花弁に被害が見られるようになる。多発した場合，一花に数十頭の成虫が寄生することもある。また，一部では幼虫が葉裏に発生し，葉脈間が食害され，光沢のある褐色の傷となる。

　診断のポイント　上記の症状が見られた場合，施設開口部付近の株において，よく開花した花を選び，次の方法で種を同定する。

　(1) 軽く息を吹きかけると小さな虫が花弁の隙間から這い出してくる，(2) 白紙上で花を軽く叩くと小さな虫が落ちる。また，(3) 株の30cm上に黄色または青色の粘着トラップを設置し，アザミウマ成虫を捕獲する。こうして捕獲した微小昆虫を10～20倍程度のルーペで観察する。

　ただし，ガーベラにはアザミウマ類が何種か寄生するが，微小なため，種の判定はむずかしい。常発地域では3～7月にアザミウマ類が発生しているようであれば，本種の可能性が高い。一方，未発生地域では薬剤の防除効果が低い場合，一度，専門家に種の判定をしてもらうことが望ましい。

　防除適期の症状　本種の密度が高い時期は4月から7月上旬ころである。常発地域ではこの時期の発生に注意する。また，その他の時期には以下のような被害や発生に注意し，防除を実施する。

　発生しやすい施設開口部付近の株で花弁の被害が見られたら，防除を行なう。低密度のうちから防除を行なったほうが効果的である。

　施設開口部付近の株の上に粘着トラップ（トラップの色はピンクやマリンブルーで誘引力が高い）を設置し，疑わしいアザミウマが誘殺された場合は防除を実施する。

　類似症状・被害との見分けかた　ヒラズハナアザミウマなどのハナアザミウマでも同様の被害が発生するが，被害から種を見分けることは困難である。

(2) 病原・害虫の生態と発生しやすい条件

　生態・生活サイクル　ミカンキイロアザミウマの雌成虫は体長1.4～1.7mmの紡錘形をしており，体色は冬季には黒褐色，夏季には黄色である。一方，雄成虫は雌よりも小型で，体長約1.0mm，体色は1年を通して黄色である。

　成虫は花に集中して寄生し，15℃では100日程度，20℃では60日程度生存し，

ミカンキイロアザミウマ

植物組織中に200～300卵を産卵する。

　幼虫は花や芽または葉に寄生して吸汁し，2齢を経て土中で蛹となり，新成虫が羽化する。卵から成虫までの発育期間は，15，20，25，30℃でそれぞれ34，19，12，9.5日であり，卵，幼虫および蛹の期間はそれぞれ20，50，30％の比率である。発育の停止する温度（発育ゼロ点）は9.5℃と考えられるが，休眠性がないため，冬でも施設内では発育増殖することができる。

　暖地ではキク親株やノボロギク，ホトケノザなどの越年性雑草上で露地越冬している。その他の地域では花卉や果菜類などの施設内で越冬する。

　野外では4月上旬から飛しょう分散を始め，5月に急増し，6月に発生数がピークとなる。7月下旬から8月には発生が少ないが，9月にふたたび増加し，10月には減少するが，11月末まで飛しょうがみられる。

　寄主植物は多く，海外では200種以上の植物で寄生が確認されており，わが国でも農作物，雑草を問わず非常に多種類の植物，とくに花に寄生する。暖地では，多種類の農作物や雑草の花を移動しながら，1年中野外で生息することができる。雑草では春から初夏に開花するキク科雑草やカラスノエンドウ，シロツメクサで増殖している。

　TSWVはアザミウマ類の吸汁により媒介され，土壌伝染や種子伝染はしない。TSWVを媒介するアザミウマは国内では6種が知られるが，最近はミカンキイロアザミウマが発生している地域で本病が拡大している。1齢幼虫はTSWVに感染した植物を吸汁することによりウイルス粒子を体内に取り込み，羽化後，成虫は死ぬまで媒介することができる。このため，本ウイルスに感染した株を圃場内に放置するとウイルスを持った保毒虫が増殖し，感染が拡大する。

　発生しやすい条件　野外での発生は降雨により左右され，雨が多いときには発生数が少なく，雨が少ないときは発生数が多い。

　近隣で花卉類が栽培されている場合や，施設内外で雑草が開花している場合，観賞用などの無防除の花が植えられている場合などでは，ミカンキイロアザミウマが増殖する場所が近隣にあるため，発生する機会が多くなる。また，薬剤散布などの防除を実施しても，施設内に再侵入し，防除効果が上がりにくい。

収穫期をすぎて，満開の状態になっている花は増殖に大変好適な場所であり，このような花を圃場内に放置すると，発生数が多くなる。また，このような花を取り除いても，圃場外に放置すると，虫が四方に分散し，新たな発生源となる。

(3) 防除のポイント

耕種的防除　本種は農作物，雑草を問わず多種類の植物の花に寄生する。とくに花卉類の花には多発する傾向があり，施設内外に不要な花を植えない。雑草の花でも増加し，また開花前の雑草も薬剤散布後の一時的な避難場所となるので，施設周囲や内部の除草に努める。

開花初期から収穫適期の花では成虫のみが寄生し，幼虫はまだ発生していない。しかし，筒状花が開花し始めるころには幼虫が発生し，急激に密度が増加する。したがって，被害などで品質が低い花を施設内に放置せず，毎回必ずつみ取る必要がある。また，取った花は放置せず，焼却する，土中に埋める，ビニール袋に密封する（晴天時には1〜2日間野外におけば死滅する）のいずれかの処理を行なう。

野外では5月から7月上旬は発生数が多いため，施設開口部から頻繁に侵入する。このため，施設開口部に防虫ネットを張り，侵入を防止する。微小な昆虫であるためネットの目合いは細かいほど侵入防止効果が高く，0.4〜0.6mmが望ましいが昇温のデメリットもある。1mmではやや効果が劣る。ただし，青色や黄色のネットは本種を誘引する可能性があるため，使用しない。

株を植え替えるとき，前作で本種が発生した場合は土壌中に蛹が残っているので，土壌消毒を行なうか，施設を密閉し，餌のない状態において虫を死滅させる。

TSWVと疑わしい症状が発生した場合はただちに株を抜き取り，ほかへの伝染を防ぐ。

生物防除　ハナカメムシ類やカブリダニ類で有望な種が知られており，各種野菜で利用されているが，ガーベラでは農薬登録がなされていない。

農薬による防除　ガーベラでは本種を対象にトクチオン乳剤，パダンSG水溶剤，カスケード乳剤，マラソン乳剤，およびモスピラン顆粒水溶剤が登録さ

ミカンキイロアザミウマ

れている。ただし，有機リン剤やネライストキシン系剤は花に薬害が生じる場合があるので注意する。

　品種により薬害が発生する可能性もあるので，はじめて薬剤散布を行なう場合は一部の株で試しに散布し，薬害のないことを確認する。また，高温時や夕方の薬剤散布は薬害を助長する可能性があるので，できる限り午前中に薬剤散布を行なう。

　被害や発生に気づいたら，できる限り早く防除を実施する。このとき，5〜7日間隔で2回連続で防除すると，薬剤のかかりにくい卵や蛹が残っても2回目の薬剤散布で防除することができ，効率的である。その後は発生状況に注意し，特に4〜7月の多発時期には，定期的な防除が必要となる。

　常発地域では3月以降発生が増加するので，早めに防除を実施する。しかし，7月下旬以降は本種の密度は減少する傾向がある。一方，7月以降，アザミウマが多発し，本種用の防除では効果が上がらなかった例があり，調べてみるとミナミキイロアザミウマであった。肉眼での種の判定は困難であるので，7月以降はモスピラン顆粒水溶剤を一度散布してみる。

効果の判断と次年度の対策　薬剤散布3〜7日後に，開花中の花30花程度を前述の「初発の判断」の要領で調査する。5花程度に寄生がみられる場合は追加防除を行なう。発生数が多い場合には，7日後には密度が回復しやすい。

　執筆　片山　晴喜（静岡県病害虫防除所）　　　　　　　　　　　（1997年）

　改訂　竹内　浩二（東京都島しょ農林水産総合センター大島事業所）　（2010年）

主要農薬使用上の着眼点 (竹内浩二, 2010)

(回数は同一成分を含む農薬の総使用回数)

商品名	一般名	使用倍数・量	使用時期	使用回数	使用方法
《IGR剤》					
カスケード乳剤	フルフェノクスロン乳剤	2000倍 (100〜300l/10a)	—	3回以内	散布

天敵生物への影響は比較的小さい。やや遅効的である

《カーバメート系剤》					
オンコル粒剤5	ベンフラカルブ粒剤	6kg/10a	生育期	3回以内	株元散布

浸透移行性, 残効性が高い

《ネオニコチノイド系剤》					
アクタラ顆粒水溶剤	チアメトキサム水溶剤	1000倍 (100〜300l/10a)	発生初期	6回以内	散布
モスピラン顆粒水溶剤	アセタミプリド水溶剤	2000倍 (100〜300l/10a)	発生初期	5回以内	散布

比較的残効期間が長い。天敵生物への影響は大きい

《ネライストキシン系剤》					
パダンSG水溶剤	カルタップ水溶剤	1500倍 (100〜300l/10a)	発生初期	4回以内	散布

ガーベラの品種 (パープルレイン, マンボなど) によっては薬害を生じるおそれがあるので, あらかじめ薬害のないことを確かめたうえで使用する

《有機リン剤》					
エンセダン乳剤	プロフェノホス乳剤	1000倍	—	6回以内	散布
オルトラン水和剤	アセフェート水和剤	1000〜1500倍 (100〜300l/10a)	発生初期	5回以内	散布
オルトラン粒剤	アセフェート粒剤	3〜6kg/10a	発生初期	5回以内	株元散布
トクチオン乳剤	プロチオホス乳剤	1000倍	発生初期	5回以内	散布
マラソン乳剤	マラソン乳剤	2000〜3000倍	発生初期	6回以内	散布

接触毒と食毒の両作用, 幅広い害虫に有効, 作物への吸収移行なし

《マクロライド系剤》					
アファーム乳剤	エマメクチン安息香酸塩乳剤	2000倍 (100〜300l/10a)	発生初期	5回以内	散布

アファーム乳剤は植物体への浸透移行性がないので, かけ残しのないように葉の表裏に十分散布する

《混合剤》					
オルトランDX粒剤	アセフェート・クロチアニジン粒剤	2g/株	発生初期	4回以内	生育期株元処理

浸透移行性が高く, 食葉性, 吸汁性, 土壌潜伏害虫など広範囲の害虫に利用可

462

ミカンキイロアザミウマ

《ピラゾール系剤》

ハチハチフロアブル	トルフェンピラド水和剤	1000倍 (100〜300l/10a)	発生初期	4回以内	散布

ハチハチフロアブルは植物体への浸透移行性がないので，かけ残しのないように葉の表裏に十分散布する

ガザニア

キク科

●図解・病害虫の見分け方

病気

初期症状
葉に水浸状の小斑点。その周辺はやや黒ずむ

中期～後期症状
褐色～黒色のやや窪んだ同心円状の病斑を形成

炭疽病

白粉状のカビが発生

うどんこ病

初期症状
葉,花茎に淡褐色～褐色の病斑。病斑上に白色綿状のカビ

中～後期症状
葉,花は枯死し,病斑上に白色～黒色の菌核

菌核病

株元や葉の地面に触れた部分から暗褐色の病斑が広がる

茎にクモの巣状の菌糸が観察される

葉腐病

害虫

花弁が変形し，部分的に脱色する

葉にひきつれが生じ，カスリ状の斑点が生じる

ミカンキイロアザミウマ

葉を巻き込み，内部を食害する

ハマキムシ類

葉の表面にカスリ状の脱色斑点，葉裏に黒いタール状の排泄物が見られる

アワダチソウグンバイ

うどんこ病

うどんこ病

英名：Powdery mildew
別名：—
病原菌学名：*Oidium asteris-punicei* **Peck**
《糸状菌／不完全菌類》

[多発時期]　春季，秋季（植物生育時期）
[伝染源]　病葉に形成した分生子
[伝染様式]　成葉上で越冬した菌叢上に翌春分生子を形成，飛散して一次感染し，新生した菌叢上の分生子で二次感染をくりかえす
[発生部位]　葉上面
[発病適温]　ガザニアの生育全期（20〜30℃）
[湿度条件]　普通の気象条件
[他の被害作物]　多種のキク科植物に発生するが，各病原菌の病原性は共通でない

（1）被害のようすと診断ポイント

最近の発生動向　発生は比較的新しく，1997年東京都の鉢栽培の株で発生が認められ，その後，露地栽培の株でも発病が散見される。

初発のでかたと被害　春に葉上面に発生し，はじめ，うすいくもの巣状の菌叢を散生し，順次拡張して白粉状の病斑になる。

多発時の被害　病葉は白粉状の菌叢におおわれ，激発時にはしばしば全面に及ぶが黄化枯死することはなく，冬季にも閉子のう殻を形成しない。

診断のポイント　発病初期では葉面の菌叢がうすく病斑は見分けにくいが，のち順次病名どおりのうどん粉をまぶしたような外観にかわる。ガザニアには他に似た病害はないので確実に判定できる。

防除適期の症状　発病初期，葉上にうすいくもの巣状の菌叢が現われて間もない頃が薬剤散布の適期である。

類似症状との見分けかた　いまのところガザニアには類似症状の病害が知られていない。

467

(2) 病原の生態と発生しやすい条件

生態・生活サイクル　冬季までに病葉上に越年のための閉子のう殻を形成することがなく，葉上の菌叢が越冬して翌春に分生子柄と分生子を生じて飛散伝播する。これをくりかえすが，他の類縁植物との相互往来の可能性もある。

発生しやすい条件　密植や通風不良が発病をうながすが，近くに栽植された近縁なキク科植物が感染源になり，被害を増すことも予測されるので注意する。

(3) 防除のポイント

耕種的防除　密植を避け，株間や鉢間を十分とり通風をはかる。他のキク科植物の混植や混播はなるべくしない。

生物防除　うどんこ病菌を殺す重複寄生菌や，これを餌にするダニ類は知られているが，これらを病原菌の天敵として利用するこころみは実現していない。

農薬による防除　キク科植物をふくむ草本花卉類に発生するうどんこ病の防除薬剤としては，サンヨール，カラセン乳剤，モレスタン水和剤，ポリオキシンAL乳剤などがある。これらは，花卉のほかにもいろいろな果菜，果樹，花木のうどんこ病や灰色かび病，その他の菌類病病原菌の胞子の発芽や菌糸の生育を阻害し，侵入や病斑の進展を阻止して，予防と治療に有効である。とくにカラセンとモレスタンはうどんこ病のほかにハダニ類の駆除にも効力があり，これらの撲滅にも威力がある。しかし，ポリオキシン以外の3種は夏季の高温時に薬害をおこしやすく，またモレスタンは皮膚に触れるとかぶれやすく，カラセンは魚毒性がつよく，ポリオキシンの連用は薬剤耐性菌の出現をうながすことがあるので使用には十分注意する。

効果の判断と次年度の対策　薬剤散布による効果は肉眼による菌叢の外観で判断できる。防除効果があった菌叢は灰褐色になるが，効果がないときは菌叢に分生子をつくるので白粉状になる。

執筆　丹田　誠之助（元東京農業大学）　　　　　　　　　　（2005年）

うどんこ病

うどんこ病

(丹田　誠之助)

商 品 名	一 般 名	使用期間	使用回数	倍 率	特性と使用上の注意
モレスタン水和剤	《キノキサリン系剤》キノキサリン系水和剤	—	—	2000〜3000倍	主成分はキノキサリン25%で，各種作物のうどんこ病に有効なほかにハダニ類にも効く。うどんこ病には予防，治療の両効果があり，病原の侵入と病斑の進展を阻止するが，盛夏の高温時散布は薬害のでるおそれがあるので濃度に注意し，幼苗への使用もさけたい。特異体質の人はかぶれることがあるので薬液を皮膚につけないように散布する
サンヨール	《有機銅剤》DBEDC剤	—	—	500倍	主成分はDBEDC20%，多種の果菜類や草本観賞植物のうどんこ病や灰色かび病に有効。薬剤はよく攪拌して調製し，発病前より予防的に散布するが，高温時には薬害がでやすいので使用をひかえる
カラセン乳剤	《DPC剤》DPC乳剤	—	—	3000〜4000倍	主成分はDPC37%，うどんこ病の専用剤であるが花卉類のハダニにも有効。保護と撲滅の両機能をもち，散布植物の表面を汚染しないが，高温時には薬害がでやすい。魚毒性がつよいので使用には十分注意する
ヨネポン乳剤	《有機銅剤》ノニルフェノールスルホン酸銅剤	—	—	500倍	主成分はノニルフェノールスルホン酸銅30%で，ウリ類や観賞草類のうどんこ病とその他の菌類病，細菌病にも有効。高温時の散布は薬害のおそれがあるのでさけ，過度の連用をしない。石灰硫黄合剤やマシン油乳剤，ジチオカーバメート系薬剤との混用はできない
ポリオキシンAL乳剤	《農業用抗生物質剤》ポリオキシン剤	—	—	500〜1000倍	主成分はポリオキシン複合体10%で，野菜や花卉の各種菌類病に有効。胞子の発芽管や菌糸の生育を抑制して感染能力をうばう。連用は耐性菌出現の原因になることがあるので注意する

葉腐病

英名：Leaf blight
別名：—
学名：***Rhizoctonia solani* Kühn**
《糸状菌／不完全菌類》
［多発■時期］東北地方の露地では7～9月ころ
［伝染源］土壌や被害残渣上の菌核や菌糸
［伝染・侵入様式］菌糸や菌核からの発芽
［発生・加害部位］株元付近の茎葉が込み合ったところ
［発病・発生適温］25℃付近
［湿度条件］多湿
［他の被害作物］多犯性であり，オダマキ，ペンステモン，セイヨウハナシノブ，
　　リアトリス，ペンタス，ホオズキなどの花卉類に葉腐病や紋枯病を引き起こす

（1）被害のようすと診断ポイント

発生動向　少ない。観賞用に露地栽培している株に若干見られる程度である。

初発のでかたと被害　株の込み合った部分の茎葉や，地面に触れた部分から褐色不整形の病斑が現われる。

多発時の被害　葉身や花柄に褐色の病斑が広がり，葉腐症状となる。重症では株全体が枯れる場合がある。罹病部にはクモの巣状の菌糸が観察される。

診断のポイント　多湿時には株元に淡褐色のくもの巣状の菌糸が見られる。

防除適期の症状　なし。

類似症状・被害との見分けかた　株元に現われる病害に菌核病があるが，本病より低温域での発病が多く，白色綿毛状の菌糸で覆われ，後に黒色の菌核を生ずるため見分けられる。

（2）病原・害虫の生態と発生しやすい条件

生態・生活サイクル　病原は菌糸や菌核の形で罹病残渣や土壌に生存し，一次伝染源となる。分生子は形成しない。

発生しやすい条件　地表面付近が高温湿潤な状態。

（3）防除のポイント

耕種的防除　発病してからは防除が困難であるため，苗もの・鉢もの栽培では無病の用土を用い，定植後は，古葉を間引いたり，間隔を広くとり風通しをよくする。

生物防除　特になし。

農薬による防除　花卉類の葉腐病に適応のある農薬はない（2008年10月1日現在）。

効果の判断と次年度の対策　なし。

執筆　菅原　敬（山形県庄内産地研究室）　　　　　　　　　　　　　（2008年）

菌核病

菌核病

英名：Gazania

別名：—

学名：***Sclerotinia sclerotiorum* (Libert) de Bary**

　　　《糸状菌／子のう菌類》

[多発時期] 5〜6月（梅雨期）

[伝染源] 一次伝染源は土壌表面にある病原菌の菌核や古株の罹病部。二次伝染源
　　は罹病部に生じた菌糸体

[伝染・侵入様式] 一次伝染は空気伝染，二次伝染は罹病部の接触による菌糸の伸
　　長

[発生・加害部位] 株元，葉柄，葉，花茎などの地上部

[発病・発生適温] 15〜24℃

[湿度条件] 多湿

[他の被害作物] 病原菌は野菜，花など多種類の作物を侵す

（1）被害のようすと診断ポイント

発生動向　栽培方法には鉢植えと花壇の両方があるが，鮮やかな花の色か
ら人気があり，最近は花壇で本病の発生が増加していると思われる。

花壇で発生すると隣接株の葉と重なっている場合が多いので被害が広がり
やすい。

初発のでかたと被害　5月下旬から6月の梅雨期に被害が発生し始める。

はじめ淡褐色〜褐色で5〜10mmの斑点が葉や花茎の地際部などに生じる。
この斑点はしだいに大きくなって株元を取り巻き，しだいに上位へ拡大する。
やがて拡大した罹病部には白色綿毛状のカビ（菌糸体）が生じる。被害が進
むと株全体がしおれて枯れる。菌糸体はやがて塊になって白色〜黒色の大き
さ数mmの菌核を形成する。

盛夏には気温が高くなって発病に適さなくなるので休止する。

多発時の被害　梅雨期に病気が進展して，次々と隣接する株を侵して被害
は拡大する。そして，被害部では葉は溶けたように腐敗し，老化した花茎は
枯れて残る。

473

診断のポイント 罹病部に白色綿毛状のカビを生じて、そこに白色〜黒色の菌核を生じるのが特徴。

防除適期の症状 株元の葉柄、葉や花茎に小斑点が生じたとき、すなわち初発時が適期である。普通は5月下旬、たびたび雨が降るようになった時期によく観察して、被害が大きくならないうちに防除する。

類似症状・被害との見分けかた ガザニアの株が枯れる病害には葉腐病（病原菌は*Rhizoctonia solani* Kuhn）がある。この病害は主に葉が枯れる。病原菌は多湿時には無色〜淡褐色の太い菌糸体が罹病部の表面を這い、クモの巣状に見られるから容易に識別できる。

(2) 病原・害虫の生態と発生しやすい条件

生態・生活サイクル 本病の生態については詳しく調査されていないが、病原菌は野菜や花などに広範囲に病気を起こすので、他作物では病原菌の生態について明らかにされている。

病原菌の菌核は土壌表層で越冬するものと、病気にかかった古い株とともに越冬するものとがある。土壌表層で越冬するものは、春になって気温が約15℃になると菌核から淡黄色の子のう盤（きのこ）を1〜数個生じる。子のう盤上に形成された子のう胞子によってガザニアの株元に感染する。病気にかかった古い株とともに越冬したものは、翌春発病して、病気が進展する。

二次伝染は隣接株の葉や花茎に菌糸が伸長して起こる。

発生しやすい条件 前述したように二次伝染は菌糸が伸長して隣接の健全株に被害が拡大するので、多湿条件や葉面の濡れが被害の拡大を助長する。

(3) 防除のポイント

耕種的防除 罹病株を見つけしだい除去する。花壇では密植しすぎない。排水をよくする。

生物防除 開発されていない。

農薬による防除 花卉類・観葉植物の菌核病にチオファネートメチル水和剤の1,500倍液散布が有効であるので、ガザニアの菌核病に対しても防除効果は高い。

効果の判断と次年度の対策　罹病株の除去など耕種的防除に重点をおき，発生の初期に薬剤を散布すると効果が高い。

薬剤を散布後，病気の進展が止まれば効果があったと判断する。

次年度の対策としては，花壇や鉢植えで伝染源の菌核が土に混じっているおそれがあるので，新しい用土と入れ替える。鉢植えでは株分け時に病気にかかったおそれのある株を植えつけない。

次年度，普通に栽培していて発病が認められなかったなら，対策が有効であったと判断できる。

執筆　我孫子　和雄（全農滋賀県本部）　　　　　　　　　　（2008年）

炭疽病

炭疽病

英名：Anthracnose
別名：なし
学名：***Colletotrichum dematium* (Pers.) Grove**
　　　《糸状菌／不完全菌類》

［多発時期］詳細不明
［伝染源］罹病株残渣や罹病株
［伝染・侵入様式］葉の小傷など
［発生・加害部位］葉
［発病・発生適温］30℃
［湿度条件］詳細不明
［他の被害作物］ガザニアのみ。デージー，キンセンカ，ノースポール，ガーベラ，シロタエキク，シロノセンダングサのキク科6属の葉，またユリ科のハランの葉へ有傷・無傷接種試験を行なった結果，有傷接種を行なったシロノセンダングサの葉にのみ病原性が認められたが，野外での報告はない

（1）被害のようすと診断ポイント

発生動向　年により増減があると考えられるが，発生報告は少ない。

初発のでかたと被害　はじめ葉が水浸状で黒色の小斑点を呈し，その後，黒色から褐色となりやや窪んだ同心円状の病斑を形成する。その後，病斑は拡大・融合し，苗を枯死させる。

多発時の被害　本病が多発した場合，葉に病斑が多数形成され，枯死する株が多く見られる。

診断のポイント　本病が発生すると，葉にやや窪んだ同心円状の病斑が形成され，病斑内部に多数の小黒点が観察される。小黒点から白色の分生子塊が観察されることもある。また，ルーペで病斑を観察すると，小黒点上に褐色から黒色で針状の剛毛が観察されることもある。

防除適期の症状　葉に水浸の小斑点の病斑が現われた時期が適期である。

類似症状・被害との見分けかた　葉に同心円状上の病斑を呈し，剛毛を有す

477

る小黒点を形成する病害はほかには報告されていない。

(2) 病原・害虫の生態と発生しやすい条件

生態・生活サイクル　主に罹病株残渣や病斑上に生じる分生子塊が感染源となる。接種試験の結果，葉の傷口から感染することが判明している。したがって，多くの場合，風による揺さぶりによって生じる葉の傷口や傷みのある株を移植したときに感染すると考えられる。また，開花直後の無傷接種試験の結果，花序および茎が枯死することから，罹病株が近くにある場合，開花時期は傷口がなくても花序に感染することも考えられる。

発生しやすい条件　病原菌の最適温度が30℃であることから高温地域での栽培やハウス栽培，また，葉の傷口から感染することから葉に傷みのある株を移植した場合，発病に好適であると考えられる。花序には無傷でも感染することから，開花時期に罹病株が隣接する場合も発病する可能性がある。

(3) 防除のポイント

耕種的防除　罹病株を早めに除去，処分する。
生物防除　開発されていない。
農薬による防除　本病に対する登録農薬はない。
効果の判断と次年度の対策　罹病葉の除去・処分の耕種的防除に重点をおく。翌年の発病が少なくなれば講じた対策に効果があったと判断する。
　　執筆　本橋　慶一（岐阜大学流域圏科学研究センター）　　　　　　　（2009年）

ミカンキイロアザミウマ

ミカンキイロアザミウマ

英名：Western flower thrips

別名：—

学名：***Frankliniella occidentalis* (Pergande)**

《アザミウマ目／アザミウマ科》

[多発時期] 4〜6月，9〜10月

[侵入様式] 成虫の飛来侵入

[加害部位] 花，新芽

[発生適温] 25℃

[湿度条件] やや乾燥

[防除対象] 成虫，幼虫

[他の加害作物] ナス，イチゴ，メロン，キュウリ，スイカ，トマト，ピーマン，エンドウ，インゲン，青ジソ，キク，バラ，シクラメン，ガーベラ，トルコギキョウ，カーネーション，アスター，インパチェンス，ミカン，ブドウ，モモなど多くの作物

（1）被害のようすと診断ポイント

最近の発生動向　年数回の発生。発生量は年により変動があるが，最近は多発傾向である。

初発のでかたと被害　成幼虫が花に生息して吸汁するため，花弁にカスリ状の小斑点が生じる。また，新芽や葉では吸汁された部分が傷つき，縮れたり，奇形となる。

多発時の被害　成幼虫が花に群生して吸汁すると，花弁が奇形となり，脱色または褐変する。また，新芽が硬化して伸長が止まり，生育が抑制される。

診断のポイント　花弁にカスリ状の小斑点が生じた場合には花を観察する。成幼虫は小さいので，ルーペや虫眼鏡で花を直接観察したり，花をたたいて白色板上に落とす方法により確認する。ヒラズハナアザミウマなどミカンキイロアザミウマ以外のアザミウマ類が発生することがあるが，これらを肉眼やルーペで区別するのは困難である。

防除適期の症状　花にカスリ状の白色小斑点を認めたときが防除適期であ

479

る。

類似被害との見分けかた 特になし。

(2) 害虫の生態と発生しやすい条件

生態・生活サイクル 雌成虫の体長は1.5～1.7mm，体色は淡黄色～褐色と変異が大きい。雄成虫の体長は1.0～1.2mm，体色は黄白色である。幼虫は黄白色である。越冬は主にハウス内で行なうが，露地栽培作物や雑草でも可能である。越冬世代成虫は3月頃から越冬場所を離れて各種作物や雑草に移動する。卵は葉，花弁，子房などに1卵ずつ産みつけられるため，肉眼では見えない。

幼虫は土中，植物の地ぎわ，落葉下などで蛹化する。25℃での発育期間は卵3日，幼虫5日，蛹4日で，卵から成虫まで約12日である。25℃での雌成虫の生存期間は約45日，雌当たり産卵数は210～250卵である。成虫は花に集まる性質があり，花粉を食べることで産卵数を増加させる。

発生しやすい条件 春季と秋季に多発する傾向があり，梅雨期に降雨が少ない年では発生が多くなる。また，ハウスでは周年発生する。周辺にキク科などの雑草が多いと，そこが発生源となる。暖冬年は越冬量が増加するため，春季の発生量が多くなる。

(3) 防除のポイント

耕種的防除 周辺の除草を行ない，発生源を除去する。成虫は青色や白色に誘引されるため，これらの色の粘着トラップを設置し，誘殺数が多くなったら被害に注意する。

生物防除 アザミウマ類の捕食性天敵としてヒメハナカメムシ類（タイリクヒメハナカメムシ），カブリダニ類（ククメリスカブリダニ）が生物農薬としてあるが，花き類に対する登録はない。

農薬による防除 発生初期に花卉類のアザミウマ類に対して登録のあるオルトラン水和剤，オルトラン粒剤，マラソン乳剤，ミカンキイロアザミウマに対して登録のあるアクタラ顆粒水溶剤を散布する。発生が多くなってからでは完全な防除が難しいので，花をよく観察し，発生初期の防除を徹底する。

480

成幼虫は花や新芽に生息することが多いため，十分量の薬液をよく付着するように散布する。

効果の判断と次年度の対策　花に成幼虫が発生している株をマークしておき，薬剤散布3〜5日後に花を観察し，成幼虫の発生が認められなければ効果があったと判断される。

執筆　柴尾　学（大阪府立食とみどりの総合技術センター）　　　　（2004年）

ハマキムシ類

ハマキムシ類

【ウスアトキハマキ】
英名：－
別名：アトウスキハマキ
学名：***Archips semistructus* (Meyrick)**
　　　　《鱗翅目／ハマキガ科》
【クローバーヒメハマキ】
英名：－
別名：－
学名：***Olethreutes doubledayana* (Barret)**
　　　　《鱗翅目／ハマキガ科》

［多発時期］　5～8月
［侵入様式］　成虫の飛来侵入
［加害部位］　葉
［発生適温］　25～30℃
［湿度条件］　特になし
［防除対象］　幼虫
［他の加害作物］　ウスアトキハマキ：キク，バラ，イチゴ，ナシ，ウメ，ザクロ，
　グミなど多くの作物。クローバーヒメハマキ：クローバー

（1）被害のようすと診断のポイント

最近の発生動向　年2～3回発生。発生量に年次変動があるかは不明である。

初発のでかたと被害　幼虫が葉を巻き込み，内部に潜んで葉を透かし状に食害する。

多発時の被害　多くの葉が綴られたように巻き込み，食い荒らされる。とくに，幼苗の場合は食い尽くされて枯死することもある。

診断のポイント　巻葉した葉が認められる場合は，内部を開いて幼虫の生息を確認する。幼虫の行動は活発で，驚くと素速く後退して逃げたり，糸を吐いて落下することがある。

防除適期の症状　葉の巻葉が認められ，内部に幼虫の発生を確認したとき

ガザニア／害虫

が防除適期である。

類似被害との見分けかた 特になし。

(2) 害虫の生態と発生しやすい条件

生態・生活サイクル ウスアトキハマキ：成虫は開張16〜25mm，全体が黄褐色で，褐色の斑紋をもつ。幼虫は体長20mm，淡黄緑色である。年2〜3回発生し，成虫は5〜8月に見られる。成虫は西南暖地では5月下旬〜6月上旬，7月，8月下旬〜9月に見られる。クローバーヒメハマキ：詳しい生態は不明である。成虫は開張11〜15mm，4〜9月に見られる。クローバーの害虫として知られる。

発生しやすい条件 周辺で寄主植物が周年栽培されている場所は発生が多くなる。また，圃場の周囲に雑草が繁茂しているところでは発生が多くなる。

(3) 防除のポイント

耕種的防除 巻葉した葉は見つけしだい処分する。葉を処分するときには，内部の幼虫を逃がさないよう注意する。目合1mm以下のネットでトンネルがけを行ない，成虫の飛来侵入を防止する。

生物防除 特になし。

農薬による防除 発生初期に花卉類のハマキムシ類に対して登録のあるアディオン乳剤，スミチオン乳剤を散布する。葉が完全に巻いてしまってからでは薬剤の効果が劣るので，巻葉前の若齢幼虫時に散布する。

効果の判断と次年度の対策 巻葉が見られる株をマークしておき，薬剤散布3日後に巻葉内に幼虫の発生が認められなければ効果があったと判断される。

執筆　柴尾　学（大阪府立食とみどりの総合技術センター）　　　　（2004年）

アワダチソウグンバイ

アワダチソウグンバイ

英名：Chrysanthemum lace bug
別名：—
学名：**_Corythucha marmorata_ (Uhler)**
《カメムシ目／グンバイムシ科》

[多発時期] 7〜8月
[伝染・侵入様式] 圃場外のキク科雑草などからの成虫の侵入
[発生・加害部位] 葉
[発病・発生適温] 15〜30℃（推定値）
[湿度条件] やや乾燥
[防除対象] 幼虫，成虫
[他の被害作物] キク，アスター，シュッコンアスター，ヒマワリ，ヒメヒマワリ，シロタエヒマワリ，ユリオプシスデージー，ノコンギク，ヒャクニチソウ，シオン，エボルブルス（アメリカンブルー），アゲラタム（カッコウアザミ），サツマイモ，キクイモ，ナスなど

ガザニア／害虫

(1) 被害のようすと診断ポイント

発生動向　本種は北米原産で，キク科植物を加害し，アメリカ合衆国本土，カナダ南部，アラスカ南部，南はメキシコやジャマイカまで生息している。北米以外の生息域は韓国に2011年に，この前後にヨーロッパにも侵入したようである。日本には2000年に兵庫県で確認されたあと，宮城県以南の本州の各県をはじめ，四国，九州にも分布域を広げている。キク科植物のほか，サツマイモやナスでも被害がある。ナスでは繁殖せず，被害は一時的なものとされている。高温乾燥した環境で増加する傾向がある。

初発のでかたと被害　ハダニの被害のように葉の表面にカスリ状の白い点々が見られ，葉裏に体長が約3mmで相撲の行司が使う軍配に似た形状をした成虫が見える。

多発時の被害　寄生されると成幼虫の吸汁により，葉表に白いカスリ状の脱色斑点が見られ，葉裏には黒いタールのような排泄物が見られる。寄生密度の

485

高い株では葉全体が褐変し，枯死する葉も見られる。

診断のポイント　葉裏に体長が約3mmで，相撲の行司が使う軍配に似た形状をした透明の翅に多数の褐色斑紋のある成虫が見える。寄生されると成幼虫の吸汁により，葉表に白いカスリ状の脱色斑点が見られ，葉裏には，黒いタールのような排泄物が見られる。

防除適期の症状　5月下旬の第1世代成虫が飛来して加害を始めた時期で，葉の表面にカスリ状の白い点々が見えたとき。

類似症状・被害との見分けかた　他の害虫としてはキクグンバイ *Galeatus spinifrons*（国内ではキクグンバイに Chrysanthemum lace bug の英名が与えられているが，この英名は欧米ではアワダチソウグンバイの英名とされている）の可能性もあるが，アワダチソウグンバイでは前胸背嚢状突起は頭部を覆い，前胸背翼状突起の側縁と前翅側縁の一部には棘状突起があり，キクグンバイと区別できる。また，ハダニによる被害とも似るが，アワダチソウグンバイではハダニと比べカスリ状の被害痕はより大きく，葉裏にグンバイムシが見える。

(2) 病原・害虫の生態と発生しやすい条件

生態・生活サイクル　成虫はセイタカアワダチソウや落ち葉の下で越冬していることが知られていて，セイタカアワダチソウで生活史をまっとうしていると考えられている。越冬した成虫が分散し繁殖する。産卵は寄主植物の葉脈に沿って一個ずつ葉肉内に産卵され，この部分は黒く変色する。セイタカアワダチソウでは4月中旬ころから第1世代幼虫が発生し，幼虫は葉裏で集団で過ごし成虫となった第1世代以降の成虫がガザニアに飛来して加害する。

発生しやすい条件　本種は高温乾燥を好み，栽培地周辺にセイタカアワダチソウなどのキク科雑草が繁茂する場所では発生しやすい。第1世代成虫発生期以降にセイタカアワダチソウその他の雑草を除草すると，えさをなくした成虫が分散しやすい。

(3) 防除のポイント

耕種的防除　冬季から4月にかけてロゼット状のセイタカアワダチソウを除草する。第1世代成虫発生期以降にセイタカアワダチソウその他の雑草を除草

するとえさをなくした成虫が分散しやすいので，第1世代成虫発生期前までに除草はすませておく。

施設栽培では開口部を防虫ネットで被覆すると発生を防止することが可能である。

生物防除　ガザニアのアワダチソウグンバイを対象とした生物農薬の登録薬剤はなく，国内では生物農薬による防除はできない。

農薬による防除　ガザニアのアワダチソウグンバイを対象とした登録薬剤はなく，薬剤による防除はできない。

効果の判断と次年度の対策　葉の表面にカスリ状の白い点々が見えず，葉裏にグンバイムシが見られない。次年度の対策は，冬季にロゼット状のセイタカアワダチソウを除草し越冬個体を死滅させる。除草した残渣は穴埋めするなどして処分し，放置しない。

執筆　根本　久（保全生物的防除研究事務所）　　　　　　　　　　（2014年）

カスミソウ

ナデシコ科

●図解・病害虫の見分け方

病　気

根, 地際部の茎が褐変腐敗

疫病

茎が軟化腐敗。後に黒色ネズミの糞状の塊り（菌核）を形成

菌核病

疫病

疫病

英名：ー

別名：ー

病原菌学名：***Phytophthora*** **sp.**
《糸状菌／鞭毛菌類》

病原菌学名：***Phytophthora nicotiana*** **var.** ***parasitica*** **(Dastur)**
Waterhouse：シュッコンカスミソウ
《糸状菌／鞭毛菌類》

［多発時期］　12～3月
［伝染源］　被害残渣
［伝染様式］　土壌伝染
［発生部位］　根，地際部の茎
［発病適温］　20～25℃
［湿度条件］　多湿，水分
［他の被害作物］　アガパンサス，ケイトウ，キンギョソウ，ガーベラのほか野菜の
トマト，キュウリ，マクワウリ，メロン，シロウリなど

（1）被害のようすと診断ポイント

最近の発生動向　発生しやすい（多湿時）。

初発のでかたと被害　はじめ下葉の外側から水浸状で暗緑色に変色し，やがて灰白色となってしおれる。主根が変色して細くくびれて腐敗し，根全体が褐変腐敗する。地際部の茎もやや淡褐色に変色し，軟腐状になる。

多発時の被害　病気が進めば，株全体がしおれてから枯死する。

診断のポイント　葉が水浸状で暗緑色となってしおれる。地際部の茎も淡褐色になって軟腐状になる。根も褐変腐敗する。

防除適期の症状　初発生時に薬剤散布する。多発してからでは効果が低い。

類似症状との見分けかた　特になし。

（2）病原菌の生態と発生しやすい条件

生態・生活サイクル　被害残渣とともに卵胞子などの形で越年する。翌年，

好適な条件になると発芽して，遊走子のうを形成し，その中で成熟した遊走子がカスミソウの根や地際部の茎から侵入して第一次伝染となる。病斑が形成されると，そこに形成される分生胞子の中の遊走子が多湿，水滴などによって第二次伝染する。

生育適温は20〜25℃くらいである。本菌の生育，活動には水分が必要である。

発生しやすい条件　降雨や灌水で土の粒がはね上がるようなときに発生しやすい。降雨が続いたり，地下水位が高かったり，排水が悪い畑では発生が多い。また過繁茂になって地際部がいつも多湿状態であると発生しやすい。

未分解の有機質を施用すると発生しやすい。

(3) 防除のポイント

耕種的防除　畑の排水不良を改善して排水を良好にする。降雨，灌水などで土粒が茎，葉にはね上がらないようにする。畑をなるべく乾燥状態に保つ。

未熟堆肥をさけ，完熟した有機物を施用する。

生物防除　特になし。

農薬による防除　多発地であれば，クロルピクリンなどで土壌消毒する。クロルピクリンは30cm平方当たり深さ15cmの穴に2〜3mlを注入し，ポリフィルムで直ちに被覆する。約10日後に除去する。錠剤は1穴1錠とし，他は同様に処理をする。

ダゾメット剤は10m²当たり200〜300gを土壌とよく混和し，直ちにポリフィルムを7〜14日間被覆してから除去する。

枯れるほどではなくて茎，葉だけの発病であれば，ダコニール1000，ボルドー，コサイドボルドー，リドミルプラス，サンドファンC水和剤を10〜7日おきに散布する。リドミルプラス，サンドファンC水和剤は発生後でも有効であるが，薬害に注意する。

効果の判断と次年度の対策　しおれなどの症状が発生しなければ，土壌消毒の効果があったと判断される。また薬剤散布などによって新たな発病がなければ効果があったと判断される。被害残渣を畑に残さないようにする。

執筆　米山　伸吾（元茨城県園芸試験場）

(1997年)

菌核病

菌核病

英名：－

別名：－

病原菌学名：*Sclerotinia sclerotiorum* **(Libert.) de Bary**
《糸状菌／子のう菌類》

[多発時期]　10月から3〜4月
[伝染源]　被害残渣，土壌中の菌核
[伝染様式]　空気伝染（子のう胞子の飛散）
[発生部位]　茎，葉
[発病適温]　20℃前後
[湿度条件]　多湿
[他の被害作物]　多くの草花，野菜の菌核病

（1）被害のようすと診断ポイント

最近の発生動向　発生しやすい（密植，多湿時）。

初発のでかたと被害　はじめに地際部付近の茎が暗色に変色し，葉が生気なくしおれる。

多発時の被害　地際部茎の変色部に白色綿毛状のカビが生えてくる。そのようになると被害茎の変色部が軟化腐敗する。被害茎の内部にも黒色のネズミの糞状の不正形の黒い塊（菌核）が生じ，その部分の茎が折れやすくなり，茎葉は枯死する。

診断のポイント　地際部付近の茎が暗色になり，そこに白色綿毛状のカビを生じる。後にそこに黒色不正形の菌核が形成される。茎葉はしおれて枯れる。

防除適期の症状　本病は初発生時に防除するのがコツで，発病が多くみられてから薬剤散布しても効果は低いので注意する。

類似症状との見分けかた　特になし。

（2）病原菌の生態と発生しやすい条件

生態・生活サイクル　被害残渣とともに土中で越年したネズミの糞状の菌核から，秋あるいは春に発芽して子のう盤というキノコをつくり，その中から子

カスミソウ／病気

493

のう胞子を飛散させて，これが第一次伝染源となる。この子のう胞子がカスミソウに付着してから発芽して菌糸を伸長させて組織に侵入し，その部分を軟化腐敗させる。土壌中の菌核から直接菌糸を伸長させて，それがカスミソウの茎を侵して発病させることもあるが，これはまれである。

菌核から子のう盤が形成される温度は20℃前後である。

発病した部分に生じた菌糸に健全なカスミソウの茎葉が接して発病することはあるが，発病部に分生胞子などを形成してから，それが飛散して再び発病させるという第二次伝染は行なわない。

発生しやすい条件　茎葉が繁茂しすぎて，地際部付近が多湿になると発病しやすい。前年に本病が発生して，その被害残渣を土中にすき込んだりした場合には発生しやすい。枯れた茎葉をそのままにしておくと，そこから発病しやすい。

（3）防除のポイント

耕種的防除　被害茎葉などの残渣は集めて焼却する。連作をさける。茎葉が過繁茂しないように管理する。畑全面をポリフィルムでマルチするとよい。

生物防除　特になし。

農薬による防除　初発生時からベンレート，トップジンM水和剤を7日おきに散布する。ロブラール，スミレックス，ロニラン水和剤も有効で，10〜7日おきに散布する。

効果の判断と次年度の対策　2〜3回散布した後に新たな発病がみられなければ効果があったと判断される。被害残渣を畑に残さないようにする。

執筆　米山　伸吾（元茨城県園芸試験場）

（1997年）

カンナ

カンナ科

●図解・病害虫の見分け方

病気

葉脈に沿ってやや条斑状に緑色濃淡のモザイク
モザイク病

葉脈に沿って条斑状に黄白色の斑紋
黄色斑紋病

茎地際部に水浸状暗褐色病斑。維管束の壊死線が病斑外に伸びる
島状に孤立した雲紋状の暗色病斑
根には異常なし
茎腐病

モザイク病

モザイク病

英名：Mosaic
別名：—
病原ウイルス：**Cucumber mosaic virus (CMV)**
（キュウリモザイクウイルス）
《ウイルス（Cucumovirus）》

［多発時期］　4〜10月
［伝染源］　感染保毒していた根茎，他の感染植物
［伝染様式］　アブラムシ媒介，接触伝染，前年の発病根茎による
［発生部位］　全身感染
［発病適温］　15℃から25〜26℃
［湿度条件］　関係なし
［他の被害作物］　多くの草花，野菜

（1）被害のようすと診断ポイント

最近の発生動向　多い。

初発のでかたと被害　葉脈に沿って淡黄緑色の条斑状のモザイク症状になる。この条斑状のモザイクはやや幅広くなる。

多発時の被害　このモザイクが激しいと株は萎縮して，葉が奇形になる。ひどいと葉が上方に巻き，着花が少なくなる。

診断のポイント　葉脈に沿ってやや条斑状に淡黄緑色のモザイク症状になる。モザイク症状がひどいと株は萎縮したり葉が奇形になったりする。

防除適期の症状　発病してからでは防除できない。

類似症状との見分けかた　黄色斑紋病は葉脈に沿ってえそ条斑をともなった黄色斑紋となるが，本病は淡黄緑色の条斑状のモザイクである。

（2）病原の生態と発生しやすい条件

生態・生活サイクル　この病原ウイルスは多くの草花，野菜および雑草に寄生し，アブラムシによって非永続的に伝染するほか，管理作業中の接触により伝染する。カンナでは一度発病すると根茎にも保毒されるので，そのような根

497

茎を植え付けるとアブラムシに媒介されなくても発病する。発病したカンナなどの植物に寄生して汁を吸ったアブラムシが，その後他の健全なカンナなどの植物に移動して寄生し，その株から汁を吸うときにこのウイルスが媒介される。

発生しやすい条件　15℃から25〜26℃のように温暖な時期にモザイク症状の病徴が出やすい。アブラムシの発生の多い春および秋に発生しやすい。

発病した花茎を切った刃物でそのまま健全な花茎を切ったり，株分けのために発病した根茎を切断した刃物で健全な根茎を切断したりすると発病する。

(3) 防除のポイント

耕種的防除　花茎を切るときは健全な株を先に行ない発病株は最後にする。株分けのために根茎を切断するときには健全な株のみを選び，発病株は除去する。また前年に本病が発病した根茎を用いず，健全株の根茎を植え付ける。

アブラムシの飛来を防止するため，まわりをシルバーテープで囲うか，シルバーストライプマルチを敷くかする。これは生育が進むと飛来防止効果が低下するので注意する。寒冷紗で被覆してアブラムシの寄生を防ぐ。またアブラムシの飛来の多い植物の近くでは栽培しない。

激発した被害株は抜き取り焼却する。

生物防除　特になし。

農薬による防除　殺虫剤を散布してアブラムシの防除を行なう。

効果の判断と次年度の対策　アブラムシを防除して，発病株がみられなければ効果があったと判断される。発病した根茎は翌年，使用しない。

執筆　米山　伸吾（元茨城県園芸試験場）

(1997年)

黄色斑紋病

英名：－
別名：－
病原ウイルス：**Canna yellow mottle mosaic virus (CaYMV)**
（カンナ黄色斑紋ウイルス）
《ウイルス（Badnavirus）》

［多発時期］　4～10月
［伝染源］　感染保毒した根茎，他の感染植物
［伝染様式］　前年発病した根茎，コナカイガラムシによる非永続伝搬，接触伝染
［発生部位］　全身感染
［発病適温］　15℃から25～26℃
［湿度条件］　関係なし
［他の被害作物］　アオギリ科，シナノキ科，パンヤ科，アオイ科の三十数植物

（1）被害のようすと診断ポイント

最近の発生動向　少ない。

初発のでかたと被害　全身感染し，葉脈に沿って条斑状に黄化する。えそ条斑をともなった黄色斑紋となる。

多発時の被害　ひどいと株が萎縮する。花苞にもはっきりとしたえそ斑を生じ，開花しないことがある。

診断のポイント　葉脈に沿った黄色のモザイクとなり，えそ条斑をともなった黄色斑紋となる。ひどいと株は萎縮して，開花しないことがある。

防除適期の症状　発病してからでは防除できない。

類似症状との見分けかた　モザイク病は葉脈に沿って淡黄緑色となるが，本病はえそ条斑となる。

（2）病原の生態と発生しやすい条件

生態・生活サイクル　大きさは120～130×28nmで被膜を欠く桿菌状の粒子である。コナカイガラムシによって媒介されるほか，接触伝染すなわち汁液伝染する。寄生範囲は比較的狭くアオギリ科，シナノキ科，パンヤ科，アオイ科

などの三十数種類に感染するだけである。

発生しやすい条件　コナカイガラムシが寄生しやすい風通しの悪い，日照の少ないときに，本病も発生しやすい。前年発病した根茎を植え付けると，コナカイガラムシが寄生しなくても発生する。このような根茎を株分けのために切断した刃物で健全な根茎を切ると感染する。また，発病した花茎を切った刃物の汁がついたまま健全な株の花茎を切ると感染する。

(3) 防除のポイント

耕種的防除　花茎を切るときは健全株を先に行ない，発病株は最後に行なう。株分けで根茎を切断するときにも健全株を先に行ない，できれば発病株は用いないようにする。また，前年発病した根茎を用いず，健全株のみを用いる。激発した株は抜き取り焼却する。

生物防除　特になし。

農薬による防除　薬剤を散布してコナカイガラムシを防除する。

効果の判断と次年度の対策　コナカイガラムシを防除して，発病株がみられなければ効果があったと判断される。発病した根茎は翌年使用しない。

執筆　米山　伸吾（元茨城県園芸試験場）

(1997年)

茎腐病

英名：Collar rot，Leaf-base rot
別名：—
病原菌学名：*Rhizoctonia solani* **Kühn**
《糸状菌／不完全菌》

[多発時期]　7〜8月
[伝染源]　土壌，被害植物残渣，保菌苗
[伝染様式]　菌糸や菌核の接触，飛散
[発生部位]　茎，葉（葉鞘，葉身）
[発病適温]　30℃前後
[湿度条件]　多湿
[他の被害作物]　多くの草花，野菜類の根腐病，葉腐病，茎腐病やくもの巣病など

（1）被害のようすと診断ポイント

最近の発生動向　カンナは開花期が長くて品種も多い特性から公共花壇，緑地帯，道路など大量植込みと連作傾向とにより発生が増加し，一般家庭の花壇でも発生している。

初発のでかたと被害　7月上旬頃から発病が目立ちはじめる。地際部から茎が暗褐色，雲紋状，縦長不正形のやや凹陥した病斑を生じてしだいに上方に進展する。地際部の病斑とは不連続に島状に現われることもあり，またはっきりとした病斑となる以前の予徴として茎部（葉鞘部）の表面に水浸状の輪郭不鮮明のカスリ模様のみられることもあるが，4〜5日ではっきりした病斑の形をとる。

多発時の被害　病斑が葉鞘部を横断すると，これから上の葉身は枯死して折れ込んで垂下するようになる。また遅くに上の方に伸びた花茎を包む葉鞘部に病斑が現われることもある。根茎を掘り上げる10月下旬から11月上中旬までの間，症状の程度や進み方は，開花に至らないもの，立枯れまで進むものなどさまざまである。

診断のポイント　茎（葉鞘）地際部から水浸状褐色，雲紋状の病斑。葉鞘の病斑内側の表面に褐色の菌糸がくもの巣状に，あるいはマット状に，時には菌

糸塊が観察される。病斑部の表皮を剥いで検鏡すると，組織細胞を貫通迷走している特有の太い無色または褐色の菌糸が観察される。

防除適期の症状　本病は病徴が現われてからの防除，治癒が困難で予防が大切であるが，地際部から水浸状褐色の病斑が見られたら直ちにこの地上部を摘除して，隣接茎への感染を防ぐとともに，薬剤を散布する。

類似症状との見分けかた　類似症状を呈する病害に芽腐細菌病がある（病原細菌*Xanthomonas cannae*）。茎の地際部が水浸状に褐変する症状は酷似するが，下葉から枯れ上がると同時に心葉も褐変して立枯症状を呈する点が茎腐病と異なる。茎を縦断してみると，中央の芯の部分すなわち新葉の部分が黒化して腐敗しているから茎腐病とは明らかに区別できる。細菌病であって，腐敗部からは多数のバクテリアが検出されるし，葉鞘の合わせ目などにはくもの巣状の菌糸や菌糸膜などが存在しない。

（2）病原菌の生態と発生しやすい条件

生態・生活サイクル　菌糸は最初は無色，後には褐色となる。直角に近い角度で分岐するものもあり，太さは8〜12μm。生育の適温は30℃付近にあり，25℃における菌糸伸長量は24時間当たり16mm以上で，35℃でも旺盛な生育を示す。PSA平板培養での菌そうは輪帯状に菌糸が密となり茶褐色を呈する。菌核の形成は少ないが，褐色，球形，扁球形，不正形塊状で通常径は0.5〜1mmである。これらの特性から培養型はⅢB型で，菌糸融合群はAG-2-2に属する。接種試験の結果，培養型を同じくするグラジオラス紋枯病菌，アイリス紋枯病菌，コルチカム根腐病菌などのほか，培養型を異にするハクサイしり腐病菌，キャベツ葉腐病などの*Rhizoctonia*菌によっても同様の茎腐病の病徴の発現がみられた。

発生しやすい条件　a.　未熟有機物の多用は病原菌の活性が高まり，発病を助長する。b.　前作に*Rhizoctonia*菌に起因する葉腐病その他の病害が発生したか，連作することにより土壌中に菌糸や菌核の密度が高まり発生しやすい。c.　密植あるいは過繁茂による通風透光の悪い条件での発病が多い。d.　保菌苗からの発病が多い。

（3）防除のポイント

耕種的防除　未熟有機物の施用を避けて完熟堆肥を使用し，密植しないように
する。また前年発病した株の根茎は保菌しているので使用しない。催芽した
株を植えるときは葉鞘の合わせ目などの土は十分に洗い去ること。

生物防除　完熟堆肥や麦稈，トウモロコシの植物残渣などの施用による土壌
改良後は拮抗微生物の活性化が促されて*Rhizoctomia solani*の消滅があり，立
枯病が予防されるという事例があり，さらに積極的には*Trichoderma* spp.,
Cylindrocarpon spp.,*Penicillium* spp.や*Aspergillus* spp.その他による
*Rhizoctonia*菌の生物防除が試みられており，すでに*Trichoderma*菌製剤など
が実用化されている。

農薬による防除　イネ紋枯病菌も*Rhizoctonia*菌であって，同じ農薬が有効
である。植え付け前にリゾレックス粉剤（5%）やバシタック粉剤（3%）を土
壌に散布混和しておく。また7〜8月の候にバシタック水和剤，モンセレン水和
剤，モンカット水和剤を散布するか土壌灌注を行なう。

効果の判断と次年度の対策　次年度の無病の根茎を確保するため，立毛中に
病株の抜取りを徹底すること。また農薬施用で発病の抑制ができなかった場合
は，次年度の同所への栽植はとりやめる。

執筆　高野　喜八郎（富山県花総合センター）

（1997年）

カンパニュラ　キキョウ科

●図解・病害虫の見分け方

病気

はじめは褐色の小斑点。拡大すると暗褐色の病斑

斑点病

白色綿毛状のカビを生じ、黒色の菌核を形成

菌核

菌核病

褐変腐敗し、アワ粒大の菌核を形成

白絹病

茎に茶褐色の病斑

根も褐変腐敗

根腐病

はじめ褐色の小斑点ができ、やがてやや輪紋を伴った病斑となる

灰色かび病

株元の本葉中肋部を中心に水浸状条斑を形成。その後主茎にも褐色条斑が広がる

褐色細菌病

地際部株元から褐変腐敗が進展する

根朽病

葉表面に境界が不鮮明で不整形の黄斑、葉裏面に橙黄色の粉状病斑を生じる

表　　裏

さび病

505

白絹病

白絹病

英名：Southern blight
別名：—
学名：***Sclerotium rolfsii* Saccardo**
《糸状菌／担子菌類》

[多発時期] 5～10月
[伝染源] 土壌，被害残渣
[伝染・侵入様式] 土壌伝染
[発生・加害部位] 根，茎葉
[発病・発生適温] 25～30℃
[湿度条件] 湿潤
[他の被害作物] 多くの草花，野菜などの白絹病

(1) 被害のようすと診断ポイント

発生動向　発生しやすい。

初発のでかたと被害　地際部の茎や根が水浸状に軟化し，下位葉から黄化して萎れる。やがて葉の黄化は株の上方および内側に及び，株全体が萎れて枯れる。地際部の茎は褐変し，白色の菌糸を一面に生じる。この白い菌糸が粟粒状にかたまり，やがて直径1～2mmの球形で淡褐色～褐色の菌核となる。

多発時の被害　葉が黄化して萎れ，患部が褐色に変色して枯死する。

診断のポイント　地際部に白色の菌糸を豊富に生じ，やがて淡褐色～褐色の菌核を多数形成する。

防除適期の症状　発病のおそれがある畑ではあらかじめ土壌消毒をする。発病してから薬剤を株元に灌注しても効果は低い。

類似症状・被害との見分けかた　本病は発病株の株元に淡褐色～褐色の菌核を多数形成する点で，他の病気と区別される。

(2) 病原・害虫の生態と発生しやすい条件

生態・生活サイクル　菌核の形で土壌中で越年し，温度が高くなると菌核が

発芽して作物の根や地際部の茎葉などを腐敗させる。株が萎れて枯れごろになると，白色の菌糸は粒状にかたまって菌核となり，はじめ白色で，のちに淡褐色から褐色に変色して土壌中に残る。胞子は形成しない。

発生しやすい条件　土壌表面に湿気があると発病しやすい。土壌表面が25℃以上の高温で発生しやすい。連作すると多発生する。土壌pHがやや酸性で発生が多い。

(3) 防除のポイント

耕種的防除　pHが6.5を超えると菌核の発芽が抑えられるため，生育に適正な範囲でなるべくpHを高くする。また，土壌表面を乾燥させる。

生物防除　とくになし。

農薬による防除　発病圃場に作付けする場合，あらかじめダゾメット粉粒剤による土壌消毒を行なう。発病後の防除は困難だが，薬剤を発病株とその周辺に処理して拡大を防ぐ。

効果の判断と次年度の対策　土壌消毒した畑で発病株がみられなければ，効果があったと判断される。また，発病初期に薬液を株元に灌注して，周囲への拡大がみられなければ効果があったと判断される。被害残渣と菌核はともに除去し，畑に残さないようにする。

執筆　米山　伸吾（元茨城県園芸試験場）　　　　　　　　　　（1997年）

改訂　菅原　敬（山形県最上総合支庁農業技術普及課産地研究室）　（2018年）

白絹病

主要農薬使用上の着眼点（菅原　敬, 2018）

（回数は同一成分を含む農薬の総使用回数。混合剤は成分ごとに別途定められているので注意）

商品名	一般名	使用倍数・量	使用時期	使用回数	使用方法
《メチルイソチオシアネートジェネレーター(I：8F)》					
ガスタード微粒剤	ダゾメット粉粒剤	20〜30kg/10a	播種または植付け前	1回	本剤の所定量を均一に散布して土壌と混和する
バスアミド微粒剤	ダゾメット粉粒剤	20〜30kg/10a	播種または植付け前	1回	本剤の所定量を均一に散布して土壌と混和する

　花卉類・観葉植物での登録

商品名	一般名	使用倍数・量	使用時期	使用回数	使用方法
《AH殺菌剤（芳香族炭化水素）(F：14)》					
リゾレックス水和剤	トルクロホスメチル水和剤	500〜1000倍・3l/m²	—	5回以内	株元灌注

　花卉類・観葉植物での登録

斑点病

斑点病

英名：Leaf spot
別名：—
学名：***Phyllosticta sp.***
《糸状菌／不完全菌類》

[多発時期] 4〜10月
[伝染源] 被害残渣
[伝染・侵入様式] 柄胞子の飛散による空気伝染
[発生・加害部位] 葉，茎
[発病・発生適温] 不明
[湿度条件] 多湿
[他の被害作物] 不明

（1）被害のようすと診断ポイント

発生動向　少ない。

初発のでかたと被害　葉，茎に発生し，はじめ葉に1〜3mmの褐色あるいは黒褐色で円形の病斑を形成する。拡大すると中心部が暗褐色または黒褐色で，円形または不整形の病斑になり，そのまわりが淡褐色となる。

多発時の被害　病勢が進展すると葉は枯れ，病斑上に黒色の小粒点（柄子殻）が形成される。茎では暗紫褐色の斑点をつくり，重症の場合は枯れる。

診断のポイント　葉では，はじめ褐色〜黒褐色，円形の小病斑を生じる。やがて円形〜不整形で，中心部が暗褐色〜黒褐色で周囲が淡褐色の病斑となる。病斑上に黒色の小粒点を生じる。茎では暗紫褐色の病斑を形成する。

防除適期の症状　発病初期に，小斑点が生じ始めたころから防除する。

類似症状・被害との見分けかた　とくになし。

（2）病原・害虫の生態と発生しやすい条件

生態・生活サイクル　罹病残渣上の柄子殻で越年し一次伝染源となる。また，病斑上にできた柄子殻が成熟すると内部にやや褐色の分生子を形成し，降雨な

どで溢出して飛散し拡大する。

発生しやすい条件　多湿条件を好むので，春，秋に比較的降雨が続くと発生しやすい。肥料切れしたときに発生しやすい傾向がある。

(3) 防除のポイント

耕種的防除　被害葉や茎は集めて処分する。草勢が低下したときに発生しやすいので，適切な肥培管理をする。また，排水不良地で発生する傾向があるので排水をはかる。

生物防除　とくになし。

農薬による防除　多湿条件（降雨など）のときには10〜7日おきに散布するとともに，追肥を行なって草勢を維持する。

効果の判断と次年度の対策　2〜3回散布して，下〜中位葉に新しい病斑が形成されなければ，効果があったと判断される。被害残渣を畑に残さない。

執筆　米山　伸吾（元茨城県園芸試験場）		（1997年）
改訂　菅原　敬（山形県最上総合支庁農業技術普及課産地研究室）		（2018年）

主要農薬使用上の着眼点（菅原　敬, 2018）
（回数は同一成分を含む農薬の総使用回数。混合剤は成分ごとに別途定められているので注意）

商品名	一般名	使用倍数・量	使用時期	使用回数	使用方法
《クロロニトリル（フタロニトリル）（作用点不明）（F：M5）》					
ダコニール1000	TPN水和剤	1000倍・100〜300*l*/10a	―	6回以内	散布

　花卉類・観葉植物での登録

菌核病

英名：Sclerotinia blight
別名：―
学名：***Sclerotinia sclerotiorum* (Libert) de Bary**
　　　　《糸状菌／子のう菌類》
［多発時期］10月から3〜4月（本州以南），5〜6月（北海道）
［伝染源］被害残渣，土壌中の菌核
［伝染・侵入様式］空気伝染（子のう胞子の飛散），土壌伝染
［発生・加害部位］花，茎
［発病・発生適温］20℃前後
［湿度条件］多湿
［他の被害作物］多くの草花，野菜の菌核病

（1）被害のようすと診断ポイント

発生動向　近年の発生動向は把握していないが，カンパニュラは菌核病に弱い花卉品目と考えられるため，現在でも重要病害と推察される。

初発のでかたと被害　花部では着蕾期〜開花期に花弁が水浸状に変色する。地際部の茎では表面に淡褐色の病斑が形成される。

多発時の被害　花部では花弁に形成された病斑が進展して花全体に拡がり，先端から白色となって垂れ下がる。地際部から発病した場合は株全体が立ち枯れる萎れ症状が認められ，地際部は激しく変色して白色の菌糸に覆われる。茎を割ってみるとネズミの糞状で不整形の黒い塊（菌核）が形成されている。

診断のポイント　地際部付近の茎を観察し，変色が認められ，かつ，白色菌糸が認められると本病として診断できる。

防除適期の症状　予防的な防除が重要である。株が茎葉の繁茂によって株間などが覆われてくると，株元の湿度条件が好適となり，発病してくる。株間が茎葉に覆われる直前の生育期で初期防除を行なう。

類似症状・被害との見分けかた　株が立ち枯れる症状は青枯病に類似する。青枯病では地際部の茎表面に褐色病斑は認められないことで区別できる。白絹

513

病でも株の立枯れが認められるが，地際部に褐色〜赤褐色の小粒菌核が形成されるので，区別できる。根腐病による地際部の腐敗症状も類似するが，下葉などから枯れ上がり，生気を失う立枯れ症状であるため異なる。

(2) 病原・害虫の生態と発生しやすい条件

生態・生活サイクル 被害残渣とともに土中で越年したネズミの糞状の菌核から，秋あるいは春に発芽して子のう盤という小さなキノコをつくり，その中から子のう胞子が飛散して，これが第一次伝染源となる。子のう盤が形成される温度は20℃前後である。子のう胞子はカンパニュラに付着したあと，発芽して菌糸を伸長させて組織に侵入し，軟化腐敗させる。これはおもに花部で発病する場合である。土壌中の菌核から直接菌糸を伸長させて，それが茎から侵入して発病する場合も認められ，これは立枯れ症状となる場合である。北海道では子のう胞子の飛散時期（6月中〜下旬）よりも前の5〜6月に発病が認められることが多く，直接菌糸から感染する場合が多いと考えられる。

発病した部分に生じた菌糸に健全なカンパニュラの茎葉が接して発病することはあるが，発病部に分生胞子などを形成して，それが飛散して発病する第二次伝染は起こらない。

発生しやすい条件 茎葉が繁茂しすぎて，地際部付近が多湿になると発病しやすい。前年に本病が発生して，その被害残渣を土中にすき込んだりした場合には伝染源となる菌核が残存するため発生しやすい。枯れた茎葉をそのままにしておくと，そこから発病しやすい。

(3) 防除のポイント

耕種的防除 被害茎葉などの残渣は集めて圃場外へ搬出し，適正に処分する。連作は菌核の残存によって発病する場合が想定されるので避ける。茎葉が過繁茂しないように管理する。

生物防除 試験例はない。

農薬による防除 茎葉が繁茂してくる時期に薬剤散布を行なう。地際部からの発病が想定されるため，散布は株元を中心にていねいに行なう。

効果の判断と次年度の対策 2〜3回散布して，立枯れ症状が認められない

菌核病

場合は効果があったと判断される。発病部分に形成される黒色の菌核とともに被害株を畑に残さない。

執筆　米山　伸吾（元茨城県園芸試験場）　　　　　　　　　　　　（1997年）

改訂　堀田　治邦（地独・北海道立総合研究機構中央農業試験場）　（2018年）

主要農薬使用上の着眼点（堀田　治邦, 2018）

（回数は同一成分を含む農薬の総使用回数。混合剤は成分ごとに別途定められているので注意）

商品名	一般名	使用倍数・量	使用時期	使用回数	使用方法
《MBC殺菌剤（メチルベンゾイミダゾールカーバメート）（F：1）》					
トップジンM水和剤	チオファネートメチル水和剤	1500倍・100〜300l/10a	—	5回以内	散布

花卉類・観葉植物で登録がある

根腐病

英名：Root rot
別名：—
学名：***Rhizoctonia solani* Kühn**
《糸状菌／担子菌類》

[多発時期] 6〜9月
[伝染源] 被害残渣，土壌
[伝染・侵入様式] 土壌伝染，接触伝染
[発生・加害部位] 根，茎
[発病・発生適温] 17〜23℃
[湿度条件] 多湿
[他の被害作物] 多くの草花，野菜の苗立枯病など

(1) 被害のようすと診断ポイント

発生動向　多発。

初発のでかたと被害　根部や地際部の茎が侵され，茎には茶褐色の病斑が形成されて，腐敗する。維管束が褐変することはあまりない。根も褐変腐敗する。下葉からやや黄化してしおれ，順次，上葉までもがしおれる。

多発時の被害　さらに病気が進展すると，株全体が枯れる。

診断のポイント　根や地際部の茎が外側から褐変する。症状的には乾腐症状といえる。維管束が褐変することはあまりない。発病後期になっても株元に茶色，球形でダイコン種子状の菌核が形成されることはない。多湿時に病斑部に白色菌糸がまとわりつくことがあるが，白絹病の菌糸ほど太くはなく，肉眼でかろうじて見える程度である。

防除適期の症状　発病のおそれのある畑はあらかじめ土壌消毒をする。また発病初期のしおれ始めたころに薬剤を株元に灌注する。

類似症状・被害との見分けかた　同時期に発生する類似病害としては白絹病，青枯病および疫病がある。白絹病は地際部茎や周辺地面に白色の絹糸状の菌糸が見える。病気が進展すると株元に茶色，ダイコン種子状の丸い菌核がで

きる。青枯病の場合は維管束切断面から白色の菌泥がにじみ出る。疫病の場合は腐敗部が黒変，水浸状になる。菌核病も症状が類似し，黒色不整形の菌核を形成するが，この病気は夏季には発生しない。

(2) 病原・害虫の生態と発生しやすい条件

生態・生活サイクル　春になって植物が生育すると，土壌中の菌核から菌糸が伸長し，根や地際部の茎を侵す。

病原菌は5～30℃前後で生育するが，発育の適温は22～25℃である。発病には比較的多湿状態を好み，17～23℃前後で発病しやすい。

発生しやすい条件　密植されている状態で，土壌が比較的多湿状態で発生しやすい。病原菌は枯死した植物上でも長く生存可能なので，被害残渣や未熟の有機物を畑の土壌に混ぜると多発生する。

(3) 防除のポイント

耕種的防除　被害株は根まわりの土とともに取り除いて焼却する。被害残渣や未熟な有機質を土壌に混入せず，完熟した有機物を施用する。密植を避け，なるべく株元付近の通気を良好にする。

生物防除　とくになし。

農薬による防除　前年，発病を見た圃場では土壌消毒も一方法である。本病を含むすべての土壌伝染性病害に有効であるが，ガス剤であるため人畜への被害防止に十分注意する必要がある。できれば経験者の立会いの下に行なうのがよい。クロルピクリンくん蒸剤は花卉・観葉植物のフザリウム病に登録があり，本病の同時防除が期待できる。錠剤の場合は30cm平方当たり深さ15cmの穴に1錠とし，ポリフィルムでただちに被覆する。その他の剤形もこれに準ずる。ダゾメット粉粒剤（バスアミド，ガスタード）も花卉・観葉植物の土壌病害に登録があり，白絹病との同時防除が期待できる。植付け前の圃場に20～30kg/10a処理し撹拌後，ポリフィルムでただちに被覆する。いずれも処理後ガス抜きを行なってから，植え付ける。

発病株には白絹病との同時防除をかねてモンカットフロアブル40の1,000～2,000倍，リゾレックス水和剤500～1,000倍を株元に灌注する。

根腐病

効果の判断と次年度の対策　土壌消毒した畑で発病株が見られなければ効果があったと判断される。また，しおれ症状の初期に薬剤を株元に灌注して，しおれが回復すれば効果があったと判断される。被害株残渣を畑に残さないようにする。

　　執筆　米山　伸吾（元茨城県園芸試験場）　　　　　　　　　　　　（1997年）

　　改訂　築尾　嘉章（富山県農林水産総合研究センター農業研究所）　（2018年）

カンパニュラ／病気

灰色かび病

英名：Gray mold
別名：—
学名：***Botrytis cinerea* Person: Fries**
《糸状菌／不完全菌類》

［多発時期］開花期
［伝染源］分生子
［伝染・侵入様式］空気伝染（分生子の飛散）
［発生・加害部位］茎葉および花
［発病・発生適温］15〜20℃
［湿度条件］多湿，涼温
［他の被害作物］きわめて多犯性で，バラ，トルコギキョウ，ストック，ゼラニウム，
　　シクラメンなどの花卉類のほか，トマト，ナス，イチゴなど多くの野菜類や果
　　樹類に灰色かび病を引き起こす

(1) 被害のようすと診断ポイント

発生動向　開花期ころの花弁の発病が多い。切り花栽培では，花弁のほか古
くなった下葉や採花後の切り口にみられることもある。

初発のでかたと被害　花弁では小斑点を生じる。葉では淡褐色でやや輪紋を
伴った病斑ができる。

多発時の被害　葉，茎が褐変，花弁は水浸状に軟化して花全体が腐敗する。
多湿条件下では，患部に灰褐色の分生子を形成することがある。

診断のポイント　多湿条件下では，しばしば灰褐色の分生子を生じる。

防除適期の症状　花弁では白色の小斑点がみられたら，茎葉では褐色の病斑
がみられたら防除を行なう。

類似症状・被害との見分けかた　本病害は多湿条件下でしばしば病斑上に灰
褐色の分生子を形成することから，他の病害と見分けることができる。

521

(2) 病原・害虫の生態と発生しやすい条件

生態・生活サイクル 本病原菌はきわめて多犯性であり，多くの花卉類，野菜類や果樹類に灰色かび病を引き起こす。また，腐生性が強く，有機物上で腐生的に繁殖することができる。病原菌は5〜30℃で生育でき，15〜20℃が生育適温である。35℃以上では菌糸の伸長はみられない。伝染方法は分生子の風による飛散である。

発生しやすい条件 涼温・多湿，東北地方では10〜12月，3〜5月の施設内が適条件となる。

(3) 防除のポイント

耕種的防除 多湿にならないよう管理する。切り花栽培では開花期に灌水を少なくする。茎葉では繁茂した部位で発生するため，鉢物では生育に応じて適宜鉢の間を広げ風通しをよくする。切り花品種では古くなった下葉は適宜摘み取る。また，多肥では茎葉が軟弱になりやすいため，施肥量に留意する。

生物防除 バチルス・ズブチリス製剤は効果が見込まれる。

農薬による防除 薬剤耐性菌が出やすいため，同一薬剤の連用は避ける。また，発蕾期以降は水和剤などの薬斑が生じやすい剤型の使用を避ける。

効果の判断と次年度の対策 病斑の広がりや発病株の増加がなければ効果があったと判断できる。

執筆 菅原　敬（山形県立砂丘地農業試験場）　　　　　　　　　（2004年）

改訂 菅原　敬（山形県最上総合支庁農業技術普及課産地研究室）　（2018年）

灰色かび病

主要農薬使用上の着眼点（菅原　敬, 2018）

（回数は同一成分を含む農薬の総使用回数。混合剤は成分ごとに別途定められているので注意）

商品名	一般名	使用倍数・量	使用時期	使用回数	使用方法
《SDHI（コハク酸脱水素酵素阻害剤）（F：7）》					
アフェットフロアブル	ペンチオピラド水和剤	2000倍・100〜300l/10a	発病初期	3回以内	散布

花卉類・観葉植物での登録

商品名	一般名	使用倍数・量	使用時期	使用回数	使用方法
《AP殺菌剤（アニリノピリミジン）（F：9）》					
フルピカフロアブル	メパニピリム水和剤	2000〜3000倍・100〜300l/10a	発病初期	5回以内	散布

花卉類　観葉植物での登録

商品名	一般名	使用倍数・量	使用時期	使用回数	使用方法
《ポリオキシン（F：19）》					
ポリオキシンAL水溶剤「科研」	ポリオキシン水溶剤	2500倍・100〜300l/10a	発病初期	8回以内	散布

花卉類　観葉植物での登録

商品名	一般名	使用倍数・量	使用時期	使用回数	使用方法
《混合剤（F：M7, 19）》					
ポリベリン水和剤	イミノクタジン酢酸塩・ポリオキシン水和剤	1000倍・100〜300l/10a	発病初期	8回以内	散布

花卉類・観葉植物での登録

褐斑細菌病

英名：Bacterial brown spot
別名：—
病原菌学名：***Pseudomonas cichorii* (Swingle) Stapp**
《細菌／グラム陰性菌》

[多発時期] 夏～秋
[伝染源] 被害残渣，雑草，土壌
[伝染様式] 水伝染，接触伝染
[発生部位] 葉，茎
[発病適温] 20～30℃
[湿度条件] 多湿
[他の被害作物] キク，ガーベラ，ヒマワリ，メロン，ナス，ニンニク，オクラ，レタス，セルリ（国内発生分のみ）

（1）被害のようすと診断ポイント

最近の発生動向　1997年10月に試験栽培されていたカンパニュラ（品種：メディウム）に発生が認められた。その後の発生は不明であり，2003年時点で大きな問題となっていない。

初発のでかたと被害　最初，株元の本葉中肋部を中心として水浸状の条斑を形成し，のちに褐色条斑となる。その後，葉の中肋部と主茎に褐色条斑が拡大する。

多発時の被害　病勢が進むと，株元を中心に枯れあがり，商品価値がなくなる。さらに進むと株全体が枯死する。葉身部では，褐色の不整形斑点を形成し，乾燥すると崩壊して穴があく。

診断のポイント　降雨後などに株元を中心に観察して，水浸状の条斑や斑点の形成に注意する。発病の中期や後期には，病斑部に細菌泥が漏出することがある。

防除適期の症状　地際部の主茎に葉柄がついている葉腋部にわずかに褐色条斑を認める。

類似症状との見分けかた　本病では，菌核病や白絹病の病斑に認められる菌糸や菌核，斑点病で観察される小黒点（柄子殻）などの形成はない。多湿条件や降雨後には細菌泥の漏出が観察されることがある。また，本病は細菌病であるため，顕微鏡観察によって病斑の縦断面から細菌泥の漏出が認められる。

(2) 病原の生態と発生しやすい条件

生態・生活サイクル　病原細菌は，罹病植物残渣とともに土中で生存して土壌伝染する。また，キク科植物などの雑草で越冬する可能性がある。発病植物から，灌水の飛沫や雨滴により周囲に飛散して第二次伝染する。また，管理作業時の接触によっても伝染する。

(3) 防除のポイント

耕種的防除　発病した茎葉などの残渣を集めて圃場外に持ち出す。また，圃場の内部と周囲に自生するキク科植物を中心とした雑草の防除に努める。

発病圃場では連作を避ける。本病原細菌による前作の作物での発病に注意し，発病が認められていた圃場には作付けしない。

病原細菌の手や道具による第二次伝染と傷口からの感染を防止するために，管理作業は晴天時に行なう。

生物防除　なし。

農薬による防除　現在，登録されている薬剤はない。細菌病であることとレタス腐敗病と病原細菌が同一であることから，銅水和剤などの銅剤，オキソリニック酸剤，ストレプトマイシン水和剤などの効果が期待できる。しかし，これらの薬剤はカンパニュラの他の病害についても登録がないので利用できない。

効果の判断と次年度の対策　土壌伝染と連作による次作での発病の危険性が考えられるので，前作で発病した圃場では宿主となる作物を作付けしない。

執筆　白川　隆（農業・生物系特定産業技術研究機構野菜茶業研究所）　（2004年）

根朽病

英名：Root rot
別名：—
学名：***Phoma* sp.**
《糸状菌／不完全菌類(子のう菌類)》

[多発時期] 春，生育後期
[伝染源] 土壌中の罹病残渣
[伝染・侵入様式] 残渣上の菌糸または分生子などによる感染
[発生・加害部位] 地際部
[発病・発生適温] 25℃付近
[湿度条件] 多湿
[他の被害作物] なし

(1) 被害のようすと診断ポイント

発生動向　発生は多くないようである。

初発のでかたと被害　地際部から徐々に褐変するとともに，生育不良あるいは萎凋する。

多発時の被害　地際付近からの褐変腐敗が進むと，地上部は顕著な生育不良〜急激な萎凋症状を呈し，倒伏・枯死する。

診断のポイント　地際の病患部には黒点状の分生子殻が多数形成される。

防除適期の症状　発生前に他の菌類病とともに同時防除を心がける。

類似症状・被害との見分けかた　菌核病や根腐病，白絹病などと異なり，菌糸の顕著な繁殖は認められない。岡山県で発生した褐色斑点症状の病原菌（*Phoma* sp.）との異同については，今後検討する必要がある。

(2) 病原・害虫の生態と発生しやすい条件

生態・生活サイクル　罹病残渣から菌糸が繁殖，あるいは病患部から分生子が放出され，隣接する株に伝染する。土壌中の残渣に潜伏し，翌年の伝染源になると考えられる。

発生しやすい条件　密植により地際部が多湿になると発生が助長される。また，定植時の深植えや植えいたみにより感染が助長されると考えられる。

(3) 防除のポイント

耕種的防除　密植および定植時の深植えを避ける。発生した場合，速やかに発病株を抜き取る。

生物防除　なし。

農薬による防除　本病に対する適用薬剤はない。

効果の判断と次年度の対策　周辺株への二次伝染がなければ，当年の防除効果はあったものと判断する。次年度以降も，同様に発生がなければ効果があったと判断する。

　　執筆　西川　盾士（株・サカタのタネ掛川総合研究センター）　　　　（2018年）

さび病

英名：Rust
別名：—
学名：*Coleosporium tussilaginis* (Persoon) Léveillé
《糸状菌／担子菌類》

［多発時期］春
［伝染源］中間宿主の詳細については未解明である
［伝染・侵入様式］空気伝染
［発生・加害部位］葉
［発病・発生適温］春から秋
［湿度条件］高い
［他の被害作物］カンパニュラ・グロメラタ（リンドウザキカンパニュラ）に発生した。他作物への被害は不明である

(1) 被害のようすと診断ポイント

発生動向　春から秋まで，継続して発病する。

初発のでかたと被害　下部の葉表面に境界が不明瞭な黄斑が発生。

多発時の被害　病徴の進展に伴い，黄斑部裏面に橙黄色の夏胞子を形成。

診断のポイント　黄斑部裏面の橙黄色で円形～楕円形の夏胞子。

防除適期の症状　発病してからではおそいので，発病前から予防対策に努める。

類似症状・被害との見分けかた　褐斑病では，葉，茎，花に褐色～黒褐色の斑点や斑紋を生じ，葉枯れや立枯れを起こす。白斑病では，白色～灰色で周縁が褐色の小病斑，表面，まれに裏面にも黒色の小粒点を生じる。灰色かび病では，花弁，萼，包葉などが脱色し，小斑点を形成または腐敗する。

(2) 病原・害虫の生態と発生しやすい条件

生態・生活サイクル　風雨や灌水によって胞子が飛散し，感染すると考えられる。

発生しやすい条件　通風不良や降雨などによる高湿度状態が本病の蔓延を助長すると考えられる。

(3) 防除のポイント

耕種的防除　通風性や排水性を確保する。植物残渣は除去する。

生物防除　とくになし。

農薬による防除　さび病に対する登録農薬はない。

効果の判断と次年度の対策　植物残渣は除去し，次作に残さないようにする。

　執筆　牧野　華／佐藤　衛（農研機構種苗管理センター西日本農場／農研機構野菜花き研究部門）

（2018年）

キキョウ　　　キキョウ科

●図解・病害虫の見分け方

灰色かび病
花弁などに褐色の病斑を形成

モザイク病
淡緑色のモザイク症状

葉枯病
円形ないし不正形。褐色の病斑

斑点病
葉脈に区切られやや角型の病斑

半身萎凋病
葉縁からくさび形に枯れ込み葉枯れを起こす

茎腐病
地際部より上方の茎が褐変腐敗

立枯病
根茎の肩の部分から地際部の茎が褐変腐敗

 **害虫**

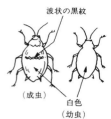

キキョウアブラムシ

キキョウヒゲナガアブラムシ

モザイク病

モザイク病

英名：Mosaic
別名：－
病原ウイルス：**Cucumber mosaic virus (CMV)**
　　　　　　（キュウリモザイクウイルス）
　　　　　　《ウイルス（Cucumovirus）》

［多発時期］　4〜10月
［伝染源］　感染していた種根茎，他の感染植物
［伝染様式］　アブラムシ媒介，接触伝染，前年に発病した種根茎
［発生部位］　全身感染
［発病適温］　15℃から25〜26℃
［湿度条件］　関係なし
［他の被害作物］　多くの草花，野菜

（1）被害のようすと診断ポイント

最近の発生動向　少ない。

初発のでかたと被害　主として中間の葉から上方の葉に，淡黄色のモザイク症状がみられる。おかされた株の葉はやや小型となり，株全体が多少萎縮する。場合によっては葉にえ死斑を生じることがある。

多発時の被害　葉が淡黄色モザイクとなって株全体が萎縮する。

診断のポイント　株の中〜上方の葉に淡黄色のモザイクを生じる。発病株の葉はやや小型になり，株全体が多少萎縮する。

防除適期の症状　発病してからでは防除できない。

類似症状との見分けかた　特になし。

（2）病原の生態と発生しやすい条件

生態・生活サイクル　この病原ウイルスは多くの草花，野菜および雑草に寄生し，アブラムシによって非永続的に伝染するほか，管理作業中の接触により伝染する。キキョウでは一度発病すると根茎にも保毒されるので，そのような根茎を植え付けるとアブラムシに媒介されなくても発病する。発病したキキョ

ウなどの植物に寄生して汁を吸ったアブラムシが、その後他の健全なキキョウなどの植物に移動して寄生してその株から汁を吸うときに、このウイルスが媒介されるのである。

発生しやすい条件　15℃から25〜26℃のように温暖な時期にモザイク症状の病徴が出やすい。アブラムシの発生の多い春および秋に発生しやすい。

発病した花茎を切った刃物でそのまま健全な花茎を切ったり、株分けのために発病した根茎を切断した刃物で健全な根茎を切断したりすると発病する。

(3) 防除のポイント

耕種的防除　花茎を切るときは健全な株を先に行ない発病株は最後にする。株分けのために根茎を切断するときには健全な株のみを選び、発病株は除去する。また前年に本病が発病した根茎を用いず、健全株の根茎を植え付ける。

アブラムシの飛来を防止するため、まわりをシルバーテープで囲うか、シルバーストライプマルチを敷く。これは生育が進むと飛来防止効果が低下するので注意する。寒冷沙で被覆してアブラムシの寄生を防ぐ。またアブラムシの飛来の多い植物の近くでは栽培しない。激発した被害株は抜き取り焼却する。

生物防除　特になし。

農薬による防除　殺虫剤を散布してアブラムシの防除を行なう。

効果の判断と次年度の対策　アブラムシを防除して、本病の発病がみられなければ効果があったと判断される。発病した株の根茎は翌年使用しない。

執筆　米山　伸吾（元茨城県園芸試験場）

(1997年)

茎腐病

英名：Stem rot
別名：―
病原菌学名：*Rhizoctonia solani* **Kühn**
　　　　　《糸状菌／担子菌類》

[多発時期]　6〜9月
[伝染源]　被害残渣，土壌
[伝染様式]　土壌伝染，接触伝染
[発生部位]　根，茎および種根茎
[発病適温]　17〜23℃
[湿度条件]　多湿
[他の被害作物]　多くの草花，野菜の苗立枯病など

（1）被害のようすと診断ポイント

最近の発生動向　発生しやすい。

初発のでかたと被害　地際部から上方の茎がとくにおかされ，茎には茶褐色の病斑ができて，腐敗する。茎の表面から腐敗がはじまり，内部にまで進行すると茎が枯れる。下葉からやや黄化してしおれ，順次上葉までもがしおれる。

多発時の被害　さらに病気が進展すると，株全体が枯れる。

診断のポイント　地際部から上方の茎には茶褐色の病斑が形成され表面から順次内部にまで進行して腐敗する。ひどいと下葉からやや黄化してしおれてから枯れる。

防除適期の症状　発病のおそれのある畑は予め土壌消毒する。また，しおれはじめた頃に薬液を株元に灌注する。

類似症状との見分けかた　本病は地際部の茎が侵され，その表面が腐敗して枯れる。立枯病は根茎の肩が侵されているので区別される。

（2）病原菌の生態と発生しやすい条件

生態・生活サイクル　春になって植物が生育すると，土壌中の菌核から菌糸が伸長し，根や地際部の茎をおかす。条件によっては土壌中の菌核から担子器

が形成されて，そこに生じた担胞子が飛散し，作物に付着して侵入する。

病原菌は－5～30℃前後で生育するが，発育の適温は22～25℃である。発病には比較的多湿状態を好み，17～23℃前後で発病しやすい。

発生しやすい条件　密植されている状態で，土壌が比較的多湿状態で発生しやすい。病原菌は腐生性が強いので，被害残渣や未熟の有機物を畑の土壌に混ぜると多発生する。

(3) 防除のポイント

耕種的防除　健全な種根茎を用いる。被害株は根まわりの土とともに取り除いて焼却する。被害残渣や未熟な有機質を土壌に混入せず，完熟した有機物を施用する。密植をさけ，なるべく株元付近の通気を良好にする。

生物防除　特になし。

農薬による防除　常発地ではクロルピクリン，ダゾメット剤で土壌消毒するかバシタック，リゾレックス粉剤を土壌によく混和する。

クロルピクリンは30cm平方当たり深さ15cmの穴に2～3mlを注入し，ポリフィルムで直ちに被覆する。約10日後に除去する。錠剤は1穴1錠とし，他は同様に処理する。クロルピクリンはガス剤なので，人畜への被害を起こさないように注意する。ポリ被覆をしないと効果がない（水封は無効）。

ダゾメット剤は10m²当たり200～300gを土壌とよく混和し，直ちにポリフィルムを7～14日間被覆してから除去する。

発病株にはモンセレン，モンカット，バシタック，リゾレックス水和剤，バリダマイシン液剤を株元に灌注する。

効果の判断と次年度の対策　土壌消毒した畑では発病株がみられなければ，効果があったと判断される。しおれた株に薬液を灌注した場合には，しおれが回復すれば効果があったと判断される。被害残渣を畑に残さないようにする。

　執筆　米山　伸吾（元茨城県園芸試験場）

（1997年）

葉枯病

英名：Leaf blight
別名：－
病原菌学名：***Stemphylium lycopersici* (Enjoji) Yamamoto**
《糸状菌／不完全菌類》

［多発時期］　4〜7月，9〜10月
［伝染源］　被害残渣，発病葉に形成された分生胞子
［伝染様式］　分生胞子の飛散による
［発生部位］　葉
［発病適温］　20〜25℃
［湿度条件］　多湿
［他の被害作物］　スターチス，トマト，トウガラシ

（1）被害のようすと診断ポイント

最近の発生動向　少ない。

初発のでかたと被害　葉だけに発生し，はじめ黒褐色で0.5〜1.5cmくらいの，まわりのはっきりしない不鮮明な円形の病斑を形成する。葉柄，茎には発生しない。病斑はやや円形ないし不正形に拡大すると褐色ないしは暗褐色でやや乾いた病斑になって枯れる。

多発時の被害　円形ないし不正形，大型病斑で，褐〜暗褐色になって葉が枯れる。

診断のポイント　はじめ黒褐色で，まわりのはっきりしない円形の病斑を形成する。拡大すると褐色ないしは暗褐色で乾いた病斑になる。

防除適期の症状　発病の初期に防除しはじめる。

類似症状との見分けかた　特になし。

（2）病原菌の生態と発生しやすい条件

生態・生活サイクル　前年発病した葉とともに土壌中で越年し伝染源となる。土壌中で形成された柄子殻は翌年その中で成熟した柄胞子が風で飛散して第一次伝染する。

537

病斑上に形成された分生胞子が飛散して第二次伝染する。分生子柄は2〜3本あるいは十数本が群生し，分生胞子は頂生し，3〜8個の横隔膜と少数の縦隔膜を有し，大きさは30〜70×13〜15μm，黄褐色ないしは褐色で，胞子膜の表面に微細な刺を有している。

発生しやすい条件　肥切れした場合や，密植，過繁茂で風通しが悪いと発生しやすい。

やや気温の低いときで多湿条件だと発生しやすい。地下水位が高かったり，排水不良で，土壌水分が過多で湿気がこもるような畑で多発生する。

(3) 防除のポイント

耕種的防除　トマト，トウガラシにも同じ病原菌により発病するので，それらの近くで栽培しない。前年発病した被害葉を除去し，焼却する。

畑の排水を良好にして，密植，過繁茂をさけ通風をよくする。肥切れで発病しやすいので，適正な肥培管理をする。

生物防除　特になし。

農薬による防除　発病初期からダコニール1000，ジマンダイセン，ベンレート，トップジンM，オーソサイド水和剤を7〜10日おきに散布する。発生が軽いようであれば2週間おきの散布でもよい。濃度を濃くしても効果は上がらないので，適正倍率でかけむらのないように散布するのがコツである。

効果の判断と次年度の対策　新たな病斑がみられなくなれば効果があったと判断される。

執筆　米山　伸吾（元茨城県園芸試験場）

(1997年)

斑点病

斑点病

英名：Leaf spot
別名：－
病原菌学名：*Septoria platycodonis* **H. et P.Sydow**
《糸状菌／不完全菌類》

[多発時期]　4〜10月
[伝染源]　被害残渣
[伝染様式]　空気伝染（柄胞子の飛散による）
[発生部位]　葉
[発病適温]　不明（15.6〜25.6℃と思われる）
[湿度条件]　多湿
[他の被害作物]　なし

（1）被害のようすと診断ポイント

最近の発生動向　少ない。

初発のでかたと被害　葉の表，裏に円形または不正形で灰白色の病斑を形成する。拡大するとしばしば葉脈に区切られややや角形の病斑になることもある。

多発時の被害　病気の末期には病斑上に小黒粒点が同心円状に形成される。

診断のポイント　葉の表裏に円形または不正形の灰白色の病斑を形成する。拡大すると葉脈に区切られてやや角形の病斑になり，末期には小黒粒点を形成する。

防除適期の症状　発病初期から防除する。

類似症状との見分けかた　特になし。

（2）病原菌の生態と発生しやすい条件

生態・生活サイクル　病原菌は被害残渣とともに土壌中に残り，そこでも柄子殻を形成して越冬する。気温が高くなると，これが成熟して，柄胞子が風によって飛散して第一次伝染する。

柄子殻は黒色で大きさは50〜80μmである。柄胞子は無色，糸状で両端が円く35〜55×2μmの大きさで4〜8個の隔膜を有する。

葉の病斑上に形成された小黒粒点（柄子殻）が成熟して中から柄胞子が飛散し，第二次伝染する。

発生しやすい条件　地下水位が高い畑や，排水不良の畑で土壌水分が多く，湿度が高いと発生しやすい。密植，過繁茂で風通しが悪く多湿になると発生しやすい。前年発病した茎葉を畑の土壌に混入した場合には多発生しやすい。

(3) 防除のポイント

耕種的防除　前年の被害残渣を集めて焼却する。排水不良地では排水を良好にする。密植，過繁茂をさけ，風通しを良好にする。

生物防除　特になし。

農薬による防除　発病の初期からダコニール1000，ジマンダイセン，ベンレート，トップジンM，オーソサイド水和剤を7〜10日おきに散布する。濃度を濃くしても防除効果は高くならない。通常倍率の薬液をかけむらのないように散布する。

効果の判断と次年度の対策　新たな病斑が形成されなくなれば，効果があったと判断される。

執筆　米山　伸吾（元茨城県園芸試験場）

(1997年)

立枯病

立枯病

英名：Root rot
別名：—
病原菌学名：***Rhizoctonia sp.***
《糸状菌／担子菌類》

[多発時期]　6～9月
[伝染源]　被害残渣，土壌
[伝染様式]　土壌伝染，接触伝染
[発生部位]　根，茎，および根茎
[発病適温]　17～23℃
[湿度条件]　多湿
[他の被害作物]　なし

キキョウ／病気

（1）被害のようすと診断ポイント

最近の発生動向　発生しやすい。

初発のでかたと被害　主に根茎の肩の部分や地際部の茎が侵され，茎には茶褐色の病斑が形成されて，腐敗する。根茎の肩の部分も褐変腐敗する。下葉からやや黄化してしおれ，順次上葉までもが黄化してしおれる。

多発時の被害　さらに病気が進展すると，株全体が枯れる。

診断のポイント　根茎が褐変腐敗し，地際部の茎には茶褐色の病斑が形成されて腐敗する。ひどいと下葉からやや黄化してしおれてから枯れる。

防除適期の症状　発病のおそれのある畑では予め土壌消毒する。またしおれはじめの頃に薬液を株元に灌注する。

類似症状との見分けかた　本病は根茎の肩が腐敗して，茎の基部が侵されるが，茎腐病は地際部の茎が侵されて折れる。

（2）病原菌の生態と発生しやすい条件

生態・生活サイクル　春になって植物が生育すると，土壌中の菌核から菌糸が伸長して，根や地際部の茎を侵す。条件によっては土壌中の菌核から担子器が形成されて，そこに生じた担胞子が飛散して，作物に付着して侵入する。

541

病原菌は−5〜30℃前後で生育するが，発育の適温は22〜25℃である。発病には比較的多湿状態を好み，17〜23℃前後で発病しやすい。

発生しやすい条件　密植されている状態で，土壌が比較的多湿状態で発生しやすい。病原菌は腐生性が強いので，被害残渣や未熟の有機物を畑の土壌に混ぜると多発生する。

(3) 防除のポイント

耕種的防除　被害株は根まわりの土とともに取り除いて焼却する。被害残渣や未熟な有機質を土壌に混入せず，完熟した有機物を施用する。密植をさけ，なるべく株元付近の通気を良好にする。

生物防除　特になし。

農薬による防除　常発地ではクロルピクリン，ダゾメット剤で土壌消毒するかバシタック，リゾレックス粉剤を土壌によく混和する。

クロルピクリンは30cm平方当たり深さ15cmの穴に2〜3mℓを注入し，ポリフィルムで直ちに被覆する。約10日後に除去する。錠剤は1穴1錠とし，他は同様に処理する。クロルピクリンはガス剤なので，人畜への被害を起こさないように注意する。ポリ被覆をしないと効果がない（水封は無効）。

ダゾメット剤は10m²当たり200〜300gを土壌とよく混和し，直ちにポリフィルムを7〜14日間被覆してから除去する。

発病株にはモンセレン，モンカット，バシタック，リゾレックス水和剤，バリダマイシン液剤を株元に灌注する。

効果の判断と次年度の対策　土壌消毒した畑では発病株がみられなければ効果があったと判断される。また，しおれた株に薬液を株元に灌注した場合，しおれ症状が回復すれば効果があったと判断される。被害残渣を畑に残さないようにする。

執筆　米山　伸吾（元茨城県園芸試験場）

(1997年)

灰色かび病

灰色かび病

英名：Gray mold
別名：－
病原菌学名：***Botrytis cinerea* Persoon:Fries**
《糸状菌／不完全菌類》

[多発時期]　8月下旬（北海道地域）
[伝染源]　罹病残渣，菌核
[伝染様式]　分生子の飛散
[発生部位]　葉，花弁
[発病適温]　20～25℃
[湿度条件]　多湿
[他の被害作物]　各種野菜・花卉に発生

（1）被害のようすと診断ポイント

　最近の発生動向　北海道の場合，夏季を過ぎた8月下旬頃から発生が見られる。近年の発生動向は明らかでない。

　初発のでかたと被害　茎葉が繁茂し始めると下葉などに淡褐色で不正形の初期病斑が現われる。やがて病斑が拡大し，発病葉の表面や葉先がカビに覆われている。葉の発病による被害は少ないが花弁に発病すると花の品質を大きく低下させる。花弁でははじめ淡褐色の小褐点が生じ，これらが進展し，病斑部は不正形に変色する。

　多発時の被害　花弁での被害が大きくなると，花弁の大部分が褐色となり，病斑の境界は黄色を帯びたりする。病斑の中心部を観察すると灰色のカビに覆われているのが観察され，やがて黒色の菌核が生じてくる。

　診断のポイント　花弁での発病に注意が必要。花弁での小褐点の有無を注意深く観察する。

　防除適期の症状　下葉などに病斑形成が認められたら防除を開始する。

　類似症状との見分けかた　葉枯病や斑点病はいずれも葉でのみ発生する。葉枯病では葉が早期に落葉したりする。斑点病は灰白色，円形～不正形の病斑で，病斑上に黒色の小粒点が生じるのが特徴である。

543

(2) 病原菌の生態と発生しやすい条件

生態・生活サイクル　前年の罹病残渣で越冬した菌糸や分生子，菌核などが伝染源となる。病斑部には多量の分生子が形成され，これらが飛散して蔓延する。また，寄主範囲はきわめて広いため，他作物上で形成された胞子が飛散し，感染を起こす場合もある。

発生しやすい条件　北海道の場合，8月下旬頃に多雨となることが多く，本病の発生に好適な条件となる。

(3) 防除のポイント

耕種的防除　ハウス内の風通しをよくし，湿度の低下に努める。また，多肥栽培により軟弱徒長した株は発病しやすいのでさける。

生物防除　生物防除については，今のところ試験例がない。

農薬による防除　農薬による防除については，今のところ試験例がないが他の野菜・花卉類で本病菌に登録のある薬剤（ロブラール水和剤，フロンサイド水和剤など）は有効と思われる。

効果の判断と次年度の対策　発病株は株ごと早期に抜き取り，伝染源の密度を低下させる。

執筆　堀田　治邦（北海道立花・野菜技術センター）

(1997年)

半身萎凋病

英名：Verticillium wilt
別名：—
学名：***Verticillium dahliae* Klebahn**
《糸状菌／不完全菌類》

[多発時期] 5～10月
[伝染源] 土壌，被害残渣
[伝染・侵入様式] 土壌伝染
[発生・加害部位] 根
[発病・発生適温] 25℃付近
[湿度条件] 多湿
[他の被害作物] 菌群により病原性は異なる。東京都におけるキキョウ分離菌株の菌群はトマト系，B群で，トマト，オクラ，ウドなど多種の植物に病原性を示す

(1) 被害のようすと診断ポイント

発生動向　過去にウド，ナスなどを栽培していた露地圃場では頻発している。

初発のでかたと被害　はじめ下葉の片側から黄化して萎れ，葉枯れを生じる。

多発時の被害　症状は順次，上位葉に進展し，やがて株全体が褐変し，頂部を除いて葉が萎凋，褐変，枯死する。

診断のポイント　初期症状が株の片側に出やすい。

防除適期の症状　症状が軽い場合は採花できる場合もあるが，基本的には症状が認められた株は抜き取り廃棄する。作付け前に土壌消毒をする。

類似症状・被害との見分けかた　導管部の褐変。根や地際部に病斑を生じない。

(2) 病原・害虫の生態と発生しやすい条件

生態・生活サイクル　土壌，被害残渣上の微小菌核が第一次伝染源となる。

発生しやすい条件　排水不良な圃場。

(3) 防除のポイント

耕種的防除　発病株は除去する。発病株から株分けしない。

生物防除　なし。

農薬による防除　ガスタード微粒剤，バスアミド微粒剤による土壌消毒（花卉類・観葉植物作物群登録，20〜30kg/10a）。

効果の判断と次年度の対策　下位葉の黄化症状がないこと。発生圃場では土壌消毒を行なう。

　執筆　竹内　純（東京都島しょ農水総センター大島事業所）　　　　　　　　（2009年）

主要農薬使用上の着眼点 (竹内純, 2009)

（回数は同一成分を含む農薬の総使用回数）

商品名	一般名	使用倍数・量	使用時期	使用回数	使用方法
《土壌消毒剤》					
ガスタード微粒剤	ダゾメット粉粒剤	20〜30kg/10a	播種または植付け前	1回	本剤の所定量を均一に散布して土壌と混和する
バスアミド微粒剤	ダゾメット粉粒剤	20〜30kg/10a	播種または植付け前	1回	本剤の所定量を均一に散布して土壌と混和する

　作物群登録の花卉類・観葉植物での登録であり，個々の栽培条件ごとに薬害確認のため，少株で試用する必要がある

キキョウヒゲナガアブラムシ

英名：－
別名：－
学名：*Dactynotus kikioensis* **Shinji**
《半翅目／アブラムシ科》

[多発時期] 6〜8月
[侵入様式] 飛来
[加害部位] 葉，茎，花
[発生適温] －
[湿度条件] －
[防除対象] 成虫，幼虫
[他の加害作物] フウリンソウ

（1）被害のようすと診断ポイント

最近の発生動向 関東以西の地方で発生する。

初発のでかたと被害 新芽，つぼみ，葉裏に濃赤褐色の虫が群生する。吸汁による生育抑制もかなりあると思われるが，外見的には目立った症状はない。多くの虫が寄生するので商品性の点で防除が必要となる。

多発時の被害 株全体に虫が見られ，葉裏はしばしば虫でいっぱいになる。

診断のポイント 濃赤褐色の虫が寄生する。

防除適期の症状 赤褐色の虫が葉や茎に寄生を始めたとき。

類似被害との見分けかた キキョウではキキョウアブラムシ（白色）も寄生するが，体色がまったく異なっているので区別は簡単である。

（2）害虫の生態と発生しやすい条件

生態・生活サイクル 詳細は不明。5〜10月に発生し，新芽，つぼみ，葉裏に成幼虫の集団が寄生して吸汁する。葉裏では数百匹の集団をつくることもある。

発生しやすい条件 不明。

(3) 防除のポイント

耕種的防除　なし。

生物防除　テントウムシ類の成幼虫，ヒラタアブの幼虫がアブラムシを捕食するので，これらの天敵がいれば活用する。

農薬による防除　防除試験例はないが，一般のアブラムシ類の防除薬剤で効果があると思われる。ただし散布にあたっては，虫が寄生している葉裏に重点的に散布する。

効果の判断と次年度の対策　散布前と散布翌日の寄生虫数を比較して，散布翌日にゼロ近くになっておれば効果があったものと判断する。

執筆　木村　裕（元大阪府立農林技術センター）

(1997年)

キキョウアブラムシ

英名：—
別名：—
学名：*Aulacorthum taiwanum codonopsis* Miyazaki
《半翅目／アブラムシ科》

[多発時期]　6〜7月
[侵入様式]　飛来
[加害部位]　葉
[発生適温]　—
[湿度条件]　—
[防除対象]　成虫，幼虫
[他の加害作物]　不明

（1）被害のようすと診断ポイント

最近の発生動向　発生するところでは毎年発生する。

初発のでかたと被害　葉の一部が肥料切れのような感じで黄変する。そのような症状を呈した葉の裏面には，2本の黒色の横帯を持った白色の虫（成虫）を中心に，やや小型の白一色の虫が数匹〜数十匹の集団をつくっている。虫は株の下位にある葉に寄生する傾向があるため，下位の葉から黄化が始まり，徐々に上位の葉へと広がっていく。

多発時の被害　黄変した葉が株全体の半分を占める。

診断のポイント　葉が黄変する。

防除適期の症状　葉の黄変症状の発生を確認したとき。

類似被害との見分けかた　キキョウではキキョウヒゲナガアブラムシ（濃赤褐色）も寄生するが，体色がまったく異なっているので区別は簡単である。

（2）害虫の生態と発生しやすい条件

生態・生活サイクル　詳細は不明。5月下旬頃から葉裏に成幼虫が寄生して吸汁するために葉の黄変も始まる。7月頃にもっとも密度が高まり，10月下旬まで成幼虫の寄生が続く。

発生しやすい条件　不明。

（3）防除のポイント

耕種的防除　なし。

生物防除　テントウムシ類の成幼虫，ヒラタアブの幼虫がアブラムシを捕食するので，これらの天敵がいれば活用する。

農薬による防除　防除試験例はないが，一般のアブラムシ類の防除薬剤で効果があると思われる。ただし散布にあたっては，虫が寄生している葉裏に重点的に散布する。

効果の判断と次年度の対策　散布前と散布翌日の寄生虫数を比較して，散布翌日にゼロ近くになっておれば効果があったものと判断する。

執筆　木村　裕（元大阪府立農林技術センター）

（1997年）

キク　　　　　　　　　　　　　　　　キク科

●図解・病害虫の見分け方

病　気

花弁の基部が侵され花弁が褐色に
腐敗。花が奇形となる

花腐病

外側の花弁や花弁の先端近くから
発病。病斑の周辺は多く不鮮明

花枯病

花弁の展開不良を起こす

赤かび病

がく部分から発病し花心
が褐変する。蕾の場合は
蕾全体が褐変する

花腐細菌病

花弁に
のみ褐色の小
斑点を生じる

小斑点病

ほとんどの品種は病徴を示
さない。発病すると，葉に
退緑斑点，えそ斑点，輪紋，
葉脈透化などが発生

ウイルス病

葉に退緑斑

えそ斑紋病

新葉にクロロシス，若い葉
に退緑斑紋が現われる

退緑斑紋病

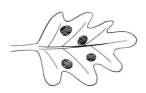

葉の表面に白い粉状の斑点

うどんこ病

暗色で径1cmぐらいの病斑

斑点病

葉の裏側に黒褐色の小斑点，盛り上がった粉状病斑

黒さび病

葉に淡褐色の小斑点を形成

褐さび病

境界が不明瞭な乳白色の小斑点や肌色～淡褐色・イボ状の隆起(冬胞子堆)

白さび病

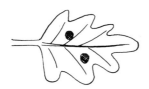

病斑の輪郭が比較的明瞭

黒斑病

病斑の輪郭が比較的不明瞭

褐斑病

病斑のまわりが紫褐色で輪紋のある病斑

黒点病

不正形で境界のはっきりしない**病斑**。裏側に白色のカビを生じる

べと病

葉などに黒色で表面が白色ないしはネズミ色の塊状のカビを生じる

変形菌病

葉脈に区切られた扇状の病斑

葉枯病

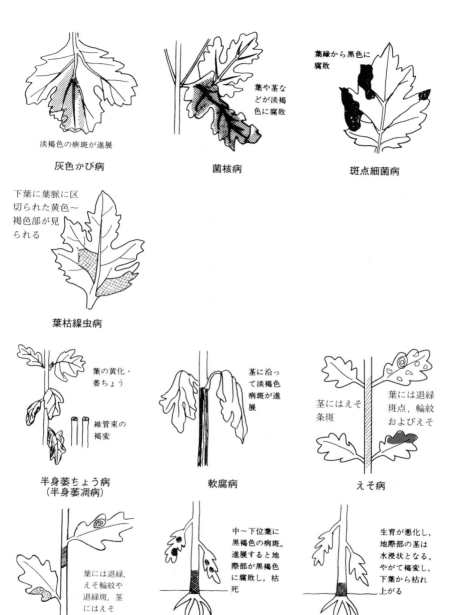

地際の茎や根が外皮から褐変，腐敗。枯死株の地際や茎の表面に白色の菌糸

白絹病

挿し穂は発根せず，黒変・腐敗。発根しても先端は褐変する

苗腐敗病

地際部の茎が暗褐色水浸状となり，根も褐変腐敗し，葉がしおれて枯れる

疫病

根は褐変腐敗し，緑色のまま枯れる 維管束も褐変し，汚白色の汁液がにじみ出る

青枯病

根は褐変腐敗し，維管束も褐変してしおれて枯れる

褐変

萎ちょう病
（萎凋病）

根が暗褐色に腐敗。表面に白色の束状のカビを生じ株は枯れる

白紋羽病

地際部の茎や根に小さなこぶ。しだいに拡大して褐色不正形の大きながんしゅに生長

根頭がんしゅ病

地際の茎や根全体が水浸状に褐変。被害根表面に白色の菌糸

ピシウム立枯病

褐変
根の褐変
地際部茎の切断

フザリウム立枯病

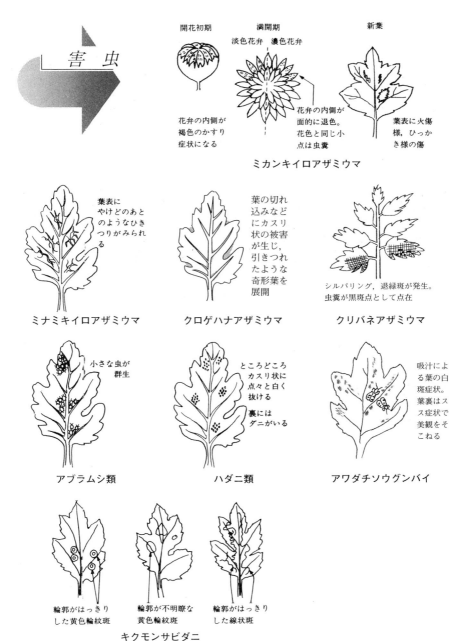

穴があく 表皮だけ残して透ける

（若齢幼虫の食害）

シロイチモジヨトウ，ヨトウガも同様の症状

ハスモンヨトウ

葉が不規則にかじられる

キクキンウワバ

未展開葉が食害され展開した葉は不整形の穴があく

タバコガ類

白い小斑点

曲がりくねった白っぽい線。だんだん太くなる

マメハモグリバエ

葉面に白い線状の食害痕が葉脈に沿って発生する

アシグロハモグリバエ

葉に粒状の隆起が生じる。先端に穴があき，ハエが羽化してくる

キクヒメタマバエ

ウイルス病

【キクBウイルス】
英名：Virus disease
別名：—
学名：***Chrysanthemum virus B* (CVB)**
《ウイルス／ *Carlavirus*》

【キュウリモザイクウイルス】
英名：Virus disease
別名：—
学名：***Cucumber mosaic virus* (CMV)**
《ウイルス／ *Cucumovirus*》

【トマトアスパーミィウイルス】
英名：Virus disease
別名：—
学名：**Tomato aspermy virus (TAV)**
《ウイルス／ *Cucumovirus*》

［多発時期］CVB・TAV：春季・秋季
［伝染源］CVBを除けば可能性のある植物は多岐にわたるが，CVBとTAVはおもに無病徴株を含めた罹病ギクなど
［伝染・侵入様式］ウイルス感染株の圃場への持込みと，摘蕾，切り花，刈込みなどの作業に伴う接触伝染・刃物伝染。その他，アブラムシによる伝搬
［発生・加害部位］葉，茎，花など全身
［発病・発生適温］とくになし
［湿度条件］無関係
［他の被害作物］CVB：ミヤコワスレ。CMV：多種類の野菜・草花。TAV：トマト，ピーマン，ジニア

(1) 被害のようすと診断ポイント

発生動向　3種の病原ウイルスの発生は1970年前後から報告が散見されるものの，特徴的な症状を示さないことが多いことから病名は付けられず，「ウイルス病」として取り扱われている。

CVBによる発病株は少ないが，全国各地の栽培ギクに広く無病徴感染している。感染状況調査で，ウイルス性症状を示すキク85株中19株，45品種51株中5品種10％の株，ほとんどの株が無病徴の主要19品種243株中28株から分離された例などがある。栗原らの調査では感染株率は0～100％まで品種によって大幅に異なっている。

TAVも圃場で明瞭な病徴が観察されることは少ないが，全国各地の栽培ギクに広く感染している。感染状況調査では，ウイルス性症状を示す21品種中5品種，138株中40株，85株中32株以上，45品種51株中13品種27％の株，ほとんどの株が無病徴の主要19品種243株中52株から，それぞれ分離された例などがある。栗原らの調査によれば，感染株率が0～88％まで，品種によって大幅に異なっている。

CMVの宿主範囲は非常に広く，野菜・花卉類にもっとも普遍的に発生し，アブラムシによって伝搬される。関東および九州のキクからCMVが分離され，キクに対する病原性も確認されているが，感受性は低く，キクでの発生は少ない。

初発のでかたと被害　ウイルスに感染したキクは，生育の遅延，茎葉の萎縮やえそ，葉のモザイク，花弁の乱れや斑入り，小型化，退色などを生じるが，これらの病徴は感染しているウイルスの種類と温度を中心とした生育環境および品種によって大きく異なる。CVB・TAV・CMVのいずれのウイルスに感染しても，肉眼的な病徴をほとんど示さない品種が多い。

CVBによる発病株は葉に退緑斑紋，あるいは葉脈透化や軽いえそ斑紋，軽い株の萎縮などを生じ，花弁に退色やえそ条斑を生じる。感受性と病徴の程度は品種によって大きく異なり，大半の品種は無病徴である。比較的低温期に病徴を現わしやすい。一方，高温期にはウイルス濃度が低くなり，病徴をほとんど示さない。病徴を現わさない品種での生育障害は少ないようである。

TAVによる発病株は，葉に退緑斑，黄斑，輪紋，えそ斑紋などを生じ，生育が悪くなる。花は変形し小型になり桃色～赤紫色の品種では花弁に斑入りや退色を生じる。しかし，感染した当年は普通病徴を現わさない。また生育が旺盛なときは花の退色の程度は軽くなる。生育の初期には軽い不明瞭な退緑斑紋を示す品種が多いようであるが，感受性と病徴の程度は品種によって大きく異

なり，病徴を現わさない品種も多い。とくに高温期に病徴を現わす品種は少ない。

多発時の被害　初発の項を参照。

診断のポイント　ウイルス病の蔓延を防ぐためには，感染株の存在を早い時期に知ることが重要である。しかし，容易に識別できるような病徴を現わしている場合はむしろ限られており，肉眼による観察だけでは感染ウイルスを的確に診断できない場合のほうがはるかに多い。このため，キクに感染しているウイルスを知るには，(1)判別植物への接種，(2)抗血清による方法，(3)電子顕微鏡によるウイルス粒子の観察，(4)電気泳動による病原核酸の検出，(5)RT-PCR法，などから適当と考えられる方法を単独で，あるいは組み合わせて行なうことになる。

判別植物にはペチュニアがよい。CVBはペチュニアの接種葉（ごく若い葉や老化葉は不適当）に接種10～30日後に特徴的な退緑斑～黄斑，ときにえそ斑を生じるので判別植物としてすぐれているが，近年のF₁品種には抵抗性のものが多いので，感受性品種か感受性個体の自殖種子あるいは交雑種子を用いる。また，山口（1979）によればペチュニアのCVBに対する感受性は，6～14℃の低温域と25℃以上の高温域では極端に低下し，18℃で最高になる。TAVとCMVはペチュニアにモザイクを生じる。なおTAVの宿主範囲と病徴はCMVに類似しているが，キュウリに全身感染しないこと，グルチノーサ（*Nicotiane glutinosa*）にモザイクのほか，ひだ葉を生じやすいことで区別できる。

抗血清が利用できればTAVとCMVの検出と識別は容易で，エライザ法や寒天ゲル内拡散法がすぐれている。CVBは電子顕微鏡で比較的容易に観察できるが，抗血清と組み合わせた免疫電顕法がすぐれている。

少量の試料を用いたポリアクリルアミドゲル電気泳動などによる泳動度と泳動パターンの分析から核酸とタンパク質の成分数や分子量を知ることもできる。近年ではプライマー情報なども豊富にあり，RT-PCR法による診断が一般的になりつつある。

防除適期の症状　ウイルス感染株を治癒させる方法はないので，発病株に対する防除適期はない。

類似症状・被害との見分けかた　被害についての詳しい調査はないが，栽培

条件や環境条件の影響によるものとの区別が困難な軽い生育障害や花弁の小型化などを生じている株あるいは無病徴株でも、ウイルスの感染によって生産力や品質の低下を招いていることがわが国でも明らかにされている。なお、TSWV（トマト黄化えそウイルス）による「えそ病」は茎や葉に明瞭なえそ症状を生じることから、本病と区別できる。

(2) 病原・害虫の生態と発生しやすい条件

生態・生活サイクル　CVBの宿主範囲は狭く、キクを除けばハルジオンのモザイク株や、葉に軽い斑紋を示し花弁に斑入りを示すミヤコワスレから分離されているにすぎない。主要な伝染源は無病徴株を含めた罹病ギクで、遠隔地にはキク苗で運ばれ、地域内の伝染はおもにアブラムシによる媒介と、切り花や摘蕾、刈込みなどの管理作業のさいに起こっているものと考えられている。

TAVはキクのほかトマトのモザイク株やえそ条斑株、ピーマンのモザイク株、ジニアのモザイク株などからも分離されている。宿主範囲は広く、ウリ科作物に感染しないことを除けばCMVに類似しているが、主要な伝染源はCVB同様、無病徴株を含めた罹病ギクで、遠隔地にはキク苗で運ばれ、地域内の伝染はおもにアブラムシと管理作業によって起こっているものと考えられている。

発生しやすい条件　ウイルス感染株が混在している圃場での、アブラムシの発生。

(3) 防除のポイント

耕種的防除　ウイルス病を防ぐには無病苗を利用し、伝染源をなくし、あるいは伝染経路の遮断を完全に行なえばよい。無病苗については、茎頂組織培養による無病苗の生産と供給、販売が一部で実施されている。しかし茎頂組織培養が行なわれても無病の検定が十分になされているのは少ないようで、いわれているほど実際には、無病苗が供給され普及していないのが現状である。

なお、茎頂組織培養によって無病にすると、その影響は品種によってかなり差が見られるが、主要な効果として草丈の伸長と切り花本数の増加、花重および上物の増加、発根の促進、冬至芽発生数の増加、などが起こる。このように生育が旺盛になった品種では花芽分化と開花期が数日遅くなる。これらの品種

560

ウイルス病

を利用した電照栽培では，電照期間の短縮が可能になり経済性にもつながる。たとえば，草丈の伸びが悪く，根の活力が弱くて栽培しにくいとされている古い品種の束の光（通称東光）を茎頂組織培養で無病にすると，きわめて生育が旺盛になり，発根や萌芽性もよくなることから，生育期間の短縮や肥料を減らすことが可能になり，栽培しやすくなる。

CVBとTAVの主要な伝染源はキクである。キクにウイルスが感染すれば短期間に発病し，明瞭な病徴を生じるのであれば，それらの株を除去するだけで高い効果が期待できるが，むしろ明瞭な病徴を生じていない場合のほうが多いことから感染株の完全な除去は容易でない。また，無病であることが明らかな苗を除き，同一圃場に多くの品種を植えることは感染株を混在させる危険を増やすことになり得策でない。

主要な接触伝染の機会は採苗や採花，刈込みなどのときで，これらの作業時に混在している感染株ではさみや手指が汚染され，健全株に伝染していると考えられる。刃物や手指の汚染は洗剤を使ってていねいに水洗すれば除かれるが，刃物の消毒にはリン酸三ナトリウム（第三リン酸ソーダ）5％以上の濃度の液に2〜3分間以上浸して消毒するのがよい。手指の消毒には皮膚が荒れるので不適当である。

生物防除　実用例はない。

農薬による防除　病原ウイルスはいずれもアブラムシによって伝染することから，これら媒介虫による伝染を防止することも重要である。アブラムシによる伝染を予防するためには，ガラス室やビニールハウスなどの開口部に網（網目のサイズは家庭用網戸と同じ程度でよい）を張り，飛来を防ぐことである。アブラムシの飛来は春と秋に多く，CVBとTAVの濃度もこの時期に高いのでとくに注意が必要である。採苗圃には必ず網を張り，殺虫剤を散布して媒介虫の発生を完全に防止する。

周辺の伝染源の多少は発生に影響するので，病株の放置は禁物であり，また周辺植物に媒介虫の発生が認められたときはただちに殺虫剤で駆除することが望ましい。

効果の判断と次年度の対策　これらの防除対策をキク圃場の全部で実施することは困難であろうが，少なくとも苗生産圃場には，ウイルス感染株を1株も

混在させないこと，媒介虫の飛来を防止し発生を許さないこと，ウイルスで汚染されていない作業用具や手指で作業することなどを必ず実施したいものである。

　　執筆　栃原　比呂志（日本植物防疫協会資料館）　　　　　　　　（1997年）

　　改訂　松下　陽介（独・農研機構花き研究所）　　　　　　　　　（2012年）

えそ病

【トマト黄化えそウイルス】

英名：—

別名：—

学名：***Tomato spotted wilt virus*** （TSWV）

《ウイルス／ *Tospovirus*》

［多発時期］5〜10月

［伝染源］TSWVはキク科，マメ科，ナス科，タデ科などの多くの植物に感染し，これらの植物がすべて伝染源となる。とくに注意すべき植物は，罹病ギク，コセンダングサ，レタス，ギシギシなど

［伝染・侵入様式］アザミウマ類による伝搬

［発生・加害部位］茎，葉

［発病・発生適温］比較的高温

［湿度条件］なし

［他の被害作物］トマト，ピーマン，レタス，ラッカセイ，ガーベラ，トルコギキョウなど多くの野菜と花卉

(1) 被害のようすと診断ポイント

発生動向　本病は1993年に静岡県で初めて発生が確認された。その後，全国各地で発生報告が相次ぎ，現時点では全国的に発生しているといえる。

初発のでかたと被害　本病による病徴は幼苗時から発生するが，最も病徴がはっきりするのは出蕾期であることが多い。

アザミウマ類が伝搬した場合には，初発は施設開口部付近に点在して観察される。しかし，罹病親株から採穂した場合には，初発にそのような傾向は認められない。

多発時の被害　本病の発生が観察された圃場で，本病を媒介するアザミウマが多発していると，本病が激発する。本病の蔓延は急速で，圃場内のすべての株が発病することもある。

診断のポイント　本病の病徴は品種や感染時期により異なり，生育温度が低いと病徴がまったく発生しない。

葉には退緑斑点，輪紋やえそが発生する。病徴が激しいと茎にもえそ条斑が発生する。本病に弱い品種「秀芳の力」では，葉の部分的または全体的な枯死が発生し，茎にはえそ条斑が観察される。このような病徴が発生したら，本病の感染を疑う。

防除適期の症状　本病が発生している産地では，本病の発生前からミカンキイロアザミウマを中心にアザミウマ類の薬剤防除を計画的に行なう。

類似症状・被害との見分けかた　本病による葉のえそは，葉枯病などによる葉の枯死や生理的な葉の枯死と区別するのは難しい。しかし，本病に感染した株は，茎のえそ条斑，葉の退緑およびえそ輪紋などのウイルス症状を伴うことが多いため，これらの病徴が発生していれば，本病であると判断できる。不明確な場合には，専門機関に診断を依頼する。

本病と同様に，ウイルスが原因のキク茎えそ病の病徴は本病に酷似しており，病徴に基づく診断は難しいので，専門機関に診断を依頼する。

(2) 病原・害虫の生態と発生しやすい条件

生態・生活サイクル　本ウイルスの罹病植物をアザミウマの幼虫が食害することにより，そのアザミウマはウイルスを獲得する。アザミウマの幼虫は成虫となると健全な植物に飛来し，その植物を食害することによりウイルスを伝搬する。

アザミウマはウイルスの伝搬能力を終生失わない。日本に生息するアザミウマで本病を媒介するものは，ミカンキイロアザミウマ，ヒラズハナアザミウマ，ミナミキイロアザミウマ，ネギアザミウマなどである。

発生しやすい条件　キクの連作産地に本病が発生し始めると，その後，本病を撲滅するのはきわめて困難となる。キクの親株に本病は無病徴感染するため，外観のみにより親株が健全であるかを判断できない。そのため，親株を自家養成し続けると，本病が発生しやすくなる。

(3) 防除のポイント

耕種的防除　罹病親株からは採穂しない。親株はウイルスが感染していない健全なものを使用する。親株の感染状況は，親株床の周辺でペチュニアを栽培

して，ペチュニアの葉でのウイルスによる病斑形成を観察することで，予測できる。

発病株は伝染源となるため，見つけしだい速やかに除去する。

圃場内やその周辺の雑草は，アザミウマ類の増殖場所となるばかりでなく，ウイルスの伝染源にもなるため，除草を徹底する。

施設の開口部には防虫網（0.4mm以下）を張り，本病を媒介するアザミウマの施設内への侵入を防ぐ。夏秋ギクでは施設内が高温になるため，防虫網のかわりに，施設の側窓に遮光ネットを張ることも有効である。

生物防除　本病は少数のアザミウマにより伝搬されるため，本病の常発地域ではアザミウマに対して生物防除を行なわない。

農薬による防除　本病を媒介するミカンキイロアザミウマ，ヒラズハナアザミウマなどを農薬散布で防除する。防除薬剤については，ミカンキイロアザミウマの項を参照する。

効果の判断と次年度の対策　アザミウマ類は薬剤抵抗性が発達しており，地域により効果のある薬剤が異なるため，薬剤散布後に効果を確認する。

本病が多発した圃場では，栽培終了後，施設を密閉して植物を枯死させ，土壌中に残存するアザミウマの蛹などを殺してから次作の作付けを行なう。

執筆　加藤　公彦（静岡県農業試験場）　　　　　　　　　　　　　　（2002年）

改訂　加藤　公彦（静岡県経済産業部研究調整課）　　　　　　　　（2012年）

茎えそ病

茎えそ病

【キク茎えそウイルス】
英名：Stem necrosis
別名：—
学名：*Chrysanthemum stem necrosis virus* (CSNV)
《ウイルス (*Tospovirus*)》
[多発時期] 6〜10月
[伝染源] 感染した親株は，主要な伝染源になると思われる
[伝染・侵入様式] 感染親株からの採穂，ミカンキイロアザミウマによる伝搬
[発生・加害部位] 茎，葉
[発病・発生適温] 比較的高温
[湿度条件] なし
[他の被害作物] トマト，アスター，トルコギキョウ

(1) 被害のようすと診断ポイント

発生動向　本病は，1990年代にブラジルのキク栽培で初めて被害が確認された。日本では，2006年に広島県で初めて発生が確認され，その後，九州から東北までの多くの地域で発生が確認されている。

初発のでかたと被害　本ウイルスはトスポウイルスに属し，発病したキクの葉は退緑斑，輪紋，えそ症状などが，茎は明瞭なえそ症状を現わし，トマト黄化えそウイルス（TSWV）によるえそ病の症状と酷似している。

多発時の被害　本病を媒介するミカンキイロアザミウマが多発していると，本病は激発する。

診断のポイント　上記症状および媒介虫のミカンキイロアザミウマが発生している場合は本病を疑う。CSNVの診断には，エライザ（ELISA）法などのウイルス抗体を用いた方法，RT-PCR法など，ウイルスに特異的なプライマーを用いた遺伝子診断法を行なう必要がある。TSWVの場合と同様，本ウイルスはキク体内で局在している可能性が高いため，無病徴の親株などを診断する場合は，複数葉を混合して検定するなど，ウイルスの局在性を均質化するこ

567

とが必要である。

防除適期の症状　本病が発生している産地では，親株床や本圃生育初期からのミカンキイロアザミウマの薬剤防除を計画的に実施する。

類似症状・被害との見分けかた　本病による葉の黄化えそ症状は，葉枯病などによる葉の枯死と類似しており判別はむずかしい。しかし，本病に感染した株は，茎のえそ，葉の退緑，輪紋などのウイルス症状を呈するので判別の目安となる。しかし，本病はTSWVによるえそ病と症状が酷似しているので，病徴だけからの診断は困難である。

(2) 病原・害虫の生態と発生しやすい条件

生態・生活サイクル　トスポウイルスでは，アザミウマが若齢幼虫期に罹病植物を食害することでウイルスを獲得し，成虫が終生ウイルスを健全な植物へ伝搬する。本ウイルスはミカンキイロアザミウマおよび同属の*Frankliniella schultzei*（日本では未発生）によって媒介され，ヒラズハナアザミウマではほとんど媒介されない。また，キク親株が感染している場合は，採穂した挿し穂へ栄養体繁殖を介して伝染する可能性が高い。本ウイルスは日本およびブラジルでトマトに被害発生した事例があり，人工的にウイルスを接種すると多くのナス科植物に感染し発病することが知られている。

発生しやすい条件　キクの親株に本ウイルスは無病徴感染する可能性があるため，本病の発生後，親株を未更新のまま自家養成し続けると，本病は発生しやすくなると思われる。

(3) 防除のポイント

耕種的防除　発病の見られた圃場からは，潜在感染している可能性があるため，病徴を呈していなくても採穂せず，健全な親株に更新する。発病株は見つけしだい抜き取り，地中に埋没するか焼却するなど，適切に処分する。圃場周辺の雑草はウイルスや媒介虫の増殖源となるため，除草を徹底する。施設開口部には1mm目合い以下の防虫ネットを展張し，媒介虫の侵入を防ぐ。

生物防除　圃場，施設周りにバーベナなどのトラップ植物（誘引植物）を栽植することで，ミカンキイロアザミウマを引き寄せ，キクへのウイルス被害を

568

茎えそ病

軽減できた試験事例がある。

農薬による防除　親株床や本圃でのミカンキイロアザミウマ幼虫発生初期からの薬剤散布により，媒介虫を低密度時から防除する。詳しくは別表を参照する。

効果の判断と次年度の対策　本病が多発した施設では，土壌中に生息するミカンキイロアザミウマの蛹を蒸し込みなどで死滅させてから，次作の作付けを行なう。

　　執筆　松浦　昌平（広島県立総合技術研究所農業技術センター）　　　　（2011年

主要農薬使用上の着眼点（松浦　昌平, 2011）

（回数は同一成分を含む農薬の総使用回数。混合剤は成分ごとに別途定められているので注意）

商品名	一般名	使用倍数・量	使用時期	使用回数	使用方法
《有機リン剤》					
トクチオン乳剤	プロチオホス乳剤	1000倍	発生初期	5回以内	散布
作物への吸収移行なし					
《混合剤》					
マラバッサ乳剤	マラソン・BPMC乳剤	1500倍	開花期まで	―	散布
天敵生物への影響は大きい					
《カーバメート系剤》					
オンコル粒剤5	ベンフラカルブ粒剤	9kg/10a	生育期	3回以内	株元散布
ガゼット粒剤	カルボスルファン粒剤	9kg/10a	生育期	3回以内	株元散布
浸透移行性，残効性が高い					
《IGR剤》					
カスケード乳剤	フルフェノクスロン乳剤	2000倍・100〜300l/10a	―	3回以内	散布
マッチ乳剤	ルフェヌロン乳剤	1000倍・100〜300l/10a	発生初期	5回以内	散布
成虫には効果がないので, 幼虫期に散布する					

《合成ピレスロイド剤》

アーデント水和剤	アクリナトリン水和剤	1000倍・150〜300l/10a	発生初期	5回以内	散布
テルスターフロアブル	ビフェントリン水和剤	2000倍・150〜300l/10a	—	3回以内	散布

　連用はハダニ類のリサージェンスを引き起こすことなどから避ける

《ネオニコチノイド系剤》

アクタラ顆粒水溶剤	チアメトキサム水溶剤	1000倍・100〜300l/10a	発生初期	6回以内	散布
ベストガード水溶剤	ニテンピラム水溶剤	1000倍・100〜300l/10a	発生初期	4回以内	散布
ベストガード粒剤	ニテンピラム粒剤	2g/株	発生初期	4回以内	生育期株元散布
ダントツ水溶剤	クロチアニジン水溶剤	2000倍・100〜300l/10a	発生初期	4回以内	散布
ダントツ粒剤	クロチアニジン粒剤	2g/株	発生初期	4回以内	生育期株元散布

　天敵生物への影響は大きい

《マクロライド系剤》

アファーム乳剤	エマメクチン安息香酸塩乳剤	1000〜2000倍・100〜300l/10a	発生初期	5回以内	散布

　植物体への浸透移行性がないので, かけ残しのないように葉の表裏に十分散布する

《微生物農薬》

スピノエース顆粒水和剤	スピノサド水和剤	5000倍・100〜300l/10a	発生初期	2回以内	散布

　なし

《ピロール系剤》

コテツフロアブル	クロルフェナピル水和剤	2000倍・150〜300l/10a	発生初期	2回以内	散布

　アブラムシ類には効果がない

《微生物農薬》

マイコタール	バーティシリウム・レカニ水和剤	1000倍・150〜300l/10a	発生初期	—	散布

　午後遅くか夕方に散布し, 夜間は施設内を閉め切る

えそ斑紋病

えそ斑紋病

【インパチエンスネクロティックスポットウイルス】

英名：Necrotic spot
別名：—
学名：*Impatiens necrotic spot virus* (INSV)
《ウイルス／ *Tospovirus*》

［多発時期］5〜10月
［伝染源］INSVはキク科，ナス科，アブラナ科，ナデシコ科など多くの植物に感染
　　できるため，これらの植物がすべて伝染源となりうる
［伝染・侵入様式］感染親株からの採穂，アザミウマ類による伝搬
［発生・加害部位］葉
［発病・発生適温］比較的高温
［湿度条件］なし
［他の被害作物］トルコギキョウ，インパチエンス，シネラリア，シクラメン，ト
　　マト，ピーマンなど多くの花卉と野菜

(1) 被害のようすと診断ポイント

発生動向　INSVは1999年に静岡県と岡山県で初めて発生が確認されて以来，九州から北海道までの各地で花卉類を中心に発生が広がっている。キクにおいては2009年に青森県で初めて発生が確認された。

初発のでかたと被害　発病したキクの葉には退緑斑が現われ，ときにえそを伴う。

多発時の被害　本病を媒介するアザミウマが多発していると，本病が激発する。

診断のポイント　上記症状が現われた場合は，トスポウイルスの感染を疑う。INSVに対しては，イムノクロマト法による簡易診断キットが市販されているので，これを利用することができる。より高感度な検出には，RT-PCR法などの遺伝子診断が必要である。しかし，ウイルス粒子はキク体内で局在しており，無病徴部位から検出することは難しい。

防除適期の症状　INSVが発生している産地では，本病の発生前からミカンキイロアザミウマを中心にアザミウマ類の薬剤防除を計画的に行なう。

類似症状・被害との見分けかた　INSVはトマト黄化えそウイルス（TSWV）およびキク茎えそウイルス（CSNV）と同じトスポウイルスに属する。本病による葉の退緑斑は，TSWVまたはCSNV感染による初期症状と酷似しており，病徴だけからの診断は困難である。これまでのところ，本病による茎のえそ症状は知られていない。

（2）病原・害虫の生態と発生しやすい条件

生態・生活サイクル　トスポウイルスでは，アザミウマが若齢幼虫期に罹病植物を食害することでウイルスを獲得し，成虫が終生ウイルスを伝搬する。INSVはミカンキイロアザミウマおよびヒラズハナアザミウマによって媒介される。感染しているキク親株から採穂した場合，挿し穂へ伝染している可能性が高い。

発生しやすい条件　キク親株に無病徴感染する可能性があるため，本病の発生後，親株を未更新のまま自家養成し続けると，本病は発生しやすくなると思われる。

（3）防除のポイント

耕種的防除　発病の見られた圃場からは採穂しない。親株はウイルスが感染していない健全なものを使用する。発病株は見つけしだい抜き取り，適切に処分する。圃場周辺の雑草はウイルスや媒介虫の増殖源となるため，除草を徹底する。施設開口部には目合い0.6mm以下の防虫ネットを設置し，媒介虫の侵入を防ぐ。

生物防除　ミカンキイロアザミウマに対しては，バーティシリウム・レカニ水和剤がキク（施設栽培）で登録がある。

農薬による防除　本病を媒介するミカンキイロアザミウマおよびヒラズハナアザミウマを農薬散布で防除する。薬剤に関しては，「ミカンキイロアザミウマ」の項を参照。

効果の判断と次年度の対策　本病が多発した圃場では，ハウスの蒸し込みな

えそ斑紋病

どにより土壌中に残存するアザミウマの蛹を死滅させてから，次作の作付けを行なう。

執筆　近藤　亨（地独・青森県産業技術センター農林総合研究所）　（2012年）

わい化病

わい化病

【キクわい化ウイロイド】
英名：—
別名：—
学名：*Chrysanthemum stunt viroid* (CSVd)
《ウイロイド》
［多発時期］周年栽培，高温期
［伝染源］無病徴株を含めた罹病ギク
［伝染・侵入様式］CSVd感染株の圃場への持込みと，摘蕾，切り花，刈込みなどの
作業に伴っての接触伝染，刃物伝染
［発生・加害部位］葉，茎，花など全身
［発病・発生適温］25〜30℃
［湿度条件］不明
［他の被害作物］なし

(1) 被害のようすと診断ポイント

発生動向　わが国でわい化病の発生が確認されたのは1977年が最初である
が，1958年日本からアメリカに輸出されたキクにわい化ウイロイド（CSVd）
が感染していたことがアメリカで報告されている。香川県では1990年に'精
興黄金'で生育が極端に劣る症状が85aの圃場で発生し，被害株率50％に達
する大きな被害となったことから，栽培されているキクについて品種ごとに調
べられた。その結果，池田町を中心に県下の17品種に発生が認められた。ま
た，兵庫県ではスプレーギクを含め多数の品種からCSVdが分離されており，
現地で発病株は萎縮の程度によってチャボ，コチャボなどと呼ばれている。こ
のほか新潟，栃木，千葉，静岡，長野，愛知，広島，熊本などの各県でも近年
発生が確認されている。欧米では，キクの周年栽培の普及に伴って被害が目立
つようになった経緯があるが，わが国でも全国的に発生している。

初発のでかたと被害　CSVdが感染したキクの発病の程度は品種によって異
なる。主な病徴は葉の小型化や節間が短縮することによる植物全体のわい化な

575

どがある。一部の品種で，葉の淡緑化や早期開花，発根不良などが見られる。

多発時の被害 生育障害の程度は品種によって大きく異なるが，感受性が高い品種では草丈がいちじるしく抑制され，収量と品質の低下で大きな被害が出ている。香川農試の成績によれば，開花期の茎長が「秀芳の力」は正常株の69%，「花秀芳」は30%，「精興黄金」は44%になり，花弁も短くなっている。わい化症状を示さず無病徴の品種も多く，CSVdに対して抵抗性を示す品種も報告されている。

診断のポイント わい化病の蔓延を防ぐためには感染株の存在を早い時期に知ることができる診断が非常に重要である。しかし，診断が肉眼による観察だけで行なえるのは典型的な症状を示している場合だけに限られるので，ウイロイドのハイブリダイゼーションによる検出やRT-PCR法，LAMP法などを目的や精度などの必要に応じて行なう。ただし，これらの方法は関係機器が設置され，核酸が取り扱える技術を持つ者がいるところでなければ利用できない。

判別植物としてミスルトーがあるが，低温，弱光線下では病徴は現われにくい。健全なミスルトーの入手が困難などの問題があるため，現在ではほとんど利用されることはない。

防除適期の症状 ウイロイド感染株を治癒させる方法はないので，発病株に対する防除適期はない。

類似症状・被害との見分けかた 茎葉の小型化や萎縮症状がCSVdによるのか，生理障害や環境条件などによるのか判断に迷うことが少なくない。病徴の発現と気温との関係，同一圃場内での他品種との生育比較，同一品種株間の生育比較などの観察を加えると診断しやすくなる。

(2) 病原・害虫の生態と発生しやすい条件

生態・生活サイクル 主要な伝染源は無病徴株を含めた罹病ギクで，遠隔地にはキク苗で運ばれ，地域内の伝染は摘蕾，切り花，刈込みなどの作業に伴って接触伝染，刃物伝染が起こる。また，種子伝染も報告されている。虫媒伝染，土壌伝染は認められていないが，根の接触による伝染は報告されている。

発生しやすい条件 CSVdに対する感染しやすさは品種によってさまざまであり，接種後1，2か月程度で感染するものから，半年以上を必要とするもの

もある。また，一般的にウイロイドは高温条件下で発病しやすいとされているが，CSVdに関しては不明な点が多い。

（3）防除のポイント

耕種的防除　最も重要なことは不顕性株も含め伝染源になる感染株を圃場に持ち込まないことで，種子伝染する可能性もあることから，苗，種子を問わず新しい品種を導入するときはとくに注意が必要である。また，無病であることが明らかな苗を除き，同一圃場に多くの品種を植えることは感染株を混在させる危険を増やすことになり得策ではない。

主要な伝染源はCSVdに感染しているキクである。キクにCSVdが感染すれば短期間に発病し，明瞭な病徴を生じるのであれば，それらの株を除去するだけで高い効果が期待できるが，むしろ明瞭な病徴を生じていない場合のほうが多いことから感染株の完全な除去は容易でない。このため感染苗を持ち込まないように十二分に注意し，病徴を生じた株の除去はもちろんであるが，発病株が認められた圃場では無病徴株も含め感染状況の調査が行なわれることが望ましい。抜き取った感染株は乾燥して焼却するか土中に埋める。土壌伝染はしないとされているが，根の接触による伝染が報告されているので，注意が必要である。

わい化病の発生は感染株の持込みと，それからの接触（汁液）伝染によることが多いと考えられている。感染に必要なCSVdの濃度は品種によって異なると考えられるので，一概に安全な濃度を示すことはできない。

主要な伝染の機会は採苗や採花，刈込みなどのときで，これらの作業時に混在している感染株ではさみや手指が汚染され，健全株に伝染していると考えられる。ウイロイドは一般に多くのウイルスより耐乾性，耐熱性，耐薬剤性を有するが，消毒にホルマリン1％液，苛性ソーダ5％液，次亜塩素酸ソーダ5％液（市販の塩素系漂白剤，ハイターなどの原液〜50％液）などを使用すればごく短時間の浸漬で有効である。いずれの方法も手間が煩雑で株ごとに行なうことは困難であろうが，品種や圃場あるいはうねがかわるところでは刃物を消毒し，洗剤を用いて手指を洗いたいものである。苗生産圃場では必ず実行すべきであり，専用の作業器具を使用するくらいの心がけが望ましい。

生物防除　CSVdの生物的防除は，現在の研究・技術水準では考えられない。

農薬による防除　CSVdがキクに感染すると全身に広がるので治療は困難で，わい化病の防除は予防に頼らざるをえない。わい化病を防ぐには無病苗を利用し，伝染源をなくし，あるいは伝染経路の遮断を完全に行なう。

効果の判断と次年度の対策　これらの防除対策を実施しても，病株が新たに発生する圃場については全株を一斉に除去し，健全苗に更新する必要がある。

　　執筆　栃原　比呂志（日本植物防疫協会資料館）　　　　　　　　　（1997年）

　　改訂　松下　陽介（独・農研機構花き研究所）　　　　　　　　　（2012年）

退緑斑紋病

退緑斑紋病

【キク退緑斑紋ウイロイド】

英名：—

別名：—

学名：*Chrysanthemum chlorotic mottle viroid* (CChMVd)

《ウイロイド》

[多発時期] 周年栽培，高温期

[伝染源] 無病徴株を含めた罹病ギク

[伝染・侵入様式] CChMVd感染株の圃場への持込みと摘蕾，切り花，刈込みなどの作業に伴っての接触伝染，刃物伝染

[発生・加害部位] 葉，茎，花など全身

[発病・発生適温] 不明

[湿度条件] 不明

[他の被害作物] なし

(1) 被害のようすと診断ポイント

発生動向　本ウイロイドは，2003年に秋田県のキクで発生が確認された。全国の発生状況の調査では，上記の秋田以外には京都，大阪，愛知，広島，滋賀，福岡の各県のキクで感染が確認されている。

初発のでかたと被害　CChMVdによる病徴は新葉のクロロシス，若い葉の退緑斑紋であるが，病徴が一時的に回復することがあり生理障害と混同するおそれがある。

多発時の被害　不明。

診断のポイント　一般的に高温・高照度条件で発生しやすいとされているので，外観では夏期に症状を見て感染の判断をすることになる。

ウイロイドのハイブリダイゼーションによる検出やRT-PCR法，LAMP法などを目的や精度などの必要に応じて行なう。ただし，これらの方法は関係機器が設置され，核酸が取り扱える技術を持つ者がいるところでなければ利用できない。

579

防除適期の症状　ウイロイド感染株を治癒させる方法はないので，発病株に対する防除適期はない。

類似症状・被害との見分けかた　生理障害またはキクモンサビダニ（フシダニ科）による紋紋病（葉に淡黄色の円形，楕円形，不整形の斑紋）と混同しやすい。

(2) 病原・害虫の生態と発生しやすい条件

生態・生活サイクル　宿主範囲は非常に狭く，キクとチョウセンノギクが宿主となる。CChMVdは398-401塩基であり，発病系統と無病徴系統があることが知られている。現在のところ媒介虫は報告されていない。

発生しやすい条件　一般的に高温・高照度条件で発生しやすいとされているが，発生の程度には品種間差があると思われる。

(3) 防除のポイント

耕種的防除　感染株が主要な伝染源である。感染していても明瞭な病徴を示さないことが多いため，感染株の除去は容易ではない。そのため，感染株を持ち込まないようにすることが重要であり，もし発病株が生じた場合は周辺の無発病株を含めて処分することが望ましい。

生物防除　CChMVdの生物的防除は，現在の研究・技術水準では考えられない。

農薬による防除　CChMVdがキクに感染すると全身に広がるので治療は困難で，本病の防除は予防に頼らざるをえない。本病を防ぐには無病苗を利用し，伝染源をなくし，あるいは伝染経路の遮断を完全に行なう。感染植物体の残渣を徹底的に農薬などによって死滅させることが望ましい。

効果の判断と次年度の対策　これらの防除対策を実施しても，病株が新たに発生する圃場については全株を一斉に除去し，健全苗に更新する必要がある。

執筆　松下　陽介（独・農研機構花き研究所）　　　　　　　（2012年）

根頭がんしゅ病

英名：Crown gall

別名：—

学名：***Agrobacterium tumefaciens* biovar 1 (Kersters and De Ley, 1984)** ［別名 ***Rhizobium radiobacter* (Ti) (Young *et al.*, 2001)**］

《細菌》

［多発時期］ ハウス栽培：3〜6月，9〜11月，露地栽培：4〜6月，9〜10月

［伝染源］ 発病株，汚染土壌，汚染水，汚染器具，罹病残渣，保菌母株，保菌苗

［伝染・侵入様式］ 挿し芽苗の傷口や地際部の茎の傷口，根や葉の傷口などから侵入

［発生・加害部位］ 茎，根，葉柄，葉

［発病・発生適温］ 25〜30℃

［湿度条件］ やや多湿

［他の被害作物］ 花卉類，果樹類，樹木類

（1）被害のようすと診断ポイント

発生動向　最近の20年では，キクの生産県で時折発生の事例がある。静岡県では1973年以前に露地ギクで発生を認めたが，詳しい病原調査はなされていなかった。1974年にハウス栽培の電照ギク（品種：弥栄）に初発生を認めた。1975年にはハウス栽培の夏ギク（品種：富士）に多発した。600m²のハウスのうち同品種の植栽された100m²に発生し，発病株率は80％に及んだ。同品種は前年秋に育苗畑ですでに発病株が発見されており，感染苗によって本圃に広まったものと推察される。同ハウスでは，香雪，名門，天竜の朝などの品種が植えられていたが，それらには本病の発生は見られなかった。夏ギクでは，その後1985年に富士宮市や富士市で，高冷地育苗した山上げ苗に本病の発生が認められた。

初発のでかたと被害　病原細菌は，おもに地際部の茎や根の傷口から侵入し，柔組織で増殖して発病を起こす。時には，地上部にできた傷口から侵入して発病する場合がある。挿し芽時や移植時の傷口はとくに病菌の侵入口となり

やすい。キクにおける病徴は，最初地際部の茎や根に小さな白いこぶが生じ，しだいに拡大して褐色不整形の大きながんしゅに生長する。がんしゅは茎の周囲に広がるとともに，表面に亀裂が入って粗造となる。根に1cm大の白〜淡褐色のこぶをつくることもある。

多発時の被害　罹病株は養分や水分の吸収が妨げられ，地上部の生育が抑制されて葉が黄化し，花色の劣化や茎の生育異常が見られる。重症株では黒変したがんしゅが地際部の茎に巻くように群生し，地上部はやせ衰えて枯死する。

診断のポイント　病名のごとく地際部にがんしゅができやすいため，株元の土を除いて茎部や根部をよく観察する。発病初期には白い小さながんしゅが，後期には褐色〜黒色のやや大きなゴツゴツとしたがんしゅが認められる。土壌中の根部にも出る場合があるので，根を注意深く掘り上げ，水洗して調べる。

防除適期の症状　がんしゅの症状が出てからでは手遅れのため，移植苗や定植苗の根部をよく観察し，がんしゅの有無を確かめる。がんしゅが認められた苗は廃棄し，防除法にのっとった処理を行なう。

類似症状・被害との見分けかた　初期のがんしゅは苗に生ずるカルスと間違いやすいが，カルスの場合は白く軟らかくてもろいので区別ができる。立毛中は立枯性病害やネコブセンチュウの被害の症状と似るが，地際部や根のがんしゅの有無で診断できる。

(2) 病原・害虫の生態と発生しやすい条件

生態・生活サイクル　罹病組織や土壌中で越冬した病原細菌は，翌春健全な植物の茎部や根部に移動し，傷があるとそこから侵入する。細胞間隙で増殖した菌は周辺細胞をがん細胞化し，細胞分裂をうながす。植物細胞は数を増やすとともに肥大し，目に見える白いがんしゅに生長する。がんしゅはその後，病原細菌の関与なしに自己増殖し，さらに大きながんしゅに生長する。病原細菌は新鮮ながんしゅ細胞から栄養を吸収し，おもにがんしゅの表面で生息する。中にはキクの内部で生息する場合もある。土壌中では腐生的な生活も可能で，10年以上も生存するといわれる。

発生しやすい条件　根頭がんしゅ病菌には生理的性質で異なる系統（biovarという）の存在が知られており，biovar1，2，3の3系統がある。静岡県内で

根頭がんしゅ病

分離されたキク根頭がんしゅ病菌はbiovar1である。biovar2は県内ではバラから，県外ではリンゴから多く分離されている。biovar3は県外ではブドウから多く分離されている。biovar1は35℃の温度でも生育することができ，他の2つの系統よりもやや高温に耐えうる種類である。

(3) 防除のポイント

耕種的防除　本病に対して，品種間に感受性の違いが見られるため，抵抗性品種を利用する。本病は苗木伝染するため，母株は健全株を使う。また，ウイルスフリー株などの無病苗を利用する。移植時の傷により感染するのでポット苗やセル苗など移植時に根を痛めない栽培法を採用する。連作を避けて非宿主作物を輪作することは密度低下につながる。管理作業に用いる用具（支柱，刃物など）は消毒したものを使用する。罹病株は圃場外に持ち出し，圃場衛生に努める。

生物防除　本病原細菌の近縁細菌 *A. radiobacter* K84を用いた生物防除法が開発され，わが国ではバクテローズとして市販されている。本剤は移植時または定植時の苗木を対象に処理するもので，処理時の注意事項は下記のとおりである。(1)本剤の希釈には活性塩素を含まない清浄な水を用いる。(2)本剤500gに水10*l*を加えて（20倍），処理液をつくり，移植苗または定植苗の根部を1時間浸漬したのち植え付ける。(3)すでに感染または発病している株には効果がないので，健全株を確保する。(4)根部に接種された細菌量はしだいに減少するので，移植ごとに再処理することが望ましい。(5)薬剤は開封後早めに使用し，処理した株は乾燥しないうちに定植する。(6)連作して発病がひどい圃場では病原菌の濃度が高まって，効果が期待されないことがあるので，土壌消毒を行なって，あらかじめ土壌中の病原菌密度を下げておく。

農薬による防除　1975年にキク根頭がんしゅ病が多発した圃場（品種：富士）で，クロルピクリンくん蒸剤による土壌消毒試験を行なった。11月にクロールピクリンを10a当たり30*l*処理し，12月に定植し，翌年4月に発病調査を行なった。その結果，無処理区の発病株率24%に対してクロールピクリン処理区では2%と高い防除効果を示し，生育も無処理区に比べ旺盛であった。クロルピクリンくん蒸剤は立枯病に準じて10a当たり20〜30*l*処理する。物理

的防除として，蒸気消毒法や熱水土壌消毒法で効果を上げている事例がある。

効果の判断と次年度の対策　本病の防除では，上記単独の防除法だけでは高い防除効果が得られない場合が多いので，それらを組み合わせた総合的病害虫管理（IPM）で対応する必要がある。

　　執筆　太田　光輝（静岡県柑橘試験場）　　　　　　　　　　　　　　　（1997年）

　　改訂　太田　光輝（静岡県立農林大学校）　　　　　　　　　　　　　（2012年）

主要農薬使用上の着眼点（太田　光輝, 2012）
（回数は同一成分を含む農薬の総使用回数。混合剤は成分ごとに別途定められているので注意）

商品名	一般名	使用倍数・量	使用時期	使用回数	使用方法
《生物由来殺菌剤》					
バクテローズ	アグロバクテリウム・ラジオバクター剤	20倍・―	挿し芽時または定植時	―	挿し芽苗または定植苗の根部を希釈液に1時間浸漬する

　　生菌を含むため，保管する場合は直射日光を避け，なるべく低温な場所に置く。希釈液を調整する場合には，清潔な容器を用い，他の農薬や肥料は混用しない

斑点細菌病

斑点細菌病

英名：Bacterial leaf spot

別名：—

学名：**_Pseudomonas cichorii_ (Swingle 1925) Stapp 1928**

《細菌》

［多発時期］8〜9月（北海道）

［伝染源］罹病残渣

［伝染・侵入様式］雨滴などによる飛散

［発生・加害部位］葉

［発病・発生適温］高温

［湿度条件］多湿

［他の被害作物］ナス，ニンニク，オクラ，セルリー，レタス，ガーベラなど

キク／病気

（1）被害のようすと診断ポイント

発生動向　北海道で1992（平成4）年に発生が確認されている。近年はほとんど発生を見ない。

初発のでかたと被害　葉にのみ発生する。露地栽培では葉に2〜5mmで小円形の褐色斑点が多数生じる。施設栽培では下葉の周縁部から不整形で黒褐色の病斑が現われる。激しく発病すると葉全体を覆うが茎には発病しない。病斑は上葉へと進展していき，下葉は全体が黒褐色となって枯れ上がる。

多発時の被害　露地栽培では大型の斑点となり，下葉などから枯れ上がる。施設栽培では葉縁から黒褐色病斑が進展し葉全体を覆い，下葉から葉が脱落する。

診断のポイント　下葉の発病を注意深く観察することが必要。露地栽培（褐色斑点）と施設栽培（葉縁の黒褐色病斑）で異なる症状を示すので注意する。

防除適期の症状　下葉に病斑が現われたら，対策を講ずる。

類似症状・被害との見分けかた　各種葉枯れ性の病害は淡褐色〜褐色で不整形の病斑が多い。黒色病斑で湿光を帯びた病斑であれば本病と同定できる。

585

(2) 病原・害虫の生態と発生しやすい条件

生態・生活サイクル　病原細菌が土壌中に生息し，これらが雨や灌水による水滴中によって植物体に運ばれる。葉上などで生息し，発病に好適な環境になると葉に感染する。

発生しやすい条件　高温多湿条件が発病に好適し，とくに転換畑などの水はけの悪い場所では多発しやすい。また，施設栽培では病斑形成が早く，大型の病斑が形成されることが多い。

(3) 防除のポイント

耕種的防除　栽培圃場の排水対策を行なう。また，施設栽培では過度の灌水を避ける。発生葉はなるべく除去する。

生物防除　生物防除については，今のところ試験例がない。

農薬による防除　登録農薬は今のところない。

効果の判断と次年度の対策　多年生の花卉なので病株を次年度に残さないことを心がける。

執筆　堀田　治邦（北海道立花・野菜技術センター）　　　　　　（1997年）

改訂　堀田　治邦（地独・北海道立総合研究機構道南農業試験場）　（2012年）

軟腐病

軟腐病

英名：Bacterial stem rot
別名：—
学名：***Deckeya* sp.**
《細菌》
[多発時期] 幼苗期，9月頃（北海道）
[伝染源] 罹病苗，罹病残渣
[伝染・侵入様式] 苗伝染
[発生・加害部位] 茎
[発病・発生適温] 高温
[湿度条件] 多湿
[他の被害作物] シャスタギク

キク／病気

(1) 被害のようすと診断ポイント

　発生動句　ハウス栽培では1992（平成4）年に北海道で確認されている。それ以降は突発的な発生に留まっている。

　初発のでかたと被害　おもに茎に発生する。茎の片側に地際部から褐色〜黒褐色の条線が上部へと進展する。導管部は褐変し，萎凋する。

　多発時の被害　病斑の条線が生長点近くに達し，株全体が萎凋，枯死する。

　診断のポイント　病斑は地際部の茎から生ずるため，この部位の発生を確認する。病斑は茎の片側に留まっている場合が多い。

　防除適期の症状　定植時や定植直後に茎の病徴を確認したら，対策を実施する。

　類似症状・被害との見分けかた　立枯れ性の病害として半身萎凋病や青枯病などがある。これらは茎の表面に褐色〜黒褐色の条線を形成しない。

(2) 病原・害虫の生態と発生しやすい条件

　生態・生活サイクル　病原細菌が地際部などから侵入し，茎に感染する。これらが罹病残渣中で越冬し，翌年の伝染源となる。

587

発生しやすい条件　発病苗によって圃場に持ち込まれる場合は，確実に蔓延が起こる。また，夏季の高温多湿条件は発病を助長すると考えられる。

(3) 防除のポイント

耕種的防除　定植前の幼苗や生育期に発病株が認められたら，すみやかに除去する。発病株は母株としない。

生物防除　生物防除については，試験例がない。

農薬による防除　登録農薬は今のところない。

効果の判断と次年度の対策　永年性の花卉なので病株を次年度に残さないことを心がける。

　　執筆　堀田　治邦（北海道立花・野菜技術センター）　　　　　　　　（1997年）

　　改訂　堀田　治邦（地独・北海道立総合研究機構道南農業試験場）　　（2012年）

花腐細菌病

英名：Bacterial blossom blight
別名：—
病原菌学名：***Pseudomonas viridiflava* Dowson**
《細菌》

[多発時期]　11〜3月
[伝染源]　被害植物，残渣，周辺植物上に生息している病原菌
[伝染様式]　被害残渣や各種植物体上で生存し，第一次伝染源となり，風雨によって飛散すると予想される。本細菌は日和見的な病原で環境条件などの変化で植物体が弱ったとき，傷がついたときなどに感染すると考えられる
[発生部位]　花，蕾，花首，まれに茎
[発病適温]　15℃前後
[湿度条件]　低温多湿条件で発病が多くなる
[他の被害作物]　クリサンセマム・パルドサム，ディーフェンバキア，ベニバナ，キャベツ，キュウリ，トマト，レタスなど

（1）被害のようすと診断ポイント

最近の発生動向　奄美大島以南の2〜3月に出荷される露地栽培スプレーギクに多く発生するが，まれに，同時期のハウス栽培でも発病がみられるようになった。また，本土でもまれに12〜3月出荷のハウス栽培スプレーギクでも発生する。本症状は，'舞風車''リーゼ''プリンス'などのスプレーギクで発生し，'寒姫''みやび'などの小ギクや'秀芳の力'などの輪ギクではみられていない。

初発のでかたと被害　蕾部分に小さな褐変がみられる。その後，花心部分が褐色になり，蕾が腐敗する。同一株の多数の蕾が発病することはまれである。

多発時の被害　蕾や花心部が腐敗し，腐敗部分が花首まで達すると花首が折れ曲がる。さらに進展すると，花首から茎へと腐敗する。また，発病した花は，開花しても花色が薄く花弁の長さが不揃いとなる。

診断のポイント　蕾の萼部分に褐変がみられ，花心部が褐変する。症状が

進むと花首が折れ曲がる。茎に進行すると茎内部が変色する。

防除適期の症状　発蕾時期に発病するため発蕾時期の防除が効果的である。蕾の萼部分の褐変がみられる前に防除する。

類似症状との見分けかた　*Ascochyta chrysanthemi* Stevensによる花腐病と類似するが，症状が花首まで達すると花首が折れ曲がる点で異なる。

(2) 病原の生態と発生しやすい条件

生態・生活サイクル　被害残渣や雑草を含む各種植物体上で生存する。

発生しやすい条件　風雨の多い時期に発蕾が重なると発生しやすい。

(3) 防除のポイント

耕種的防除　雨よけ栽培を行なう。露地栽培では防風対策を行ない，発蕾時期の蕾に傷がつかないようにする。

農薬による防除　現段階で本病に効果のある薬剤は，キク，花卉類に登録されていない。本病が多発した2000年には発蕾時期にカスミンボルドー1,000倍液を散布することによって防除ができることを確認している。

効果の判断と次年度の対策　膜切れ時期に発病が認められなければ効果があったと判断する。

執筆　尾松　直志（鹿児島県農業試験場）　　　　　　　　　　　　　　（2005年）

黒さび病

英名：Rust
別名：—
学名：***Puccinia tanaceti* de Candolle var. *tanaceti***
　　　《糸状菌／担子菌類》

英名：Rust
別名：—
学名：***Puccinia chrysanthemi* Roze**（旧学名）
　　　《糸状菌／担子菌類》

［多発時期］梅雨期と秋雨期
［伝染源］罹病茎葉，被害株の残渣，キク科の雑草など
［伝染・侵入様式］空気伝染
［発生・加害部位］葉，萼，茎
［発病・発生適温］20℃付近
［湿度条件］多湿
［他の被害作物］アブラギク，リュウノウギクなどのキク科植物

（1）被害のようすと診断ポイント

発生動向　露地栽培では，おもに梅雨期と秋雨期に発生する病害であり，他の主要病害である白さび病とほぼ同じ防除法で対処されている。

初発のでかたと被害　はじめは葉にごく小さな黄色斑点が生じ，葉裏に褐色斑が生じる。その後，小さな斑点は拡大融合し，黒〜褐色の粉状菌体（夏胞子堆）を噴出する。斑点が増えてくると，黒さび病特有の斑点を中心とした円形状の病斑も認められるようになる。

多発時の被害　多発した場合は，葉の裏側一面に夏胞子堆が生じ，葉が枯れる。そのため，商品性がいちじるしく低下する。

診断のポイント　病名のとおり，葉裏の茶褐色の粉状菌体（夏胞子堆）が生じることから，黒さび病であると判断できる。

防除適期の症状　初期の葉表裏の病斑を見つけしだい，ただちに薬剤防除する。

類似症状・被害との見分けかた　類似病害に白さび病，褐さび病がある。これは名前のとおり前者は盛り上がった病斑が白く，後者は橙色〜淡褐色であるので区別できる。また，褐斑病や黒斑病の病斑部分は盛り上がることはない。

(2) 病原・害虫の生態と発生しやすい条件

生態・生活サイクル　盛り上がった病斑部分は夏胞子堆である。夏胞子は黄褐色〜黄金褐色で，楕円形または卵円形である。伝染はおもに夏胞子が飛散することによって行なわれる。冬胞子層は秋に夏胞子層に混じって葉裏に形成され，暗褐色〜黒色を呈する。その中には栗褐色で，楕円形〜洋ナシ形または棍棒形の冬胞子がある。越冬はこの形態で行なわれると考えられる。

発生しやすい条件　梅雨時や秋雨期に降雨が続くと，白さび病とともに多発しやすい。

(3) 防除のポイント

耕種的防除　圃場周辺のキク科雑草が伝染源になることも考えられるので，圃場衛生に注意する。罹病茎葉は早めに摘み取り，蔓延を防止する。挿し穂は無病母株から採取する。

生物防除　現在までのところ，研究事例はない。

農薬による防除　本病に登録のある農薬は，白さび病にも登録がある。現場では白さび病の防除が主体であるので，同時防除を考えて薬剤を散布する。防除薬剤については農薬一覧表を参照。

効果の判断と次年度の対策　白さび病とともに予防的な防除を行なったのちに，発病が認められなければ防除の効果があると判断できる。また，発病を認めても大きな問題がなければ，防除成功と考えられる。予防防除を行なったにもかかわらず，多発した場合は，供試薬剤に対する感受性が低下した菌である可能性も考えられるため，作用機作の異なる薬剤を散布するローテーションの方法を考える。また，品種間による感受性の差異も認められるため，薬剤による効果が低いならば，抵抗性を有する品種を採用した耕種的防除を実践するこ

とが肝要である。

執筆　清水　時哉（長野県野菜花き試験場）　　　　　　　　（1997年）

改訂　藤永　真史（長野県野菜花き試験場）　　　　　　　　（2012年）

主要農薬使用上の着眼点（藤永　真史, 2012）
（回数は同一成分を含む農薬の総使用回数。混合剤は成分ごとに別途定められているので注意）

商品名	一般名	使用倍数・量	使用時期	使用回数	使用方法
《EBI剤》					
マネージ乳剤	イミベンコナゾール乳剤	500～1000倍	発病初期	6回以内	散布

　マネージ乳剤は, 薬剤耐性菌を出現させないため連用はしない

《有機硫黄剤》					
ステンレス	アンバム液剤	2000倍	—	8回以内	散布

　薬害のおそれがあるので, 高温時での使用はしない

うどんこ病

英名：Powdery mildew
別名：—
学名：**_Golovinomyces cichoracearum_ var. _cichoracearum_** [不完全世
代 **_Erysiphe cichoracearum_ de Candolle var. _cichoracearum_**]
《糸状菌／子のう菌類》

［多発時期］春，秋
［伝染源］ヤエムグラ，ナズナ，ヒナゲシなど
［伝染・侵入様式］空気伝染
［発生・加害部位］葉，茎
［発病・発生適温］不明
［湿度条件］不明
［他の被害作物］セイヨウノコギリソウ

(1) 被害のようすと診断ポイント

発生動向 不明。

初発のでかたと被害 主に葉の表面に白い粉状の斑点となってカビが生える。

多発時の被害 発生が多くなると茎にも発生し，葉では退緑色となる。

診断のポイント 葉の表面に白い粉状のカビが生える。

防除適期の症状 葉の表面に白い粉状の斑点が散見され始める発病初期。

類似症状・被害との見分けかた 葉に白いカビを生ずる病害は，ほかにべと病がある。べと病は葉の裏側に比較的粗い感じのカビを生じるのに対し，うどんこ病では，主に葉の表面に白い粉状のカビを生じる。

(2) 病原・害虫の生態と発生しやすい条件

生態・生活サイクル 主にヤエムグラ，ナズナ，ヒナゲシなどの越年性雑草で菌糸体で越年し，春になると菌糸体上で分生子を形成する。

発生しやすい条件 施設栽培の乾燥条件。

(3) 防除のポイント

耕種的防除　苗は無病株から採取する。ハウス内では発病が見られ始めたら，できるだけ通風を良好にするとともに，窒素肥料が過剰にならないよう注意する。

生物防除　とくになし。

農薬による防除　発病初期から有機銅剤，EBI剤，抗生物質剤，キノキサリン剤などにより防除を行なう。炭酸カリウム水溶剤，還元澱粉糖化物液剤など薬剤耐性が発達しにくい薬剤も登録があり，適宜組み合わせて使用する。

効果の判断と次年度の対策　散布2〜3日後に，菌糸（病斑）が褐変しているか確認する。

執筆　土井　誠（静岡県農業試験場）　　　　　　　　　　　　　　（1997年）

改訂　伊代住　浩幸（静岡県農林技術研究所）　　　　　　　　　（2012年）

主要農薬使用上の着眼点（伊代住　浩幸, 2012）

（回数は同一成分を含む農薬の総使用回数。混合剤は成分ごとに別途定められているので注意）

商品名	一般名	使用倍数・量	使用時期	使用回数	使用方法
《有機銅剤》					
サンヨール液剤AL	DBEDC液剤	原液	—	8回以内	散布
サンヨール	DBEDC乳剤	500倍・100〜300l/10a	—	8回以内	散布

保護殺菌剤で予防的に使用する。うどんこ病のほか白さび病，褐斑病，黒斑病にも登録がある。強力な浸透付着脱脂力を有し，糸状菌に対して高い薬効を示す。また，アブラムシ類，ハダニ類，ナメクジ類にも登録がある。花や茎葉に対する汚れが少ない

《抗生物質剤》					
ポリオキシンAL水溶剤「科研」	ポリオキシン水溶剤	2500倍	発病初期	5回以内	散布

うどんこ病のほか，白さび病，黒斑病，灰色かび病に登録がある。糸状菌の細胞壁形成を阻害し，予防および治療効果を発揮するが，雨などの影響で効果の持続期間が短くなりやすいので注意する

《アミノピリミジン系剤》					
ピリカット乳剤	ジフルメトリム乳剤	2000倍・0.2〜0.3l/m²	発病初期	6回以内	散布

うどんこ病のほか，白さび病にも登録がある。胞子発芽および菌糸伸長を阻害するため，予防的だけでなく治療的な使用もできる

うどんこ病

《キノキサリン系剤》

モレスタン水和剤	キノキサリン系水和剤	2000～3000倍	—	—	散布

　花卉類・観葉植物登録。予防的だけでなく治療的にも使用できる。高温時の散布は薬害を生じやすいので注意する

《EBI剤》

トリフミン水和剤	トリフルミゾール水和剤	1000倍・100～300l/10a	発病初期	5回以内	散布
アンビルフロアブル	ヘキサコナゾール水和剤	1000倍・150～300l/10a	発病初期	7回以内	散布

　病原菌細胞膜の成分であるエルゴステロールの合成に作用し、菌糸伸長および胞子形成を阻害する。植物組織内への浸達性を有するため、予防的だけでなく治療的にも使用できる。いずれも、うどんこ病のほか、白さび病にも登録がある。ただし、薬剤耐性の発達が報告されているため、EBI剤の連用は避け、作用性が異なる薬剤と組み合わせて使用する

《混合剤》

パンチョTF顆粒水和剤	シフルフェナミド・トリフルミゾール水和剤	2000倍・100～300l/10a	—	2回以内	散布
パンチョTFジェット	シフルフェナミド・トリフルミゾールくん煙剤	くん煙室容積400m³（床面積200m²×高さ2m）当たり50g	収穫前日まで	5回以内	くん煙

　ともに予防・治療効果を示す、酸アミド系剤およびEBI剤の混合剤。作用性が異なるため、薬剤耐性の発達の遅延が期待できる

《炭酸水素塩剤》

カリグリーン	炭酸水素カリウム水溶剤	800倍・150～500l/10a	発病初期	—	散布

　花卉類・観葉植物登録。本剤溶液中のカリウムイオンが病原菌の細胞に浸透移行し、イオンバランスを崩すことで殺菌効果を表わすと考えられている。予防散布による効果は認められない

《天然殺虫剤》

エコピタ液剤	還元澱粉糖化物液剤	100倍・100～300l/10a	発生初期	—	散布
あめんこ100	還元澱粉糖化物液剤	100倍・100～300l/10a	発生初期	—	散布

　花卉類・観葉植物登録。有効成分が病原菌を包み込んで防除効果を発揮する。アブラムシ類、ハダニ類にも登録がある。病原菌に直接かからないと効果がないため、散布ムラがないように注意する

《天然殺虫剤》

サンクリスタル乳剤	脂肪酸グリセリド乳剤	600倍・150～500l/10a	—	—	散布
ムシラップ	ソルビタン脂肪酸エステル乳剤	500倍・100～300ml/m²	発生初期	—	散布

　花卉類・観葉植物登録。有効成分が病原菌を包み込んで防除効果を発揮する。うどんこ病菌に対しては胞子発芽阻害が確認されている。ハダニ類、アブラムシ類にも登録がある。病原菌に直接かからないと効果がないため、散布ムラがないように注意する

黒斑病

英名：Leaf spot
別名：—
学名：*Septoria chrysanthemella* Saccardo
《糸状菌／不完全菌類》

［多発時期］夏〜秋
［伝染源］感染親株ならびに摘心後の株
［伝染・侵入様式］被害葉上に形成される柄子殻から風雨により柄胞子が飛散し，周辺に伝染
［発生・加害部位］葉
［発病・発生適温］24〜28℃
［湿度条件］多湿で発生しやすい
［他の被害作物］マーガレット，ジョチュウギク，ミヤコワスレ

(1) 被害のようすと診断ポイント

発生動向　露地栽培では褐斑病とともにもっとも被害の多い病害のひとつである。施設ではほとんど発生しない。

初発のでかたと被害　初めは不規則な褐色小斑点を生じ，のちに不整形，楕円形，円形の黄褐色ないし黒褐色病斑となる。古い病斑上には黒い粒々（柄子殻）が形成される。品種，感染時期などにより病斑型は変わる。

下葉から発生し，摘心後に生じる新葉に伝染して被害が大きくなる。新芽に感染した場合には定植してから発病することが多い。

多発時の被害　大型病斑が増加して下葉から枯れ上がり，上位葉へと進展する。ひどい場合には半数以上の葉が枯死する。

診断のポイント　高温時，下葉から発病し，黄褐色〜黒褐色斑点が現われる。病斑上の黒い柄子殻が特徴。

防除適期の症状　連作圃場，とくに暖地では1年中キクがあり伝染が途切れないため，発病が見られる圃場では摘心後から生育初期に症状の有無にかかわらず防除を行なう。

類似症状・被害との見分けかた 褐斑病にきわめて類似する。病斑の輪郭が比較的不明瞭なものが褐斑では多いとされているが，品種や時期によって異なるため確実な手がかりとはならない。棒状の柄胞子を見ると隔膜が0〜4個で4〜13個の褐斑病菌の胞子よりも少なく，サイズもやや小さいので区別できる。発生時期やその他の性質もほとんど同じなので，防除の際には区別する必要はない。

(2) 病原・害虫の生態と発生しやすい条件

生態・生活サイクル 病斑上に形成された柄子殻内の柄胞子が風雨によって飛散して周辺に伝染し，適温では感染から17〜23日で病斑が認められる。越年は被害葉上の柄子殻で行なわれる。

発生しやすい条件 高温と多湿条件で感染，発病が助長される。新しい葉よりも古い葉での発病が多い。

(3) 防除のポイント

耕種的防除 罹病葉はできるだけ除去する。

生物防除 なし。

農薬による防除 親株では罹病葉の除去と同時に防除する。定植後は最終摘心から切取り期までの期間を4等分した2番目の期間（被害の多い品種では摘心直後から）に，7〜15日おきに有機銅剤，有機塩素剤，ベンゾイミダゾール剤，ストロビルリン剤などで防除する。最終摘心直後に降雨が多い場合には，散布開始を7日早めにする。

効果の判断と次年度の対策 病斑進展の停止，新葉への感染の阻止をもって効果ありと判定する。親株で発病が見られた場合，速やかに罹病葉を除去し，薬剤防除を行なう。

執筆　伊代住　浩幸（静岡県農業試験場）　　　　　　　　　　（1997年）

改訂　伊代住　浩幸（静岡県農林技術研究所）　　　　　　　　（2012年）

黒斑病

主要農薬佊用上の着眼点（伊代住　浩幸, 2012）

（回数は同一成分を含む農薬の総使用回数。混合剤は成分ごとに別途定められているので注意）

商品名	一般名	使用倍数・量	使用時期	使用回数	使用方法
《有機銅剤》					
サンヨール	DBEDC乳剤	500倍・100～300l/10a	—	8回以内	散布
サンヨール液剤AL	DBEDC液剤	原液	—	8回以内	散布

　いずれも保護殺菌剤で予防的に使用する。黒斑病のほか褐斑病, 白さび病, うどんこ病にも登録がある。強力な浸透付着脱脂力を有し, 糸状菌に対して高い薬効を示す。また, アブラムシ類, ハダニ類, ナメクジ類にも登録がある。花や茎葉に対する汚れが少ない

《有機硫黄剤》					
ステンレス	アンバム液剤	2000倍・100～400l/10a	—	8回以内	散布

　黒斑病のほか, 白さび病にも登録がある。保護殺菌剤で予防的に使用する。同系のマンネブより水溶性が高く直接殺菌力が強い。花や茎葉に対する汚れが少ない

《有機塩素剤》					
ダコニール1000	TPN水和剤	1000倍・100～300l/10a	—	6回以内	散布

　黒斑病のほか, 褐斑病にも登録がある。胞子発芽と胞子形成を強く阻害する。保護作用を中心とした薬剤で, 耐雨性や紫外線に対する安定性が高い

《抗生物質剤》					
ポリオキシンAL水溶剤「科研」	ポリオキシン水溶剤	2500倍	発病初期	5回以内	散布

　花卉類・観葉植物登録。黒斑病のほかにうどんこ病, 灰色かび病に登録がある。また, キクで白さび病に登録がある。糸状菌の細胞壁形成を阻害し, 予防および治療効果を発揮するが, 雨などの影響で効果の持続期間が短くなりやすいので注意する

《ストロビルリン系剤》					
ストロビーフロアブル	クレソキシムメチル水和剤	2000～3000倍・100～300l/10a	発病初期	3回以内	散布

　黒斑病のほかに, 褐斑病, 白さび病にも登録がある。ミトコンドリアの電子伝達系に作用し（Qo阻害）呼吸を阻害し, 胞子発芽から菌糸伸長, 侵入, 胞子形成までさまざまな場面で抗菌活性を示す。さらに植物組織内への浸達性に優れるため, 予防だけでなく治療的な使用もできる。ただし, 近年, 薬剤耐性の発達が報告されており, ストロビルリン系殺菌剤の連用は避け, 作用性が異なる薬剤と組み合わせて使用する

《ベンゾイミダゾール系剤》					
ベンレート水和剤	ベノミル水和剤	2000～3000倍・100～300l/10a	—	6回以内	散布
トップジンM水和剤	チオファネートメチル水和剤	1500～2000倍・100～300l/10a	—	5回以内	散布
トップジンMゾル	チオファネートメチル水和剤	1000倍	—	5回以内	散布

601

キク／病気

トップジンMスプレー	チオファネートメチル水和剤	原液	発病初期	5回以内	希釈せずそのまま散布する

いずれも病原菌細胞核の有糸分裂に作用し，菌糸伸長，胞子形成などを阻害する。植物組織内への浸透移行性に優れ，予防的だけでなく治療的にも使用できる。ベンレート水和剤は黒斑病のほかに，褐斑病，白さび病にも登録がある（白さび病は1,000倍）。トップジンM各剤は黒斑病のほか，褐斑病にも登録があり，花卉類・観葉植物向けに水和剤のみ菌核病にも登録がある（1,500倍）。ただし，薬剤耐性発達の報告があり，本剤を含むベンゾイミダゾール系剤の連用は避け，作用性の異なる薬剤と組み合わせて使用する

白絹病

英名：Southern blight
別名：—
学名：***Sclerotium rolfsii* Saccard**
　　　　《糸状菌／担子菌類》

［多発時期］夏期
［伝染源］菌核
［伝染・侵入様式］被害残渣，土中の菌核
［発生・加害部位］茎，地際の茎，根
［発病・発生適温］25〜30℃
［湿度条件］多湿は発病を助長する
［他の被害作物］きわめて多犯性

(1) 被害のようすと診断ポイント

発生動向　不明。

初発のでかたと被害　地際の茎や根が侵される。侵された株は地上部が萎
凋，枯死する。

多発時の被害　多くの株が枯死する。

診断のポイント　被害を受けた茎は，外皮から褐変して腐敗する。腐敗は内
部まで進展する。枯死した株の地際や茎の表面には，白色の粗い感じの菌糸が
生じる。菌糸上には白色，後に黄褐色〜褐色に変色する菌核が形成される。菌
核は，表面が平滑で直径0.8〜2.3mm，仁丹の粒状である。発生は夏期の高温
時に多い。

防除適期の症状　定植前。萎凋，茎表面の褐変を認めた時。

類似症状・被害との見分けかた　菌核病の菌核は黒色でネズミの糞状である
が，白絹病の菌核は白〜褐色で仁丹状である。

(2) 病原・害虫の生態と発生しやすい条件

生態・生活サイクル　地表面や被害部分に形成された菌核は，土壌中で5〜

6年間生存する。菌核は地温の上昇する6月下旬頃発芽して，子実体を形成する。子実体上には担子胞子が形成され，これが飛散して蔓延する。一次伝染源は，主として土壌中の菌核であるが，被害株から伸長した菌糸により周辺の株にも伝染する。きわめて多犯性で多くの作物を侵す。宿主として知られているのは，トマト，ナス，ピーマンなどのナス科，キュウリ，メロン，スイカ，ヘチマなどのウリ科，タマネギ，ネギ，ラッキョウ，ニンニク，ユリ，チューリップなどのユリ科，フキ，ダリア，ガーベラ，ヒマワリなどのキク科，アイリス類（アヤメ科），シンビジウム，デンドロビウム（ラン科），リンドウ（リンドウ科），ニンジン（セリ科），カーネーション（ナデシコ科），クレマチス（キンポウゲ科），スミレ（スミレ科）など多岐にわたる。

発生しやすい条件　未熟有機物など栄養源となるものが土壌に施用されると，病原菌の活動は活発となる。

(3) 防除のポイント

耕種的防除　発生を見たら，すみやかに除去して焼却する。遅れると，菌糸による隣接株への伝染のほか，菌核を形成し翌年への伝染源菌量を増加させることとなる。発病地での連作は避ける。本菌はきわめて多犯性であるので，輪作の作目にも十分注意する。太陽熱消毒などにより土壌中の菌密度を下げる。

生物防除　なし。

農薬による防除　定植前に薬剤により土壌消毒する。

効果の判断と次年度の対策　発生が減少したら効果があったと判断する。

発病圃場において栽培後に土壌消毒を行なう場合は，次作の作物に登録のある薬剤を用いること。

執筆　市川　健（静岡県農業試験場）	（1997年）
改訂　市川　健（静岡県志太榛原農林事務所）	（2012年）

白絹病

主要農薬使用上の着眼点（市川　健, 2012）

（回数は同一成分を含む農薬の総使用回数。混合剤は成分ごとに別途定められているので注意）

商品名	一般名	使用倍数・量	使用時期	使用回数	使用方法
《有機リン剤》					
リゾレックス水和剤	トルクロホスメチル水和剤	500～1000倍・3l/m²	—	5回以内	株元灌注

　　キクでの登録

《酸アミド系剤》					
モンカットフロアブル40	フルトラニル水和剤	1000～2000倍	—	3回以内	株元散布

　　花卉類・観葉植物での登録。眼に刺激性があるので注意

《土壌消毒剤》					
クロールピクリン	クロルピクリンくん蒸剤	〈床土・堆肥〉1穴当たり3～5ml,〈圃場〉1穴当たり2～3ml	—	2回以内(ただし床土は1回, 圃場は1回)	土壌くん蒸
ガスタード微粒剤	ダゾメット粉粒剤	20～30kg/10a	播種または植付け前	1回	土壌均一散布混和
バスアミド微粒剤	ダゾメット粉粒剤	20～30kg/10a	播種または植付け前	1回	土壌均一散布混和

　　ガスタード微粒剤, バスアミド微粒剤は, 花卉類・観葉植物での登録。処理後は土壌表面を被覆する。
　　被覆後はガス抜きを十分行なう

褐斑病

英名：Leaf blight, Leaf blotch

別名：—

学名：***Septoria obesa*** Sydow & P. Sydow ［異名***Septoria chrysan-themi-indici*** Bubák & Kabát sensu Hemmi］

《糸状菌／不完全菌類》

［多発時期］夏〜秋

［伝染源］感染親株ならびに摘心後の株

［伝染・侵入様式］被害葉上に形成される柄子殻から風雨により柄胞子が飛散し，周辺に伝染

［発生・加害部位］葉

［発病・発生適温］20〜28℃

［湿度条件］多湿で発生しやすい

［他の被害作物］マーガレット

（1）被害のようすと診断ポイント

発生動向　露地栽培では黒斑病とともにもっとも被害の多い病害のひとつである。

初発のでかたと被害　はじめは不規則な褐色小斑点を生じ，のちに不整形，楕円形，円形の黄褐色ないし黒褐色病斑となる。古い病斑上には黒い粒々（柄子殻）が形成される。品種，感染時期などにより病斑型は変わる。

　下葉から発生し，摘心後に生じる新葉に伝染して被害が大きくなる。新芽に感染した場合には定植してから発病することが多い。

多発時の被害　大型病斑が増加して下葉から枯れ上がり，上位葉へと進展する。ひどい場合には半数以上の葉が枯死する。

診断のポイント　高温時，下葉から発病し，褐色斑点が現われる。病斑上に柄子殻が形成される。

防除適期の症状　連作圃場，とくに暖地では1年中キクがあり伝染が途切れ

607

ないため，発病が見られる圃場では摘心後から生育初期に症状の有無にかかわらず防除を行なう。最終摘心直後に降雨が多い場合は，初期の散布時期を7日早めにする。

類似症状・被害との見分けかた　黒斑病にきわめて類似する。病斑の輪郭が比較的不明瞭なものが褐斑では多いとされているが，品種や時期によって異なるため確実な手がかりとはならない。棒状の柄胞子を見ると隔膜が4～13個で0～4個の黒斑病菌の胞子よりも多く，サイズもやや大きいので区別できる。

発生時期や性質もほとんど同じなので，防除の際には区別する必要はない。

(2) 病原・害虫の生態と発生しやすい条件

生態・生活サイクル　病斑上に形成された柄子殻内の柄胞子が風雨によって飛散して周辺に伝染し，適温では感染から20～30日で病斑が認められる。越年は被害葉上の柄子殻で行なわれる。

発生しやすい条件　高温と多湿条件で感染，発病が助長される。新しい葉よりも古い葉での発病が多い。

(3) 防除のポイント

耕種的防除　罹病葉をできるかぎり除去する。

生物防除　なし。

農薬による防除　親株では罹病葉の除去と同時に行なう。定植後は最終摘心から切取り期までの期間を4等分した2番目の期間（被害の多い品種では摘心直後から）に7～15日おきに有機銅剤，有機塩素剤，ベンゾイミダゾール系剤，ストロビルリン系剤などで防除する。最終摘心直後に降雨が多い場合には，散布開始を7日早めにする。

効果の判断と次年度の対策　病斑進展の停止，新葉への感染の阻止をもって効果ありと判定する。親株で発病が見られた場合，速やかに罹病葉を除去し，薬剤防除を行なう。

　　執筆　伊代住　浩幸（静岡県農業試験場）　　　　　　　　　　　　（1997年）

　　改訂　伊代住　浩幸（静岡県農林技術研究所）　　　　　　　　　（2012年）

褐斑病

主要農薬使用上の着眼点（伊代住　浩幸, 2012）

（回数は同一成分を含む農薬の総使用回数。混合剤は成分ごとに別途定められているので注意）

商品名	一般名	使用倍数・量	使用時期	使用回数	使用方法
《有機銅剤》					
サンヨール液剤AL	DBEDC液剤	原液	—	8回以内	散布
サンヨール	DBEDC乳剤	500倍・100〜300l/10a	—	8回以内	散布

保護殺菌剤で予防的に使用する。褐斑病のほか黒斑病, 白さび病, うどんこ病にも登録がある。強力な浸透付着脱脂力を有し, 糸状菌に対して高い薬効を示す。また, アブラムシ類, ハダニ類, ナメクジ類にも登録がある。花や茎葉に対する汚れが少ない

《有機塩素剤》					
ダコニール1000	TPN水和剤	1000倍・100〜300l/10a	—	6回以内	散布

褐斑病のほか, 黒斑病にも登録がある。胞子発芽と胞子形成を強く阻害する。保護作用を中心とした薬剤で, 耐雨性や紫外線に対する安定性が高い

《ストロビルリン系剤》					
ストロビーフロアブル	クレソキシムメチル水和剤	2000〜3000倍・100〜300l/10a	発病初期	3回以内	散布

褐斑病のほかに, 黒斑病, 白さび病にも登録がある。ミトコンドリアの電子伝達系に作用し（Qo阻害）呼吸を阻害し, 胞子発芽から菌糸伸長, 侵入, 胞子形成までさまざまな場面で抗菌活性を示す。さらに植物組織内への浸達性に優れるため, 予防だけでなく治療的な使用もできる。ただし, 近年, 薬剤耐性の発達が報告されており, ストロビルリン系殺菌剤の連用は避け, 作用性が異なる薬剤と組み合わせて使用する

《ベンゾイミダゾール系剤》					
ベンレート水和剤	ベノミル水和剤	2000〜3000倍・100〜300l/10a	—	6回以内	散布
トップジンM水和剤	チオファネートメチル水和剤	1500〜2000倍・100〜300l/10a	—	5回以内	散布
トップジンMゾル	チオファネートメチル水和剤	1000倍	—	5回以内	散布
トップジンMスプレー	チオファネートメチル水和剤	原液	発病初期	5回以内	希釈せずそのまま散布する

いずれも病原菌細胞核の有糸分裂に作用し, 菌糸伸長, 胞子形成などを阻害する。植物組織内への浸透移行性に優れ, 予防的だけでなく治療的にも使用できる。ベンレート水和剤は褐斑病のほかに, 黒斑病, 白さび病にも登録がある（白さび病は1,000倍）。トップジンM各剤は褐斑病のほか, 黒斑病にも登録があり, 花卉類・観葉植物向けに水和剤のみ菌核病にも登録がある（1,500倍）。ただし, 薬剤耐性発達の報告があり, 本剤を含むベンゾイミダゾール系剤の連用は避け, 作用性の異なる薬剤と組み合わせて使用する

立枯病

英名：Root and stem rot
別名：—
学名：***Rhizoctonia solani* Kühn AG2-2 IIIA, IIIB**
《糸状菌／不完全菌類》

英名：Root and stem rot
別名：—
学名：**binucleate *Rhizoctonia* AG-A, AG-F**
《糸状菌／不完全菌類》

［多発時期］6〜9月頃
［伝染源］被害株残渣
［伝染・侵入様式］土壌伝染
［発生・加害部位］地際部の茎〜株全体
［発病・発生適温］25〜28℃
［湿度条件］多湿
［他の被害作物］多くの作物で苗立枯病や立枯病などを起こす

(1) 被害のようすと診断ポイント

発生動向　不明。

初発のでかたと被害　はじめ生育がやや不良ぎみで葉色が悪く，晴天の日中に茎葉がしおれる。株の地際部付近が水浸状となり，その後褐色となり，さらに病勢が進むと下葉から枯れ上がり枯死する。多湿条件では，病斑部にクモの巣状の褐色の菌糸が見られる。

多発時の被害　株全体が萎凋して枯死する。

診断のポイント　茎の腐敗は外側から始まるが，その後内部に及び，導管部だけでなく他の部分も褐変する。

防除適期の症状　株の地際部付近が水浸状となる発病初期。

類似症状・被害との見分けかた　キクでは数種の立枯れ性の病害があるが，

本病は茎の腐敗は外側から始まる。また，多湿条件下では病斑部にクモの巣状の褐色の菌糸が見られる。

(2) 病原・害虫の生態と発生しやすい条件

生態・生活サイクル　菌糸および菌核の形で，被害残渣ともに土壌中で越年し，翌年の伝染源となる。

発生しやすい条件　高温・多湿。

(3) 防除のポイント

耕種的防除　発病の多い圃場では連作を避ける。本菌による立枯性病害の発生する作物との輪作は避ける。

生物防除　とくになし。

農薬による防除　発病のおそれのあるところでは，挿し床，本圃を作付け前に土壌消毒剤で処理するか，有機リン剤を土壌混和する。また，作付け後に発病した場合は罹病株を抜き取り，周辺の株に対して有機リン剤を株元灌注する。

効果の判断と次年度の対策　発病後処理の場合は，周辺株の発症が認められなければ効果があったと判断する。本病や白絹病以外による立枯（フザリウム，ピシウムなど）には上記有機リン剤は効果がないため，病原の同定が重要である。発病の多かった圃場では連作を避ける。また，本菌による立枯れ性病害の発生する作物との輪作は避ける。発病のおそれのあるところでは，挿し床，本圃を土壌消毒する。

執筆　土井　誠（静岡県農業試験場）　　　　　　　　　　　　　　（1997年）

改訂　伊代住　浩幸（静岡県農林技術研究所）　　　　　　　　　（2012年）

立枯病

主要農薬使用上の着眼点 (伊代住　浩幸, 2012)

(回数は同一成分を含む農薬の総使用回数。混合剤は成分ごとに別途定められているので注意)

商品名	一般名	使用倍数・量	使用時期	使用回数	使用方法
《土壌消毒剤》					
クロールピクリン	クロルピクリンくん蒸剤	(床土・堆肥) 1穴当たり3〜5ml (圃場) 1穴当たり2〜3ml	—	2回以内 (ただし、床土は1回、圃場は1回)	土壌くん蒸
クロピクテープ	クロルピクリンくん蒸剤	(圃場) 110m/100m²	—	1回	土壌くん蒸
クロルピクリン錠剤	クロルピクリンくん蒸剤	1穴当たり1錠	—	2回以内 (ただし、床土は1回、圃場は1回)	土壌くん蒸 (床土・堆肥) 床土・堆肥を30cmの高さに積み30×30cmごとに1穴当たり1錠処理する。(圃場)「1穴当たり1錠処理」30×30cmごとに1錠処理する
クロルピクリン錠剤	クロルピクリンくん蒸剤	1m²当たり6錠	—	2回以内 (ただし、床土は1回、圃場は1回)	土壌くん蒸 (圃場)「1m²当たり6錠処理」地表面に所定量を散布処理する

SH基酵素阻害などにより殺虫・殺菌・殺線虫のほか、除草 (種子含む) 効果を示す。ウイルスの不活化作用はない。効果の発揮および安全のため、処理後はポリエチレンなどのシートによりただちに被覆する。軽く握って崩れない程度の土壌水分までが適当で、水分量が多いと効果不足や薬害の原因となる。クロピクテープは、クロルピクリンを水解性のフィルムで封入し、作業性を向上させた製剤で、水分に触れるとフィルムが分解をはじめるため、処理後は液剤と同様にポリエチレンなどのシートによりただちに被覆する。クロルピクリン錠剤は、クロルピクリンをゲル化・錠剤とし、作業性を向上させた製剤。処理後は他剤型と同様にポリエチレンなどのシートによりただちに被覆する。クロルピクリンは水より重く、蒸気は空気の5.7倍の重さを持ち、金属腐食性が強い。地温7℃以上で使用できるが低温ほど処理期間を長くする必要がある。蒸気は目や皮膚に刺激性が強いため、作業に際して防護マスク、メガネ手袋などを装着するとともに、近隣へのガス拡散による危害の発生防止に十分配慮する必要がある

《土壌消毒剤》

商品名	一般名	使用倍数・量	使用時期	使用回数	使用方法
バスアミド微粒剤	ダゾメット粉粒剤	20〜30kg/10a	播種または植付け前	1回	本剤の所定量を均一に散布して土壌と混和する
ガスタード微粒剤	ダゾメット粉粒剤	20〜30kg/10a	播種または植付け前	1回	本剤の所定量を均一に散布して土壌と混和する
NCS	カーバム剤	原液として30l/10a	植付け前	1回	原液を水で3倍に希釈して、ジョウロなどで均一に灌注後土壌混和し、ビニールなどで7〜10日間被覆する

いずれも花卉類・観葉植物登録。土壌中で有効成分がメチルイソチオシアネート (MITC) ガスに変化し、SH基酵素阻害などにより、殺虫、殺菌のほか、除草効果を示す。殺線虫効果は弱い場合があり、ウイルス不活化作用はない。効果の発揮および安全のため、処理後はポリエチレンなどのシートによりただちに被覆する。土壌中の水分と反応して活性ガスが生じるため、クロルピクリンと異なり土が乾いている場合に効果不足や薬害の原因となる。また、地温が低いとガス化が劣るため10℃以下では使用しない。15℃以下では処理期間を長くする必要がある。ガスは目や皮膚に刺激性が強いため、作業に際して防護マスク、メガネ手袋などを装着するとともに、近隣へのガス拡散による危害の発生防止に十分配慮する必要がある

《殺線虫剤》

キルパー	カーバムナトリウム塩液剤	原液として60l/10a	播種または定植の15〜24日前まで	1回	所定量の薬液を土壌表面に散布し、ただちに混和し被覆する

花卉類、観葉植物登録。本剤は土壌に施用すると速やかに分解し、活性成分であるメチルイソチオシアネート（MITC）ガスが発生する。センチュウ類だけでなく、土壌病原菌、一年生雑草種子まで幅広い活性を示す。処理には専用の灌注器もしくは、灌水装置などを使用する。その他の注意点については、同じ活性成分を含む上記のダゾメット粉粒剤、カーバム剤と共通している

《土壌消毒剤》

ヨーカヒューム	ヨウ化メチルくん蒸剤	15〜20g/m²	定植10日前まで	1回	土壌くん蒸

一部不可欠用途を除き使用できなくなった臭化メチルと同様に、殺菌・殺虫・殺線虫・除草効果に加え、ウイルスの不活化作用も示す。臭化メチルよりも沸点が高い（42.5℃）ため、灌注による処理で、より長いくん蒸期間を必要とする。現在は、購入・使用に先立ち、ヨウ化メチル剤推進協議会（日本くん蒸技術協会、アリスタライフサイエンス）、および各産地の行政機関・JAなどが開催する安全使用講習会を受講する必要がある

《有機リン剤》

リゾレックス水和剤	トルクロホスメチル水和剤	500〜1000倍・3l/m²	生育期	5回以内	土壌灌注
リゾレックス粉剤	トルクロホスメチル粉剤	50kg/10a	定植前	1回	土壌混和

いずれも花卉類・観葉植物登録。また、キクで白絹病に登録がある。細胞内容物の漏出を引き起こし、菌糸および菌核に殺菌作用を示す

茎枯病

英名：Stem and ray blight, Stem canker
別名：—
学名：*Phoma* sp.
《糸状菌／不完全菌類》

［多発時期］春〜秋
［伝染源］挿し穂採取前の親株，発病初期の挿し穂，定植株
［伝染・侵入様式］被害茎葉上からの風雨による柄胞子の飛散
［発生・加害部位］芽，葉，葉柄，茎
［発病・発生適温］15〜25℃
［湿度条件］多湿で助長
［他の被害作物］データなし

(1) 被害のようすと診断ポイント

発生動向　問題になるほどの発生はない。

初発のでかたと被害　施設および露地ギクのいずれにも発病する。挿し床では頂芽付近や地際部の茎葉に発生する。芽は水気を失ったように変色し黒褐色になり，地際部の茎葉は黒褐色に腐敗する。本圃では中葉から下葉に不規則な黒褐色の病斑を生じ，さらに進むと病斑が茎に達して茎枯れを起こす。

多発時の被害　育苗中の挿し穂での発生が多く，芽枯れ，茎枯れして枯死する株も多い。

診断のポイント　被害部を多湿に保つと病斑部に灰白色で密な菌糸を生じる。病斑上には柄子殻は形成されにくいが，培養菌にブラックライトを照射すると形成する。柄子殻は黒褐色，卵形〜洋梨形で，大きさは48〜240 μ m。柄胞子は無色，単胞，楕円形〜長楕円形で大きさは1.7〜2.6×4.3〜9.3 μ m。

防除適期の症状　とくになし。

類似症状・被害との見分けかた　菌核病：進行すると菌核を形成し，茎内に白色菌糸が充満する。白絹病：30℃前後の高温時に発生する。茶色〜黒褐色の菌核を形成する。立枯病：湿度が高いとき，褐色で太い特徴的な菌糸が見ら

れる。

(2) 病原・害虫の生態と発生しやすい条件

生態・生活サイクル　被害茎葉上から風雨によって柄胞子が飛散して周辺の
キクの茎葉に寄生し，好適条件下で病徴を呈するものと思われる。

発生しやすい条件　気温がやや低く，曇雨天が続き，多湿になると多発する。

(3) 防除のポイント

耕種的防除　施設では多湿にならないように換気を十分に行なう。育苗中に
発生した場合は，ただちに発病株を取り除く。

生物防除　なし。

農薬による防除　なし。

効果の判断と次年度の対策　無病株から挿し穂の採取を行なう。

執筆　伊代住　浩幸（静岡県農業試験場）　　　　　　　　　　　（1997年）

改訂　伊代住　浩幸（静岡県農林技術研究所）　　　　　　　　　（2012年）

疫病

英名：Phytophthora rot, Phytophthora blight
別名：—
学名：***Phytophthora cactorum* (Lebert et Cohn) Schröter**
　　　《糸状菌／卵菌類》

英名：Phytophthora rot, Phytophthora blight
別名：—
学名：***Phytophthora chrysanthemi* sp. nov.**
　　　《糸状菌／卵菌類》

[多発時期] *P. cactorum*：5～10月（盛夏を除く），*P. chrysanthemi*：7～8月
[伝染源] 被害残渣，土壌
[伝染・侵入様式] 土壌，水媒
[発生・加害部位] 根，茎，葉，葉柄，花
[発病・発生適温] *P. cactorum*：15～30℃（適温25℃），*P. chrysanthemi*：20～35℃（適温30℃）
[湿度条件] 土壌水分過多
[他の被害作物] *P. cactorum*：ユリ，チューリップ，アツモリソウ類，アネモネ，シャクヤク，サボテンのほか，野菜のウドなど，*P. chrysanthemi*：未詳

(1) 被害のようすと診断ポイント

発生動向　*P. cactorum*による被害は全国的に認められるが，*P. chrysanthemi*による被害は2002～2003年に富山県（小ギクの露地栽培）と岐阜県（ポットマム）で初めて確認された。

初発のでかたと被害　晴天日の日中に株がしおれて発病に気づくことが多い。発病株は地際部の茎に暗褐色水浸状の病斑が認められ，茎の上方へ急速に拡大する。

多発時の被害　発病株を中心に坪状または水の流れに沿って広範囲に被害が拡大する。病斑は葉柄基部から葉身に達し，葉は暗褐色になり軟化，腐敗して

多湿時には病斑上に薄霜状の白いカビを生じる。葉は水分を失い下葉から順次枯れ上がり，激しいと病斑は茎の先端付近にも達する。根は主根，細根ともに褐色に腐敗してもろくなり，株全体は立枯れ状態になる。

診断のポイント　地際部の茎に暗褐色水浸状の病斑を形成し，多発時には急速に上方に進展する。多湿条件下では病斑上に薄霜状の白いカビが認められる。根は褐変腐敗し，下葉から順次しおれ，株全体が立枯れる。

防除適期の症状　露地栽培の場合，発病のおそれのある畑ではあらかじめ土壌消毒するか定植時に粒剤を処理する。初発を確認したらただちに発病株を除去し，薬剤を処理する。鉢もの栽培では，資材や培土からの持込みに注意する。

類似症状・被害との見分けかた　キクの立枯性病害には，本病のほか半身萎凋病（*Verticillium dahliae*），立枯病（*Rhizoctonia solani*ほか），ピシウム立枯病（*Pythium aphanidermatum*ほか），萎凋病（*Fusarium oxysporum*）やフザリウム立枯病（*Fusarium solani*）などがあり，病徴のみで見分けることは難しいため，正確な診断には顕微鏡観察や組織分離が必要である。

(2) 病原・害虫の生態と発生しやすい条件

生態・生活サイクル　病原菌は被害残渣とともに土壌中に残り，そこで卵胞子や厚壁胞子などを形成して越冬する。露地栽培では，翌年地温が上昇して降雨などがあると遊走子のうを形成して遊走子が放出され，降雨や灌水によって土粒とともに遊走子がキクの茎や根に達して侵入する。鉢もの栽培では，プールベンチや給水マット，トレイ表面などで残存し，次作の苗を通じて施設内を経年伝染すると考えられる。

発生しやすい条件　本菌は水分を好み，降雨が続くとか，土壌水分が高い土壌とか，一時的に冠水した畑などで多発生する。降雨や灌水によって土粒が茎，葉にはね上がる状態で発生しやすい。また密植，過繁茂で，株元の湿度が高いときには発生しやすい。Ebb & Flow方式の底面給水栽培では，滞水時間が長いと被害が大きくなりやすい。*P. cactorum*による被害は春や秋に多く，*P. chrysanthemi*による被害は夏に発生しやすい。

疫病

（3）防除のポイント

耕種的防除　前年の発病株の残渣を集めて処分する。発病株は株元の土ととともに除去して処分する。地下水位の高い畑では排水を良好にし，高うねにするとともに連作を避ける。また，品種によって本病に対する感受性に差があることから，発病しにくい品種を選定するとよい。

生物防除　とくになし。

農薬による防除　メタラキシル粒剤を土壌表面に処理する。ただし，耐性菌が発生するおそれがあるので連用はしないこと。

効果の判断と次年度の対策　発生が認められなければ効果があったと判断できる。被害残渣は畑に残さず，排水をはかり畑を乾かして過度の灌水をひかえるように心がける。

| 執筆　米山　伸吾（元茨城県園芸試験場） | （1997年） |
| 改訂　渡辺　秀樹（岐阜県農業技術センター） | （2014年） |

主要農薬使用上の着眼点（渡辺　秀樹, 2014）

（回数は同一成分を含む農薬の総使用回数。混合剤は成分ごとに別途定められているので注意）

商品名	一般名	使用倍数・量	使用時期	使用回数	使用方法
《酸アミド系剤》					
リドミル粒剤2	メタラキシル粒剤	20kg/10a	定植時または生育期	3回以内	土壌表面散布

土壌に施用後，根からすばやく吸収され，根，茎，葉へ移行して植物全体を保護する。菌糸の進展および胞子形成の阻害活性があり初発後の使用でも一定の効果が期待できるが，耐性菌が発達しやすい薬剤なので多回数使用は避け，できる限り発生前に使用する

花枯病

英名：Petal blight
別名：—
学名：***Itersonilia perplexans* Derx**
《糸状菌／不完全菌類》

［多発時期］多雨の時期（秋期）
［伝染源］被害花上の病斑，土中の発病残査，有機物
［伝染・侵入様式］空気伝染
［発生・加害部位］花弁
［発病・発生適温］15～25℃
［湿度条件］多湿により発病が助長される
［他の被害作物］ダリア，コスモス，バラ，ヒャクニチソウなど

(1) 被害のようすと診断ポイント

発生動向　不明。

初発のでかたと被害　多くは開花後に発病する。花弁に発生する。はじめは小さな淡褐色の斑点が花弁の先端かその近くに生じる。病勢が進むと病斑は大きくなり，褐色～濃褐色になり，花弁が枯れる。病斑の周辺は不鮮明のことが多い。外側の花弁から発生し，内側に進行する。発生がひどくなると，花全体が枯死する。大，中輪のキクに発生が多く，小輪のキクにはほとんど発生しない。

多発時の被害　花全体が枯死する。

診断のポイント　外側の花弁から，また花弁の先端近くから発生する。一般に，外側の花弁のさらに外側に露出した部分に発生が多く認められる。花弁が基部まで枯れてしまうことはまれである。発生は，ほとんど花に限られ，ごくまれに葉に発生する。

防除適期の症状　使用できる防除薬剤がないので，栽培初期からの耕種的防除に努める。

類似症状・被害との見分けかた　キクの花弁を侵す病害には本病のほかに，

花腐病，灰色かび病がある。花腐病は花弁の基部を侵すことが多く，蕾の内に発生すれば開花しない。花の下の茎や葉にも発生する。灰色かび病では病斑上に灰色のカビが密生すること，罹病花弁の接触により伝染する。

(2) 病原・害虫の生態と発生しやすい条件

生態・生活サイクル　菌は5～25℃で生育し，生育，胞子発芽の最適温度は20℃である。伝染は，空気伝染による。土中の発病残渣上で腐生的に生育した菌や病斑上に形成された分生胞子が，周囲に飛散して伝染する。

発生しやすい条件　前年度に発病の多かった圃場では発生しやすい。秋の多雨期に発生が多い。

(3) 防除のポイント

耕種的防除　通風をよくする。発病を認めた花はそのまま放置せず，すみやかに切り取って焼却処分する。本病に弱い品種を栽培する際には，できるだけ露地を避け，屋根かけ栽培などにする。

花に直接灌水したり，雨水がかからないようにする。

生物防除　なし。

農薬による防除　登録のある農薬はない。

効果の判断と次年度の対策　発病が多かった圃場では，残渣の処理をしっかりと行なう。

執筆	市川　健 (静岡県農業試験場)		(1997年)
改訂	市川　健 (静岡県志太榛原農林事務所)		(2012年)

花腐病

英名：Ray blight, Stem canker

別名：葉腐病

学名：*Ascochyta chrysanthemi* Stevens［完全世代 *Didymella chrysanthemi* Baker, Dimock et Davis…本邦未報告］

《糸状菌／子のう菌類》

［多発時期］不明

［伝染源］被害株残渣

［伝染・侵入様式］空気伝染

［発生・加害部位］花，葉，茎

［発病・発生適温］不明

［湿度条件］不明

［他の被害作物］不明

（1）被害のようすと診断ポイント

発生動向　不明。

初発のでかたと被害　おもに花の基部が侵され，花弁が褐色に腐敗する。花全体が奇形となる。蕾の段階で侵されると開花しないで枯れるものもある。本病原菌は，茎や葉も侵し葉腐病を起こす。葉では葉の縁から発生しやすく，病斑は縁から中心部に向かって不整形の大きな褐色病斑を形成する。葉が枯死すると，葉柄基部から茎の上下に向けて病斑が進展する。

多発時の被害　茎葉に葉腐病が発生するとともに開花せずに枯れる。

診断のポイント　花の基部から発生し，花が奇形となる。

防除適期の症状　本病原菌は葉腐症状も起こすので，発病葉が見られる場合にはすみやかに除去する。

類似症状・被害との見分けかた　キクの花弁を侵す病害には本病のほかに，花枯病，灰色かび病がある。花枯病は花弁の先端近くから発生し，花弁の基部まで枯れてしまうことはまれである。灰色かび病は病斑上に灰色のカビを密生

し，罹病花弁の接触により伝染する。

(2) 病原・害虫の生態と発生しやすい条件

生態・生活サイクル　子のう殻で越年し，翌年の伝染源となる。分生胞子や子のう胞子が，風雨などにより飛散し伝染する。

発生しやすい条件　不明。

(3) 防除のポイント

耕種的防除　通風をよくする。発病を認めた花はそのまま放置せず，すみやかに切り取って処分する。

生物防除　とくになし。

農薬による防除　とくになし。

効果の判断と次年度の対策　とくになし。

　執筆　土井　誠（静岡県農業試験場）　　　　　　　　　　　　　　　（1997年）

　改訂　伊代住　浩幸（静岡県農林技術研究所）　　　　　　　　　　（2012年）

変形菌病

英名：Slime mold disease
別名：粘菌病
学名：*Physarum* sp.
　　　　《糸状菌／変形菌類》
［多発時期］5～7月，9～10月
［伝染源］被害残渣，敷わら
［伝染・侵入様式］水媒
［発生・加害部位］葉，茎など
［発病・発生適温］不明（20～25℃前後と思われる）
［湿度条件］多湿
［他の被害作物］ミツバ（軟化床），タバコ，シバ，サツマイモの苗床，ビート，ナスなど

(1) 被害のようすと診断ポイント

発生動句　少ない。

初発のでかたと被害　多湿あるいは水分があるときに，葉，葉柄などあらゆる部分に発生する。はじめ茎や葉などに淡黄褐色でヌルヌルした粘質のもの（粘菌アメーバ）が付着する。

多発時の被害　このヌルヌルが増殖すると，黒色で表面が白色あるいはネズミ色の塊状の変形体になり，拡大するとキクの葉をはじめ大輪ギクではその鉢にまで付着するようになる。

診断のポイント　多湿あるいは水分が多いときに淡黄褐色のヌルヌルとした粘質物が茎や葉などに付着する。このヌルヌルはやがて黒色で表面が白色あるいはネズミ色の塊状の変形体になって，葉，茎などあらゆる部分に広がる。

防除適期の症状　発病の初期。

類似症状・被害との見分けかた　とくになし。

(2) 病原・害虫の生態と発生しやすい条件

生態・生活サイクル　被害残渣やわらなどで越年した病原菌の胞子が発芽し，もし水分が多ければ鞭毛細胞に，あるいは水分が少ないときには粘菌アメーバとなる。この粘菌アメーバや鞭毛細胞は，キクの葉や茎などの表面に生活している細菌やカビなどを摂取して増殖する（ヌルヌルとした粘質物）。

この粘菌アメーバは同株または異株の細胞の間で接合して接合子となり，やがて変形体に発生する（黒色で表面が白色ないしはネズミ色の塊状のもの）。この変形体は顕著な原形質流動と変形運動とをつづけながら増殖し，やがて子実体を形成しその頂部が胞子のうになり，内に胞子を含む。

水分がないと移動しないので，乾燥状態では胞子のうのままで，胞子は放出されない。

発生しやすい条件　地下水位の高い畑や排水不良畑では発生しやすい。うね上に稲わらなどを敷いて，水分過多の状態で発生しやすい。観賞ギクの鉢栽培では，前年にわずかでも発病したときに用いていた支柱や鉢などをそのまま使用すると，発生しやすい。

(3) 防除のポイント

耕種的防除　地下水位の高い畑での栽培をやめ，排水不良畑では排水を良好にする。株元が多湿にならないよう，稲わらによるマルチの施用をやめる。

前年発病したときに用いた資材（支柱，鉢，土台の板など）は，十分に乾燥させるか，消毒する。発病株や葉などは，まわりの土とともに除去して焼却する。

生物防除　とくになし。

農薬による防除　本病に適用された薬剤はない。

効果の判断と次年度の対策　水分をひかえ，乾燥状態に保って発病しなければ，管理による防除対策の効果があったと判断される。

| 執筆 | 米山 | 伸吾（元茨城県園芸試験場） | （1997年） |
| 改訂 | 米山 | 伸吾（元茨城県園芸試験場） | （2012年） |

萎凋病

英名：Fusarium wilt, Wilt

別名：―

学名：***Fusarium oxysporum*** Schlechtendahl: Fries

《糸状菌／不完全菌類》

［多発時期］6〜10月

［伝染源］土壌，被害残渣

［伝染・侵入様式］土壌伝染，苗伝染

［発生・加害部位］根，茎の維管束

［発病・発生適温］不明

［湿度条件］不明

［他の被害作物］不明（鉢植えギクのほか，品種：新星光でも発生する）

（1）被害のようすと診断ポイント

発生動向　少ない。

初発のでかたと被害　はじめ葉が萎れ，やがて枯れる。おもに苗に発生するが成株にも発生する。根は褐変腐敗し，茎の維管束が褐変する。ポットマムでは5〜7月の挿し苗床，鉢植え後6〜9月に発生。

多発時の被害　全株が枯れて，根は褐変腐敗する。

診断のポイント　はじめ葉がわずかに黄化して萎れ，その後，半枯状態になってから全体が萎れて，最終的には枯れる。根は褐変腐敗し，茎や葉柄の維管束が褐変する。苗でも発生する。

防除適期の症状　発病してからでは防除方法はない。発病したかあるいは発病のおそれがある畑は，適用薬剤によりあらかじめ土壌を消毒する。

類似症状・被害との見分けかた　本病は下葉から萎れ始め，維管束が褐変して，根が褐色に腐敗するので，他の病害と区別される。

（2）病原・害虫の生態と発生しやすい条件

生態・生活サイクル　病原菌の菌糸の分生子梗上に，三日月形長短の小型分

生子を形成する。被害残渣の中の菌糸や分生子は土壌中で厚膜胞子になって越年する。キクが伸長し始めると，土壌中の病原菌が根の先端から侵入して増殖する。その過程で産生される毒素のために維管束の機能が阻害され，水分が上方へ移行しなくなって葉や茎が萎れる。

発病しても枯れなかった株を親株にすると，それから発生する冬至芽に病原菌が移行・感染する可能性がある。そのような冬至芽を用いると，苗の時期，あるいは生育してから発病する。

発生しやすい条件　連作したり被害残渣を畑の土壌に混ぜたりすると発生しやすい。前年発病して枯れなかった株を親株として冬至芽を採取すると，苗のころから発生しやすい。窒素質肥料を過用すると被害が増大する傾向がある。

(3) 防除のポイント

耕種的防除　前年発病した株を親株とせず，健全株から冬至芽を採取する。発病株は根まわりの土とともに抜き取り，土壌深く埋めるか処分する。

生物防除　とくになし。

農薬による防除　クロピクフローは30cm²当たりに，径2〜3cm，深さ15cmの穴に2〜3mlを注入し，ただちにポリフィルムを被覆する。約10日〜2週間後に除去する。錠剤は1錠/1穴とし，その他は同様な処理をする。トラペックサイド油剤は10a当たり20〜30kgを土壌とよく混和して，ただちにポリフィルムを7〜14日間被覆する。この被覆をしないと効果がない（水封では効果がない）。

効果の判断と次年度の対策　土壌消毒した畑で発病株が見られなければ，効果があったと判断される。被害残渣を畑に残さないようにする。

| 執筆　米山　伸吾（元茨城県園芸試験場） | (1997年) |
| 改訂　米山　伸吾（元茨城県園芸試験場） | (2012年) |

萎凋病

主要農薬使用上の着眼点 (米山　伸吾, 2012)

(回数は同一成分を含む農薬の総使用回数。混合剤は成分ごとに別途定められているので注意)

商品名	一般名	使用倍数・量	使用時期	使用回数	使用方法
《土壌消毒剤》					
クロピクフロー	クロルピクリンくん蒸剤	2～3ml/1穴	—	1回	耕起整地後, 灌水チューブを設置し, その上からポリエチレンなどで被覆する。その後, 液肥混合器などを使用し, 本剤を処理用の水に混入させ処理する
クロルピクリン錠剤	クロルピクリンくん蒸剤	1m²当たり10錠処理	—	2回以内	土壌くん蒸「1m²当たり10錠処理」地表面に所定量を散布処理する
ダブルストッパー	クロルピクリン・D-Dくん蒸剤	1回3ml/穴	作付け10～15日前	1回	土壌くん蒸 (30×30cmごとの深さ15cmの穴に1穴処理する)

　殺虫, 殺菌の両作用がある。作用機作は病原菌SH基の代謝阻害であり, 作用は呼吸や表皮から侵入して窒息させたり, 諸器官を腐らせたりして, 広範囲の病原菌, センチュウ類に有効である。水より重い液体で, 水にわずかに溶け有機溶媒とよく混じり合い, 金属腐食性が大きい。低温で蒸発が遅いので地温10～20℃前後が効果的で, 漂白作用があり植物の葉緑素を侵す。ほとんどの病原菌に有効で処理後は土壌表面を10日～2週間くらいポリフィルムで被覆する。なお, センチュウに特効のあるD-Lとの混合剤は, D-Dの蒸気圧があまり高くないので, 21℃以上の地温を保つようにする

商品名	一般名	使用倍数・量	使用時期	使用回数	使用方法
《殺線虫剤》					
トラペックサイド油剤	メチルイソチオシアネート油剤	3～4ml/1穴	播種, 植付け21日前	1回	圃場を耕起・整地したのち, 30cm間隔のチドリに深さ約12～15cmの穴をあけ, 所定量を注入し, ただちに覆土しポリエチレン, ビニールなどで被覆する。薬剤処理7～10日後にガス抜き作業を行なう

　本剤は土壌中でガス化して土壌中を拡散・移行して, 病原菌を殺菌し, センチュウを殺虫する。低温では効果が劣るので地温15℃以上のとき使用する。また石灰を施用したのちに本剤を処理すると薬害を生じるので, 石灰は本剤処理後にガス抜きをしたあとに使用する。本剤処理後にポリフィルムで土壌表面を被覆して, 10～14日後に被覆を除去する。本剤処理後の水封では効果がない

褐さび病

褐さび病

英名：Rust
別名：褐色葉渋病
学名：*Phakopsora artemisiae* **Hiratsuka**
　　　　《糸状菌／担子菌類》
［多発時期］不明（4〜5月，あるいは梅雨時期と秋雨の時期と思われる）
［伝染源］発病株と他の発病植物
［伝染・侵入様式］夏胞子の飛散
［発生・加害部位］葉
［発病・発生適温］不明
［湿度条件］多湿または雨
［他の被害作物］リュウノウギク，イソギク，野生のキク科植物

(1) 被害のようすと診断ポイント

発生動向　少ない。

初発のでかたと被害　おもに葉に発生し，葉の表面に，はじめ淡褐色または淡黄緑色で1〜2mm大の微細な斑点が多数形成される。のちに斑点が淡黄色の粉状物（夏胞子堆と夏胞子）によってやや盛り上がった斑点になる。秋期には葉裏に淡褐色〜暗褐色の小斑点を多数生じる。

多発時の被害　淡褐色から淡黄緑色で，やや盛り上がった病斑が葉一面に形成される。

診断のポイント　はじめ葉の表面に淡褐色または淡黄緑色の微細な斑点が形成される。やがてこれはやや盛り上がった斑点になる。

防除適期の症状　発病の初期。

類似症状・被害との見分けかた　本病は淡褐色から淡黄緑色であって，黒さび病や白さび病とは病斑の色が異なる。

(2) 病原・害虫の生態と発生しやすい条件

生態・生活サイクル　葉に形成される盛り上がった斑点は夏胞子堆と夏胞子

631

で，この夏胞子は球形または卵形である。夏胞子の外皮は無色で薄く，細い刺があり，胞子の内容物は黄橙色である。他のさび病菌が葉の裏側に斑点を形成して夏胞子を飛散させるのに対して，この病原菌は葉の表側にも盛り上がった斑点をつくり，夏胞子を飛散させるのが特徴である。

本病の伝染は葉に形成された夏胞子の飛散による。

発生しやすい条件　地下水位が高い畑や排水不良畑で発生しやすい。窒素質の過用や肥料不足，密植，過繁茂で株元が通気不良の場合に発生しやすい。

本病が多発生している畑の近くで発生しやすい。前年発病した株から冬至芽を採取すると発生しやすい。

(3) 防除のポイント

耕種的防除　排水不良畑は排水を良好にする。密植，過繁茂にならないよう窒素質肥料の過用を避けて適正な肥培管理を行なう。

前年発病した株から冬至芽を採取せず，健全株から冬至芽を採取し，連作を避ける。

生物防除　とくになし。

農薬による防除　キクには「さび病」を対象として，ジマンダイセン水和剤とエムダイファー水和剤が適用登録されている。しかしキクにはこの「さび病」の発病は記録されておらず，「褐さび病」「黒さび病」と「白さび病」が記録されているのみである。

効果の判断と次年度の対策　2～3回散布して，新たな病斑が形成されなくなれば効果があったと判断される。

　　執筆　米山　伸吾（元茨城県園芸試験場）　　　　　　　　　　　　　（1997年）

　　改訂　米山　伸吾（元茨城県園芸試験場）　　　　　　　　　　　　　（2012年）

褐さび病

主要農薬使用上の着眼点（米山　伸吾, 2012）

(回数は同一成分を含む農薬の総使用回数。混合剤は成分ごとに別途定められているので注意)

商品名	一般名	使用倍数・量	使用時期	使用回数	使用方法
《有機硫黄剤》					
エムダイファー水和剤	マンネブ水和剤	400〜650倍・—	発病初期	8回以内	散布
ジマンダイセン水和剤	マンゼブ水和剤	400〜600倍・—		8回以内	散布

本剤は病原菌体内の微量な金属を捕捉して金属欠乏を起こさせ, 本剤の主成分の分解物がSH酵素を阻害し, さらに病原菌体内の金属欠乏症を起こさせる, と考えられている。やや遅効性であるものの, マンガン欠乏症にも有効で, 比較的残効性があって, 汚れが少なく殺菌力が強いので広範囲に使用されている

白紋羽病

英名：White root rot
別名：—
学名：***Rosellinia necatrix* Prillieux**
《糸状菌／子のう菌類》

［多発時期］生育の中期以降
［伝染源］土壌，被害残渣
［伝染・侵入様式］土壌伝染，冬至芽による伝染
［発生・加害部位］根
［発病・発生適温］25℃（土壌温度13～16℃）
［湿度条件］土壌水分40％前後
［他の被害作物］ルピナス，シャクヤク，ボタン，スイセン，オモトなどの草花類のほか，ナシ，リンゴ，ブドウ，モモ，ミカンなどの果樹のほか多数（48科83種の植物の白紋羽病）

（1）被害のようすと診断ポイント

発生動向　少ない。

初発のでかたと被害　株全体の生気がなくなり，葉が萎れ，後期に枯れる。根がおかされるが，その進展がゆっくりなため茎葉の初期症状がはっきりしない。葉が下葉からやや黄化して何となく生気がなく，腋芽の伸長も何となく緩慢である。

多発時の被害　根は暗褐色に腐敗し，主根，側根の表面に白い束状のカビがまといついていて，細根は脱落するので，根の伸長が不良である。

診断のポイント　株全体の生気がなく，腋芽の伸長も緩慢で葉が萎れる。ひどいと株全体が萎れてから枯れる。根は暗褐色に腐敗し，主根，側根の表面に白い束状のカビがまとわりついている。

防除適期の症状　発病のおそれがある畑での栽培はやめる。本病の初期の症状として，何となく生気がなく萎れ始めの頃に，株全体を細根も含めて根まで掘り起こして焼却処分する。

635

類似症状・被害との見分けかた　本病の発病株の根に，白色の束状のカビがまといついている点で区別される。

(2) 病原・害虫の生態と発生しやすい条件

生態・生活サイクル　根にまといついている白色の菌糸は非常に細く，内部のものは1〜2μm，外側のものは4μmで，径7〜8μmの西洋ナシ形の膨らみを有して，これらはやがて厚膜胞子に分化する。

病原菌は分生子，子のう胞子を形成する。分生子は2〜3μmの卵形または楕円形，無色単胞である。菌糸網の中に球形または卵形の子のう殻を形成して子のうおよび子のう胞子を生じる。根の表面にまといついている白色の菌糸は集合して菌糸塊を形成し，侵入座となる。これから発達する菌糸が植物体に侵入し，のちに被害残渣とともに土壌中に残り，疑似菌核となって翌年の伝染源になる。

土壌中において本菌の生息に適する範囲は10〜15cmで，50cm以上深くでは生育に適さない。多くの植物をおかし，土壌中にある未熟な植物遺体から栄養をとって長い年月土壌中で生存する。

発生しやすい条件　連作すると多発生する。前年発病して枯れなかった株を，親株として冬至芽を採取すると発病しやすい。

水分保持の可能な微砂質壌土の沖積地，腐植層の薄い火山灰地の台地で発生しやすい。畑に樹木の小枝を含めた粗大有機物を施用したり，石灰を多施用したりすると発生しやすい。

(3) 防除のポイント

耕種的防除　未熟な有機物や粗大有機物を畑に施用しない。連作を避け，冬至芽は健全株から採取する。また，窒素質肥料を施して草勢をよくする。

生物防除　とくになし。

農薬による防除　果樹類の本病に対する適用薬剤はあるが，キクでは適用された薬剤はない。しかし，本病のほかに萎凋病が発生している畑でその防除のためクロルピクリンによる土壌消毒を行なえば，同時に防除される。ただし，畑の管理で本病のための耕種的防除を適切に行なわないと，再び発生するおそ

白紋羽病

れがあるので十分に注意する。

効果の判断と次年度の対策　畑には，被害植物の根とともに茎や葉などの残渣を残さないようにし，新たな畑に健全株を選んで栽培して，発病株が見られなければ効果があったと判断される。

執筆　米山　伸吾（元茨城県園芸試験場）　　　　　　　　　（1997年）

改訂　米山　伸吾（元茨城県園芸試験場）　　　　　　　　　（2012年）

キク／病気

べと病

べと病

英名：Downy mildew
別名：—
学名：***Peronospora danica* Gäumann**
《糸状菌／鞭毛菌類》
［多発時期］5〜7月（おもに多雨時）
［伝染源］被害残渣，発病株
［伝染・侵入様式］分生胞子の飛散，風媒，水媒，接触伝染
［発生・加害部位］葉
［発病・発生適温］15〜20℃
［湿度条件］多湿および水滴
［他の被害作物］ジョチュウギク

キク／病気

（1）被害のようすと診断ポイント

発生動向　少ない。

初発のでかたと被害　おもに葉に発生する。はじめ葉の一部に不整形で境界の不明瞭な退緑斑を生じ，のちに葉全体に拡大して褐変枯死する。病斑の裏側には白色ないし淡褐色のカビを生じる。生育の初期に発病すると茎の伸長が不良になる。

多発時の被害　葉の裏側全面に不整形退緑斑をつくり，そこにカビを生じると，その葉が枯れる。

診断のポイント　はじめ葉に境界のはっきりしない不整形の退緑斑を生じて，やがて拡大する。病斑の裏側には白ないしは淡黄褐色のカビを生じる。

防除適期の症状　発病の初期。

類似症状・被害との見分けかた　病斑の境界がはっきりしない不整形の病斑が特徴である。

（2）病原・害虫の生態と発生しやすい条件

生態・生活サイクル　被害茎葉とともに土壌中に残り，卵胞子の形で越年す

639

る。本菌は卵胞子のほか分生子も形成する。この残渣の中の卵胞子が発芽して第一次伝染をする。病斑上に形成される白色のカビは分生子柄と分生子で，分生子が風雨などで飛散してキクに到着し，発芽後侵入して第二次伝染を行なう。

キク以外の同属のべと病菌は15〜18℃で分生胞子がよく形成され，20〜25℃でよく発芽し，17〜18℃あるいは25〜27℃前後でよく感染する。分生胞子は風雨や水によってキクに付着して，その気孔から侵入感染し，とくに多湿状態や水分があることを好む。

発生しやすい条件　排水不良地や土壌水分が多い畑，密植，過繁茂で株元がいつも多湿状態であると発生しやすい。連作すると発生しやすい。

品種間差異が顕著で，紅炎，有明，銀精興，精興の鶴，天寿などが発生しやすい。

(3) 防除のポイント

耕種的防除　連作を避け，密植をしないようにして，過繁茂にならないよう窒素質肥料の多用を避ける。地下水位の高い畑や，排水不良畑では排水を良好にする。発病しにくい品種を選んで栽培する。

被害茎葉は集めて焼却する。

生物防除　とくになし。

農薬による防除　発病初期からエムダイファー，ジマンダイセンを散布する。発病して病気の進展が早い場合には，散布間隔を短くして，葉裏にはとくに十分に散布するようにする。

効果の判断と次年度の対策　2〜3回散布して新たな病斑が形成されなければ，効果があったと判断される。

執筆　米山　伸吾（元茨城県園芸試験場）　　　　　　　　　　　（1997年）

改訂　米山　伸吾（元茨城県園芸試験場）　　　　　　　　　　　（2012年）

べと病

主要農薬使用上の着眼点（米山　伸吾, 2012）

（回数は同一成分を含む農薬の総使用回数。混合剤は成分ごとに別途定められているので注意）

商品名	一般名	使用倍数・量	使用時期	使用回数	使用方法
《有機硫黄剤》					
エムダイファー水和剤	マンネブ水和剤	400〜650倍・—	発病初期	8回以内	散布
ジマンダイセン水和剤	マンゼブ水和剤	400〜600倍・—	—	8回以内	散布

本剤は病原菌体内の微量な金属を捕捉して金属欠乏を起こさせ, 本剤の主成分の分解物がSH酵素を阻害し, さらに病原菌体内の金属欠乏症を起こさせる, と考えられている。やや遅効性であるものの, マンガン欠乏症にも有効で, 比較的残効性があって, 汚れが少なく殺菌力が強いので広範囲に使用されている

キク／病気

葉枯病

葉枯病

英名：―
別名：―
学名：*Fusarium oxysporum* Schl. f. sp. *foli* Fukutomi
《糸状菌／不完全菌類》

［多発時期］不明
［伝染源］被害残渣
［伝染・侵入様式］不明
［発生・加害部位］葉
［発病・発生適温］不明
［湿度条件］多湿
［他の被害作物］10科22種の植物に寄生性を有する

（1）被害のようすと診断ポイント

発生動向　少ない。

初発のでかたと被害　葉にはじめ褐色の小斑点を形成する。病斑は拡大すると小斑点は互いに融合して葉脈に区切られて扇状に枯れる。拡大した病斑はハガレセンチュウの病斑に似ている。

病斑部の葉肉細胞，維管束に菌糸が多数みられる。

多発時の被害　病斑は葉脈に区切られた扇状に拡大して，葉が枯れる。

診断のポイント　褐色小斑点は拡大して互いに融合して，葉脈に区切られた扇状に枯れる。病斑部の葉肉組織や維管束に菌糸がみられる。

防除適期の症状　発病の初期。

類似症状・被害との見分けかた　とくになし。

（2）病原・害虫の生態と発生しやすい条件

生態・生活サイクル　病原菌の菌糸は淡黄褐色ないしは淡黄紅色である。短い分生子梗上に小型，大型分生胞子を擬頭状に形成する。小型分生胞子は隔膜がなく，無色で楕円形または長楕円形で4.2〜10.4（平均7.6）×2.0〜3.2（平

キク／病気

均2.4）μmの大きさである。大型分生胞子は1〜4隔膜，無色，三日月形で，大きさは，1隔膜胞子が平均11.8×2.8μm，2隔膜胞子が17.4×2.8μm，3隔膜胞子が23.2×3.2μmである。

　厚膜胞子を多数形成する。病原菌は被害残渣とともに土壌中に残り，厚膜胞子を形成して越年すると考えられる。しかし第一次，第二次伝染の様式は明らかでない。

発生しやすい条件　詳細は明らかでないが，病原菌の性質から，連作により多発生すると思われる。密植して過繁茂の状態で発生しやすい。

　キクでは王将で発生する以外の詳細は不明で，10科22種に寄生する。

(3) 防除のポイント

耕種的防除　連作を避け，密植，過繁茂にならないような栽培管理を行なう。発病初期の葉を摘除して伝染を最小限に抑える。摘除した葉は被害残渣とともに集めて焼却する。

生物防除　とくになし。

農薬による防除　登録された適用薬剤はない。ただし，キクを栽培する畑で萎凋病が発生していて，その防除のために萎凋病に適用された薬剤（クロルピクリンなど）で土壌消毒を行なえば，本病も同時に防除される。

効果の判断と次年度の対策　2〜3回散布して新たな病斑が形成されなければ，効果があったと判断される。

　　　執筆　米山　伸吾（元茨城県園芸試験場）　　　　　　　　　　　（1997年）

　　　改訂　米山　伸吾（元茨城県園芸試験場）　　　　　　　　　　　（2012年）

斑点病

斑点病

英名：Leaf spot
別名：—
学名：*Cylindrosporium chrysanthemi* **Ellis et Dearness**
《糸状菌／不完全菌類》

［多発時期］不明
［伝染源］被害残渣，発病株
［伝染・侵入様式］胞子の飛散
［発生・加害部位］葉，花蕾
［発病・発生適温］不明
［湿度条件］多湿
［他の被害作物］なし

キク／病気

(1) 被害のようすと診断ポイント

発生動向　少ない。

初発のでかたと被害　葉，花蕾に発生する。はじめ葉に暗色の小斑点を生じる。この斑点は径1cm前後に拡大し，やがて病斑上に小黒粒点（胞子層）を形成する。この分生子堆は葉の表裏に形成される。

多発時の被害　病葉は黄色となって巻いたり縮んだりして枯れる。花蕾に発生すると，その蕾は開花せずに枯死する。

診断のポイント　葉，花蕾に発生し，はじめ暗色の小斑点を生じる。拡大すると径1cm前後の病斑となり，病斑の表裏に小黒粒点（胞子層）を形成し，黄色になり縮んだりして枯れる。花蕾に発生すると開花せずに枯れる。

防除適期の症状　発病の初期。

類似症状・被害との見分けかた　とくになし。

(2) 病原・害虫の生態と発生しやすい条件

生態・生活サイクル　病原菌は被害残渣とともに土壌中で胞子層の形で越年し，翌年そこに胞子を形成して第一次伝染源となる。葉，花蕾の病斑上に胞子

645

層を形成し，その中の胞子が飛散して第二次伝染する。

病斑上に形成される分生子層（小黒点）は100〜170μmの大きさである。その中に形成された分生子は無色，長紡錘形または棍棒状で隔膜がなく，大きさは50〜100μm×3〜5.5μmである。

発生しやすい条件　前年に本病が発生し，その被害残渣を土壌中にすき込んだりした場合に発生しやすい。発病した葉，花蕾をそのままにしておくと，そこに形成されたまま越年した病原菌が伝染源になり，病原菌胞子が飛散して発生しやすい。

地下水位が高い畑や排水不良の畑で，また土壌水分が高い畑では発生しやすい。密植したり，窒素を過用して過繁茂になったりして，茎葉の間の風通しが悪く，湿度が高い場合には発生しやすい。

(3) 防除のポイント

耕種的防除　連作を避けるか，前年の発病残渣は集めて焼却する。密植を避け，過繁茂にならないような肥培管理を行なう。排水不良地では排水を改善し，土壌水分が高くならないようにする。発病した葉や花蕾は摘除して焼却する。

生物防除　とくになし。

農薬による防除　本病に適用された薬剤はないが，黒斑病，黒点病，炭疽病などが発生していて，それらの病害に適用された薬剤を，それら病害の防除のために散布すれば，本病も同時に防除される。

効果の判断と次年度の対策　耕種的対策をして新たな病斑が形成されなければ，効果があったと判断される。

執筆　米山　伸吾（元茨城県園芸試験場）　　　　　　　　　　　　　（1997年）

改訂　米山　伸吾（元茨城県園芸試験場）　　　　　　　　　　　　　（2012年）

黒点病

英名：Leaf spot
別名：斑葉病，輪斑病
学名：*Phyllosticta chrysanthemi* **Ellis et Dearness**
《糸状菌／不完全菌類》

[多発時期] 不明
[伝染源] 被害残渣
[伝染・侵入様式] 分生子（柄胞子）の飛散
[発生・加害部位] 葉
[発病・発生適温] 不明
[湿度条件] 多湿
[他の被害作物] なし

(1) 被害のようすと診断ポイント

発生動向　少ない。

初発のでかたと被害　葉に発生し，はじめ葉の表面に円形ないしは楕円形または不整円形の斑点を生じる。病斑の周囲が紫褐色となり，さらに拡大すると中央部が灰白色となる。病斑は輪紋を有していて，後期には病斑上に小黒粒点（分生子殻）を形成する。

多発時の被害　多数の病斑が形成されて葉が枯れる。

診断のポイント　葉には，はじめやや円形ないしは不整円形の斑点を生じる。病斑の周囲は紫褐色で輪紋を有し，拡大すると中央部が灰白色となり，病斑上に小黒粒点を生じる。

防除適期の症状　発病の初期。

類似症状・被害との見分けかた　病斑の周囲が紫褐色で輪紋を有する点で区別できる。

(2) 病原・害虫の生態と発生しやすい条件

生態・生活サイクル　病原菌は被害残渣とともに土壌中に残り，そこで分生

子殻の形で越年し，翌年，そこから分生子（柄胞子）が飛散して第一次伝染する。病斑上に形成された分生子殻（小黒粒点）が成熟すると，中から分生子が飛散して第二次伝染する。

葉の組織に埋もれて形成された分生子殻は球形で，$80 \sim 100 \mu$mの大きさをしており，中に多数の分生子が形成される。分生子は多湿のとき上部の殻孔より粘液状になって噴き出され，楕円形，無色で，大きさは$4.0 \sim 5.0 \times 2.5 \sim 3.0 \mu$mである。

発生しやすい条件　前年に本病が発生し，その被害残渣を土壌中にすき込んだりした場合に発生しやすい。また，発病した葉をそのままにしておくと，発生しやすい。

地下水位が高い畑や排水不良の畑で，また土壌水分が高い畑では発生しやすい。密植したり，窒素質肥料を過用して過繁茂になったり，茎葉の間の風通しが悪く，湿度が高い場合には発生しやすい。また，風雨によって分生子が飛散しやすいので，降雨があたる場所や葉上から散水すると発生しやすい。

(3) 防除のポイント

耕種的防除　連作を避けるか，前年の発病残渣は集めて焼却する。密植を避け，過繁茂にならないような肥培管理を行なう。排水不良地では排水を改善し，土壌水分が高くならないようにする。発病した葉や花蕾は摘除して焼却する。

生物防除　とくになし。

農薬による防除　農薬の登録上の病名は黒星病となっているが，これは1914年当時の名称である。現在はこの黒星病の病害は存在せず，病原菌の性質，名称からみてこれは現在の黒点病と考えられる。これらから登録上，黒星病に適用されている薬剤を防除剤として記述する。

発病初期から，ジマンダイセン水和剤を散布する。

効果の判断と次年度の対策　2〜3回散布して新たな病斑が形成されなければ，効果があったと判断される。

執筆　米山　伸吾（元茨城県園芸試験場）　　　　　　　　　（1997年）

改訂　米山　伸吾（元茨城県園芸試験場）　　　　　　　　　（2012年）

黒点病

主要農薬使用上の着眼点（米山　伸吾, 2012）

（回数は同一成分を含む農薬の総使用回数。混合剤は成分ごとに別途定められているので注意）

商品名	一般名	使用倍数・量	使用時期	使用回数	使用方法
《有機硫黄剤》					
ジマンダイセン水和剤	マンゼブ水和剤	400～600倍・—	発病初期	8回以内	散布

　本剤の作用機作は病原菌体内の金属欠乏症を起こさせ，分解物がSH酵素を阻害する。残効性に優れ予防効果が強い保護殺菌剤である

キク／病気

649

白さび病

英名：White rust
別名：—
学名：*Puccinia horiana* P. Hennings
《糸状菌／担子菌類》

[多発時期] 露地栽培：6〜7月，9〜11月，ハウス栽培：11〜4月
[伝染源] 感染株
[伝染・侵入様式] 小生子の飛散，角皮侵入
[発生・加害部位] おもに葉，時に茎，萼，花弁
[発病・発生適温] 20℃前後
[湿度条件] 多湿
[他の被害作物] リュウノウギクなど数種の野生ギク

(1) 被害のようすと診断ポイント

発生動向　おもに葉に発生する斑点性の病害である。古くからキクの主要病害のひとつであるが，近年は多くの抵抗性品種が育成され，各種薬剤の登録も進み，被害は比較的少なくなっている。しかし，抵抗性品種だけの栽培は経営的には難点があるし，薬剤耐性菌も発生しているので，油断すると大きな被害にあう。

初発のでかたと被害　病斑ははじめ直径1mm程度の乳白色の小斑として現われる。葉の表裏いずれからも識別できるが，裏からのほうが見分けやすい。

多発時の被害　病斑が多数形成されると，葉が変形し巻き上がったり株の生育が抑えられたりする。ただし，少発でも出荷時には切り花としての観賞価値は著しくそこねられるので経済的被害は大きい。

診断のポイント　冬胞子堆の反対側の組織（葉の表）は生きていて，円形・白黄〜黄色の斑点に見える。大きな冬胞子堆のまわりに小さな冬胞子堆が輪のように生じることも多い。冬胞子堆は古くなると表面がけばだって灰白色〜灰褐色になるが，表面を水で洗うと黄褐色になる。

防除適期の症状　とくになし。

類似症状・被害との見分けかた　病斑は葉の表から見ると黒さび病とよく似ているが，黒さび病では葉の裏の隆起が茶褐色～暗褐色なので容易に区別できる。

(2) 病原・害虫の生態と発生しやすい条件

生態・生活サイクル　さび病菌は生活史のなかに冬胞子のほか，さび胞子や夏胞子の世代をもち，世代により寄生する植物の種類を変えるものもある。しかし，本病菌には冬胞子の世代しかない。各種のキク属植物に寄生はするが，同一植物上で一生を過ごすことができる。

発生しやすい条件　野生ギクの役割：本病はリュウノウギクなど野生ギクにも発生するが，原野の野生ギクに寄生している菌は栽培ギクには寄生しにくく，野生ギクは伝染源として重要ではなさそうである。

(3) 防除のポイント

耕種的防除　遠方の病株も条件により発生源となり得るが，小生子が乾燥に弱いなど伝染の条件が限られる。発生は圃場や施設の近辺の病株や持ち込まれた病株が原因となっている場合が多いので，まわりの病株を除くとともに，栽培初期の段階で株（苗）の無病化を図ることが防除の基本である。冬至芽であれば温湯処理により無病化できる。方法は次のとおりである。

1) 冬至芽は本葉2～3枚以内で頂部が緑化しているもの，処理は仮植時とする。

2) 処理は50℃・2分間浸漬とし，温度は正確な温度計で調節する。温湯には展着剤（リノーなど）を加えておく（リノーなら3,000倍）。

3) 冬至芽は束ねないで網カゴなどに入れ，35℃前後の微温湯に数秒間予浸して浸漬し，浸漬後はただちにムシロなどに広げて放冷する。

　この処理の専用器具はないが，容積100*l*の実験用恒温水槽を使えば，1日に6時間稼働として10万本以上の処理が可能である。ただし，処理の結果，品種によっては枯死することもあるので，実際に行なう場合は処理による生育障害の程度をあらかじめ調べておくことが大切である。なお，多少の障害は出ても活着すればその後の生育に問題はない。

白さび病

　施設栽培では，伝染の起こる湿潤状態が数時間以上続かないような湿度管理がきわめて効果的である。

　生物防除　現状では，有効な方法はない。

　農薬による防除　育苗期：仮植時に病葉は見つけしだい取り除き，活着2〜3日後から定植時までの間，薬剤防除も予防に重点をおいて実施する。

　定植後：保護殺菌剤（硫黄剤，銅剤など）を7〜10日間隔で予防散布するが，露地栽培でも梅雨明けから8月末までは冷涼地を除き休んでよい。また冬季の施設栽培では，苗の無病化に成功すればその後の薬剤散布は必要ない。定植後発病した場合は，ただちに治療効果が期待できる薬剤（EBI剤，アミノピリミジン系剤，ストロビルリン系剤，抗生物質剤など）を1週間おきに2回くらいていねいに散布し，その後は前記の予防散布に切り替える。病葉の除去に努めるのはもちろんである。

　なお，EBI剤やストロビルリン系剤は薬剤耐性の発達を防ぐため，原則として連用しない。また，各種EBI剤は同一薬剤とみなし1作期3回以内とする。

　施設栽培では発病初期の防除に，くん煙処理（無機硫黄剤，EBI剤）も効果的である。

　効果の判断と次年度の対策　出荷時の発病が品質上問題とならない程度であれば，効果があったと判断される。畑や施設とその周辺に病株を残さず，種苗採取用親株の防除も徹底しておく。

　執筆　内田　勉（元山梨県総合農業試験場）　　　　　　　　　　（1997年）

　改訂　伊代住　浩幸（静岡県農林技術研究所）　　　　　　　　　（2012年）

主要農薬使用上の着眼点 (伊代住　浩幸, 2012)

(回数は同一成分を含む農薬の総使用回数。混合剤は成分ごとに別途定められているので注意)

商品名	一般名	使用倍数・量	使用時期	使用回数	使用方法
《有機銅剤》					
サンヨール液剤AL	DBEDC液剤	原液	―	8回以内	散布
サンヨール	DBEDC乳剤	500倍・100〜300l/10a	―	8回以内	散布

保護殺菌剤で予防的に使用する。白さび病のほか, 褐斑病, 黒斑病, うどんこ病にも登録がある。強力な浸透付着脱脂力を有し, 糸状菌に対して高い薬効を示す。また, アブラムシ類, ハダニ類, ナメクジ類にも登録がある。花や茎葉に対する汚れが少ない

商品名	一般名	使用倍数・量	使用時期	使用回数	使用方法
《無機硫黄剤》					
コロナフロアブル	水和硫黄剤	800倍	―	―	散布
クムラス	水和硫黄剤	300〜500倍	―	―	散布
硫黄粒剤	硫黄くん煙剤	10〜16g/2000m³(高さ2m, 床面積1000m²)	―	―	専用の電気加熱式くん煙器でくん煙する

保護殺菌剤で予防的に使用する。親油性で細胞内への透過性が強く, ミトコンドリアの電子伝達系に作用して呼吸を阻害すると考えられている。高温で日射の強いときには薬害が生じやすいので注意する

商品名	一般名	使用倍数・量	使用時期	使用回数	使用方法
《有機硫黄剤》					
ジマンダイセンフロアブル	マンゼブ水和剤	500〜800倍・150〜300l/10a	―	8回以内	散布

いずれも保護殺菌剤で予防的に使用する。微量金属の捕捉やSH基阻害など多くの作用点を有するため, 薬剤耐性が発達しにくい。ジマンダイセンは白さび病のほか, さび病, 黒星病, べと病, 灰色かび病, 炭疽病にも登録がある。ステンレスは同系剤のなかでとくに水溶性が高く, 汚れが少ないのが特徴で, 白さび病のほか, 黒斑病にも登録がある

商品名	一般名	使用倍数・量	使用時期	使用回数	使用方法
《抗生物質剤》					
ポリオキシンAL水溶剤「科研」	ポリオキシン水溶剤	2500倍	発病初期	5回以内	散布

白さび病のほか, 花卉類・観葉植物向けに, うどんこ病, 黒斑病, 灰色かび病に登録がある。糸状菌の細胞壁形成を阻害し, 予防および治療効果を発揮するが, 雨などの影響で効果の持続期間が短くなりやすいので注意する

商品名	一般名	使用倍数・量	使用時期	使用回数	使用方法
《EBI剤》					
アンビルフロアブル	ヘキサコナゾール水和剤	1000倍・150〜300l/10a	発病初期	7回以内	散布
サプロール乳剤	トリホリン乳剤	1000〜1500倍・100〜300l/10a	―	5回以内	散布
チルト乳剤25	プロピコナゾール乳剤	3000倍・100〜300l/10a	発病初期	3回以内	散布
トリフミン水和剤	トリフルミゾール水和剤	1000倍・100〜300l/10a	発病初期	5回以内	散布
トリフミン乳剤	トリフルミゾール乳剤	1000倍	―	5回以内	散布

白さび病

バイコラール水和剤	ビテルタノール水和剤	1000倍	—	5回以内	散布
マネージ乳剤	イミベンコナゾール乳剤	500～1000倍・0.2～0.3l/m²	発病初期	6回以内	散布
マネージエアゾル	イミベンコナゾールエアゾル	原液	発病初期	—	原液噴射
ラリー乳剤	ミクロブタニル乳剤	3000倍・200～300l/10a	発病初期	5回以内	散布
アルトくん煙剤	シプロコナゾールくん煙剤	くん煙室容積500m³（床面積250m²×高さ2m）当たり50g	発病初期	3回以内	くん煙（通常10～15時間）
トリフミンジェット	トリフルミゾールくん煙剤	くん煙室容積400m³（高さ2m, 床面積200m²）当たり100g	—	5回以内	くん煙

病原菌細胞膜の成分であるエルゴステロールの合成に作用し, 菌糸伸長および胞子形成を阻害する。植物組織内への浸達性を有するため, 予防的だけでなく治療的にも使用できる。薬剤耐性の発達が報告されており, 本剤を含むEBI剤の連用は避け, 作用性が異なる薬剤と組み合わせて使用する。トリフミン（水和剤）とアンビルは白さび病のほか, うどんこ病にも登録がある。マネージは白さび病のほか, 黒さび病にも登録がある。くん煙剤（アルト, トリフミン）の使用は生育初期の予防に効果的である

《アミノピリミジン系剤》

ピリカット乳剤	ジフルメトリム乳剤	1000倍・0.2～0.3l/m²	発病初期	6回以内	散布

白さび病のほか, うどんこ病にも登録がある。胞子発芽および菌糸伸長を阻害するため, 予防的だけでなく治療的な使用もできる。ステロール合成阻害作用を示すが, EBI剤の耐性菌にも有効であることから, 別の作用も有すると考えられる

《ストロビルリン系剤》

アミスター20フロアブル	アゾキシストロビン水和剤	2000倍・100～300l/10a	発病初期	5回以内	散布
ストロビーフロアブル	クレソキシムメチル水和剤	2000～3000倍・100～300l/10a	発病初期	3回以内	散布

ミトコンドリアの電子伝達系に作用し（複合体Ⅲ阻害）呼吸を阻害し, 胞子発芽から菌糸伸長, 侵入, 胞子形成までさまざまな場面で抗菌活性を示す。さらに植物組織内への浸達性に優れるため, 予防だけでなく治療的な使用もできる。ただし, 近年, 薬剤耐性の発達が報告されており, ストロビルリン系殺菌剤の連用は避け, 作用性が異なる薬剤と組み合わせて使用する。ストロビーは白さび病のほかに, 褐斑病, 黒斑病にも登録がある

《ピラゾール系剤》

ハチハチ乳剤	トルフェンピラド乳剤	1000倍・100～300l/10a	発病初期	4回以内	散布

作用機構の一部はミトコンドリアの電子伝達系への作用（複合体Ⅰ阻害）による呼吸阻害と考えられる。殺虫剤として開発され, アザミウマ類, アブラムシ類, ハモグリバエ類にも登録がある。浸透移行性はないため散布ムラがないように注意する

《酸アミド系剤》

バシタック水和剤75	メプロニル水和剤	500〜1000倍・100〜300*l*/10a	発病初期	5回以内	散布

　　ミトコンドリアの電子伝達系に作用し（複合体II阻害），白さび病菌を含む担子菌類の胞子発芽から菌糸伸長，胞子・菌核形成まで阻害する。効果の持続性・安定性が高く，予防的だけでなく治療的にも使用できる

《ベンゾイミダゾール系剤》

ベンレート水和剤	ベノミル水和剤	1000倍・100〜300*l*/10a	—	6回以内	散布

　　植物組織内への浸透移行性に優れ，予防的だけでなく治療的にも使用できる。ただし，薬剤耐性発達の報告があり，本剤を含むベンゾイミダゾール系剤の連用は避け，作用性の異なる薬剤と組み合わせて使用する。白さび病のほか，褐斑病，黒斑病にも登録がある

青枯病

青枯病

英名：Bacterial wilt

別名：—

学名：***Ralstonia solanacearum* (Smith 1896) Yabuuchi, Kosako, Yano, Hotta & Nishiuchi 1996**

《細菌》

［多発時期］高温期6月中旬～9月上旬（露地栽培）

［伝染源］被害残渣，土壌

［伝染・侵入様式］土壌，水媒，接触，汁液伝染，雨水などによる移動

［発生・加害部位］根

［発病・発生適温］20℃前後以上

［湿度条件］多湿

［他の被害作物］草花，野菜など17科100種くらいの植物に発生

(1) 被害のようすと診断ポイント

発生動向　発生しやすい（土壌水分過多）。

初発のでかたと被害　はじめは日中に葉がわずかに萎れ，生気がなくなる。夜間や曇天には萎れが回復するが，しだいに萎れがひどくなり，ついには回復しなくなって，青枯れ状態のまま枯れる。根は褐色に腐敗してもろくなって容易に引き抜ける。茎を切断すると維管束が褐変していて，汚白色の汁液がにじみ出る。

多発時の被害　畑の中で被害のひどい部分とか，うねでは全株が緑色のまま萎れて枯れる。全体に発生するときには数株ずつ枯れる。

診断のポイント　葉が萎れて2～3日のうちに枯れる。夜間とか曇天には萎れは回復するが，間もなく緑色のまま枯死する。

防除適期の症状　発病してからでは防除ができない。植付け前に防除する。発病した畑には作付けしないか，萎凋病の防除で薬剤による土壌消毒を行なえば，本病も同時に防除される。

類似症状・被害との見分けかた　立枯病は地際の茎がやや凹んだ褐色病斑を

657

形成するが，本病は暗褐色でやや水浸状の病斑のみで，症状が出ると3〜4日で枯れる。本病の診断は維管束が褐変して，そこから汚白色の汁液がにじみ出るのが特徴である。これ以外には，半身萎凋病は葉の片側が黄化し，株としては片側の（株の半身）葉が黄化して萎れるので診断される。

(2) 病原・害虫の生態と発生しやすい条件

生態・生活サイクル　病原細菌は，土壌に混和された被害残渣の組織中で越冬して第一次伝染源になる。

発生しやすい条件　地下水位が高く，沖積地では発生しやすい。排水不良畑や，他の発病畑から雨水が流入するような畑では発生しやすい。

(3) 防除のポイント

耕種的防除　ハウスを利用した栽培では，栽培終了後に根部をていねいに抜き取ったあと，太陽熱による土壌消毒を行なう。生わら2〜3t/10a，石灰窒素100〜150kg/10aを施用し，湛水して全面にポリフィルムでマルチをし，夏季に1か月間ハウスを密閉する。表層〜深さ15cm前後の土壌が40℃以上に達するので，土壌中の病原細菌が少なくなって，被害が軽いハウスでは有効である。

生物防除　非病原性の青枯病菌をあらかじめ苗に接種しておいて，キクの体内に病原菌に対する抵抗性を強める物質をつくらせる方法が，トマトなどでは実用化されているが，キクで実用化されるには，まだまだ日数を要する。

農薬による防除　薬剤による土壌消毒が有効であるが，キクの青枯病には使用登録がなされていない。萎凋病防除のためにクロルピクリンなどで土壌消毒すれば，本病も同時に防除される。

効果の判断と次年度の対策　各種の防除対策を行なって，発病株が見られなければ効果があったと判断される。

執筆　米山　伸吾（元茨城県園芸試験場）　　　　　　　　　　　　（1997年）

改訂　米山　伸吾（元茨城県園芸試験場）　　　　　　　　　　　　（2012年）

菌核病

英名：Stem rot
別名：—
学名：*Sclerotinia sclerotiorum* (Libert) de Bary
《糸状菌／子のう菌類》

[多発時期] 6～7月
[伝染源] 菌核
[伝染・侵入様式] 子のう胞子の飛散
[発生・加害部位] 花穂，茎
[発病・発生適温] 20～25℃
[湿度条件] 多湿
[他の被害作物] 各種の花・野菜類に発生

(1) 被害のようすと診断ポイント

発生動向　北海道の場合，6月頃から発生が認められる。近年は突発的な発生に留まっている。

初発のでかたと被害　地際部の茎部あるいは葉の先端部などに飴色に変色した病斑が形成される。やがて病斑は拡大し，白色の菌糸などが表面に現われる。

多発時の被害　地際部などから発病した株は立枯れ症状を示す。病斑部に黒色の菌核が形成される。

診断のポイント　地際部の茎などが変色していないか注意する。葉では葉先から病斑が形成されるので，淡褐色～飴色の病斑に注意する。

防除適期の症状　病斑の進展は早いので，初期の水浸状病斑が見られたら防除を行なう。

類似症状・被害との見分けかた　灰色かび病と混発する場合があるが，灰色かび病の病斑の進展は本病に比べ遅い。葉での病斑を比較すると，灰色かび病の病斑は葉裏などに灰色のカビを形成するが，本病は白色の菌糸が現われてくるので区別できる。

（2）病原・害虫の生態と発生しやすい条件

生態・生活サイクル　前年度に形成された菌核が越冬し伝染源となる。菌核から子のう盤が形成され，これらから子のう胞子が飛散し，感染を起こす。病斑上に再び菌核を形成し，罹病残渣中あるいは土壌中で越冬する。

発生しやすい条件　子のう盤形成期の気象（北海道では6〜7月頃）が多湿になると子のう盤が多数形成され，子のう胞子が多数飛散する。また，前年の発生が認められた場所では菌核が多数残存しているので発生しやすい。

（3）防除のポイント

耕種的防除　発病が認められたら，発病株は抜き取り，処分する。多肥栽培は茎葉を過繁茂にし，多湿となって子のう盤の形成や病斑の進展に好適条件となるので避ける。

生物防除　生物防除については，今のところ試験例がない。

農薬による防除　初期病斑が見られたら，トップジンM水和剤（花卉類で登録）を散布する。

効果の判断と次年度の対策　菌核が伝染源となるので，栽培圃場に菌核を残さないよう心がける。

執筆　堀田　治邦（北海道立花・野菜技術センター）　　　　　　　　（1997年）

改訂　堀田　治邦（地独・北海道立総合研究機構道南農業試験場）　　（2012年）

主要農薬使用上の着眼点 (堀田　治邦, 2012)

（回数は同一成分を含む農薬の総使用回数。混合剤は成分ごとに別途定められているので注意）

商品名	一般名	使用倍数・量	使用時期	使用回数	使用方法
《ベンゾイミダゾール系剤》					
トップジンM水和剤	チオファネートメチル水和剤	1500倍	―	5回以内	散布

病原菌の有糸分裂を阻害すると考えられ，胞子の発芽，発芽管の伸長，付着器形成および菌糸の侵入などを阻害。植物体内でメチル-2-ベンゾイミダゾールカーバメート（MBC）となり作用する。予防および治療効果がある

灰色かび病

英名：Gray mold
別名：—
学名：***Botrytis cinerea* Persoon：Fries**
《糸状菌／不完全菌類》

［多発時期］8月下旬（北海道地域）
［伝染源］罹病残渣，菌核
［伝染・侵入様式］分生子の飛散
［発生・加害部位］葉，花弁
［発病・発生適温］20～25℃
［湿度条件］多湿
［他の被害作物］各種野菜・花卉に発生

(1) 被害のようすと診断ポイント

発生動向　北海道の場合，夏秋ギク，秋ギクに発生が多い。茎葉が伸長する8月下旬頃から発生が見られる。近年は9月が多雨傾向であるので発生はやや多めである。

初発のでかたと被害　茎葉が繁茂し始めると葉の先端などが淡褐色に変色してくる。やがて病斑が拡大し，褐色となってV字に病斑が切れ込む。花蕾でははじめ淡褐色で水浸状の病斑が生じ，花弁の展開が不良となる。また，展開した花では，花弁の一部分が褐色に枯死する。やがて表面に灰色のカビが生じてくる。

多発時の被害　葉では全体が褐色に枯死し，葉は垂れ下がる。花蕾では形成初期に感染すると全体が褐色～暗褐色に枯死するほか，病斑が花蕾基部から茎へ進展する。

診断のポイント　花弁での被害が大きいので注意する。病斑上に灰色のカビが生じてくるのが特徴。

防除適期の症状　葉などの先端に病斑形成が認められたら防除を開始する。

類似症状・被害との見分けかた　葉に褐色の病斑を形成する病害に褐斑病と

661

黒斑病がある。いずれも葉に円形や不整形の病斑を形成するが，これらは病斑の中心部に黒色の小粒点を形成する。花部では花枯病や花腐病が発生し，症状は区別がつかない。しかし，灰色かび病の場合，古い病斑にカビが生じてくるので区別できる。

(2) 病原・害虫の生態と発生しやすい条件

生態・生活サイクル　前年の罹病残渣で越冬した菌糸や分生子，菌核などが伝染源となる。病斑部には多量の分生子が形成され，これらが飛散して蔓延する。また，寄主範囲はきわめて広いため，他作物上で形成された胞子が飛散し，感染を起こす場合もある。

発生しやすい条件　茎葉が伸長し，うっぺい率が高くなると発生しやすくなる。北海道の場合，8月下旬〜9月に多雨となることが多く，本病の発生に好適な条件となる。

(3) 防除のポイント

耕種的防除　ハウス内の風通しを良くし，湿度の低下に努める。また，多肥栽培により，軟弱徒長した株は発病しやすいので避ける。

生物防除　ボトキラー水和剤によるダクト投入散布が花卉類で登録がある。

農薬による防除　農薬による防除については，花卉類で本病菌に登録のある薬剤を中心にローテーション散布を心がける。

効果の判断と次年度の対策　発病株は株ごと早期に抜き取り，伝染源の密度を低下させる。

　　執筆　堀田　治邦（北海道立花・野菜技術センター）　　　　　　　　（1997年）

　　改訂　堀田　治邦（地独・北海道立総合研究機構道南農業試験場）　　（2012年）

灰色かび病

主要農薬使用上の着眼点 (堀田　治邦, 2012)

(回数は同一成分を含む農薬の総使用回数。混合剤は成分ごとに別途定められているので注意)

商品名	一般名	使用倍数・量	使用時期	使用回数	使用方法
《抗生物質剤》					
ポリオキシンAL水溶剤	ポリオキシン水溶剤	2500倍	発病初期	5回以内	散布

　花卉類で登録がある。病原菌の細胞壁構成成分であるキチンの合成阻害作用があると考えられている。分生胞子の侵入，発芽を阻止する予防効果と菌糸生育阻止作用による病斑の拡大進展を阻止する治療効果をもつ

商品名	一般名	使用倍数・量	使用時期	使用回数	使用方法
《混合剤》					
ポリベリン水和剤	イミノクタジン酢酸塩・ポリオキシン水和剤	1000倍	発病初期	5回以内	散布
ゲッター水和剤	ジエトフェンカルブ・チオファネートメチル水和剤	1000倍	—	5回以内	散布

　花卉類で登録がある。予防効果，治療効果ともに優れており，とくに予防的に使用するとより高い防除効果が得られる。ゲッター水和剤は薬剤耐性菌が出現するおそれがあるので，連用，乱用は避ける

商品名	一般名	使用倍数・量	使用時期	使用回数	使用方法
《有機硫黄剤》					
チオノックフロアブル	チウラム水和剤	500倍	発病初期	6回以内	散布
トレノックスフロアブル	チウラム水和剤	500倍	発病初期	6回以内	散布
エムダイファー水和剤	マンネブ水和剤	400〜650倍	発病初期	8回以内	散布
ジマンダイセン水和剤	マンゼブ水和剤	400〜600倍	—	8回以内	散布

　花卉類で登録がある。とくに予防的に使用すると高い防除効果が得られる。エムダイファー水和剤はさび病，炭疽病，べと病との同時防除が可能である。ジマンダイセン水和剤は黒星病，さび病，炭疽病，べと病との同時防除が可能である

商品名	一般名	使用倍数・量	使用時期	使用回数	使用方法
《フェニルピロール系剤》					
セイビアーフロアブル	フルジオキソニル水和剤	1000倍	発病前〜発病初期	4回以内	散布

　花卉類で登録がある。とくに予防的に使用すると高い防除効果が得られ，残効にも優れる

商品名	一般名	使用倍数・量	使用時期	使用回数	使用方法
《酸アミド系剤》					
アフェットフロアブル	ペンチオピラド水和剤	2000倍	発病初期	3回以内	散布

　花卉類で登録がある。とくに予防的に使用すると高い防除効果が得られる

商品名	一般名	使用倍数・量	使用時期	使用回数	使用方法
《アニリノピリミジン系剤》					
フルピカフロアブル	メパニピリム水和剤	2000〜3000倍	発病初期	5回以内	散布

　花卉類で登録がある。病原菌の細胞壁分解酵素の菌体外分泌を抑制し，アミノ酸やグルコースなどの栄養源の菌体内への取込みを抑制して，菌の侵入を阻害する

《有機銅剤》

サンヨール	DBEDC乳剤	500倍	—	8回以内	散布

うどんこ病, 白さび病, 褐斑病, 黒斑病との同時防除が可能である。予防的な散布で効果が高い。銅剤のなかでは比較的薬斑はつきづらい

《生物由来殺菌剤》

ボトキラー水和剤	バチルス・ズブチリス水和剤	10〜15g/10a/日	発病前〜発病初期	—	ダクト内投入

花卉類で登録がある。初期感染時に栄養競合で病原菌を抑制するので, 予防的散布を行なう

半身萎凋病

英名：Wilt
別名：―
学名：***Verticillium dahliae* Klebahn**
《糸状菌／不完全菌類》
[多発時期] 7～9月（北海道）
[伝染源] 微小菌核
[伝染・侵入様式] 土壌伝染
[発生・加害部位] 全身
[発病・発生適温] 24℃前後
[湿度条件] 適度な湿度条件
[他の被害作物] 野菜・花卉などでの各種植物

(1) 被害のようすと診断ポイント

発生動向　北海道の場合，各地で発生が認められ，常発している。

初発のでかたと被害　はじめ株全体が生育不良となってくる。やがて下葉などから葉の萎凋・黄化が認められる。茎部を切断すると維管束が褐変しているのが認められる。

多発時の被害　生育不良株が連続して現われ，やがて株全体が萎凋・枯死する。

診断のポイント　生育不良株が認められたら，下葉を葉柄の付け根から折り取ると維管束の褐変が見られる。

防除適期の症状　発病後の防除は困難であることから，防除は定植前に土壌消毒を行なう。

類似症状・被害との見分けかた　青枯病もキクに萎凋症状を起こす。しかし，青枯病は葉が緑色のまま急に萎凋が始まるので異なる。

(2) 病原・害虫の生態と発生しやすい条件

生態・生活サイクル　土壌中の本病菌の微小菌核が伝染源となる。根から植

物体に侵入し，維管束を褐変させる。また，発病親株から挿した苗で伝染することも知られている。

発生しやすい条件　感染苗を定植すると確実に発病が起こる。また，連作を行なうと発病は年々増加する。

(3) 防除のポイント

耕種的防除　挿し芽を行なう母株は無病のものを用いる。無病畑で栽培し，連作しない。

生物防除　生物防除については，今のところ試験例がない。

農薬による防除　発生圃場の土壌消毒はクロルピクリン剤やダゾメット粉粒剤が有効である。

効果の判断と次年度の対策　土壌消毒後は有機物などを投入し，微生物相の回復に努める。

執筆　堀田　治邦（北海道立花・野菜技術センター）　　　　　（1997年）

改訂　堀田　治邦（地独・北海道立総合研究機構道南農業試験場）　（2012年）

半身萎凋病

主要農薬使用上の着眼点（堀田　治邦, 2012）

（回数は同一成分を含む農薬の総使用回数。混合剤は成分ごとに別途定められているので注意）

商品名	一般名	使用倍数・量	使用時期	使用回数	使用方法
《土壌消毒剤》					
クロールピクリン	クロルピクリンくん蒸剤	床土・堆肥 3〜5ml/穴, 圃場2〜3ml/穴	床土, 圃場	2回以内（床土1回, 圃場1回）	くん蒸
クロピクテープ	クロルピクリンくん蒸剤	110m/100m²	—	1回	くん蒸
クロルピクリン錠剤	クロルピクリンくん蒸剤	1錠/穴	床土, 圃場	2回以内（床土1回, 圃場1回）	くん蒸
ソイリーン	クロルピクリン・D-Dくん蒸剤	3ml/穴（30l/10a）	作付けの15〜10日前まで	1回	くん蒸
ダブルストッパー	クロルピクリン・D-Dくん蒸剤	3ml/穴（30l/10a）	作付けの15〜10日前まで	1回	くん蒸
バスアミド微粒剤／ガスタード微粒剤	ダゾメット粉粒剤	20〜30kg/10a	播種, 植付け前	1回	くん蒸
ディ・トラペックス油剤	メチルイソチオシアネート・D-Dくん蒸剤	3〜4ml/穴（30〜40l/10a）	播種, 植付け21日前まで	1回	くん蒸

成分がガス化することによって土壌中にいき渡り, 微生物を死滅させる。クロルピクリンくん蒸剤は立枯病, 白絹病も同時防除が可能である。催涙性があり, 使用にあたっては十分注意する。15℃以下の低温では十分な効果が見られない場合がある。D-D剤, ダゾメット粉粒剤, メチルイソチオシアネート剤は殺センチュウ効果も期待できる

赤かび病

赤かび病

英名：Bud rot
別名：—
学名：***Fusarium avenaceum* (Corda: Fries) Saccardo**
　　　《糸状菌／不完全菌類》

[多発時期] 9月（北海道）
[伝染源] 罹病残渣
[伝染・侵入様式] 分生子の飛散
[発生・加害部位] 花蕾
[発病・発生適温] 20～25℃
[湿度条件] 多湿
[他の被害作物] ムギ類，トルコギキョウなど

(1) 被害のようすと診断ポイント

発生動向　1994（平成6）年に北海道で発生が確認された病害であるが，近年はほとんど発生を見ない。

初発のでかたと被害　本病は花蕾にのみ発生する。はじめ花蕾の表面が水浸状となり，未展開の花弁部が淡褐色に腐敗する。やがて花蕾全体に病斑が進展し，花蕾が未展開のまま腐敗したり，一部の花蕾のみが展開するにとどまり，商品価値を著しく低下させる。

多発時の被害　多発すると株内のほとんどの花蕾が腐敗する。古くなった病斑には，やがて表面にオレンジ色の胞子塊（スポロドキア）が形成される。

診断のポイント　発生は花蕾に限られることから，花蕾形成期以降に注意深く観察する。とくに未展開の花蕾の花弁が変色していないか注意する。

防除適期の症状　花蕾形成時期から対策を行なう。

類似症状・被害との見分けかた　花蕾に感染する病害として灰色かび病などがある。灰色かび病は花蕾を腐敗させ，さらに病斑が茎部へと進展する。本病は花蕾部のうち，花弁部を腐敗させるのが特徴である。

669

(2) 病原・害虫の生態と発生しやすい条件

生態・生活サイクル　前年の罹病残渣中に菌糸や胞子の形で越冬し，これが伝染源となる。さらに残渣上で胞子塊（スポロドキア）を形成し，分生子を飛散させる。

発生しやすい条件　トルコギキョウの茎腐病が多発した跡地で本病が発生した事例がある。また，ムギの穂に接種すると赤かび症状を起こすことから，ムギ類，トルコギキョウなどの栽培隣接地で発生が見られる可能性がある。発生は9月頃に認められ，多湿条件になると発生しやすい。

(3) 防除のポイント

耕種的防除　トルコギキョウ茎腐病の多発した跡地や麦畑隣接地などでの栽培は行なわない。ハウス栽培では花蕾形成時期の多湿条件を避け，ハウス内の換気に努める。

生物防除　生物防除については，試験例がない。

農薬による防除　登録を有する農薬はない。

効果の判断と次年度の対策　発病株は株ごと早期に抜き取り，伝染源の密度を低下させる。作付け予定圃場の前作で，本病菌による病害発生の有無を把握する。

執筆　堀田　治邦（北海道立花・野菜技術センター）　　　　　　（1997年）

改訂　堀田　治邦（地独・北海道立総合研究機構道南農業試験場）　（2012年）

小斑点病

小斑点病

英名：Ray speck
別名：—
学名：*Stemphylium lycopersici* (Enjoji) Yamamoto
　　　　《糸状菌／不完全菌類》

［多発時期］開花時期
［伝染源］感染株
［伝染・侵入様式］主に空気伝染で風雨による分生子の飛散，角皮侵入
［発生・加害部位］花弁に紫褐色あるいは褐色，直径0.1mmから1mmの小斑点
［発病・発生適温］10〜30℃で発病し，発病適温は25℃
［湿度条件］多湿条件
［他の被害作物］接種試験によりトマトに弱い病原性あり

（1）被害のようすと診断ポイント

　発生動向　花弁に発生する斑点性の病害である。アメリカでの*Stemphylium lycopersici*によるキクの症状は，品種により差を生じ，小斑点の発生のほかに花梗部の腐敗や花腐れが報告されている。しかし，初発生地においてはキクの花弁に小斑点のみを発生し，それ以上の症状の進行は認められなかった。また，キク品種：舞風車，セイ・エルザおよび寒姫に対する接種試験においても花の腐敗などは生じなかった。初発生地では，キク品種が多数栽培されているが，今のところこの病害による花の腐敗などはみられていない。

　初発のでかたと被害　病斑は，赤褐色あるいは紫褐色，直径0.1〜1mmの円形で花弁にのみ発生する。

　接種試験の結果から小斑点病菌の感染から発生までの潜伏期間は短いと考えられる。

　多発時の被害　少発でも出荷時の切り花としての観賞価値は著しく低下するので，経済的被害は大きい。

　診断のポイント　現地での小斑点病の発生は，キク品種：アナスタシアでみられ，周辺圃場の小ギク，スプレーギクなどではみられなかった。このこ

671

とから二,三分咲きで出荷するキクでの発生は少ないと考えられるが,開花させる中ギク,大ギクなどでは注意が必要であると考えられる。

開花した小ギクなどへの噴霧接種試験では小斑点を発症するが,品種により小斑点の発生に差違を生じる。

花弁に発生した病斑部分に標徴はみられない。

防除適期の症状　病斑は花弁に発生し,観賞価値を低下させるため,予防的防除が必要である。

発生がみられた場合は,病害の進展が速いのでほかの株に広がらないように発病株の除去など早期の防除を行なう。

類似症状・被害との見分けかた　本症状は花弁上に小斑点でとどまるため,花枯病などの類似症状と見分けることができる。

(2) 病原・害虫の生態と発生しやすい条件

生態・生活サイクル　自然条件下で栽培されたキク葉の枯死部分から本病原菌を分離したが,キク葉への接種で病原性を示さなかった。そのため,枯死したキク葉上で腐生的に分生子を増殖し,伝染源になると考えられる。

生じた分生子は風などによって花弁に運ばれ,適当な水分を得て発芽し,菌糸によって表皮を貫通して侵入するものと考えられる。

病原菌の形態は,分生子柄は直立,単独に生じ,わら色,長さ $30 \sim 151.3 \times 3.8 \sim 5.0 \mu m$,基部に直径約 $6 \mu m$ の膨らみがあり,分生子柄の頂部にポロ型分生子を1個形成する。また,分生子は全体的にわら色,表面に短疣(たんゆう)を生じ,頂部は円錐形に突出,$4 \sim 16$ の偽隔壁のある角の丸い長方形,$31.3 \sim 70 \times 12.5 \sim 20 \mu m$,縦横比 $1.9 \sim 3.7$ で分生子柄から容易に離脱する。

発生しやすい条件　$20 \sim 25$℃のやや冷涼な気温と多湿条件で発生しやすい。

(3) 防除のポイント

耕種的防除　葉の枯死部分で病原菌が増殖するので,枯れた葉はこまめに除去する。

生物防除　特になし。

小斑点病

農薬による防除　新病害であるため，登録されている農薬はないが，ほかのキク病害と同時防除が可能と考えられる。

効果の判断と次年度の対策　被害花やキクの残渣は，次年度の伝染源となるので残さないようにする。

執筆　西　菜穂子（鹿児島県農総センター大島支場　）　　　　　　　　（2008 年）

キク／病気

ピシウム立枯病

英名：Pythium blight, Pythium root and stem rot
別名：—
学名：***Pythium aphanidermatum* (Edson) Fitzpatrick**
《糸状菌／鞭毛菌類》

英名：Pythium blight, Pythium root and stem rot
別名：—
学名：***Pythium helicoides* Drechsler**
《糸状菌／鞭毛菌類》

英名：Pythium blight, Pythium root and stem rot
別名：—
学名：***Pythium oedochilum* Drechsler**
《糸状菌／鞭毛菌類》

英名：Pythium blight, Pythium root and stem rot
別名：—
学名：***Pythium sylvaticum* Campbell & Hendrix**
《糸状菌／鞭毛菌類》

英名：Pythium blight, Pythium root and stem rot
別名：—
学名：***Pythium ultimum* Trow var. *ultimum***
《糸状菌／鞭毛菌類》

［多発時期］6〜9月（施設内では11月頃まで）
［伝染源］被害株残渣
［伝染・侵入様式］土壌伝染，水媒伝染
［発生・加害部位］根〜株全体
［発病・発生適温］25〜35℃
［湿度条件］多湿・湛水
［他の被害作物］多くの作物で苗立枯病などを起こす

(1) 被害のようすと診断ポイント

発生動向　2002年に茨城県および富山県で，2003年に香川県で，2007年には鹿児島県で発生が確認された。九州および四国地方など温暖な地域では高温性菌種である*P. helicoides*および*P. aphanidermatum*が分離されており，これらの菌が温暖化により発生を拡大する可能性がある。

初発のでかたと被害　成植物でははじめ下葉が黄化し，地際部の茎表面には黒褐色水浸状の病斑を形成し，徐々に上部から萎れて株全体が萎凋する。挿し穂では植物体全体が退色し，萎凋枯死する。

多発時の被害　萎凋が出れば進展は早い。株全体が萎凋枯死し，欠株となる。とくに直挿し栽培で多発すると広い範囲で欠株となる。

診断のポイント　地際部の茎表面は上部に向かって徐々に褐変し，根および主根内部も褐変する。根量が大幅に減少する。

防除適期の症状　事前の土壌消毒。下葉の黄化が始まる発病初期。地際部茎の褐変あるいは株全体の萎凋が見られたら，株を除去，処分する。発病初期なら株元への薬剤の灌注により，発病を抑制できる。

類似症状・被害との見分けかた　根全体が黒褐色に変色し，黒変部分はやや湿り気を帯び，キクの他の立枯症状よりも黒っぽい。根表面に白い菌糸塊が絡みつくことがある。根を検鏡すると造卵器が観察される。

(2) 病原・害虫の生態と発生しやすい条件

生態・生活サイクル　土壌中の被害残渣内に形成された卵胞子で越冬する。翌年の初夏以降発芽して，遊走子を形成して蔓延する。

発生しやすい条件　多湿・湛水条件で多発する。真夏の高温期でも発生する。直挿し栽培で発生することが多い。

(3) 防除のポイント

耕種的防除　圃場の排水を改善し，湛水を避ける。発病した圃場では連作を避ける。罹病残渣は圃場に残さず処分する。多発温室では事前に土壌消毒を行なう。

ピシウム立枯病

　生物防除　とくになし。

　農薬による防除　新病害なので基本的に防除薬剤はない。発病した圃場では，挿し床および本圃をクロルピクリンくん蒸剤，ダゾメット粉粒剤などで土壌消毒する。発病初期に株元にメタラキシル粒剤などを散布すれば効果が期待できるが，花卉類一般への登録なので，薬害に注意する。

　効果の判断と次年度の対策　土壌消毒しても発生する場合には連作を避ける。とくに苗床には健全土を用いる。発病した圃場では直挿し栽培はしない。

　　執筆　月星　隆雄（独・農業・生物系特定産業技術研究機構花き研究所）（2005年）

　　改訂　月星　隆雄（独・農研機構畜産草地研究所）　　　　　　　　　　（2012年）

主要農薬使用上の着眼点（月星　隆雄, 2012）

（回数は同一成分を含む農薬の総使用回数。混合剤は成分ごとに別途定められているので注意）

商品名	一般名	使用倍数・量	使用時期	使用回数	使用方法
《土壌消毒剤》					
クロルピクリン錠剤	クロルピクリンくん蒸剤	10錠/m²	播種, 植付け前	1回	床土, 圃場埋め込み
クロールピクリン	クロルピクリンくん蒸剤	2〜3ml/穴	播種, 植付け前	1回	床土, 圃場穴への灌注
バスアミド微粒剤	ダゾメット粉粒剤	20〜30kg/10a	播種, 植付け前	1回	土壌散布, 混和
ガスタード微粒剤	ダゾメット粉粒剤	20〜30kg/10a	播種, 植付け前	1回	土壌散布, 混和

　多くの難防除土壌病害やセンチュウなどの防除のために使用される。クロルピクリン錠剤, クロールピクリンはガス化が早く強い浸透力をもつため, 効果が高い。刺激, 催涙性があるため, 防護マスクや手袋などを使用する。バスアミド, ガスタードはガス化は遅いが効果は高い。手袋などを使用して散布する

《酸アミド系剤》					
リドミル粒剤2	メタラキシル粒剤	20kg/10a	定植時, 生育期	3回以内	土壌表面散布

　ピシウム病などに特異的な防除効果をもつ。浸透移行性, 持続性が高い。発病初期に使用すれば治療効果もある

フザリウム立枯病

英名：Fusarium blight
別名：—
学名：***Fusarium solani* (Martius) Saccardo**
　　　　《糸状菌／不完全菌類》

[多発時期] 夏季を中心に高温時
[伝染源] 土壌中に残存していた病原菌と想定される
[伝染・侵入様式] 根からの侵入
[発生・加害部位] 根部，地際部
[発病・発生適温] 高地温時。地温25℃を超えると多発する
[湿度条件] 多湿時

[他の被害作物] 不明

(1) 被害のようすと診断ポイント

　発生動向　生育中期の茎葉繁茂期ころから下葉が黄化・萎凋する。地際部の茎は水浸状に褐変する。やがて下葉の黄化・萎凋は上位葉に及び，株全体が枯死する。根も褐変し，根量が減少する。

　初発のでかたと被害　最初は下葉の黄化と萎凋である。やがて黄化・萎凋が激しくなり，下葉から枯れあがる。

　多発時の被害　激発すると株が枯死する。発病はうねにそって連続的に発生することがある。

　診断のポイント　他の立枯れ性病害すなわち，立枯病（*Rhizoctonia* spp.），ピシウム立枯病（*Pythium* spp.）および萎凋病（*Fusarium oxysporum*）との区別はむずかしい。萎凋病以外はいずれも地際部付近の茎の外側から褐変が始まる。立枯病は初期は水浸状，次いで乾腐状になる。ピシウム立枯病も地際部が水浸状となるので，顕微鏡観察で菌糸体や耐久器官（厚壁胞子）を観察する必要がある。なお発病における品種間差異が見られ，同一接種条件下の試験では秀芳の力は発病しないがセイローザは発病した。

防除適期の症状　土壌病害のため発病後の積極的防除は困難であり，被害株の除去などで二次伝染を防ぎ，被害拡大を抑えることに専念する。

類似症状・被害との見分けかた　診断のポイントのように類似病害として同じ*Fusarium*では萎凋病があるが，実際の発病はあまり多くないようである。萎凋病との区別は維管束の褐変の有無であるが，発病後期には不明になる。このため萎凋病と本病は混同されていたきらいがある。よって最終的には組織分離を行ない，病原菌を確認する必要がある。一般に*F. solani*の培養菌叢は黄褐色〜青色，*F. oxysporum*のそれは紫色っぽい。しかし*Fusarium*菌が分離されたとしても必ずしもそれが病原菌とは限らないので，*Pythium*菌や*Rhizoctonia*菌の出現の有無や頻度などとあわせて判定する必要がある。

(2) 病原・害虫の生態と発生しやすい条件

生態・生活サイクル　第一次伝染源は土壌中または罹病残渣中に残された厚壁胞子と考えられる。小型分生子，大型分生子で二次伝染すると考えられる。

発生しやすい条件　排水不良地などで高地温かつ高土壌水分が続くとき。

(3) 防除のポイント

耕種的防除　被害株は速やかに抜き取り焼却処分する。多湿になりやすい圃場では高うね栽培する。太陽熱消毒，土壌還元消毒は本病に限らず土壌病害全般に有効と考えられる。

生物防除　なし。

農薬による防除　多発圃場では定植前にクロルピクリンくん蒸剤（錠剤，テープ剤，液剤），カーバム剤による土壌消毒を行なう。

効果の判断と次年度の対策　本病を含むキク立枯れ症状は類縁関係の遠い菌類によってほとんど同じ症状を起こすので，まずは立枯れ性病害の原因を確認し，それに合わせた対策を取る必要がある。*Pythium*，*Fusarium*に対しては個別の登録農薬は現在ないので，将来の登録が期待される。

執筆　築尾　嘉章（独・農研機構花き研究所）　　　　　　　　（2010年）

フザリウム立枯病

主要農薬使用上の着眼点 (築尾嘉章, 2010)

(回数は同一成分を含む農薬の総使用回数)

商品名	一般名	使用倍数・量	使用時期	使用回数	使用方法
《土壌消毒剤》					
NCS	カーバム剤	原液30l/10a	植付け前	1回	土壌へ灌注

本病に限らず, 広く土壌病害, 線虫に有効, 除草効果もあり。処理の前には圃場をできるだけ深く耕起する。地温15℃以下では効果が劣る

商品名	一般名	使用倍数・量	使用時期	使用回数	使用方法
《土壌消毒剤》					
クロールピクリン	クロルピクリンくん蒸剤	床土：3〜5ml/穴, 圃場：2〜3ml/穴	植付け前	2回以内	土壌へ灌注
クロルピクリン錠剤	クロルピクリンくん蒸剤	1錠/穴	植付け前	1回	30cm間隔で穴をあけそこに投入
ドロクロール	クロルピクリンくん蒸剤	床土：3〜6ml/穴, 圃場：2〜3ml/穴	植付け前	2回以内	土壌へ灌注
ドジョウピクリン	クロルピクリンくん蒸剤	床土：3〜6ml/穴, 圃場：2〜3ml/穴	植付け前	2回以内	土壌へ灌注
クロピク80	クロルピクリンくん蒸剤	床土：3〜6ml/穴, 圃場：2〜3ml/穴	植付け前	2回以内	土壌へ灌注
クロピクテープ	クロルピクリンくん蒸剤	圃場：110m/100m²	植付け前	1回	圃場面に

本病に限らず, 広く土壌病害, 土壌害虫に有効。処理の前には圃場をできるだけ深く耕起する。クロルピクリンは劇物指定で刺激性のガスを発生するので, 作業手順を検討し, 素早く行なうこと, 真夏の作業は気化が著しいので避けること。いずれの薬剤も処理後, 廃ビニールなどで被覆し, 夏季で7〜10日放置すること。地温15℃以下の場合は使用しない

商品名	一般名	使用倍数・量	使用時期	使用回数	使用方法
《キャプタン剤》					
オーソサイド水和剤80	キャプタン水和剤	600倍	—	8回以内	散布

花卉類の苗立枯病 (ピシウム、リゾクトニア菌) として登録がある

商品名	一般名	使用倍数・量	使用時期	使用回数	使用方法
《酸アミド系剤》					
リドミル粒剤2	メタラキシル粒剤	20kg/10a	定植時または生育期	4回以内(生育期3回以内)	土壌表面散布

花卉類・観葉植物の苗立枯病 (ピシウム菌) で登録がある

苗腐敗病

英名：Cutting rot
別名：—
学名：***Plectosporium tabacinum*** (van Beyma) M. E. Palm *et al.*
《糸状菌／不完全菌類》

[多発時期] 挿し穂〜発根時まで
[伝染源] 保菌苗あるいは土壌伝染
[伝染・侵入様式] 海外から保菌苗が入ってきたのか，挿し穂時に土壌から感染したのかは現在のところ不明
[発生・加害部位] 挿し穂の先端部
[発病・発生適温] 菌糸伸長の適温は25℃
[湿度条件] 多湿
[他の被害作物] ラナンキュラス，カボチャなどにも発生することが知られているが，キクに発生した菌との寄生性の異同は不明

(1) 被害のようすと診断ポイント

発生動向　本病害は，海外からの購入苗を国内で挿したものに発生した。初確認後，大規模発生はないが，他の立枯れ性病害と混同していることが考えられる。

初発のでかたと被害　挿し穂をして10日たってもまったく発根せず，穂を確認すると先端が黒変・腐敗している。発根しても根が褐変し，生育不良となる。

多発時の被害　初発生地では全体の1〜3割が腐敗するなどの被害を受けた。

診断のポイント　菌叢はクリーム色を呈し，表面は粘質。生育は比較的遅い菌で，分生子は無色，平滑，紡錘形をしており二つの細胞から成ることが多い（時に単細胞）。

防除適期の症状　しおれ症状を呈したとき。

類似症状・被害との見分けかた　*Fusarium*とは異なり，導管の褐変はない。発根せず先端が腐敗する場合には本病の可能性が高い。

(2) 病原・害虫の生態と発生しやすい条件

生態・生活サイクル　土壌で生息し，植物体内を進展するようだが，詳細は不明である。

発生しやすい条件　挿し床が加湿である場合に発生するようである。

(3) 防除のポイント

耕種的防除　挿し床が加湿である場合に発生するようなので，必要以上に水をやらない。

生物防除　現状では有効な方法はない。

農薬による防除　現在は，本病に対する登録農薬はない。

効果の判断と次年度の対策　土壌消毒の徹底と健全苗の使用に努める。

執筆　佐藤　衛（独・農研機構花き研究所）　　　　　　　　　　（2010年）

葉枯線虫病

英名：なし
別名：—
学名：*Aphelenchoides ritzemabosi* (Schwarts) Steiner & Buhrer
　　　《線形動物門／アフェレンクス科》

英名：なし
別名：—
学名：*Aphelenchoides fragariae* (Ritzema Bos) Christie
　　　《線形動物門／アフェレンクス科》

［多発時期］梅雨期と9～10月
［伝染源］被害植物
［伝染・侵入様式］降雨などによる土粒の跳ね上がり，冬至芽への外部寄生
［発生・加害部位］葉，芽
［発病・発生適温］不明（15～16℃から25～26℃と思われる）
［湿度条件］多雨，多湿，土壌水分過多
［他の被害作物］ヒャクニチソウ，アスター，ダリア，ボタン，シャクヤクなど

(1) 被害のようすと診断ポイント

発生動向　降雨で発生しやすく，比較的多湿土壌で発生が多い。

初発のでかたと被害　はじめ下葉の葉身部に，はっきりしない黄色斑が現われ，やがて黄褐色になる。

多発時の被害　葉脈に区切られた扇形または角形の比較的大型の褐色病斑になる。被害株の病斑は，順次上葉にも発生するようになる。病葉は巻いて垂れ下がり，下葉から次々枯れ上がり，開花期前に全葉が枯死することもある。芽に発生すると，葉は萎縮症状を呈する。

診断のポイント　葉脈に区切られたやや褐色の病斑になる。下葉から発生する。

防除適期の症状　下葉に葉脈で区切られたやや角形の黄色斑が見られる病斑

形成初期が，防除適期である。

類似症状・被害との見分けかた　葉脈に区切られ，やや角形で黄色となりやがて褐色に枯れるので，他の病気と区別される。

(2) 病原・害虫の生態と発生しやすい条件

生態・生活サイクル　地上に落ちた被害葉から泳出したセンチュウは，土壌の表層土に分散する。好適な条件下になると，濡れた茎の表面を移動し下葉から順次上の葉に侵入したり，降雨などで土粒とともに下葉に跳ね上げられたりして，そのまま葉に侵入する。冬季に仮植された冬至芽にもぐりこんで増殖し，定植された後に下葉に移動して侵入する。これ以外では被害株からも伝搬される。

発生しやすい条件　降雨の多い年や時期に発病が激しい。露地では6〜7月の梅雨期と，9〜10月の降雨時に多発生する。芽が侵される萎縮症状は夏ギクで発生しやすく，温室やハウス内で1〜2月頃から発生する。

(3) 防除のポイント

耕種的防除　連作を避けるか，前年または前作で発病した被害葉を集めて焼却する。密植を避け，過繁茂にならないようにする。排水不良地では排水を良好にする。発病葉は摘除して風通しをよくする。土壌が跳ね上がらないように株元にポリマルチをする。

生物防除　なし。

農薬による防除　ホスチアゼート系殺虫剤のガードホープ液剤3,000倍を$2l/m^2$土壌灌注すると，土壌中を遊泳しているハガレセンチュウは，キクの茎を通って葉に侵入する行動が阻害される。

効果の判断と次年度の対策　土壌処理して発病が見られなければ，効果があったと判断される。

　　執筆　米山　伸吾（元茨城県園芸試験場）　　　　　　　　　　　　（2005年）

　　改訂　米山　伸吾（元茨城県園芸試験場）　　　　　　　　　　　　（2012年）

葉枯線虫病

主要農薬使用上の着眼点（米山　伸吾, 2012）

（回数は同一成分を含む農薬の総使用回数。混合剤は成分ごとに別途定められているので注意）

商品名	一般名	使用倍数・量	使用時期	使用回数	使用方法
《殺線虫剤》					
ガードホープ液剤	ホスチアゼート液剤	3000倍・2l/m²	生育期	2回以内	土壌灌注

　ホスチアゼートがセンチュウや昆虫の体内に取り込まれると，コリンエステラーゼを阻害し，摂食行動を低下させる。土壌pH，土性，地温などの変動による効果に差が少ない

キク／病気

ネグサレセンチュウ類

ネグサレセンチュウ類

【キタネグサレセンチュウ】
英名：Cobb root-lesion nematode
別名：—
学名：***Pratylenchus penetrans* (Cobb) Filipjev et Schuurmans Stekhoven**
　　　　　《ハリセンチュウ目／プラティレンクス科》
【ニセミナミネグサレセンチュウ】
英名：—
別名：—
学名：***Pratylenchus pseudocoffeae* Mizukubo**
　　　　　《ハリセンチュウ目／プラティレンクス科》
【クマモトネグサレセンチュウ】
英名：Kumamoto root-lesion nematode
別名：—
学名：***Pratylenchus kumamotoensis* Mizukubo et al.**
　　　　　《ハリセンチュウ目／プラティレンクス科》
［多発時期］年中
［伝染・侵入様式］苗，土壌による持込み。寄生地からの土壌の流入
［発生・加害部位］根
［発病・発生適温］20〜25℃（地温）
［湿度条件］—
［防除対象］卵，幼虫，成虫
［他の被害作物］ダイコン，キャベツ，ハクサイ，ニンジン，フキ，ゴボウ，シソ，スイカ，カボチャなど

（1）被害のようすと診断ポイント

　発生動向　とくに広範囲で大発生となって問題となることはないが，本種の生育に適した作物の連作などにより慢性的な被害に悩まされていることが多い。また，ネグサレセンチュウ類の加害はフザリウム菌やバーティシリウム菌などによる土壌病害の発生を助長する。

689

全国的にみれば，キク圃場で発生頻度が高いのはキタネグサレセンチュウであるが，最近の報告では，九州沖縄地域ではクマモトネグサレセンチュウが優占し，ニセミナミネグサレセンチュウは九州に広く分布することが明らかになってきた。また，一時期オランダに生息するキクネグサレセンチュウ（*Pratylenchus fallax*）が日本にも分布するとされたが，日本で記録された個体群は同定の根拠となった形質がキタネグサレセンチュウの種内変異とされ，現在のところキクネグサレセンチュウは日本には分布しないことが支持されるようになった。

初発のでかたと被害　初発のころは根を掘り上げないと症状はわからない。根の皮層部を加害し，初期には根面に菱形の褐色小斑を生じる。

多発時の被害　多発すると地上部の生育にも影響が出てくる。定植後の活着が悪く草丈が低くなる。土壌中のネグサレセンチュウ類の分布は一様でなく多発生の部分だけ生育不良となり，圃場全体を見るとところどころ草丈が低くなるなど生育が不揃いとなる。

診断のポイント　前作終了時にいくつか根を掘り上げて根の褐変状況を確認する。根張りがよく，健全と判断されれば防除の必要はない。

防除適期の症状　前作での発生状況を見て次作前に防除する。

類似症状・被害との見分けかた　根の褐変はセンチュウによるものばかりでなく土壌病害によっても起こるので，根の褐変が激しい場合は農業普及指導センターなどに依頼し，根や根圏付近の土壌を採取しネグサレセンチュウ類が分離されるかどうか確認する。

(2) 病原・害虫の生態と発生しやすい条件

生態・生活サイクル　成虫の大きさは0.5mm程度，雌雄ともウナギ型で両性生殖を行なう。幼・成虫が侵入・加害ステージで，植物体地下部の主として皮層部に侵入し口針を使って加害する。非定着性で，随時組織内を移動し摂食を続け，機械的・化学的に組織を崩壊・腐敗させる。加害部には腐生菌や病原菌が二次的に繁殖し被害を増幅させている。卵は組織内にばらばらに産下されるが，センチュウの加害により組織が腐敗してくるとセンチュウに忌避作用を示すため，センチュウは次々と健全な組織を侵していく。産卵量は1雌当たり

ネグサレセンチュウ類

200個程度である。

キタネグサレセンチュウは寒地型に属するが，熱帯圏を含む世界各地に分布する。発育適温は20～25℃で，好適条件下では1世代に要する期間は1か月である。無寄主の野外土壌中で約3年間耐久生存できる。既知の寄主は350種以上に及び，身近な作物のうちアスパラガス，サトイモ以外は寄主となる。わが国ではダイコン，ニンジン，ゴボウ，フキ，キクなどでとくに被害が問題となっている。

発生しやすい条件　好適な作物の連作によって多発する。

(3) 防除のポイント

耕種的防除　ネグサレセンチュウ類の対抗植物としてマリーゴールドやハブソウなどがあるが，マリーゴールドではアフリカントールやフレンチ種が有効である。栽培期間は2か月半以上とり，栽培終了後地上部ごとすき込むと効果が高まる。腐熟期間を2週間以上とり，その後にキクを定植する。なお，ネコブセンチュウ対象の対抗植物のなかには栽培するとネグサレセンチュウを増加させてしまう種が多いので，対抗植物の選定の際には注意する。

物理的防除として，夏季の湛水陽熱処理も有効で，湛水後1か月程度ビニール被覆を行ない地温を高める。日照不足以外の年には有効である。

生物防除　センチュウを捕捉する菌や捕食性センチュウなどの天敵が存在するが，防除効果は期待できない。

農薬による防除　発生量が多い場合はD-D剤などの土壌くん蒸剤を用いて防除する。処理前には前作の古根はできるだけ除去し，耕起，整地はていねいに行なう。土壌が乾燥している場合は灌水し，湿りすぎているときは適湿になるまで乾燥させた後実施する。また，薬剤処理後にはビニールなどで被覆して効果を高める。ガス抜きは十分行なう。

発生量がそれほど多くない場合は植付け前に土壌混和して使用する粒剤も効果が高い。キクの産地では毎作D-D剤などによる土壌くん蒸を実施している農家もあるが，これはよほどの多発生以外過剰な防除で，年1回の防除で十分と思われる。

効果の判断と次年度の対策　防除後に定植したキクの生育状況や栽培終了時

に根を掘り上げ健全であるかどうかで判断する。D-D剤など土壌くん蒸剤の使用で防除効果が低かったと判断されるときには，防除法の不備によって生じた事例が多いので，処理方法に誤りがないか今一度見直す。

執筆　大野　徹（愛知県農業総合試験場）　　　　　　　　　　　　　（1997年）

改訂　大野　徹（愛知県農業総合試験場）　　　　　　　　　　　　　（2011年）

主要農薬使用上の着眼点（大野　徹, 2011）

（回数は同一成分を含む農薬の総使用回数。混合剤は成分ごとに別途定められているので注意）

商品名	一般名	使用倍数・量	使用時期	使用回数	使用方法
《土壌くん蒸剤》					
DC油剤	D-D剤	15〜20l/10a（1穴当たり1.5〜2ml）	作付けの10〜15日前まで	1回	1) 全面処理：耕起整地後，縦横30cm間隔の碁盤の目に切り，千鳥状に深さ15〜20cmに所定量の薬液を注入ただちに覆土鎮圧する。　2) 作条処理：播種または植付け前にあらかじめ予定された溝に，30cm間隔に所定量の薬液を注入ただちに覆土鎮圧する
D-D	D-D剤	15〜20l/10a（1穴当たり1.5〜2ml）	作付けの10〜15日前まで	1回	1) 全面処理：耕起整地後，縦横30cm間隔の碁盤の目に切り，千鳥状に深さ15〜20cmに所定量の薬液を注入ただちに覆土鎮圧する。　2) 作条処理：播種または植付け前にあらかじめ予定された溝に，30cm間隔に所定量の薬液を注入ただちに覆土鎮圧する
テロン	D-D剤	15〜20l/10a（1穴当たり1.5〜2ml）	作付けの10〜15日前まで	1回	1) 全面処理：耕起整地後，縦横30cm間隔の碁盤の目に切り，千鳥状に深さ15〜20cmに所定量の薬液を注入ただちに覆土鎮圧する。　2) 作条処理：播種または植付け前にあらかじめ予定された溝に，30cm間隔に所定量の薬液を注入ただちに覆土鎮圧する
キルパー	カーバムナトリウム塩液剤	原液として40〜60l/10a	播種または定植の15〜24日前まで	1回	所定量の薬液を土壌中約15cmの深さに注入し，ただちに被覆または覆土・鎮圧する

ネグサレセンチュウ類

NCS	カーバム剤	原液3〜5ml/1穴	植付け前	1回	耕起整地後,30cm間隔の千鳥状に深さ約15cmの穴をあけて薬液を注入し,ビニールなどで7〜10日間被覆する
クロールピクリン	クロルピクリンくん蒸剤	(床土・堆肥)1穴当たり3〜5ml (圃場)1穴当たり2〜3ml	—	2回以内(床土1回,圃場1回)	土壌くん蒸
クロピクフロー	クロルピクリンくん蒸剤	30l/10a	—	1回	耕起整地後,灌水チューブを設置し,その上からポリエチレンなどで被覆する。その後,液肥混合器などを使用し,本剤を処理用の水に混入させ処理する
クロルピクリン錠剤	クロルピクリンくん蒸剤	1穴当たり1錠	—	2回以内(床土1回,圃場1回)	土壌くん蒸(床土・堆肥)床土・堆肥を30cmの高さに積み30×30cmごとに1穴当たり1錠処理する。(圃場)30×30cmごとに1穴当たり1錠処理する
ドジョウピクリン	クロルピクリンくん蒸剤	(床土・堆肥)1穴当たり3〜6ml (圃場)1穴当たり2〜3ml	—	2回以内(床土1回,圃場1回)	土壌くん蒸
クロピク80	クロルピクリンくん蒸剤	(床土・堆肥)1穴当たり3〜6ml (圃場)1穴当たり2〜3ml	—	2回以内(床土1回,圃場1回)	土壌くん蒸
ドロクロール	クロルピクリンくん蒸剤	(床土・堆肥)1穴当たり3〜6ml (圃場)1穴当たり2〜3ml	—	2回以内(床土1回,圃場1回)	土壌くん蒸
ガスタード微粒剤	ダゾメット粉粒剤	20〜30kg/10a	播種または植付け前	1回	本剤の所定量を均一に散布して土壌と混和する
バスアミド微粒剤	ダゾメット粉粒剤	20〜30kg/10a	播種または植付け前	1回	本剤の所定量を均一に散布して土壌と混和する
トラペックサイド油剤	メチルイソチオシアネート油剤	30〜40l/10a(1穴当たり3〜4ml)	播種または植付けの21日前まで	1回	圃場を耕起・整地した後,30cm間隔の千鳥状に深さ約12〜15cmの穴をあけ,所定量を注入し,ただちに覆土しポリエチレン,ビニールなどで被覆する。薬剤処理7〜10日後にガス抜き作業を行なう

キク／害虫

693

ディ・トラペックス油剤	メチルイソチオシアネート・D-D油剤	20～30l/10a (1穴当たり2～3ml)	播種または植付けの21日前まで	1回	圃場を耕起・整地した後,30cm間隔の千鳥状に深さ約12～15cmの穴をあけ,所定量を注入し,ただちに覆土・鎮圧する。薬剤処理7～14日後にガス抜き作業を行なう
プラズマ油剤	DCIP・D-Dくん蒸剤	20l/10a (1穴当たり2ml)	定植の10～15日前	1回	耕起整地後,30cm間隔の千鳥状に深さ約15cmに2mlずつ注入し,ただちに覆土し,ポリエチレン,ビニールなどで被覆する
ソイリーン	クロルピクリン・D-Dくん蒸剤	20～30l/10a (1穴当たり2～3ml)	作付けの10～15日前	1回	耕起整地後,30cm間隔の千鳥状に深さ約15cmに所定量を注入し,ただちに覆土し,ポリエチレン,ビニールなどで被覆する
ダブルストッパー	クロルピクリン・D-Dくん蒸剤	30l/10a (1穴当たり3ml)	作付けの10～15日前	1回	土壌くん蒸（30×30cmごとの深さ15cmの穴に1穴処理する）

成分が土壌中でガス化して作用するので,作業者や周辺環境に影響が及ばないよう十分に配慮する

《植付け前処理剤》

ラグビーMC粒剤	カズサホスマイクロカプセル剤	20kg/10a	植付け前	1回	全面処理土壌混和
アドバンテージ粒剤	カルボスルファン粒剤	10～20kg/10a	―	3回以内	土壌混和
ガゼット粒剤	カルボスルファン粒剤	30kg/10a	定植時	3回以内	全面土壌混和
ネマトリンエース粒剤	ホスチアゼート粒剤	20～25kg/10a	定植前	1回	全面土壌混和

土壌に散布しムラなく十分混和すること

《生育期処理剤》

| ガードホープ液剤 | ホスチアゼート液剤 | 3000倍 | 生育期 | 2回以内 | 1m²当たり2l土壌灌注 |

ハガレセンチュウ,ナミハダニにも効果がある

マメハモグリバエ

英名：Legume leafminer, Serpentine leafminer, American leafminer
別名：—
学名：*Liriomyza trifolii* **(Burgess)**
《双翅目／ハモグリバエ科》

[多発時期] 5〜10月，施設は周年
[伝染・侵入様式] 苗による持込み，成虫の飛来
[発生・加害部位] 葉
[発病・発生適温] 25〜30℃
[湿度条件] なし
[防除対象] 幼虫，成虫
[他の被害作物] ガーベラ，マリーゴールド，トルコギキョウ，トマト，キュウリ，インゲンマメ，セルリー，チンゲンサイ，シュンギクなど多数

(1) 被害のようすと診断ポイント

発生動向 マメハモグリバエは外国からの侵入害虫である。国内では1990年，静岡県浜松市のキク，トマト，ガーベラではじめて確認されたが，同時多発的に複数の地域で発生が確認された。その後，幼虫が寄生した苗の移動によって全国各地に運ばれ，急速に分布を拡大した。発生当初から殺虫剤に対して高度の抵抗性を示したことから，難防除害虫として甚大な被害を与えた。しかし，いずれの地域でも数年後に発生が徐々に減少し，現在，問題化している地域はごく少ない。静岡県浜松市において実施された最近の調査によると，露地栽培作物から採集されたハモグリバエのほとんどはマメハモグリバエであった。このことは，いったん減少したマメハモグリバエが復活しつつあることを示している。一方，施設栽培のガーベラでは，1990年の初発生以来，本種の多発は継続していることもわかった。本種が増減する原因としていろいろな仮説が報告されているが，いまだ不詳である。暖地では露地栽培と施設栽培の双方で問題となるが，寒冷地ではほぼ施設栽培に限られる。防除効果の高い新規殺虫剤がつぎつぎと登場している。

初発のでかたと被害　はじめ直径1mmほどの白い小斑点が葉面にあらわれる。この小斑点は，成虫が葉面に穴をあけ，葉の中に産卵したり，にじみ出る汁液を摂食したりした傷痕である。

多発時の被害　多発すると，葉に数十匹の幼虫が寄生し，その食害痕によって葉が白っぽくなる。

診断のポイント　成虫は体長2mmほどの小さなハエで，胸部および腹部の背面は黒，その他の大部分は黄色を呈する。雌成虫は腹部の末端によく発達した産卵管を有し，これで葉面に穴をあけ，表皮の直下に1粒ずつ卵を産みつける。また，産卵と同様の方法で葉面に傷をつけ，そこからにじみ出る汁液を餌として摂取する。この傷は直径1mmほどの小斑点となって葉面に残る。ただし，産卵痕と摂食痕は，肉眼では区別できない。

防除適期の症状　発生初期の防除が重要である。幼虫による食害痕が下葉に見られはじめたら，ただちに有効薬剤を散布する。多発してからは，手のほどこしようがない。

類似症状・被害との見分けかた　キクには，マメハモグリバエのほかナモグリバエの寄生も多い。マメハモグリバエの特徴は次のとおりである。(1)成虫の体色：黄色と黒のまだら模様，(2)蛹の体色と生態：褐色，地上で蛹化，(3)幼虫の糞粒の並び方：連なる。一方，ナモグリバエの特徴は次のとおりである。(1)全体灰色，(2)乳白色～黒褐色，葉内で蛹化，(3)点々。マメハモグリバエもナモグリバエも有機リン剤や合成ピレスロイド剤に対して抵抗性を示す。

(2) 病原・害虫の生態と発生しやすい条件

生態・生活サイクル　葉の中に産卵する。幼虫は葉にもぐり，線状のトンネルをつくって食害する。3齢幼虫は葉から脱出・落下し，土の隙間にもぐって蛹化する。

25℃の場合，卵から羽化までの所要日数は17日ほどである。

寄主範囲はきわめて広く，外国では21科120種以上の植物に寄生するとされている。静岡県では12科50種以上の植物への寄生が確認されている。

キクに対する産卵数は200個/成虫ほどである。

休眠しないことから，施設栽培では一年中発生する。

有機リン剤や合成ピレスロイド剤などに対して高度の抵抗性を示す。

発生しやすい条件　雑草ではキク科（ノボロギク，チチコグサモドキ，センダングサなど）やアブラナ科（ナズナなど）によく寄生する。

休眠しないことから，施設栽培では一年中発生する。

殺虫剤を散布すると，マメハモグリバエがかえってふえてしまうことがある。この現象はリサージェンスと呼ばれている。リサージェンスの原因は，殺虫剤によって天敵（おもに寄生バチ）だけが死滅してしまうためである。リサージェンスを防止するためには，マメハモグリバエに効果の高い殺虫剤のなかから寄生バチに影響の少ない殺虫剤を選択する。

(3) 防除のポイント

耕種的防除　マメハモグリバエを本圃に持ち込まないことが大切である。購入苗については，幼虫の食害痕の有無をよく観察し，寄生が疑われる場合は薬剤で防除してから定植する。自家苗については，寒冷紗（1mm目）を張った専用の育苗室で育苗する。施設栽培では側窓，天窓，出入り口などに寒冷紗を張り，成虫の飛来を防ぐ。

多発圃場では土中にたくさんの蛹が残っていることから，改植時には土壌消毒を行なって蛹を死滅させるか，なにも植えずに20日以上の蒸し込みを行ない，羽化した成虫を死滅させる。土壌をビニールで数日覆い，地温を高めて蛹を死滅させる方法も効果が高い。

マメハモグリバエが好む品種と，あまり寄生しない品種がある。耐虫性の品種に変えることも検討する。

生物的防除　生物農薬として寄生バチ（イサエアヒメコバチ剤，ハモグリコマユバチ剤，ハモグリミドリヒメコバチ剤）が市販されている。寄生バチは発生初期から1週間間隔で数回放飼する。ただし，生物農薬を使用する場合は殺虫剤の使用が制限されることに注意する。

土着の寄生バチは重要な働きをしていることから，寄生バチに影響の少ない殺虫剤を選択してその温存を図る。

農薬による防除　カスケード乳剤，トリガード液剤，アファーム乳剤，スピノエース顆粒水和剤，ダントツ水溶剤，ダントツ粒剤，スタークル顆粒水溶剤，

スタークル粒剤などを散布する。

有機リン剤と合成ピレスロイド剤の多くは防除効果が低いうえ，寄生バチに悪影響を与える。このため，これらの殺虫剤を散布すると，マメハモグリバエの発生がかえってふえてしまうので注意する。

効果の判断と次年度の対策　幼虫による新たな寄生がみられなくなれば，防除効果が高かったと判断する。

黄色粘着トラップによる成虫の誘殺状況から判定する。黄色粘着トラップは，通路の隅，植物体の真上など作業のじゃまにならないところに吊り下げる。

執筆　西東　力（静岡県農業技術課）　　　　　　　　　　　　　　　　（1997年）

改訂　西東　力（静岡大学農学部）　　　　　　　　　　　　　　　　（2011年）

マメハモグリバエ

主要農薬使用上の着眼点（西東　力, 2011）

（回数は同一成分を含む農薬の総使用回数。混合剤は成分ごとに別途定められているので注意）

商品名	一般名	使用倍数・量	使用時期	使用回数	使用方法

《IGR剤》

商品名	一般名	使用倍数・量	使用時期	使用回数	使用方法
カスケード乳剤	フルフェノクスロン乳剤	2000倍	発生初期	3回以内	散布
トリガード液剤	シロマジン液剤	1000倍	発生初期	4回以内	散布

幼虫の発育を阻害する。成虫に対する直接の殺虫作用は認められないが，カスケード乳剤の場合，成分を取り込んだ成虫が産む卵は孵化しにくくなる。植物体への浸透移行性はないのでムラなく散布する

《マクロライド系剤》

商品名	一般名	使用倍数・量	使用時期	使用回数	使用方法
アファーム乳剤	エマメクチン安息香酸塩乳剤	1000倍	発生初期	1回	散布

幼虫と成虫に対して効果がある。植物体への浸透移行性はないのでムラなく散布する。速効性である

《微生物農薬》

商品名	一般名	使用倍数・量	使用時期	使用回数	使用方法
スピノエース顆粒水和剤	スピノサド水和剤	5000倍	発生初期	2回以内	散布

幼虫と成虫に対して効果がある。植物体への浸透移行性はないのでムラなく散布する。速効性である

《ネオニコチノイド系剤》

商品名	一般名	使用倍数・量	使用時期	使用回数	使用方法
ダントツ水溶剤	クロチアニジン水溶剤	2000〜4000倍	発生初期	4回以内	散布
ダントツ粒剤	クロチアニジン粒剤	2g/株	発生初期	4回以内	株元散布
スタークル顆粒水溶剤	ジノテフラン水溶剤	1000〜2000倍	発生初期	4回以内	灌注 (1l/m²)
スタークル粒剤	ジノテフラン粒剤	2g/株	定植時	1回	植穴土壌混和

幼虫と成虫に対して効果がある。植物体への浸透移行性が高い

キクキンウワバ

英名：Crysanthemum golden plusia
別名：—
学名：*Trichoplusia intermixta* **Warren**
《鱗翅目／ヤガ科》

[多発時期] 7～10月
[伝染・侵入様式] 飛来
[発生・加害部位] 葉，花
[発病・発生適温] 20～30℃
[湿度条件] 比較的乾燥
[防除対象] 幼虫
[他の被害作物] ゴボウ，ニンジンなど

(1) 被害のようすと診断ポイント

発生動向　特記すべきことはない。

初発のでかたと被害　若齢幼虫が主に葉裏から葉肉部分を食害し，表皮だけ残る。

多発時の被害　3齢以降になると葉縁から不規則に食害するようになり，葉が葉柄だけ残して食害されるなど被害が目立つようになる。また新芽を食害された場合，心止まりとなり，被害は甚大となる。

診断のポイント　若齢幼虫のうちは他のヤガ類と区別がつきにくいが，ヨトウガやハスモンヨトウのように卵塊で産み付けられるのではなく，本種の卵は1粒ずつ産み付けられ若齢でも集団で加害するようなことはない。中齢以降になると体の後半が太くなる。また老齢幼虫になると体全体に黒い小点がみられるようになる。

防除適期の症状　幼虫を発見しだいただちに捕殺する。

類似症状・被害との見分けかた　食痕からでは本種と特定できないので，幼虫を確認するようにする。キクではミツモンキウワバ*Acanthoplusia agnata* Staudinger，キクギンウワバ*Macdunnoughia confusa* Stephensなど他のウワバ

類も加害する。

(2) 病原・害虫の生態と発生しやすい条件

生態・生活サイクル　成虫は5月下旬ごろに出現し，年間3〜4世代を経過する。卵は葉裏などに点々と産み付けられる。幼虫は5〜6齢を経過し，老齢幼虫になると葉を巻いて白色の糸を吐いて繭をつくり蛹となる。夏期には幼虫期間は25〜30日で，蛹の期間は7〜10日である。成虫は昼間見かけることは少なく，夜行性で他のウワバ類と同様に灯火によく飛来する。

発生しやすい条件　6月以降に定植する作型では定植直後から被害が発生するため注意する。

(3) 防除のポイント

耕種的防除　物理的防除として，施設栽培では開口部に防虫ネットを張り成虫の飛来を防ぐ。この場合目合いは5mm程度のかなり粗いものでよい。本方法は他の鱗翅目害虫の成虫飛来防止にも有効である。

生物防除　本種の有力な天敵として寄生蜂のキンウワバトビコバチがあげられる。ウワバ類が通常大発生しない要因の一つが，この寄生蜂の存在といわれている。

農薬による防除　本種の登録薬剤はないので物理的防除を取り入れるようにする。

効果の判断と次年度の対策　なし

執筆　大野　徹（愛知県農業総合試験場）　　　　　　　　　　　（1997年）

改訂　大野　徹（愛知県農業総合試験場）　　　　　　　　　　　（2011年）

ハダニ類

ハダニ類

【ナミハダニ】

英名：Two-spotted spider mite（黄緑型），Carmine spider mite（赤色型）

別名：ニセナミハダニ（赤色型）

学名：*Tetranychus urticae* Koch
　　　　　《ダニ目／ハダニ科》

【カンザワハダニ】

英名：Kanzawa spider mite

別名：—

学名：*Tetranychus kanzawai* Kishida
　　　　　《ダニ目／ハダニ科》

［多発時期］5〜11月，施設では周年

［伝染・侵入様式］歩行，風による飛来，苗，人体への付着による持込み

［発生・加害部位］葉，花

［発病・発生適温］20〜30℃

［湿度条件］やや乾燥

［防除対象］卵，幼虫，若虫，成虫

［他の被害作物］野菜，果樹，花卉類など多数

（1）被害のようすと診断ポイント

発生動向　ナミハダニとカンザワハダニはともに餌植物の種類が非常に多く，増殖力も高いので各種の薬剤に対して感受性が低下した個体群が発生しやすい。また，他害虫を対象に合成ピレスロイド剤などを過剰散布した場合，リサージェンス現象（薬剤散布に起因した異常増殖）を起こして多発することがしばしばある。

初発のでかたと被害　発生初期には葉表にカスリ状の小斑点が部分的に見られる。

多発時の被害　多発するとカスリ状の斑点が葉表全体に広がりザラザラしたサメ肌状となる。さらに増えると株の上位に集中し，クモの巣状の糸を張りめぐらしそこを移動するようになる。そのまま放置すると株はしだいに黄変し，

703

ついには枯死する。さらに健全な植物を求めてどんどん移動するので被害が広がっていく。

診断のポイント　カスリ状の小斑点が認められるようになったらルーペを使って葉裏を観察するとハダニの成虫や幼虫，卵などがみられる。とくに施設栽培では開口部に近い場所や圃場のところどころ部分的に発生している場合が多いので，圃場をよく見回り初期発生を見落とさないようにする。

防除適期の症状　多発してからでは防除が困難となるので，ハダニ類によるカスリ状の小斑点を見つけたらただちに防除する。

類似症状・被害との見分けかた　クロゲハナアザミウマによる被害がよく似た症状であるが，ルーペで葉表をみるとアザミウマの成虫や幼虫が確認できる。ハダニ類は発生初期にはほとんどの場合，葉裏に生息している。

(2) 病原・害虫の生態と発生しやすい条件

生態・生活サイクル　卵，幼虫，第1若虫，第2若虫を経て成虫となる。卵から成虫になるまでの期間は25℃で9日足らずで，1雌が100〜200卵程度産卵するので増殖力はきわめて高い。

発生しやすい条件　高温乾燥条件がハダニ類には適している。また圃場の周辺に発生源があると，そこから主に歩行して圃場内に侵入してくる。

(3) 防除のポイント

耕種的防除　物理的防除として，施設栽培の場合には外回りにビニールの折り返し（ハダニ返し）をすると，外部から歩行によって侵入してくるハダニを阻止できる。

生物防除　ハダニ類には捕食性天敵としてカブリダニ類，ハダニアザミウマ，ヒメハナカメムシ類，ハネカクシ類など有力な天敵があり，自然条件下ではハダニ類の密度抑制要因として重要な役割を果たしている。このうち数種のカブリダニ類が天敵製剤として登録がされているので，施設栽培のキク生育初中期のハダニ類の低密度維持を目的に使用したい。

農薬による防除　ハダニ類は薬剤に対する感受性低下が起こりやすいことを念頭において，異なる系統の薬剤を組み合わせてローテーション散布する。現

ハダニ類

在効果のある薬剤も連用すると感受性が低下する可能性が高いので，できるかぎり年1回の使用にとどめる。また開花期以降の発生も多くみられるので，開花前の防除も徹底する。

効果の判断と次年度の対策　薬剤散布後，葉裏をルーペでみてハダニ類の生死を確認する。

　　執筆　大野　徹（愛知県農業総合試験場）　　　　　　　　　　　　　（1997年）

　　改訂　大野　徹（愛知県農業総合試験場）　　　　　　　　　　　　　（2011年）

主要農薬使用上の着眼点（大野　徹, 2011）

（回数は同一成分を含む農薬の総使用回数。混合剤は成分ごとに別途定められているので注意）

商品名	一般名	使用倍数・量	使用時期	使用回数	使用方法
《殺ダニ剤（オキサゾリン系）》					
バロックフロアブル	エトキサゾール水和剤	2000倍	発生初期	1回	散布
遅効的で, 殺卵・殺幼若虫を有する					
《殺ダニ剤（ピラゾール系）》					
ピラニカEW	テブフェンピラド乳剤	1000〜2000倍	発生初期	1回	散布
アブラムシ類にも有効					
《殺ダニ剤（ピリダジノン系）》					
サンマイトフロアブル	ピリダベン水和剤	1000倍	—	2回以内	散布
速効的で, コナジラミ類, アブラムシ類にも有効					
《ピロール系剤》					
コテツフロアブル	クロルフェナピル水和剤	2000倍	発生初期	2回以内	散布
殺虫スペクトラムが広く, チョウ目, カメムシ目, アザミウマ目にも有効					
《殺ダニ剤（フェノキシピラゾール系）》					
ダニトロンフロアブル	フェンピロキシメート水和剤	1000〜2000倍	発生初期	1回	散布
速効的で幼若虫と成虫に効果を有する					
《殺ダニ剤（マクロライド系）》					
コロマイト乳剤	ミルベメクチン乳剤	1500倍	—	2回以内	散布
微生物由来の剤で, 卵から成虫まで効果を有する					
《抗生物質剤》					
ポリオキシンAL水溶剤	ポリオキシン水溶剤	2500倍	発生初期	5回以内	散布
うどんこ病に効果があるが, ハダニ類に対しては脱皮阻害および産卵抑制作用を示す					
《殺ダニ剤（有機スズ系）》					
オサダンフロアブル	酸化フェンブタスズ水和剤	2000倍	—	2回以内	散布
オサダン水和剤25	酸化フェンブタスズ水和剤	1000倍	—	2回以内	散布
遅効的だが残効が長い。幼虫, 若虫に効果を有する					
《殺ダニ剤（有機塩素系）》					
ペンタック水和剤	ジエノクロル水和剤	1000倍	—	—	散布
遅効的だが残効が長い。幼虫, 成虫に効果を有する					

ハダニ類

《殺ダニ剤（有機硫黄剤）》

テデオン水和剤	テトラジホン水和剤	500～1000倍	—	—	散布
テデオン乳剤	テトラジホン乳剤	500～1000倍	—	—	散布

　殺卵効果を有する

《気門封鎖剤》

あめんこ100	還元澱粉糖化物液剤	100倍	発生初期	—	散布
エコピタ液剤	還元澱粉糖化物液剤	100倍	発生初期	—	散布
カダンセーフ原液	ソルビタン脂肪酸エステル乳剤	500倍	発生初期	—	散布
ムシラップ	ソルビタン脂肪酸エステル乳剤	500倍	発生初期	—	散布
サンクリスタル乳剤	脂肪酸グリセリド乳剤	600倍	—	—	散布
粘着くん液剤	デンプン液剤	100倍	発生初期	—	散布

　気門をふさぎ，窒息させるので虫体に直接かかるように散布する

《天敵製剤》

スパイデックス	チリカブリダニ剤	100ml/10a（チリカブリダニ約2000頭）	発生初期	—	放飼
スパイカル	ミヤコカブリダニ剤	500～1500ml/10a（約2000～6000頭）	発生初期	—	放飼
スパイカルEX	ミヤコカブリダニ剤	100～300ml/10a（約2000～6000頭）	発生初期	—	放飼

　施設栽培ギクで使用する。他の病害虫を防除する際は，カブリダニ類に影響の少ない薬剤を選定する

《殺ダニ剤》

カネマイトフロアブル	アセキノシル水和剤	1000～1500倍	—	1回	散布
スターマイトフロアブル	シエノピラフェン水和剤	2000倍	発生初期	1回	散布
ダニカット乳剤20	アミトラズ乳剤	800倍	開花前	2回以内	散布
ダニサラバフロアブル	シフルメトフェン水和剤	1000倍	発生初期	2回以内	散布
ニッソラン水和剤	ヘキシチアゾクス水和剤	2000～3000倍	—	2回以内	散布

　各剤の特性に合わせて使用する

タバコガ類

タバコガ類

【タバコガ】

英名：Oriental tobacco budworm

別名：—

学名：*Helicoverpa assulta* Guenée
《鱗翅目／ヤガ科》

【オオタバコガ】

英名：Tobacco budworm

別名：—

学名：*Helicoverpa armigera* Hübner
《鱗翅目／ヤガ科》

［多発時期］7～10月

［伝染・侵入様式］飛来

［発生・加害部位］新芽，茎，葉，蕾，花

［発病・発生適温］20～30℃

［湿度条件］比較的乾燥

［防除対象］幼虫

［他の被害作物］ナス，トマト，ピーマン，ホオズキ，レタス，スイートコーン，カーネーション，トルコギキョウ，ダイズなど

(1) 被害のようすと診断ポイント

発生動向　オオタバコガは1990年代半ばから発生量が多くなり，西日本の果菜類，花卉類を中心に被害が問題となっている。

初発のでかたと被害　若齢幼虫が主に新芽部分に食入して加害するため心止まりとなったり，展開してくる葉が穴だらけになったりする。

多発時の被害　蕾に食入した場合は花弁を食い荒らし，被害は著しくなる。

診断のポイント　新芽部分が食害されていたり虫糞が見られる場合には幼虫が食入しているので，その部分を分解し幼虫を確認する。

防除適期の症状　若齢幼虫のうちに防除する。

類似症状・被害との見分けかた　新芽部分を食害する害虫にはシロイチモジ

ヨトウがあげられるが，タバコガ類の幼虫は体にまばらに生えた剛毛が目立つ。また体型がヨトウの仲間と比べると幾分スマートな印象を受ける。

(2) 病原・害虫の生態と発生しやすい条件

生態・生活サイクル　本種は卵，幼虫，蛹を経過して成虫となる。卵は淡黄色で直径0.5mm程度の饅頭形をしていて，新芽付近に1粒ずつ産卵される。幼虫の齢期は5または6齢で，老齢幼虫は体長40mmくらいになる。体色は緑色から褐色までさまざまである。

発生しやすい条件　圃場の周囲にトマト，ピーマン，ダイズなど本種の生育に好適作物があると発生量が多くなる。また，吸蜜できる花卉類があると成虫が多数誘引される。

(3) 防除のポイント

耕種的防除　物理的防除として，圃場を見回り，新芽付近の虫糞を発見したら新芽を分解し捕殺する。施設栽培では開口部に目合い5mm程度の寒冷紗を張ると飛来防止効果が高い。

生物防除　本種の天敵微生物として，核・細胞質多角体病，顆粒病などのウイルスや黄きょう病，微胞子虫が知られている。また卵寄生蜂のキイロタマゴバチやコマユバチ科の幼虫寄生蜂が寄生性天敵として知られている。

農薬による防除　現在オオタバコガのみ農薬登録がある。老齢幼虫になると薬剤の効果が極端に劣るので，若齢幼虫のうちに薬剤散布をする。

効果の判断と次年度の対策　薬剤散布後被害が拡大しなければ効果があったとみてよい。交信攪乱用フェロモン剤の場合には，フェロモン剤を処理したところと処理していないところにそれぞれフェロモントラップを設置し，雄の誘殺量を比較する。

　　執筆　大野　徹（愛知県農業総合試験場）　　　　　　　　　　　（1997年）

　　改訂　大野　徹（愛知県農業総合試験場）　　　　　　　　　　　（2011年）

タバコガ類

主要農薬使用上の着眼点（大野　徹, 2011）

(回数は同一成分を含む農薬の総使用回数。混合剤は成分ごとに別途定められているので注意)

商品名	一般名	使用倍数・量	使用時期	使用回数	使用方法
《微生物農薬》					
エコマスターBT	BT水和剤（生菌）	1000倍	発生初期	—	散布
エスマルクDF	BT水和剤（生菌）	1000倍	発生初期	—	散布
デルフィン顆粒水和剤	BT水和剤（生菌）	1000倍	発生初期	—	散布
フローバックDF	BT水和剤（生菌）	1000倍	発生初期	—	散布

チョウ目害虫が摂食すると食中毒を起こし致死する。遅効的であるが摂食停止作用は比較的短時間に発現し被害は大きく広がらない。天敵などに対しての影響は小さい

《IGR（脱皮阻害）剤》					
カウンター乳剤	ノバルロン乳剤	2000倍	発生初期	5回以内	散布

やや遅効的だが, 天敵などへの影響は小さい

《IGR（脱皮促進）剤》					
ロムダンフロアブル	テブフェノジド水和剤	1000倍	発生初期	5回以内	散布

やや遅効的だが, 天敵などへの影響は小さい

《オキサダイアジン系剤》					
ライトニング	インドキサカルブMP水和剤	2000倍	発生初期	4回以内	散布

食害停止効果があり, 齢期の進んだ幼虫にも有効

《スピノシン系》					
スピノエース顆粒水和剤	スピノサド水和剤	2500～5000倍	発生初期	2回以内	散布

天然物由来の殺虫剤で, 食毒または接触毒により作用する

《セミカルバゾン系》					
アクセルフロアブル	メタフルミゾン水和剤	1000～2000倍	発生初期	6回以内	散布

齢期の進んだ幼虫にも有効

《ジアミド系剤》					
プレバソンフロアブル5	クロラントラニリプロール水和剤	2000倍	発生初期	4回以内	散布
フェニックス顆粒水和剤	フルベンジアミド水和剤	2000倍	発生初期	4回以内	散布

プレバソンフロアブル5は浸透性を有し, 残効が長い。フェニックス顆粒水和剤は食害抑制効果を有し, 残効も長い。天敵などに対する影響が小さい

《ピロール系剤》

コテツフロアブル	クロルフェナピル水和剤	2000倍	発生初期	2回以内	散布

殺虫スペクトラムが広く, アザミウマ目, カメムシ目, ダニ類にも有効

《フェニルピラゾール系剤》

プリンスフロアブル	フィプロニル水和剤	2000倍	発生初期	5回以内	散布

アザミウマ類にも有効

《ピリダリル剤》

プレオフロアブル	ピリダリル水和剤	1000倍	発生初期	2回以内	散布

老齢幼虫にも有効で, 被害抑制効果を有する。アザミウマ類にも効果があり, 天敵などに対する影響が小さい

《マクロライド系剤》

アニキ乳剤	レピメクチン乳剤	1000～2000倍	—	6回以内	散布
アファーム乳剤	エマメクチン安息香酸塩乳剤	1000倍	発生初期	5回以内	散布

殺虫スペクトラムは広い。残効は短い

《性フェロモン剤》

コンフューザーV	アルミゲルア・ウワバルア・ダイアモルア・ビートアーミルア・リトルア剤	100～200本/10a（41g/100本製剤）	対象作物の栽培全期間	—	作物の生育に支障のない高さに支持棒などを立て支持棒にディスペンサーを巻き付け固定し圃場に配置する

交尾阻害を目的とし, 次世代の害虫密度を下げる

アブラムシ類

【ワタアブラムシ】

英名：Cotton aphid, Melon aphid

別名：イモアブラムシ，ムクゲアブラムシなど

学名：*Aphis gosspyii* Glover
《半翅目／アブラムシ科》

【キクヒメヒゲナガアブラムシ】

英名：Chrysanthemum aphid

別名：—

学名：*Macrosiphoniella sanborni* Gillette
《半翅目／アブラムシ科》

【キククギケアブラムシ】

英名：—

別名：—

学名：*Pleotrichophrus chrysanthemi* Theobald
《半翅目／アブラムシ科》

［多発時期］5〜6月と9〜11月（施設では盛夏を除く周年）

［伝染・侵入様式］飛来，株の持込み

［発生・加害部位］茎，葉，花

［発病・発生適温］20〜25℃

［湿度条件］比較的乾燥

［防除対象］成虫，幼虫

［他の被害作物］ワタアブラムシ：野菜，花卉，果樹類など多数。キクヒメヒゲナ
ガアブラムシおよびキククギケアブラムシ：ヨモギなど

（1）被害のようすと診断ポイント

発生動向　アブラムシ類は現在のところ，ネオニコチノイド系剤など効果の
高い薬剤の使用により，その発生が問題となる事例が少なくなった。

初発のでかたと被害　初発時は新芽や茎，葉裏などに生息することが多い。
発生量が少ない場合は吸汁による直接の被害は見られないが，肛門から排出し
た甘露が下葉に付着してすす病を併発し，それが汚れとなって見つけることが

できる。また，開花初期にも発生しやすく，花弁の中に潜り込んで見落としやすいが，花の直下にある葉上の甘露による汚れや脱皮殻を注意深く確認する。これを怠ると出荷後に花で多発したり，吸汁害で開花期間が短くなることがある。

多発時の被害　多発すると新芽や茎，葉裏などに群生するようになる。このときにはすす病も多発し，アブラムシ類の脱皮殻なども混じり，汚れが目立つようになる。葉表がすす病斑に被われるようになると光合成量が減少しキクの生育が悪くなってくる。なお，アブラムシの種類により甘露の排泄量に差があるようで，キクヒメヒゲナガアブラムシでは甘露は少なく，ワタアブラムシなどでは甘露が多い。また，キクではとくに問題となるアブラムシ類媒介のウイルス病はない。

診断のポイント　ワタアブラムシは，黒，黄，緑など体色に変化が多く，同じコロニーであってもいくつかの体色の個体が混じり合っていることも多い。初発時は葉裏に生息することが多いので見落とさないようにする。キクヒメヒゲナガアブラムシは赤褐色をしており，主に新芽付近の茎に頭を下に向けて群生する。比較的目立つ場所に生息するので見落としは少ない。キククギケアブラムシはやや大型で鮮緑色をしており，花蕾や葉裏に生息する。そのほかモモアカアブラムシ，クロサワアブラムシなども発生する。

防除適期の症状　発生を見たらただちに防除する。

類似症状・被害との見分けかた　類似した被害はとくにない。

(2) 病原・害虫の生態と発生しやすい条件

生態・生活サイクル　アブラムシ類の多くは越冬態が卵であることが知られているが，暖地や施設内では幼虫や成虫でも越冬する場合がある。自然状態では越冬した卵が春に孵化して成長し，やがて有翅の雌成虫が現われる。これが新たな餌植物に移動し幼虫を産む。幼虫が成長すると植物の生育状況が良好なかぎり，さらにたくさんの幼虫を産仔できる無翅の雌成虫が現われる。1世代に要する期間は種類によって異なるが，短いものではわずか1週間程度で世代を全うし，ハダニ類と並んで増殖力の大きい害虫である。無翅の成虫や幼虫は移動力が小さいので，増殖しすぎて餌植物の生育状況が悪化してくるとやがて

アブラムシ類

有翅の成虫が現われて移動していく。

発生しやすい条件　ワタアブラムシとキクヒメヒゲナガアブラムシは春から初夏と秋に発生が多くなる。盛夏のころはアブラムシ類にとっては温度が高すぎ，発育が抑制されるようである。キククギケアブラムシは秋の発生が多い。なお，暖冬の場合は越冬量が多い傾向があり翌春の発生量が多くなる。

(3) 防除のポイント

耕種的防除　キクヒメヒゲナガアブラムシ，キククギケアブラムシはヨモギなどに，ワタアブラムシは多種の雑草にも発生するので圃場周辺の除草を徹底する。

物理的防除として，アブラムシ類は銀色を忌避することが知られており，施設栽培の場合には開口部に目合いが1mm程度のシルバー寒冷紗を張ると飛来防止効果が高い。また，露地ではシルバーマルチで全面被覆するとやはり飛来防止効果が高い。これらの方法はミナミキイロアザミウマの防除対策としても有効である。

生物防除　アブラムシ類の天敵としてアブラバチなどの寄生蜂や，テントウムシ，クサカゲロウ，ショクガタマバエなどの捕食性昆虫，バーティシリウム属菌などの寄生菌があげられる。アブラムシ類の密度抑制に有力な天敵も多いので，生育初中期には，なるべく天敵類に影響の少ない薬剤の使用を心がける。

農薬による防除　アブラムシ類は増殖力が大きいので発生を見たらただちに防除することが原則。また開花前には必ず予防的に散布を行なう。ワタアブラムシは有機リン剤や合成ピレスロイド剤に対して高度に抵抗性を発達させている場合があるので，その場合は他の系統の薬剤を用いて防除する。また，現在効果のある薬剤も過剰な使用は抵抗性を発達させるおそれがあるので，系統の異なる薬剤でローテーション防除するように心がける。なお，キクヒメヒゲナガアブラムシやキククギケアブラムシは今のところ抵抗性発達の事例は報告されていない。薬剤散布するときには薬液が葉裏まで十分かかるようにていねいに行なう。とくに露地栽培で栽植密度が高い場合にはかけ残しがないように注意する。

効果の判断と次年度の対策　薬剤散布2〜3日後に圃場をみてアブラムシ類

が死亡しているかどうか確かめる。その際，息を吹きかけると死亡している場合は吹き飛ぶので，それを目安にする。

執筆　大野　徹 (愛知県農業総合試験場)		(1997年)
改訂　大野　徹 (愛知県農業総合試験場)		(2011年)

主要農薬使用上の着眼点（大野　徹, 2011）

(回数は同一成分を含む農薬の総使用回数。混合剤は成分ごとに別途定められているので注意)

商品名	一般名	使用倍数・量	使用時期	使用回数	使用方法
《ネオニコチノイド系剤》					
アクタラ粒剤5	チアメトキサム粒剤	6kg/10a	生育期	1回	株元散布
アドマイヤー1粒剤	イミダクロプリド粒剤	2g/株 (6kg/10a)	生育期	5回以内	株元散布
アドマイヤーフロアブル	イミダクロプリド水和剤	2000倍	発生初期	5回以内	散布
アルバリン粒剤	ジノテフラン粒剤	1g/株 (ただし, 10a当たり30kgまで)	定植時	1回	植穴土壌混和
アルバリン粒剤	ジノテフラン粒剤	20kg/10a	生育期	4回以内	株元散布
アルバリン顆粒水溶剤	ジノテフラン水溶剤	2000～3000倍	発生初期	4回以内	散布
スタークル粒剤	ジノテフラン粒剤	1g/株 (ただし, 10a当たり30kgまで)	定植時	1回	植穴土壌混和
スタークル粒剤	ジノテフラン粒剤	20kg/10a	生育期	4回以内	株元散布
スタークル顆粒水溶剤	ジノテフラン水溶剤	2000～3000倍	発生初期	4回以内	散布
ダントツ水溶剤	クロチアニジン水溶剤	4000倍	発生初期	4回以内	生育期株元灌注
ダントツ水溶剤	クロチアニジン水溶剤	2000～4000倍	発生初期	4回以内	散布
ダントツ粒剤	クロチアニジン粒剤	1g/株	発生初期	4回以内	生育期株元散布
ダントツ粒剤	クロチアニジン粒剤	6kg/10a	発生初期	4回以内	生育期株元散布
ベストガード水溶剤	ニテンピラム水溶剤	1000倍	発生初期	4回以内	散布

アブラムシ類

ベストガード粒剤	ニテンピラム粒剤	1〜2g/株	発生初期	4回以内	生育期株元散布
モスピランジェット	アセタミプリドくん煙剤	くん煙室容積400m³（床面積200m²×高さ2m）当たり50g	発生初期	5回以内	くん煙
モスピランワン粒剤	アセタミプリド粒剤	1g/株	発生初期	5回以内	株元散布
モスピラン液剤	アセタミプリド液剤	500倍	発生初期	5回以内	散布
モスピラン水溶剤	アセタミプリド水溶剤	4000倍	発生初期	5回以内	散布
モスピラン粒剤	アセタミプリド粒剤	0.5〜1g/株（ただし，30kg/10aまで）	生育初期	1回	株元散布
モスピラン顆粒水溶剤	アセタミプリド水溶剤	4000倍	発生初期	5回以内	散布

　殺虫スペクトラムが広く，比較的残効期間が長い。天敵などへの影響は比較的大きい

《ピリジンアゾメチン系剤》

チェス水和剤	ピメトロジン水和剤	3000倍	発生初期	4回以内	散布
チェス顆粒水和剤	ピメトロジン水和剤	5000倍	発生初期	4回以内	散布

　摂食阻害効果があり，コナジラミ類にも有効。天敵などへの影響は小さい

《殺ダニ剤（ピリダジノン系）》

サンマイトフロアブル	ピリダベン水和剤	1000倍	—	2回以内	散布

　速効的で，コナジラミ類，アブラムシ類にも有効

《殺ダニ剤（ピラゾール系）》

ピラニカEW	テブフェンピラド乳剤	1000倍	発生初期	1回	散布

　ハダニ類にも有効

《フェノキシベンジルアミド系剤》

ハチハチ乳剤	トルフェンピラド乳剤	1000倍	発生初期	4回以内	散布

　殺虫スペクトラムが広く，比較的残効期間が長い。天敵などへの影響は比較的大きい

《アミノピリミジン系剤》

ピリカット乳剤	ジフルメトリム乳剤	1000倍	発生初期	6回以内	散布

　白さび病にも有効

《ピリジンカルボキシアミド系剤》

ウララ50DF	フロニカミド水和剤	5000〜10000倍	発生初期	6回以内	散布

　コナジラミ類にも有効。天敵などへの影響は小さい

《気門封鎖剤》

エコピタ液剤	還元澱粉糖化物液剤	100倍	発生初期	—	散布

オレート液剤	オレイン酸ナトリウム液剤	100倍	発生初期～収穫前日まで	—	散布
カダンセーフ原液	ソルビタン脂肪酸エステル乳剤	500倍	発生初期	—	散布
ムシラップ	ソルビタン脂肪酸エステル乳剤	500倍	発生初期	—	散布

気門をふさぎ，窒息させるので虫体に直接かかるように散布する。天敵などへの影響は小さい

ハスモンヨトウ

英名：Commom cutworm, Cluster caterpillar, Cotton leafworm
別名：—
学名：*Spodoptera litura* Fabricius
《鱗翅目／ヤガ科》

［多発時期］8～10月
［伝染・侵入様式］飛来，幼虫の隣接圃場からの移動
［発生・加害部位］葉，花
［発病・発生適温］20～30℃
［湿度条件］比較的乾燥
［防除対象］卵，幼虫
［他の被害作物］キャベツ，サトイモ，ダイズ，トマト，ナス，バラ，シクラメン など

（1）被害のようすと診断ポイント

発生動向　発生量の年次変動が大きい害虫で，夏期に雨が少なく高温乾燥の年には発生量が多い傾向がある。また，台風通過後に飛来した成虫により異常発生することがある。

初発のでかたと被害　雌成虫が飛来し葉裏に数百卵の卵塊を産み付ける。孵化した幼虫はまず産み付けられた葉を群生して食害し，葉は表皮だけを残して白または褐色に透けて見えるようになる。

多発時の被害　2齢までは集団加害し，やがて隣接した株に加害が及ぶようになる。3齢以降は単独で食害するようになり，齢を重ねると食害量が加速度的にふえる。開花期に発生すると花弁に大きな被害を生ずる。

診断のポイント　卵塊は，キクでは中位の葉裏に産み付けられることが多い。卵塊は成虫の鱗毛で覆われ外からでは卵が見えにくい。

防除適期の症状　圃場を見回り孵化幼虫の食害により透けた葉を見つける。

類似症状・被害との見分けかた　若齢幼虫のときは他のヤガ類と区別が困難であるが，中齢期以降は体の斑紋で区別できる。また，卵塊を産み付け，鱗毛

で表面を覆うのは，このほかシロイチモジヨトウがあるが，本種のほうが卵塊のサイズが大きい。

(2) 病原・害虫の生態と発生しやすい条件

生態・生活サイクル　卵，幼虫，蛹を経て成虫となる。幼虫は6齢を経過し，老齢幼虫は大きいもので体長60mmにもなる。年間の発生は5回程度と考えられる。本種は南方系の害虫で休眠をせず，本土では越冬できないとされているが，施設内では冬でも加害を続ける。

発生しやすい条件　本種は多食性の害虫で，圃場の近くで多発生するとそこから幼虫が侵入してくることもある。被害がふえるのは夏以降で，晩秋まで被害が続く。また，夏期に高温乾燥である年は発生量が多い傾向がある。

(3) 防除のポイント

耕種的防除　物理的防除として，卵塊や孵化幼虫の段階では捕殺の効果が高い。施設栽培では開口部に目合いが5mm程度の防虫ネットを張ると飛来防止効果が高い。ただし雌成虫はハウス部材にも卵塊を産み付けるので，そのような場合には卵塊を除去する。

生物防除　本種の天敵にはクモ類などの捕食性の天敵や，緑きょう菌，核多角体ウイルスによる病気などがある。

農薬による防除　老齢幼虫は防除効果が著しく劣ってくるので，若齢期に防除する。孵化幼虫の段階で捕殺した場合には周りに逃亡する幼虫もあるので，スポット的に薬剤散布を併用すると防除効果が高くなる。

効果の判断と次年度の対策　薬剤散布後，被害が大きくならなければ効果があったとみてよい。交信攪乱用フェロモン剤の場合には，フェロモン剤を処理したところと処理していないところにそれぞれフェロモントラップを設置し，雄の誘殺量を比較する。

　執筆　大野　徹（愛知県農業総合試験場）　　　　　　　　　　（1997年）

　改訂　大野　徹（愛知県農業総合試験場）　　　　　　　　　　（2011年）

ハスモンヨトウ

主要農薬使用上の着眼点 (大野　徹, 2011)

(回数は同一成分を含む農薬の総使用回数。混合剤は成分ごとに別途定められているので注意)

商品名	一般名	使用倍数・量	使用時期	使用回数	使用方法
《微生物農薬》					
クオークフロアブル	BT水和剤 (生菌)	400倍	発生初期ただし, 収穫前日まで	―	散布
ゼンターリ顆粒水和剤	BT水和剤 (生菌)	1000倍	発生初期	―	散布

チョウ目害虫が摂食すると食中毒を起こし致死する。遅効的であるが摂食停止作用は比較的短時間に発現し被害は大きく広がらない。天敵などに対しての影響は小さい

《IGR (脱皮阻害) 剤》					
ノーモルト乳剤	テフルベンズロン乳剤	2000倍	発生初期	2回以内	散布
マッチ乳剤	ルフェヌロン乳剤	2000倍	発生初期	5回以内	散布

やや遅効的だが, 天敵などへの影響は小さい

《IGR (脱皮促進) 剤》					
マトリックフロアブル	クロマフェノジド水和剤	2000倍	発生初期	4回以内	散布
ロムダンフロアブル	テブフェノジド水和剤	1000倍	発生初期	5回以内	散布

やや遅効的だが, 天敵などへの影響は小さい

《オキサダイアジン系剤》					
ライトニング	インドキサカルブMP水和剤	2000倍	発生初期	4回以内	散布

食害停止効果があり, 齢期の進んだ幼虫にも有効

《ジアミド系剤》					
プレバソンフロアブル5	クロラントラニリプロール水和剤	2000倍	発生初期	4回以内	散布
フェニックスジェット	フルベンジアミドくん煙剤	くん煙室容積400m³ (床面積200m²×高さ2m) 当たり50g	―	4回以内	くん煙
フェニックス顆粒水和剤	フルベンジアミド水和剤	2000倍	発生初期	4回以内	散布

プレバソンフロアブル5は浸透性を有し, 残効が長い。フェニックスジェット, フェニックス顆粒水和剤は食害抑制効果を有し, 残効も長い。天敵などに対する影響が小さい

《ピロール系剤》					
コテツフロアブル	クロルフェナピル水和剤	2000倍	発生初期	2回以内	散布

殺虫スペクトラムが広く, アザミウマ目, カメムシ目, ダニ類にも有効

キク／害虫

721

《マクロライド系剤》

アニキ乳剤	レピメクチン乳剤	1000～2000倍	—	6回以内	散布
アファーム乳剤	エマメクチン安息香酸塩乳剤	1000倍	発生初期	5回以内	散布

　殺虫スペクトラムは広い。残効は短い

《性フェロモン剤》

コンフューザーV	アルミゲルア・ウワバルア・ダイアモルア・ビートアーミルア・リトルア剤	100～200本/10a（41g/100本製剤）	対象作物の栽培全期間	—	作物の生育に支障のない高さに支持棒などを立て支持棒にディスペンサーを巻き付け固定し圃場に配置する
ヨトウコン-H	リトルア剤	20～200m/10a（20cmチューブの場合100～1000本）	成虫発生初期から終期まで	—	施設（施設内上部に固定する，または枝などに巻き付ける）

　交尾阻害を目的とし，次世代の害虫密度を下げる

キク／害虫

シロイチモジヨトウ

英名：Beet armyworm

別名：テンサイヨトウ

学名：***Spodoptera exigua* Hübner**

《鱗翅目／ヤガ科》

［多発時期］8〜11月

［伝染・侵入様式］飛来

［発生・加害部位］新芽，葉，花

［発病・発生適温］20〜30℃

［湿度条件］比較的乾燥

［防除対象］卵，幼虫，成虫（交信攪乱）

［他の被害作物］キャベツ，ネギ，サヤエンドウ，ホウレンソウ，カーネーション，シュッコンカスミソウ，トルコギキョウ，バラなど

(1) 被害のようすと診断ポイント

発生動向　本種はテンサイ，ワタなどに寄生する世界的に名の知られた害虫で，日本では1960年ごろ九州のテンサイで問題となったことはあるが，その後はあまり被害が問題となるようなことはなかった。しかし1980年代から九州や四国のネギ栽培地帯で発生が問題となり，その後，関東以西の各種の野菜・花卉類栽培地帯で被害が問題になるようになった。

初発のでかたと被害　雌成虫が飛来し，株の低い位置の葉裏に数十卵程度の卵塊を産み付ける。卵塊には産卵した雌の鱗毛が付着している。孵化幼虫は新芽などの柔らかい部分に食入し，内部から加害する。そのため新芽がしおれたり，周りに虫糞が見つかる。また加害により心止まりとなることも多い。

多発時の被害　中齢期以降になると新芽付近の葉を内部からつづり合わせその中を食害するため，加害部分は表皮だけを残して白または褐色に透けて見える。加害が新芽に集中するため被害が大きくなる。

診断のポイント　鱗毛で覆われた卵塊，吐糸でつづられた新芽が特徴である。

防除適期の症状　圃場を見回り，孵化幼虫の食害によって透けた葉を見つけ

723

る。

類似症状・被害との見分けかた　若齢幼虫のときはハスモンヨトウなどと区別が困難であるが，中齢期以降は体の側面下部に白線が目立つようになる。体の大きさが老齢幼虫で30mm程度とかなり小さい。卵塊を産み付け，鱗毛で表面を覆うのは，このほかハスモンヨトウがあるが，本種のほうが卵塊のサイズは小さい。

(2) 病原・害虫の生態と発生しやすい条件

生態・生活サイクル　卵，幼虫，蛹を経て成虫となる。年間の発生は西南日本で5回程度と考えられる。本種は南方系の害虫で幼虫は休眠をしないが，露地では老齢幼虫または蛹で緩やかに成長しながら越冬していると考えられている。施設内では冬でも加害を続ける。産卵から羽化までの生育所要日数は16℃で100日以上であるが，30℃ではわずか16日である。このため夏季が高温の年は多発する傾向がある。

発生しやすい条件　各種作物を加害するため，圃場の周辺にキャベツ，ネギ，ホウレンソウなど好適な作物がある場合に発生量が多くなる。また本種は比較的低い位置（高さ10cm以内）に産卵する性質があり，孵化幼虫は好んで新芽部分に食入するため，キクの定植時期が成虫の発生ピークと重なった場合に被害が大きくなる。

(3) 防除のポイント

耕種的防除　物理的防除として，施設栽培の場合は目合いが5mm程度の防虫ネットを張り成虫の飛来を防ぐ。

生物防除　本種の天敵微生物として核・細胞質多角体病，顆粒病などのウイルス，緑きょう病や微胞子虫が知られている。

農薬による防除　孵化直後に植物内に食入するため薬剤がかかりにくく，また齢期を重ねるごとに薬剤の効果が劣ってくるので，IGR剤を用いて孵化直後の幼虫をねらって防除する。防除時期の判断はむずかしいが発生予察用のフェロモントラップが市販されており，これを利用し成虫がトラップに誘殺され始めたら防除を実施するなどの方法も考えられる。

シロイチモジヨトウ

効果の判断と次年度の対策　薬剤の場合は散布後被害が大きくならなければ効果があったとみてよい。交信攪乱用フェロモン剤の場合には，フェロモン剤を処理したところと処理していないところにそれぞれフェロモントラップを設置し，雄の誘殺量を比較する。

　　執筆　大野　徹（愛知県農業総合試験場）　　　　　　　　　　（1997年）

　　改訂　大野　徹（愛知県農業総合試験場）　　　　　　　　　　（2011年）

主要農薬使用上の着眼点（大野　徹, 2011）

（回数は同一成分を含む農薬の総使用回数。混合剤は成分ごとに別途定められているので注意）

商品名	一般名	使用倍数・量	使用時期	使用回数	使用方法
《IGR（脱皮阻害）剤》					
アタブロン乳剤	クロルフルアズロン乳剤	2000倍	発生初期	5回以内	散布
ノーモルト乳剤	テフルベンズロン乳剤	2000倍	発生初期	2回以内	散布

　　やや遅効的だが, 天敵などへの影響は小さい

商品名	一般名	使用倍数・量	使用時期	使用回数	使用方法
《IGR（脱皮促進）剤》					
ロムダンフロアブル	テブフェノジド水和剤	1000倍	発生初期	5回以内	散布

　　やや遅効的だが, 天敵などへの影響は小さい

商品名	一般名	使用倍数・量	使用時期	使用回数	使用方法
《セミカルバゾン系剤》					
アクセルフロアブル	メタフルミゾン水和剤	1000～2000倍	発生初期	6回以内	散布

　　齢期の進んだ幼虫にも有効

商品名	一般名	使用倍数・量	使用時期	使用回数	使用方法
《ピロール系剤》					
コテツフロアブル	クロルフェナピル水和剤	2000倍	発生初期	2回以内	散布

　　殺虫スペクトラムが広く, アザミウマ目, カメムシ目, ダニ類にも有効

商品名	一般名	使用倍数・量	使用時期	使用回数	使用方法
《マクロライド系剤》					
アファーム乳剤	エマメクチン安息香酸塩乳剤	1000倍	発生初期	5回以内	散布

　　殺虫スペクトラムは広い。残効は短い

商品名	一般名	使用倍数・量	使用時期	使用回数	使用方法
《性フェロモン剤》					
コンフューザーV	アルミゲルア・ウワバルア・ダイアモルア・ビートアーミルア・リトルア剤	100本/10a（41g/100本製剤）	対象作物の栽培全期間	—	作物の生育に支障のない高さに支持棒などを立て, 支持棒にディスペンサーを巻き付け固定し圃場に配置する
ヨトウコン―S	ビートアーミルア剤	ハウスの場合:100～140m（20cmチューブの場合は500～700本）/10a	シロイチモジヨトウの発生初期～終期	—	作物上に支柱などを用いて固定する

　　交尾阻害を目的とし, 次世代の害虫密度を下げる

ヨトウガ

英名：Cabbage armyworm
別名：ヨトウムシ，ヤトウムシ
学名：***Mamestra brassicae* Linné**
《鱗翅目／ヤガ科》

［多発時期］5～6月と9～10月
［伝染・侵入様式］飛来と幼虫の外部からの侵入
［発生・加害部位］葉，花
［発病・発生適温］20～25℃
［湿度条件］比較的乾燥
［防除対象］卵，幼虫
［他の被害作物］キャベツ，ダイコン，ジャガイモ，ニンジン，ホウレンソウ，ダリア，
　　カーネーション，スイトピーなど多数

(1) 被害のようすと診断ポイント

発生動向　特記すべきことはない。

初発のでかたと被害　雌成虫が葉裏に通常50～200卵程度の卵塊を産み付ける。孵化した幼虫はまず産み付けられた葉を群生して食害し，葉が表皮だけを残して白または褐色に透けて見えるようになる。

多発時の被害　2齢までは集団で加害をする。そのまま放っておくと産卵された株はほぼ食べ尽くされ，隣接した株に加害が及ぶようになる。3齢以降は単独で食害するようになり，さらに齢を重ねると食害量が加速度的にふえ，株が丸ごと食べられてしまうこともまれではない。開花期に発生すると花弁に大きな被害を生ずる。

診断のポイント　卵塊は，キクでは中位の葉裏に産み付けられることが多い。産み付けられたばかりの卵塊は1層で白く，卵の一つ一つが確認できる。若齢幼虫では形態的に区別がむずかしい。中齢期以降は体の斑紋がはっきりしてくるので区別がつく。

防除適期の症状　圃場を見回り，孵化幼虫の食害によって透けた葉を見つけ

る。

類似症状・被害との見分けかた　若齢幼虫のときは他のヤガ類と区別が困難であるが，中齢期以降は体の斑紋で区別できる。また，卵塊を産み付けるのはこのほかシロシタヨトウ，ハスモンヨトウやシロイチモジヨトウがあるが，本種の卵はほぼ白色で卵塊は産み重ねて多層になることはなく，また表面が鱗毛で被われることはない。

(2) 病原・害虫の生態と発生しやすい条件

生態・生活サイクル　卵，幼虫，蛹を経て成虫となる。幼虫は6齢を経過するが，4齢期以降は昼間姿を見せずに主として夜間に食害する。"夜盗虫"と呼ばれるゆえんである。

発生しやすい条件　本種は典型的な多食性の害虫で，圃場の近くで多発生するとそこから幼虫が侵入してくることもある。時期的に被害が増えるのは関東以西では，幼虫が大きくなる6月と10月以降である。しかし，北陸地方や東北地方以北では夏に休眠しない系統が認められ，6月から10月にかけて連続的に発生が繰り返される。

(3) 防除のポイント

耕種的防除　物理的防除として，卵塊や孵化幼虫の段階では捕殺の効果が高い。施設栽培の場合は開口部に防虫ネットを張ると飛来防止効果が高い。その際，目合いが5mm程度の風通しのよいもので十分である。幼虫が圃場に侵入してくることもあるので，隣接圃場の発生状況にも注意する。

生物防除　野外では鳥やハチ類が天敵として知られているが，これらは昼間活動性でヨトウガの幼虫が中齢期以降，夜間のみ活動するようになるとその効果は期待できない。

農薬による防除　老齢幼虫は薬剤がかかりにくい部位に潜んでいるため，中齢期以前に防除する。孵化幼虫の段階で捕殺した場合には糸を引いて落下し逃亡する幼虫もあるので，スポット的に薬剤散布を併用すると防除効果が高くなる。

効果の判断と次年度の対策　薬剤散布後被害が拡大しなければ効果があった

ヨトウガ

とみてよい。交信攪乱用フェロモン剤の場合には，フェロモン剤を処理したところと処理していないところにそれぞれフェロモントラップを設置し，雄の誘殺量を比較する。

　　執筆　大野　徹（愛知県農業総合試験場）　　　　　　　　　　（1997年）

　　改訂　大野　徹（愛知県農業総合試験場）　　　　　　　　　　（2011年）

主要農薬使用上の着眼点（大野　徹, 2011）

（回数は同一成分を含む農薬の総使用回数。混合剤は成分ごとに別途定められているので注意）

商品名	一般名	使用倍数・量	使用時期	使用回数	使用方法
《IGR（脱皮阻害）剤》					
ノーモルト乳剤	テフルベンズロン乳剤	2000倍	発生初期	2回以内	散布
やや遅効的だが，天敵などへの影響は小さい					
《ピロール系剤》					
コテツフロアブル	クロルフェナピル水和剤	2000倍	発生初期	2回以内	散布
殺虫スペクトラムが広く，アザミウマ目，カメムシ目，ダニ類にも有効					
《マクロライド系剤》					
アファーム乳剤	エマメクチン安息香酸塩乳剤	1000倍	発生初期	5回以内	散布
殺虫スペクトラムは広い。残効は短い					
《性フェロモン剤》					
コンフューザーV	アルミゲルア・ウワバルア・ダイアモルア・ビートアーミルア・リトルア剤	100～200本/10a（41g/100本製剤）	対象作物の栽培全期間	―	作物の生育に支障のない高さに支持棒などを立て，支持棒にディスペンサーを巻き付け固定し圃場に配置する
交尾阻害を目的とし，次世代の害虫密度を下げる					

ミナミキイロアザミウマ

英名：Melon thrips
別名：—
学名：***Thrips palmi*** Karny
《アザミウマ目／アザミウマ科》

［多発時期］7〜11月
［伝染・侵入様式］飛来，株の持込み
［発生・加害部位］新芽，未展開葉，花弁
［発病・発生適温］20〜30℃
［湿度条件］乾燥
［防除対象］成虫
［他の被害作物］ナス，ピーマン，ジャガイモ，ホオズキ，メロン，キュウリ，スイカ，カボチャ，ホウレンソウ，シュンギク，インゲンマメなど

（1）被害のようすと診断ポイント

発生動向　1978年に宮崎県で初発見された侵入害虫で，果菜類を中心に現在41都府県にまで分布が広がっている。日本に侵入後30年以上経過しており，当初は防除薬剤も少なく防除が非常にむずかしい害虫であったが，国内の公的な試験研究機関による発生生態解明，効果の高い薬剤の開発などで各種被害作物で防除方法がおおむね確立されたことや，さらには農家の本種に対する認識度が高まったことで以前ほど被害が問題になることはなくなった。キクにおいては非常に低密度発生でも被害が発現するので完全な防除は困難な状況ではあるが，被害発現は品種間差が大きく，栽培品種の変遷とともに本種の害虫としての重要度も変化している。

初発のでかたと被害　主として圃場に飛来してきた成虫が栄養生長期の新芽を加害し，その展開葉が縮葉などの奇形葉になったり，葉表にケロイド症状となったりして食害痕が残る。

多発時の被害　新芽が多数の成虫によって加害を受けた場合には心止まりとなる。また開花期に花弁を加害することもあり，その場合は花弁にカスリ状の

食痕が認められる。花弁の被害は黄，赤色などの有色系統の花で目立つ。

診断のポイント　展開葉のケロイド症状は，本種特有の被害症状である。被害症状が発現した株とその周辺の株の未展開葉部分をルーペで注意深く観察すると，体長1mm程度，オレンジ色がかった体色で，背中の羽根の閉じ目が黒い筋条に見える本種が確認できる。

防除適期の症状　防除適期の症状は認められず，展開葉のケロイド症状を見てからではすでに手遅れである。

類似症状・被害との見分けかた　展開葉の奇形は，ウスモンミドリカスミカメの吸汁加害によっても発生するが，本害虫は薬剤感受性が高く，通常の薬剤による防除を実施している圃場では発生することはない。

(2) 病原・害虫の生態と発生しやすい条件

生態・生活サイクル　本種は卵，1齢幼虫，2齢幼虫，前蛹，蛹を経過して成虫となる。成虫はキクの主に新芽の組織内に産卵する。幼虫は地上部で発育するが，前蛹，蛹は土中の比較的浅い部分に潜んでいる。キクを加害するステージは成虫と1～2齢幼虫であるが，成虫の加害が主体である。

発生しやすい条件　キクでは本種による被害発現の品種間差が大きく，かつての輪ギク主力品種であった秀芳の力，黄秀芳の力は被害が出やすかった。圃場の付近に本種の増殖に適したウリ科，ナス科作物が栽培されていると，そこで大量に発生し飛来源となる。本種は南方系の昆虫であるため南西諸島よりも北の地域では越冬できないとされている。そのため越冬する場所は加温された施設に限られ，春先の発生源はこれらの施設ということになる。また各種雑草にも寄生し増殖する。

(3) 防除のポイント

耕種的防除　圃場の周辺で本種の発生が多いと予想されるときは，できる限り被害が出にくい品種を選んで栽培する。各種雑草にも発生するので圃場周辺の除草を徹底する。

物理的防除として，本種は銀色を忌避することが知られており，施設栽培の場合には開口部に目合いが1mm程度のシルバー寒冷紗を張ると飛来防止効果

ミナミキイロアザミウマ

が高い。また，露地ではシルバーマルチで全面被覆すると本種の定着防止効果が高い。キクが生長し草丈が高くなってくると効果が劣ってくるが，生育初期には被害防止効果が非常に高い。

生物防除　本種の有力な天敵としてヒメハナカメムシ類があげられるが，多くの殺虫剤に対して感受性が高く，頻繁に薬剤防除を実施している圃場では効果は期待できない。とくに合成ピレスロイド剤は大きな影響があるようで，この剤の乱用は長期間天敵類を排除し，かえって被害を増大させることがある。

農薬による防除　出荷時の上位展開葉（25葉程度）に被害が認められないようにするには年末出荷の電照ギクの場合，収穫時期から逆算して消灯2週間前から消灯2週間後に防除の重点を置くようにする。また，キクの生育初期に多数の成虫飛来が予想される場合には定植時や生育初期の粒剤処理が効果的である。

効果の判断と次年度の対策　薬剤散布をして1週間程度してから展開してくる葉に，ケロイド状の食害痕が認められなければ効果があったと判断してよい。

　　執筆　大野　徹（愛知県農業総合試験場）　　　　　　　　　　　　（1997年）

　　改訂　大野　徹（愛知県農業総合試験場）　　　　　　　　　　　　（2011年）

主要農薬使用上の着眼点（大野　徹, 2011）
　　　　（回数は同一成分を含む農薬の総使用回数。混合剤は成分ごとに別途定められているので注意）

商品名	一般名	使用倍数・量	使用時期	使用回数	使用方法
《IGR（脱皮阻害）剤》					
アタブロン乳剤	クロルフルアズロン乳剤	2000倍	発生初期	5回以内	散布
カウンター乳剤	ノバルロン乳剤	2000倍	発生初期	5回以内	散布
やや遅効的だが，天敵などへの影響は小さい					
《スピノシン系》					
スピノエース顆粒水和剤	スピノサド水和剤	5000倍	発生初期	2回以内	散布
天然物由来の殺虫剤で，食毒または接触毒により作用する					
《ネオニコチノイド系剤》					
アドマイヤー1粒剤	イミダクロプリド粒剤	3kg/10a	生育期	5回以内	散布

アドマイヤーフロアブル	イミダクロプリド水和剤	2000倍	発生初期	5回以内	散布
アドマイヤー顆粒水和剤	イミダクロプリド水和剤	5000倍	発生初期	5回以内	散布
ダントツ水溶剤	クロチアニジン水溶剤	2000倍	発生初期	4回以内	散布
ダントツ水溶剤	クロチアニジン水溶剤	4000倍	発生初期	4回以内	生育期株元灌注
ダントツ粒剤	クロチアニジン粒剤	2g/株	発生初期	4回以内	生育期株元散布
モスピラン水溶剤	アセタミプリド水溶剤	2000倍	発生初期	5回以内	散布
モスピラン粒剤	アセタミプリド粒剤	1g/株（ただし，30kg/10aまで）	生育初期	1回	株元散布
モスピラン顆粒水溶剤	アセタミプリド水溶剤	2000倍	発生初期	5回以内	散布

　殺虫スペクトラムが広く，比較的残効期間が長い。天敵などへの影響は比較的大きい

《ピロール系剤》

コテツフロアブル	クロルフェナピル水和剤	2000倍	発生初期	2回以内	散布

　殺虫スペクトラムが広く，チョウ目，カメムシ目，ダニ類にも有効

《フェニルピラゾール系剤》

プリンスフロアブル	フィプロニル水和剤	2000倍	発生初期	5回以内	散布

　チョウ目害虫にも有効

《フェノキシベンジルアミド系剤》

ハチハチフロアブル	トルフェンピラド水和剤	1000倍	発生初期	4回以内	散布
ハチハチ乳剤	トルフェンピラド乳剤	1000倍	発生初期	4回以内	散布

　殺虫スペクトラムが広く，チョウ目，ハモグリバエ類，アブラムシ類，白さび病にも有効。天敵などへの影響は大きい

クロゲハナアザミウマ

英名：Chrysanthemum thrips
別名：―
学名：***Thrips nigropilosus* Uzel**
《アザミウマ目／アザミウマ科》

［多発時期］5〜6月
［伝染・侵入様式］成虫の飛来，隣接株からの移動
［発生・加害部位］新芽，新葉，花
［発病・発生適温］露地では春から秋まで見られ，施設内では1年を通して被害が発
　　　　生するので15〜25℃と考えられる
［湿度条件］やや乾燥した条件が発生に好適と考えられる
［防除対象］成虫，幼虫
［他の被害作物］コスモス，ヒマワリ。ランやトルコギキョウなどの花で被害が発
　　　　生することがある。雑草ではタンポポ，アザミ，ブタナ，ヨモギ類などキク科
　　　　雑草，キツネノボタン（キンポウゲ科）で発生する。国外ではキク科以外の植
　　　　物に広く寄生することが記録されている

（1）被害のようすと診断ポイント

発生動向　日本全国，国外ではヨーロッパ，シベリア，韓国，北アメリカ，
オーストラリアなどに分布する。成虫，幼虫ともキク科植物の花と葉を加害す
る。成虫で越冬するが，施設栽培では冬季にも被害が発生する。

初発のでかたと被害　新芽に寄生，加害すると，展開してくる葉はケロイド
様の症状や縮れ，引きつれが発生する。生長点の生育は阻害され，黄〜褐変す
る。ヒマワリでは葉裏に成虫と幼虫が寄生して吸汁加害すると白色小斑点が発
生する。花では線状・網目状の白斑が生じる。

多発時の被害　シルバリング，奇形葉が目立ち，着蕾前の葉では出荷に影響
を及ぼす被害となる。ヒマワリでは下位葉から葉が黄化することが知られる。

診断のポイント　雌成虫の体長は約1.2〜1.4mm，雄成虫はやや小さく約
0.9mmである。体色は全体的に黄色〜茶褐色で腹部は暗色に見える。胸部には

不定形の褐色斑が多いことが特徴である。雄はすべて短翅型で，雌には長翅型と短翅型が現われる。触角は褐色で7節，腹部の腹板，側背板のいずれも副刺毛を欠き，第2背板側縁の刺毛は3本。

防除適期の症状　発生初期に防除する必要がある。展開してくる新葉にケロイド様の症状が発生してきたときに対策を講じる。

類似症状・被害との見分けかた　ヒラズハナアザミウマ，ミカンキイロアザミウマ，ダイズウスイロアザミウマ，ネギアザミウマ，ミナミキイロアザミウマなど各種アザミウマが混発することが多く，被害からの区別は困難である。カンザワハダニなどのハダニによる被害にも似るが葉では奇形葉などは発生せず，全体が白っぽく見える。ハダニ類が多発して花にも寄生するようになると花弁へのかすり状痕も発生して，被害だけではさらに見分けにくい。

(2) 病原・害虫の生態と発生しやすい条件

生態・生活サイクル　年間3〜4回世代を繰り返し，芽の中などで成虫越冬する。加温施設では通年活動し冬季の被害も発生する。露地では4月に活動し始め，秋まで見られる。新葉展開期には生長点である新芽の部位に潜り込んで加害する。春から梅雨明けころと秋季に多くなる。老熟幼虫は地上に降り，土中で蛹化する。

発生しやすい条件　やや乾燥した条件が増殖に好適と考えられる。

(3) 防除のポイント

耕種的防除　物理的防除として施設では0.6mm以下の目合いの防虫網の展張が有効である。近紫外線除去フィルムの展張もスリップスに有効であるが，花色の発現に影響する可能性がある。圃場周辺のノボロギクなどキク科雑草は発生源となるので処分する。

生物防除　とくになし。土着のヒメハナカメムシ類による捕食はあると思われる。

農薬による防除　発生初期に処理する。新芽部に潜り込んでいるために散布剤がよくかかるように留意する。

効果の判断と次年度の対策　新芽部の未展開部に残存している虫がいないか

クロゲハナアザミウマ

ルーペなどで確認する。毎年の被害発生時期を踏まえて，発生初期に対策できるよう準備する。また，施設ではアザミウマ類の粘着トラップ（青色，黄色など）の設置により発生状況のモニタリングが可能である。

　　執筆　竹内　浩二（東京都島しょ農林水産総合センター大島事業所）　（2010年）

主要農薬使用上の着眼点 (竹内浩二, 2010)

（回数は同一成分を含む農薬の総使用回数）

商品名	一般名	使用倍数・量	使用時期	使用回数	使用方法
《IGR剤》					
カウンター乳剤	ノバルロン乳剤	2000倍（100～300l/10a）	発生初期	5回以内	散布

　　天敵生物への影響は比較的小さい。やや遅効的である

商品名	一般名	使用倍数・量	使用時期	使用回数	使用方法
《カーバメート系剤》					
オンコルマイクロカプセル	ベンフラカルブマイクロカプセル剤	1000倍（100～300l/10a）	発生初期	3回以内	散布
オンコル粒剤5	ベンフラカルブ粒剤	6kg/10a	生育期	3回以内	株元散布

　　浸透移行性，残効性が高い

商品名	一般名	使用倍数・量	使用時期	使用回数	使用方法
《ネオニコチノイド系剤》					
ダントツ水溶剤	クロチアニジン水溶剤	2000倍（100～300l/10a）	発生初期	4回以内	散布
ベニカ水溶剤	クロチアニジン水溶剤	2000倍（100～300l/10a）	発生初期	4回以内	散布
ダントツ水溶剤	クロチアニジン水溶剤	4000倍（1l/m²）	発生初期	4回以内	生育期株元灌注
ダントツ粒剤	クロチアニジン粒剤	2g/株	発生初期	4回以内	生育期株元処理
ベニカ粒剤	クロチアニジン粒剤	2g/株	発生初期	4回以内	生育期株元処理
モスピラン水溶剤	アセタミプリド水溶剤	2000倍（100～300l/10a）	発生初期	5回以内	散布
モスピラン粒剤	アセタミプリド粒剤	1g/株	生育初期	1回	株元散布

　　比較的残効期間が長い。天敵生物への影響は大きい

商品名	一般名	使用倍数・量	使用時期	使用回数	使用方法
《有機リン剤》					
オルトラン水和剤	アセフェート水和剤	1000～1500倍（100～300l/10a）	発生初期	5回以内	散布
ジェイエース水溶剤	アセフェート水溶剤	1000～1500倍（100～300l/10a）	発生初期	5回以内	散布

ジェネレート水溶剤	アセフェート水溶剤	1000〜1500倍 (100〜300l/10a)	発生初期	5回以内	散布
スミフェート水溶剤	アセフェート水溶剤	1000〜1500倍 (100〜300l/10a)	発生初期	5回以内	散布
オルトラン粒剤	アセフェート粒剤	3〜6kg/10a	発生初期	5回以内	株元散布
ジェイエース粒剤	アセフェート粒剤	6〜9kg/10a	発生初期	5回以内	株元散布
スミフェート粒剤	アセフェート粒剤	6〜9kg/10a	発生初期	5回以内	株元散布
トクチオン乳剤	プロチオホス乳剤	1000倍	発生初期	5回以内	散布
マラソン乳剤	マラソン乳剤	2000〜3000倍	発生初期	6回以内	散布

接触毒と食毒の両作用, 幅広い害虫に有効, 作物への吸収移行なし

《フェニルピラゾール系剤》

プリンスフロアブル	フィプロニル水和剤	2000倍 (100〜300l/10a)	発生初期	5回以内	散布

接触毒と食毒の両作用だが, 食毒が強く残効も比較的長い

《混合剤》

ベニカDスプレー	エトフェンプロックス・クロチアニジン液剤	原液	—	4回以内	散布 (スプレー)

浸透移行性が高く, 食葉性, 吸汁性, 土壌潜伏害虫など広範囲の害虫に利用可

《ピラゾール系剤》

ハチハチフロアブル	トルフェンピラド水和剤	1000倍 (100〜300l/10a)	発生初期	4回以内	散布
ハチハチ乳剤	トルフェンピラド乳剤	1000倍 (100〜300l/10a)	発生初期	4回以内	散布

トルフェンピラドは植物体への浸透移行性がないので, かけ残しがないように葉の表裏に十分散布する

《混合剤》

マラバッサ乳剤	マラソン・BPMC乳剤	1500倍	開花期まで	4回以内	散布

即効性であるが, 天敵生物への影響は大きい

ミカンキイロアザミウマ

ミカンキイロアザミウマ

英名：Western flower thrips
別名：—
学名：***Frankliniella occidentalis* Pergande**
　　　《アザミウマ目／アザミウマ科》

［多発時期］3～7月
［伝染・侵入様式］苗による持込み。圃場外部からの飛来侵入
［発生・加害部位］芽，花
［発病・発生適温］20～30℃
［湿度条件］蛹は高湿度条件を好む
［防除対象］成虫，幼虫
［他の被害作物］キク，バラ，カーネーション，トルコギキョウ，シクラメンなど
　　　花卉類全般，キュウリ，ナス，ピーマン，トマト，イチゴ，レタス

(1) 被害のようすと診断ポイント

　発生動向　本種は1990（平成2）年にはじめて発生が確認された侵入害虫で，1996年までに45都道府県で発生が確認されており，ほぼ全国的に発生している。近年いくつかの防除対策が確立されつつあり，壊滅的な被害が発生することは少なくなったが，初発生の地域では対応が遅れ，多発する場合も見られる。

　本種に，トマト黄化えそウイルス（TSWV）を媒介するアザミウマ類の一種である。TSWVはキクでは葉に退緑輪紋やえそ輪紋を，また，茎にえそ条斑や折れ曲がりを発生させ，商品価値は著しく低下する。1997年以降，本種の発生地域でキク，ガーベラ，トマト，ピーマンなどでTSWVが発生し，西日本では増加傾向にある。

　初発のでかたと被害　定植直後から芽に寄生し，芽が食害され，それが展開した新葉の葉表には，不定形のひっかき傷，火傷痕様の傷（ケロイド症状），または網目状の傷が発生する。初夏から秋の栽培では，ミナミキイロアザミウマも同時発生する場合が多く，同様の食害を発生させている。この葉の食害痕は，着蕾後には葉色が濃くなることにより目立たなくなる場合がある。

739

着蕾後は主に蕾に寄生し，膜割れとともに内部に侵入し，伸長前の花弁を食害する。ほかよりも早く咲く花に集中する傾向があり，食害されやすい。そのような花では開花初期にも伸展前の花弁にカスリ状の傷が発生する。食害されると，白や黄色などの淡色の花弁では褐色のカスリ症状となり，紫などの濃色の花弁では白く退色する。

多発時の被害　多発すると芽の食害により，芽が黄化や奇形となり，ほとんどの葉に食害痕が発生する。

開花の早い花に成虫が集中しやすく，開花の伸展とともに幼虫が発生し，食害が進行する。多発すると被害は施設内全体に拡大する場合がある。集中的に食害を受けた花は，ほとんどの花弁が食害され，褐変し，商品価値が著しく低下する。

診断のポイント　展開した葉の表側に不定形のひっかき傷，火傷痕様の傷，または網目状の傷がみられたら，芽の重なり部分をピンセットなどであけてみると，長さ1～2mm程度の細長い黄色や茶色の虫がみられるが，これがアザミウマ類である。

キクの芽を加害するアザミウマ類には本種のほかに，ミナミキイロアザミウマが知られるが，微小なため肉眼により種を同定することは困難である。

花では膜割れ直後から蕾の内部に侵入し，花弁を食害するため，蕾が割れ始めて花弁が1cm程度見える状態でカスリ状の食害痕がみられる。本種は開花の早い花に集中的に寄生する傾向があり，圃場内でとくに生育の早い株の被害に注意して，被害の出方を観察することにより，発生をより早く気づくことができる。とくに施設では開口部付近の株に発生しやすい傾向がある。

被害のある花を，(1) 白紙の上でたたき，虫を落とす，(2) 50％アルコール液または展着剤希釈液中で虫を洗い落とす，などの方法により虫を確認することができる。採集した虫を70％エタノール液中に入れると長期保存でき，専門家に種の確認を依頼するときに都合がよい。また，黄色または青色の粘着トラップを株上30～50cmに設置し，アザミウマ類を捕獲することができる。これらの捕獲したアザミウマ類は20倍程度のルーペである程度種を判定することができる。

本種は露地では5～7月に，施設では3～7月に多発する傾向がある。常発

ミカンキイロアザミウマ

地域では，このような時期にアザミウマ類が発生しているようであれば，本種の可能性が高い。一方，未発生地域では，薬剤の防除効果が低い場合，一度，専門家に種の判定をしてもらったほうがよい。

　防除適期の症状　常発地域では，5〜7月の定植後に葉に被害がみられた場合はすぐに薬剤防除を実施する。とくに多発時期が開花期に当たる作型では，露地，施設ともに，被害が発生しやすい生育の早い花や施設開口部付近の花に注意し，被害が見られたら，すぐに薬剤防除を行なう。低密度から防除を行なったほうが密度の回復が遅く，効果的である。

　施設栽培では，開口部付近の株の上に平板粘着トラップ（トラップの色はピンクやマリンブルーで誘引力が高い。大きさは200cm²以上がよい。プラスチック板や色紙に金竜スプレーなどの粘着剤を塗布する）を設置し，疑わしいアザミウマが誘殺された場合は防除を実施する。

　類似症状・被害との見分けかた　葉や芽の被害はミナミキイロアザミウマでも同様であるため，被害から種を識別するのは困難である。ただし，ミナミキイロアザミウマは7〜9月に多発する傾向があるのに対し，本種は5〜6月に多発するため，発生時期がおおよその目安となる。

　また，ミナミキイロアザミウマはアドマイヤー水和剤などのクロロニコチル系殺虫剤に対し感受性が高いのに対し，本種は感受性が低いので，これらの薬剤を散布しても被害が継続して発生する場合は本種の可能性が高い。

　花ではヒラズハナアザミウマも同様の被害を発生させるため，被害から種を見分けることは困難である。しかし，ヒラズハナアザミウマは殺虫剤による防除効果が高いが，本種は多くの薬剤において効果が低いため，薬剤防除を実施しても発生しやすい。また，本種の発生は5〜7月に多発する傾向と休眠性がないことから施設内では冬期や春先から発生することが特徴である。したがって，冬期や春から初夏に被害が発生する場合，本種の可能性が高い。

（2）病原・害虫の生態と発生しやすい条件

　生態・生活サイクル　ミカンキイロアザミウマの雌成虫は体長1.4〜1.7mmの紡錘形をしており，体色は冬期には黒褐色，夏期には黄色である。雄成虫は雌よりも小型で，体長約1.0mm，体色は一年を通して黄色である。

本種の成虫は花に集中して寄生し，15℃では100日程度，20℃では60日程度生存し，植物組織中に200～300卵を産卵する。

幼虫は花や芽または葉を食べ，2齢を経て土中で蛹となり，新成虫が羽化する。卵から成虫までの発育期間は，15，20，25，30℃でそれぞれ34，19，12，9.5日であり，卵，幼虫および蛹の期間はそれぞれ20，50，30％の比率である。発育の停止する温度（発育ゼロ点）は9.5℃と考えられるが，休眠性がないため，冬でも施設内では発育増殖することができる。

暖地では本種はキク親株や，ノボロギク，ホトケノザなどの越年性雑草上で露地越冬している。その他の地域でも花卉や果菜類などの施設内で越冬している。

野外では4月上旬から飛しょう分散を始め，5月に急増し，6月に発生数がピークとなる。7月下旬から8月には発生が少ないが，9月に再び増加し，10月には減少するが，11月末まで飛しょうがみられる。

寄主植物は多く，海外では200種以上の植物で寄生が確認されており，わが国でも農作物，雑草を問わず非常に多種類の植物，とくに花に寄生する。暖地では多種類の農作物や雑草の花を移動しながら，一年中野外で生息することができる。とくに雑草では春から初夏に開花するキク科雑草やカラスノエンドウ，シロツメクサで増殖している。

TSWVはアザミウマ類の食害により媒介され，土壌伝染や種子伝染はしない。TSWVを媒介するアザミウマは国内では6種が知られるが，最近はミカンキイロアザミウマが発生している地域で本病が拡大している。1齢幼虫はTSWVに感染した植物を食害することによりウイルス粒子を体内に取り込み，羽化後，成虫は死ぬまで媒介することができる。このため，本ウイルスに感染したキク親株圃場は保毒虫の増殖場所となる。

発生しやすい条件　野外での発生は降雨により左右され，雨が多いときには発生数が少なく，雨が少ないときは発生数が多い。とくに春から初夏にかけて少雨のときは6～7月に多発生しやすい。

近隣で花卉類が栽培されている場合，圃場内外で雑草が開花している場合，観賞用などの無防除の花が植えられている場合など，これらの場合ではミカンキイロアザミウマが増殖する場所が近隣にあるため，発生する機会が多くな

る。したがって，薬剤散布などの防除を実施しても施設内に再侵入し，防除効果が上がりにくい。

収穫期をすぎて満開の状態になっている花は増殖に大変好適な場所であり，このような花を圃場内に放置すると，発生数が多くなる。また，このような花を取り除いても，圃場外に放置すると，虫が四方に分散し，新たな発生源となる。

花卉類栽培地帯では，多様な作物や作型が栽培されている場合，本種の寄主植物が一年中存在し，発生が途切れることなく，常発となりやすい。

(3) 防除のポイント

耕種的防除　本種は農作物，雑草を問わず多種類の植物の花に寄生する。とくに花卉類の花は増殖場所となるため，施設内外に不要な花を植えない。雑草の花でも増加し，また開花前の雑草も薬剤散布後の一時的な避難場所となるので，施設周囲や内部の除草に努める。

取り除いた花や雑草などを圃場の近隣に放置すると，植物が乾燥したあとにアザミウマ類が飛び出し，周辺へ分散してしまう。そこで，残渣は焼却または土中に埋める。

野外では5月から7月上旬は発生数が多いため，施設開口部から頻繁に侵入する。このため，施設開口部に防虫ネットを張り，侵入を防止する。微小な昆虫であるためネットの目合いは細かいほど侵入防止効果が高く，1mm程度ならば侵入防止効果があるが，2mmではやや効果が劣る。ただし，青色や黄色のネットは本種を誘引する可能性があるため，使用しない。

TSWV対策のために，怪しいウイルス病がみられた圃場の株を親株に使用しないこと。できるかぎり，定期的にウイルス病に感染していない苗を購入し，親株とする必要がある。また親株養成をできれば施設内で行なうと，感染を防ぎやすい。

生物防除　果菜類ではタイリクヒメハナカメムシ，スワルスキーカブリダニなどの天敵が利用されている。また，2011（平成23）年に花卉類のアザミウマ類に対してスワルスキーカブリダニの農薬適用が拡大された。今後，キクにおける実用化が期待される。

農薬による防除　常発地域においては，施設では3〜7月，露地でも5〜7月に発生が増加するので，早めに防除を実施する。7月下旬から8月は本種の密度は低く推移する傾向があるが，9〜10月に再びやや増加し，とくに施設内では増加しやすい。

被害や発生に気づいたら，できるかぎり早く防除を実施する。このとき，5〜7日間隔で2回連続で防除すると，薬剤のかかりにくい卵や蛹が残っても2回目の薬剤散布で防除することができ効率的である。その後は発生状況に注意し，防除する。

多発時期では，生育期には10〜14日間隔で，着蕾後は5〜7日間隔で薬剤防除を実施する。

キクでは本種を対象に合成ピレスロイド剤のアーデント水和剤（1,000倍），生育阻害剤（IGR剤）のカスケード乳剤（2,000倍）およびマッチ乳剤（1,000倍），ピロール系剤のコテツフロアブル（2,000倍）のほか，マクロライド系剤のアファーム乳剤（2,000倍）が登録されている。また，キクのアザミウマ類を対象に，有機リン剤のトクチオン乳剤（1,000倍），生育阻害剤のカウンター乳剤（2,000倍），放線菌生成物（スピノシン系剤）のスピノエース顆粒水和剤（5,000倍）のほか，ハチハチ乳剤（1,000倍），プリンスフロアブル（2,000倍）が登録されている。

キクではオルトラン粒剤の株元施用（1〜2g/株）も効果があり，膜割れ直前または出荷約2週間前に処理する。散布剤との併用により，相乗効果がある。

品種により薬害が発生する可能性もあるので，はじめて薬剤散布を行なう場合は一部の株で試しに散布し，薬害のないことを確認する。また，高温時や夕方の薬剤散布は薬害を助長する可能性があるので，できるかぎり午前中に薬剤散布を行なう。

親株床でも露地越冬を行なって翌春の発生源となる。越冬明け後の3月上旬から増殖，4月中旬から分散を開始するので，3月上旬以降，1週間間隔で2〜3回薬剤散布を行なう。これはTSWV対策としても重要と考えられる。

効果の判断と次年度の対策　薬剤散布3〜7日後に，開花中の花30花程度を前述の「診断のポイント」の要領で調査する。5花程度に寄生がみられる場合は追加防除を行なう。発生数が多い場合には7日後には密度が回復しやすい。

ミカンキイロアザミウマ

執筆　片山　晴喜（静岡県病害虫防除所）　　　　　　　　　（1997年）

改訂　片山　晴喜（静岡県病害虫防除所）　　　　　　　　　（2011年）

主要農薬使用上の着眼点 (片山　晴喜, 2011)

（回数は同一成分を含む農薬の総使用回数。混合剤は成分ごとに別途定められているので注意）

商品名	一般名	使用倍数・量	使用時期	使用回数	使用方法
《マクロライド系剤》					
アファーム乳剤	エマメクチン安息香酸塩乳剤	1000〜2000倍	発生初期	5回以内	散布

ハモグリバエ類, オオタバコガにも効果がある

《スピノシン系剤》					
スピノエース顆粒水和剤	スピノサド水和剤	5000倍	発生初期	2回以内	散布

ハモグリバエ類, オオタバコガにも効果がある

《ピラゾール系剤》					
ハチハチ乳剤	トルフェンピラド乳剤	1000倍	発生初期	4回以内	散布

ハモグリバエ類, 白さび病にも効果がある

《フェニルピラゾール系剤》					
プリンスフロアブル	フィプロニル水和剤	2000倍	発生初期	5回以内	散布

オオタバコガにも効果がある

《ピロール系剤》					
コテツフロアブル	クロルフェナピル水和剤	2000倍	発生初期	2回以内	散布

ハダニ類, ヨトウムシ類, オオタバコガにも効果がある

《ネオニコチノイド系剤》					
ダントツ水溶剤	クロチアニジン水溶剤	2000倍	発生初期	4回以内	散布
ダントツ粒剤	クロチアニジン粒剤	2g/株	発生初期	4回以内	株元散布
アクタラ顆粒水溶剤	チアメトキサム水溶剤	1000倍	発生初期	6回以内	散布
ベストガード水溶剤	ニテンピラム水溶剤	1000倍	発生初期	4回以内	散布
ベストガード粒剤	ニテンピラム粒剤	2g/株	発生初期	4回以内	株元散布

アブラムシ類にも効果がある

《有機リン剤》					
トクチオン乳剤	プロチオホス乳剤	1000倍	発生初期	5回以内	散布

アブラムシ類にも効果があるが, 薬剤抵抗性を発達させている場合もある

《合成ピレスロイド剤》

アーデント水和剤	アクリナトリン水和剤	1000倍	発生初期	5回以内	散布

　　ハダニ類，アブラムシ類にも効果があるが，薬剤抵抗性を発達させている場合もある

《キチン合成阻害系剤》

カウンター乳剤	ノバルロン乳剤	2000倍	発生初期	5回以内	散布
カスケード乳剤	フルフェノクスロン乳剤	2000倍	—	3回以内	散布
マッチ乳剤	ルフェヌロン乳剤	1000倍	発生初期	5回以内	散布

　　幼虫のみに効果がある。カスケード乳剤・マッチ乳剤はマメハモグリバエにも，カウンター乳剤はオオタバコガにも効果がある

クリバネアザミウマ

英名：Banded greenhouse thrips

別名：—

学名：***Hercinothrips femoralis* (Reuter)**

《アザミウマ目／アザミウマ科》

[多発時期] 施設内では通年

[伝染・侵入様式] 苗などによる持込み，施設外部からの飛来

[発生・加害部位] 葉

[発病・発生適温] 20〜30℃

[湿度条件] 高湿条件を好む

[防除対象] 成虫，幼虫

[他の被害作物] ディフェンバキア，ハマユウ，トルコギキョウ，ケイトウ，ナデシコ，キュウリ，ナス，ピーマン

(1) 被害のようすと診断ポイント

発生動向　アフリカ起源のアザミウマであるが，近年，世界中に分布を拡大し，施設栽培で問題となることがある。

国内でも1992（平成4）年ころから，施設内の花卉類，果菜類で発生が確認されている。キクにおける被害は生産圃場では報告されていないが，接種試験により葉の食害が確認されている。

初発のでかたと被害　展開葉の葉裏および葉表のシルバリング，かすり症状。

多発時の被害　展開葉の全面が食害を受け，灰白色に枯死する。なお，虫糞が黒い小点として散在する。株全体が食害を受けると，株が枯死することがある。

診断のポイント　かすり症状の出た葉を観察し，黒褐色のアザミウマ成虫，尾端に黒い虫糞をつけた幼虫が寄生している場合は本種である可能性がある。

防除適期の症状　葉のシルバリング，かすり症状，退緑斑などの被害初期。

類似症状・被害との見分けかた　ミナミキイロアザミウマによる新葉の食害は引っ掻いたようなケロイド症状を呈するが，本種の食害は株元の展開葉にシ

ルバリング，かすり症状または退緑斑が発生する。また，本種の幼虫は尾端に黒い虫糞をつけており，キクに発生するほかのアザミウマ類幼虫とは大きく異なる。

(2) 病原・害虫の生態と発生しやすい条件

生態・生活サイクル 雌成虫の体長は1.2～1.5mm。体色は褐色であるが，頭部では複眼と単眼の間が黄色～茶色，前翅には黄色の帯がある。幼虫は黄色であるが，腹部背面は排泄物が固着して黒褐色に見える。尾部末端に黒褐色で球状の排泄物が付着する場合も多い。卵から成虫まで24℃条件下では24日，27℃条件下では19日を要する。産雌単為生殖を行なうため，雌のみが発生する。海外ではキク科，サトイモ科，サクラソウ科，シソ科，サボテン科，イラクサ科，ウコギ科，コショウ科，キョウチクトウ科，ユリ科，カヤツリグサ科の植物で被害の報告があり，寄主範囲が広い。

発生しやすい条件 薬剤防除の少ない施設栽培で発生しやすい。

(3) 防除のポイント

耕種的防除 寄主範囲が広いため，施設周辺の各種植物に生息している可能性がある。施設への飛込みを防ぐため，目合い1mm以下の防虫ネットを施設開口部に設置する。

生物防除 花卉類のアザミウマ類に対してスワルスキーカブリダニが市販されているが，本種に対する防除効果は不明。

農薬による防除 発生や被害に気がついたら，できるかぎり早く薬剤防除を実施する。このとき，5～7日間隔で2～3回連続防除すると，薬剤に接触しにくい卵や蛹が発育したあとに防除でき，効果的である。キクではアザミウマ類を対象とした，有機リン剤のマラソン乳剤（2,000～3,000倍），アセフェート水和剤（1,000～1,500倍）およびトクチオン乳剤（1,000倍）が登録されており，本種に有効である。このほか，ネオニコチノイド系剤のモスピラン水溶剤（2,000倍），スピノシン系剤のスピノエース顆粒水和剤（5,000倍）の効果も高い。

効果の判断と次年度の対策 成幼虫の寄生がなくなったり，被害の拡大が収

まれば，防除効果が上がったと考えられる。

施設内の作物残渣や雑草に本種が寄生する可能性があり，次作の発生源となる。次作や周辺作物のために栽培終了後は施設内の作物残渣や雑草をていねいに処分する。

執筆　片山　晴喜（静岡県病害虫防除所）　　　　　　　　　　（2011年）

主要農薬使用上の着眼点（片山　晴喜, 2011）

（回数は同一成分を含む農薬の総使用回数。混合剤は成分ごとに別途定められているので注意）

商品名	一般名	使用倍数・量	使用時期	使用回数	使用方法
《有機リン剤》					
オルトラン水和剤	アセフェート水和剤	1000〜1500倍	発生初期	5回以内	散布
ジェイエース水溶剤	アセフェート水溶剤	1000〜1500倍	発生初期	5回以内	散布
トクチオン乳剤	プロチオホス乳剤	1000倍	発生初期	5回以内	散布
マラソン乳剤	マラソン乳剤	2000〜3000倍	発生初期	6回以内	散布

アブラムシ類にも効果がある

《スピノシン系剤》					
スピノエース顆粒水和剤	スピノサド水和剤	5000倍	発生初期	2回以内	散布

ハモグリバエ類，オオタバコガにも効果がある

《ネオニコチノイド系剤》					
モスピラン水溶剤	アセタミプリド水溶剤	2000倍	発生初期	5回以内	散布
ダントツ水溶剤	クロチアニジン水溶剤	2000倍	発生初期	4回以内	散布

アブラムシ類にも効果がある

キクヒメタマバエ

英名：Japanese cherysanthemum gall midge
別名：—
学名：***Rhopalomyia chrysanthemum*** Monzen
《双翅目／タマバエ科》

[多発時期] 春
[伝染・侵入様式] 圃場外からの飛来
[発生・加害部位] 新芽，葉，茎
[発病・発生適温] 20℃
[湿度条件] 適湿
[防除対象] 成虫，幼虫
[他の被害作物] 不明

(1) 被害のようすと診断ポイント

発生動向　少。

初発のでかたと被害　展開した新葉の葉表に虫こぶが点々と現われる。

多発時の被害　虫こぶが葉一面に発生する。新芽や茎にも発生することがある。多発生すると葉は枯れることがある。

診断のポイント　展開した葉の虫こぶに注意をする。

防除適期の症状　登録農薬はない。

類似症状・被害との見分けかた　他の害虫による近似の被害はない。白さび病の病斑と異なり，こぶ状となっている。

(2) 病原・害虫の生態と発生しやすい条件

生態・生活サイクル　年間の発生消長は不明な害虫である。キクでの被害は，4月から発生が始まり，5〜6月に多発生し，7月以降は激減する。この間，2，3世代発生すると思われる。その後キクでの発生は認められない。施設栽培では，3月から発生することもある。キクでの品種間差異は認められていない。野外では，キク科の雑草で発生していると思われるが，調査報告はない。

751

発生しやすい条件　前年，発生した圃場では多発生になる傾向が強い。

施設栽培の発生が多い。

圃場周辺にキク科雑草の多いところでは，キクでの発生も多い。

4～5月にアブラムシの発生が極少であると，本種の発生は多くなるという事例もある。これはアブラムシ対象の薬剤散布が省略されるため，本種への影響が減少するためと推察される。

(3) 防除のポイント

耕種的防除　圃場周辺の除草を行なう。施設栽培では，換気窓に1mm目合いの防虫網を張り，成虫の飛来を防ぐ。

生物防除　とくに有効な生物防除法は確立されていないが，本種幼虫への寄生蜂の寄生密度は非常に高いときがある。

農薬による防除　登録農薬はない。

効果の判断と次年度の対策　被害葉の減少。

挿し芽を採るときには，無寄生の親株を選ぶ。

圃場周辺のキク科雑草で発生していると思われるので，周年除草対策を行なう。とくに，キク科雑草には注意を払い除草する。

執筆　池田　二三高（静岡県病害虫防除所）　　　　　　　　　　　（1997年）

改訂　池田　二三高（元静岡県病害虫防除所）　　　　　　　　　　（2011年）

アシグロハモグリバエ

アシグロハモグリバエ

英名：South American leafminer, Pea leafminer
別名：レタスハモグリバエ（旧名）
学名：***Liriomyza huidobrensis* Blanchard**
《双翅目／ハモグリバエ科》

［多発時期］施設栽培で周年発生。とくに春～夏期
［伝染・侵入様式］苗による持ち込み，発生圃場からの飛来
［発生・加害部位］葉
［発病・発生適温］15～25℃
［湿度条件］なし
［防除対象］幼虫，成虫
［他の被害作物］ナス科，ウリ科，アブラナ科，セリ科，ユリ科，アカザ科，ナデ
シコ科，リンドウ科，キキョウ科，アオイ科，イソマツ科，アルストロメリア
科，ノウゼンハレン科，フウチョウソウ科，シソ科，ヒユ科，マメ科，スミレ科，
ツルムラサキ科，キンポウゲ科，サクラソウ科，クマツヅラ科，ツユクサ科，
ケシ科，アマ科，カタバミ科，ハナシノブ科に属する多種類の野菜，花卉類お
よび雑草

（1）被害のようすと診断ポイント

発生動向　本種は中南米原産の侵入害虫で，国内では2001年に北海道で初
めて発生が確認された。2009年9月現在，山口県，宮城県，青森県，岩手県，
広島県，群馬県で発生が確認され，北海道および青森県では，侵入後も発生が
継続的に見られ発生地域も拡大している。

初発のでかたと被害　はじめ，成虫の摂食・産卵による直径1mm程度の白
い小斑点が葉表面に現われる。成虫は成熟葉を好み，展開間もない未熟葉には
摂食・産卵しない。

　幼虫は葉内に潜ったまま表皮を残して葉肉を食害するため，白い線状の食害
痕が残る。幼虫の食害痕は葉の主脈や基部に集中する傾向がある。また，葉脈
組織内および葉柄に潜孔する場合もある。

多発時の被害　出荷時の上～中位葉に成虫の食痕・産卵痕および幼虫の食害

痕が多数発生し，商品価値が著しく低下する。被害程度は品種や生育ステージによって異なることが考えられるが，キュウリ，インゲンおよびアスターのように幼虫の多寄生により葉が黄変・枯死することは比較的少ないとみられる。

診断のポイント　苗に幼虫の食害痕や成虫の摂食・産卵痕がないかよく確かめる。

定植後は，圃場内に黄色粘着板などを設置し，成虫の発生状況を確認する。葉表面を観察し，幼虫の線状食害痕の発生に先立って認められる成虫食痕に注意して，被害多発の徴候を見逃さない。

防除適期の症状　初発時の成虫による白い小斑点状の摂食・産卵痕や幼虫による小さな白い線状食害痕が見られた時期。

類似症状・被害との見分けかた　本種成虫の外観は，後頭部，胸部側面および脚部腿節は黒色部分の占める割合が多く，同属のナスハモグリバエ，マメハモグリバエなどに比べ全体として黒っぽい。また，腹板の地色も黒色で，ナスハモグリバエ，マメハモグリバエなどと異なることから，黄色粘着板などにより成虫を捕獲し，外観形態を観察することによって識別することができる。より正確な同定には，雄成虫の生殖器の形態の比較や遺伝子診断法による確認が必要である。ただし，ナスハモグリバエのキクへの寄生はまれで，多発した事例はない。

ナモグリバエ成虫の体色は灰黒色であることから本種と容易に区別できる。

幼虫の食害痕は，マメハモグリバエが曲線的であるのに対して，本種は葉脈に沿う形で潜孔していることが多い。

本種およびマメハモグリバエは葉から脱出して蛹になるのに対して，ナモグリバエは葉内で蛹化し，蛹または蛹殻が葉内に必ず残っている。また，本種の幼虫は黄白色で，葉内に幼虫がいれば，黄橙色であるマメハモグリバエと区別することができる。

(2) 病原・害虫の生態と発生しやすい条件

生態・生活サイクル　産卵から羽化までの所要日数は，15℃では約42日，20℃では約23日，25℃では約16日である。

卵と幼虫は葉内に寄生するが，幼虫は老熟すると葉から脱出して土中（一部

は葉の表面）で蛹になる。

　本種は休眠性がなく，蛹は低温条件（0℃）が続くと生存することができないことから，寒冷地では野外で越冬する可能性は低いと考えられる。施設栽培では一年中発生を繰り返すが，春〜夏期に多発することが多く，冬期の発生は少ない。

　寄主植物はきわめて多く，国内ではこれまでにアブラナ科，キク科およびナス科を含む24科65種以上の植物で寄生が確認されている。これまでハモグリバエによる被害があまり問題とならなかったアカザ科のホウレンソウやテンサイ，キク科のアスターで多発することが本種の特徴として挙げられる。

　発生しやすい条件　自家用の野菜や花卉類を含め，複数種の作物を周年栽培している圃場で本種が継続して発生している場合が多い。特に，ホウレンソウ，キュウリ，インゲンなどの本種に好適とみられる作物が主要な増殖源となって，周囲の作物に被害を与えている事例が多い。

(3) 防除のポイント

　耕種的防除　育苗は，アシグロハモグリバエが発生していないところで行ない，苗による持ち込みに注意する。購入苗を使用する場合は，幼虫が寄生していないかよく確かめ，寄生が少しでも認められたら，その苗は使用しない。

　雑草にも寄生し発生源となることから，圃場周辺の除草を徹底する。

　このほか，防虫ネットやハウス蒸し込み，被害残渣の処分などの方法については，マメハモグリバエに準じて行なう。

　生物防除　これまでに3科14種の土着寄生蜂が確認されているが，天敵資材や土着寄生蜂を利用したアシグロハモグリバエの防除事例は報告がない。

　農薬による防除　多発生後の防除は困難となることから，発生初期から薬剤散布を定期的に行なうことが必要であるが，本種は有機リン剤および合成ピレスロイド剤に対して全般的に感受性が低いと考えられる。

　本種に適用のある薬剤はないものの，これまでの室内試験および他作物の試験例から，ミカンキイロアザミウマに登録のあるIGR剤のカスケード乳剤およびマッチ乳剤，マクロライド系剤のスピノエース顆粒水和剤およびアファーム乳剤が有効と考えられる。

周囲にある寄主生物についても同様に防除を徹底し，発生源とならないように注意する。

効果の判断と次年度の対策　黄色粘着板などを圃場に設置して，アシグロハモグリバエ成虫の捕獲数の増減によって効果を判断する。

1週間間隔で2〜3回の連続散布を行なっても，幼虫の食害痕および成虫の捕獲数が増加するようであれば効果が低いと判断する。

寒冷地では冬期間にビニールを除去したり側面を開放して低温にさらし，ハウス内に残存するアシグロハモグリバエを死滅させる。

少発生時でも植物をよく観察し，被害株や被害葉の除去および除草を徹底し，増殖源をつくらない。越冬期など発生が一時的に終息しても密度が急増する場合があるので，黄色粘着板などを設置して，成虫の発生を継続的に監視するとともに，作物の被害の発生をよく観察して早期防除に努める。

執筆　新藤　潤一（地方独立行政法人青森県産業技術センター野菜研究所）（2009年）

主要農薬使用上の着眼点（新藤潤一，2009）

（回数は同一成分を含む農薬の総使用回数）

商品名	一般名	使用倍数・量	使用時期	使用回数	使用方法
《マクロライド系剤》					
アファーム乳剤	エマメクチン安息香酸塩乳剤	1000倍（100〜300l/10a）	発生初期	5回以内	散布

花卉類・観葉植物のハモグリバエ類としての登録。魚毒性が高く，蚕やミツバチに対しても毒性が高い

キクモンサビダニ

キクモンサビダニ

英名：Chrysanthemum mottle mite
別名：—
学名：***Paraphytoptus kikus* Chinone**
《ダニ目／フシダニ科》

［多発時期］5〜9月
［伝染・侵入様式］苗とともに移動，他の昆虫や風に乗って飛来する
［発生・加害部位］新葉部，茎，花
［発病・発生適温］—
［湿度条件］—
［防除対象］—
［他の被害作物］キク，ハマギク，コハマギク，チュウゴクノギク，ピレオギク，
　　　　　　　　イソギク，シオギク

キク／害虫

（1）被害のようすと診断ポイント

発生動向　ダニは0.2mm内外と小さくフシダニに気づかない場合や，ウイルス病と見間違う場合が多い。キクモンサビダニによる被害のうち黄色輪紋斑を生じる被害は「モンモン病」と呼ばれ，ウイルス病と考えられていた。そのため現在でもフシダニの発生自体に気がつかない場合が多い。発生地から採穂したり，苗を購入した場合に発生することが多い。

初発のでかたと被害　典型的な症状は下位葉に輪紋斑や線状斑が出る。フシダニの系統によっては，輪紋斑や線状斑を出さずに，茎にさび症状を生じるものがある。

多発時の被害　葉に輪紋斑や線状斑，または茎にさび症状を生じる。ハウスなどで多発した場合には葉の変形，花の変形，茎のさび症状を生じる。

診断のポイント　斑紋は葉の小さい時期に加害された食害痕が大きくなったものであり，多くの場合，斑紋が出た葉にはフシダニがいない。フシダニは展開を始めた若い葉の裏側の毛が密な部分にいることが多い。その葉を取り，高倍率の実体顕微鏡で検鏡するか普及所に持ち込んで調査してもらう。

757

防除適期の症状　農薬登録薬剤がなく，薬剤による防除はできない。

類似症状・被害との見分けかた　類似症状としてはウイルス病がある。しかし，フシダニの被害症状自体が多くの症状を呈するので典型的な症状の場合を除き，その症状だけからはウイルスの症状と区別ができない。被害を確認するためにはフシダニの存在を確認する必要がある。

(2) 病原・害虫の生態と発生しやすい条件

生態・生活サイクル　卵，第1若虫，第1静止期，第2若虫，第2静止期，成虫の各態がある。フシダニは展開を始めた若い葉の裏側の毛が密な部分にいる場合が多く，斑紋が出た葉にはフシダニがいない場合が多い。越冬は冬至芽内で行なわれる。多くの場合，キクモンサビダニは苗により伝搬される。定植後は風や他の昆虫類に乗って移動する。

発生しやすい条件　ハウス栽培や軒下など雨の当たらない乾燥した条件下で発生しやすい。

(3) 防除のポイント

耕種的防除　雨の当たらない環境で増えやすい傾向があり，前年発生した株は露地で栽培するなどし，キクモンサビダニが発生した親株から取った苗はハウス内に定植しない。

生物防除　なし。

農薬による防除　なし。

効果の判断と次年度の対策　ルーペなどで直接フシダニの発生を確認し，キクモンサビダニが発生した親株から取った苗はハウス内に定植しない。

執筆　根本　久（埼玉県園芸試験場）　　　　　　　　　　　　　（1997年）

改訂　根本　久（保全生物的防除研究事務所）　　　　　　　　　（2011年）

アワダチソウグンバイ

英名：Chrysanthemum lace bug

別名：—

学名：***Corythucha marmorata* (Uhler)**

《カメムシ目／グンバイムシ科》

［多発時期］7〜8月

［伝染・侵入様式］圃場外のキク科雑草などからの成虫の侵入

［発生・加害部位］葉

［発病・発生適温］15〜30℃（推定値）

［湿度条件］やや乾燥

［防除対象］幼虫，成虫

［他の被害作物］アスター，シュッコンアスター，ガザニア，ヒマワリ，ヒメヒマワリ，シロタエヒマワリ，ユリオプシスデージー，ノコンギク，ヒャクニチソウ，シオン，エボルブルス（アメリカンブルー），アゲラタム（カッコウアザミ），サツマイモ，キクイモ，ナスなど

(1) 被害のようすと診断ポイント

発生動向　本種は北米原産で，キク科植物を加害し，アメリカ合衆国本土，カナダ南部，アラスカ南部，南はメキシコやジャマイカまで生息している。北米以外の生息域は韓国に2011年に，この前後にヨーロッパにも侵入したようである。日本には2000年に兵庫県で確認されたあと，宮城県以南の本州の各県をはじめ，四国，九州にも分布域を広げている。キク科植物のほか，サツマイモやナスでも被害がある。ナスでは繁殖せず，被害は一時的なものとされている。高温乾燥した環境で増加する傾向がある。

初発のでかたと被害　ハダニの被害のように葉の表面にカスリ状の白い点々が見られ，葉裏に体長が約3mmで相撲の行司が使う軍配に似た形状をした成虫が見える。

多発時の被害　寄生されると成幼虫の吸汁により，葉表に白いカスリ状の脱色斑点が見られ，葉裏には黒いタールのような排泄物が見られる。寄生密度の

高い株では葉全体が褐変し，枯死する葉も見られる。

診断のポイント　葉裏に体長が約3mmで，相撲の行司が使う軍配に似た形状をした透明の翅に多数の褐色斑紋のある成虫が見える。寄生されると成幼虫の吸汁により，葉表に白いカスリ状の脱色斑点が見られ，葉裏には，黒いタールのような排泄物が見られる。

防除適期の症状　5月下旬の第1世代成虫が飛来して加害を始めた時期で，葉の表面にカスリ状の白い点々が見えたとき。

類似症状・被害との見分けかた　他の害虫としてはキクグンバイ *Galeatus spinifrons*（国内ではキクグンバイに Chrysanthemum lace bug の英名が与えられているが，この英名は欧米ではアワダチソウグンバイの英名とされている）の可能性もあるが，アワダチソウグンバイでは前胸背嚢状突起は頭部を覆い，前胸背翼状突起の側縁と前翅側縁の一部には棘状突起があり，キクグンバイと区別できる。また，ハダニによる被害とも似るが，アワダチソウグンバイではハダニと比べカスリ状の被害痕はより大きく，葉裏にグンバイムシが見える。

(2) 病原・害虫の生態と発生しやすい条件

生態・生活サイクル　成虫はセイタカアワダチソウや落ち葉の下で越冬していることが知られていて，セイタカアワダチソウで生活史をまっとうしていると考えられている。越冬した成虫が分散し繁殖する。産卵は寄主植物の葉脈に沿って一個ずつ葉肉内に産卵され，この部分は黒く変色する。セイタカアワダチソウでは4月中旬ころから第1世代幼虫が発生し，幼虫は葉裏で集団で過ごし成虫となった第1世代以降の成虫がキクに飛来して加害する。

発生しやすい条件　本種は高温乾燥を好み，栽培地周辺にセイタカアワダチソウなどのキク科雑草が繁茂する場所では発生しやすい。第1世代成虫発生期以降にセイタカアワダチソウその他の雑草を除草すると，えさをなくした成虫が分散しやすい。

(3) 防除のポイント

耕種的防除　冬季から4月にかけてロゼット状のセイタカアワダチソウを除草する。第1世代成虫発生期以降にセイタカアワダチソウその他の雑草を除草

アワダチソウグンバイ

するとえさをなくした成虫が分散しやすいので，第1世代成虫発生期前までに除草はすましておく。

　施設栽培では開口部を防虫ネットで被覆すると発生を防止することが可能である。

　生物防除　キクのアワダチソウグンバイを対象とした生物農薬の登録薬剤はなく，国内では生物農薬による防除はできない。

　農薬による防除　キクに飛来した第1世代成虫およびキクで発生した第2世代幼虫をねらいコテツフロアブルを葉裏にかかるように散布する。

　効果の判断と次年度の対策　葉の表面にカスリ状の白い点々が見えず，葉裏にグンバイムシが見られない。次年度の対策は，冬季にロゼット状のセイタカアワダチソウを除草し越冬個体を死滅させる。除草した残渣は穴埋めするなどして処分し，放置しない。

　　執筆　根本　久（保全生物的防除研究事務所）　　　　　　　　　（2014年）

主要農薬使用上の着眼点（根本　久，2014）

（回数は同一成分を含む農薬の総使用回数。混合剤は成分ごとに別途定められているので注意）

商品名	一般名	使用倍数・量	使用時期	使用回数	使用方法
《ピロール系剤》					
コテツフロアブル	クロルフェナピル水和剤	2000倍・150〜300l/10a	発生初期	2回以内	散布

　各作物のアザミウマ類やハダニ類に対して卓効を示す。ミツバチやヒメハナカメムシに悪影響があり，天敵のヒメハナカメムシへの影響も大きい。ケナガカブリダニへの影響は認められない。薬害に注意する。眼に刺激性があるので，眼にかからないように注意する

キク (クリサンセマム) キク科

●図解・病害虫の見分け方

害虫

花茎,花びら,葉裏に小さな虫が群生する

アブラムシ類

葉に曲がりくねった白い筋が生じる

ナモグリバエ

アブラムシ類

【ワタアブラムシ】

英名：Cotton aphid, Melon aphid

別名：—

学名：**Aphis gossypii Glover**

《半翅目／アブラムシ科》

【モモアカアブラムシ】

英名：Green peach aphid, Peach-potato aphid

別名：—

学名：**Myzus persicae (Sulzer)**

《半翅目／アブラムシ科》

［多発時期］　3～5月，9～11月

［侵入様式］　有翅成虫の飛来

［加害部位］　花茎，蕾，葉

［発生適温］　20～25℃

［湿度条件］　やや乾燥

［防除対象］　成虫，幼虫

［他の加害作物］　ワタアブラムシ；キンセンカ，ヒョウタン，ヘチマ，ナス，キュウリ，スイカ，メロン，ハイビスカス，ムクゲ，ワタなど非常に多くの作物。モモアカアブラムシ；チューリップ，パンジー，ワスレナグサ，ナス，キャベツ，トマト，ピーマンなど非常に多くの作物

（1）被害のようすと診断ポイント

最近の発生動向　年数回の発生。発生量は年により変動が大きい。

初発のでかたと被害　春季，花茎が伸び，蕾が肥大し始めたころに花茎に成幼虫が群生する。また秋季，展開葉に成幼虫が群生し，葉が内側に丸まって展葉が悪くなる。

多発時の被害　花茎，花びら，葉裏に数百匹の成幼虫が隙間なくぎっしりと群生する。成幼虫が群生した葉は，早朝はピンとしているが，日中は吸汁のためしおれ，しだいに株全体が衰弱して枯れ始める。また，茎や葉の上には粘着性の排泄物が付着し，白い脱皮殻がその上に付着して美観が悪くなる。

診断のポイント　最初に花茎に成幼虫が発生するので，花茎が伸び，蕾が膨らみ始めた頃に発生を確認する。成幼虫は体長1～2mmであるが，体色は種類によって異なる。ワタアブラムシの体色は黄色，暗緑色，灰色などさまざまで，角状管は暗褐色である。モモアカアブラムシの体色は淡赤褐色または淡緑色である。

　防除適期の症状　花茎や葉に成幼虫が発生したときが防除適期である。

　類似被害との見分けかた　コナジラミ類が多発した場合にも粘着性の排泄物が付着することがある。また，日中の葉のしおれ症状は単なる水切れのように見えるので，必ず葉裏を調べて成幼虫を確認する。

（2）害虫の生態と発生しやすい条件

　生態・生活サイクル　早春～晩秋まで発生を繰り返すが，盛夏は少なくなる。冬季は樹木の芽の基部で卵の状態で越冬するが，暖地では雑草や花卉の新芽や葉裏で成幼虫が繁殖を続けながら越冬することが多く，暖冬年では雑草での越冬量が多くなる。アブラムシ類は通常，無翅の雌成虫のみで繁殖を続け，卵ではなく幼虫を直接産む。そのため，作物体上には幼虫と雌成虫のみが見られるが，成幼虫の密度が高まってくると有翅成虫が現われ，周辺の植物に移動する。春季に産まれた幼虫は10日前後で成虫になり，すぐに幼虫を生み始め，1日当たり2～5匹の幼虫を産むことから，短期間に密度が高まる。

　発生しやすい条件　暖冬年は越冬量が増加し，春季の発生時期が早まるとともに，発生量も多くなる。また，株を密植すると多発しやすい。

（3）防除のポイント

　耕種的防除　周辺の除草を行なって発生源を除去する。目合1mm以下のネットでべたがけ，トンネルがけを行ない，有翅成虫の飛来侵入を防止する。成虫は黄色に誘引されるため，黄色粘着トラップを設置し，誘殺数が多くなったら被害に注意する。

　生物防除　アブラムシ類の寄生性天敵としてコレマンアブラバチ，捕食性天敵としてナミテントウ，シュクガタマバエ，ヤマトクサカゲロウ，天敵糸状菌としてバーティシリウム菌が生物農薬としてあるが，花卉類に対する登

録はない。

農薬による防除　発生初期に花卉類のアブラムシ類に対して登録のあるモスピラン水溶剤，アドマイヤーフロアブル，スタークル・アルバリン顆粒水溶剤，アクタラ粒剤5，ベストガード粒剤，オルトラン水和剤・粒剤，マラソン乳剤，ロディー乳剤などを散布する。成幼虫は葉裏に発生するので，十分量の薬液を散布むらのないようていねいに散布する。とくに，葉が込み合っていると散布むらを起こしやすい。ネオニコチノイド剤や有機リン剤は浸透性があるが，合成ピレスロイド剤は浸透性がないので，散布むらに注意する。薬剤抵抗性が発達していることがあるので，異なる系統の薬剤をローテーション散布する。

効果の判断と次年度の対策　殺虫剤散布3日後に成幼虫の発生が認められない場合には効果があったと判断される。

　　執筆　柴尾　学（大阪府立食とみどりの総合技術センター）　　　　　　（2005年）

ナモグリバエ

英名：Garden pea leaf miner

別名：—

学名：***Chromatomyia horticola* (Goureau)**

《双翅目／ハモグリバエ科》

[多発時期]　3～5月，10～11月

[侵入様式]　成虫の飛来侵入

[加害部位]　葉

[発生適温]　20～25℃

[湿度条件]　—

[防除対象]　成虫，幼虫

[他の加害作物]　ハクサイ，キャベツ，レタス，ダイズ，インゲンマメ，アズキ，エンドウ，ソラマメ，キク，ダリア，アスター，キンセンカなど多くの作物

（1）被害のようすと診断ポイント

最近の発生動向　年数回の発生。発生量は年により変動があるが，最近はやや多発傾向である。

初発のでかたと被害　幼虫が表皮を残して葉の内部を食べ進むため，食害痕は曲がりくねった帯状の白い筋となる。雌成虫が産卵管で葉に孔をあけて吸汁したり，産卵したりするため，吸汁産卵痕が白い小班点となって残る。

多発時の被害　幼虫の食害痕が葉に多数発生し，曲がりくねった帯状の筋で葉全体が真っ白になる。

診断のポイント　成幼虫は非常に小さくて見つけにくいので，葉の食害痕や吸汁産卵痕の発生に注意する。葉に曲がりくねった帯状の白い筋がみられる場合は，被害部分の先端をルーペで観察し，黄白色の幼虫の発生を確認する。

防除適期の症状　幼虫の食害痕の発生を認めたときが防除適期である。

類似被害との見分けかた　ナスハモグリバエやトマトハモグリバエなどナモグリバエ以外のハモグリバエ類が発生する場合もあるが，被害で種類を区

別することはむずかしい。また，ハモグリバエ類は形態が酷似しているため，肉眼またはルーペで種類を区別するのは困難である。

（2）害虫の生態と発生しやすい条件

生態・生活サイクル　成虫は体長が約3mm，体色は灰黒色である。雌成虫は産卵管で表面に小さな孔をあけ，にじみ出る汁液を摂取して生活する。卵は円筒形で約0.2mm，葉の内部に1卵ずつ産み付けられる。幼虫は体長約3mm，体色は黄白色のうじ虫である。老熟幼虫は葉内で蛹化する。蛹は体長約2mm，茶褐〜黒色の俵型である。

発生しやすい条件　春季と秋季に多発する傾向があるが，ハウスでは周年発生する。周辺にキク科などの雑草が多いとそこが発生源となる。

（3）防除のポイント

耕種的防除　周辺の除草を行ない，発生源を除去する。目合1mm以下のネットでべたがけ，トンネルがけを行ない，成虫の飛来侵入を防止する。成虫は黄色に誘引されるため，黄色粘着トラップを設置し，誘殺数が多くなったら被害に注意する。

生物防除　ハモグリバエ類の天敵として幼虫寄生蜂（イサエアヒメコバチ，ハモグリコマユバチ）が生物農薬としてあるが，花卉類に対する登録はない。

農薬による防除　発生初期に花卉類のハモグリバエ類に対して登録のあるアファーム乳剤，アクタラ顆粒水溶剤を散布する。幼虫は葉の内部に生息してるため，十分量の薬液を散布むらのないようていねいに散布する。

効果の判断と次年度の対策　殺虫剤散布7日後に葉の幼虫食害痕数が増加しない場合には効果があったと判断される。

執筆　柴尾　学（大阪府立食とみどりの総合技術センター）　　　　　　　（2005年）

ギボウシ類　　　　ユリ科

●図解・病害虫の見分け方

病気

病斑に黒色の小粒が多数。古い病斑は破れを生じやすい

炭疽病

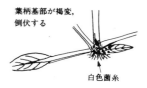

葉柄基部が褐変，倒伏する

白色菌糸

菌糸上や有機物，株元に白色～茶色の粟粒状菌核

白絹病

炭疽病

英名：Anthracnose

別名：—

学名：*Colletotrichum dematium* (Persoon: Fries) Grove

《糸状菌／不完全菌類》

[多発時期] 5～10月

[伝染源] 罹病植物体および被害残渣の病斑上の分生子

[伝染・侵入様式] 風，降雨，灌水による分生子の飛散

[発生・加害部位] 葉身

[発病・発生適温] 25～30℃付近

[湿度条件] 多湿

[他の被害作物] 多犯性で多くの植物に炭疽病を起こす

(1) 被害のようすと診断ポイント

発生動向　生産圃場，植栽地とも常発している。

初発のでかたと被害　暗褐色，不整形病斑を生じる。

多発時の被害　病斑が拡大，融合しつつ葉枯れを起こす。

診断のポイント　病斑中央部は灰褐色となり小黒点(分生子層)を散生する。分生子層に剛毛が認められる。古い病斑は破れやすい。

防除適期の症状　病斑を認めたら，直ちに病葉を除去する。発生が継続する株は廃棄する。

類似症状・被害との見分けかた　病斑中央部は灰褐色となり小黒点（分生子層）を散生する。

(2) 病原・害虫の生態と発生しやすい条件

生態・生活サイクル　罹病植物体および被害残渣の病斑上の分生子が伝染源となる。

発生しやすい条件　高湿度。

(3) 防除のポイント

耕種的防除　通気性の確保。

生物防除　なし。

農薬による防除　なし。

効果の判断と次年度の対策　新葉部での発病の有無。罹病葉の除去。

執筆　竹内　純（東京都島しょ農水総センター大島事業所）　　　　　（2009年）

白絹病

白絹病

英名：Southern blight
別名：－
病原菌学名：***Sclerotium rolfsii* Saccardo**
　　　　　　《糸状菌／担子菌類》

[多発時期]　　夏季
[伝染源]　　土壌病害であり，被害植物などに形成された菌核
[伝染様式]　　菌核は土壌中に数年生存していて，発芽した菌糸によって侵入・発病
[発生部位]　　葉柄地際部
[発病適温]　　菌糸の生育適温は30℃付近
[湿度条件]　　多湿
[他の被害作物]　　山野草や花類，野菜類などの多くの植物を侵す

（1）被害のようすと診断ポイント

最近の発生動向　各種植物での発生が多くなっている。

初発のでかたと被害　下葉の葉柄が変色して生気を失い，地表に倒れる。

多発時の被害　病勢が進展すると上葉の葉柄も侵されて倒れ，株全体が枯れる。被害部および地表に白色の菌糸を生じ，やがて粟粒状の菌核が見られるようになる。

診断のポイント　葉柄基部や周辺土壌表面に，白色の隔膜部に特有のかすがい連結のある菌糸が認められる。菌糸はやがて粒状にまとまって多数の菌核になる。

防除適期の症状　葉柄の変色初期や白色菌糸の発生初期。

類似症状との見分けかた　白色の菌糸は光沢のある菌糸で，被害部や土壌表面に菌糸が密生し，初め白色，後に茶色から黒褐色の丸い0.8～2.3mm大の菌核を形成するので，他の病害とは容易に区別できる。

（2）病原菌の生態と発生しやすい条件

生態・生活サイクル　菌核は土壌の表層で腐生的に数年間は生存していて，多湿や有機物の条件が整うと発芽して菌糸が伸長し，宿主に到達して感染する。

ギボウシ類／病気

775

発生しやすい条件　有機物が多く，長雨や過繁茂状態などの多湿な条件で発生しやすい。酸性土壌も多発しやすい。

(3) 防除のポイント

耕種的防除　被害株は早期に除去し，周囲の菌核とともに焼却する。石灰資材を施用して土壌の酸性を矯正する。完熟堆肥を施用し，土壌中にトリコデルマ菌など有用菌が多くなるようにする。

生物防除　現状では有効な方法はない。

農薬による防除　登録農薬はないが，リゾレックス水和剤，バシタック水和剤75，モンカット水和剤などの土壌灌注は有効である。

効果の判断と次年度の対策　薬剤処理後の菌糸の消失の有無によって効果の判断をする。

執筆　牛山　欽司（神奈川県フラワーセンター大船植物園）

(1997年)

防除薬剤と使用法・病気

白絹病

商品名	一般名	使用倍数_数量	使用時期	使用回数	使用方法
リゾレックス水和剤	トルクロホスメチル水和剤	1000倍	収穫90日前まで	2回以内	株元灌注（1l/m²）
ガスタード微粒剤 バスアミド微粒剤	ダゾメット粉粒剤	20～30kg/10a	は種又は植付前	1回	土壌を耕起整地した後，本剤の所定量を均一に散布して深さ15～25cmに土壌と十分混和する。混和後ビニール等で被覆処理する。被覆しない場合には鎮圧散水してガスの蒸散を防ぐ。7～14日後被覆を除去して少なくとも2回以上の耕起によるガス抜きを行う。
モンカットフロアブル40	フルトラニル水和剤	1000～2000倍	－	3回以内	株元散布

（2007年）

キンギョソウ

ゴマノハグサ科

●図解・病害虫の見分け方

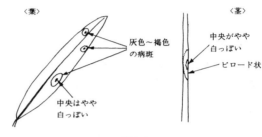

褐斑病

葉枯病

モザイク病

炭疽病

うどんこ病

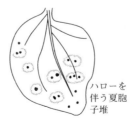

さび病

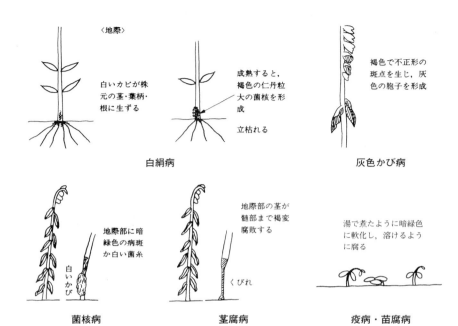

モザイク病

英名：Mosaic
別名：—
病原ウイルス：**Cucumber mosaic virus（CMV）**
（キュウリモザイクウイルス
《ウイルス（Cucumovirus）》

［多発時期］　4～10月
［伝染源］　多くの感染発病した植物（雑草を含む）
［伝染様式］　アブラムシ媒介
［発生部位］　全身感染
［発病適温］　15℃から25～26℃（アブラムシの発生時期）
［湿度条件］　不明
［他の被害作物］　草花，野菜，雑草など非常に多くの植物

（1）被害のようすと診断ポイント

最近の発生動向　多い（アブラムシ多発時）。

初発のでかたと被害　葉に淡緑色のモザイク症状を示す。

多発時の被害　葉に緑色濃淡のモザイクや淡黄褐色の斑入りが見られる。生育不良となり，着花不良を生じる。

診断のポイント　葉に淡黄褐色の斑入りを生じたり，緑色濃淡のモザイクを生じる。

防除適期の症状　発病してからでは防除できない。

類似症状との見分けかた　葉に淡黄褐色の斑入りを生じたり，緑色濃淡のモザイクを生じ，生育不良になるので診断可能である。

（2）病原の生態と発生しやすい条件

生態・生活サイクル　病原ウイルスであるCMVは多くの草花，野菜および雑草に寄生し，アブラムシによって非永続的に伝染するほか，管理作業中の接触により伝染する。発病したキンギョソウなどの植物に寄生して汁を吸ったアブラムシが，その後他の健全なキンギョソウなどの植物に移動，寄生し

てその株の汁を吸うときにこのウイルスを媒介する。

発生しやすい条件　15℃から25〜26℃のように温暖な時期にモザイク症状の病徴が出やすい。アブラムシの発生の多い春および秋に発生しやすい。発病した株を切った刃物でそのまま健全な株を切ると伝染する。

(3) 防除のポイント

耕種的防除　花茎を切るときは健全な株を先に行ない，発病株は後にするなど，管理作業も健全株を先にする。発病株は除去する。アブラムシの飛来防止のためにまわりをシルバーテープで囲うか，シルバーストライプマルチを敷く。これは生育が進むと飛来防止効果が低下するので注意する。寒冷紗で被覆してアブラムシの寄生を防ぐ。またアブラムシの飛来の多い作物の近くでは栽培しない。激発した株は抜き取って焼却する。

生物防除　CMVの弱毒ウイルスが開発されているが，キンギョソウでは未検討である。

農薬による防除　アブラムシを防除する。

執筆　米山　伸吾（元茨城県農業試験場）　　　　　　　　　　　　　（2005年）

疫病／苗腐病

疫病／苗腐病

英名：Blight／Damping off

別名：－

病原菌学名：*Phytophthora nicotianae* var. *parasitica* (Dastur)
Waterhouse
《糸状菌／藻菌類》

病原菌学名：*Pythium spinosum* **Sawada**
《糸状菌／藻菌類》

[多発時期]　施設栽培：定植時，露地栽培：定植時と長雨時

[伝染源]　土壌・溜まり水および発病植物残渣中の病原菌

[伝染様式]　土壌伝染，水媒伝染が主

[発生部位]　株全体

[発病適温]　疫病25℃前後，苗腐病30℃前後

[湿度条件]　高いほど出やすい。逆に乾燥状態では通常の病害より出にくい

[他の被害作物]　疫病菌：各種野菜・花類の苗，湿潤状態が続けば果樹のような木本性・永年性植物でも発病する。苗腐病菌：チューリップ根腐病，ジニア立枯病

（1）被害のようすと診断ポイント

最近の発生動向　施設栽培の増加およびコーティング種子，セル苗の普及により全体的には減少している。

初発のでかたと被害　両病害とも苗および定植1か月以内の株に多いが，とくに苗腐病は育苗期に発生しやすい。地際部およびその付近の葉基部が湯で煮たように暗緑色に軟化し，蕩けるように腐る。苗ではそのまま腐敗が全体に及ぶ。大きめの株でも発病部位はやがて褐色を帯び腐敗・倒伏するため，病患部より上部は萎ちょう・枯死する。

露地栽培で降雨が続いた時には，大きな株でも下葉に疫病が発生することがある。この場合も，湯で煮たように暗緑色に軟化し，蕩けるように腐るという症状となる。その後乾燥すると腐敗の進展は止まるが，すでに発病した部位は灰白色となり皺だらけの状態で残る。

多発時の被害　発病が激しい場合には，根も褐色〜黒色に腐敗・枯死する。

783

また，枯れた発病株上には病原菌のほか，種々の雑菌がとりつき，白い菌糸で覆われる。

診断のポイント　湯で煮たように暗緑色に軟化し，蕩けるように腐るのがポイント。キンギョソウでは細菌による軟腐病はまだ知られていないので，こうした症状は疫病・苗腐病と診断してよい。

防除適期の症状　基本的に土壌伝染性病害なので，植付け（播種）前が防除適期となる。植付け（播種）後は対症療法のみで根本的解決は困難である。

類似症状との見分けかた　生態・防除法ともに共通なので無理にこの2病害を分ける必要はないが，発芽後の小さな苗期に出るのが「苗腐病」，大きな苗や定植後に出るのが「疫病」と考えればよい。病徴での区別は事実上不可能といってよい。

(2) 病原菌の生態と発生しやすい条件

生態・生活サイクル　環境条件としては，梅雨時に定植を行なったり育苗期が梅雨時にあたる作型で発生が多い。この理由は以下による。生物が水中生活から陸上生活へ進化したことはよく知られているが，この過程は何も植物，動物に限ったことではなくカビの世界でも同様な進化が起こった。ところで水中生活から陸上生活へ進化する過程に出現したものとして植物ではコケ，シダが挙げられるが，カビの中でこのコケ，シダに相当するのが疫病菌の仲間である。このことからわかるように，まだ十分に陸地での生活に必要な機能を備えていないため，水分（湿気）の好きなカビ類の中でもとくに過湿を好む，というより潤沢な水分がないと生活環を全うできない。逆に言えば，乾燥に対する耐性は植物病原菌類の中でもっとも弱い。防除の際にはこの弱点を十分に生かすことが必要である。

発生しやすい条件　肥料に窒素分が多い場合に発病が増加すると推定されるが，具体的なデータはない。品種についても事例はない。

(3) 防除のポイント

耕種的防除　本病の根本的対策はこの耕種的防除にある。一般的に病害虫防除というと農薬による防除が主体で耕種的防除を付け足しのように考えている

疫病／苗腐病

風潮があるが，本病には耕種的防除がもっとも効果的なことを，まず，念頭においてもらいたい。具体的には，植物体表面の余分な水分を最小限にする。この対策は，①灌水を可能な限り地表灌水とし，頭上灌水はやめる，②次期作でもよいが可能な限り早いうちに土壌の改良を行なう，栽培中ならキノックスのような排水を良好にする土壌改良剤を投入する，③毎年出る場合には土壌の入替えを行なうとともに暗渠・明渠のいずれかの敷設を考える，④うねを高くして地際部および根部に水が溜まらないようにすることである。以上4点とも，楽な方法ではない。とくにキンギョソウは育苗が難しい。苗が柔らかいので，傷つけないように植えるのも骨が折れる。さらに小さいので，どうしても灌水は植物体全体にやることになってしまいがちである。加えて栽培初期に灌水をひかえるのは作物の生育を考えれば矛盾するし，暗渠・明渠といった施設は相当の投資を必要とする。にもかかわらずこうしたことを記載するのは，そこまでしないと根本的に防除することができない困難な病気だからである。なお，地際部のみでなく，つねに葉にも発病する圃場では，雨よけの工夫をするか，施設栽培なら雨漏りがしていないか，または頭上灌水を地際のチューブ灌水に変えることができないか検討し，可能なものから実行する。

　排水とともに注意してほしいのは，灌水や薬剤散布に使う水である。汲んだばかりの水道水や井戸水なら問題ないが，長期間溜めておいた場合や雨水などは危険である。中で病原菌が繁殖している可能性が高い。こんな水をやったのでは，病原菌をわざわざばらまいているようなものである。雨水・溜め水は使用しないようにしたい。どうしても場所的に使わざるを得ない場合には，水消毒用塩素剤で殺菌してから使う。

　物理的防除：苗床の防除には蒸気による土壌消毒が有効（カーネーション萎ちょう細菌病の項参照）。

　生物防除　行なわれていない。

　農薬による防除　苗時期の防除には各種薬剤による土壌消毒が有効（カーネーション萎ちょう細菌病の項参照）。

　効果の判断と次年度の対策　次年度の対策は耕種的防除を参照のこと。

　執筆　外側　正之（静岡県病害虫防除所）

（1997年）

うどんこ病

英名：Powdery mildew of snapdragon
別名：—
学名：***Oidium* subgenus *Reticuloidium***
《糸状菌／子のう菌類》

［多発時期］冬期
［伝染源］空気伝染。一次感染源は不明
［伝染・侵入様式］病斑上に形成された分生子が茎葉表面に付着，発芽後，付着器を形成する。菌糸，胞子とも寄主表面に存在する
［発生・加害部位］葉・茎
［発病・発生適温］10～20℃付近と推定される
［湿度条件］やや乾燥ぎみで発病が見られている
［他の被害作物］なし

（1）被害のようすと診断ポイント

発生動向　2004年1月に栃木県の農家圃場で初発生を確認，2005年にも発生した。他に青森県でも2004年に収穫後の個体で発病が認められた。

初発のでかたと被害　展開葉および新梢においてわずかに退色が見られ，のちに白い粉状の汚れが見られる。これが病原菌の本体で，葉と茎に発生。発病の拡大は早い。病原菌が目立つため，発病株は市場への出荷が不能となる。

多発時の被害　多発時のデータはない。ただし，病斑が目立つので，発病株の市場出荷はできない。

診断のポイント　白い粉状の乾いた汚れが見られ，手でこすると容易に取れる。

防除適期の症状　発病前の予防的防除が望ましい。発生後は見つけ次第，すぐに行なう。

類似症状・被害との見分けかた　初期の退色がダニなどの食害と区別しにくいが，加害虫の有無で判別できる。主な病徴である白い粉状の菌体は他に

類似の症状がないのでわかりやすい。

(2) 病原・害虫の生態と発生しやすい条件

生態・生活サイクル　第一次伝染源は不明。絶対寄生菌なので，植物上で生き延びている可能性が考えられる。分生子が寄主植物に付着，発芽後，植物表面に菌糸を伸ばす。その後，付着器を形成して侵入，植物細胞内に吸器をつくる。侵入するのはこの吸器のみで，他の器官はすべて植物表面に付着した状態である。

発生しやすい条件　比較試験がないので不明。乾燥ぎみでも発病は見られる。

(3) 防除のポイント

耕種的防除　品種間差異があり，バタフライシリーズ，イエローシリーズで発病が確認されている。

生物防除　なし。

農薬による防除　キンギョソウうどんこ病に対する登録農薬は現在ない。

効果の判断と次年度の対策　白色の病斑の増加が止まれば効果あり。発病歴のある圃場では，予防的防除を心がける。発生記録のある品種は栽培しない。発病個体はすべて圃場から撤去し，焼却処分とする。

執筆　伊藤　陽子（農業・食品産業技術総合研究機構花き研究所）　　　（2006年）

炭疽病

炭疽病

英名：Anthracnose
別名：—
病原菌学名：***Colletotrichum gloeosporioides* Penzig & Saccardo**
《糸状菌／不完全菌類》

［多発時期］　5〜10月
［伝染源］　被害残渣
［伝染様式］　分生子の飛散
［発生部位］　葉，葉柄，茎
［発病適温］　17〜25℃
［湿度条件］　多湿，とくに連続した降雨
［他の被害作物］　ハマオモト，ニチニチソウ，アンスリウム，カラジュウム，キ
　　ンセンカ，カトレア，デンドロビウム，シクラメン，スミレ，シュンギク、ヤ
　　マノイモ、トマト、ナス、パセリーなど

（1）被害のようすと診断ポイント

最近の発生動向　恒常的に発生。

初発のでかたと被害　葉に円形でクリーム色あるいは淡褐色の斑点が現わ
れたり，茎に病斑の周りが褐色にくぼんだ縦長の病斑が形成される。

多発時の被害　畑のあちらこちらの株に病斑が発生する。

診断のポイント　病斑は淡褐色で，はっきりしない輪紋を生じ，病斑上に
しばしばサーモンピンク（鮭肉色）の分生子塊が観察される。

防除適期の症状　発病後の防除は難しいので，発病初期に防除する。

類似症状との見分けかた　輪紋のある病斑上にサーモンピンク（鮭肉色）
の分生子塊が観察されれば，本病と診断される。

（2）病原の生態と発生しやすい条件

生態・生活サイクル　第一次伝染源は土壌中の被害残渣内で生存していた
病原菌で，越冬後に雨滴などによってキンギョソウに付着して感染する。近
くでキンギョソウが発病していれば降雨などによって分生子が飛散して感染

キンギョソウ／病気

789

する。第二次伝染は病斑上に形成されたサーモンピンク（鮭肉色）の分生子塊から飛散した分生子による。この分生子は風のみでは飛散せず，風雨によって飛散する。

発生しやすい条件　発病適温は17〜18℃以上27〜28℃で，適温は25℃前後である。感染後に分生子を多量に形成する病斑になるまでの期間は1週間くらいといわれている。

（3）防除のポイント

耕種的防除　長雨で多湿状態が続くと発病が多くなるため排水をよくして，過湿を避ける。雨滴により土粒とともに跳ね上がった病原菌が葉に付着して感染発病するので，マルチを行なって土の跳ね上がりを防ぐ。多発時には雨よけをする。

生物防除　なし。

農薬による防除　適用登録された薬剤がないので，耕種的防除を行なう。

執筆　米山　伸吾（元茨城県農業試験場）　　　　　　　　　　　　（2005年）

灰色かび病

灰色かび病

英名：Gray mold

別名：ボト

病原菌学名：***Botrytis cinerea* Persoon:Fries**

《糸状菌／不完全菌類》

［多発時期］　開花期

［伝染源］　発病植物残渣中の病原菌，他の作物の灰色かび病

［伝染様式］　空気伝染

［発生部位］　花弁・茎・葉

［発病適温］　15〜20℃前後

［湿度条件］　結露時間が長くなると多発する

［他の被害作物］　あらゆる農作物を侵す

（1）被害のようすと診断ポイント

最近の発生動向　露地栽培の減少により降雨期の被害は減少した。しかし，冬季に施設を密閉して加温するような作型の増加により，晩秋から春先にかけての発生は増加傾向にある。

初発のでかたと被害　花弁・茎・葉いずれもはじめ淡褐色で水浸状の小斑点がしだいに大きくなり，大型の褐色不定形の斑点となる。さらに，この斑点上に灰色がかったカビが生え，同時に灰色がかった粉（胞子）を多量に形成する。この粉は，わずかな揺れで容易に飛散する。

多発時の被害　花弁や茎・葉全体が灰色の胞子ですっかり覆われる。茎では発病部位より上部が菌核病のように萎ちょう・枯死する。

診断のポイント　褐色で不正形の斑点を生じる点が特徴的である。灰色の胞子が形成されれば，診断は確実である。

防除適期の症状　淡褐色で水浸状の小斑点にとどまっているうちに防除対策を講ずること。進展がきわめて早い病害なので，早期防除に努めないと対応に苦慮する。

類似症状との見分けかた　茎に水浸状の小斑点が生じ，後に発病部位より上部が萎ちょう・枯死する病気には本病のほかに菌核病がある。しかし，菌核病

が地際部付近から発生しやすいのに対し，本病は上部の花穂付近の茎から発生しやすい。また，本病菌も菌核を形成する糸状菌ではあるが，それは培地上や土壌中のことであって，発病した茎の内外に菌核をつくったり白い菌糸を蔓延させたりすることはまずないので，この点で区別可能である。

(2) 病原菌の生態と発生しやすい条件

生態・生活サイクル　条件のよい時には多量の胞子を形成し空中を飛散する，条件が悪くなると菌核をつくって土中で休眠するか菌糸の状態で植物残渣内にとどまる，のパターンを繰り返している。植物のあるところ，本病菌も必ず存在するというくらい，どこにでも存在している。

発生しやすい条件　風雨によって空気伝染する病害であることから，露地栽培では発生が多い。また，ガラス温室とビニール温室を比較するとビニール温室の方が出やすい。これを理屈の面から考えて見ると，本病は湿度が高いところで発生しやすいといわれるが，より正確に言うと植物体表面やその付近が結露しやすい環境下で発生しやすい。結露しやすい環境というのは施設の状態から言うと①天井が低いことと②風通しの悪いことの2点である。

品種：現在の品種における具体的なデータはない。

(3) 防除のポイント

耕種的防除　栽培中では，発病部位の除去処分が非常に有効である。ただし，胞子が形成されてから摘み取ると逆に胞子をばらまくことにもなりかねないので褐色の小型斑点にとどまっているうちに行なう。摘み取った部位はもちろん近くに積み上げたりせず，ビニール袋内に密閉して発酵させるか，蓋をつけたドラム缶などの中で乾燥させて後まとまったら燃やす。次に，栽培終了後は植物残渣の処分をていねいに行なうことである。以上を行なっても発病が多い場合には，発生しやすい条件を参考に可能な限り発生しにくい環境をつくり出す必要がある。

本病は他作物で高度の薬剤耐性を獲得した胞子が飛散してくる場合が多いので，たとえキンギョソウ圃場だけで一生懸命使用薬剤のローテーションなどをしても十分な薬剤の効果が期待できない可能性がある。耕種的防除の励行が他

灰色かび病

の病害以上に望まれる。

生物防除　実用化の目途はたっていない。

農薬による防除　他の病気と異なり，耕種的防除の補助手段と認識した方が
よい。とにかく耕種的防除を守らずにいくら散布しても耐性菌をつくっている
だけで，そのうち効果のある薬剤が一つもないという事態を招くので，この点
を十分に認識すること。

効果の判断と次年度の対策　とくになし。次年度の対策は，耕種的防除を参
照のこと。

　執筆　外側　正之（静岡県病害虫防除所）

（1997年）

キンギョソウ／病気

菌核病

菌核病

英名：Stem rot, Wilt

別名：—

病原菌学名：***Sclerotinia sclerotiorum* (Libert) de Bary**

《糸状菌／子のう菌類》

[多発時期]　開花初期，施設栽培ではとくに冬季の加温開始初期

[伝染源]　土壌および発病植物残渣中の菌核

[伝染様式]　土壌伝染が主。寒冷地では空気伝染も行なう

[発生部位]　茎が中心だが最終的には株全体

[発病適温]　20℃前後

[湿度条件]　高いほど出やすい

[他の被害作物]　非常に広範囲の農作物。とくに各種野菜・花類

キンギョソウ／病気

（1）被害のようすと診断ポイント

最近の発生動向　横ばい状態。

初発のでかたと被害　ほとんどの場合，地際部付近の茎から発病する。上部の茎から発病することもあるが，上部ネットより上の茎に出ることはまずない。初発の出方としては，はじめ暗緑色の小さな斑点がしだいに拡大するとともに茎が軟化してくる。さらに進行すると，茎表面は白い菌糸で覆われ，罹病部より上の茎葉に萎ちょう症状が出る。しかし，実際に発病に気づくのは，この茎葉の萎ちょう症状が出てからのことであり，暗緑色の小さな斑点の時点では，そのつもりで地際部付近を観察しないとまず気づかない。

　萎ちょう症状は下葉から徐々に枯れ上がるのではなく，茎葉が緑色のまま急に垂れ下がった状態となる。この垂れ下がり症状は数日で，昼間のみでなく夜間にも回復しなくなるが，この時点では，すでに発病部位の茎は白い菌糸で覆われるのみでなく，茎内部には菌核の形成が始まっている。最終的には初発部位は長さ10cm内外に及ぶ大きな黒褐色病斑となり，茎内部のみならず茎表面にも径5〜10mm前後で黒色・いびつな形の菌核が形成される。まもなく，根を残して株全体が萎ちょう・枯死する。

多発時の被害　発生の多少にかかわらず症状に違いはないが，多発すると数

795

十株に集団的に発病する。同じうねに沿って広がる傾向がある。

診断のポイント　株全体に萎ちょう症状が見られたら，地際部付近の茎をよく観察する。暗緑色の病斑か表面を覆う白い菌糸または茎を指でつまんでみて軟化していたり内部が空洞のような感触を受けたら本病と診断してよい。

防除適期の症状　1本でも萎ちょう症状を呈している株が見られるときには，すでに暗緑色の小さな斑点はかなりの株に発生していると見たほうがよいことから，本来の防除適期は暗緑色の小さな斑点が数株にとどまっているうちといえる。しかしながら上記したように，この初期症状の発見は難しいので，実際の現場では，1本でも萎ちょう症状を呈している株が見られたらすでに防除適期の限界と考えて即刻対策を講じてほしい。

類似症状との見分けかた　株全体が萎ちょうする病害はなかったので診断は容易であったが，1994年に本病とは異なる菌によって生ずる，症状が似た病害を見つけ「茎腐病」として発表した。上部の萎ちょうの仕方では区別がつかないが，発病部位である地際部付近の茎が「茎腐病」では褐色に乾腐するのが特徴で，本病のように軟化したり空洞になったり，黒い菌核が形成されることはない。

(2) 病原菌の生態と発生しやすい条件

生態・生活サイクル　糸状菌の専門書を見ると，菌核病菌は越冬した菌核より春先に生じた子のう盤から子のう胞子が飛散し，これが植物に感染する，感染後は植物体内に菌糸を伸ばし発病させ，植物が枯死した後は菌核を形成する，気温がまだ高ければ菌核から菌糸を伸ばして新たな寄主に感染し，気温が下がれば菌核のままで冬を越すと記されている。確かに，菌核を5℃付近の低温条件に数か月置いた後に室温に戻すと，杯状・キノコ状の子のう盤が，そしてやがては成熟した子のう盤の中に子のうと子のう胞子が形成される。本菌が子のう菌類・盤菌綱に属する所以である。しかし，これは野菜類で本病の発生が多い北陸・東北・北海道を中心とした地域の話か，温暖地域とすれば露地栽培の場合の話である。キンギョソウの栽培が温暖地域の施設で行なわれていることが多い現状にはあっていない。温暖地域の施設で，春先に菌核から生じた子のう盤を見つけるのは至難の技である。温暖地域の施設で発生する菌核病につい

て，子のう盤がごく普通に形成されるような書き方をしている本があれば，それはよほど観察力にすぐれているか，現場を知らずにどこかの専門書を写してきているかどちらかである。温暖地域の施設では子のう盤を形成せずに，菌核→菌糸伸長→菌核というサイクルを繰り返して生活している。越冬という状態には余りあてはまらない。逆に，高温は得意ではないらしく，夏は菌核の状態で比較的おとなしくしている。秋以降気温が低下してくると活動を再開する。

発生しやすい**条件**　野菜類における菌核病でのデータより，肥料に窒素分が多い場合に発病が増加すると推定される。

(3) 防除のポイント

耕種的防除　何はともあれ植物残渣の処分が最重要である。しかも，菌核が地表に落ちないうちに是が非でも行なう。なぜなら，菌核というのは，植物でいえば種子のようなものであり，気象の変化や薬剤に対する耐性がきわめて強い。いったん本病の発病を見るとクロルピクリンなどで土壌消毒してもなかなか根絶できないのはこのためである。かといって，栽培後や翌年の栽培前に菌核を拾い集めて処分するなど現実離れしていて到底できる相談ではない。だからこそ，菌核ができないうちに，仮にできてしまっても菌核が地表に落ちてしまわないうちに発病株を処分する必要がある。菌核が土壌中で長期間生存できることからわかるように，たんに浅い穴を掘って埋めただけでは処分したことにならない。乾燥させて焼却するか，ビニール袋内に長期間密閉して発酵，完全に腐らせるかのどちらかにする。なお，風通しが悪いと湿度があがり，本病菌の活動が盛んになるので，発病株のみでなく，周囲の不必要な切り株も抜き取り処分し，地際部の換気に努める。

　物理的防除：定植時の防除には蒸気による土壌消毒が有効（カーネーション萎ちょう細菌病の項参照）だが，菌核の根絶は困難。

生物防除　行なわれていない。

農薬による防除　定植時期の防除には各種薬剤による土壌消毒が有効（カーネーション萎ちょう細菌病の項参照）。これにあわせて別記の薬剤を1週間〜10日に一度くらいの割合で，2〜4回地際部付近に散布・土壌灌注する。常発地では，発生時期の見当がつくはずなので，発生時期になったら発病の有無にか

かわらず，予防散布も1〜2回行なう。

効果の判断と次年度の対策　耕種的防除を参照のこと。

執筆　外側　正之（静岡県病害虫防除所）

（1997年）

茎腐病

英名：—

別名：—

病原菌学名：***Rhizoctonia solani* Kühn**

《糸状菌／不完全菌類》

［多発時期］　とくになし

［伝染源］　土壌および発病植物残渣中の病原菌

［伝染様式］　土壌伝染が主

［発生部位］　株全体

［発病適温］　25〜30℃前後

［湿度条件］　極端な乾燥状態以外ならとくに問わない

［他の被害作物］　各種野菜・花類の苗，条件次第では果樹のような木本性・永年性
植物でも発病する

（1）被害のようすと診断ポイント

最近の発生動向　最近になって見つかったばかりの新しい病害である。

初発のでかたと被害　発病は苗から収穫期まで広い期間に及ぶ。菌核病と同様な株全体の生育不良・萎ちょう症状がまず現われる。下葉から徐々に枯れ上がるのではなく，葉が緑色のまま垂れ下がるいわゆる“青枯れ症状”となる。こうした株の地際部およびその付近の茎を見ると，小型の褐色斑点が拡大し茎をとり巻いて，地際部から地表10cm前後の部分の茎が細くなっている。全体が萎ちょうした株は容易に引き抜くことができるが，根は健全なままである。茎を縦にさいてみると，地際部付近を中心に茎内部の褐変・腐敗が髄部にまで達していると同時に上下方向に広がっている。しかし，維管束の褐変が地上10cm以上の高さにまで広がることはない。

多発時の被害　発病が激しい場合には，各種雑菌の侵入により，根も褐色〜黒色に腐敗・枯死する。また，枯れた発病株上には病原菌のほか，種々の雑菌がとりつき，白い菌糸で覆われる。

診断のポイント　地際部の茎が髄部まで褐変・腐敗するのが最大の特徴。また，茎内部の褐変・腐敗はあくまで地際部付近にとどまり，地上数十cmの高

さの茎内部が褐変・腐敗することもない。

防除適期の症状　基本的に土壌伝染性病害なので，植付け前が防除適期となる。植付け後は対症療法のみで根本の解決は困難である。

類似症状との見分けかた　株全体が萎ちょう・枯死する病気には，茎腐病のほかに菌核病がある。両病害とも上部の"青枯れ症状"は同一であるが，菌核病の茎腐敗が軟化で，後に黒ずみ茎内外に菌核を生ずるのに対し，本病の茎腐敗は乾腐で，褐色のままとどまることが多い。本病菌もまれに病斑上で菌核をつくることがあるが，茎の腐敗部と同様，菌核も褐色なので区別ができる。

（2）病原菌の生態と発生しやすい条件

生態・生活サイクル　菌糸および菌核の状態で植物残渣や裸土壌中に生存している。本来は土壌中で腐性生活を送っている菌なので，生きた植物がなくとも，土壌中で長期間生活できる。また，まれに本菌グループの中には完全世代の担子胞子を形成し，胞子が空気伝染していくタイプのものもある。さらに，培地上での生育状況や寄主の種類によって，種々のグループ（菌群）分けがされているが，キンギョソウ由来菌がいずれに属するかはまだ確認されていない。

発生しやすい条件　肥料に窒素分が多い場合に発病が増加すると推定されるが，具体的なデータはない。また，分解不完全な肥料や植物残渣が含まれる土壌を消毒せずに用いると発生しやすい。

品種：現在の品種では試験されていない。

（3）防除のポイント

耕種的防除　①植物残渣の処分をていねいに行なうこと。これは，発病株のみならず，健全株の残渣も同様である。本病病原菌は，死んだ植物体内部が大好きで発病株であろうとなかろうと，植物の種類が何であろうと，土壌表面および土壌中に枯死した植物があれば喜んで侵入・増殖する。したがって，他の病気のように発病株の残渣だけを処分するというのでなく，植物と認められるものは種類を問わず逐一処分する根気強さが必要である。②未熟な堆肥の投入はさけること。①で述べたことからわかるように，十分に発酵した（＝熱をかけて病原菌を殺した）堆肥以外では，病原菌が生き残っている可能性がある。

とくに最近は，園芸ブーム，とくに無農薬栽培ブームに便乗して中身の不明な肥料（もどき）や土壌改良剤（もどき）が売られている。これらについて十分な発酵処理を行なっているか否か確認せずに土壌に投入すると，本病の思わぬ発生に苦慮することがある。もし購入するなら，一度に大量投入せず，小規模の面積で1回試験栽培するくらいの慎重さが欲しい。

　物理的防除：蒸気による土壌消毒が有効（カーネーション萎ちょう細菌病の項参照）。

生物防除　行なわれていない。

農薬による防除　各種薬剤による土壌消毒が有効（カーネーション萎ちょう細菌病の項参照）。急激に広がる病気ではないので，発生後は慌てず発病株の抜き取り処分をきちんと行なったうえで，数回薬剤を株元へ灌注する。

効果の判断と次年度の対策　耕種的防除を参照のこと。

　執筆　外側　正之（静岡県病害虫防除所）

(1997年)

葉枯病

英名：Leaf spot
別名：葉斑病
病原菌学名：*Phyllosticta antirrhini* Sydow
《糸状菌／不完全菌類》

[多発時期]　真夏以外は年間を通して発生し，とくにピークはない
[伝染源]　発病植物残渣中の病原菌
[伝染様式]　空気伝染，種子伝染
[発生部位]　葉が主だが，まれに茎に発生するともいわれる
[発病適温]　15〜20℃前後
[湿度条件]　極端な乾燥状態以外ならとくに問わない
[他の被害作物]　不明

（1）被害のようすと診断ポイント

最近の発生動向　かつてはキンギョソウにおけるもっとも一般的な病気であったが，現在は施設栽培の増加によって大幅に減少している。

初発のでかたと被害　はじめ葉に小針状で暗緑色の円形斑点ができる。色が葉色と似ているので見つけにくいが，斑点がしだいに大きくなると，中心部が灰白色〜褐色となるのでわかりやすい。中心部は若干凹むこともある。また，典型的な病斑では数本の輪紋模様が入る。病斑上にはやがて黒い小さな粒々ができる。

多発時の被害　1枚の葉に数個の病斑ができると融合して大型で不正形の病斑になるとともに，葉全体がよじれてくる。さらに進むと，病原菌以外の種々の菌が侵入してくるため，黒みがかった濃褐色の汚ない斑点となり枯死に至る。また，筆者は見たことがないが，ひどく発生した場合は茎にも楕円形の病斑をつくることがあるという。

診断のポイント　数本の輪紋模様が入った斑点が特徴。大きくなると，中心部が灰白色〜褐色になることもポイントである。

防除適期の症状　かつてのような大きな被害はなくなったので，発生を確認してから防除に入ればよい。

類似症状との見分けかた　かつて，キンギョソウの葉に斑点を生ずる病害はほとんど本病のみ，わずかに芽枯細菌病が葉に出ることがあったくらいだったので診断は容易であった。現在では，芽枯細菌病の発生は以前にもまして減少しているので問題ないが，代わって千葉県で「褐斑病」が新病害として発生し始めた。この「褐斑病」は読んでのとおり葉に褐色の斑点を生ずる点で本病に似ている。ただし学会発表での様子から，「褐斑病」では診断のポイントで述べた①数本の輪紋模様，②大きくなると中心部が灰白色になる点は見られないので，この点で区別できそうだ。さらに病原菌の性質から考えると，本病では病斑上にできる黒い粒々は1個1個が独立・分散していてルーペで見ると明瞭な黒点であること，さらに重要なのは葉表皮中に埋没しているため容易には離脱しないのに対し，「褐斑病」で生ずる黒点は砂鉄を雑にふりまいたようで粉っぽく，触れると容易に指先に黒い粉が付着する点で区別ができると思われる。

（2）病原菌の生態と発生しやすい条件

生態・生活サイクル　本病菌についての具体的なデータは見当たらないが，本病菌の属する糸状菌グループの一般的性質から以下のように推察される。病斑上にできる黒い粒々は柄子殻といって胞子が充満した袋である。最初は先端の口が閉じているが，胞子が成熟すると口が開き，ここに雨粒が当たると中の胞子が飛び出して風雨によって飛散していく。これを繰り返して次々と発病が広がっていくわけであるが，栽培が終了し，新鮮なキンギョソウが周囲からなくなると，植物残渣中で，菌糸または柄子殻に入った胞子のまま新たな栽培時期が始まるのを待つことになる。ただし，いったんできた柄子殻および中の胞子が永久的に伝染源になるわけではなく，月日の経過とともに中の胞子は死滅・減少していき，最後には感染力を持った胞子はまったく見当たらなくなる。柄子殻を形成している細胞もついには死滅する。なお，本菌は種子伝染も行なうとされているが，現在の発生における種子伝染の重要度はまったく不明である。

発生しやすい条件　本病が出る条件はきわめて明快である。すなわち，露地栽培か，施設栽培では一番端の風雨の吹き込むところまたはビニール・鉄骨の継ぎ目で雨漏りするところである。風雨によって空気伝染していることがよく

わかる。品種：現在の品種におけるデータはない。

（3）防除のポイント

耕種的防除　栽培中では，発病葉の除去処分が非常に有効である。現在は発病が減っているので，それほど苦もなく，全発病葉を摘み取れる。摘み取った葉はもちろん近くに積み上げたりせず，ビニール袋内に密閉して発酵させるか，蓋をつけたドラム缶などの中で乾燥させて後まとまったら燃やすこと。次に，栽培終了後は植物残渣の処分をていねいに行なうことである。

生物防除　試験事例も聞いたことがない。

農薬による防除　施設栽培ではほとんど必要ない。露地栽培では耕種的防除をきちんと行なったうえで，秋と春のやや涼しい時期に1～2か月に一度くらいの散布を行なう。

効果の判断と次年度の対策　上葉に新しい斑点が生じないようになれば効果があったといえる。次年度の対策は，耕種的防除を参照のこと。

執筆　外側　正之（静岡県病害虫防除所）

（1997年）

褐斑病

褐斑病

英名：Cercospora leaf spot
別名：－
病原菌学名：***Cercospora* sp.** （属名の所属は検討を要する）
《糸状菌／不完全菌類》

[多発時期]　3〜6月
[伝染源]　一時伝染源は作物残渣
[伝染様式]　分生胞子の飛散
[発生部位]　葉，茎
[発病適温]　25℃前後
[湿度条件]　多湿
[他の被害作物]　不明

キンギョソウ／病気

（1）被害のようすと診断ポイント

最近の発生動向　多くなってきている。

初発のでかたと被害　晩夏定植の施設栽培では，12月頃から認められはじめ，3〜6月にかけて多発する。はじめ，下葉に発生が認められ，しだいに上葉へ発病が広がる。また，茎にも発生が認められる。

多発時の被害　春先になって下葉から駆け昇るように発生が上葉や茎に広がり，手の付けられないくらいになることがある。

診断のポイント　病徴は，はじめ葉表に暗色水浸状の小斑点を生じ，しだいに拡大して2〜3cmの中央が灰色で周辺が茶褐色または灰白色の病斑を形成する。病斑がややビロード状にみえることもある。

防除適期の症状　下葉に病斑が現われた防除が必要である。

類似症状との見分けかた　葉枯病，灰色かび病と似るが，葉枯病は病斑の中央に0.3mm程度の小黒点（分生子殻）が点在するのが観察される。灰色かび病はしばらくすると灰カビを生じる。

（2）病原菌の生態と発生しやすい条件

生態・生活サイクル　生態は定かでないが，毎年同じ圃場で発生するところ

807

から，残渣上に菌糸や子座の状態で生存し，越夏するものと思われる。秋になり，分生子が形成され，植物体に寄生するのではないかと思われる。

発生しやすい条件　多湿，過繁茂。

(3) 防除のポイント

耕種的防除　発生した葉が認められれば，すばやく取り去る。過繁茂をさける。頭上灌水はさける。収穫後，残渣はていねいにかたずける。

生物防除　特になし。

農薬による防除　適用はないがトップジンM水和剤1,500倍，ダコニール1000の1,000倍，ラリー乳剤3,000倍などが効果が高い成績がある。

効果の判断と次年度の対策　発生が進まなければ効果があったものと考えてよい。植物残渣はていねいにかたずけて，土壌くん蒸剤で土壌消毒を行なう。

執筆　植松　清次（千葉県暖地園芸試験場）

(1997年)

白絹病

英名：Southern blight

別名：－

病原菌学名：***Sclerotium rolfsii* Saccardo**

《糸状菌／不完全菌類》

［多発時期］　5〜9月

［伝染源］　土壌伝染

［伝染様式］　土壌中に菌核で生存

［発生部位］　地際の茎部

［発病適温］　30℃前後

［湿度条件］　多湿

［他の被害作物］　キク科，ナス科，ウリ科，マメ科，ユリ科などの多くの農作物に発生

（1）被害のようすと診断ポイント

最近の発生動向　少。

初発のでかたと被害　夏期高温の時にとくに発生する。地際部に白色菌糸が発生する。

多発時の被害　激しく地際部が侵され，地上部は萎ちょう枯死する。被害が周辺へ拡大する。

診断のポイント　地際部に発生する白色菌糸が認められ，その付近に粟粒大（直径1〜2mm）の茶褐色の菌核を形成する。

防除適期の症状　初発時の症状が認められたら周辺の株に予防を行なう。

類似症状との見分けかた　疫病や茎腐病もやはり高温期に発生するが，白色菌糸と菌核は白絹病のみなので区別できる。菌核病や灰色かび病も地際部に発生することもあるが，比較的寒くなってからである。菌核病はネズミの糞大の黒色の菌核を形成する。

（2）病原菌の生態と発生しやすい条件

生態・生活サイクル　第一次伝染源は菌核や罹病組織上の菌糸である。高温

時に菌糸や菌核で周辺に二次伝染する。

発生しやすい条件　高温多湿。

(3) 防除のポイント

耕種的防除　発病株は菌核が形成されないうちに速やかに掘り取り，焼き捨てる。土壌pHを6以上にする。天地返しをする。高うね栽培する。

生物防除　特になし。

農薬による防除　リゾレックス水和剤500〜1,000倍を発病株周辺の株に3l/10aを灌注する。多発圃場ではあらかじめリゾレックス粉剤を土壌混和する。

効果の判断と次年度の対策　発病が止まれば効果があったと判断する。次年度のために，土壌pHを6以上にする。天地返しをする。翌年は高うね栽培する。

執筆　植松　清次（千葉県暖地園芸試験場）

(1997年)

さび病

英名：Snapdragon rust
別名：—
学名：***Puccinia antirrhini* Diet. & Holw.**
　　　　《糸状菌／担子菌類》

［多発時期］春，秋
［伝染源］不明
［伝染・侵入様式］空気伝染
［発生・加害部位］葉，茎，がく
［発病・発生適温］夏胞子の発芽は5～20℃で起こり，10℃が適温とする報告がある
［湿度条件］多湿
［他の被害作物］キンギョソウ（*Antirrhinum majus*）のほかに海外では一部のゴマノハグサ科植物に発生するという報告がある

（1）被害のようすと診断ポイント

発生動向　1998年6月に福田・柿嶋が静岡県での発生を確認し，日本新産として記録している。その後2004年11月に青森県でも発生を認めた。『植物銹菌学研究』（平塚直秀，1955）によれば，本病菌は北アメリカ原産で，1879年カリフォルニア州サンフランシスコ市付近で発見されて以来，急激に北アメリカ大陸，ヨーロッパなどへ拡大したとされ，草本の苗によって伝播した顕著な例として紹介されている。

初発のでかたと被害　葉裏に1～2mm程度の白斑が現われ，やがて表皮を破って褐色の夏胞子堆が形成される。夏胞子堆はしばしば周辺に退緑したハローを伴う。夏胞子は褐色粉状で多量に形成され，上位葉などへ空気伝染すると考えられる。

多発時の被害　葉や茎に多数の夏胞子堆が形成され，葉では夏胞子堆が同心円状に並ぶ場合もある。さらに葉柄や花器のがくにも夏胞子堆が形成され，出荷不能となるほど著しい被害となる。

診断のポイント　葉裏を観察し，盛り上がった褐色粉状の斑点（夏胞子堆）を確認すれば容易である。

防除適期の症状　葉に病斑（夏胞子堆）が散見される時期。

類似症状・被害との見分けかた　類似の病害はとくにない。

(2) 病原・害虫の生態と発生しやすい条件

生態・生活サイクル　静岡県では6月にキンギョソウ上で病原菌の夏胞子堆と冬胞子堆の形成が認められている。青森県でさび病が多発生したキンギョソウを11月上旬に調査したところ，夏胞子堆のみが認められた。また被害株を持ち帰り維持したところ，12月中旬になって茎と葉に冬胞子堆の形成を認めた。また，北米などでは植物体上の菌糸や夏胞子で越冬できるとする報告がある。青森県での観察では，二次伝染は多量に形成される夏胞子によって繰り返されると考えられる。冬胞子（堆）の伝染環上の役割についてはよくわかっていない。

発生しやすい条件　夏胞子の発芽適温は10℃で，夜間冷涼，昼間は温暖かつ多湿な環境で多発しやすいとされている。

(3) 防除のポイント

耕種的防除　被害残渣を圃場外に搬出し，土中に埋めるなど適切に処分する。また，多発生した品種の作付けはひかえる。

生物防除　なし。

農薬による防除　キンギョソウさび病に対する登録農薬はない。

効果の判断と次年度の対策　耕種的防除の項参照。

執筆　杉山　悟（青森県産業技術センター農林総合研究所）　　　　（2010年）

キンセンカ　　キク科

●図解・病害虫の見分け方

病気

花梗などが褐色に変色し灰色のカビを生じる
灰色かび病

炭疽病
暗褐色の病斑の中央にサーモンピンクの粉状の分生子を多数形成

うどんこの粉をまぶしたようになる
うどんこ病

〈葉〉

褐色
病変部がくびれる

モザイク黄斑
葉に不整形の斑が入ったようになる
モザイク病

不正形の病斑。灰褐色となり輪紋を生じ、中央部はやや凹む
すす斑病

暗灰色
地際や地面に接した葉
疫病

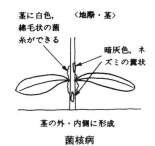
〈地際・茎〉
茎に白色、綿毛状の菌糸ができる
暗灰色、ネズミの糞状
茎の外・内側に形成
菌核病

813

半身萎凋病

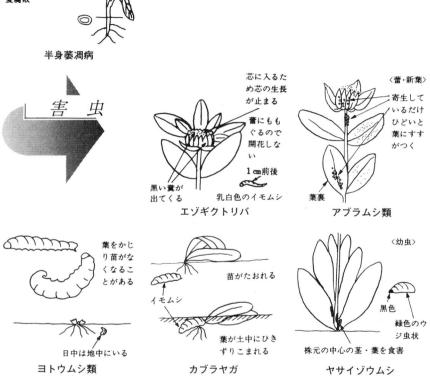

モザイク病

モザイク病

英名：Mosaic

別名：－

病原ウイルス：**Cucumber mosic cucumovirus (CMV)**

（キュウリモザイクウイルス）

《ウイルス（Cucumovirus）》

病原ウイルス：**Turnip mosic virus (TuMV)**

（カブモザイクウイルス）

《ウイルス（potyvirus）》

[多発時期] 10～4月

[伝染源] CMV，TuMVは多くの植物を伝染源とする。CYSMVはキンセンカ以外は不明

[伝染様式] いずれもアブラムシによる虫媒伝染

[発生部位] 茎，葉，葉柄，花梗

[発病適温] 未詳

[湿度条件] 未詳

[他の被害作物] CMV，TuMVは多くの植物，野菜，花卉。CYSMVはキンセンカ以外は不明

(1) 被害のようすと診断ポイント

最近の発生動向 TuMVの発生が多く認められる。

初発のでかたと被害 診断のポイントで示すようなモザイク症状が散見されたら初発。

多発時の被害 発病株が圃場内のあちらこちらに数株ずつ分散して発生がみられると多発。発病株が圃場全体におよぶと激発。

診断のポイント 2つの症状がみられるため，これらを観察する。①生頂点近くの葉が少し縮れているか，淡黄色のモザイク症状がみられる。②生頂点付近の葉に不鮮明な黄点を多数生じ，さらにひどくなると，下葉に黄点やえそ斑を生じる。生育が悪くなる。

防除適期の症状 モザイク病を治す農薬はない。伝染防止にはアブラムシ防除以外にない。防除薬剤はアブラムシの項を参照のこと。

類似症状との見分けかた　特になし。

（2）病原の生態と発生しやすい条件

生態・生活サイクル　CMVやTuMVは多くの作物に感染して，アブラムシによって非永続的に伝染される。一度感染すると，植物体内で増殖する。アブラムシがこの感染・発病株に寄生吸汁を行なうとウイルスが伝搬される。種子伝染，土壌伝染はしない。

9〜10月定植の露地栽培では9月下旬〜11月中旬にかけて感染しやすい。

発生しやすい条件　アブラムシが多発年は発生が多いようである。

（3）防除のポイント

耕種的防除　モザイク症状の株があったら抜き取って燃やす。育苗中や本圃でも寒冷紗被覆をして，本病を媒介するアブラムシの侵入を防ぐ。アブラムシは黄色を好んで飛来するので，圃場には黄色の資材，肥料袋など置かない。本圃ではシルバーテープを圃場全面に張ったり，シルバーストライプマルチをするのもよい。

生物防除　特になし。

農薬による防除　アブラムシの発生を防ぐため，早めに薬剤で防除する。防除薬剤はアブラムシの項を参照のこと。

効果の判断と次年度の対策　モザイク症状が少なければ防除効果があったものと判断してよい。

執筆　植松　清次（千葉県暖地園芸試験場）

（1997年）

菌核病

英名：Sclerotinia rot

別名：－

病原菌学名：***Sclerotinia sclerotiorum*** **(Libert) de bary**

《糸状菌／子のう菌類》

[多発時期]　10〜11月，3月

[伝染源]　土壌，被害残渣，他の植物

[伝染様式]　子のう胞子を飛散させて伝染

[発生部位]　茎，葉，葉柄

[発病適温]　冷涼，15〜20℃

[湿度条件]　多湿

[他の被害作物]　キャベツ，ハクサイ，ナタネ，レタス，キュウリ，スイカ，メロ
ン，トマト，ダイズ，インゲン，アズキ，ソラマメ，ミツバ，パセリ，セルリ
ー，カーネーション，キンギョソウ，トルコギキョウ，ストック，アネモネ，
その他多くの作物の菌核病

（1）被害のようすと診断ポイント

最近の発生動向　多発生。

初発のでかたと被害　主に地際部付近の茎葉に発生する。生育期にはさらに
上部の花梗部にも発生することがある。

多発時の被害　多発によりあちこちの株が枯死する。

診断のポイント　侵された葉はとくに葉さきなどが，煮え湯がかかったよう
に水浸状灰白色となる。茎では水浸状灰白色となる。高湿条件では白い菌糸が
はえる。発病部位には白色綿状の菌糸を密生し，黒い菌核を茎内外に生ずる。
茎が侵されると株全体が萎ちょうし，上部の葉は脱水症状を呈する。

防除適期の症状　長雨がつづいたりした場合，予防的に散布したほうがよい。

類似症状との見分けかた　疫病と炭疽病がある。疫病は菌核や白色綿状の菌
糸は形成しない。炭疽病は被害部にサーモンピンク分生子塊が認められる。

(2) 病原菌の生態と発生しやすい条件

生態・生活サイクル　伝染源は前年被害植物にできた菌核で，菌核は土中に浅く埋もれて，子のう盤を形成して伝染源となる。伝染は子のう盤から飛散する子のう胞子による。また，菌核から直接発芽して感染する場合もある。

5cm以上の深さに菌核が埋め込まれると，子のう盤の形成ができない。

発生しやすい条件　多雨，冷涼。

(3) 防除のポイント

耕種的防除　圃場衛生に努める。被害株は丹念にとりだし，燃やしてしまうか土中に深く埋める。周辺の土手などにも被害残渣を残さない。高うねにより水はけをよくし，生育の初〜中期に茎葉が過繁茂にならないように，施肥に注意する。

発病前に予防的に薬剤散布する。とくに，生育後期には薬液が地際部付近にかかりづらいので，生育中期の葉が重なりあって，地面が上からみえなくなるころまでに丹念に防除する。

夏期に湛水が可能な圃場があれば，高温期に20日間畑を湛水すると菌核が死滅するので有効である。また，天地返しをして，5cm以上の深さに菌核を埋め込む。

生物防除　特になし。

農薬による防除　予防を重点にする。トップジンM水和剤1,500倍，ベンレート水和剤2,000倍，ポリベリン水和剤1,000倍またはロブラール水和剤1,000倍を地際部にもかかるように十分に散布すると効果的である。バスアミド微粒剤30kg/10a，クロルピクリン20ℓ/10aなどの土壌くん蒸剤で，作付け前に土壌消毒を行なうと効果的である。ガスぬきなどして，十分にガスがぬけてから定植する。

効果の判断と次年度の対策　発病株が増加しなければ効果があったと判断できる。

執筆　植松　清次（千葉県暖地園芸試験場）

(1997年)

818

うどんこ病

英名：Powdery mildew

別名：―

病原菌学名：***Sphaerotheca fuliginea* (Schlechtendahl:Fries) Polacci**
　　　　　《糸状菌／子のう菌類》

病原菌学名：***Oidium* sp. (Erysphe polygoni de Candole型)**
　　　　　《糸状菌／子のう菌類》

［多発時期］　1～4月
［伝染源］　前年の被害作物
［伝染様式］　風媒
［発生部位］　葉，茎
［発病適温］　冷涼 20℃前後と思われる
［湿度条件］　やや乾燥
［他の被害作物］　キク，ヒマワリ，ジニア，ガーベラ，コスモス，その他多くの野菜花卉のうどんこ病

（1）被害のようすと診断ポイント

最近の発生動向　並発生。

初発のでかたと被害　発生の初期は下葉に発生する。日陰や日照時間が短いところで発生が早い。

多発時の被害　かなりの葉が白くなり，園全体が灰色っぽくなる。

診断のポイント　圃場内に数株の下葉にうどんこをふりかけたような病斑を形成する。

防除適期の症状　病斑をみつけたら。

類似症状との見分けかた　うどん粉をふりかけたようになり，他と区別がつく。

（2）病原菌の生態と発生しやすい条件

生態・生活サイクル　伝染源は前年被害植物にできた子のう殻の形で越夏したもので，伝染は子のう殻から飛散する子のう胞子による。第二次伝染は病斑

キンセンカ／病気

上に形成された分生胞子で，これが飛散し，蔓延する。また，圃場周辺にその他の寄主作物が栽培され，うどんこ病が発生していると伝染源となる。

主な栽培は9〜10月定植で，3〜4月まで採花する露地栽培であるが，1月頃からみられ始め，3〜4月で多発する。また温暖な年には12月頃から多発する場合もある。

発生しやすい条件　茎葉が過繁茂になると発生しやすい。

(3) 防除のポイント

耕種的防除　圃場衛生に努める。被害株は丹念にとりだし，燃やしてしまうか土中に深く埋める。周辺の土手などもに被害残渣を残さない。茎葉が過繁茂にならないように，施肥に注意する。

生物防除　特になし。

農薬による防除　病斑をみつけたら，バイコラール水和剤2,000〜3,000倍，トリフミン水和剤3,000倍，カラセン乳剤3,000〜4,000倍，ミラネシン水和剤1,000〜2,000倍，バイレトン乳剤3,000倍などを株元までかかるように十分に散布すると効果的である。

効果の判断と次年度の対策　病斑が増加しなければ効果があったと判断できる。

執筆　植松　清次（千葉県暖地園芸試験場）

(1997年)

炭疽病

英名：Anthracnose
別名：－
病原菌学名：***Colletotrichum gloeosporioides* Penzig**
　　　　　　《糸状菌／不完全菌類》
病原菌学名：***Gloeosporium carthami***　　（不完全世代）
　　　　　　《糸状菌／不完全菌類》

[多発時期]　9～10月
[伝染源]　被害残渣
[伝染様式]　分生子の飛散
[発生部位]　葉，葉柄，茎
[発病適温]　25℃前後
[湿度条件]　多湿，とくに連続降雨
[他の被害作物]　シュンギク，ベニバナ炭疽病

（1）被害のようすと診断ポイント

最近の発生動向　恒常的に発生。

初発のでかたと被害　葉に不鮮明な水浸状汚斑を生じる。しだいに中央部が灰白色で周辺が茶褐色の明瞭な数mmの病斑となる。茎や花梗では縦長の楕円形または不規則な病斑を形成し，茎は病斑側へいちじるしく曲がる。風などで茎の病斑部から折れやすくなる。9月下旬～10月下旬に発生が多い。

多発時の被害　畑のあちらこちらの株に病斑が発生する。

診断のポイント　病斑にはしばしばサーモンピンクの分生子塊が観察される。

防除適期の症状　予防を重点とする。

類似症状との見分けかた　疫病と菌核病がある。二者ともサーモンピンクの分生子塊が病斑上に観察されない。

（2）病原菌の生態と発生しやすい条件

生態・生活サイクル　第一次伝染源は，土壌中の罹病残渣上で生存した病原

菌で，雨滴により植物体に付着して感染する。付近でキンセンカに炭疽病が発生している場合，風雨などで飛散して圃場内へ侵入することも考えられる。第二次伝染は病斑上に形成された分生子が雨滴の飛沫により飛散することによる。

発生しやすい条件　発病適温は25℃前後，高温高質が1日以上続くと発病が激しくなる。感染後，分生子を多量に形成する病斑となるまでの期間は1週間以内と思われる。

(3) 防除のポイント

耕種的防除　長雨で多湿状態が続くと発病が多くなるため，排水をよくして，過湿をさける。雨滴により土壌とともにはね上がった病原菌が葉に付着して感染するので，稲わらマルチなどを行ない，土の跳ね上がりを防ぐ。多発時期には雨よけを行なう。

シュンギク，カルサムス（ベニバナ）など以外の作物と輪作する。

生物防除　特になし。

農薬による防除　予防を重点に置く。登録はないが，マンネブダイセンM水和剤500倍などのマンネブ剤や，ビスダイセン水和剤500倍などのポリカーバメート剤，トップジンM水和剤1,500倍，ベンレート水和剤2,000倍，ダコニール1000の1,000倍，バイコラール水和剤2,000～3,000倍などを予防的に散布する。

効果の判断と次年度の対策　新たに病斑が増加していなければ効果がみられたと判断する。

執筆　植松　清次（千葉県暖地園芸試験場）

（1997年）

疫病

疫病

英名：Phytophthora rot
別名：ー
病原菌学名：***Phytophthora cryptogea* Pethybridge & Lafferty**
　　　　　　《糸状菌／卵菌類》
病原菌学名：***Phytophthora* sp.**
　　　　　　《糸状菌／卵菌類》
[多発時期]　　9月下旬～11月下旬
[伝染源]　　土壌
[伝染様式]　　水媒（遊走子の遊泳）
[発生部位]　　根，茎，葉
[発病適温]　　15～25℃前後
[湿度条件]　　多湿，長雨
[他の被害作物]　　*Phytophthora cryptogea*はナス科，ウリ科，アブラナ科，キク科
　など多くの作物。

（1）被害のようすと診断ポイント

最近の発生動向　並。
初発のでかたと被害　はじめ地面に接した葉や地際部が暗灰色水浸状の斑点
として現われる。
　多発時の被害　暗灰色の病斑が拡大し，被害株が激しく萎ちょう枯死する。
　診断のポイント　暗灰色の病斑。
　防除適期の症状　下葉に暗色の病斑が認められた頃。
　類似症状との見分けかた　菌核病は菌核を形成する。灰色かび病は灰カビを
形成する。炭疽病はサーモンピンクの分生子層を病斑上に形成する。

（2）病原菌の生態と発生しやすい条件

　生態・生活サイクル　糸状菌の一種で，卵菌類に属し，遊走子のう，卵胞子
を形成する。病原菌は被害植物残渣中あるいは単独で卵胞子の形で長期間生存
し，第一次伝染源となる。土壌中の卵胞子は水中で発芽し，遊走子のうを形成

キンセンカ／病気

823

する。遊走子のうの中で分化した遊走子が水中へ泳ぎだし，作物へ到達する。降雨が続いたり，増水により圃場内へ流入して，株が長期間濡れたままになっていたり，水没したりすると発生する。

発生しやすい条件　長雨，多雨。

(3) 防除のポイント

耕種的防除　高うねにする。

生物防除　特になし。

農薬による防除　定植時にリドミル粒剤20kg/10aを株元周辺に処理する。長雨が続いたらリドミルMZ水和剤500倍を散布する。

効果の判断と次年度の対策　発生が認められなければ効果があったものとする。

執筆　植松　清次（千葉県暖地園芸試験場）

(1997年)

灰色かび病

英名：Gray mold
別名：－
病原菌学名：***Botrytis cinerea* Persoon**
《糸状菌／不完全菌類》

[多発時期]　施設栽培12〜4月，露地栽培4〜6月
[伝染源]　土壌，被害残渣
[伝染様式]　分生胞子の飛散
[発生部位]　葉，茎，花，花梗
[発病適温]　15〜23℃
[湿度条件]　多湿
[他の被害作物]　多くの草花，野菜の灰色かび病

（1）被害のようすと診断ポイント

最近の発生動向　発生しやすい（密植，多湿）。

初発のでかたと被害　何らかの傷害で弱ったり枯れたりした葉，葉柄，萼，茎などにやや水浸状の小斑点が形成され，やがて拡大して，そこに灰色のカビを生じる。病原菌ははじめ弱ったり枯れたりした部分から侵入するが，侵入したあとは次々と健全な部分をおかして軟化腐敗させる。株元がおかされると葉柄が褐変腐敗して倒れて枯れる。生長点付近がおかされると葉や茎が褐色に変色して腐敗する。花の萼がおかされると褐変腐敗し，花梗がおかされると褐変腐敗して，しなびて倒れる。

多発時の被害　株元や生長点付近がおかされ，褐変腐敗して，灰色のカビを生じる。

診断のポイント　はじめは生気がなく弱ったり枯れたりした部分からおかされ，褐変腐敗する。褐変腐敗した部分に灰色のカビを生じるのが特徴である。

防除適期の症状　本病は発生の初期に防除するのがコツである。多発してからでは薬剤だけで防除するのが困難なので，耕種的防除法と組み合わせて対応する。

類似症状との見分けかた　特になし。

(2) 病原菌の生態と発生しやすい条件

生態・生活サイクル　病原菌は腐生性が強いため，活力のある植物の組織から直接侵入することは少ない。まず弱ったり枯れたばかりの部分から侵入した後に，健全な部分を腐敗させる。

病原菌の生育温度は2〜31℃であり，15〜27℃でよく生育し，23℃前後が適温である。本病は15℃の低温期から，22〜23℃で湿度が85〜90%以上の条件が続くと激発する。

病原菌は被害残渣の中で菌核を形成して土壌中で越年し，翌年その菌核から生じた分生胞子が飛散して第一次伝染する。褐変腐敗した部分に灰色のカビすなわち分生胞子を多数形成して，それが飛散して第二次伝染する。

発生しやすい条件　地下水位が高く排水不良の畑で，湿度が高くなる条件で発生しやすい。密植，過繁茂で風通しが悪く，株元が多湿になると発生しやすい。

窒素質を多く施しすぎて軟弱に徒長ぎみに育つと発病しやすい。何らかの原因で葉などが弱ったり枯れたりした場合，それを放置しておくとそこから発病して，被害が大きくなることがある。

(3) 防除のポイント

耕種的防除　窒素質の施用をひかえ，適正な肥培管理を行なって過繁茂をさけ，さらに密植しないように管理する。排水不良の畑は，排水を良好にする。ハウスでは日中の換気を十分に行ない，多湿にならないように管理する。

被害のでた茎，葉などを取り除いて焼却する。被害残渣を集めて焼却する。

ハウスでは近紫外線をカットするビニールで被覆すると本病の発生が抑えられる。

生物防除　特になし。

農薬による防除　発病初期に薬剤をかけむらのないように散布する。ベンレート，トップジンM水和剤は耐性菌が共通なので連続散布しない。ロブラール，ロニラン，スミレックス水和剤の3剤も耐性菌が共通なので，連続散布をしない。これら薬剤の耐性菌が発生したときは，ゲッターやスミブレンド水和剤，

フルピカ，セイビアーフロアブルを散布する。

耐性菌はハウス栽培で発生しやすいが，露地栽培では少ない。

効果の判断と次年度の対策　2～3回散布して新たな発病がみられなければ，効果があったと判断される。

執筆　米山　伸吾（元茨城県園芸試験場）

(1997年)

半身萎ちょう病

半身萎ちょう病

英名：Verticillium wilt

別名：－

病原菌学名：***Verticillium dahliae* Klebahn**

《糸状菌／不完全菌類》

[多発時期]　露地栽培4～7月，施設栽培1～3月

[伝染源]　　土壌，被害残渣

[伝染様式]　土壌，種子伝染

[発生部位]　根，茎，葉

[発病適温]　22～25℃

[湿度条件]　土壌水分が適湿かやや多い状態

[他の被害作物]　ハナトリカブト，アイスランドポピー，ストック，スイートピー，ホオズキ，キク，コスモス，ガーベラのほかナス，トマトなどの野菜類

(1) 被害のようすと診断ポイント

最近の発生動向　少ない。

初発のでかたと被害　はじめ下葉がしおれ，のちに黄白色ないしは黄褐色に変色する。この変色としおれは，順次上葉へ及び，後には全葉がしおれる。発病株の茎を切断すると維管束が褐色～黒褐色に変色し，根も褐変腐敗する。

多発時の被害　発病株は生育が悪く草丈が低い。ひどいと枯れる。

診断のポイント　下葉から順次上方の葉が黄白色に変色してしおれ，草丈も低く，ひどいと枯れる。茎を切ると維管束が褐変し，根も褐変腐敗している。

防除適期の症状　発病のおそれのある畑では予め土壌消毒をする。またしおれはじめた頃に薬液を株元に灌注する。

類似症状との見分けかた　本病の発病初期に葉が黄白色になって下葉から上葉に順次しおれるので他の病気と区別される。

(2) 病原菌の生態と発生しやすい条件

生態・生活サイクル　病原菌は被害茎葉，根とともに土壌中で微小菌核の形で越年する。翌年20℃前後になるとこの菌核が発芽して，キンセンカの根から

キンセンカ／病気

829

侵入する。侵入後には毒素を産生し，このため通導組織が壊されて通水機能が停止するので，茎葉がしおれる。発病した株が枯死すると組織中の病原菌は微小菌核を形成して土壌中に残る。

病原菌は各種作物に対する寄生性から数種類の系統に類別されているが，キンセンカをおかす病原菌がそのうちのどの系統に属するかは明らかでない。

発生しやすい条件　連作した場合や被害残渣を土壌に混入すると発生しやすくなる。畑の土壌水分が適湿かやや多いようであると発生しやすい。

着蕾数が多くなると，しおれがひどくなる傾向である。

発病地で育苗された苗は病原菌におかされている可能性が高い。

(3) 防除のポイント

耕種的防除　連作をさけ，被害残渣は集めて焼却する。畑の排水を良好にし，種子消毒をする。また，2～3年水田化すると発生は少なくなる。

発病地で育苗した苗は健全なものを選ぶ。

生物防除　特になし。

農薬による防除　クロルピクリン，ダゾメット剤による土壌消毒を行なう。クロルピクリンは30cm平方当たり深さ15cmの穴に2～3mlを注入し，ポリフィルムで直ちに被覆する。約10日後に除去する。錠剤は1穴1錠とし，他は同様に処理をする。なお，クロルピクリンはガス剤なので，人畜への被害を起こさないように注意する。ポリ被覆をしないと効果がない（水封は無効）。

ダゾメット剤は10m^{2}当たり200～300gを土壌とよく混和し，直ちにポリフィルムを7～14日間被覆してから除去する。

発病株に対しては，ベンレート水和剤1,000倍，トップジンM水和剤500～1,000倍液を，1株当たり0.5l株元灌注する。

効果の判断と次年度の対策　土壌消毒した畑で発病がみられなければ，効果があったと判断される。またしおれた株に薬剤を灌注した場合，しおれ症状が回復すれば効果があったと判断される。

執筆　米山　伸吾（元茨城県園芸試験場）

（1997年）

すす斑病

英名：Leaf spot

別名：―

病原菌学名：***Alternaria calendulae* Yamamoto**

《糸状菌／不完全菌類》

[多発時期]　施設栽培1〜4月，露地栽培4〜6月

[伝染源]　被害残渣，発病葉

[伝染様式]　分生胞子の飛散

[発生部位]　葉

[発病適温]　不明

[湿度条件]　多湿

[他の被害作物]　なし

（1）被害のようすと診断ポイント

最近の発生動向　少ない。

初発のでかたと被害　葉に発生し，はじめ水浸状で2〜3mmの小斑点を生じる。病斑は拡大すると，円形ないしは不正形でまわりがややはっきりしない斑紋となる。やがて，内部がややへこんだ病斑となる。病斑のまわりは，はじめは暗緑色であるが，のちに灰褐色となって，不明瞭な円心輪紋を生じる。

多発時の被害　病斑が多数生じるとお互いに融合して，ひどいと下葉から黄変して，すすけて枯れる。

診断のポイント　病斑は円形ないしは不正形でまわりがはっきりしない斑紋となり，内部がややへこむ。病斑のまわりが灰褐色となって，不明瞭な円心輪紋を生じる。ひどいと大型病斑となって，すすけて枯れる。

防除適期の症状　発病の初期。

類似症状との見分けかた　特になし。

（2）病原菌の生態と発生しやすい条件

生態・生活サイクル　前年に発病した被害茎葉とともに土壌中で越年し，翌年そこに形成された分生胞子が飛散して第一次伝染する。病斑上に形成された

分生胞子が風雨によって飛散して第二次伝染する。

病原菌の分生子柄は病斑の表裏より単生または2～3本ずつ生じ，淡褐色ないしは淡暗褐色で2～4個の隔膜を有して直立またはやや湾曲している。大きさは24～60×5～8μm。分生胞子は淡褐色で紡錘形ないしは梶棒状で，4～14個の横隔膜と2～3個の縦隔膜をもち，38～198×8～20μmの大きさである。

発生しやすい条件　被害残渣を畑の土壌に混入すると発生しやすい。施設では内部が多湿になったり，路地でも密植により過繁茂になって株間の風通しが悪く，湿度が高くなると発生しやすい。排水の悪い畑や，土壌水分が高くて多湿の条件になりやすい場合には発生しやすい。

(3) 防除のポイント

耕種的防除　連作をさけ，前年の被害残渣を集めて焼却する。排水不良畑では排水を良好にし，密植，過繁茂をさけ，窒素質の多施用をひかえるなど多湿にならないようにする。多発生した病葉は摘除して焼却する。

生物防除　特になし。

農薬による防除　発病の初期からダコニール1000，ジマンダイセン，ベンレート，トップジンM，オーソサイド水和剤を7～10日おきに散布する。濃度を濃くしても防除効果は高くならない。通常倍率の薬液をかけむらのないように散布する。

効果の判断と次年度の対策　新たな病斑が形成されなくなれば，効果があったと判断される。

執筆　米山　伸吾（元茨城県園芸試験場）

（1997年）

アブラムシ類

【モモアカアブラムシ】
英名：Green peach aphid
別名：—
学名：*Myzus persicae persicae* （**Sulzer**）
　　　　　《半翅類／アブラムシ科》
【ムギワラギクマルアブラムシ】
英名：Leaf-curl plum aphid, Plum aphid
別名：スモモオマルアブラムシ
学名：*Brachycaudes helichrysi* （**Kaltenbach**）
　　　　　《半翅類／アブラムシ科》
［多発時期］　9〜12月，3〜4月
［侵入様式］　飛来
［加害部位］　葉，花梗
［発生適温］　15〜25℃
［湿度条件］　特になし。
［防除対象］　幼虫，成虫
［他の加害作物］　モモアカアブラムシはナス，トマト，ジャガイモ，ホウレンソウ，
　　キャベツ，ハクサイ，ダイコン，チンゲンサイなど多くの植物。ムギワラギク
　　マルアブラムシはウメ，スモモ，シュンギク，キク，ノコギリソウ，シネラリ
　　ア，ヤグルマソウなど

（1）被害のようすと診断ポイント

　最近の発生動向　モモアカアブラムシは有機リン系や合生ピレスロイド系殺
虫剤の効果が低下している。

　初発のでかたと被害　葉裏にいる。

　多発時の被害　下葉など裏側に多数のアブラムシがいるときは多発時期。ま
た，葉の表面に付いた排泄物によりすすかび病が発生する。

　診断のポイント　葉裏にいるため下葉の裏側などをつねに観察し，発生を確
認する。

833

防除適期の症状　初発時期以降，葉裏で増殖が始まる時期。モザイク病の多発場所では初発時期から防除する。

類似被害との見分けかた　特になし。

(2) 害虫の生態と発生しやすい条件

生態・生活サイクル　発生する主なアブラムシはモモアカアブラムシとムギワラギクマルアブラムシであるが，他に数種類いる。これらはキンセンカのモザイク（ウイルス）病（キュウリモザイクウイルスおよびキンセンカ黄点モザイクウイルス）を媒介する。有翅胎生雌の飛来によって，寄生が始まり，産下される無翅胎生雌によって増殖する。

発生しやすい条件　年間通して発生するが，秋期高温，暖冬で多発しやすい。また，周辺に寄主植物が栽培されていると，そこで増殖した有翅虫が飛来する。

(3) 防除のポイント

耕種的防除　アブラムシは一般に白色系色彩に忌避反応を示すものが多いのでシルバーテープなどで有翅胎生雌の飛来を防ぐ。シルバーポリマルチも生育初期には有効とおもわれる。できれば，9〜11月には寒冷紗被覆をすると効果的である。

生物防除　特になし。

農薬による防除　発生をみたら，早めにDDVP乳剤やオルトラン水和剤1,000倍などの有機リン系殺虫剤か，アドマイヤー水和剤2,000倍を散布する。下葉の裏側にも薬液がかかるように十分散布する。定植時にオルトラン粒剤3〜6kg/10a，または適用はないがオンコル粒剤6〜9kg/10a，アドマイヤー，ベストガード，モスピラン粒剤各6kg/10aをベッド全体に土壌混和処理を行なう。

効果の判断と次年度の対策　下葉の裏側をとくに注意して観察し，寄生していないことを確かめる。薬剤散布の場合，葉に付いたアブラムシの生死を確かめる。アブラムシが死ぬと褐色に変色し，手で払っても動かなくなり，パラパラと葉から落ちるのでそれとわかる。

執筆　植松　清次（千葉県暖地園芸試験場）

(1997年)

カブラヤガ

英名：Cut worm，Turnip moth

別名：ネキリムシ

学名：***Agrotis segetum* Denis ： Schiffermuller**

《鱗翅目／ヤガ科》

[多発時期]　被害は9〜11月に多い

[侵入様式]　成虫の飛来，幼苗に産卵，周辺からの幼虫のほふく侵入，前作での寄生

[加害部位]　茎，葉

[発生適温]　5℃〜（15〜30）〜35℃

[湿度条件]　不明

[防除対象]　幼虫

[他の加害作物]　アブラナ科，ウリ科，ナス科，セリ科ほかネギ，サツマイモ，イチゴなど多数

（1）被害のようすと診断ポイント

最近の発生動向　やや多発傾向。

初発のでかたと被害　定植後まもなく，萎れてきた株を引き抜くと，地際から切断されているのでそれとわかる。幼虫は株元の地表面近くに潜り茎葉を食害しているので，被害株の周辺を被害は定植直後から1か月程度の幼苗期に激しい。老熟幼虫は地際の茎を切断し，茎葉を地面に引き込むように食害する。また，あちこちの株を渡り歩き食害をするので，1匹でも被害が大きい。

多発時の被害　補植できる以上に被害を受けた場合は多発。

診断のポイント　定植後まもなく，萎れてきた株を引き抜くと，地際から切断されているのでそれとわかる。

防除適期の症状　定植時期，圃場を見まわり，萎ちょう株が認められた場合。

類似被害との見分けかた　特になし。

（2）害虫の生態と発生しやすい条件

生態・生活サイクル　ネキリムシの種類は主にカブラヤガで，タマナナヤガ

による場合もある。主に，幼虫で越冬し，越冬幼虫は春先から食害を始め，4〜5月に蛹化し，第1世代の成虫が発生し，夏から秋にかけて第2，3世代の成虫が発生し，ところによっては第4世代の成虫がみられる。11月末頃まで発生する。

産卵は地際部分の古葉や枯葉に1〜2卵ずつ行なわれる。

畦畔などの雑草にも発生がみられ，これが圃場に侵入し，圃場の周縁部が定植直後に被害を受ける場合も多い。被害は9〜11月に多い。被害は定植直後から1か月程度の幼苗期に激しいので防除もその時期を重点におく。

発生しやすい条件　特になし。

(3) 防除のポイント

耕種的防除　幼虫は株元の地表面近くに潜り茎葉を食害する。老熟幼虫は地際の茎を切断し，茎葉を地面に引き込むように食害するので，被害株の周辺を軽く掘り，みつけしだい捕殺する。

生物防除　特になし。

農薬による防除　アブラムシの防除と兼ねてオルトラン粒剤，オンコル粒剤またはダイアジノン粒剤3〜6kg/10aを定植時に植穴施用すると有効である。ランネート微粒剤F，カルホス粉剤，または，ネキリトン，デナポンベイト，カルホスベイトなど散布すると有効である。また，周辺の雑草にも薬剤散布する。定植時の粒剤処理は生育初期におけるアブラムシなどと同時防除が可能である。ベイト剤はコオロギやダンゴムシにも有効である。

効果の判断と次年度の対策　被害の発生が止まれば，効果があったとしてよい。

執筆　植松　清次（千葉県暖地園芸試験場）

（1997年）

ヨトウムシ類

【ハスモンヨトウ】
英名：Common cutworm，Cotton leafworm
別名：－
学名：*Spodoptera litura* **(Fabricius)**
《鱗翅目／ヤガ科》

【ヨトウガ】
英名：Cabbage armyworm
別名：－
学名：*Mamestra brasicae* **Linnaeus**
《鱗翅目／ヤガ科》

[多発時期]　9～12月
[侵入様式]　成虫の飛来産卵，隣接圃場からの幼虫の移動
[加害部位]　葉，花器
[発生適温]　20～30℃
[湿度条件]　やや乾燥
[防除対象]　幼虫，成虫
[他の加害作物]　ハスモンヨトウはダイズ，サツマイモ，サトイモ，ナス，トマト，ジャガイモ，ホウレンソウ，イチゴ，ネギ，カーネーション，キクなど多くの植物。ヨトウガはキャベツ，ダイコン，ホウレンソウ，ナスなどの多くの植物

（1）被害のようすと診断ポイント

最近の発生動向　やや多発傾向にある。ハスモンヨトウはカーバメート系や有機リン系殺虫剤の効果が低下している。

初発のでかたと被害　若齢幼虫は葉裏を食害するので，外観上カスリ状の食害痕が認められる。

多発時の被害　葉面にカスリ状の食害痕を多数みたら多発。また，老熟幼虫の加害により，葉が激しく食害される。中齢幼虫以降は密度が低いときはやや緑がかった灰黄色をしているが，密度が高くなると黒化してくる。黒化型が多いときは激発と考えたほうがよい。

837

診断のポイント　若齢幼虫は葉裏を食害するので，カスリ状の食害痕をみたら早期に葉裏まで薬液がかかるように薬剤散布する。

防除適期の症状　葉面にカスリ状の食害痕をみたら。

類似被害との見分けかた　特になし。

(2) 害虫の生態と発生しやすい条件

生態・生活サイクル　ハスモンヨトウは西南暖地では5月上旬から発生し，年数回世代を繰り返す。初夏〜秋にかけて約1か月で卵から成虫にまで発育し，8月頃から密度が増し，9〜11月頃にとくに多い。非休眠生で施設内では冬でも発生する。露地では関東以南〜九州南部の比較的温暖な沿岸部などでは越冬している可能性があるが，それ以外の地域では越冬できない。卵塊で産みつけられ，ふ化した幼虫は3齢ぐらいまでは集団で葉裏を食害し，その後分散する。

ヨトウムシは年2回の発生で4月上旬〜5下旬と8〜9月に成虫が出現するため，被害はその1か月ぐらいにわたる。卵は卵塊で産みつけられ，ふ化した幼虫は3齢ぐらいまでは集団で葉裏を食害するが，その後分散する。蛹で越冬する。

発生しやすい条件　特になし。

(3) 防除のポイント

耕種的防除　3齢までは集団でいるので，圃場を丹念にみまわり，カスリ状の加害葉をさがしだして，葉ごと取り除いて完全にふみつぶす。

生物防除　特になし。

農薬による防除　ハクサップ水和剤1,000倍，アグロスリン乳剤2,000倍，オルトラン水和剤1,000倍またはロムダンフロアブル2,000倍を葉裏に薬液がかかるように1週間間隔で2〜3回散布すると有効である。大きくなった幼虫では効果が低下する場合があるので，若齢幼虫のうちに防除する。

効果の判断と次年度の対策　散布2〜3日後にカスリ状の加害葉をたたき，若齢幼虫の落下の有無を調べる。生存虫が落下すれば，再び薬剤を散布する。中齢以上では食害の進みぐあいなどで判断する。

執筆　植松　清次（千葉県暖地園芸試験場）

(1997年)

エゾギクトリバ

エゾギクトリバ

英名：China aster plume moth
別名：エゾギクノシンムシ，シンクイムシ
学名：*Platyptilia farfarella*（**Zeller**）
《鱗翅目／トリバガ科》

[多発時期]　10〜11月
[侵入様式]　成虫の外部からの飛来
[加害部位]　新芽，茎，花に食入
[発生適温]　20℃前後
[湿度条件]　やや乾燥
[防除対象]　幼虫
[他の加害作物]　アスターなど多種のキク科植物

（1）被害のようすと診断ポイント

最近の発生動向　常発。

初発のでかたと被害　芽やつぼみに食入した幼虫は，排糞孔をつくって，黒褐色の糞をする。糞は塊状になって付着しているので，発生していることがわかる。

多発時の被害　多くの芽が加害を受けて，心止まりがはっきりしたら多発。

診断のポイント　新芽に1粒ずつ産卵するため，初発に気づいたときには多くの株に寄生していると考えられる。

防除適期の症状　初発時期。

類似被害との見分けかた　特になし。

（2）害虫の生態と発生しやすい条件

生態・生活サイクル　詳しい発生経過はしられていない。西南暖地では，発生は4月頃から11月頃までで，年数世代を経過する。幼虫で越冬し，3月頃に蛹化するという。

発生しやすい条件　不明。

(3) 防除のポイント

耕種的防除　捕殺。食入用虫は丹念に見回るとわかるので，摘心作業や除草作業の時に手でつぶす。

生物防除　特になし。

農薬による防除　オルトラン水和剤，DDVP乳剤またはディプテレックス乳剤などの有機リン系殺虫剤で定期的に防除する。オルトラン粒剤またはオンコル粒剤6〜9kg/10aの植溝処理が効果が高い。

効果の判断と次年度の対策　新たな被害が発生しないか，新しい糞が排出されていないかによって防除効果を判定する。

執筆　植松　清次（千葉県暖地園芸試験場）

(1997年)

ヤサイゾウムシ

ヤサイゾウムシ

英名：Vegetable weevil
別名：－
学名：*Listroderes costirostris* **Schönherr**
《甲虫目／ゾウムシ科》

［多発時期］	晩秋～早春，露地栽培
［侵入様式］	成虫の外部からの侵入
［加害部位］	芽，葉，茎
［発生適温］	20℃前後
［湿度条件］	やや乾燥
［防除対象］	幼虫，成虫
［他の加害作物］	アブラナ科，セリ科，ナス科，アカザ科，キク科など多数

（1）被害のようすと診断ポイント

最近の発生動向　並発生。

初発のでかたと被害　通常10月頃から活動が始まる。成・幼虫は心葉や新芽を好み，茎内に食い込むため，茎が伸びない。幼苗では株元まで食い尽くされる。

多発時の被害　茎が伸びてこないなど，被害が激しくなったら多発。

診断のポイント　被害部分をよく観察すると，緑色のウジ虫状の脚がなく，頭部が黒い幼虫が見つかる。大きさは最大で14mm程度である。また，暗灰褐色で大きさが9mmぐらいの成虫もみつかることもある。

防除適期の症状　毎年発生時期が決まっているので，10月下旬頃から防除を数回行なう。心に被害がみはじめられたら。

類似被害との見分けかた　特になし。

（2）害虫の生態と発生しやすい条件

生態・生活サイクル　年1回の発生である。5～6月ころに発生した新成虫は土壌中や落葉の下で越夏する。10月頃から活動を始め，単為生殖で繁殖し，春までに300から1,500卵を地際付近の地表や地中に産下する。卵期間および幼虫

キンセンカ／害虫

841

期間は1～2か月に及ぶ。3～5月ころに土中で蛹化する。

発生しやすい条件　不明。

（3）防除のポイント

耕種的防除　周辺の畦畔雑草にも生息するのでいつも除草に心がける。

生物防除　特になし。

農薬による防除　比較的薬剤に弱い。適用はないが，オルトラン水和剤1,000倍やDDVP乳剤，ディプテレックス乳剤1,000倍を心葉に向かって十分に散布すると効果があるという。

効果の判断と次年度の対策　被害が増加せず，腋芽が伸びてきたら効果があったとしてよい。

執筆　植松　清次（千葉県暖地園芸試験場）

(1997年)

防除薬剤と使用法・病気

菌核病

商品名	一般名	使用倍数_数量	使用時期	使用回数	使用方法
トップジンM水和剤	チオファネートメチル水和剤	1500倍_	–	5回以内	散布

うどんこ病

(2007年)

商品名	一般名	使用倍数_数量	使用時期	使用回数	使用方法
あめんこ	還元澱粉糖化物液剤	原液_	収穫前日まで	–	散布
あめんこ100	還元澱粉糖化物液剤	100倍100〜300l/10a	収穫前日まで	–	散布
エコピタ液剤	還元澱粉糖化物液剤	100倍100〜300l/10a	収穫前日まで	–	散布
カリグリーン	炭酸水素カリウム水溶剤	800倍150〜500l/10a	発病初期	–	散布
サンヨール	DBEDC液剤	500倍	–	8回以内	散布
サンヨール液剤AL	DBEDC液剤	原液	–	8回以内	散布
パンチョTF顆粒水和剤	シフルフェナミド・トリフルミゾール水和剤	2000倍，100〜300L/10a		2回以内	散布
ヒットゴール液剤AL	シフルトリン・トリアジメホン液剤	原液	発生初期	5回以内	希釈せずそのまま散布する
ピリカット乳剤	ジフルメトリム乳剤	2000倍0.2〜0.3l/m²	発病初期	6回以内	散布
ベニカX	ペルメトリン・ミクロブタニルエアゾル		–	–	噴射液が均一に付着するように噴射する。

ベニカXスプレー	ペルメトリン・ミクロブタニル液剤	原液	－	－	散布
ベニカグリーンVスプレー	フェンプロパトリン・ミクロブタニル液剤	原液		5回以内	散布
ポリオキシンAL水溶剤	ポリオキシン水溶剤	2500倍	発病初期	5回以内	散布
ムシキン液剤AL	シフルトリン・トリアジメホン液剤	原液	発生初期	5回以内	希釈せずそのまま散布する
モレスタン水和剤	キノキサリン系水和剤	2000～3000倍	－	－	散布

（2007年）

防除薬剤と使用法・病気

炭疽病

商品名	一般名	使用倍数_数量	使用時期	使用回数	使用方法
エムダイファー水和剤	マンネブ水和剤	400～650倍–	発病初期	8回以内	散布

(2007年)

疫病

商品名	一般名	使用倍数_数量	使用時期	使用回数	使用方法
リドミル粒剤2	メタラキシル粒剤	20kg/10a	定植時又は生育期	3回以内	土壌表面散布

(2007年)

灰色かび病

商品名	一般名	使用倍数_数量	使用時期	使用回数	使用方法
エムダイファー水和剤	マンネブ水和剤	400～650倍–	発病初期	8回以内	散布
ゲッター水和剤	ジエトフェンカルブ・チオファネートメチル水和剤	1000倍150～300l/10a	–	5回以内	散布
サンヨール	DBEDC液剤	500倍	–	8回以内	散布
フルピカフロアブル	メパニピリム水和剤	2000～3000倍100～300l/10a	発病初期	5回以内	散布
ボトキラー水和剤	バチルス　ズブチリス水和剤	10～15g/10a/日	発病前～発病初期		ダクト内投入
ポリオキシンAL水溶剤	ポリオキシン水溶剤	2500倍	発病初期	5回以内	散布
ポリベリン水和剤	イミノクタジン酢酸塩・ポリオキシン水和剤	1000倍	–	5回以内	散布

(2007年)

キンセンカ／防除薬剤と使用法

845

半身萎凋病

商品名	一般名	使用倍数_数量	使用時期	使用回数	使用方法
トップジンM水和剤	チオファネートメチル水和剤	1500～2000倍_	－	5回以内	散布
ガスタード微粒剤 バスアミド微粒剤	ダゾメット粉粒剤	20～30kg/10a	は種又は植付前	1回	土壌を耕起整地した後，本剤の所定量を均一に散布して深さ15～25cmに土壌と十分混和する。混和後ビニール等で被覆処理する。被覆しない場合には鎮圧散水してガスの蒸散を防ぐ。7～14日後被覆を除去して少なくとも2回以上の耕起によるガス抜きを行う。
クロピク80，ドジョウピクリン，ドロクロール	クロルピクリンくん蒸剤	<床土・堆肥>1穴当り3～6ml <圃場>1穴当り2～3ml		2回以内(床土1回以内，圃場1回以内)	土壌くん蒸

(2007年)

防除薬剤と使用法・害虫

アブラムシ類

商品名	一般名	使用倍数_数量	使用時期	使用回数	使用方法
アースガーデンC，アブラムシAL，ブルースカイAL	イミダクロプリド液剤	原液	発生初期	5回以内	希釈せずそのまま散布する
アクタラ粒剤5	チアメトキサム粒剤	6kg/10a	生育期	1回	株元散布
アドマイヤーフロアブル	イミダクロプリド水和剤	2000倍 100～200l/10a	発生初期	5回以内	散布
あめんこ	還元澱粉糖化物液剤	原液 －	収穫前日まで	－	散布
あめんこ100	還元澱粉糖化物液剤	100倍 100～300l/10a	収穫前日まで	－	散布
アルバリン粒剤	ジノテフラン粒剤	1g/株（但し，10a当り30kgまで）	定植時	1回	植穴土壌混和
アルバリン顆粒水溶剤	ジノテフラン水溶剤	2000～3000倍 100～300l/10a	発生初期	4回以内	散布
エコピタ液剤	還元澱粉糖化物液剤	100倍 100～300l/10a	収穫前日まで	－	散布
オルトラン水和剤	アセフェート水和剤	1000～1500倍	発生初期	5回以内	散布
オルトラン粒剤	アセフェート粒剤	3～6kg/10a	発生初期	5回以内	株元散布
オルトランDX粒剤	アセフェート・クロチアニジン粒剤	1g/株	発生初期	4回以内	生育期株元処理
カダンセーフ	ソルビタン脂肪酸エステル乳剤	原液	発生初期	－	希釈せずそのまま散布する

847

カダン殺虫肥料	アセタミプリド複合肥料	2錠/株	生育期	5回以内	株元に置く
サンスモークVP	DDVPくん煙剤	11g/100m³	−	5回以内	くん煙（適用場所：園芸用ガラス室。ビニールハウス，ビニールトンネル)
サンヨール	DBEDC液剤	500倍	−	8回以内	散布
スタークル粒剤	ジノテフラン・オリサストロビン粒剤	1g/株（但し，10a当り30kgまで)	定植時	1回	植穴土壌混和
スタークル顆粒水溶剤	ジノテフラン水溶剤	2000〜3000倍 100〜300l/10a	発生初期	4回以内	散布
スミソン乳剤	マラソン・MEP乳剤	1000倍	−	6回以内	散布
チェス顆粒水和剤	ピメトロジン水和剤	5000倍 100〜300l/10a	発生初期	4回以内	散布
バナプレート	DDVPくん蒸剤	120g板1枚/30〜60m³（1m³当り板重量2〜4g)	収穫3日前まで		温室又はビニールハウス内の中央通路又は周辺部に直接作物に触れないように吊しておく。（適用場所：温室，ビニールハウス)
ヒットゴール液剤AL	シフルトリン・トリアジメホン液剤	原液	発生初期	5回以内	希釈せずそのまま散布する
ブルースカイスティック	イミダクロプリド複合肥料	1錠/株	生育期	3回以内	株元付近さし込み
ブルースカイ粒剤	イミダクロプリド粒剤	2g/株	定植時	1回	植穴土壌混和
ブルースカイ粒剤	イミダクロプリド粒剤	2g/株	生育期	5回以内	株元散布
プロバドスティック	イミダクロプリド複合肥料	1錠/株	生育期	3回以内	株元付近さし込み

防除薬剤と使用法・害虫

ベストガード粒剤	ニテンピラム粒剤	1〜2g/株	発生初期	4回以内	生育期株元散布
ベニカDスプレー	エトフェンプロックス・クロチアニジン液剤	原液	−	4回以内	散布
ベニカX	ペルメトリン・ミクロブタニルエアゾル		−	−	噴射液が均一に付着するように噴射する。
ベニカXスプレー	ペルメトリン・ミクロブタニル液剤	原液	−	−	散布
ベニカグリーンVスプレー	フェンプロパトリン・ミクロブタニル液剤	原液		5回以内	散布
マラソン乳剤	マラソン乳剤	2000〜3000倍	発生初期	6回以内	散布
マラソン乳剤50	マラソン乳剤	2000〜3000倍 −	発生初期	6回以内	散布
ムシキン液剤AL	シフルトリン・トリアジメホン液剤	原液	発生初期	5回以内	希釈せずそのまま散布する
モスピラン・トップジンMスプレー	アセタミプリド・チオファネートメチル水和剤	原液	発生初期	5回以内	希釈せずそのまま散布する
モスピラン水溶剤	アセタミプリド水溶剤	4000倍 100〜300l/10a	発生初期	5回以内	散布
ロディー乳剤	フェンプロパトリン・MEP乳剤	1000倍	−	6回以内	散布
園芸用バポナ殺虫剤	DDVPくん蒸剤	5cmサイズ 1枚/5〜6m³ 25cmサイズ 1枚/25〜30m³	−	−	密閉容器を開封し，本剤をひも，針金あるいは釘などで天井，壁またはフレームから吊り下げる。（適用場所：温室，ビニールハウス，トンネル栽培）

キンセンカ／防除薬剤と使用法

849

| 日曹殺虫プレート | DDVPくん蒸剤 | L型1枚/30〜60m³H型1枚/15〜30m³S型1枚/7.5〜15m³ | − | ビニールハウス・温室内の中央通路又は周辺部に作物に直接接触しないように吊す。（2枚以上使用する場合の間隔は，L型3m程度，H型1.5m程度，S型0.7m程度）（適用場所：温室，ビニールハウス） |

(2007年)

防除薬剤と使用法・害虫

カブラヤガ

商品名	一般名	使用倍数_数量	使用時期	使用回数	使用方法
カルホス微粒剤F	イソキサチオン粉粒剤	6kg/10a	定植時	1回	作条処理土壌混和

(2007年)

ヨトウムシ類

商品名	一般名	使用倍数_数量	使用時期	使用回数	使用方法
アディオン乳剤	ペルメトリン乳剤	2000倍_	発生初期	6回以内	散布
アファーム乳剤	エマメクチン安息香酸塩乳剤	1000倍 100～300l/10a	発生初期	5回以内	散布
オルトラン水和剤	アセフェート水和剤	1000倍	発生初期	5回以内	散布
オルトラン粒剤	アセフェート粒剤	6kg/10a	発生初期	5回以内	株元散布
コテツフロアブル	クロルフェナピル水和剤	2000倍 150～300l/10a	発生初期	2回以内	散布
ディプテレックス乳剤	DEP乳剤	1000倍_	発生初期	6回以内	散布
ノーモルト乳剤	デフルベンゾロン乳剤	2000倍 100～300l/10a	発生初期	2回以内	散布
ラービンフロアブル	チオジカルブ水和剤	750倍_	発生初期	6回以内	散布

(2007年)

キンセンカ／防除薬剤と使用法

■第1巻　執筆者一覧 (執筆順，所属は執筆時)

米山伸吾 (元茨城県農業試験場)

池田二三高 (元静岡県病害虫防除所)

根本　久 (保全生物的防除研究事務所)

高野喜八郎 (元富山県花総合センター)

堀江博道 (法政大学植物医科学センター)

佐藤豊三 (農業生物資源研究所)

佐藤　衛 (農研機構野菜花き研究所)

竹内　純 (東京都農林総合研究センター
　　　　　江戸川分場)

桃井千巳 (富山県農林水産総合技術セン
　　　　　ター)

植松清次 (千葉県暖地園芸試験場)

吉成　強 (栃木県農業試験場)

小松　勉 (北海道立花・野菜技術センター)

新藤潤一 (地方独立行政法人青森県産業
　　　　　技術センター野菜研究所)

木村　裕 (元大阪府立農林技術センター)

堀田治邦 (地独・北海道立総合研究機構
　　　　　中央農業試験場)

菅原　敬 (山形県最上総合支庁農業技術
　　　　　普及課産地研究室)

池田幸弘 (兵庫県中央農業技術センター)

久保周子 (千葉県農業総合研究センター)

草刈真一 (大阪府立食とみどりの総合技
　　　　　術センター)

岡田清嗣 (大阪府立食とみどりの総合技
　　　　　術センター)

牛山欽司 (元神奈川県フラワーセンター
　　　　　大船植物園)

陶山一雄 (東京農業大学農学部)

小野　剛 (東京都農林総合研究センター)

西東　力 (静岡大学農学部)

木嶋利男 (栃木県農業試験場)

西川盾士 (株・サカタのタネ掛川総合研
　　　　　究センター)

柴尾　学 (大阪府立食とみどりの総合技
　　　　　術センター)

白川　隆 (野菜茶業研究所)

清水時哉 (長野県野菜花き試験場)

藤永真史 (長野県農業試験場)

吉松英明 (大分県農業技術センター)

外側正之 (静岡県農林技術研究所)

伊藤陽子 (独・食品産業技術総合研究機
　　　　　構花き研究所)

菅野博英 (宮城県石巻地域農業改良普及
　　　　　センター)

片山晴喜 (静岡県農林技術研究所果樹研
　　　　　究センター)

岩崎暁生 (地独・北海道立総合研究機構
　　　　　中央農業試験場)

井口雅裕 (和歌山県農業試験場)

矢野貞彦 (和歌山県農業試験場)

内橋嘉一 (兵庫県立農林水産技術総合セ
　　　　　ンター)

鈴木幹彦 (静岡県農林技術研究所)

竹内浩二 (東京都島しょ農水総センター
　　　　　大島事業所)

丹田誠之助 (元東京農業大学)

我孫子和雄 (全農滋賀県本部)

本橋慶一 (岐阜大学流域圏科学研究セン
　　　　　ター)

築尾嘉章 (富山県農林水産総合研究セン
　　　　　ター農業研究所)

牧野　華 (農研機構種苗管理センター西
　　　　　日本農場)

栃原比呂志 (日本植物防疫協会資料館)

853

松下陽介（独・農研機構花き研究所）
太田光輝（静岡県立農林大学校）
尾松直志（鹿児島県農業試験場）
守川俊常（富山県農業技術センター野菜
　　　　花き試験場）
加藤公彦（静岡県経済産業部研究調整課）
松浦昌平（広島県立総技研農業技術セン
　　　　ター）
近藤　亨（地独・青森県産技センター農
　　　　林総合研究所）
土井　誠（静岡県農業試験場）
伊代住浩幸（静岡県農林技術研究所）
市川　健（静岡県志太榛原農林事務所）
渡辺秀樹（岐阜県農業技術センター）
平野哲司（愛知県農業総合試験場）
西菜穂子（鹿児島県農総センター大島支
　　　　場）
月星隆雄（独・農研機構畜産草地研究所）
内田　勉（元山梨県総合農業試験場）
大野　徹（愛知県農業総合試験場）
杉山　悟（青森県産業技術センター農林
　　　　総合研究所）

〈写真提供〉
竹内妙子（千葉県農業総合研究センター）
近岡一郎（元神奈川県病害虫防除所）
手塚信夫（農水省野菜・茶業試験場）
守川俊幸（富山県農業技術センター農業
　　　　試験場）
北上　達（三重県農業技術センター）
市川耕治（愛知県農業総合試験場）
築尾嘉章（独・農業・生物系特定産業技
　　　　術研究機構花き研究所）
竹内　純（東京都農林総合研究センター
　　　　江戸川分場）
月星隆雄（独・農研センター花卉研究所）
藤村健彦（青森県農林総合研究センター）
（株）サカタのタネ
柴田茂樹（静岡県農林技術研究所）
佐々木麻衣（静岡県経済産業部農林業局）
伊藤陽子（近畿・中国四国農業研究セン
　　　　ター）
久保田栄（元静岡県農林技術研究所）
青森県
岡本　潤（大分県農林水産研究指導セン
　　　　ター）

花・庭木病害虫大百科

1 草花① （ア～キ）
カーネーション，ガーベラ，キクほか23種

2019年12月 5 日　第 1 刷発行
2020年10月 5 日　第 2 刷発行

編者　農山漁村文化協会

発行所　　一般社団法人 農 山 漁 村 文 化 協 会
〒107-8668　東京都港区赤坂 7-6-1
電話　03（3585）1142（営業）　　03（3585）1147（編集）
FAX　03（3585）3668　　　　振替 00120-3-144478
URL　http://www.ruralnet.or.jp/

ISBN 978-4-540-19136-7　　　　　　　印刷／藤原印刷㈱
〈検印廃止〉　　　　　　　　　　　　　㈱東京印書館
©農山漁村文化協会2019 Printed in Japan　製本／㈱渋谷文泉閣
定価はカバーに表示
乱丁・落丁本はお取り替えいたします。